高等数学全程指导

同济七版　上册

王学理　编著

东北大学出版社

·沈　阳·

Ⓒ 王学理　2022

图书在版编目（CIP）数据

高等数学全程指导：同济七版. 上册／王学理编著
. — 沈阳：东北大学出版社，2022.8
ISBN 978-7-5517-3070-9

Ⅰ.①高…　Ⅱ.①王…　Ⅲ.①高等数学—高等学校—
教学参考资料　Ⅳ.①O13

中国版本图书馆 CIP 数据核字（2022）第 148631 号

出 版 者：东北大学出版社
　　　　　地址：沈阳市和平区文化路三号巷 11 号
　　　　　邮编：110819
　　　　　电话：024-83687331（市场部）　83680267（社务室）
　　　　　传真：024-83680180（市场部）　83680265（社务室）
　　　　　E-mail：neuph @ neupress.com
　　　　　http：//www.neupress.com
印 刷 者：辽宁一诺广告印务有限公司
发 行 者：新华书店总店北京发行所
幅面尺寸：170 mm×240 mm
印　　张：19.5
字　　数：616 千字
出版时间：2022 年 8 月第 1 版
印刷时间：2022 年 8 月第 1 次印刷
责任编辑：刘宗玉　　　　　　　　　　　　责任校对：刘乃义
封面设计：潘正一　　　　　　　　　　　　责任出版：唐敏志

ISBN 978-7-5517-3070-9　　　　　　　　　　定价：39.00 元

前　言

　　同济大学主编的第七版《高等数学》是目前国内公认最好的"高等数学"教材之一，并被国内各高校广泛地使用. 为了帮助广大学生学好同济七版《高等数学》，我们编写出这套《高等数学全程指导》. 对于刚刚走入大学校门的新生来说，对大学自主学习方式不太适应，加之高等数学概念的抽象和运算的繁杂，往往使他们感到力不从心. 编写本书的目的恰恰在于让学生熟悉教材，尽快完成学习方法和思维方式的转变，对"高等数学"的学习进行全程指导，力求取得"用时少，成绩高"之效果.

　　本书以同济七版《高等数学》为蓝本，章节安排与其完全一致，可同步使用. 每章均包括三部分内容：

　　1. **主要内容**　包括主要定义、主要结论和结论补充三项，结论补充给出了作者由多年教学经验总结出的行之有效的计算公式.

　　2. **典型例题**　将所涉及的内容，尤其是重点内容进行系统归类，然后，通过相当数量的例题演示向学生介绍解题方法和运算技巧.

　　3. **习题全解**　对教材中的全部习题给出详细解答，有些题还给出多种解法，意在学生遇有疑难之时助一臂之力，起到课下辅导的作用.

　　本书还配备了10套期末测试模拟试题，上学期5套，下学期5套，供学生期末考试前复习、演练使用.

　　本书为上册，适用于使用同济七版《高等数学（上册）》的理工科院校的本科生，对其他"高等数学"学习者也有一定的参考价值.

　　由于本人水平所限，加之时间仓促，书中难免会有疏漏和缺憾. 若能得到读者的批评与同人的指教，那正是我所热切渴望的.

王学理

2022 年 3 月

目　录

第一章　函数与极限 ………………………………………………………… 1

一、主要内容 …………………………………………………………………… 1

二、典型例题 …………………………………………………………………… 4

三、习题全解 …………………………………………………………………… 14

习题 1-1　映射与函数 …………………………………………………… 14

习题 1-2　数列的极限 …………………………………………………… 19

习题 1-3　函数的极限 …………………………………………………… 22

习题 1-4　无穷小与无穷大 ……………………………………………… 25

习题 1-5　极限运算法则 ………………………………………………… 28

习题 1-6　极限存在准则　两个重要极限 ……………………………… 30

习题 1-7　无穷小的比较 ………………………………………………… 32

习题 1-8　函数的连续性与间断点 ……………………………………… 33

习题 1-9　连续函数的运算与初等函数的连续性 ……………………… 36

习题 1-10　闭区间上连续函数的性质 ………………………………… 39

总习题一 …………………………………………………………………… 40

第二章　导数与微分 ………………………………………………………… 46

一、主要内容 …………………………………………………………………… 46

二、典型例题 …………………………………………………………………… 47

三、习题全解 …………………………………………………………………… 55

习题 2-1　导数概念 ……………………………………………………… 55

习题 2-2　函数的求导法则 ……………………………………………… 59

习题 2-3　高阶导数 ……………………………………………………… 64

习题 2-4　隐函数及由参数方程所确定的函数的导数　相关变化率 …… 67

习题 2-5　函数的微分 …………………………………………………… 72

总习题二 …………………………………………………………………… 76

第三章　微分中值定理与导数的应用 ……………………………………… 82

一、主要内容 …………………………………………………………………… 82

二、典型例题 …………………………………………………………………… 84

三、习题全解 …………………………………………………………………… 92

习题 3-1　微分中值定理　‥‥‥‥‥‥‥‥‥‥‥‥‥‥‥　92

习题 3-2　洛必达法则　‥‥‥‥‥‥‥‥‥‥‥‥‥‥‥‥　95

习题 3-3　泰勒公式　‥‥‥‥‥‥‥‥‥‥‥‥‥‥‥‥‥　98

习题 3-4　函数的单调性与曲线的凹凸性　‥‥‥‥‥‥‥‥　101

习题 3-5　函数的极值与最大值、最小值　‥‥‥‥‥‥‥‥　109

习题 3-6　函数图形的描绘　‥‥‥‥‥‥‥‥‥‥‥‥‥‥　115

习题 3-7　曲　率　‥‥‥‥‥‥‥‥‥‥‥‥‥‥‥‥‥‥　118

习题 3-8　方程的近似解　‥‥‥‥‥‥‥‥‥‥‥‥‥‥‥　121

总习题三　‥‥‥‥‥‥‥‥‥‥‥‥‥‥‥‥‥‥‥‥‥‥　123

第四章　不定积分　‥‥‥‥‥‥‥‥‥‥‥‥‥‥‥‥‥‥　130

一、主要内容　‥‥‥‥‥‥‥‥‥‥‥‥‥‥‥‥‥‥‥‥　130

二、典型例题　‥‥‥‥‥‥‥‥‥‥‥‥‥‥‥‥‥‥‥‥　132

三、习题全解　‥‥‥‥‥‥‥‥‥‥‥‥‥‥‥‥‥‥‥‥　140

习题 4-1　不定积分的概念与性质　‥‥‥‥‥‥‥‥‥‥‥　140

习题 4-2　换元积分法　‥‥‥‥‥‥‥‥‥‥‥‥‥‥‥‥　144

习题 4-3　分部积分法　‥‥‥‥‥‥‥‥‥‥‥‥‥‥‥‥　149

习题 4-4　有理函数的积分　‥‥‥‥‥‥‥‥‥‥‥‥‥‥　153

习题 4-5　积分表的使用　‥‥‥‥‥‥‥‥‥‥‥‥‥‥‥　157

总习题四　‥‥‥‥‥‥‥‥‥‥‥‥‥‥‥‥‥‥‥‥‥‥　163

第五章　定积分　‥‥‥‥‥‥‥‥‥‥‥‥‥‥‥‥‥‥‥　171

一、主要内容　‥‥‥‥‥‥‥‥‥‥‥‥‥‥‥‥‥‥‥‥　171

二、典型例题　‥‥‥‥‥‥‥‥‥‥‥‥‥‥‥‥‥‥‥‥　174

三、习题全解　‥‥‥‥‥‥‥‥‥‥‥‥‥‥‥‥‥‥‥‥　181

习题 5-1　定积分的概念与性质　‥‥‥‥‥‥‥‥‥‥‥‥　181

习题 5-2　微积分的基本公式　‥‥‥‥‥‥‥‥‥‥‥‥‥　186

习题 5-3　定积分的换元法和分部积分法　‥‥‥‥‥‥‥‥　191

习题 5-4　反常积分　‥‥‥‥‥‥‥‥‥‥‥‥‥‥‥‥‥　197

＊习题 5-5　反常积分审敛法　Γ 函数　‥‥‥‥‥‥‥‥‥　199

总习题五　‥‥‥‥‥‥‥‥‥‥‥‥‥‥‥‥‥‥‥‥‥‥　202

第六章　定积分的应用　‥‥‥‥‥‥‥‥‥‥‥‥‥‥‥‥　211

一、主要内容　‥‥‥‥‥‥‥‥‥‥‥‥‥‥‥‥‥‥‥‥　211

二、典型例题　‥‥‥‥‥‥‥‥‥‥‥‥‥‥‥‥‥‥‥‥　213

三、习题全解　‥‥‥‥‥‥‥‥‥‥‥‥‥‥‥‥‥‥‥‥　219

习题 6-2　定积分在几何学上的应用　‥‥‥‥‥‥‥‥‥‥　219

习题 6-3　定积分在物理学上的应用 ································ 228

总习题六 ································ 232

第七章　微分方程 ································ 237

一、主要内容 ································ 237

二、典型例题 ································ 240

三、习题全解 ································ 250

习题 7-1　微分方程的基本概念 ································ 250

习题 7-2　可分离变量的微分方程 ································ 251

习题 7-3　齐次方程 ································ 254

习题 7-4　一阶线性微分方程 ································ 260

习题 7-5　可降阶的高阶微分方程 ································ 265

习题 7-6　高阶线性微分方程 ································ 269

习题 7-7　常系数齐次线性方程 ································ 273

习题 7-8　常系数非齐次线性微分方程 ································ 275

*习题 7-9　欧拉方程 ································ 280

*习题 7-10　常系数线性微分方程组解法举例 ································ 283

总习题七 ································ 289

上学期期末测试模拟试题 ································ 298

第一套 ································ 298

第二套 ································ 299

第三套 ································ 300

第四套 ································ 301

第五套 ································ 302

上学期期末测试模拟试题参考答案 ································ 303

第一章 函数与极限

一、主要内容

（一）主要定义

1. 具有某种特定性质的事物的总体称为集合（简称集），组成这个集合的事物称为该集合的元素（简称元）.

2. 设 X,Y 是两个非空集合，若存在一个法则 f，使得对 X 中每个元素 x，按法则 f，在 Y 中有唯一确定的元素 y 与之对应，则称 f 为从 X 到 Y 的映射，记作
$$f: X \to Y,$$
其中 y 称为元素 x（在映射 f 下）的像，并记作 $f(x)$，即
$$y = f(x),$$
而元素 x 称为元素 y（在映射 f 下）的一个原像.

3. 设数集 $D \subset \mathbf{R}$，则称映射 $f: D \to \mathbf{R}$ 为定义在 D 上的函数，通常简记为 $y = f(x)$，$x \in D$.

4. 若存在 $M>0$，使得 $|f(x)| \leqslant M$ 对一切 $x \in D$ 都成立，则称函数 $f(x)$ 在 D 上有界. 如果这样的 M 不存在，就称 $f(x)$ 在 D 上无界.

5. $\forall \varepsilon>0$，$\exists N>0$，使得当 $n>N$ 时，恒有 $|x_n - a|<\varepsilon$，则称 a 为数列 $\{x_n\}$ 的极限（也称数列 $\{x_n\}$ 收敛于 a），记作 $\lim\limits_{n \to \infty} x_n = a$.

极限不存在时，则称 $\{x_n\}$ 发散.

6. $\forall \varepsilon>0$，$\exists \delta>0$，使得当 $0<|x-x_0|<\delta$ 时，恒有 $|f(x)-A|<\varepsilon$，则称 A 为 $f(x)$ 当 $x \to x_0$ 时的极限，记作 $\lim\limits_{x \to x_0} f(x) = A$.

注 在此定义中，$0<|x-x_0|<\delta$ 改为 $x_0-\delta<x<x_0$，A 称为 $f(x)$ 当 $x \to x_0-0$ 时的左极限，记作
$$\lim\limits_{x \to x_0-0} f(x) = A, \quad \text{或} f(x_0-0)=A,$$
类似地可以定义右极限 $f(x_0+0)$.

7. $\forall \varepsilon>0$，$\exists X>0$，当 $|x|>X$ 时，恒有 $|f(x)-A|<\varepsilon$，则称 A 为 $f(x)$ 当 $x \to \infty$ 时的极限，记作 $\lim\limits_{x \to \infty} f(x) = A$.

读者可以自己给出 $\lim\limits_{x \to +\infty} f(x) = A$ 和 $\lim\limits_{x \to -\infty} f(x) = A$ 的定义.

8. $\forall M>0$，$\exists \delta>0$，当 $0<|x-x_0|<\delta$ 时，恒有 $|f(x)|>M$，则称 $f(x)$ 是当 $x \to x_0$ 时的无穷大量，记作 $\lim\limits_{x \to x_0} f(x) = \infty$. 无穷大量简称为无穷大.

读者可以自己给出 $\lim\limits_{x \to \infty} f(x) = \infty$ 等的定义.

注 当 $x \to x_0$ 和 $x \to \infty$ 结论都成立时，以后简记作"$\lim$". 以 0 为极限的量称为无穷小量. 无穷小量简称为无穷小.

9. 若 $\lim \alpha(x) = \lim \beta(x) = 0$，且 $\lim \dfrac{\alpha(x)}{\beta(x)} = 0$，则称 $\alpha(x)$ 是 $\beta(x)$ 的高阶无穷小，记作 $\alpha(x) = o(\beta(x))$；若 $\lim \dfrac{\alpha(x)}{\beta(x)} = \infty$，称 $\alpha(x)$ 是 $\beta(x)$ 的低阶无穷小；若 $\lim \dfrac{\alpha(x)}{\beta(x)} = c(c \neq 0)$，则称 $\alpha(x)$ 是 $\beta(x)$ 的同阶无穷小，记作 $\alpha(x) = O(\beta(x))$，当 $c=1$ 时，称 $\alpha(x)$ 是 $\beta(x)$ 的等价无穷小，记作 $\alpha(x) \sim \beta(x)$.

10. 函数最简单性态

（1）$f(x)=f(-x)$，$x\in(-l,l)$，称$f(x)$为偶函数；

（2）$f(x)=-f(-x)$，$x\in(-l,l)$，称$f(x)$为奇函数；

（3）$f(x+T)=f(x)$，$x\in(-\infty,+\infty)$，称$f(x)$为周期函数，使等式成立之最小的正T值称为周期；

（4）$\forall x_1,x_2\in D$，当$x_1>x_2$时有$f(x_1)>f(x_2)$，则称$f(x)$为D上的单调增加函数. 类似地可以定义单调减少函数.

11. 若$y=f(x)$在x_0的某邻域内有定义，且有$\lim\limits_{\Delta x\to0}\Delta y=0$，此处$\Delta y=f(x_0+\Delta x)-f(x_0)$，则称$f(x)$在$x_0$处连续.

若记$\Delta x=x-x_0$，则连续的定义可以写成$\lim\limits_{x\to x_0}f(x)=f(x_0)$. 不连续时称为间断.

12. 若$f(x)$在x_0的某邻域内有定义（x_0可以除外），则具有下列条件之一者即为间断：

（1）$f(x)$在x_0处无定义；

（2）$\lim\limits_{x\to x_0}f(x)$不存在；

（3）$\lim\limits_{x\to x_0}f(x)\neq f(x_0)$.

x_0称为间断点，具有左、右极限的间断点称为第一类间断点，否则称为第二类间断点，极限存在的间断点称为可去间断点.

13. 符号函数 $y=\operatorname{sgn}x=\begin{cases}1,&x>0,\\0,&x=0,\\-1,&x<0.\end{cases}$

14. 邻域 $U(a,\delta)=\{x\mid|x-a|<\delta,\delta>0\}$，

　　去心邻域 $\mathring{U}(a,\delta)=\{x\mid0<|x-a|<\delta,\delta>0\}$.

15. 基本初等函数与初等函数 幂函数、指数函数、对数函数、三角函数与反三角函数称为基本初等函数；由常数和基本初等函数经过有限次四则运算及复合而得到的，且可用一个式子表示的函数称为初等函数.

16. 取整函数 设x为任一实数，不超过x的最大整数称为x的取整函数，记为$[x]$.

17. 双曲函数 双曲正弦函数为$\operatorname{sh}x=\dfrac{1}{2}(e^x-e^{-x})$，双曲余弦函数为$\operatorname{ch}x=\dfrac{1}{2}(e^x+e^{-x})$，双曲正切函数为$\operatorname{th}x=\dfrac{e^x-e^{-x}}{e^x+e^{-x}}$.

（二）主要结论

1. 若$\lim f(x)=A$，$\lim g(x)=B$，则有

$$\lim[f(x)+g(x)]=A+B,\ \lim[f(x)g(x)]=AB,\ \lim\frac{f(x)}{g(x)}=\frac{A}{B}\quad(B\neq0).$$

2. 极限存在准则

Ⅰ 单调有界数列必有极限；

Ⅱ 若$x_n\leqslant y_n\leqslant z_n$，且$\lim\limits_{n\to\infty}x_n=\lim\limits_{n\to\infty}z_n=a$，则$\lim\limits_{n\to\infty}y_n=a$.

注 准则Ⅱ亦称夹逼准则，对于函数也成立.

3. 在同一过程中的有界变量与无穷小的乘积是无穷小；有限个无穷小的和是无穷小.

注 （1）等价无穷小具有传递性：设α,β,γ为同一过程的无穷小，若$\alpha\sim\beta$，$\beta\sim\gamma$，则$\alpha\sim\gamma$；

（2）等价无穷小在求极限过程中可以进行如下替换：在同一极限过程中，若$\alpha\sim\tilde{\alpha}$，$\beta\sim\tilde{\beta}$，且$\lim\dfrac{\tilde{\alpha}}{\tilde{\beta}}$存在，则$\lim\dfrac{\alpha}{\beta}=\lim\dfrac{\tilde{\alpha}}{\tilde{\beta}}$.

4. $\lim f(x)=A$的充分必要条件是$f(x)=A+\alpha(x)$，此处$\lim\alpha(x)=0$.

5. 两个重要极限 $\lim\limits_{x\to 0}\dfrac{\sin x}{x}=1$，$\lim\limits_{x\to\infty}\left(1+\dfrac{1}{x}\right)^{x}=\mathrm{e}$.

6. 若在 $\overset{\circ}{U}(x,\delta)$ 内 $f(x)\geqslant 0[f(x)\leqslant 0]$，且 $\lim\limits_{x\to x_0}f(x)=A$，那么 $A\geqslant 0(A\leqslant 0)$.

7. 若 $\lim\limits_{x\to x_0}f(x)=A$，且 $A>0(A<0)$，则必有 $U(\hat{x},\delta)$ 使在此邻域中 $f(x)>0(f(x)<0)$.

注 若 $A=f(x_0)$，则 $f(x)$ 在 x_0 处连续，此时结论亦真.

8. 若极限存在，则其值必然唯一.

9. 基本初等函数在其定义域上是连续的. 初等函数在其定义区间上连续.

10. 闭区间上连续函数必然有下列性质：

（1）有最大值与最小值；

（2）有界；

（3）满足介值定理（任取介于最大值与最小值之间的数，必有与之相等的函数值）；

（4）满足零点定理，若 $f(x)$ 在 $[a,b]$ 上连续，且 $f(a)f(b)<0$，则必有 $\xi\in(a,b)$，使 $f(\xi)=0$.

（三）结论补充

1. 若 $\lim\varphi(x)=0$，则 $\lim\dfrac{\sin\varphi(x)}{\varphi(x)}=1$.

2. 若 $\lim\varphi(x)=\infty$，则 $\lim\left[1+\dfrac{1}{\varphi(x)}\right]^{\varphi(x)}=\mathrm{e}$.

3. 若 $\lim\varphi(x)=0$，则 $\lim[1+\varphi(x)]^{\frac{1}{\varphi(x)}}=\mathrm{e}$.

注 以上三条中的 $\varphi(x)\neq 0$.

4. $a>0$ 时，$\lim\limits_{n\to\infty}\sqrt[n]{a}=1$.

5. $\lim\limits_{n\to\infty}\sqrt[n]{n}=1$.

6. 当 $x\to 0$ 时，$x\sim\sin x\sim\tan x\sim\arcsin x\sim\arctan x\sim\mathrm{e}^{x}-1\sim\ln(1+x)\sim\sqrt{1+x}-\sqrt{1-x}$，$1-\cos x\sim\dfrac{1}{2}x^{2}$，

$\sqrt[n]{1+x}-1\sim\dfrac{1}{n}x$，$x-\sin x\sim\dfrac{1}{6}x^{3}$，$a^{x}-1\sim x\ln a$ $(a>0,\ a\neq 1)$.

7. 若 $$\lim\alpha(x)=\lim\beta(x)=\lim A(x)=\lim B(x)=0,$$

且 $$\alpha(x)\sim A(x),\ \beta(x)\sim B(x),$$

则有

$$\lim[1+\alpha(x)]^{\frac{1}{\beta(x)}}=\lim[1+A(x)]^{\frac{1}{B(x)}}=\mathrm{e}^{\lim\frac{A(x)}{B(x)}}.$$

注 分母 $\beta(x)$，$B(x)$ 不能取 0.

8. 不为零的无穷小的倒数为无穷大，无穷大的倒数为无穷小.

9. $\lim\limits_{x\to\infty}\dfrac{a_0x^m+a_1x^{m-1}+a_2x^{m-2}+\cdots+a_m}{b_0x^n+b_1x^{n-1}+b_2x^{n-2}+\cdots+b_n}=\begin{cases}\dfrac{a_0}{b_0}, & n=m,\\[2mm] 0, & n>m,\\[2mm] \infty, & n<m.\end{cases}$

10. $\lim\limits_{x\to\infty}\left(\dfrac{ax+b}{ax+c}\right)^{hx+k}=\mathrm{e}^{\frac{(b-c)h}{a}}$.

11. 设 $\lim g(x)=B\neq 0$，则有

$$\lim[f(x)\cdot g(x)]=B\lim f(x),\quad \lim\dfrac{f(x)}{g(x)}=\dfrac{1}{B}\lim f(x).$$

12. 海涅（Heine）定理 $\lim\limits_{x\to a}f(x)=b$ 的充要条件是对任意数列 $\{u_n\}$ $(u_n\neq a,\ n=1,2,\cdots)$，当

$\lim\limits_{n\to\infty}u_n=a$ 时，有 $\lim\limits_{n\to\infty}f(u_n)=b$.

13. 在同一极限过程中，若 $f(x)=o(g(x))$，则 $f(x)+g(x)\sim g(x)$.

14. 设 $y=f(x)$ 是连续函数，则 $y=|f(x)|$ 也是连续函数.

15. 若 $f(x)$ 与 $g(x)$ 都是连续函数，则

$$\varphi(x)=\min\{f(x),\ g(x)\},\ \psi(x)=\max\{f(x),\ g(x)\}$$

也都是连续函数.

二、典型例题

（一）函数简单性态

1. 函数的定义域

【例 1-1】　求 $f(x)=\sqrt{2+x-x^2}+\arcsin\left(\lg\dfrac{x}{10}\right)$ 的定义域.

【解】　由
$$\begin{cases}2+x-x^2\geqslant0,\\ \left|\lg\dfrac{x}{10}\right|\leqslant1,\end{cases}\quad 得\quad\begin{cases}(2-x)(1+x)\geqslant0,\\ -1\leqslant\lg\dfrac{x}{10}\leqslant1.\end{cases}$$

从 $(2-x)(1+x)\geqslant0$，得 $\qquad\qquad -1\leqslant x\leqslant2$;

从 $-1\leqslant\lg\dfrac{x}{10}\leqslant1$，得 $\qquad\qquad 1\leqslant x\leqslant10^2=100$.

x 的取值范围，即函数的定义域为 $[1,2]$.

【例 1-2】　设 $f(x)$ 的定义域为 $(0,1)$，求 $F(x)=f(x-a)+f(x+a)$ 的定义域 $(a>0)$.

【解】　$f(x-a)$ 的定义域为 $0<x-a<1$，即 $a<x<1+a$；而 $f(x+a)$ 的定义域为 $0<x+a<1$，即

$$-a<x<1-a.$$

解不等式组
$$\begin{cases}a<x<1+a,\\ -a<x<1-a,\end{cases}$$

得 $a<x<1-a$，此时应有 $a<1-a$，即 $a<\dfrac{1}{2}$.

综上可知，当 $a<\dfrac{1}{2}$ 时，$F(x)$ 的定义域为 $x\in(a,1-a)$；而当 $a\geqslant\dfrac{1}{2}$ 时，对任何 x，$F(x)$ 无意义.

2. 函数的求法

【例 1-3】　已知 $f(x)=\begin{cases}1+x,&x<0,\\ 1,&x\geqslant0,\end{cases}$ 求 $f[f(x)]$.

【解】　$f[f(x)]=\begin{cases}1+f(x),&f(x)<0;\\ 1,&f(x)\geqslant0.\end{cases}$

先求 $f(x)\geqslant0$ 及 $f(x)<0$ 的区域. 由 $f(x)\geqslant0$，得 $1+x\geqslant0$，于是 $x\geqslant-1$；由 $f(x)<0$，得 $1+x<0$，于是 $x<-1$. 所以

$$f[f(x)]=\begin{cases}1+f(x),&x<-1,\\ 1,&x\geqslant-1.\end{cases}$$

又当 $x<-1$ 时，$f(x)=1+x$，故

$$f[f(x)]=\begin{cases}2+x,&x<-1,\\ 1,&x\geqslant-1.\end{cases}$$

【例 1-4】 欲做一容积为 $300 \ \mathrm{m}^3$ 的无盖金属圆柱桶，桶底单位造价是桶壁单位造价的 2 倍，给出桶的总造价与半径的函数关系.

【解】 设周围单位造价为 a，则底面单位造价为 $2a$，设底面半径为 r，高为 h，则由已知条件有 $\pi r^2 h = 300$. 设总造价为 y，则

$$y = 2a\pi r^2 + a \cdot 2\pi rh = 2a\pi r^2 + 2a\pi r \cdot \frac{300}{\pi r^2} = 2a\pi r^2 + \frac{600a}{r} \quad r \in (0, +\infty).$$

【例 1-5】 设 $f(x) = ax^2 + bx + 2$，且 $f(x+1) - f(x) = 2x - 1$，求 $f(x)$.

【解】 由 $f(x+1) - f(x) = 2x - 1$，得

$$a\left[(x+1)^2 - x^2\right] + b\left[(x+1) - x\right] + (2-2) = 2x-1,$$

即

$$2ax + (a+b) = 2x - 1.$$

对比系数，得 $a = 1$，$b = -2$，故 $f(x) = x^2 - 2x + 2$.

3. 函数的最简单性态

【例 1-6】 证明 $f(x) = \log_a(x + \sqrt{x^2+1})$ 是奇函数.

【证】 $f(-x) = \log_a(-x + \sqrt{(-x)^2+1}) = \log_a \dfrac{(-x + \sqrt{x^2+1})(x + \sqrt{x^2+1})}{x + \sqrt{x^2+1}},$

化简后得

$$f(-x) = -\log_a(x + \sqrt{x^2+1}) = -f(x).$$

证毕.

【例 1-7】 求 $f(x) = [x] - x + 3\left(\dfrac{x}{3} - \left[\dfrac{x}{3}\right]\right)$ 的周期.

【解】 记 $\varphi(x) = [x] - x$，则

$$\varphi(x+1) = [x+1] - (x+1) = 1 + [x] - x - 1 = [x] - x = \varphi(x),$$

$\varphi(x)$ 以 1 为周期.

记 $\psi(x) = \dfrac{x}{3} - \left[\dfrac{x}{3}\right]$，则

$$\psi(x+3) = \frac{x+3}{3} - \left[\frac{x+3}{3}\right] = \left(\frac{x}{3} + 1\right) - \left[\frac{x}{3} + 1\right] = \frac{x}{3} + 1 - \left[\frac{x}{3}\right] - 1 = \frac{x}{3} - \left[\frac{x}{3}\right] = \psi(x),$$

$\psi(x)$ 以 3 为周期.

因此 $f(x) = [x] - x + 3\left(\dfrac{x}{3} - \left[\dfrac{x}{3}\right]\right)$ 必以 3 为周期.

（二）函数的连续性

1. 函数间断点的判定

【例 1-8】 讨论函数 $f(x) = \dfrac{1}{1 - \mathrm{e}^{\frac{x}{x-1}}}$ 的间断点类型.

【解】 当 $x = 1$ 时，函数无定义，当 $x = 0$ 时，函数也无定义，而函数在 $x = 0$，$x = 1$ 附近有定义. 故 $x = 0$，$x = 1$ 是函数的间断点. 有

$$\lim_{x \to +0} f(x) = \lim_{x \to +0} \frac{1}{1 - \mathrm{e}^{\frac{x}{x-1}}} = +\infty,$$

则 $x = 0$ 是 $f(x)$ 的无穷间断点，属于第二类间断点；

$$\lim_{x \to 1+0} f(x) = \lim_{x \to 1+0} \frac{1}{1 - \mathrm{e}^{\frac{x}{x-1}}} = 0, \quad \lim_{x \to 1-0} f(x) = \lim_{x \to 1-0} \frac{1}{1 - \mathrm{e}^{\frac{x}{x-1}}} = 1,$$

则 $x=1$ 是 $f(x)$ 的跳跃间断点，属于第一类间断点.

【例 1-9】 设 $f(x)=\lim\limits_{t\to x}\left(\dfrac{\sin t}{\sin x}\right)^{\frac{x}{\sin t-\sin x}}$，讨论 $f(x)$ 在 $x=0$ 处的间断点类型.

【解】 $f(x)=\exp\lim\limits_{t\to x}\left(\dfrac{\sin t}{\sin x}-1\right)\cdot\dfrac{x}{\sin t-\sin x}=\exp\lim\limits_{t\to x}\dfrac{\sin t-\sin x}{\sin x}\cdot\dfrac{x}{\sin t-\sin x}=\mathrm{e}^{\frac{x}{\sin x}}$，

$$\lim_{x\to0}\mathrm{e}^{\frac{x}{\sin x}}=\mathrm{e},$$

则 $x=0$ 是 $f(x)$ 的可去间断点，属于第一类间断点.

2. 利用连续性确定常数

【例 1-10】 设 $\qquad f(x)=\begin{cases}x, & x<1,\\ a, & x\geq1,\end{cases}$ $g(x)=\begin{cases}b, & x<0,\\ x+2, & x\geq0.\end{cases}$

若使 $f(x)+g(x)$ 在 $(-\infty,+\infty)$ 内连续，求 a，b 的值.

【解】 令 $F(x)=f(x)+g(x)$，则

$$F(x)=f(x)+g(x)=\begin{cases}x+b, & x<0,\\ 2x+2, & 0\leq x<1,\\ x+2+a, & x\geq1.\end{cases}$$

从而有

$$\lim_{x\to-0}F(x)=\lim_{x\to-0}(x+b)=b,\quad \lim_{x\to+0}F(x)=\lim_{x\to+0}(2x+2)=2;$$
$$\lim_{x\to1-0}F(x)=\lim_{x\to1-0}(2x+2)=4,\quad \lim_{x\to1+0}F(x)=\lim_{x\to1+0}(x+2+a)=3+a.$$

若使 $F(x)$ 连续，必有 $a=1$，$b=2$.

【例 1-11】 设 $\qquad f(x)=\begin{cases}\dfrac{x^4+ax+b}{(x-1)(x+2)}, & x\neq1,\ x\neq-2,\\ 2, & x=1\end{cases}$

在 $x=1$ 处连续，试求 a，b 的值.

【解】 $f(x)$ 在 $x=1$ 处连续，必有 $\lim\limits_{x\to1}f(x)=f(1)$，即

$$\lim_{x\to1}\frac{x^4+ax+b}{x^2-x-2}=2,$$

而 $\qquad\lim\limits_{x\to1}\dfrac{x^4+ax+b}{x^2+x-2}=\lim\limits_{x\to1}\dfrac{4x^3+a}{2x+1}=\dfrac{4+a}{3}=2$，

即 $a=2$.

又必有 $\lim\limits_{x\to1}(x^4+2x+b)=0$，故 $b=-3$.

总之，当 $a=2$，$b=-3$ 时，$f(x)$ 在 $x=1$ 处连续.

【例 1-12】 设 $\qquad f(x)=\begin{cases}x^\alpha\sin\dfrac{1}{x}, & x>0,\\[2mm] \mathrm{e}^x+\beta, & x\leq0,\end{cases}$

试讨论 $f(x)$ 在 $x=0$ 处的连续性.

【解】 $f(0)=1+\beta$，$\lim\limits_{x\to+0}f(x)=\lim\limits_{x\to+0}x^\alpha\sin\dfrac{1}{x}$.

此极限值当 $\alpha>0$ 时为 0，当 $\alpha\leq0$ 时不存在. 故 $\alpha>0$，$\beta=-1$ 时，$f(x)$ 在 $x=0$ 处连续；当 $\alpha>0$，$\beta\neq-1$ 时，$x=0$ 为 $f(x)$ 的跳跃间断点；当 $\alpha\leq0$，β 为任意实数时，$x=0$ 为 $f(x)$ 的振荡间断点.

3. 其　他

【例 1-13】 举例说明初等函数在其定义域内未必连续.

【解】 初等函数在其定义域内不一定连续，例如

$$f(x) = \sqrt{\sin x} + \sqrt{-\sin x}$$

是初等函数，而其定义域为离散点集

$$\{x \mid x = n\pi, \ n = 0, \pm 1, \pm 2, \cdots\},$$

它处处间断. 初等函数在其定义区间内是连续的.

【例 1-14】 举例说明两个间断函数的和函数不一定间断.

【解】 试看反例，取

$$f(x) = \begin{cases} 1, & x > 0, \\ -1, & x \leq 0, \end{cases} \quad g(x) = \begin{cases} -1, & x > 0, \\ 1, & x \leq 0. \end{cases}$$

显然，它们在 $x = 0$ 处都间断. 但是 $f(x) + g(x) = 0$ 却在 $x = 0$ 处连续. 实际上，两个不连续的函数相加、相减、相乘后，可能连续，也可能不连续.

【例 1-15】 对于任意正实数 x_1, x_2，都有

$$f(x_1 x_2) = f(x_1) + f(x_2),$$

$f(x)$ 在 $x = 1$ 处连续，试证 $f(x)$ 在任一点 $x_0(x_0 > 0)$ 处连续.

【证】 设 $x_1 = 1$，x_2 为任意正数，则有

$$f(x_2) = f(1 \cdot x_2) = f(1) + f(x_2),$$

故 $f(1) = 0$. 又由题设 $f(x)$ 在 $x = 1$ 处连续，有

$$\lim_{\Delta x \to 0} f(1 + \Delta x) = f(1) = 0,$$

于是 $\displaystyle \lim_{\Delta x \to 0} f(x_0 + \Delta x) = \lim_{\Delta x \to 0} f\left[x_0\left(1 + \frac{\Delta x}{x_0}\right)\right] = f(x_0) + \lim_{\Delta x \to 0} f\left(1 + \frac{\Delta x}{x_0}\right) = f(x_0) + f(1) = f(x_0).$

证毕.

【例 1-16】 若 $f(x)$ 在 $[a, +\infty)$ 上连续，$\displaystyle\lim_{x \to +\infty} f(x) = A$ 存在，试证 $f(x)$ 在 $[a, +\infty)$ 上有界.

【证】 取 $\varepsilon = 1$，存在 X，当 $x > X$ 时，有 $|f(x) - A| < 1$. 而此时

$$|f(x)| = |f(x) - A + A| \leq |f(x) - A| + |A| < 1 + |A|.$$

当 $x \in [a, X]$ 时，$f(x)$ 连续. 闭区间上连续函数一定有界，必有 $k > 0$，使 $x \in [a, X]$ 时，有

$$|f(x)| \leq k.$$

对任何 $x \in [a, +\infty)$，取 $M = \max\{k, 1\}$，有

$$|f(x)| \leq M.$$

证得 $f(x)$ 在 $[a, +\infty)$ 上有界.

（三）介值定理的应用

【例 1-17】 证明方程 $x^5 + x - 1 = 0$ 至少有一个正根.

【证】 存在性：令 $f(x) = x^5 + x - 1$，则显然

$$f(0) = -1 < 0, \ f(1) = 1 > 0.$$

由零点定理，$f(x) = 0$ 在 $(0, 1)$ 内至少有一个根.

【例 1-18】 设 $f(x)$ 在 $[0, n]$ 上连续，$f(0) = f(n)$. 试证必有 $\xi \in (0, n)$，使 $f(\xi + 1) = f(\xi)$.

【证】 令 $F(x) = f(x+1) - f(x)$，故 $F(x)$ 在 $[0, n-1]$ 上连续. 而

$$F(0) = f(1) - f(0), \ F(1) = f(2) - f(1), \ \cdots, \ F(n-1) = f(n) - f(n-1).$$

于是

$$\sum_{k=0}^{n-1} F(k) = f(n) - f(0) = 0.$$

设 m, M 分别为 $F(x)$ 在 $[0, n-1]$ 上的最小值与最大值，则

$$m \leq \frac{1}{n} \sum_{k=0}^{n-1} F(k) \leq M.$$

由介值定理，必有 $\xi \in (0, n-1) \subset (0, n)$，使

$$F(\xi) = \frac{1}{n}\sum_{k=0}^{n-1}F(k) = \frac{1}{n}[f(n)-f(0)] = 0.$$

而
$$F(\xi) = f(\xi+1)-f(\xi),$$

即
$$f(\xi+1) = f(\xi) \quad \xi \in (0, n).$$

【例 1-19】 证明方程

$$\frac{a_1}{x-\lambda_1} + \frac{a_2}{x-\lambda_2} + \frac{a_3}{x-\lambda_3} = 0$$

有分别包含在区间 (λ_1, λ_2) 与 (λ_2, λ_3) 内的两个实根，其中 $a_1>0$，$a_2>0$，$a_3>0$，$\lambda_1<\lambda_2<\lambda_3$.

【证】 显然 $x \neq \lambda_1$，λ_2，λ_3. 用因式 $(x-\lambda_1)(x-\lambda_2)(x-\lambda_3)$ 乘方程两端，得

$$a_1(x-\lambda_2)(x-\lambda_3) + a_2(x-\lambda_1)(x-\lambda_3) + a_3(x-\lambda_1)(x-\lambda_2) = 0.$$

设
$$f(x) = a_1(x-\lambda_2)(x-\lambda_3) + a_2(x-\lambda_1)(x-\lambda_3) + a_3(x-\lambda_1)(x-\lambda_2),$$

$$\lim_{x\to\lambda_1+0}f(x) = a_1(\lambda_1-\lambda_2)(\lambda_1-\lambda_3) > 0,$$

$$\lim_{x\to\lambda_2}f(x) = a_2(\lambda_2-\lambda_1)(\lambda_2-\lambda_3) < 0,$$

$$\lim_{x\to\lambda_3-0}f(x) = a_3(\lambda_3-\lambda_1)(\lambda_3-\lambda_2) > 0.$$

由零点定理，$f(x)$ 在 (λ_1, λ_2)，(λ_2, λ_3) 区间上至少各有一个零点，原方程在上述区间内分别有实根.

【例 1-20】 设有三次方程 $f(x) = x^3-3ax+2b = 0$，其中 $a>0$，$b^2<a^3$. 证明方程 $f(x)=0$ 有三个实根.

【证】 由 $a>0$，$b^2<a^3$，得

$$-a\sqrt{a} < b < a\sqrt{a},$$

故
$$x^3-3ax-2a\sqrt{a} < f(x) < x^3-3ax+2a\sqrt{a},$$

或
$$(x+\sqrt{a})^2(x-2\sqrt{a}) < f(x) < (x-\sqrt{a})^2(x+2\sqrt{a}),$$

得
$$f(-2\sqrt{a})<0, \ f(-\sqrt{a})>0, \ f(\sqrt{a})<0, \ f(2\sqrt{a})>0.$$

【例 1-21】 设 $f(x)$ 在 $[0, a]$ 上连续，$f(0)=f(a)=0$，当 $0<x<a$ 时，$f(x)>0$，l 为 $(0, a)$ 内任一点，试证在 $(0, a)$ 内至少存在一点 ξ，使 $f(\xi)=f(\xi+l)$.

【证】 $f(x)$ 在 $[0, a]$ 上连续，则 $f(x+l)$ 在 $[-l, a-l]$ 上连续. 若记

$$F(x) = f(x)-f(x+l),$$

则 $F(x)$ 在 $[0, a-l]$ 上连续.

由于 $f(0)=f(a)=0$，故

$$F(0) = -f(l), \ F(a-l) = f(a-l).$$

又 $l \in (0, a)$，故 $a-l \in (0, a)$，于是 $f(a-l)>0$.

总之
$$F(0) = -f(l)<0, \ F(a-l) = f(a-l)>0.$$

由零点定理，$F(x)$ 在 $(0, a-l)$ 内存在零点.

$\exists \xi \in (0, a-l) \subset (0, a)$，使 $F(\xi)=0$，即 $\exists \xi \in (0, a)$，使对任何 $l \in (0, a)$，有

$$f(\xi) = f(\xi+l).$$

（四）极　限

1. 用代数方法求极限

【例 1-22】 求 $\displaystyle\lim_{x\to-\infty}\frac{\sqrt{4x^2+x-1}+x+1}{\sqrt{x^2+\sin x}}$.

【解】 原式 $=\lim\limits_{x\to-\infty}\dfrac{-2x\sqrt{1+\dfrac{1}{4x}-\dfrac{1}{4x^2}}+x+1}{-x\sqrt{1+\dfrac{\sin x}{x^2}}}=\lim\limits_{x\to-\infty}\dfrac{2\sqrt{1+\dfrac{1}{4x}-\dfrac{1}{4x^2}}-1-\dfrac{1}{x}}{\sqrt{1+\dfrac{1}{x^2}\sin x}}=2-1=1.$

【例 1-23】 求 $\lim\limits_{n\to\infty}\dfrac{n^3\left(1+\dfrac{1}{2}+\dfrac{1}{2^2}+\cdots+\dfrac{1}{2^n}\right)}{(n+1)+2(n+2)+\cdots+n(n+n)}.$

【解】 原式 $=\lim\limits_{n\to\infty}\dfrac{n^3\left(1+\dfrac{1}{2}+\dfrac{1}{2^2}+\cdots+\dfrac{1}{2^n}\right)}{n(1+2+3+\cdots+n)+(1+2^2+3^2+\cdots+n^2)}=\lim\limits_{n\to\infty}\dfrac{\dfrac{n^3\left[1-\left(\dfrac{1}{2}\right)^{n+1}\right]}{1-\dfrac{1}{2}}}{n\cdot\dfrac{n(n+1)}{2}+\dfrac{n(n+1)(2n+1)}{6}}$

$=\dfrac{2}{\dfrac{1}{2}+\dfrac{1}{3}}=\dfrac{12}{5}.$

【例 1-24】 求 $\lim\limits_{n\to\infty}\left[(1+x)(1+x^2)(1+x^4)\cdots(1+x^{2^n})\right]$ （$|x|<1$）.

【解】 此题应设法变形, 否则很难计算. 可乘以因子 $\dfrac{1-x}{1-x}$.

原式 $=\lim\limits_{n\to\infty}\dfrac{(1-x)(1+x)(1+x^2)(1+x^4)\cdots(1+x^{2^n})}{1-x}=\lim\limits_{n\to\infty}\dfrac{(1-x^{2^n})(1+x^{2^n})}{1-x}=\lim\limits_{n\to\infty}\dfrac{1-x^{2^{n+1}}}{1-x}=\dfrac{1}{1-x}.$

【例 1-25】 设 $x_n=\left(1+\dfrac{1}{2^2}\right)\left(1+\dfrac{1}{2^4}\right)\cdots\left(1+\dfrac{1}{2^{2n}}\right)$, 求 $\lim\limits_{n\to\infty}x_n.$

【解】 $\left(1-\dfrac{1}{2^2}\right)x_n=\left(1-\dfrac{1}{2^4}\right)\left(1+\dfrac{1}{2^4}\right)\cdots\left(1+\dfrac{1}{2^{2n}}\right)=1-\dfrac{1}{2^{2n+1}},$

$\lim\limits_{n\to\infty}x_n=\lim\limits_{n\to\infty}\dfrac{4}{3}\left(1-\dfrac{1}{2^{2n+1}}\right)=\dfrac{4}{3}.$

【例 1-26】 求 $\lim\limits_{x\to0}\left(\dfrac{2+e^{\frac{1}{x}}}{1+e^{\frac{2}{x}}}+\dfrac{x}{|x|}\right).$

【解】 当 $x\to-0$ 时, $\dfrac{2+e^{\frac{1}{x}}}{1+e^{\frac{2}{x}}}\to2,\ \dfrac{x}{|x|}\to-1,\ \lim\limits_{x\to-0}\left(\dfrac{2+e^{\frac{1}{x}}}{1+e^{\frac{2}{x}}}+\dfrac{x}{|x|}\right)=2-1=1;$

类似地有

$\lim\limits_{x\to+0}\left(\dfrac{2+e^{\frac{1}{x}}}{1+e^{\frac{2}{x}}}\right)=0,\ \lim\limits_{x\to+0}\dfrac{x}{|x|}=1,\ \lim\limits_{x\to+0}\left(\dfrac{2+e^{\frac{1}{x}}}{1+e^{\frac{2}{x}}}+\dfrac{x}{|x|}\right)=0+1=1.$

故 $\lim\limits_{x\to0}\left(\dfrac{2+e^{\frac{1}{x}}}{1+e^{\frac{2}{x}}}+\dfrac{x}{|x|}\right)=1.$

【例 1-27】 利用不等式 $\ln(1+n)<1+\dfrac{1}{2}+\dfrac{1}{3}+\cdots+\dfrac{1}{n}<1+\ln n$, 求 $\lim\limits_{n\to\infty}\dfrac{\sum\limits_{k=1}^{n}\dfrac{1}{k}}{\ln n}.$

【解】 因为 $\sum\limits_{k=1}^{n}\dfrac{1}{k}=1+\dfrac{1}{2}+\dfrac{1}{3}+\dfrac{1}{4}+\cdots+\dfrac{1}{n},\ \ln(1+n)<1+\dfrac{1}{2}+\dfrac{1}{3}+\cdots+\dfrac{1}{n}<1+\ln n,$

所以
$$\frac{\ln(1+n)}{\ln n} < \frac{\sum_{k=1}^{n}\frac{1}{k}}{\ln n} < \frac{1+\ln n}{\ln n} = 1+\frac{1}{\ln n}.$$

又
$$\lim_{n\to\infty}\left(1+\frac{1}{\ln n}\right)=1,$$

所以

$$\lim_{n\to\infty}\frac{\ln(1+n)}{\ln n}=\lim_{n\to\infty}\frac{\ln n\left(1+\frac{1}{n}\right)}{\ln n}=\lim_{n\to\infty}\frac{\ln n+\ln\left(1+\frac{1}{n}\right)}{\ln n}=1+\lim_{n\to\infty}\frac{\ln\left(1+\frac{1}{n}\right)}{\ln n}=1.$$

故原式 $=1$.

【例 1-28】 设 $x_n = 1+\frac{1}{1+2}+\frac{1}{1+2+3}+\cdots+\frac{1}{1+2+\cdots+n}$, 求 $\lim_{n\to\infty}x_n$.

【解】
$$1+2+\cdots+n=\frac{n(n+1)}{2},\quad \frac{1}{n(n+1)}=\frac{1}{n}-\frac{1}{n+1},$$

$$x_n = 1+\frac{2}{2\times3}+\frac{2}{3\times4}+\cdots+\frac{2}{n(n+1)}=1+2\left[\left(\frac{1}{2}-\frac{1}{3}\right)+\left(\frac{1}{3}-\frac{1}{4}\right)+\cdots+\left(\frac{1}{n}-\frac{1}{n+1}\right)\right]=2-\frac{2}{n+1},$$

故
$$\lim_{n\to\infty}x_n=\lim_{n\to\infty}\left(2-\frac{2}{n+1}\right)=2.$$

2. 利用定义和准则研讨极限

【例 1-29】 证明 $\lim_{x\to3}\frac{x-3}{x}=0$.

【证法 1】 由于 $x\to3$, 不妨设 $|x-3|<1$, 故
$$\left|\frac{x-3}{x}\right|<\frac{|x-3|}{2}.$$

$\forall\varepsilon>0$, 取 $\delta=\min\{1,\,2\varepsilon\}$, 则当 $0<|x-3|<\delta$ 时, 恒有
$$\left|\frac{x-3}{x}\right|<\frac{1}{2}|x-3|<\frac{1}{2}\cdot\delta\leqslant\frac{1}{2}\cdot2\varepsilon=\varepsilon.\quad 故$$

$$\lim_{x\to3}\frac{x-3}{x}=0.$$

【证法 2】 由于 $\left|\frac{x}{x-3}\right|=\left|1+\frac{3}{x-3}\right|\geqslant\frac{3}{|x-3|}-1$, 只要
$$\frac{3}{|x-3|}-1>\frac{1}{\varepsilon},$$

即
$$\frac{3}{|x-3|}>1+\frac{1}{\varepsilon}=\frac{1+\varepsilon}{\varepsilon},\quad |x-3|<\frac{3\varepsilon}{1+\varepsilon},$$

就有
$$\left|\frac{x-3}{x}\right|<\varepsilon.$$

故 $\forall\varepsilon>0$, 取 $\delta=\frac{3\varepsilon}{1+\varepsilon}$, 当 $0<|x-3|<\delta$ 时, 就有 $\left|\frac{x}{x-3}\right|<\varepsilon$. 故

$$\lim_{x\to3}\frac{x-3}{x}=0.$$

【例 1-30】 求 $\lim_{n\to\infty}\sqrt[n]{n}$.

【解】 令 $\sqrt[n]{n}=1+h_n(h_n>0)$, 则
$$n=(1+h_n)^n=1+nh_n+\frac{n(n-1)}{2}h_n^2+\cdots+h_n^n>\frac{n(n-1)}{2}h_n^2,$$

即
$$0<h_n<\sqrt{\frac{2}{n-1}}.$$

令 $n\to\infty$，则 $h_n\to0$，故 $\lim\limits_{n\to\infty}\sqrt[n]{n}=1$.

【例 1-31】 求 $\lim\limits_{x\to0}x\left[\dfrac{2}{x}\right]$.

【解】 由于 $\dfrac{2}{x}-1<\left[\dfrac{2}{x}\right]<\dfrac{2}{x}$，故 $2-x<x\left[\dfrac{2}{x}\right]<2$，或 $2-x>\left[\dfrac{2}{x}\right]>2$. 由夹逼准则，显然有

$$\lim\limits_{x\to0}x\left[\frac{2}{x}\right]=2.$$

【例 1-32】 求 $\lim\limits_{n\to\infty}\left(\dfrac{1}{\sqrt{n^6+n}}+\dfrac{2^2}{\sqrt{n^6+2n}}+\cdots+\dfrac{n^2}{\sqrt{n^6+n^2}}\right)$.

【解】
$$\frac{1}{\sqrt{n^6+n^2}}\leqslant\frac{1}{\sqrt{n^6+kn}}\leqslant\frac{1}{\sqrt{n^6+n}}\quad(k=1,\ 2,\ \cdots,\ n),$$

故
$$\sum_{k=1}^{n}\frac{k^2}{\sqrt{n^6+n^2}}\leqslant\sum_{k=1}^{n}\frac{k^2}{\sqrt{n^6+kn}}\leqslant\sum_{k=1}^{n}\frac{k^2}{\sqrt{n^6+n}}.$$

而 $\lim\limits_{n\to\infty}\sum\limits_{k=1}^{n}\dfrac{k^2}{\sqrt{n^6+n^2}}=\lim\limits_{n\to\infty}\dfrac{n(n+1)(2n+1)}{6\sqrt{n^6+n^2}}=\dfrac{1}{3}$，$\lim\limits_{n\to\infty}\sum\limits_{k=1}^{n}\dfrac{k^2}{\sqrt{n^6+n}}=\lim\limits_{n\to\infty}\dfrac{n(n+1)(2n+1)}{6\sqrt{n^6+n}}=\dfrac{1}{3}$，

由夹逼准则，原式 $=\dfrac{1}{3}$.

3. 利用两个重要极限求极限

【例 1-33】 求 $\lim\limits_{x\to\infty}\left(\dfrac{2x+3}{2x+1}\right)^{x+1}$.

【解】 原式 $=\lim\limits_{x\to\infty}\left(1+\dfrac{2}{2x+1}\right)^{\frac{2x+1}{2}+\frac{1}{2}}=\left[\lim\limits_{x\to\infty}\left(1+\dfrac{2}{2x+1}\right)^{\frac{2x+1}{2}}\right]\cdot\left[\lim\limits_{x\to\infty}\left(1+\dfrac{2}{2x+1}\right)^{\frac{1}{2}}\right]=e\cdot1=e$.

注 此题若用公式

$$\lim\limits_{x\to\infty}\left(\frac{ax+b}{ax+c}\right)^{hx+k}=e^{\frac{(b-c)h}{a}},$$

有
$$a=2,\ b=3,\ c=1,\ h=1,\ k=1.$$

立刻得到
$$原式=e^{\frac{(3-1)\times1}{2}}=e.$$

【例 1-34】 求 $\lim\limits_{x\to1}\left(\dfrac{2x}{x+1}\right)^{\frac{4x}{x-1}}$.

【解】 原式 $=\lim\limits_{x\to1}\left[\left(1+\dfrac{x-1}{x+1}\right)^{\frac{x+1}{x-1}}\right]^{\frac{4x}{x+1}}=\left[\lim\limits_{x\to1}\left(1+\dfrac{x-1}{x+1}\right)^{\frac{x+1}{x-1}}\right]^{\lim\limits_{x\to1}\frac{4x}{x+1}}=e^2$.

【例 1-35】 求 $\lim\limits_{x\to+\infty}\left[(x+2)\ln(x+2)-2(x+1)\ln(x+1)+x\ln x\right]$.

【解】 原式 $=\lim\limits_{x\to+\infty}\left[\ln\left(1+\dfrac{1}{1+x}\right)^{x+1}-\ln\left(1+\dfrac{1}{x}\right)^x+\ln\dfrac{x+2}{x+1}\right]=\ln e-\ln e+\ln1=0$.

【例 1-36】 求 $\lim\limits_{n\to\infty}\left(1+\dfrac{1}{n}+\dfrac{1}{n^2}\right)^{2n}$.

【解】 由
$$\lim\limits_{n\to\infty}\left(\frac{1}{n}+\frac{1}{n^2}\right)=0,\ \lim\limits_{n\to\infty}\left(\frac{1}{n}+\frac{1}{n^2}\right)\cdot2n=\lim\limits_{n\to\infty}\frac{2n(n+1)}{n^2}=2,$$

$$原式 = \lim_{n\to\infty}\left(1+\frac{1}{n}+\frac{1}{n^2}\right)^{\frac{1}{\frac{1}{n}+\frac{1}{n^2}}\cdot\left(\frac{1}{n}+\frac{1}{n^2}\right)\cdot 2n} = \left[\lim_{n\to\infty}\left(1+\frac{1}{n}+\frac{1}{n^2}\right)^{\frac{1}{\frac{1}{n}+\frac{1}{n^2}}}\right]^{\left[\lim\limits_{n\to\infty}\left(\frac{1}{n}+\frac{1}{n^2}\right)\cdot 2n\right]} = e^2.$$

或

$$原式 = \exp\lim_{n\to\infty}\left(\frac{1}{n}+\frac{1}{n^2}\right)\cdot 2n = e^2.$$

4. 利用等价替换求极限

【例 1-37】　求 $\lim\limits_{x\to 1}\dfrac{\ln(1+\sqrt[3]{x-1})}{\arcsin 2\sqrt[3]{x^2-1}}$.

【解】　当 $x\to 1$ 时，$\sqrt[3]{x-1}\to 0$，$2\sqrt[3]{x^2-1}\to 0$，故

$$\ln(1+\sqrt[3]{x-1})\sim\sqrt[3]{x-1}，\quad \arcsin 2\sqrt[3]{x^2-1}\sim 2\sqrt[3]{x^2-1}.$$

$$原式 = \lim_{x\to 1}\frac{\sqrt[3]{x-1}}{2\sqrt[3]{x^2-1}} = \lim_{x\to 1}\frac{1}{2\sqrt[3]{x+1}} = \frac{1}{2\sqrt[3]{2}}.$$

注　此题若不利用等价无穷小替换，解起来则很麻烦.

【例 1-38】　求 $\lim\limits_{x\to 0}\dfrac{\sqrt{1+x\sin x}-1}{e^{x^2}-1}$.

【解】　这是 $\dfrac{0}{0}$ 型，当 $x\to 0$ 时，$x\sin x\to 0$. 故

$$\sqrt{1+x\sin x}-1\sim\frac{1}{2}x\sin x\sim\frac{1}{2}x^2，\quad e^{x^2}-1\sim x^2.$$

$$原式 = \lim_{x\to 0}\frac{\frac{1}{2}x^2}{x^2} = \frac{1}{2}.$$

【例 1-39】　求 $\lim\limits_{x\to 1}\left[1+\tan(x-1)\right]^{\frac{1}{\ln x}}$.

【解】　$原式 = \lim\limits_{x\to 1}\left[1+\tan(x-1)\right]^{\frac{1}{\ln[1+(x-1)]}} = \lim\limits_{x\to 1}\left[1+(x-1)\right]^{\frac{1}{x-1}} = e.$

注　这里使用了前面结论补充中的一些公式，利用这些公式可以简化许多计算，例如

(1) $\lim\limits_{x\to 0}(1-\sin x)^{\frac{1}{x}} = \lim\limits_{x\to 0}(1-x)^{\frac{1}{x}} = e^{-1}$；

(2) $\lim\limits_{x\to 0}(1+x)^{\cot x} = \lim\limits_{x\to 0}(1+x)^{\frac{1}{\tan x}} = e^{\lim\limits_{x\to 0}\frac{x}{\tan x}} = e$；

(3) $\lim\limits_{x\to 0}\left(\dfrac{\sin x}{x}\right)^{\frac{1}{x^2}} = \lim\limits_{x\to 0}\left[\left(1+\dfrac{\sin x-x}{x}\right)^{\frac{x}{\sin x-x}}\right]^{\frac{\sin x-x}{x^3}} = e^{-\frac{1}{6}}$　$\left(\lim\limits_{x\to 0}\dfrac{\sin x-x}{x}=0，\ x-\sin x\sim\dfrac{1}{6}x^3\right)$.

【例 1-40】　求 $\lim\limits_{x\to 0}\dfrac{\ln(\sin^2 x+e^x)-x}{\ln(e^{2x}-x^2)-2x}$.

【解】　$原式 = \lim\limits_{x\to 0}\dfrac{\ln(\sin^2 x+e^x)-\ln e^x}{\ln(e^{2x}-x^2)-\ln e^{2x}} = \lim\limits_{x\to 0}\dfrac{\ln\left(1+\dfrac{\sin^2 x}{e^x}\right)}{\ln\left(1-\dfrac{x^2}{e^{2x}}\right)} = \lim\limits_{x\to 0}\dfrac{\dfrac{\sin^2 x}{e^x}}{\dfrac{-x^2}{e^{2x}}} = -\lim\limits_{x\to 0}\dfrac{\sin^2 x}{x^2}\cdot e^x = -1.$

【例 1-41】　求 $\lim\limits_{x\to\infty}x^2\left(a^{\frac{1}{x}}-a^{\frac{1}{x+1}}\right)$　$(a>0)$.

【解】　$原式 = \lim\limits_{x\to\infty}a^{\frac{1}{x+1}}\cdot\lim\limits_{x\to\infty}\dfrac{a^{\frac{1}{x(x+1)}}-1}{\dfrac{1}{x^2}} = \lim\limits_{x\to\infty}\dfrac{\dfrac{1}{x(x+1)}\cdot\ln a}{\dfrac{1}{x^2}} = \lim\limits_{x\to\infty}\dfrac{x^2}{x(x+1)}\ln a = \ln a.$

5. 确定极限式中的常数

【例 1-42】 已知 $\lim\limits_{x \to +\infty}(5x - \sqrt{ax^2-bx+c}) = 2$，求 a 与 b 的值.

【解】
$$\lim_{x \to +\infty}(5x - \sqrt{ax^2-bx+c}) = \lim_{x \to +\infty}\frac{(5x - \sqrt{ax^2-bx+c})(5x + \sqrt{ax^2-bx+c})}{5x + \sqrt{ax^2-bx+c}}$$

$$= \lim_{x \to +\infty}\frac{25x^2 - (ax^2-bx+c)}{5x + \sqrt{ax^2-bx+c}} = \lim_{x \to +\infty}\frac{(25-a)x^2 + bx - c}{5x + \sqrt{ax^2-bx+c}} = \lim_{x \to +\infty}\frac{(25-a)x + b - \dfrac{c}{x}}{5 + \sqrt{a - \dfrac{b}{x} + \dfrac{c}{x^2}}} = 2.$$

故
$$\begin{cases} 25 - a = 0, \\ \dfrac{b}{5 + \sqrt{a}} = 2. \end{cases}$$

解得 $a = 25$，$b = 20$.

【例 1-43】 设 $\lim\limits_{x \to -1}\dfrac{x^3 - ax^2 - x + 4}{x+1}$ 具有极限 l，试求 a 和 l 的值.

【解】 由于 $\lim\limits_{x \to -1}(x+1) = 0$，极限 $\lim\limits_{x \to -1}\dfrac{x^3 - ax^2 - x + 4}{x+1}$ 存在，故必有
$$\lim_{x \to -1}(x^3 - ax^2 - x + 4) = 0.$$
于是有 $4 - a = 0$，即 $a = 4$，将 $a = 4$ 代回原极限式，有
$$\lim_{x \to -1}\frac{x^3 - 4x^2 - x + 4}{x+1} = \lim_{x \to -1}\frac{(x-4)(x-1)(x+1)}{x+1} = \lim_{x \to -1}(x-4)(x-1) = 10.$$
解得 $l = 10$.

【例 1-44】 已知 $\lim\limits_{x \to 1}\dfrac{x^2 + ax + b}{1-x} = 5$，求 a，b 的值.

【解】 由于分母极限为零，故分子极限必为零. $x^2 + ax + b$ 必含有因子 $(1-x)$，故可设
$$x^2 + ax + b = (x-1)(x-k),$$
由
$$\lim_{x \to 1}\frac{x^2 + ax + b}{1-x} = 5,$$
得
$$\lim_{x \to 1}\frac{(x-1)(x-k)}{1-x} = 5.$$
消去 $(1-x)$，得 $\lim\limits_{x \to 1}(x-k) = -5$，推出 $k = 6$. 因此
$$x^2 + ax + b = (x-1)(x-6) = x^2 - 7x + 6,$$
对比系数，可得 $a = -7$，$b = 6$.

【例 1-45】 设
$$f(x) = \begin{cases} \dfrac{\sin x}{2x}, & x < 0, \\ (1+ax)^{\frac{1}{x}}, & x > 0, \end{cases}$$
试确定 a，使 $\lim\limits_{x \to 0}f(x)$ 存在.

【解】 $\lim\limits_{x \to -0}f(x) = \lim\limits_{x \to 0}\dfrac{\sin x}{2x} = \dfrac{1}{2}$，$\lim\limits_{x \to +0}f(x) = \lim\limits_{x \to +0}(1+ax)^{\frac{1}{x}} = e^a$.

令 $\dfrac{1}{2} = e^a$，则 $a = \ln\dfrac{1}{2} = -\ln 2$. 当 $a = -\ln 2$ 时，$\lim\limits_{x \to 0}f(x)$ 存在.

三、习题全解

习题 1-1　映射与函数

1. 求下列函数的自然定义域:

(1) $y=\sqrt{3x+2}$;　　　　(2) $y=\dfrac{1}{1-x^2}$;　　　　(3) $y=\dfrac{1}{x}-\sqrt{1-x^2}$;

(4) $y=\dfrac{1}{\sqrt{4-x^2}}$;　　　　(5) $y=\sin\sqrt{x}$;　　　　(6) $y=\tan(x+1)$;

(7) $y=\arcsin(x-3)$;　　　　(8) $y=\sqrt{3-x}+\arctan\dfrac{1}{x}$;　　　　(9) $y=\ln(x+1)$;

(10) $y=\mathrm{e}^{\frac{1}{x}}$.

【解】　(1) $3x+2\geqslant0\Rightarrow x\geqslant-\dfrac{2}{3}$, 定义域为 $\left[-\dfrac{2}{3},\ +\infty\right)$;

(2) $1-x^2\neq0\Rightarrow x\neq\pm1$, 定义域为 $(-\infty,\ -1)\cup(-1,\ 1)\cup(1,\ +\infty)$;

(3) $x\neq0$ 且 $1-x^2\geqslant0\Rightarrow x\neq0$ 且 $|x|\leqslant1$, 定义域为 $[-1,\ 0)\cup(0,\ 1]$;

(4) $4-x^2>0\Rightarrow|x|<2$, 定义域为 $(-2,\ 2)$;

(5) $x\geqslant0$, 定义域为 $[0,\ +\infty)$;

(6) $x+1\neq k\pi+\dfrac{\pi}{2}\ (k\in\mathbf{Z})\Rightarrow x\neq k\pi+\dfrac{\pi}{2}-1\ (k\in\mathbf{Z})$, 定义域为

$$\left[x\mid x\in\mathbf{R}\quad\text{且}\quad x\neq\left(k+\dfrac{1}{2}\right)\pi-1,\ k\in\mathbf{z}\right];$$

(7) $|x-3|\leqslant1\Rightarrow2\leqslant x\leqslant4$, 定义域为 $[2,\ 4]$;

(8) $x\neq0$ 且 $3-x\geqslant0\Rightarrow x\neq0$ 且 $x\leqslant3$, 定义域为 $(-\infty,\ 0)\cup(0,\ 3]$;

(9) $x+1>0\Rightarrow x>-1$, 定义域为 $(-1,\ +\infty)$;

(10) $x\neq0$, 定义域为 $(-\infty,\ 0)\cup(0,\ +\infty)$.

2. 下列各题中, 函数 $f(x)$ 和 $g(x)$ 是否相同? 为什么?

(1) $f(x)=\lg x^2$, $g(x)=2\lg x$;　　　　(2) $f(x)=x$, $g(x)=\sqrt{x^2}$;

(3) $f(x)=\sqrt[3]{x^4-x^3}$, $g(x)=x\sqrt[3]{x-1}$;　　　　(4) $f(x)=1$, $g(x)=\sec^2x-\tan^2x$.

【解】　(1) 不相同, 因为两个函数的定义域不同;

(2) 不相同. 因为值域不同. $f(x)$ 的值域为 $\mathbf{R}$, $g(x)$ 的值域为 $(0,\ +\infty)$;

(3) 相同. 两个函数的定义域和值域都相同, 且对应法则也相同;

(4) 不相同. 因为定义域不同.

3. 设

$$\varphi(x)=\begin{cases}|\sin x|, & |x|<\dfrac{\pi}{3},\\[2mm] 0, & |x|\geqslant\dfrac{\pi}{3},\end{cases}$$

求 $\varphi\left(\dfrac{\pi}{6}\right)$, $\varphi\left(\dfrac{\pi}{4}\right)$, $\varphi\left(-\dfrac{\pi}{4}\right)$, $\varphi(-2)$, 并作出函数 $y=\varphi(x)$ 的图形.

【解】　$\varphi\left(\dfrac{\pi}{6}\right)=\left|\sin\dfrac{\pi}{6}\right|=\dfrac{1}{2}$, $\varphi\left(\dfrac{\pi}{4}\right)=\left|\sin\dfrac{\pi}{4}\right|=\dfrac{\sqrt{2}}{2}$,

$$\varphi\left(-\frac{\pi}{4}\right)=\left|\sin\left(-\frac{\pi}{4}\right)\right|=\frac{\sqrt{2}}{2},\ \varphi(-2)=0.$$

$y=\varphi(x)$ 的图形如图 1-1 所示.

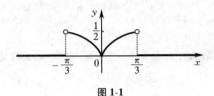

图 1-1

4. 试证下列函数在指定区间内的单调性：

（1）$y=\dfrac{x}{1-x}$　$(-\infty,1)$；　（2）$y=x+\ln x$　$(0,+\infty)$.

【证】（1）设 $x_1,x_2\in(-\infty,1)$ 且 $x_1<x_2$，则

$$f(x_1)-f(x_2)=\frac{x_1}{1-x_1}-\frac{x_2}{1-x_2}=\frac{x_1-x_2}{(1-x_1)(1-x_2)}<0,$$

即 $f(x_1)<f(x_2)$，$f(x)$ 在 $(-\infty,1)$ 上单调增加；

（2）设 $x_1,x_2\in(0,+\infty)$ 且 $x_1<x_2$，则

$$f(x_1)-f(x_2)=x_1+\ln x_1-(x_2+\ln x_2)=(x_1-x_2)+\ln\frac{x_1}{x_2}<0,$$

即 $f(x_1)<f(x_2)$，$f(x)$ 在 $(0,+\infty)$ 上单调增加.

5. 设 $f(x)$ 为定义在 $(-l,l)$ 内的奇函数，若 $f(x)$ 在 $(0,l)$ 内单调增加，证明：$f(x)$ 在 $(-l,0)$ 内也单调增加.

【证】设 $x_1,x_2\in(-l,0)$ 且 $x_1<x_2$，则有 $-x_1,-x_2\in(0,l)$，且 $-x_2<-x_1$.

由 $f(x)$ 在 $(0,l)$ 内单调增加可得

$$f(-x_2)<f(-x_1),$$

因为 $f(x)$ 在 $(-l,l)$ 内是奇函数，所以

$$f(-x_2)=-f(x_2),\ f(-x_1)=-f(x_1),\ -f(x_2)<-f(x_1),$$

从而 $f(x_1)<f(x_2)$. 故 $f(x)$ 在 $(-l,0)$ 内也单调增加.

6. 设下面所考虑的函数都是定义在区间 $(-l,l)$ 上的. 证明：

（1）两个偶函数的和是偶函数，两个奇函数的和是奇函数.

【证】设 $f_1(x),f_2(x)$ 均为偶函数，即 $f_1(-x)=f_1(x)$，$f_2(-x)=f_2(x)$. 令

$$F(x)=f_1(x)+f_2(x),$$

则　　　　$F(-x)=f_1(-x)+f_2(-x)=f_1(x)+f_2(x)=F(x),$

故 $F(x)$ 为偶函数.

设 $g_1(x),g_2(x)$ 均为奇函数，即 $g_1(-x)=-g_1(x)$，$g_2(-x)=-g_2(x)$. 令 $G(x)=g_1(x)+g_2(x)$，

则

$$G(-x)=g_1(-x)+g_2(-x)=-g_1(x)-g_2(x)=-G(x),$$

故 $G(x)$ 为奇函数.

（2）两个偶函数的乘积是偶函数，两个奇函数的乘积是偶函数，偶函数与奇函数的乘积是奇函数.

【证】设 $f_1(x),f_2(x)$ 均为偶函数，即 $f_1(-x)=f_1(x)$，$f_2(-x)=f_2(x)$. 令 $F(x)=f_1(x)\cdot f_2(x)$，

则

$$F(-x)=f_1(-x)\cdot f_2(-x)=f_1(x)\cdot f_2(x)=F(x),$$

故 $F(x)$ 为偶函数.

设 $g_1(-x)=-g_1(x)$，$g_2(-x)=-g_2(x)$. 令 $G(x)=g_1(x)\cdot g_2(x)$，则

$$G(-x)=g_1(-x)\cdot g_2(-x)=[-g_1(x)]\cdot[-g_2(x)]=G(x).$$

故 $G(x)$ 为偶函数.

设 $f(-x)=f(x)$，$g(-x)=-g(x)$. 令 $H(x)=f(x)\cdot g(x)$，则

$$H(-x)=f(-x)\cdot g(-x)=f(x)\cdot[-g(x)]=-f(x)g(x)=-H(x),$$

故 $H(x)$ 为奇函数.

7. 下列函数中，哪些是偶函数，哪些是奇函数，哪些既非偶函数又非奇函数？

(1) $y=x^2(1-x^2)$；　　　　　(2) $y=3x^2-x^3$；　　　　　(3) $y=\dfrac{1-x^2}{1+x^2}$；

(4) $y=x(x-1)(x+1)$；　　　(5) $y=\sin x-\cos x+1$；　　　(6) $y=\dfrac{a^x+a^{-x}}{2}$.

【解】　(1) $f(-x)=(-x)^2[1-(-x)^2]=x^2(1-x^2)=f(x)$，故 $f(x)$ 为偶函数；

(2) $f(-x)=3(-x)^2-(-x)^3=3x^2+x^3$，故 $f(x)$ 既非偶函数又非奇函数；

(3) $f(-x)=\dfrac{1-(-x)^2}{1+(-x)^2}=\dfrac{1-x^2}{1+x^2}=f(x)$，故 $f(x)$ 为偶函数；

(4) $f(-x)=(-x)(-x-1)(-x+1)=-x(x+1)(x-1)=-f(x)$，故 $f(x)$ 为奇函数；

(5) $f(-x)=\sin(-x)-\cos(-x)+1=-\sin x-\cos x+1$，故 $f(x)$ 既非偶函数又非奇函数；

(6) $f(-x)=\dfrac{1}{2}(a^{-x}+a^x)=f(x)$，故 $f(x)$ 为偶函数.

8. 下列各函数中哪些是周期函数？对于周期函数，指出其周期：

(1) $y=\cos(x-2)$；　　　　　(2) $y=\cos 4x$；　　　　　(3) $y=1+\sin\pi x$；

(4) $y=x\cos x$；　　　　　(5) $y=\sin^2 x$.

【解】　(1) 是周期函数，周期为 2π；

(2) 是周期函数，周期为 $\dfrac{\pi}{2}$；

(3) 是周期函数，周期为 2；

(4) 不是周期函数；

(5) $y=\dfrac{1}{2}-\dfrac{1}{2}\cos 2x$，是周期函数，周期为 π.

9. 求下列函数的反函数：

(1) $y=\sqrt[3]{x+1}$；　　　　　(2) $y=\dfrac{1-x}{1+x}$；　　　　　(3) $y=\dfrac{ax+b}{cx+d}$　$(ad-bc\neq 0)$；

(4) $y=2\sin 3x$　$\left(-\dfrac{\pi}{6}\leqslant x\leqslant\dfrac{\pi}{6}\right)$；　(5) $y=1+\ln(x+2)$；　　　(6) $y=\dfrac{2^x}{2^x+1}$.

【解】　(1) $x=y^3-1$，反函数为 $y=x^3-1$；

(2) $x=\dfrac{1-y}{1+y}$，反函数为 $y=\dfrac{1-x}{1+x}$；

(3) $x=\dfrac{b-dy}{cy-a}$，反函数为 $y=\dfrac{b-dx}{cx-a}$；

(4) $x=\dfrac{1}{3}\arcsin\dfrac{y}{2}$，反函数为 $y=\dfrac{1}{3}\arcsin\dfrac{x}{2}$；

(5) $x=e^{y-1}-2$，反函数为 $y=e^{x-1}-2$；

(6) $2^x=\dfrac{y}{1-y}\Rightarrow x=\log_2\dfrac{y}{1-y}$，反函数为 $y=\log_2\dfrac{x}{1-x}$.

10. 设函数 $f(x)$ 在数集 X 上有定义，试证：函数 $f(x)$ 在 X 上有界的充分必要条件是它在 X 上

既有上界又有下界.

【证】 设 $f(x)$ 在 X 上有界,则存在 $M>0$,使 $|f(x)|\leqslant M$　$x\in X$,则
$$-M\leqslant f(x)\leqslant M.$$
反之,若有 k 和 l,使 $k\leqslant f(x)\leqslant l$,$x\in X$. 取 $M=\max\{|k|,\ |l|\}$,则对任何 $x\in X$,皆有 $|f(x)|\leqslant M$. 证毕.

11. 在下列各题中,求由所给函数构成的复合函数,并求这函数分别对应于给定自变量值 x_1 和 x_2 的函数值:

(1) $y=u^2$,$u=\sin x$,$x_1=\dfrac{\pi}{6}$,$x_2=\dfrac{\pi}{3}$;

(2) $y=\sin u$,$u=2x$,$x_1=\dfrac{\pi}{8}$,$x_2=\dfrac{\pi}{4}$;

(3) $y=\sqrt{u}$,$u=1+x^2$,$x_1=1$,$x_2=2$;

(4) $y=\mathrm{e}^u$,$u=x^2$,$x_1=0$,$x_2=1$;

(5) $y=u^2$,$u=\mathrm{e}^x$,$x_1=1$,$x_2=-1$.

【解】 (1) $y=\sin^2 x$,$y_1=\dfrac{1}{4}$,$y_2=\dfrac{3}{4}$;

(2) $y=\sin 2x$,$y_1=\dfrac{\sqrt{2}}{2}$,$y_2=1$;

(3) $y=\sqrt{1+x^2}$,$y_1=\sqrt{2}$,$y_2=\sqrt{5}$;

(4) $y=\mathrm{e}^{x^2}$,$y_1=1$,$y_2=\mathrm{e}$;

(5) $y=\mathrm{e}^{2x}$,$y_1=\mathrm{e}^2$,$y_2=\dfrac{1}{\mathrm{e}^2}$.

12. 设 $f(x)$ 的定义域 $D=[0,1]$,求下列各函数的定义域:

(1) $f(x^2)$;

(2) $f(\sin x)$;

(3) $f(x+a)$ $(a>0)$;

(4) $f(x+a)+f(x-a)$ $(a>0)$.

【解】 (1) $0\leqslant x^2\leqslant 1\Rightarrow|x|\leqslant 1$,定义域为 $[-1,1]$;

(2) $0\leqslant\sin x\leqslant 1\Rightarrow 2k\pi\leqslant x\leqslant 2k\pi+\pi\ (k\in\mathbf{Z})$,定义域为 $\bigcup\limits_{k\in\mathbf{Z}}[2k\pi,(2k+1)\pi]$;

(3) $0\leqslant x+a\leqslant 1\Rightarrow -a\leqslant x\leqslant 1-a$,定义域为 $[-a,1-a]$;

(4) $0\leqslant x+a\leqslant 1$ 且 $0\leqslant x-a\leqslant 1\Rightarrow$ 若 $0<a\leqslant\dfrac{1}{2}$,则 $D=[a,1-a]$;若 $a>\dfrac{1}{2}$,定义域为空集.

13. 设 $f(x)=\begin{cases}1,&|x|<1,\\0,&|x|=1,\\-1,&|x|>1,\end{cases}$ $g(x)=\mathrm{e}^x$,

求 $f[g(x)]$ 和 $g[f(x)]$,并作出这两个函数的图形.

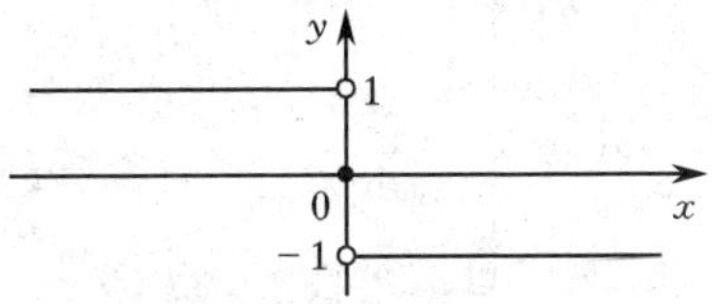

【解】 $f[g(x)]=\begin{cases}1,&|\mathrm{e}^x|<1,\\0,&|\mathrm{e}^x|=1,\\-1,&|\mathrm{e}^x|>1,\end{cases}$

即　　　　　　$f[g(x)]=\begin{cases}1,&x<0,\\0,&x=0,\\-1,&x>0,\end{cases}$

图形如图 1-2 所示.

图 1-2

$$g[f(x)]=\begin{cases}\mathrm{e},&|x|<1,\\1,&|x|=1,\\\mathrm{e}^{-1},&|x|>1,\end{cases}$$

图形如图 1-3 所示.

图 1-3

14. 已知水渠的横断面为等腰梯形,斜角 $\varphi=40°$(图 1-4). 当过水断面 $ABCD$ 的面积为定值 S_0 时,求湿周 $L(L=AB+BC+CD)$ 与水深 h 之间的函数关系式,并指明其定义域.

【解】 如图 1-4 所示,由三角关系得 $AB=CD=\dfrac{h}{\sin 40°}$,又由梯形面积

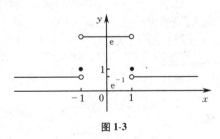

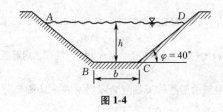

图 1-4

$$\frac{1}{2}h(BC+BC+2h\cot40°)=S_0$$

得
$$BC=\frac{S_0}{h}-h\cot40°,$$

故
$$L=AB+BC+CD=\frac{S_0}{h}+\frac{2-\cos40°}{\sin40°}h.$$

自变量 h 的取值范围由
$$\begin{cases} h>0, \\ \dfrac{S_0}{h}-h\cot40°>0 \end{cases}$$

确定，故定义域为 $0<h<\sqrt{S_0\tan40°}$.

15.设 xOy 平面上有正方形 $D=\{(x,y)|0\leqslant x\leqslant1,\ 0\leqslant y\leqslant1\}$ 及直线 l: $x+y=t$　$(t\geqslant0)$.若 $S(t)$ 表示正方形 D 位于直线 l 左下方部分的面积，试求 $S(t)$ 与 t 之间的函数关系.

【解】　当 $0\leqslant t\leqslant1$ 时，$S(t)=\dfrac{1}{2}t^2$；当 $1<t\leqslant2$ 时，如图 1-5 所示，

$$S(t)=1-\frac{1}{2}(2-t)^2=-\frac{1}{2}t^2+2t-1;$$

当 $t>2$ 时，$S(t)=1$.总之

$$S(t)=\begin{cases} \dfrac{1}{2}t^2, & 0\leqslant t\leqslant1, \\ -\dfrac{1}{2}t^2+2t-1, & 1<t\leqslant2, \\ 1, & t>2. \end{cases}$$

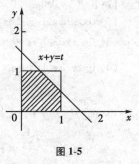

图 1-5

16. 求联系华氏温度(用 F 表示)和摄氏温度(用 C 表示)的转换公式，并求：

(1) 90 ℉的等价摄氏温度和-5 ℃的等价华氏温度；

(2) 是否存在一个温度值，使华氏温度计和摄氏温度计的读数是一样的? 如果存在，那么该温度值是多少?

【解】　设 $F=mC+b$，其中 m，b 为常数.

因为 $F=32$ ℉，相当于 $C=0$ ℃，$F=212$ ℉，相当于 $C=100$ ℃，于是

$$b=32,\quad m=\frac{212-32}{100}=1.8.$$

故
$$F=1.8C+32\quad 或\quad C=\frac{5}{9}(F-32).$$

(1) $F=90$ ℉，$C=\dfrac{5}{9}\times(90-32)\approx32.2$ ℃；$C=-5$ ℃，$F=1.8\times(-5)+32=23$ ℉；

(2) 设温度值 t 符合题意，则有　$t=1.8t+32$，$t=-40$，

即华氏-40 ℉恰好也是摄氏-40 ℃.

17. 已知 Rt $\triangle ABC$ 中，直角边 AC、BC 的长度分别为 20、15，动点 P 从 C 出发，沿三角形边界

按 $C \rightarrow B \rightarrow A$ 方向移动；动点 Q 从 C 出发，沿三角形边界按 $C \rightarrow A \rightarrow B$ 方向移动，移动到两动点相遇时为止，且点 Q 移动的速度是点 P 移动的速度的 2 倍. 设动点 P 移动的距离为 x，$\triangle CPQ$ 的面积为 y，试求 y 与 x 之间的函数关系.

【解】 由 $|AC| = 20$，$|BC| = 15$ 得 $|AB| = \sqrt{20^2 + 15^2} = 25$.

设动点 P 移动的距离为 S_P，Q 移动的距离为 S_Q，则 $S_P = x$，$S_Q = 2x$，又 $S_P + S_Q = 20 + 15 + 25$，则 $3x = 60$，故 $x = 20$（两点相遇时对应的值），因此所求函数的定义域为 $[0, 20]$.

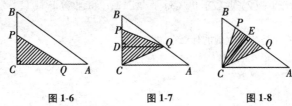

图 1-6   图 1-7   图 1-8

(1) 当 $0 < x < 10$ 时，如图 1-6 所示，$|CP| = x$，$|CQ| = 2x$，于是 $y = x^2$.

(2) 当 $10 \leqslant x \leqslant 15$ 时，如图 1-7 所示，$|CP| = x$，$|AQ| = 2x - 20$，且

$$\frac{|QD|}{20} = \frac{|BQ|}{25} = \frac{45 - 2x}{25} \quad (\text{因为 } \triangle ACB \backsim \triangle QDB).$$

所以 $|QD| = \dfrac{4}{5}(45 - 2x)$，故 $y = \dfrac{1}{2}x \cdot |QD| = -\dfrac{4}{5}x^2 + 18x$.

(3) 当 $15 < x \leqslant 20$ 时，如图 1-8 所示，$|BP| = x - 15$，$|AQ| = 2x - 20$，$|PQ| = 60 - 3x$，$\dfrac{|CE|}{|BC|} = \dfrac{|AC|}{|AB|}$，

所以 $|CE| = \dfrac{|AC|}{|AB|} \cdot |BC| = 12$. 从而得 $y = \dfrac{1}{2}|PQ| \cdot |CE| = -18x + 360$，故

$$y = \begin{cases} x^2, & 0 \leqslant x < 10, \\ -\dfrac{4}{5}x^2 + 18x, & 10 \leqslant x \leqslant 15, \\ -18x + 360, & 15 < x \leqslant 20. \end{cases}$$

18. 利用以下美国人口普查局提供的世界人口数据以及指数模型来推测 2020 年的世界人口.

年份	人口数/百万	年增长率/%
2008	6708.2	1.166
2009	6787.4	1.140
2010	6863.8	1.121
2011	6940.7	1.107
2012	7017.5	1.107
2013	7095.2	

【解】 由表中第 3 列，猜想 2008 年后世界人口的年增长率约为 1.1%，于是在 2008 年后的第 t 年，世界人口将是 $P(t) = 6708.2 \times 1.011^t$（百万），2020 年对应于 $t = 12$，于是 $P(12) = 6708.2 \times 1.011^{12} \approx 7649.3$（百万）$\approx 76$（亿），即推测 2020 年的世界人口约为 76 亿.

习题 1-2 数列的极限

1. 下列各题中，哪些数列收敛，哪些数列发散？对于收敛数列，通过观察数列 $\{x_n\}$ 的变化趋势，写出它们的极限.

(1) $\left\{\dfrac{1}{2^n}\right\}$；　　　　　(2) $\left\{(-1)^n \dfrac{1}{n}\right\}$；　　　　　(3) $\left\{2+\dfrac{1}{n^2}\right\}$；

(4) $\left\{\dfrac{n-1}{n+1}\right\}$；　　　　　(5) $\left\{n(-1)^n\right\}$；　　　　　(6) $\left\{\dfrac{2^n-1}{3^n}\right\}$；

(7) $\left\{n-\dfrac{1}{n}\right\}$；　　　　　(8) $\left\{\left[(-1)^n+1\right]\dfrac{n+1}{n}\right\}$．

【解】　(1) 收敛于 0；(2) 收敛于 0；(3) 收敛于 2；(4) 收敛于 1；(5) 发散；(6) 收敛于 0；(7) 发散；(8) 发散．

2. (1) 数列的有界性是数列收敛的什么条件？

(2) 无界数列是否一定发散？

(3) 有界数列是否一定收敛？

【解】　(1) 必要条件；

(2) 一定发散；

(3) 未必收敛，如 $\{(-1)^n\}$ 有界，但发散．

3. 下列关于数列 $\{x_n\}$ 的极限是 a 的定义，哪些是对的，哪些是错的？如果是对的，试说明理由；如果是错的，试给出一个反例．

(1) 对于任意给定的 $\varepsilon>0$，存在 $N\in\mathbf{N}_+$，当 $n>N$ 时，不等式 $x_n-a<\varepsilon$ 成立．

(2) 对于任意给定的 $\varepsilon>0$，存在 $N\in\mathbf{N}_+$，当 $n>N$ 时，有无穷多项 x_n，使不等式 $|x_n-a|<\varepsilon$ 成立；

(3) 对于任意给定的 $\varepsilon>0$，存在 $N\in\mathbf{N}_+$，当 $n>N$ 时，不等式 $|x_n-a|<c\varepsilon$ 成立，其中 c 为某个正常数；

(4) 对于任意给定的 $m\in\mathbf{N}_+$，存在 $N\in\mathbf{N}_+$，当 $n>N$ 时，不等式 $|x_n-a|<\dfrac{1}{m}$ 成立．

【解】　(1) 错误．例如，数列 $\left\{(-1)^n+\dfrac{1}{n}\right\}$，取 $a=1$，对任给的 $0<\varepsilon<1$，存在 $N=\left[\dfrac{1}{\varepsilon}\right]$，当 $n>N$ 时有 $x_n-a=(-1)^n+\dfrac{1}{n}-1\le\dfrac{1}{n}<\varepsilon$，但 $\left\{(-1)^n+\dfrac{1}{n}\right\}$ 的极限不存在；

(2) 错误．例如，数列 $x_n=\begin{cases}3n, & \text{当 } n=2k-1, \\ 1-\dfrac{1}{4n}, & \text{当 } n=2k,\end{cases}\ k\in\mathbf{N}_+,\ a=1.$

$\forall\varepsilon>0\left(\text{设 }\varepsilon<\dfrac{1}{2}\right)$，$\exists N=\left[\dfrac{1}{\varepsilon}\right]$，当 $n>N$ 且 n 为偶数时有 $|x_n-a|=\dfrac{1}{4n}<\dfrac{1}{n}<\varepsilon$ 成立，但 $\{x_n\}$ 的极限不存在；

(3) 正确．$\forall\varepsilon>0$，取 $\dfrac{1}{c}\varepsilon>0$，由条件知 $\exists N\in\mathbf{N}_+$，当 $n>N$ 时，有 $|x_n-a|<c\cdot\dfrac{1}{c}\varepsilon=\varepsilon$ 成立；

(4) 正确．$\forall\varepsilon>0$，取 $m\in\mathbf{N}_+$，使 $\dfrac{1}{m}<\varepsilon$，由条件知，$\exists N\in\mathbf{N}_+$，当 $n>N$ 时有 $|x_n-a|<\dfrac{1}{m}<\varepsilon$ 成立．

*4. 设数列 $\{x_n\}$ 的一般项 $x_n=\dfrac{1}{n}\cos\dfrac{n\pi}{2}$．问 $\lim\limits_{n\to\infty}x_n=?$ 求出 N，使当 $n>N$ 时，x_n 与其极限之差的绝对值小于正数 ε．当 $\varepsilon=0.001$ 时，求出数 N．

【解】　$\lim\limits_{n\to\infty}x_n=0$，其证明如下：

$$\left|x_n-0\right|=\left|\dfrac{1}{n}\cos\dfrac{n}{2}\pi\right|\le\dfrac{1}{n}.$$

对 $\forall\varepsilon>0$，要使 $|x_n-0|<\varepsilon$，只要 $\dfrac{1}{n}<\varepsilon$，即 $n>\dfrac{1}{\varepsilon}$．取 $N=\left[\dfrac{1}{\varepsilon}\right]$，当 $n>N$ 时，$|x_n-0|<\varepsilon$ 成立．

当 $\varepsilon=0.001$ 时，$N=1000$．

*5. 根据数列极限的定义证明：

（1）$\lim\limits_{n\to\infty}\dfrac{1}{n^2}=0$.

【证】$\left|\dfrac{1}{n^2}-0\right|=\dfrac{1}{n^2}$.

对 $\forall\varepsilon>0$，只要 $\dfrac{1}{n^2}<\varepsilon$，即 $n>\sqrt{\dfrac{1}{\varepsilon}}$. 取 $N=\left[\sqrt{\dfrac{1}{\varepsilon}}\right]$，当 $n>N$ 时，有 $\left|\dfrac{1}{n^2}-0\right|<\varepsilon$，即

$$\lim\limits_{n\to\infty}\dfrac{1}{n^2}=0.$$

（2）$\lim\limits_{n\to\infty}\dfrac{3n+1}{2n+1}=\dfrac{3}{2}$.

【证】$\left|\dfrac{3n+1}{2n+1}-\dfrac{3}{2}\right|=\left|\dfrac{-1}{2(2n+1)}\right|=\dfrac{1}{4n+2}$.

对 $\forall\varepsilon>0$，只要 $\dfrac{1}{4n+2}<\varepsilon$，即 $n>\dfrac{1}{4\varepsilon}-\dfrac{1}{2}$. 取 $N=\left[\dfrac{1}{4\varepsilon}-\dfrac{1}{2}\right]$，当 $n>N$ 时，有 $\left|\dfrac{3n+1}{2n+1}-\dfrac{3}{2}\right|<\varepsilon$，即

$$\lim\limits_{n\to\infty}\dfrac{3n+1}{2n+1}=\dfrac{3}{2}.$$

（3）$\lim\limits_{n\to\infty}\dfrac{\sqrt{n^2+a^2}}{n}=1$.

【证】由于 $\left|\dfrac{\sqrt{n^2+a^2}}{n}-1\right|=\left|\dfrac{\sqrt{n^2+a^2}-n}{n}\right|\leqslant\dfrac{n+|a|-n}{n}=\dfrac{|a|}{n}$，

故 $\forall\varepsilon>0$，取 $N=\left[\dfrac{|n|}{\varepsilon}\right]$，当 $n>N$ 时，恒有 $\dfrac{|a|}{n}<\dfrac{|a|}{N}<\dfrac{|a|}{\dfrac{|a|}{\varepsilon}}=\varepsilon$，即

$$\left|\dfrac{\sqrt{n^2+a^2}}{n}-1\right|<\varepsilon,$$

最后得

$$\lim\limits_{n\to\infty}\dfrac{\sqrt{n^2+a^2}}{n}=1.$$

（4）$\lim\limits_{n\to\infty}0.\underbrace{999\cdots9}_{n\uparrow}=1$.

【证】$\left|0.\underbrace{999\cdots9}_{n}-1\right|=\dfrac{1}{10^n}$.

对 $\forall\varepsilon>0$，只要 $\dfrac{1}{10^n}<\varepsilon$，即 $n>\lg\dfrac{1}{\varepsilon}$. 取 $N=\left[\lg\dfrac{1}{\varepsilon}\right]$，当 $n>N$ 时，有 $\left|0.\underbrace{999\cdots9}_{n}-1\right|<\varepsilon$，即

$$\lim\limits_{n\to\infty}0.\underbrace{999\cdots9}_{n}=1.$$

*6. 若 $\lim\limits_{n\to\infty}u_n=a$，证明：$\lim\limits_{n\to\infty}|u_n|=|a|$. 并举例说明：如果数列 $\{|u_n|\}$ 有极限，但数列 $\{u_n\}$ 未必有极限.

【证】$\big||u_n|-|a|\big|\leqslant|u_n-a|$.

对 $\forall\varepsilon>0$，只要使 $|u_n-a|<\varepsilon$ 即可.

由 $\lim\limits_{n\to\infty}u_n=a$ 可知，对 $\varepsilon>0$，$\exists N$，当 $n>N$ 时，$|u_n-a|<\varepsilon$ 成立，从而 $\big||u_n|-|a|\big|<\varepsilon$，即

$$\lim\limits_{n\to\infty}|u_n|=|a|.$$

反之，未必成立. 例如 $u_n=(-1)^n$. 显然

$$\lim\limits_{n\to\infty}|u_n|=\lim\limits_{n\to\infty}1=1,$$

但 $\varlimsup_{n\to\infty}u_n$ 不存在.

*7. 设数列 $\{x_n\}$ 有界，又 $\lim_{n\to\infty}y_n=0$，证明：$\lim_{n\to\infty}x_ny_n=0$.

【证】 因为 $\{x_n\}$ 有界，所以存在数 $M\geqslant0$，使 $|x_n|\leqslant M$.

又 $\lim_{n\to\infty}y_n=0$，对 $\forall\varepsilon>0$，$\exists N$，当 $n>N$ 时，$|y_n|<\dfrac{\varepsilon}{M}$，于是

$$|x_ny_n-0|=|x_n||y_n|<M\cdot\dfrac{\varepsilon}{M}=\varepsilon,$$

故 $\lim_{n\to\infty}x_ny_n=0$.

*8. 对于数列 $\{x_n\}$，若 $x_{2k-1}\to a\ (k\to\infty)$，$x_{2k}\to a\ (k\to\infty)$，证明：$x_n\to a\ (n\to\infty)$.

【证】 对 $\forall\varepsilon>0$，因为 $x_{2k-1}\to a$，所以 $\exists N_1$，当 $2k-1>2N_1-1$ 时，有 $|x_{2k-1}-a|<\varepsilon$ 成立；又因为 $x_{2k}\to a$，所以 $\exists N_2$，当 $2k>2N_2$ 时，$|x_{2k}-a|<\varepsilon$ 成立. 取 $N=\max\{2N_1-1,\ 2N_2\}$，则当 $n>N$ 时，$|x_n-a|<\varepsilon$ 成立. 因此，$\lim_{n\to\infty}x_n=a$.

习题 1-3　函数的极限

1. 对图 1-9 所示的函数 $f(x)$，求下列极限. 如极限不存在，说明理由.

(1) $\lim\limits_{x\to-2}f(x)$；(2) $\lim\limits_{x\to-1}f(x)$；(3) $\lim\limits_{x\to0}f(x)$.

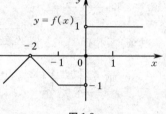

图 1-9

【解】 (1) $\lim\limits_{x\to-2}f(x)=0$；

(2) $\lim\limits_{x\to-1}f(x)=-1$；

(3) $\lim\limits_{x\to0}f(x)$ 不存在，因为 $f(0^+)\neq f(0^-)$.

2. 对图 1-10 所示的函数 $f(x)$，下列陈述中哪些是对的，哪些是错的?

(1) $\lim\limits_{x\to0}f(x)$ 不存在；

(2) $\lim\limits_{x\to0}f(x)=0$；

(3) $\lim\limits_{x\to0}f(x)=1$；

(4) $\lim\limits_{x\to0}f(x)=0$；

(5) $\lim\limits_{x\to1}f(x)$ 不存在；

(6) 对每个 $x_0\in(-1,1)$，$\lim\limits_{x\to x_0}f(x)$ 存在.

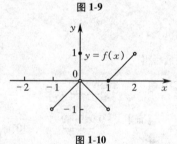

图 1-10

【解】 (1) 错. $\lim\limits_{x\to0}f(x)$ 存在与否，与 $f(0)$ 的值无关；

(2) 对. 因为 $f(0^+)=f(0^-)=0$；

(3) 错. $\lim\limits_{x\to0}f(x)$ 的值与 $f(0)$ 的值无关；

(4) 错. $f(1^+)=0$，但 $f(1^-)=-1$，故 $\lim\limits_{x\to1}f(x)$ 不存在；

(5) 对. 因为 $f(1^-)\neq f(1^+)$；

(6) 对.

3. 对图 1-11 所示的函数，下列陈述中哪些是对的，哪些是错的?

(1) $\lim\limits_{x\to-1^+}f(x)=1$；　　　(2) $\lim\limits_{x\to-1^-}f(x)$ 不存在；

(3) $\lim\limits_{x\to0}f(x)=0$；　　　(4) $\lim\limits_{x\to0}f(x)=1$；

(5) $\lim\limits_{x\to1^-}f(x)=1$；　　　(6) $\lim\limits_{x\to1^+}f(x)=0$；

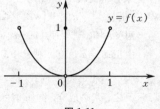

图 1-11

（7）$\lim\limits_{x\to 2^-}f(x)=0$;　　　　　　　（8）$\lim\limits_{x\to 2}f(x)=0.$

【解】（1）对;

（2）对. 因为当 $x<-1$ 时, $f(x)$ 无定义;

（3）对. 因为 $f(0^+)=f(0^-)=0$;

（4）错. $\lim\limits_{x\to 0}f(x)$ 的值与 $f(0)$ 的值无关;

（5）对;

（6）对;

（7）对;

（8）错. 因为当 $x>2$ 时, $f(x)$ 无定义, $f(2^+)$ 不存在.

4. 求 $f(x)=\dfrac{x}{x}$, $\varphi(x)=\dfrac{|x|}{x}$ 当 $x\to 0$ 时的左、右极限, 并说明它们在 $x\to 0$ 时的极限是否存在.

【解】　$\lim\limits_{x\to 0^+}f(x)=\lim\limits_{x\to 0^+}\dfrac{x}{x}=1$, 　$\lim\limits_{x\to 0^-}f(x)=\lim\limits_{x\to 0^-}\dfrac{x}{x}=1$. 故 $\lim\limits_{x\to 0}f(x)=1.$

　　　$\lim\limits_{x\to 0^+}\varphi(x)=\lim\limits_{x\to 0^+}\dfrac{x}{x}=1$, 　$\lim\limits_{x\to 0^-}\varphi(x)=\dfrac{-x}{x}=-1$. 故 $\lim\limits_{x\to 0}\varphi(x)$ 不存在.

*5. 根据函数极限的定义证明:

（1）$\lim\limits_{x\to 3}(3x-1)=8.$

【证】　$\forall\varepsilon>0$, 取 $\delta=\dfrac{\varepsilon}{3}$, 当 $0<|x-3|<\delta$ 时, 恒有

$$|(3x-1)-8|=3|x-3|<3\cdot\delta=3\cdot\dfrac{\varepsilon}{3}=\varepsilon,$$

故
$$\lim\limits_{x\to 3}(3x-1)=8.$$

（2）$\lim\limits_{x\to 2}(5x+2)=12.$

【证】　$|(5x+2)-12|=5|x-2|.$

对 $\forall\varepsilon>0$, 只要 $5|x-2|<\varepsilon$, 即 $|x-2|<\dfrac{\varepsilon}{5}$. 取 $\delta=\dfrac{\varepsilon}{5}$, 当 $0<|x-2|<\delta$ 时, 有 $|(5x+2)-12|<\varepsilon$, 即

$$\lim\limits_{x\to 2}(5x+2)=12.$$

（3）$\lim\limits_{x\to -2}\dfrac{x^2-4}{x+2}=-4.$

【证】　$\left|\dfrac{x^2-4}{x+2}-(-4)\right|=|x+2|.$

对 $\forall\varepsilon>0$, 只要 $|x+2|<\varepsilon$. 取 $\delta=\varepsilon$, 当 $0<|x-(-2)|<\varepsilon$ 时, 有 $\left|\dfrac{x^2-4}{x+2}-(-4)\right|<\varepsilon$, 即

$$\lim\limits_{x\to -2}\dfrac{x^2-4}{x+2}=-4.$$

（4）$\lim\limits_{x\to -\frac{1}{2}}\dfrac{1-4x^2}{2x+1}=2.$

【证】　$\left|\dfrac{1-4x^2}{2x+1}-2\right|=2\left|x+\dfrac{1}{2}\right|.$

对 $\forall\varepsilon>0$, 只要 $2\left|x+\dfrac{1}{2}\right|<\varepsilon$, 即 $\left|x+\dfrac{1}{2}\right|<\dfrac{\varepsilon}{2}$. 取 $\delta=\dfrac{\varepsilon}{2}$, 当 $0<\left|x-\left(-\dfrac{1}{2}\right)\right|<\varepsilon$ 时, 有 $\left|\dfrac{1-4x^2}{2x+1}-2\right|<\varepsilon$, 即

$$\lim_{x\to-\frac{1}{2}}\frac{1-4x^2}{2x+1}=2.$$

*6. 根据函数极限的定义证明：

（1）$\lim\limits_{x\to\infty}\dfrac{1+x^3}{2x^3}=\dfrac{1}{2}$.

【证】 $\left|\dfrac{1+x^3}{2x^3}-\dfrac{1}{2}\right|=\dfrac{1}{2|x|^3}$.

对 $\forall\varepsilon>0$，只要 $\dfrac{1}{2|x|^3}<\varepsilon$，即 $|x|>\sqrt[3]{\dfrac{1}{2\varepsilon}}$. 取 $X=\dfrac{1}{\sqrt[3]{2\varepsilon}}$，当 $|x|>X$ 时，有 $\left|\dfrac{1+x^3}{2x^3}-\dfrac{1}{2}\right|<\varepsilon$，即

$$\lim_{x\to\infty}\frac{1+x^3}{2x^3}=\frac{1}{2}.$$

（2）$\lim\limits_{x\to+\infty}\dfrac{\sin x}{\sqrt{x}}=0$.

【证】 $\left|\dfrac{\sin x}{\sqrt{x}}-0\right|=\left|\dfrac{\sin x}{\sqrt{x}}\right|\leqslant\dfrac{1}{\sqrt{x}}$.

对 $\forall\varepsilon>0$，只要 $\dfrac{1}{\sqrt{x}}<\varepsilon$，即 $x>\dfrac{1}{\varepsilon^2}$. 取 $X=\dfrac{1}{\varepsilon^2}$，当 $x>X$ 时，有 $\left|\dfrac{\sin x}{\sqrt{x}}-0\right|<\varepsilon$，即

$$\lim_{x\to+\infty}\frac{\sin x}{\sqrt{x}}=0.$$

*7. 当 $x\to2$ 时，$y=x^2\to4$. 问 δ 等于多少，使当 $|x-2|<\delta$ 时，$|y-4|<0.001$？

【解】 由于 $x\to2$，不妨设 $|x-2|<1$，即 $1<x<3$.
$$|x^2-4|=|x-2||x+2|<5|x-2|<0.001.$$

取 $\delta=\dfrac{0.001}{5}=0.0002$，当 $0<|x-2|<\delta$ 时，有
$$|x^2-4|<0.001.$$

*8. 当 $x\to\infty$ 时，$y=\dfrac{x^2-1}{x^2+3}\to1$. 问 X 等于多少，使当 $|x|>X$ 时，$|y-1|<0.01$？

【解】 $\left|\dfrac{x^2-1}{x^2+3}-1\right|=\dfrac{4}{x^2+3}$.

要使 $|y-1|<0.01$，只需 $\dfrac{4}{x^2+3}<0.01$.
$$|x|>\sqrt{\frac{4}{0.01}-3}=\sqrt{397}.$$

取 $X=\sqrt{397}$，当 $|x|>X$ 时，有 $|y-1|<0.01$.

*9. 证明函数 $f(x)=|x|$ 当 $x\to0$ 时极限为零.

【证】 $||x|-0|=|x|$.

对 $\forall\varepsilon>0$，只要 $|x|<\varepsilon$. 取 $\delta=\varepsilon$，当 $0<|x-0|<\delta$ 时，有 $||x|-0|<\varepsilon$，即
$$\lim_{x\to0}|x|=0.$$

*10. 证明：若 $x\to+\infty$ 及 $x\to-\infty$ 时，函数 $f(x)$ 的极限都存在且都等于 A，则 $\lim\limits_{x\to\infty}f(x)=A$.

【证】 对 $\forall\varepsilon>0$，因为 $\lim\limits_{x\to+\infty}f(x)=A$，$\exists X_1>0$，当 $x>X_1$ 时，$|f(x)-A|<\varepsilon$ 成立；又因为 $\lim\limits_{x\to-\infty}f(x)=A$，所以 $\exists X_2>0$，当 $x<-X_2$ 时，$|f(x)-A|<\varepsilon$ 成立. 取 $X=\max\{X_1,X_2\}$，当 $|x|>X$ 时，

有 $|f(x)-A|<\varepsilon$ 成立，从而

$$\lim_{x\to\infty}f(x)=A.$$

*11. 根据极限定义证明：函数 $f(x)$ 当 $x\to x_0$ 时极限存在的充分必要条件是左极限、右极限各自存在并且相等.

【证】 必要性：

因为 $\lim_{x\to x_0}f(x)=A$，所以对 $\forall\varepsilon>0$，$\exists\delta$，当 $0<|x-x_0|<\delta$ 时，$|f(x)-A|<\varepsilon$ 总成立.

特别地，当 $x_0<x<x_0+\delta$ 时，$|f(x)-A|<\varepsilon$ 成立，故 $\lim_{x\to x_0^+}f(x)=A.$

当 $x_0-\delta<x<x_0$ 时，$|f(x)-A|<\varepsilon$ 成立，故 $\lim_{x\to x_0^-}f(x)=A.$

充分性：

对 $\forall\varepsilon>0$，因为 $\lim_{x\to x_0^+}f(x)=A$，$\exists\delta_1$，当 $x_0<x<x_0+\delta_1$ 时，有 $|f(x)-A|<\varepsilon.$

又因为 $\lim_{x\to x_0^-}f(x)=A$，$\exists\delta_2$，当 $x_0-\delta_2<x<x_0$ 时，有 $|f(x)-A|<\varepsilon.$

取 $\delta=\min\{\delta_1,\delta_2\}$，当 $0<|x-x_0|<\delta$ 时，有 $|f(x)-A|<\varepsilon$，故

$$\lim_{x\to x_0}f(x)=A.$$

*12. 试给出 $x\to\infty$ 时函数极限的局部有界性的定理，并加以证明.

【证】 如果 $\lim_{x\to\infty}f(x)=A$，那么存在常数 $M>0$ 和 $X>0$，使得当 $|x|>X$ 时，$|f(x)|<M.$

因为 $\lim_{x\to\infty}f(x)=A$，对 $\varepsilon=1$，$\exists X>0$，当 $|x|>X$ 时，$|f(x)-A|<1$，从而

$$|f(x)|<|A|+1,$$

取 $M=|A|+1$，则定理成立.

习题 1-4 无穷小与无穷大

1. 两个无穷小的商是否一定是无穷小? 举例说明之.

【解】 不一定.

例如：$\alpha(x)=x$，$\beta(x)=2x.$ 当 $x\to0$ 时，$\alpha(x)$，$\beta(x)$ 均为无穷小，而

$$\lim_{x\to0}\frac{\alpha(x)}{\beta(x)}=\lim_{x\to0}\frac{x}{2x}=\lim_{x\to0}\frac{1}{2}=\frac{1}{2}.$$

*2. 根据定义证明：

（1） $y=\dfrac{x^2-9}{x+3}$ 为当 $x\to3$ 时的无穷小.

【证】 $\left|\dfrac{x^2-9}{x+3}-0\right|=|x-3|.$

对 $\forall\varepsilon>0$，取 $\delta=\varepsilon$，当 $0<|x-3|<\delta$ 时，有 $\left|\dfrac{x^2-9}{x+3}-0\right|<\varepsilon$，即

$$\lim_{x\to3}\frac{x^2-9}{x+3}=0.$$

（2） $y=x\sin\dfrac{1}{x}$ 为当 $x\to0$ 时的无穷小.

【证】 $\left|x\sin\dfrac{1}{x}-0\right|=\left|x\sin\dfrac{1}{x}\right|\leqslant|x|.$

对 $\forall\varepsilon>0$，取 $\delta=\varepsilon$，当 $0<|x-0|<\delta$ 时，有 $\left|x\sin\dfrac{1}{x}-0\right|<\varepsilon$，即

$$\lim_{x \to 0} x \sin \frac{1}{x} = 0.$$

3. 根据定义证明：函数 $y = \dfrac{1+2x}{x}$ 为当 $x \to 0$ 时的无穷大. 问 x 应满足什么条件，能使 $|y| > 10^4$？

【证】 $\left| \dfrac{1+2x}{x} \right| = \left| \dfrac{1}{x} + 2 \right| \geqslant \dfrac{1}{|x|} - 2.$

对 $\forall M > 0$，只要 $\dfrac{1}{|x|} - 2 > M$，即 $|x| < \dfrac{1}{M+2}$. 取 $\delta = \dfrac{1}{M+2}$，当 $0 < |x-0| < \delta$ 时，有

$$\left| \frac{1+2x}{x} \right| > M,$$

故当 $x \to 0$ 时，$\dfrac{1+2x}{x}$ 为无穷大量.

令 $M = 10^4$，$\delta = \dfrac{1}{10^4+2}$，所以当 $0 < |x| < \dfrac{1}{10^4+2}$ 时，有 $\left| \dfrac{1+2x}{x} \right| > 10^4.$

4. 求下列极限并说明理由：

(1) $\displaystyle\lim_{x \to \infty} \frac{2x+1}{x}$；　　　　　　(2) $\displaystyle\lim_{x \to 0} \frac{1-x^2}{1-x}$.

【解】 (1) 因为 $\dfrac{2x+1}{x} = 2 + \dfrac{1}{x}$，当 $x \to \infty$ 时，$\dfrac{1}{x}$ 为无穷小. 因此 $\displaystyle\lim_{x \to \infty} \frac{2x+1}{x} = 2$；

(2) $\dfrac{1-x^2}{1-x} = 1 + x$. 当 $x \to 0$ 时，x 为无穷小，因此 $\displaystyle\lim_{x \to 0} \frac{1-x^2}{1-x} = 1$.

5. 根据函数极限或无穷大定义，填写下表：

	$f(x) \to A$	$f(x) \to \infty$	$f(x) \to +\infty$	$f(x) \to -\infty$
$x \to x_0$	$\forall \varepsilon > 0$, $\exists \delta > 0$, 使当 $0 < |x-x_0| < \delta$ 时, 即有 $|f(x)-A| < \varepsilon$			
$x \to x_0^+$				
$x \to x_0^-$				
$x \to \infty$		$\forall M > 0$, $\exists X > 0$, 使当 $|x| > X$ 时, 即有 $|f(x)| > M$		
$x \to +\infty$				
$x \to -\infty$				

【解】

	$f(x) \to A$	$f(x) \to \infty$	$f(x) \to +\infty$	$f(x) \to -\infty$
$x \to x_0$	$\forall \varepsilon > 0, \exists \delta > 0$, 使当 $0 < |x-x_0| < \delta$ 时, 即有 $|f(x)-A| < \varepsilon$	$\forall M > 0, \exists \delta > 0$, 使当 $0 < |x-x_0| < \delta$ 时, 即有 $|f(x)| > M$	$\forall M > 0, \exists \delta > 0$, 使当 $0 < |x-x_0| < \delta$ 时, 即有 $f(x) > M$	$\forall M > 0, \exists \delta > 0$, 使当 $0 < |x-x_0| < \delta$ 时, 即有 $f(x) < -M$

表(续)

	$f(x)\to A$	$f(x)\to\infty$	$f(x)\to+\infty$	$f(x)\to-\infty$
$x\to x_0^+$	$\forall\varepsilon>0,\exists\delta>0,$使 当 $0<x-x_0<\delta$ 时,即有 $|f(x)-A|<\varepsilon$	$\forall M>0,\exists\delta>0,$使 当 $0<x-x_0<\delta$ 时,即有 $|f(x)|>M$	$\forall M>0,\exists\delta>0,$使 当 $0<x-x_0<\delta$ 时,即有 $f(x)>M$	$\forall M>0,\exists\delta>0,$使 当 $0<x-x_0<\delta$ 时,即有 $f(x)<-M$
$x\to x_0^-$	$\forall\varepsilon>0,\exists\delta>0,$使 当 $0>x-x_0>-\delta$ 时,即有 $|f(x)-A|<\varepsilon$	$\forall M>0,\exists\delta>0,$使 当 $0>x-x_0>-\delta$ 时,即有 $|f(x)|>M$	$\forall M>0,\exists\delta>0,$使 当 $0>x-x_0>-\delta$ 时,即有 $f(x)>M$	$\forall M>0,\exists\delta>0,$使 当 $0>x-x_0>-\delta$ 时,即有 $|f(x)|<-M$
$x\to\infty$	$\forall\varepsilon>0,\exists X>0,$使 当 $|x|>X$ 时,即有 $|f(x)-A|<\varepsilon$	$\forall M>0,\exists X>0,$使 当 $|x|>X$ 时,即有 $|f(x)|>M$	$\forall M>0,\exists X>0,$使 当 $|x|>X$ 时,即有 $f(x)>M$	$\forall M>0,\exists X>0,$使 当 $|x|>X$ 时,即有 $f(x)<-M$
$x\to+\infty$	$\forall\varepsilon>0,\exists X>0,$使 当 $x>X$ 时,即有 $|f(x)-A|<\varepsilon$	$\forall M>0,\exists X>0,$使 当 $x>X$ 时,即有 $|f(x)|>M$	$\forall M>0,\exists X>0,$使 当 $x>X$ 时,即有 $f(x)>M$	$\forall M>0,\exists X>0,$使 当 $x>X$ 时,即有 $f(x)<-M$
$x\to-\infty$	$\forall\varepsilon>0,\exists X>0,$使 当 $x<-X$ 时,即有 $|f(x)-A|<\varepsilon$	$\forall M>0,\exists X>0,$使 当 $x<-X$ 时,即有 $|f(x)|>M$	$\forall M>0,\exists X>0,$使 当 $x<-X$ 时,即有 $f(x)>M$	$\forall M>0,\exists X>0,$使 当 $x<-X$ 时,即有 $f(x)<-M$

6. 函数 $y=x\cos x$ 在 $(-\infty,+\infty)$ 内是否有界? 这个函数是否为 $x\to+\infty$ 时的无穷大? 为什么?

【解】　对 $\forall M>0$, 在区间 $(0,1]$ 内, 总能找到 $x=2k\pi$ $(k=0,\pm1,\pm2,\cdots)$, 得到

$$|x\cos x|=|2k\pi\cos 2k\pi|=|2k\pi|>M,$$

只需 $|k|>\dfrac{M}{2\pi}$ 即可, 所以无界.

另外, 取 $x=2k\pi+\dfrac{\pi}{2}$ $(k=0,\pm1,\pm2,\cdots)$, 有 $y(x)=0.$

所以, 当 $k\to\infty$ 时, $x\to\infty$, 而 y 不是无穷大.

*7. 证明: 函数 $y=\dfrac{1}{x}\sin\dfrac{1}{x}$ 在区间 $(0,1]$ 上无界, 但这函数不是 $x\to0^+$ 时的无穷大.

【证】　对 $\forall M>0$, 在区间 $(0,1]$ 内, 总能找到

$$x_n=\dfrac{1}{2n\pi+\dfrac{\pi}{2}}\quad(n=0,1,2,\cdots),$$

使得

$$y(x_n)=2n\pi+\dfrac{\pi}{2}>M,$$

只需 $n>\dfrac{M-\dfrac{\pi}{2}}{2\pi}$, 所以 $y=\dfrac{1}{x}\sin\dfrac{1}{x}$ 无界.

另取 $x_n=\dfrac{1}{2n\pi}$ $(n=1,2,3,\cdots)$, 则 $y(x_n)=0.$

所以，当 $n \to +\infty$ 时，$x_n \to 0^+$，y 不是无穷大.

8. 求函数 $f(x) = \dfrac{4}{2-x^2}$ 的图形的渐近线.

【解】　$y=0$ 是水平渐近线；$x=\sqrt{2}$ 和 $x=-\sqrt{2}$ 是铅直渐近线.

习题 1-5　极限运算法则

1. 计算下列极限：

(1) $\lim\limits_{x \to 2} \dfrac{x^2+5}{x-3}$；

(2) $\lim\limits_{x \to \sqrt{3}} \dfrac{x^2-3}{x^2+1}$；

(3) $\lim\limits_{x \to 1} \dfrac{x^2-2x+1}{x^2-1}$；

(4) $\lim\limits_{x \to 0} \dfrac{4x^3-2x^2+x}{3x^2+2x}$；

(5) $\lim\limits_{h \to 0} \dfrac{(x+h)^2-x^2}{h}$；

(6) $\lim\limits_{x \to \infty}\left(2-\dfrac{1}{x}+\dfrac{1}{x^2}\right)$；

(7) $\lim\limits_{x \to \infty} \dfrac{x^2-1}{2x^2-x-1}$；

(8) $\lim\limits_{x \to \infty} \dfrac{x^2+x}{x^4-3x^2+1}$；

(9) $\lim\limits_{x \to 4} \dfrac{x^2-6x+8}{x^2-5x+4}$；

(10) $\lim\limits_{x \to \infty}\left(1+\dfrac{1}{x}\right)\left(2-\dfrac{1}{x^2}\right)$；

(11) $\lim\limits_{n \to \infty}\left(1+\dfrac{1}{2}+\dfrac{1}{4}+\cdots+\dfrac{1}{2^n}\right)$；

(12) $\lim\limits_{n \to \infty} \dfrac{1+2+3+\cdots+(n-1)}{n^2}$；

(13) $\lim\limits_{n \to \infty} \dfrac{(n+1)(n+2)(n+3)}{5n^3}$；

(14) $\lim\limits_{x \to 1}\left(\dfrac{1}{1-x}-\dfrac{3}{1-x^3}\right)$.

【解】　(1) $\lim\limits_{x \to 2} \dfrac{x^2+5}{x-3}=\dfrac{2^2+5}{2-3}=-9$；

(2) $\lim\limits_{x \to \sqrt{3}} \dfrac{x^2-3}{x^2+1}=\dfrac{3-3}{3+1}=0$；

(3) $\lim\limits_{x \to 1} \dfrac{x^2-2x+1}{x^2-1}=\lim\limits_{x \to 1} \dfrac{(x-1)^2}{(x-1)(x+1)}=\lim\limits_{x \to 1} \dfrac{x-1}{x+1}=0$；

(4) $\lim\limits_{x \to 0} \dfrac{4x^3-2x^2+x}{3x^2+2x}=\lim\limits_{x \to 0} \dfrac{x(4x^2-2x+1)}{x(3x+2)}=\lim\limits_{x \to 0} \dfrac{4x^2-2x+1}{3x+2}=\dfrac{1}{2}$；

(5) $\lim\limits_{h \to 0} \dfrac{(x+h)^2-x^2}{h}=\lim\limits_{h \to 0} \dfrac{2hx+h^2}{h}=2x$；

(6) $\lim\limits_{x \to \infty}\left(2-\dfrac{1}{x}+\dfrac{1}{x^2}\right)=2$；

(7) $\lim\limits_{x \to \infty} \dfrac{x^2-1}{2x^2-x-1}=\dfrac{1}{2}$；

(8) $\lim\limits_{x \to \infty} \dfrac{x^2+x}{x^4-3x^2+1}=0$；

(9) $\lim\limits_{x \to 4} \dfrac{x^2-6x+8}{x^2-5x+4}=\lim\limits_{x \to 4} \dfrac{(x-4)(x-2)}{(x-4)(x-1)}=\lim\limits_{x \to 4} \dfrac{x-2}{x-1}=\dfrac{2}{3}$；

(10) $\lim\limits_{x \to \infty}\left(1+\dfrac{1}{x}\right)\left(2-\dfrac{1}{x^2}\right)=\lim\limits_{x \to \infty}\left(1+\dfrac{1}{x}\right)\cdot\lim\limits_{x \to \infty}\left(2-\dfrac{1}{x^2}\right)=1\times 2=2$；

(11) $\lim\limits_{n \to \infty}\left(1+\dfrac{1}{2}+\dfrac{1}{4}+\cdots+\dfrac{1}{2^n}\right)=\lim\limits_{n \to \infty} \dfrac{1-2^{\frac{1}{n+1}}}{1-\dfrac{1}{2}}=2$；

(12) $\lim\limits_{n \to \infty} \dfrac{1+2+3+\cdots+(n-1)}{n^2}=\lim\limits_{n \to \infty} \dfrac{\dfrac{1}{2}n(n-1)}{n^2}=\dfrac{1}{2}$；

(13) $\lim\limits_{n \to \infty} \dfrac{(n+1)(n+2)(n+3)}{5n^3}=\lim\limits_{n \to \infty} \dfrac{1}{5}\left(1+\dfrac{1}{n}\right)\left(1+\dfrac{2}{n}\right)\left(1+\dfrac{3}{n}\right)=\dfrac{1}{5}$；

(14) $\lim\limits_{x \to 1}\left(\dfrac{1}{1-x}-\dfrac{3}{1-x^3}\right)=\lim\limits_{x \to 1} \dfrac{(x-1)(x+2)}{(1-x)(1+x+x^2)}=\lim\limits_{x \to 1} \dfrac{-(x+2)}{1+x+x^2}=-1$.

2. 计算下列极限：

(1) $\lim\limits_{x \to 2} \dfrac{x^3+2x^2}{(x-2)^2}$；

(2) $\lim\limits_{x \to \infty} \dfrac{x^2}{2x+1}$；

(3) $\lim\limits_{x \to \infty}(2x^3-x+1)$.

【解】　（1）因为 $\lim\limits_{x\to 2}\dfrac{(x-2)^2}{x^3+2x^2}=0$，所以 $\lim\limits_{x\to 2}\dfrac{x^3+2x^2}{(x-2)^2}=\infty$；

（2）因为 $\lim\limits_{x\to\infty}\dfrac{2x+1}{x^2}=\lim\limits_{x\to\infty}\left(\dfrac{2}{x}+\dfrac{1}{x^2}\right)=0$，所以 $\lim\limits_{x\to\infty}\dfrac{x^2}{2x+1}=\infty$；

（3）因为 $\lim\limits_{x\to\infty}\dfrac{1}{2x^3-x+1}=0$，所以 $\lim\limits_{x\to\infty}(2x^3-x+1)=\infty$.

3. 计算下列极限：

（1）$\lim\limits_{x\to 0}x^2\sin\dfrac{1}{x}$；　　　　　　　　（2）$\lim\limits_{x\to\infty}\dfrac{\arctan x}{x}$.

【解】　（1）因为 $\lim\limits_{x\to 0}x^2=0$，而 $\left|\sin\dfrac{1}{x}\right|\leqslant 1$，所以 $\lim\limits_{x\to 0}x^2\sin\dfrac{1}{x}=0$；

（2）因为 $\lim\limits_{x\to\infty}\dfrac{1}{x}=0$，而 $|\arctan x|<\dfrac{\pi}{2}$，所以 $\lim\limits_{x\to\infty}\dfrac{\arctan x}{x}=0$.

4. 设 $\{a_n\}$，$\{b_n\}$，$\{c_n\}$ 均为非负数列，且 $\lim\limits_{n\to\infty}a_n=0$，$\lim\limits_{n\to\infty}b_n=1$，$\lim\limits_{n\to\infty}c_n=\infty$. 下列陈述中哪些是对的，哪些是错的？如果是对的，说明理由；如果是错的，试给出一个反例.

（1）$a_n<b_n$，$n\in\mathbf{N}_+$；　（2）$b_n<c_n$，$n\in\mathbf{N}_+$；　（3）$\lim\limits_{n\to\infty}a_nc_n$ 不存在；　（4）$\lim\limits_{n\to\infty}b_nc_n$ 不存在.

【解】　（1）错. 例如 $a_n=\dfrac{1}{n}$，$b_n=\dfrac{n}{n+1}$，$n\in\mathbf{N}^+$，当 $n=1$ 时，$a_1=1>\dfrac{1}{2}=b_1$，故对任意 $n\in\mathbf{N}^+$，$a_n<b_n$ 不成立；

（2）错. 例如 $b_n=\dfrac{n}{n+1}$，$c_n=(-1)^n n$，$n\in\mathbf{N}^+$. 当 n 为奇数时，$b_n<c_n$ 不成立；

（3）错. 例如 $a_n=\dfrac{1}{n^2}$，$c_n=n$，$n\in\mathbf{N}^+$. $\lim\limits_{n\to\infty}a_nc_n=0$；

（4）对. 若 $\lim\limits_{n\to\infty}b_nc_n$ 存在，则 $\lim\limits_{n\to\infty}c_n=\lim\limits_{n\to\infty}(b_nc_n)\cdot\lim\limits_{n\to\infty}\dfrac{1}{b_n}$ 也存在，与已知条件矛盾.

5. 下列陈述中，哪些是对的，哪些是错的？如果是对的，说明理由；如果是错的，试给出一个反例.

（1）如果 $\lim\limits_{x\to x_0}f(x)$ 存在，但 $\lim\limits_{x\to x_0}g(x)$ 不存在，那么 $\lim\limits_{x\to x_0}[f(x)+g(x)]$ 不存在；

（2）如果 $\lim\limits_{x\to x_0}f(x)$ 和 $\lim\limits_{x\to x_0}g(x)$ 都不存在，那么 $\lim\limits_{x\to x_0}[f(x)+g(x)]$ 不存在；

（3）如果 $\lim\limits_{x\to x_0}f(x)$ 存在，但 $\lim\limits_{x\to x_0}g(x)$ 不存在，那么 $\lim\limits_{x\to x_0}[f(x)\cdot g(x)]$ 不存在.

【解】　（1）对. 因为若 $\lim\limits_{x\to x_0}[f(x)+g(x)]$ 存在，则 $\lim\limits_{x\to x_0}g(x)=\lim\limits_{x\to x_0}[f(x)+g(x)]-\lim\limits_{x\to x_0}f(x)$ 也存在，与已知条件矛盾；

（2）错. 例如 $f(x)=\mathrm{sgn}x$，$g(x)=-\mathrm{sgn}x$ 在 $x\to 0$ 时的极限都不存在，但 $f(x)+g(x)\equiv 0$ 在 $x\to 0$ 时的极限存在；

（3）错. 例如 $\lim\limits_{x\to 0}x=0$，$\lim\limits_{x\to 0}\sin\dfrac{1}{x}$ 不存在，但 $\lim\limits_{x\to 0}x\sin\dfrac{1}{x}=0$.

6. 证明本节定理 3 中的（2）.

注　该结论为：如果 $\lim f(x)=A$，$\lim g(x)=B$，那么
$$\lim[f(x)\cdot g(x)]=\lim f(x)\cdot\lim g(x)=A\cdot B.$$

【证】　因为 $\lim f(x)=A$，$\lim g(x)=B$，由上节定理 1，有
$$f(x)=A+\alpha,\ g(x)=B+\beta,$$
其中 α，β 都是无穷小，于是
$$f(x)g(x)=(A+\alpha)(B+\beta)=AB+(A\beta+B\alpha+\alpha\beta),$$

由本节定理 2 推论 1 和推论 2，$A\beta$，$B\alpha$，$\alpha\beta$ 都是无穷小，再由本节定理 1，$(A\alpha+B\beta+\alpha\beta)$ 也是无穷小，由上节定理 1，得

$$\lim f(x)g(x)=AB=\lim f(x)\cdot\lim g(x).$$

习题 1-6　极限存在准则　两个重要极限

1. 计算下列极限：

(1) $\lim\limits_{x\to 0}\dfrac{\sin\omega x}{x}$；　　　(2) $\lim\limits_{x\to 0}\dfrac{\tan 3x}{x}$；　　　(3) $\lim\limits_{x\to 0}\dfrac{\sin 2x}{\sin 5x}$；

(4) $\lim\limits_{x\to 0}x\cot x$；　　　(5) $\lim\limits_{x\to 0}\dfrac{1-\cos 2x}{x\sin x}$；　　　(6) $\lim\limits_{n\to\infty}2^n\sin\dfrac{x}{2^n}$　（x 为不等于零的常数，$n\in\mathbf{N}_+$）.

【解】 (1) $\lim\limits_{x\to 0}\dfrac{\sin\omega x}{x}=\lim\limits_{x\to 0}\dfrac{\sin\omega x}{\omega x}\cdot\omega=\omega$；　　(2) $\lim\limits_{x\to 0}\dfrac{\tan 3x}{x}=\lim\limits_{x\to 0}\dfrac{\sin 3x}{3x}\cdot\dfrac{3}{\cos 3x}=3$；

(3) $\lim\limits_{x\to 0}\dfrac{\sin 2x}{\sin 5x}=\lim\limits_{x\to 0}\dfrac{\sin 2x/2x}{\sin 5x/5x}\cdot\dfrac{2}{5}=\dfrac{2}{5}$；　　(4) $\lim\limits_{x\to 0}x\cot x=\lim\limits_{x\to 0}\dfrac{x}{\sin x}\cdot\cos x=1$；

(5)【解法 1】 $\lim\limits_{x\to 0}\dfrac{1-\cos 2x}{x\sin x}=\lim\limits_{x\to 0}\dfrac{2\sin^2 x}{x\sin x}=\lim\limits_{x\to 0}\dfrac{2\sin x}{x}=2$；

【解法 2】 $\lim\limits_{x\to 0}\dfrac{1-\cos 2x}{x\sin x}=\lim\limits_{x\to 0}\dfrac{\dfrac{1}{2}(2x)^2}{x^2}=2$；

(6) $\lim\limits_{n\to\infty}2^n\sin\dfrac{x}{2^n}=\lim\limits_{n\to\infty}\dfrac{\sin\dfrac{x}{2^n}}{\dfrac{x}{2^n}}\cdot x=x.$

2. 计算下列极限：

(1) $\lim\limits_{x\to 0}(1-x)^{\frac{1}{x}}$；　　　　　　　　　(2) $\lim\limits_{x\to 0}(1+2x)^{\frac{1}{x}}$；

(3) $\lim\limits_{x\to\infty}\left(\dfrac{1+x}{x}\right)^{2x}$；　　　　　　　　(4) $\lim\limits_{x\to\infty}\left(1-\dfrac{1}{x}\right)^{kx}$　（k 为正整数）.

【解】 (1) $\lim\limits_{x\to 0}(1-x)^{\frac{1}{x}}=\lim\limits_{x\to 0}\left[1+(-x)\right]^{\frac{1}{-x}\cdot(-1)}=e^{-1}=\dfrac{1}{e}$；

(2) $\lim\limits_{x\to 0}(1+2x)^{\frac{1}{x}}=\lim\limits_{x\to 0}(1+2x)^{\frac{1}{2x}\cdot 2}=e^2$；

(3) $\lim\limits_{x\to\infty}\left(\dfrac{1+x}{x}\right)^{2x}=\lim\limits_{x\to\infty}\left[\left(1+\dfrac{1}{x}\right)^x\right]^2=e^2$；

(4) $\lim\limits_{x\to\infty}\left(1-\dfrac{1}{x}\right)^{kx}=\lim\limits_{x\to\infty}\left[\left(1+\dfrac{1}{-x}\right)^{-x}\right]^{-k}=e^{-k}.$

*3. 根据函数极限的定义，证明极限存在的准则 I′.

【证】 对两种情况分别讨论.

若 $\lim\limits_{x\to x_0}g(x)=\lim\limits_{x\to x_0}h(x)=A.$

对 $\forall\varepsilon>0$，$\exists\delta_1$，当 $0<|x-x_0|<\delta_1$ 时，有 $|g(x)-A|<\varepsilon$，即

$$A-\varepsilon<g(x)<A+\varepsilon.$$

$\exists\delta_2$，当 $0<|x-x_0|<\delta_2$ 时，有 $|h(x)-A|<\varepsilon$，即

$$A-\varepsilon<h(x)<A+\varepsilon.$$

由题设，当 $0<|x-x_0|<\gamma$ 时，有

$$g(x) \leqslant f(x) \leqslant h(x).$$

令 $\delta = \min\{\delta_1, \delta_2, \gamma\}$，当 $0 < |x - x_0| < \delta$ 时，有 $A - \varepsilon < g(x) \leqslant f(x) \leqslant h(x) < A + \varepsilon$，即

$$|f(x) - A| < \varepsilon,$$

所以

$$\lim_{x \to x_0} f(x) = A.$$

若 $\lim\limits_{x \to \infty} g(x) = \lim\limits_{x \to \infty} h(x) = A.$

对 $\forall \varepsilon > 0$，$\exists X_1 > 0$，当 $|x| > X_1$ 时，有 $|g(x) - A| < \varepsilon$，即

$$A - \varepsilon < g(x) < A + \varepsilon.$$

$\exists X_2 > 0$，当 $|x| > X_2$ 时，有 $|h(x) - A| < \varepsilon$，即

$$A - \varepsilon < h(x) < A + \varepsilon.$$

由题设，当 $|x| > M$ 时，有

$$g(x) \leqslant f(x) \leqslant h(x).$$

令 $X = \max\{X_1, X_2, M\}$，当 $|x| > X$ 时，有 $A - \varepsilon < g(x) \leqslant f(x) \leqslant h(x) < A + \varepsilon$，即

$$|f(x) - A| < \varepsilon,$$

所以

$$\lim_{x \to \infty} f(x) = A.$$

4. 利用极限存在准则证明：

（1）$\lim\limits_{n \to \infty} \sqrt{1 + \dfrac{1}{n}} = 1.$

【证】 因为 $1 < \sqrt{1 + \dfrac{1}{n}} < 1 + \dfrac{1}{n}$，而且 $\lim\limits_{n \to \infty}\left(1 + \dfrac{1}{n}\right) = 1$，所以 $\lim\limits_{n \to \infty} \sqrt{1 + \dfrac{1}{n}} = 1.$

（2）$\lim\limits_{n \to \infty} n\left(\dfrac{1}{n^2 + \pi} + \dfrac{1}{n^2 + 2\pi} + \cdots + \dfrac{1}{n^2 + n\pi}\right) = 1.$

【证】 因为 $\dfrac{1}{n^2 + \pi} > \dfrac{1}{n^2 + 2\pi} > \cdots > \dfrac{1}{n^2 + n\pi}$，所以

$$n \cdot \dfrac{n}{n^2 + n\pi} < n\left(\dfrac{1}{n^2 + \pi} + \dfrac{1}{n^2 + 2\pi} + \cdots + \dfrac{1}{n^2 + n\pi}\right) < n \cdot \dfrac{n}{n^2 + \pi},$$

而

$$\lim_{n \to \infty} n \cdot \dfrac{n}{n^2 + n\pi} = \lim_{n \to \infty} \dfrac{1}{1 + \dfrac{\pi}{n}} = 1, \quad \lim_{n \to \infty} n \cdot \dfrac{n}{n^2 + \pi} = \lim_{n \to \infty} \dfrac{1}{1 + \dfrac{\pi}{n^2}} = 1,$$

所以

$$\lim_{n \to \infty} n\left(\dfrac{1}{n^2 + \pi} + \dfrac{1}{n^2 + 2\pi} + \cdots + \dfrac{1}{n^2 + n\pi}\right) = 1.$$

（3）数列 $\sqrt{2}$，$\sqrt{2 + \sqrt{2}}$，$\sqrt{2 + \sqrt{2 + \sqrt{2}}}$，$\cdots$ 的极限存在.

【证】 设数列为 $\{x_n\}$，则

$$x_1 = \sqrt{2}, \quad x_{n+1} = \sqrt{2 + x_n} \quad (n = 1, 2, 3, \cdots).$$

先证数列 x_n 有界.

$x_1 = \sqrt{2} < 2$，假设 $n = k$ 时，$x_k < 2$，当 $n = k+1$ 时，$x_{k+1} = \sqrt{2 + x_k} < \sqrt{2 + 2} = 2$，所以

$$x_n < 2 \quad (n = 1, 2, \cdots).$$

再证数列 x_n 单调.

$$x_{n+1} - x_n = \sqrt{2 + x_n} - x_n = \dfrac{2 + x_n - x_n^2}{\sqrt{2 + x_n} + x_n} = \dfrac{-(x_n - 2)(x_n + 1)}{\sqrt{2 + x_n} + x_n}.$$

由 $x_n < 2$ 得 $x_{n+1} - x_n > 0$，即 $x_{n+1} > x_n$. 所以数列 $\{x_n\}$ 的极限存在.

（4）$\lim\limits_{x \to 0} \sqrt[n]{1 + x} = 1.$

【证】 因为
$$1-|x| \leqslant \sqrt[n]{1+x} \leqslant 1+|x|,$$
而
$$\lim_{x \to 0}(1-|x|) = \lim_{x \to 0}(1+|x|) = 1,$$
所以
$$\lim_{x \to 0}\sqrt[n]{1+x} = 1.$$

(5) $\lim\limits_{x \to 0^+} x\left[\dfrac{1}{x}\right] = 1.$

【证】 当 $x \in (0, 1)$ 时，有 $\dfrac{1}{x} - 1 \leqslant \left[\dfrac{1}{x}\right] \leqslant \dfrac{1}{x}$，而
$$\lim_{x \to 0^+} x\left(\frac{1}{x} - 1\right) = 1, \quad \lim_{x \to 0^+} x \cdot \frac{1}{x} = 1,$$
所以
$$\lim_{x \to 0^+} x \cdot \left[\frac{1}{x}\right] = 1.$$

习题 1-7 无穷小的比较

1. 当 $x \to 0$ 时，$2x-x^2$ 与 x^2-x^3 相比，哪一个是高阶无穷小？

【解】 因为
$$\lim_{x \to 0}\frac{2x-x^2}{x^2-x^3} = \lim_{x \to 0}\frac{2-x}{x-x^2} = \infty,$$
所以 x^2-x^3 是高阶无穷小.

2. 当 $x \to 0$ 时，$(1-\cos x)^2$ 与 $\sin^2 x$ 相比，哪一个是高阶无穷小？

【解】 $\lim\limits_{x \to 0}(1-\cos x)^2 = 0$, $\lim\limits_{x \to 0}\sin^2 x = 0$. 又
$$\lim_{x \to 0} = \frac{(1-\cos x)^2}{\sin^2 x} = \lim_{x \to 0}\frac{\left(\dfrac{1}{2}x^2\right)^2}{x^2} = 0,$$
故当 $x \to 0$ 时，$(1-\cos x)^2$ 是比 $\sin^2 x$ 高阶的无穷小.

3. 当 $x \to 1$ 时，无穷小 $1-x$ 和 (1) $1-x^3$, (2) $\dfrac{1}{2}(1-x^2)$ 是否同阶？是否等价？

【解】 $\lim\limits_{x \to 1}\dfrac{1-x^3}{1-x} = \lim\limits_{x \to 1}(1+x+x^2) = 3$, 故 $1-x^3$ 与 $1-x$ 同阶，但不等价.

$$\lim_{x \to 1}\frac{\dfrac{1}{2}(1-x^2)}{1-x} = \lim_{x \to 1}\frac{1}{2}(1+x) = 1, \text{ 故 } \frac{1}{2}(1-x^2) \text{ 与 } 1-x \text{ 是等价无穷小.}$$

4. 证明：当 $x \to 0$ 时，有

(1) $\arctan x \sim x.$

【证】 (1) 令 $y = \arctan x$, 则 $x = \tan y$. 当 $x \to 0$ 时，$y \to 0$, 故 $\lim\limits_{x \to 0}\dfrac{x}{\arctan x} = \lim\limits_{y \to 0}\dfrac{\tan y}{y} = 1$, 所以
$$\arctan x \sim x \quad (x \to 0).$$

(2) $\sec x - 1 \sim \dfrac{x^2}{2}.$

【证】 $\lim\limits_{x \to 0}\dfrac{\sec x - 1}{\dfrac{1}{2}x^2} = \lim\limits_{x \to 0}\dfrac{1-\cos x}{\dfrac{1}{2}x^2 \cdot \cos x} = \lim\limits_{x \to 0}\dfrac{1}{\cos x} \cdot \dfrac{\dfrac{1}{2}x^2}{\dfrac{1}{2}x^2} = 1$, 所以
$$\sec x - 1 \sim \frac{1}{2}x^2 \quad (x \to 0).$$

5. 利用等价无穷小的性质，求下列极限：

（1）$\lim\limits_{x\to0}\dfrac{\tan3x}{2x}$.

【解】　当 $x\to0$ 时，$\tan3x\sim3x$，所以 $\lim\limits_{x\to0}\dfrac{\tan3x}{2x}=\lim\limits_{x\to0}\dfrac{3x}{2x}=\dfrac{3}{2}$.

（2）$\lim\limits_{x\to0}\dfrac{\sin(x^n)}{(\sin x)^m}$　（n,m 为正整数）.

【解】　当 $x\to0$ 时，$\sin(x^n)\sim x^n$，$\sin x\sim x$，所以

$$\lim\limits_{x\to0}\frac{\sin(x^n)}{(\sin x)^m}=\lim\limits_{x\to0}\frac{x^n}{x^m}=\lim\limits_{x\to0}x^{n-m}=\begin{cases}0,&n>m,\\1,&n=m,\\\infty,&n<m.\end{cases}$$

（3）$\lim\limits_{x\to0}\dfrac{\tan x-\sin x}{\sin^3 x}$.

【解】　当 $x\to0$ 时，$1-\cos x\sim\dfrac{1}{2}x^2$，$\sin x\sim x$，所以

$$\lim\limits_{x\to0}\frac{\tan x-\sin x}{\sin^3 x}=\lim\limits_{x\to0}\frac{\sin x\left(\dfrac{1}{\cos x}-1\right)}{\sin^3 x}=\lim\limits_{x\to0}\frac{1-\cos x}{x^2\cos x}=\lim\limits_{x\to0}\frac{\dfrac{1}{2}x^2}{x^2\cos x}=\frac{1}{2}.$$

（4）$\lim\limits_{x\to0}\dfrac{\sin x-\tan x}{(\sqrt[3]{1+x^2}-1)(\sqrt{1+\sin x}-1)}$.

【解】

$$\lim\limits_{x\to0}\frac{\sin x-\tan x}{(\sqrt[3]{1+x^2}-1)(\sqrt{1+\sin x}-1)}=\lim\limits_{x\to0}\frac{\tan x(\cos x-1)(\sqrt[3]{(1+x^2)^2}+\sqrt[3]{1+x^2}+1)(\sqrt{1+\sin x}+1)}{x^2\cdot\sin x}$$

$$=\lim\limits_{x\to0}\frac{x\cdot\left(-\dfrac{1}{2}x^2\right)\cdot3\cdot2}{x^2\cdot x}=-3.$$

6. 证明无穷小的等价关系具有下列性质：

（1）$\alpha\sim\alpha$（自反性）；

（2）若 $\alpha\sim\beta$，则 $\beta\sim\alpha$（对称性）；

（3）若 $\alpha\sim\beta$，$\beta\sim\gamma$，则 $\alpha\sim\gamma$（传递性）.

【证】　（1）因为 $\lim\dfrac{\alpha}{\alpha}=1$，所以 $\alpha\sim\alpha$；

（2）因为 $\lim\dfrac{\beta}{\alpha}=\lim\dfrac{1}{\dfrac{\alpha}{\beta}}=1$，所以 $\beta\sim\alpha$；

（3）因为 $\lim\dfrac{\gamma}{\alpha}=\lim\dfrac{\beta}{\alpha}\cdot\dfrac{\gamma}{\beta}=1$，所以 $\gamma\sim\alpha$.

习题 1-8　函数的连续性与间断点

1. 设 $y=f(x)$ 的图形如图 1-12 所示，试指出 $f(x)$ 的全部间断点，并对可去间断点补充或修改函数值的定义，使它成为连续点.

【解】　$x=-1,0,1,2,3$ 均为 $f(x)$ 的间断点，除 $x=0$ 外它们均为 $f(x)$ 的可去间断点. 补充定义 $f(-1)=f(2)=f(3)=0$，修改定义使 $f(1)=2$，则它们均成为 $f(x)$ 的连续点.

2. 研究下列函数的连续性，并画出函数的图形：

（1）$f(x)=\begin{cases} x^2, & 0 \leqslant x \leqslant 1, \\ 2-x, & 1 < x \leqslant 2. \end{cases}$

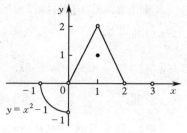

图 1-12

【解】　$f(x)$ 在 $[0, 1)$，$(1, 2]$ 上是初等函数，显然连续.

在 $x=1$ 处，$f(1)=1$，且
$$\lim_{x \to 1^-} f(x) = \lim_{x \to 1^-} x^2 = 1, \lim_{x \to 1^+} f(x) = \lim_{x \to 1^+} (2-x) = 1,$$
则 $f(x)$ 在 $x=1$ 处也连续，从而 $f(x)$ 在 $[0, 2]$ 上连续. 图形如图 1-13 所示.

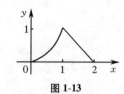

图 1-13

（2）$f(x)=\begin{cases} x, & -1 \leqslant x \leqslant 1, \\ 1, & x < -1 \text{ 或 } x > 1. \end{cases}$

【解】　$f(x)$ 在区间 $(-\infty, -1)$，$(-1, 1)$，$(1, +\infty)$ 内均连续.

在 $x=-1$ 处，$f(-1)=-1$，且
$$\lim_{x \to -1^-} f(x) = \lim_{x \to -1^-} 1 = 1, \lim_{x \to -1^+} f(x) = \lim_{x \to -1^+} x = -1,$$
则 $f(x)$ 在 $x=-1$ 处间断.

在 $x=1$ 处，$f(1)=1$，且
$$\lim_{x \to 1^-} f(x) = \lim_{x \to 1^-} x = 1, \lim_{x \to 1^+} f(x) = \lim_{x \to 1^+} 1 = 1,$$
则 $f(x)$ 在 $x=1$ 处连续. 图形如图 1-14 所示.

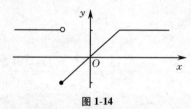

图 1-14

3. 下列函数在指出的点处间断，说明这些间断点属于哪一类. 如果是可去间断点，则补充或改变函数的定义使它连续：

（1）$y=\dfrac{x^2-1}{x^2-3x+2}$，$x=1$，$x=2$.

【解】　在 $x=1$ 处，因为
$$\lim_{x \to 1} \frac{x^2-1}{x^2-3x+2} = \lim_{x \to 1} \frac{(x-1)(x+1)}{(x-1)(x-2)} = \lim_{x \to 1} \frac{x+1}{x-2} = -2,$$
所以 $x=1$ 为第一类可去间断点，补充定义
$$f_1(x)=\begin{cases} \dfrac{x^2-1}{x^2-3x+2}, & x \neq 1, 2, \\ -2, & x=1, \end{cases}$$
$f_1(x)$ 在 $x=1$ 处连续.

在 $x=2$ 处，因为　　$\lim\limits_{x \to 2} \dfrac{x^2-1}{x^2-3x+2} = \infty$，

所以 $x=2$ 为第二类间断点.

（2）$y=\dfrac{x}{\tan x}$，$x=k\pi$，$x=k\pi+\dfrac{\pi}{2}$ $(k=0, \pm 1, \pm 2, \cdots)$.

【解】　在 $x=0$ 处，因为
$$\lim_{x \to 0} \frac{x}{\tan x} = \lim_{x \to 0} \frac{x}{x} = 1,$$

所以 $x=0$ 为第一类可去间断点, 补充定义

$$f_1(x) = \begin{cases} \dfrac{x}{\tan x}, & x \neq k\pi,\ k\pi + \dfrac{\pi}{2}\ (k = 0,\ \pm1,\ \pm2,\ \cdots), \\ 0, & x = 0, \end{cases}$$

$f_1(x)$ 在 $x=0$ 处连续.

在 $x=k\pi\ (k=\pm1,\ \pm2,\ \cdots)$, 因为

$$\lim_{x \to k\pi} \frac{x}{\tan x} = \infty,$$

所以 $x=k\pi\ (k=\pm1,\ \pm2,\ \cdots)$ 为第二类间断点.

在 $x=k\pi+\dfrac{\pi}{2}\ (k=0,\ \pm1,\ \pm2,\ \cdots)$, 因为

$$\lim_{x \to k\pi + \frac{\pi}{2}} \frac{x}{\tan x} = 0,$$

所以 $x=k\pi+\dfrac{\pi}{2}\ (k=0,\ \pm1,\ \pm2,\ \cdots)$ 为第一类可去间断点, 补充定义

$$f_2(x) = \begin{cases} \dfrac{x}{\tan x}, & x \neq k\pi,\ k\pi + \dfrac{\pi}{2}, \\[2mm] 0, & x = k\pi + \dfrac{\pi}{2}, \end{cases}$$

则 $f_2(x)$ 在 $x=k\pi+\dfrac{\pi}{2}\ (k=0,\ \pm1,\ \pm2,\ \cdots)$ 处连续.

（3）$y=\cos^2\dfrac{1}{x}$, $x=0$.

【解】　因为 $\lim\limits_{x \to 0} \cos^2\dfrac{1}{x}$ 不存在, 所以 $x=0$ 为函数的第二类间断点.

（4）$y = \begin{cases} x-1, & x \leqslant 1, \\ 3-x, & x > 1, \end{cases}$　$x=1$.

【解】　因为

$$\lim_{x \to 1^-} f(x) = \lim_{x \to 1^-}(x-1) = 0, \quad \lim_{x \to 1^+} f(x) = \lim_{x \to 1^+}(3-x) = 2,$$

左、右极限不等, 所以 $x=1$ 是 $f(x)$ 的第一类间断点.

4. 讨论函数 $f(x) = \lim\limits_{n \to \infty} \dfrac{1-x^{2n}}{1+x^{2n}} x\ (n \in \mathbf{N}_+)$ 的连续性, 若有间断点, 则判别其类型.

【解】　$f(x) = \lim\limits_{n \to \infty} \dfrac{1-x^{2n}}{1+x^{2n}} x = \begin{cases} -x, & |x| > 1, \\ 0, & |x| = 1, \\ x, & |x| < 1. \end{cases}$

在 $x=-1$ 处, 因为

$$\lim_{x \to -1^-} f(x) = \lim_{x \to -1^-}(-x) = 1, \quad \lim_{x \to -1^+} f(x) = \lim_{x \to -1^+} x = -1,$$

左、右极限不等, 所以 $x=-1$ 为 $f(x)$ 的第一类间断点.

在 $x=1$ 处, 因为

$$\lim_{x \to 1^-} f(x) = \lim_{x \to 1^-} x = 1, \quad \lim_{x \to 1^+} f(x) = \lim_{x \to 1^+}(-x) = -1,$$

左、右极限不等, 所以 $x=1$ 为 $f(x)$ 的第一类间断点.

5. 下列陈述中, 哪些是对的, 哪些是错的? 如果是对的, 说明理由; 如果是错的, 试给出一个反例.

（1）如果函数 $f(x)$ 在 a 连续, 那么 $|f(x)|$ 也在 a 连续;

（2）如果函数 $|f(x)|$ 在 a 连续，那么 $f(x)$ 也在 a 连续.

【解】 （1）对. 因为

$$\big|\, |f(x)| - |a| \,\big| \leqslant |f(x) - a| \to 0 \quad (x \to a),$$

所以 $|f(x)|$ 也在 a 连续；

（2）错. 例如

$$f(x) = \begin{cases} 1, & x \geqslant 0, \\ -1, & x < 0, \end{cases}$$

则 $|f(x)|$ 在 $a = 0$ 处连续，而 $f(x)$ 在 $a = 0$ 处不连续.

*6. 证明：若函数 $f(x)$ 在点 x_0 连续且 $f(x_0) \neq 0$，则存在 x_0 的某一邻域 $U(x_0)$，当 $x \in U(x_0)$ 时，$f(x) \neq 0$.

【证】 若 $f(x_0) > 0$，因为 $f(x)$ 在 x_0 连续，取 $\varepsilon = \dfrac{1}{2}f(x_0) > 0$，$\exists \delta > 0$，当 $x \in U(x_0, \delta)$ 时，有

$$|f(x) - f(x_0)| < \frac{1}{2}f(x_0)，\text{即} \ 0 < \frac{1}{2}f(x_0) < f(x) < \frac{3}{2}f(x_0);$$

若 $f(x_0) < 0$，因为 $f(x)$ 在 x_0 连续，取 $\varepsilon = -\dfrac{1}{2}f(x_0) > 0$，$\exists \delta > 0$，当 $x \in U(x_0, \delta)$ 时，有 $|f(x) -$

$f(x_0)| < -\dfrac{1}{2}f(x_0)$，即 $\dfrac{3}{2}f(x_0) < f(x) < \dfrac{1}{2}f(x_0) < 0$.

因此，不论 $f(x_0) > 0$ 或 $f(x_0) < 0$，总存在 x_0 的某一邻域 $U(x_0)$，当 $x \in U(x_0)$ 时，$f(x) \neq 0$.

*7. 设

$$f(x) = \begin{cases} x, & x \in \mathbf{Q}, \\ 0, & x \in \mathbf{Q}^C, \end{cases}$$

证明：（1）$f(x)$ 在 $x = 0$ 连续；

（2）$f(x)$ 在非零的 x 处都不连续.

【证】 （1）$\forall \varepsilon > 0$，取 $\delta = \varepsilon$，则当 $|x - 0| = |x| < \delta$ 时，

$$|f(x) - f(0)| = |f(x)| \leqslant |x| < \varepsilon,$$

故 $\lim\limits_{x \to 0} f(x) = f(0)$，即 $f(x)$ 在 $x = 0$ 连续.

（2）$\forall x_0 \neq 0$，$f(x)$ 在 x_0 不连续.

若 $x_0 = r \neq 0$，$r \in \mathbf{Q}$，则 $f(x_0) = f(r) = r$.

分别取一有理数列 $\{r_n\}$：$r_n \to r (n \to \infty)$，$r_n \neq r$；取一无理数列 $\{s_n\}$：$s_n \to r (n \to \infty)$，则

$$\lim\limits_{n \to \infty} f(r_n) = \lim\limits_{n \to \infty} r_n = r, \ \lim\limits_{n \to \infty} f(s_n) = \lim\limits_{n \to \infty} 0 = 0,$$

而 $r \neq 0$，由函数极限与数列极限的关系知 $\lim\limits_{x \to r} f(x)$ 不存在，故 $f(x)$ 在 r 处不连续.

若 $x_0 = s$，$s \in \mathbf{Q}^C$. 同理可证：$f(x_0) = f(s) = 0$，但 $\lim\limits_{x \to s} f(x)$ 不存在，故 $f(x)$ 在 s 处不连续.

*8. 试举出具有以下性质的函数 $f(x)$ 的例子：

$$x = 0, \ \pm 1, \ \pm 2, \ \pm \frac{1}{2}, \ \cdots, \ \pm n, \ \pm \frac{1}{n}, \ \cdots$$

是 $f(x)$ 的所有间断点，且它们都是无穷间断点.

【解】 设 $f(x) = \cot(\pi x) + \cot \dfrac{\pi}{x}$，显然 $f(x)$ 具有所要求的性质.

习题 1-9 连续函数的运算与初等函数的连续性

1. 求函数 $f(x) = \dfrac{x^3 + 3x^2 - x - 3}{x^2 + x - 6}$ 的连续区间，并求极限 $\lim\limits_{x \to 0} f(x)$，$\lim\limits_{x \to -3} f(x)$ 及 $\lim\limits_{x \to 2} f(x)$.

【解】 $f(x)$ 在 $x_1 = -3$，$x_2 = 2$ 处无意义，所以这两个点为间断点，此外函数到处连续，连续区间为 $(-\infty, -3)$，$(-3, 2)$，$(2, +\infty)$.

因为
$$f(x)=\frac{x^3+3x^2-x-3}{x^2+x-6}=\frac{(x^2-1)(x+3)}{(x+3)(x-2)}=\frac{x^2-1}{x-2},$$

所以
$$\lim_{x\to0}f(x)=\frac{1}{2},\quad\lim_{x\to-3}f(x)=-\frac{8}{5},\quad\lim_{x\to2}f(x)=\infty.$$

2. 设函数 $f(x)$ 与 $g(x)$ 在点 x_0 连续，证明函数
$$\varphi(x)=\max\{f(x),g(x)\},\quad\psi(x)=\min\{f(x),g(x)\}$$
在点 x_0 也连续.

【证】 $\varphi(x)=\max\{f(x),g(x)\}=\frac{1}{2}[f(x)+g(x)+|f(x)-g(x)|],$

$$\lim_{x\to x_0}f(x)=f(x_0),\quad\lim_{x\to x_0}g(x)=f(x_0).$$

又
$$\varphi(x)=\frac{1}{2}[f(x)+g(x)+|f(x)-g(x)|],\quad\psi(x)=\frac{1}{2}[f(x)+g(x)-|f(x)-g(x)|],$$

$$\lim_{x\to x_0}\varphi(x)=\frac{1}{2}[f(x_0)+g(x_0)+|f(x_0)-g(x_0)|]=\varphi(x_0),$$

$$\lim_{x\to x_0}\psi(x)=\frac{1}{2}[f(x_0)+g(x_0)-|f(x_0)-g(x_0)|]=\psi(x_0),$$

所以 $\varphi(x),\psi(x)$ 在 $x=x_0$ 也连续.

3. 求下列极限：

（1） $\lim\limits_{x\to0}\sqrt{x^2-2x+5}$.

【解】 $\lim\limits_{x\to0}\sqrt{x^2-2x+5}=\sqrt{5}$.

（2） $\lim\limits_{\alpha\to\frac{\pi}{4}}(\sin2\alpha)^3$.

【解】 $\lim\limits_{\alpha\to\frac{\pi}{4}}(\sin2\alpha)^3=\left(\sin\frac{\pi}{2}\right)^3=1.$

（3） $\lim\limits_{x\to\frac{\pi}{6}}\ln(2\cos2x)$.

【解】 $\lim\limits_{x\to\frac{\pi}{6}}\ln(2\cos2x)=\ln\left(2\cos2\times\frac{\pi}{6}\right)=0.$

（4） $\lim\limits_{x\to0}\dfrac{\sqrt{x+1}-1}{x}$.

【解法 1】 $\lim\limits_{x\to0}\dfrac{\sqrt{x+1}-1}{x}=\lim\limits_{x\to0}\dfrac{x+1-1}{x(\sqrt{x+1}+1)}=\dfrac{1}{2}.$

【解法 2】 $\lim\limits_{x\to0}\dfrac{\sqrt{x+1}-1}{x}=\lim\limits_{x\to0}\dfrac{\dfrac{1}{2}x}{x}=\dfrac{1}{2}.$

（5） $\lim\limits_{x\to1}\dfrac{\sqrt{5x-4}-\sqrt{x}}{x-1}$.

【解】 $\lim\limits_{x\to1}\dfrac{\sqrt{5x-4}-\sqrt{x}}{x-1}=\lim\limits_{x\to1}\dfrac{4(x-1)}{(x-1)(\sqrt{5x-4}+\sqrt{x})}=\lim\limits_{x\to1}\dfrac{4}{\sqrt{5x-4}+\sqrt{x}}=2.$

（6） $\lim\limits_{x\to\alpha}\dfrac{\sin x-\sin\alpha}{x-\alpha}$.

【解】 $\lim\limits_{x\to\alpha}\dfrac{\sin x-\sin\alpha}{x-\alpha}=\lim\limits_{x\to\alpha}\dfrac{2\sin\dfrac{x-\alpha}{2}\cos\dfrac{x+\alpha}{2}}{x-\alpha}=\lim\limits_{x\to\alpha}\cos\dfrac{x+\alpha}{2}=\cos\alpha.$

(7) $\lim\limits_{x\to+\infty}\left(\sqrt{x^2+x}-\sqrt{x^2-x}\right).$

【解】 $\lim\limits_{x\to+\infty}\left(\sqrt{x^2+x}-\sqrt{x^2-x}\right)=\lim\limits_{x\to+\infty}\dfrac{2x}{\sqrt{x^2+x}+\sqrt{x^2-x}}=\lim\limits_{x\to+\infty}\dfrac{2}{\sqrt{1+\dfrac{1}{x}}+\sqrt{1-\dfrac{1}{x}}}=1.$

(8) $\lim\limits_{x\to0}\dfrac{\left(1-\dfrac{1}{2}x^2\right)^{\frac{2}{3}}-1}{x\ln(1+x)}.$

【解】 原式 $=\lim\limits_{x\to0}\dfrac{\dfrac{2}{3}\left(-\dfrac{1}{2}x^2\right)}{x^2}=-\dfrac{1}{3}.$

4. 求下列极限:

(1) $\lim\limits_{x\to\infty}\mathrm{e}^{\frac{1}{x}}.$

【解】 $\lim\limits_{x\to\infty}\mathrm{e}^{\frac{1}{x}}=\mathrm{e}^{\lim\limits_{x\to\infty}\frac{1}{x}}=\mathrm{e}^0=1.$

(2) $\lim\limits_{x\to0}\ln\dfrac{\sin x}{x}.$

【解】 $\lim\limits_{x\to0}\ln\dfrac{\sin x}{x}=\ln\left(\lim\limits_{x\to0}\dfrac{\sin x}{x}\right)=\ln1=0.$

(3) $\lim\limits_{x\to\infty}\left(1+\dfrac{1}{x}\right)^{\frac{x}{2}}.$

【解】 $\lim\limits_{x\to\infty}\left(1+\dfrac{1}{x}\right)^{\frac{x}{2}}=\left[\lim\limits_{x\to\infty}\left(1+\dfrac{1}{x}\right)^x\right]^{\frac{1}{2}}=\mathrm{e}^{\frac{1}{2}}=\sqrt{\mathrm{e}}.$

(4) $\lim\limits_{x\to0}(1+3\tan^2x)^{\cot^2x}.$

【解法 1】 $\lim\limits_{x\to0}(1+3\tan^2x)^{\cot^2x}=\lim\limits_{x\to0}(1+3\tan^2x)^{\frac{1}{\tan^2x}}=\left[\lim\limits_{x\to0}(1+3\tan^2x)^{\frac{1}{3\tan^2x}}\right]^3=\mathrm{e}^3;$

【解法 2】 $\lim\limits_{x\to0}(1+3\tan^2x)^{\cot^2x}=\lim\limits_{x\to0}(1+3\tan^2x)^{\frac{1}{\tan^2x}}=\lim\limits_{x\to0}(1+3x^2)^{\frac{1}{x^2}}=\mathrm{e}^3.$

注 请读者证明此种替换的正确性.

(5) $\lim\limits_{x\to\infty}\left(\dfrac{3+x}{6+x}\right)^{\frac{x-1}{2}}.$

【解】 $\lim\limits_{x\to\infty}\left(\dfrac{3+x}{6+x}\right)^{\frac{x-1}{2}}=\lim\limits_{x\to\infty}\left(1+\dfrac{-3}{6+x}\right)^{\frac{x-1}{2}}=\lim\limits_{x\to\infty}\left(1+\dfrac{-3}{6+x}\right)^{\frac{x+6}{2}}\cdot\left(1+\dfrac{-3}{6+x}\right)^{-\frac{7}{2}}$

$=\left[\lim\limits_{x\to\infty}\left(1+\dfrac{-3}{6+x}\right)^{\frac{x+6}{3}}\right]^{-\frac{3}{2}}\cdot\lim\limits_{x\to\infty}\left(1+\dfrac{-3}{6+x}\right)^{-\frac{7}{2}}=\mathrm{e}^{-\frac{3}{2}}.$

(6) $\lim\limits_{x\to0}\dfrac{\sqrt{1+\tan x}-\sqrt{1+\sin x}}{x\sqrt{1+\sin^2x}-x}.$

【解】

$\lim\limits_{x\to0}\dfrac{\sqrt{1+\tan x}-\sqrt{1+\sin x}}{x\sqrt{1+\sin^2x}-x}=\lim\limits_{x\to0}\dfrac{(\tan x-\sin x)(\sqrt{1+\sin^2x}+1)}{x\cdot\sin^2x(\sqrt{1+\tan x}+\sqrt{1+\sin x})}=\lim\limits_{x\to0}\dfrac{\tan x(1-\cos x)}{x\cdot x^2}=\lim\limits_{x\to0}\dfrac{x\cdot\dfrac{1}{2}x^2}{x^3}=\dfrac{1}{2}.$

（7）$\lim\limits_{x\to e}\dfrac{\ln x-1}{x-e}$.

【解】　令 $s=x-e$, 则

$$原式=\lim\limits_{s\to 0}\dfrac{\ln(e+s)-\ln e}{s}=\lim\limits_{s\to 0}\dfrac{\ln\left(1+\dfrac{s}{e}\right)}{s}=\lim\limits_{s\to 0}\dfrac{\dfrac{s}{e}}{s}=\dfrac{1}{e}.$$

（8）$\lim\limits_{x\to 0}\dfrac{e^{3x}-e^{2x}-e^{x}+1}{\sqrt[3]{(1-x)(1+x)}-1}$.

【解】　$原式=\lim\limits_{x\to 0}\dfrac{(e^{2x}-1)(e^{x}-1)}{(1-x^2)^{\frac{1}{3}}-1}=\lim\limits_{x\to 0}\dfrac{2x\cdot x}{-\dfrac{1}{3}x^2}=-6.$

5. 设 $f(x)$ 在 **R** 上连续, 且 $f(x)\neq 0$, $\varphi(x)$ 在 **R** 上有定义, 且有间断点, 则下列陈述中, 哪些是对的, 哪些是错的? 如果是对的, 说明理由; 如果是错的, 试给出一个反例.

（1）$\varphi[f(x)]$ 必有间断点;　　　　　　　（2）$[\varphi(x)]^2$ 必有间断点;

（3）$f[\varphi(x)]$ 未必有间断点;　　　　　　（4）$\dfrac{\varphi(x)}{f(x)}$ 必有间断点.

【解】　（1）错. 可取 $\varphi(x)=\mathrm{sgn}\,x$, $f(x)=e^x$, 则 $\varphi[f(x)]\equiv 1$ 在 **R** 上处处连续;

（2）错. 例如取 $\varphi(x)=\begin{cases}1, & x\in\mathbf{Q},\\ -1, & x\in\mathbf{Q}^c,\end{cases}$ 而 $[\varphi(x)]^2\equiv 1$ 在 **R** 上处处连续;

（3）对. 取 $\varphi(x)$ 同（2）, $f(x)=|x|+1$, 则 $f[\varphi(x)]\equiv 2$ 在 **R** 上处处连续;

（4）对. 因为 $F(x)=\dfrac{\varphi(x)}{f(x)}$ 在 **R** 上处处连续, 则 $\varphi(x)=F(x)\cdot f(x)$ 也在 **R** 上处处连续. 矛盾.

6. 设函数 $\qquad\qquad f(x)=\begin{cases}e^x, & x<0,\\ a+x, & x\geqslant 0.\end{cases}$

应当怎样选择数 a, 使得 $f(x)$ 成为在 $(-\infty,+\infty)$ 内的连续函数.

【解】　在 $x=0$ 处, $f(0)=a$, 且

$$\lim\limits_{x\to 0^-}f(x)=\lim\limits_{x\to 0^-}e^x=1,\ \lim\limits_{x\to 0^+}f(x)=\lim\limits_{x\to 0^+}(a+x)=a,$$

所以, 当 $a=1$ 时, $f(x)$ 在 $x=0$ 处连续, 从而保证在 $(-\infty,+\infty)$ 内连续.

习题 1-10　闭区间上连续函数的性质

1. 假设函数 $f(x)$ 在闭区间 $[0,1]$ 上连续, 并且对 $[0,1]$ 上任一点 x, 有 $0\leqslant f(x)\leqslant 1$. 试证明 $[0,1]$ 中必有一点 c, 使 $f(c)=c$ （c 称为函数 $f(x)$ 的不动点）.

【证】　设 $F(x)=f(x)-x$, 则 $F(0)=f(0)\geqslant 0$, $F(1)=f(1)-1\leqslant 0$. 由零点定理, 可知当 $F(0)>0$, 且 $F(1)<0$ 时, 有 $c\in(0,1)$ 使 $F(c)=0$, 即 $f(c)=c$. 若 $F(0)=0$ 或 $F(1)=0$, 则 $x=0$ 或 $x=c$ 就是不动点.

2. 证明方程 $x^5-3x=1$ 至少有一个根介于 1 和 2 之间.

【证】　设 $f(x)=x^5-3x-1$. $f(1)=-3$, $f(2)=25$, 且 $f(x)$ 在 $[1,2]$ 上连续, 由零点定理, $\exists\xi\in(1,2)$, 使得 $f(\xi)=0$, 即方程 $x^5-3x=1$ 至少有一个根介于 1 和 2 之间.

3. 证明方程 $x=a\sin x+b$, 其中 $a>0$, $b>0$, 至少有一个正根, 并且它不超过 $a+b$.

【证】　令 $f(x)=x-a\sin x-b$, 则 $f(0)=-b<0$, $f(a+b)=a[1-\sin(a+b)]\geqslant 0$. 若 $f(a+b)=0$, 则 $x=a+b$ 就是原方程的根; 否则, $f(a+b)>0$. 由介值定理, 有 $\xi\in(0,a+b)$, 使 $f(\xi)=0$. 因此原方程有一个根介于 0 与 $a+b$ 之间.

任取 $\varepsilon_0>0$, 都有 $f(a+b+\varepsilon_0)=a[1-\sin(a+b+\varepsilon_0)]+\varepsilon_0>0$, 这说明当 $x>a+b$ 后, $f(x)$ 无零点, 原方程的根不超过 $a+b$.

4. 证明任一最高次幂的指数为奇数的代数方程

$$a_0 x^{2n+1} + a_1 x^{2n} + \cdots + a_{2n} x + a_{2n+1} = 0$$

至少有一实根,其中 a_0, a_1, $\cdots$, a_{2n+1} 均为常数,$n \in \mathbf{N}$.

【证】 令 $f(x) = a_0 x^{2n+1} + a_1 x^{2n} + \cdots + a_{2n+1}$,其中 $a_0 \neq 0$,不妨设 $a_0 > 0$,则必存在充分的大正数 x_1,使 $f(x_1) > 0$,而 $f(-x_1) < 0$,又 $f(x)$ 是连续函数,故由零点定理知必存在一点 $c \in (-x_1, x_1)$,使 $f(c) = 0$,即方程 $f(x) = 0$ 至少有一个实根.

5. 若 $f(x)$ 在 $[a, b]$ 上连续,$a < x_1 < x_2 < \cdots < x_n < b (n \geq 3)$,则在 (x_1, x_n) 内至少有一点 ξ,使

$$f(\xi) = \frac{f(x_1) + f(x_2) + \cdots + f(x_n)}{n}.$$

【证】 因为 $f(x)$ 在 $[a, b]$ 上连续,$[x_1, x_n] \subset [a, b]$,所以 $f(x)$ 在 $[x_1, x_n]$ 上连续. 设

$$M = \max_{x_1 \leq x \leq x_n} f(x), \quad m = \min_{x_1 \leq x \leq x_n} f(x),$$

则

$$m \leq f(x_i) \leq M \quad (i = 1, 2, \cdots, n),$$

从而

$$nm \leq \sum_{i=1}^{n} f(x_i) \leq nM, \quad m \leq \frac{1}{n} \sum_{i=1}^{n} f(x_i) \leq M,$$

由介值定理,$\exists \xi \in (x_1, x_n)$,使得

$$f(\xi) = \frac{1}{n} \sum_{i=1}^{n} f(x_i).$$

*6. 设函数 $f(x)$ 对于闭区间 $[a, b]$ 上的任意两点 x, y,恒有 $|f(x) - f(y)| \leq L|x - y|$,其中 L 为正常数,且 $f(a) \cdot f(b) < 0$. 证明:至少有一点 $\xi \in (a, b)$,使得 $f(\xi) = 0$.

【证】 设 x_0 是 $[a, b]$ 上任意一点,$x \in (a, b)$,则

$$|f(x) - f(x_0)| \leq L|x - x_0|.$$

对 $\forall \varepsilon > 0$,取 $\delta = \dfrac{\varepsilon}{L}$,当 $|x - x_0| < \delta$ 时,有

$$|f(x) - f(x_0)| < L \cdot \frac{\varepsilon}{L} = \varepsilon,$$

所以 $f(x)$ 在 x_0 处连续,从而 $f(x)$ 在 $[a, b]$ 内连续.

又 $f(a) \cdot f(b) < 0$,由零点定理,至少存在一点 $\xi \in (a, b)$,使得 $f(\xi) = 0$.

*7. 证明:若 $f(x)$ 在 $(-\infty, +\infty)$ 内连续,且 $\lim\limits_{x \to \infty} f(x)$ 存在,则 $f(x)$ 必在 $(-\infty, +\infty)$ 内有界.

【证】 设 $\lim\limits_{x \to \infty} f(x) = A$,则对 $\varepsilon = 1$,$\exists X$,当 $|x| > X$ 时,有 $|f(x) - A| < 1$,而

$$|f(x)| = |f(x) - A + A| \leq |f(x) - A| + |A| < 1 + |A|.$$

因为 $f(x)$ 在 $(-\infty, +\infty)$ 内连续,则在闭区间 $[-X, X]$ 上,$f(x)$ 也连续. 从而存在 M_1,当 $|x| \leq X$ 时,有 $|f(x)| < M_1$.

取 $M = \max\{|A| + 1, M_1\}$,当 $x \in (-\infty, +\infty)$ 时,有

$$|f(x)| < M.$$

*8. 在什么条件下,(a, b) 内的连续函数 $f(x)$ 为一致连续?

【解】 如果 $\lim\limits_{x \to a^+} f(x)$,$\lim\limits_{x \to b^-} f(x)$ 都存在,那么 $f(x)$ 在 (a, b) 内一致连续. 因为补充定义

$$f(a) = \lim_{x \to a^+} f(x), \quad f(b) = \lim_{x \to b^-} f(x),$$

所以 $f(x)$ 在 $[a, b]$ 上连续. 由一致连续性定理,$f(x)$ 在 $[a, b]$ 上一致连续,从而 $f(x)$ 在 (a, b) 内一致连续.

总习题一

1. 在"充分"、"必要"和"充分必要"三者中选择一个正确的填入下列空格内:

(1) 数列 $\{x_n\}$ 有界是数列 $\{x_n\}$ 收敛的_____条件. 数列 $\{x_n\}$ 收敛是数列 $\{x_n\}$ 有界的_____条件.

【解】 应填必要；充分. 因为由数列收敛的性质可知，收敛数列一定有界. 但有界数列不一定收敛. 例如，$x_n=(-1)^n$ 有界，但数列 $\{(-1)^n\}$ 发散.

(2) $f(x)$ 在 x_0 的某一去心邻域内有界是 $\lim\limits_{x\to x_0}f(x)$ 存在的_____条件. $\lim\limits_{x\to x_0}f(x)$ 存在是 $f(x)$ 在 x_0 的某一去心邻域内有界的_____条件.

【解】 应填必要；允分. 因为由函数极限的局部有界性可知，若 $\lim\limits_{x\to x_0}f(x)$ 存在，则 $f(x)$ 在某一去心邻域内有界；但若 $f(x)$ 在某一去心邻域内有界，则 $\lim\limits_{x\to x_0}f(x)$ 不一定存在.

(3) $f(x)$ 在 x_0 的某一去心邻域内无界是 $\lim\limits_{x\to x_0}f(x)=\infty$ 的_____条件. $\lim\limits_{x\to x_0}f(x)=\infty$ 是 $f(x)$ 在 x_0 的某一去心邻域内无界的_____条件.

【解】 应填必要；充分. 由无穷大的定义知，若 $\lim\limits_{x\to x_0}f(x)=\infty$，则 $f(x)$ 在 x_0 的某一去心邻域内，有 $|f(x)|>M$（M 为任意给定的数），所以 $f(x)$ 无界. 但反过来不一定成立. 例如，$f(x)=\dfrac{1}{x}\sin\dfrac{1}{x}$ 在 $x=0$ 处.

(4) $f(x)$ 当 $x\to x_0$ 时的右极限 $f(x_0^+)$ 及左极限 $f(x_0^-)$ 都存在且相等是 $\lim\limits_{x\to x_0}f(x)$ 存在的_____条件.

【解】 应填充分必要.

2. 已知函数 $f(x)=\begin{cases}(\cos x)^{-2}, & x\neq 0,\\ a, & x=0\end{cases}$ 在 $x=0$ 处连续，则 $a=$_____.

【解】 应填1.

3. 以下两题题中给出了四个结论，从中选出一个正确的结论：

(1) 设 $f(x)=2^x+3^x-2$，则当 $x\to 0$ 时，有（   ）.

(A) $f(x)$ 与 x 是等价无穷小　　　　　　(B) $f(x)$ 与 x 同阶但非等价无穷小
(C) $f(x)$ 是比 x 高阶的无穷小　　　　　　(D) $f(x)$ 是比 x 低阶的无穷小

【解】 应选择 B. 因为

$$\lim_{x\to 0}\frac{f(x)}{x}=\lim_{x\to 0}\frac{2^x+3^x-2}{x}=\lim_{x\to 0}\left(\frac{2^x-1}{x}+\frac{3^x-1}{x}\right)=\ln 2+\ln 3=\ln 6.$$

(2) 设

$$f(x)=\frac{e^{\frac{1}{x}}-1}{e^{\frac{1}{x}}+1},$$

则 $x=0$ 是 $f(x)$ 的（   ）.

(A) 可去间断点　　　(B) 跳跃间断点　　　(C) 第二类间断点　　　(D) 连续点

【解】 $f(0^-)=\lim\limits_{x\to 0^-}f(x)=-1,\ f(0^+)=\lim\limits_{x\to 0^+}f(x)=1$. 因为 $f(0^+)$，$f(0^-)$ 均存在，但 $f(0^+)\neq f(0^-)$，所以 $x=0$ 是 $f(x)$ 的跳间断点. 故选 B.

4. 设 $f(x)$ 的定义域是 $[0,1]$，求下列函数的定义域：

(1) $f(e^x)$；　　　　　(2) $f(\ln x)$；　　　　　(3) $f(\arctan x)$；　　　　　(4) $f(\cos x)$.

【解】 (1) $0\leqslant e^x\leqslant 1 \Rightarrow x\leqslant 0$，函数的定义域为 $(-\infty,0)$；

(2) $0\leqslant\ln x\leqslant 1 \Rightarrow 1\leqslant x\leqslant e$，函数的定义域为 $[1,e]$；

(3) $0\leqslant\arctan x\leqslant 1 \Rightarrow 0\leqslant x\leqslant\tan 1$，函数的定义域为 $[0,\tan 1]$；

(4) $0\leqslant\cos x\leqslant 1 \Rightarrow 2k\pi-\dfrac{\pi}{2}\leqslant x\leqslant 2k\pi+\dfrac{\pi}{2}$（$k\in\mathbf{Z}$），函数的定义域为

$$\left[2k\pi-\frac{\pi}{2},\ 2k\pi+\frac{\pi}{2}\right],\ k\in\mathbf{Z}.$$

5. 设
$$f(x)=\begin{cases}0, & x\leqslant0,\\ x, & x>0,\end{cases} \qquad g(x)=\begin{cases}0, & x\leqslant0,\\ -x^{2}, & x>0,\end{cases}$$
求 $f[f(x)]$, $g[g(x)]$, $f[g(x)]$, $g[f(x)]$.

【解】 $f[f(x)]=f(x)=\begin{cases}0, & x\leqslant0,\\ x, & x>0;\end{cases}$ $g[g(x)]=0;$

$f[g(x)]=0;$ $g[f(x)]=g(x)=\begin{cases}0, & x\leqslant0,\\ -x^{2}, & x>0.\end{cases}$

6. 利用 $y=\sin x$ 的图形作出下列函数的图形:

(1) $y=\vert\sin x\vert$;　　　　　　(2) $y=\sin\vert x\vert$;　　　　　　(3) $y=2\sin\dfrac{x}{2}$.

【解】 (1) $y=\vert\sin x\vert$ 的图形是将 $\sin x<0$ 的部分作关于 $y=0$ 的对称图形,而其余部分不变得到的,如图 1-15 所示;

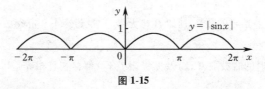

图 1-15

(2) $y=\sin\vert x\vert$ 的图形关于 y 轴对称,即 $-x$ 与 x 有相同的 y 值. 如图 1-16 所示;

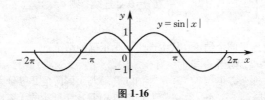

图 1-16

(3) $y=2\sin\dfrac{x}{2}$ 的图形是把 $y=\sin x$ 的图形振幅变为 2,周期变为 4π. 如图 1-17 所示.

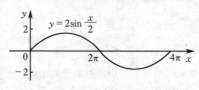

图 1-17

7. 把半径为 R 的一圆形铁皮,自中心处剪去中心角为 α 的一扇形后围成一无底圆锥. 试建立这圆锥的体积 V 与角 α 间的函数关系.

【解】 设圆锥的半径为 r,高为 h,则
$$2\pi r=2\pi R-\alpha R, \quad r=R-\dfrac{\alpha}{2\pi}R.$$

圆锥体积为
$$V=\dfrac{1}{3}\pi r^{2}\cdot h=\dfrac{1}{3}\pi R^{2}\left(1-\dfrac{\alpha}{2\pi}\right)^{2}\cdot\sqrt{R^{2}-r^{2}}=\dfrac{R^{3}}{24\pi^{2}}(2\pi-\alpha)^{2}\cdot\sqrt{4\pi^{2}\alpha-\alpha^{2}}\quad(0<\alpha<2\pi).$$

*8. 根据函数极限的定义证明 $\lim\limits_{x \to 3}\dfrac{x^2-x-6}{x-3}=5$.

【证】$\left|\dfrac{x^2-x-6}{x-3}-5\right|=|x-3|$.

对 $\forall \varepsilon>0$，取 $\delta=\varepsilon$，当 $0<|x-3|<\delta$ 时，有 $\left|\dfrac{x^2-x-6}{x-3}-5\right|<\varepsilon$，所以

$$\lim\limits_{x \to 3}\dfrac{x^2-x-6}{x-3}=5.$$

9. 求下列极限：

（1）$\lim\limits_{x \to 1}\dfrac{x^2-x+1}{(x-1)^2}$.

【解】$\lim\limits_{x \to 1}\dfrac{x^2-x+1}{(x-1)^2}=\infty$.

（2）$\lim\limits_{x \to +\infty} x(\sqrt{x^2+1}-x)$.

【解】$\lim\limits_{x \to +\infty} x(\sqrt{x^2+1}-x)=\lim\limits_{x \to +\infty}\dfrac{x}{\sqrt{x^2+1}+x}=\lim\limits_{x \to +\infty}\dfrac{1}{\sqrt{1+\dfrac{1}{x^2}}+1}=\dfrac{1}{2}$.

（3）$\lim\limits_{x \to \infty}\left(\dfrac{2x+3}{2x+1}\right)^{x+1}$.

【解】$\lim\limits_{x \to \infty}\left(\dfrac{2x+3}{2x+1}\right)^{x+1}=\lim\limits_{x \to \infty}\left(1+\dfrac{2}{2x+1}\right)^{x+1}=\lim\limits_{x \to \infty}\left(1+\dfrac{1}{x+\dfrac{1}{2}}\right)^{x+\frac{1}{2}}\cdot\left(1+\dfrac{1}{x+\dfrac{1}{2}}\right)^{\frac{1}{2}}=e\cdot 1=e$.

（4）$\lim\limits_{x \to 0}\dfrac{\tan x-\sin x}{x^3}$.

【解】$\lim\limits_{x \to 0}\dfrac{\tan x-\sin x}{x^3}=\lim\limits_{x \to 0}\dfrac{\tan x(1-\cos x)}{x^3}=\lim\limits_{x \to 0}\dfrac{x\cdot\dfrac{1}{2}x^2}{x^3}=\dfrac{1}{2}$.

（5）$\lim\limits_{x \to 0}\left(\dfrac{a^x+b^x+c^x}{3}\right)^{\frac{1}{x}}$ $(a>0,\ b>0,\ c>0)$.

【解】$\lim\limits_{x \to 0}\left(\dfrac{a^x+b^x+c^x}{3}\right)^{\frac{1}{x}}=\exp\lim\limits_{x \to 0}\left(\dfrac{a^x+b^x+c^x}{3}-1\right)\cdot\dfrac{1}{x}=\dfrac{1}{3}\exp\lim\limits_{x \to 0}\left(\dfrac{a^x-1}{x}+\dfrac{b^x-1}{x}+\dfrac{c^x-1}{x}\right)=\sqrt[3]{abc}$.

（6）$\lim\limits_{x \to \frac{\pi}{2}}(\sin x)^{\tan x}$.

【解】

$\lim\limits_{x \to \frac{\pi}{2}}(\sin x)^{\tan x}=\lim\limits_{x \to \frac{\pi}{2}}[1+(\sin x-1)]^{\tan x}=\lim\limits_{x \to \frac{\pi}{2}}\{[1+(\sin x-1)]^{\frac{1}{\sin x-1}}\}^{\tan x(\sin x-1)}$

$=e^{\lim\limits_{x \to \frac{\pi}{2}}\tan x(\sin x-1)}\xrightarrow{x=\frac{\pi}{2}-t}e^{\lim\limits_{t \to 0}\tan\left(\frac{\pi}{2}-t\right)\left[\sin\left(\frac{\pi}{2}-t\right)-1\right]}=e^{\lim\limits_{t \to 0}\frac{\cos t-1}{\tan t}}=e^{\lim\limits_{t \to 0}\frac{-\frac{1}{2}t^2}{t}}=e^0=1$.

（7）$\lim\limits_{x \to a}\dfrac{\ln x-\ln a}{x-a}$ $(a>0)$.

【解】令 $x-a=t$，则

$$原式=\lim\limits_{t \to 0}\dfrac{\ln\left(1+\dfrac{t}{a}\right)}{t}=\lim\limits_{t \to 0}\dfrac{\dfrac{t}{a}}{t}=\dfrac{1}{a}.$$

（8）$\lim\limits_{x\to 0}\dfrac{x\tan t}{\sqrt{1-x^2}-1}$.

【解】 原式 $=\lim\limits_{x\to 0}\dfrac{x\cdot x}{-\dfrac{1}{2}x^2}=-2$.

10. 设

$$f(x)=\begin{cases}x\sin\dfrac{1}{x}, & x>0,\\ a+x^2, & x\leqslant 0,\end{cases}$$

要使 $f(x)$ 在 $(-\infty,+\infty)$ 内连续，应当怎样选择数 a？

【解】 $f(x)$ 在 $(-\infty,+\infty)$ 内连续，则在 $x=0$ 处 $f(x)$ 连续.因为

$$f(0)=a,\ \lim\limits_{x\to 0^-}f(x)=\lim\limits_{x\to 0^-}(a+x^2)=a,\ \lim\limits_{x\to 0^+}f(x)=\lim\limits_{x\to 0^+}x\sin\dfrac{1}{x}=0,$$

所以 $\qquad\qquad\qquad\qquad\qquad\qquad a=0.$

11. 设 $f(x)=\lim\limits_{n\to\infty}\dfrac{1+x}{1+x^{2n}}$，求 $f(x)$ 的间断点，并说明间断点所属类型.

【解】 $f(x)=\lim\limits_{n\to\infty}\dfrac{1+x}{1+x^{2n}}=\begin{cases}1+x, & \text{当} |x|<1 \text{时},\\ 0, & \text{当} x=-1 \text{或} |x|>1 \text{时},\\ 1, & \text{当} x=1 \text{时}.\end{cases}$

显然 $x=\pm1$ 是分段点，由于 $f(-1^-)=f(-1^+)=f(-1)=0$，所以 $x=-1$ 是连续点；而 $f(1^-)=2$，$f(1^+)=0$，于是 $x=1$ 是 $f(x)$ 的第一类间断点，且为跳跃间断点.

12. 证明 $\qquad\qquad\lim\limits_{n\to\infty}\left(\dfrac{1}{\sqrt{n^2+1}}+\dfrac{1}{\sqrt{n^2+2}}+\cdots+\dfrac{1}{\sqrt{n^2+n}}\right)=1.$

【证】 因为

$$\dfrac{1}{\sqrt{n^2+n}}\leqslant\dfrac{1}{\sqrt{n^2+i}}\leqslant\dfrac{1}{\sqrt{n^2+1}}\quad(i=1,2,\cdots,n),\qquad\dfrac{n}{\sqrt{n^2+n}}\leqslant\sum\limits_{i=1}^{n}\dfrac{1}{\sqrt{n^2+i}}\leqslant\dfrac{n}{\sqrt{n^2+1}},$$

而 $\qquad\qquad\qquad\qquad\lim\limits_{n\to\infty}\dfrac{n}{\sqrt{n^2+n}}=1,\ \lim\limits_{n\to\infty}\dfrac{n}{\sqrt{n^2+1}}=1,$

所以 $\qquad\qquad\qquad\lim\limits_{n\to\infty}\left(\dfrac{1}{\sqrt{n^2+1}}+\dfrac{1}{\sqrt{n^2+2}}+\cdots+\dfrac{1}{\sqrt{n^2+n}}\right)=1.$

13. 证明方程 $\sin x+x+1=0$ 在开区间 $\left(-\dfrac{\pi}{2},\dfrac{\pi}{2}\right)$ 内至少有一个根.

【证】 设 $f(x)=\sin x+x+1$.

显然，$f(x)$ 在 $\left[-\dfrac{\pi}{2},\dfrac{\pi}{2}\right]$ 上连续.$f\left(-\dfrac{\pi}{2}\right)=-\dfrac{\pi}{2}<0$，$f\left(\dfrac{\pi}{2}\right)=2+\dfrac{\pi}{2}>0$，由零点定理，存在 $\xi\in$

$\left(-\dfrac{\pi}{2},\dfrac{\pi}{2}\right)$，使得 $f(\xi)=0$，则 ξ 就是方程 $\sin x+x+1=0$ 的根.

14. 如果存在直线 $L:y=kx+b$，使得当 $x\to\infty$（或 $x\to+\infty$，$x\to-\infty$）时，曲线 $y=f(x)$ 上的动点 $M(x,y)$ 到直线 L 的距离 $d(M,L)\to 0$，则称 L 为曲线 $y=f(x)$ 的**渐近线**.当直线 L 的斜率 $k\neq 0$ 时，称 L 为斜渐近线.

（1）证明：直线 $L:y=kx+b$ 为曲线 $y=f(x)$ 的渐近线的充分必要条件是

$$k=\lim\limits_{\substack{x\to\infty\\(x\to+\infty\\x\to-\infty)}}\dfrac{f(x)}{x},\ b=\lim\limits_{\substack{x\to\infty\\(x\to+\infty\\x\to-\infty)}}[f(x)-kx];$$

（2）求曲线 $y=(2x-1)\mathrm{e}^{\frac{1}{x}}$ 的斜渐近线.

【证】（1）必要性：

已知 $y = kx + b$ 是曲线 $y = f(x)$ 的渐近线. 设 $(x, f(x))$ 是曲线上任一点，到直线 L 的距离为

$$d = \frac{\left| kx - f(x) + b \right|}{\sqrt{1 + k^2}},$$

则有 $\lim\limits_{x \to \infty} d = 0$，故 $\lim\limits_{x \to \infty} [kx - f(x) + b] = 0$，从而

$$b = \lim_{x \to \infty} [f(x) - kx], \lim_{x \to \infty} \left[\frac{f(x)}{x} - k \right] = 0,$$

则

$$k = \lim_{x \to \infty} \frac{f(x)}{x}.$$

充分性：

由 $\lim\limits_{x \to \infty} [f(x) - kx] = b$ 知 $\lim\limits_{x \to \infty} [f(x) - kx - b] = 0$，则

$$\lim_{x \to \infty} d = \lim_{x \to \infty} \frac{\left| kx - f(x) + b \right|}{\sqrt{1 + k^2}} = 0,$$

故 $y = kx + b$ 是 $y = f(x)$ 的渐近线；

（2）因为 $\lim\limits_{x \to \infty} \dfrac{f(x)}{x} = \lim\limits_{x \to \infty} \dfrac{(2x-1) \mathrm{e}^{\frac{1}{x}}}{x} = 2 = k,$

$$\lim_{x \to \infty} \left[(2x-1) \mathrm{e}^{\frac{1}{x}} - 2x \right] = \lim_{x \to \infty} \left[2x(\mathrm{e}^{\frac{1}{x}} - 1) - \mathrm{e}^{\frac{1}{x}} \right] = \lim_{x \to \infty} \left(2x \cdot \frac{1}{x} - 1 \right) = 1,$$

故斜渐近线为 $y = 2x + 1.$

第二章 导数与微分

一、主要内容

（一）主要定义

1. 设 $f(x)$ 在 x_0 的某邻域内有定义，则 $f(x)$ 在 x_0 处的导数定义为

$$f'(x_0) = \lim_{\Delta x \to 0} \frac{f(x_0 + \Delta x) - f(x_0)}{\Delta x}.$$

令 $x = x_0 + \Delta x$，则

$$f'(x_0) = \lim_{x \to x_0} \frac{f(x) - f(x_0)}{x - x_0}.$$

2. 设 $f(x)$ 在 x_0 点的左邻域内有定义，则 $f(x)$ 在 x_0 处的左导数 $f_-'(x_0)$ 定义为

$$f_-'(x_0) = \lim_{\Delta x \to -0} \frac{f(x_0 + \Delta x) - f(x_0)}{\Delta x}.$$

类似地可以定义右导数 $f_+'(x_0)$.

3. 若 $f(x)$ 在 x_0 的某邻域内有定义，且 $\Delta y = A\Delta x + o(\Delta x)$ 成立，其中 A 是不依赖于 Δx 的常数，则称 $f(x)$ 在 x_0 处可微分，称 $A\Delta x$ 为 $f(x)$ 在 x_0 处的微分，记作 $\mathrm{d}y$.

注 可以证明 $A = f'(x_0)$，即 $\mathrm{d}y = f'(x_0)\Delta x$.

4. $y = f(x)$，当 $f'(x)$ 连续时，称 $f(x)$ 连续可导或连续可微.

（二）主要结论

1. $f(x)$ 在 x_0 处可导的充要条件是 $f_-'(x_0)$ 与 $f_+'(x_0)$ 存在且相等.

2. $f(x)$ 在 x_0 处可微的充要条件是 $f(x)$ 在该点可导.

3. 当所给函数可导时，有

(1) $(u+v)' = u' + v'$.　　　　(2) $(Cu)' = Cu'$.

(3) $(uv)' = u'v + uv'$.　　　　(4) $\left(\dfrac{u}{v}\right)' = \dfrac{u'v - uv'}{v^2}$.

(5) $y = f(u)$，$u = \varphi(x)$，则　　$\dfrac{\mathrm{d}y}{\mathrm{d}x} = f'(u)\varphi'(x)$.

(6) $y = f(x)$，$x = \varphi(y)$，则　　$f'(x) = \dfrac{1}{\varphi'(y)}$　$[\varphi'(y) \neq 0]$.

(7) $(uv)^{(n)} = \displaystyle\sum_{k=0}^{n} C_n^k u^{(n-k)} v^{(k)}$　（莱布尼茨公式）.

4. 基本求导公式

(1) $(C)' = 0$.　　　　　(2) $(x^\mu)' = \mu x^{\mu-1}$.　　　　(3) $(\sin x)' = \cos x$.

(4) $(\cos x)' = -\sin x$.　　(5) $(\tan x)' = \sec^2 x$.　　　(6) $(\cot x)' = -\csc^2 x$.

(7) $(\sec x)' = \sec x \tan x$.　(8) $(\csc x)' = -\csc x \cot x$.

(9) $(a^x)' = a^x \ln a$　$(a > 0)$，特别地，$(\mathrm{e}^x)' = \mathrm{e}^x$.

(10) $(\ln|x|)' = \dfrac{1}{x}$.　　(11) $(\log_a x)' = \dfrac{1}{x \ln a}$　$(a > 0, a \neq 1)$.

(12) $(\arcsin x)' = \dfrac{1}{\sqrt{1-x^2}}$. 　　(13) $(\arccos x)' = -\dfrac{1}{\sqrt{1-x^2}}$.

(14) $(\arctan x)' = \dfrac{1}{1+x^2}$. 　　(15) $(\operatorname{arccot} x)' = -\dfrac{1}{1+x^2}$.

(16) $\begin{cases} x = \varphi(t), \\ y = \psi(t), \end{cases} \dfrac{\mathrm{d}y}{\mathrm{d}x} = \dfrac{\psi'(t)}{\varphi'(t)}, \dfrac{\mathrm{d}^2 y}{\mathrm{d}x^2} = \dfrac{\mathrm{d}}{\mathrm{d}t}\left(\dfrac{\psi'(t)}{\varphi'(t)} \right) \cdot \dfrac{1}{\varphi'(t)}$.

(三) 结论补充

1. $y = f(u)$, $u = \varphi(x)$, 则
$$\mathrm{d}y = f'(u)\varphi'(x)\mathrm{d}x = f'(u)\mathrm{d}u.$$
此性质称为微分形式不变性.

2. 利用 $f(x) \approx f(0) + f'(0)x$, 当 $|x|$ 较小时, 有以下近似公式:

(1) $\sqrt[n]{1+x} \approx 1 + \dfrac{1}{n}x$. 　　(2) $\sin x \approx x$.

(3) $\tan x \approx x$. 　　(4) $\mathrm{e}^x \approx 1 + x$.

(5) $\ln(1+x) \approx x$.

3. 可导的偶函数的导函数是奇函数; 可导的奇函数的导函数是偶函数.

4. $y = \varphi(x)^{\psi(x)}$, $\varphi(x) > 0$, $\varphi'(x)$, $\psi'(x)$ 存在, 则
$$\dfrac{\mathrm{d}y}{\mathrm{d}x} = \varphi(x)^{\psi(x)} \left[\psi'(x)\ln\varphi(x) + \dfrac{\psi(x)\varphi'(x)}{\varphi(x)} \right].$$

5. $f'(x) - f(x) = \mathrm{e}^x [\mathrm{e}^{-x} f(x)]'$.

6. 若 $f(x)$ 在 $[x_0, x_0 + \delta]$ 上连续, 在 $(x_0, x_0 + \delta)$ 内可导, 且
$$\lim_{x \to x_0 + 0} f'(x) = A$$
存在, 则
$$f_+'(x_0) = A.$$

7. 导函数介值定理 [达布 (Darboux) 定理] 　$f(x)$ 在 $[a, b]$ 上可导, μ 为介于 $f_+'(a)$ 和 $f_-'(b)$ 之间的任一值, 则 $\exists \xi \in (a, b)$, 使 $f'(\xi) = \mu$.

8. 设 $f(x)$ 可导, 且 $F(x) = |f(x)|$, 则

(1) 当 $f(x_0) \neq 0$ 时, $F(x)$ 在 x_0 处可导, 且
$$F'(x_0) = \dfrac{f(x_0)}{|f(x_0)|} \cdot f'(x_0).$$

(2) 当 $f(x_0) = 0$ 时, $F(x)$ 在 x_0 处可导的充分必要条件是 $f'(x_0) = 0$.

9. 若 $f(x)$ 在 x_0 处连续, 则 $|f(x)|$ 在 x_0 处也连续.

10. $f(x)$ 在 $x = 0$ 处连续, 且 $\lim\limits_{x \to 0} \dfrac{f(x)}{x} = A$ 存在, 则 $f'(0) = A$.

二、典型例题

(一) 求导运算

1. 按定义求导

【例 2-1】 设 $f'(x_0)$ 存在, $\lim\limits_{h \to 0} \dfrac{f(x_0) - f(x_0 + 2h)}{6h} = 3$, 求 $f'(x_0)$.

【解】　$\lim\limits_{h\to 0}\dfrac{f(x_0)-f(x_0+2h)}{6h}=-\dfrac{1}{3}\lim\limits_{h\to 0}\dfrac{f(x_0+2h)-f(x_0)}{2h}=-\dfrac{1}{3}f'(x_0).$

令$-\dfrac{1}{3}f'(x_0)=3$，得$f'(x_0)=-9.$

【例2-2】　$f(x)=(x-a)\varphi(x)$，$\varphi(x)$在$x=a$处连续，求$f'(a).$

【解】　$f'(a)=\lim\limits_{x\to a}\dfrac{f(x)-f(a)}{x-a}=\lim\limits_{x\to a}\dfrac{(x-a)\varphi(x)-0}{x-a}=\lim\limits_{x\to a}\varphi(x)=\varphi(a).$

注　此题不能使用乘积的求导公式，因为$\varphi'(a)$的存在性得不到保证.

【例2-3】　$f(x)=x(x-1)(x-2)\cdots(x-2004)$，求$f'(0).$

【解】　$f'(0)=\lim\limits_{x\to 0}\dfrac{f(x)-f(0)}{x-0}=\lim\limits_{x\to 0}\dfrac{x(x-1)(x-2)\cdots(x-2004)}{x}$

$\qquad\quad=\lim\limits_{x\to 0}(x-1)(x-2)\cdots(x-2004)=(-1)(-2)\cdots(-2004)=2004!.$

【例2-4】　设

$$f(x)=\begin{cases}e^{\sin 5x}-1, & x\neq 0,\\ 0, & x=0,\end{cases}$$

求$f'(0).$

【解】　$f'(0)=\lim\limits_{x\to 0}\dfrac{f(x)-f(0)}{x-0}=\lim\limits_{x\to 0}\dfrac{e^{\sin 5x}-1}{x}=\lim\limits_{x\to 0}\dfrac{\sin 5x}{x}=5.$

【例2-5】　设$f'(t)$存在，$a\neq 0$，求

$$\lim\limits_{x\to 0}\dfrac{1}{x}\left[f\left(t+\dfrac{x}{a}\right)-f\left(t-\dfrac{x}{a}\right)\right].$$

【解】

$$原式=\lim\limits_{x\to 0}\left[\dfrac{1}{a}\cdot\dfrac{f\left(t+\dfrac{x}{a}\right)-f(t)}{\dfrac{x}{a}}+\dfrac{1}{a}\cdot\dfrac{f\left(t-\dfrac{x}{a}\right)-f(t)}{-\dfrac{x}{a}}\right]=\dfrac{1}{a}f'(t)+\dfrac{1}{a}f'(t)=\dfrac{2}{a}f'(t).$$

2. 复合函数求导数

【例2-6】　$y=x^{a^a}+a^{x^a}+a^{a^x}\ (a>0)$，求$y'.$

【解】　$y_1=x^{a^a}$是幂函数；$y_2=a^{x^a}$是复合形式的指数函数；$y=a^{a^x}$也是复合形式的指数函数，但复合过程不同.

$\qquad y'=a^a x^{a^a-1}+(a^{x^a}\ln a)(x^a)'+(a^{a^x}\ln a)(a^x)'=a^a x^{a^a-1}+(a^{x^a}\ln a)(ax^{a-1})+(a^{a^x}\ln a)(a^x\ln a)$

$\qquad\quad=a^a x^{a^a-1}+ax^{a-1}a^{x^a}\ln a+a^x a^{a^x}\ln^2 a.$

【例2-7】　$y=\sqrt{x+\sqrt{x+\sqrt{x}}}$，求$y'.$

【解】　$y'=\dfrac{1}{2\sqrt{x+\sqrt{x+\sqrt{x}}}}\cdot\left(x+\sqrt{x+\sqrt{x}}\right)'$

$\qquad\quad=\dfrac{1}{2\sqrt{x+\sqrt{x+\sqrt{x}}}}\cdot\left[1+\dfrac{1}{2\sqrt{x+\sqrt{x}}}\cdot\left(1+\dfrac{1}{2\sqrt{x}}\right)\right]=\dfrac{1+2\sqrt{x}+4\sqrt{x}\cdot\sqrt{x+\sqrt{x}}}{8\sqrt{x}\cdot\sqrt{x+\sqrt{x}}\cdot\sqrt{x+\sqrt{x+\sqrt{x}}}}.$

【例2-8】　$y=(\arccos x)^2\left[\ln^2(\arccos x)-\ln(\arccos x)+\dfrac{1}{2}\right]\ (|x|<1)$，求$\dfrac{dy}{dx}.$

【解】　引入中间变量$u=\arccos x$，则

$\qquad y=u^2\left(\ln^2 u-\ln u+\dfrac{1}{2}\right),$

$$\frac{dy}{dx}=\frac{dy}{du}\cdot\frac{du}{dx}=\left[2u\left(\ln^2 u-\ln u+\frac{1}{2}\right)+u^2\left(\frac{2\ln u}{u}-\frac{1}{u}\right)\right]\cdot\left(-\frac{1}{\sqrt{1-x^2}}\right)=2u\ln^2 u\cdot\left(-\frac{1}{\sqrt{1-x^2}}\right)$$

$$=-\frac{2}{\sqrt{1-x^2}}\arccos x\cdot\ln^2(\arccos x)\quad(|x|<1).$$

3. 参数式函数与隐函数求导

【例 2-9】 $x=1-t^2$, $y=t-t^3$, 求 $\dfrac{d^3y}{dx^3}$.

【解】 $\dfrac{dy}{dx}=\dfrac{(t-t^3)'}{(1-t^2)'}=\dfrac{1-3t^2}{-2t}=-\dfrac{1}{2t}+\dfrac{3t}{2}$,

$$\frac{d^2y}{dx^2}=\frac{d}{dt}\left(\frac{dy}{dx}\right)\cdot\frac{1}{\dfrac{dx}{dt}}=\left(-\frac{1}{2t}+\frac{3t}{2}\right)'\cdot\frac{1}{(1-t^2)'}=\left(\frac{1}{2t^2}+\frac{3}{2}\right)\left(-\frac{1}{2t}\right)=-\frac{1}{4t^3}-\frac{3}{4t}.$$

类似地

$$\frac{d^3y}{dx^3}=\left(-\frac{1}{4t^3}-\frac{3}{4t}\right)'\cdot\left(-\frac{1}{2t}\right)=-\frac{3}{8t^5}(1+t^2).$$

【例 2-10】 $y=\left(1+\dfrac{1}{x}\right)^x$, 求 $y'\left(\dfrac{1}{2}\right)$.

【解】 $\ln y=x[\ln(1+x)-\ln x]$,

$$\frac{1}{y}y'=[\ln(1+x)-\ln x]+x\left(\frac{1}{1+x}-\frac{1}{x}\right),$$

$$y'=\left(1+\frac{1}{x}\right)^x\left(\ln\frac{1+x}{x}-\frac{1}{1+x}\right),$$

$$y'\left(\frac{1}{2}\right)=\left(1+\frac{1}{\dfrac{1}{2}}\right)^{\frac{1}{2}}\left(\ln\frac{1+\dfrac{1}{2}}{\dfrac{1}{2}}-\frac{1}{1+\dfrac{1}{2}}\right)=\sqrt{3}\left(\ln 3-\frac{2}{3}\right).$$

【例 2-11】 设 $y=y(x)$ 是由方程 $x^y=y^x$ 所确定的函数, $x>0$, $y>0$, 求 $\dfrac{dy}{dx}$.

【解】 将 $x^y=y^x$ 两边取对数, 有 $y\ln x=x\ln y$, 则

$$y'\ln x+y\cdot\frac{1}{x}=\ln y+\frac{x}{y}y',$$

解出

$$\frac{dy}{dx}=\frac{y(x\ln y-y)}{x(y\ln x-x)}.$$

【例 2-12】 设 $y=y(x)$ 由方程组 $\begin{cases}x=3t^2+2t+3,\\ e^y\sin t-y+1=0\end{cases}$ 确定, 求 $\dfrac{d^2y}{dx^2}\bigg|_{t=0}$.

【解】 $\dfrac{dx}{dt}=6t+2$, $e^y\dfrac{dy}{dt}\cdot\sin t+e^y\cos t-\dfrac{dy}{dt}=0$, $\dfrac{dy}{dt}=\dfrac{e^y\cos t}{1-e^y\sin t}=\dfrac{e^y\cos t}{2-y}$.

当 $t=0$ 时, $y=1$, $\dfrac{dy}{dt}\bigg|_{t=0}=e$. 所以

$$\frac{dy}{dx}=\frac{e^y\cos t}{(2-y)(6t+2)},$$

$$\frac{d^2y}{dx^2}=\frac{d}{dt}\left[\frac{e^y\cos t}{(2-y)(6t+2)}\right]\cdot\frac{1}{6t+2}$$

$$=\frac{\left(e^y\frac{dy}{dt}\cdot\cos t-e^y\sin t\right)(2-y)(6t+2)-e^y\cos t\cdot\left[6(2-y)-\frac{dy}{dt}(6t+2)\right]}{(2-y)^2(6t+2)^3}.$$

将 $t=0$，$\dfrac{dy}{dt}=e$，$y=1$ 代入上式得

$$\left.\frac{d^2y}{dx^2}\right|_{t=0}=\frac{2e^2-3e}{4}.$$

4. n 阶导数

【例 2-13】　$y=x\ln x$，求 $y^{(n)}$.

【解】　$y'=\ln x+1$，$y''=\dfrac{1}{x}$，$y'''=(-1)^3\dfrac{1}{x^2}$，$y^{(4)}=(-1)^4\dfrac{2!}{x^3}$.

设　　　　　　　　　　　　$y^{(k)}=(-1)^k\dfrac{(k-2)!}{x^{k-1}}$,

则　　　　$y^{(k+1)}=\left[(-1)^k\cdot\dfrac{(k-2)!}{x^{k-1}}\right]'=(-1)^{k+1}\cdot\dfrac{(k-1)!}{x^k}$,

故　　　　　　　　$y^{(n)}=\begin{cases}1+\ln x, & n=1,\\[2mm](-1)^n\cdot\dfrac{(n-2)!}{x^{n-1}}, & n\geqslant2.\end{cases}$

【例 2-14】　求 $y^{(n)}$，已知 $y=\dfrac{1}{x^2-3x+2}$.

【解】　若直接求导，很难找出一般规律，也就很难得到 y 的 n 阶导数的表达式.

注意到　　　　$y=\dfrac{1}{x^2-3x+2}=\dfrac{1}{x-2}-\dfrac{1}{x-1}=(x-2)^{-1}-(x-1)^{-1}$,

则　　　　$y'=(-1)(x-2)^{-2}+(-1)^2(x-1)^{-2}$,

$y''=(-1)^2\cdot2\cdot(x-2)^{-3}+(-1)^3\cdot2\cdot(x-1)^{-3}$,

$y'''=(-1)^3\cdot2\cdot3(x-2)^{-4}+(-1)^4\cdot2\cdot3\cdot(x-1)^{-4}$,

$\cdots\cdots\cdots\cdots$

设　　　　　　$y^{(k)}=(-1)^kk!\left[(x-2)^{-(k+1)}-(x-1)^{-(k+1)}\right]$,

则　$y^{(k+1)}=\left\{(-1)^kk!\left[(x-2)^{-(k+1)}-(x-1)^{-(k+1)}\right]\right\}'=\left\{(-1)^{k+1}(k+1)!\left[(x-2)^{-(k+2)}-(x-1)^{-(k+2)}\right]\right\}$,

故　　　　　$y^{(n)}=(-1)^nn!\left[\dfrac{1}{(x-2)^{n+1}}-\dfrac{1}{(x-1)^{n+1}}\right]$.

【例 2-15】　已知　　　　　$f(x)=\begin{cases}e^{-\frac{1}{x^2}}, & x\neq0,\\[2mm]0, & x=0,\end{cases}$

试证 $f(x)$ 在 $x=0$ 处有任意阶导数.

【证】　$\lim\limits_{x\to0}f(x)=\lim\limits_{x\to0}e^{-\frac{1}{x^2}}=0=f(0)$，故 $f(0)$ 在 $x=0$ 处连续，有

$$f'(0)=\lim_{x\to0}\frac{e^{-\frac{1}{x^2}}-0}{x-0}\xlongequal{t=\frac{1}{x}}\lim_{t\to\infty}\frac{t}{e^{t^2}}=0.$$

当 $x\neq0$ 时，

$$f'(x)=\frac{2e^{-\frac{1}{x^2}}}{x^3},\ f''(0)=\lim_{x\to0}\frac{\frac{2e^{-\frac{1}{x^2}}}{x^3}}{x}=\lim_{x\to0}\frac{2e^{-\frac{1}{x^2}}}{x^4}=0.$$

设 $f^{(n)}(0)=0$, $x\neq 0$ 时, $f^{(n)}(x)$ 必是形如 $\dfrac{Ce^{\frac{1}{x^2}}}{x^k}$ 的有限项之和, 此处 C 为常数, $k\in \mathbf{N}$. 而 $\lim\limits_{x\to 0}\dfrac{Ce^{\frac{1}{x^2}}}{x^{k+1}}=$ 0, 故

$$f^{(n+1)}(0)=\lim_{x\to 0}\frac{f^{(n)}(x)-f^{(n)}(0)}{x}=\lim_{x\to 0}\frac{f^{(n)}(x)}{x}=0.$$

可见 $f(x)$ 在 $x=0$ 处存在任意阶导数, 且

$$f^{(n)}(0)=0 \quad (n=1,2,\cdots).$$

(二) 利用可导性确定常数

【例 2-16】 设 $$f(x)=\begin{cases}\ln(1+x)+2, & x\geq 0,\\ ax+b, & x<0,\end{cases}$$

选择适当的 a, b, 使 $f(x)$ 在 $x=0$ 处可导.

【解】 由可导必连续可知, 若 $f(x)$ 在 x_0 处可导, 首先有

$$\lim_{x\to -0}f(x)=\lim_{x\to +0}f(x),$$

即

$$\lim_{x\to -0}(ax+b)=\lim_{x\to +0}\left[\ln(1+x)+2\right],$$

因此可得 $b=2$.

当 $x\neq 0$ 时, $$f'(x)=\begin{cases}\dfrac{1}{1+x}, & x>0,\\ a, & x<0.\end{cases}$$

由"结论补充"之 6, 有

$$f_-'(0)=\lim_{x\to -0}a=a, \quad f_+'(0)=\lim_{x\to +0}\frac{1}{1+x}=1,$$

从而得 $a=1$. 即当 $a=1$, $b=2$ 时, $f(x)$ 在 $x=0$ 处可导.

【例 2-17】 设 $$f(x)=\begin{cases}ax^2+bx+c, & x<0,\\ \ln(1+x), & x\geq 0,\end{cases}$$

a, b, c 取何值时 $f''(0)$ 存在?

【解】 $f''(0)$ 存在, $f'(0)$ 必存在, $f(x)$ 在 $x=0$ 处必连续.

由 $f(x)$ 在 $x=0$ 连续, 应有

$$\lim_{x\to -0}f(x)=f(0)=0,$$

显然可得 $c=0$.

$f'(0)$ 存在, 应有 $f_+'(0)=f_-'(0)$,

而

$$f_+'(0)=\lim_{x\to +0}\frac{\ln(1+x)-0}{x}=1, \quad f_-'(0)=\lim_{x\to -0}\frac{ax^2+bx-0}{x}=b,$$

故 $b=1$, 因此有 $f'(0)=1$, 故

$$f'(x)=\begin{cases}2ax+1, & x<0,\\ \dfrac{1}{1+x}, & x\geq 0.\end{cases}$$

再由 $f''(0)$ 存在, 应有 $f''_+(0)=f''_-(0)$,

而

$$f_+''(0)=\lim_{x\to +0}\frac{\frac{1}{1+x}-1}{x}=-1, \quad f_-''(0)=\lim_{x\to -0}\frac{2ax+1-1}{x}=2a,$$

从而 $2a=-1$, 即 $a=-\dfrac{1}{2}$, 故 $a=-\dfrac{1}{2}$, $b=1$, $c=0$ 时 $f''(0)$ 存在.

（三）导数与微分的简单应用

【例 2-18】 求曲线

$$\begin{cases} x=2t+3+\arctan t, \\ y=2-3t+\ln(1+t^2) \end{cases}$$

在 $x=3$ 处的切线方程.

【解】 $x=3$ 时，$t=0$，$y=2$.

$$\frac{\mathrm{d}y}{\mathrm{d}x}\bigg|_{t=0} = \frac{2t-3(1+t^2)}{2t^2+3}\bigg|_{t=0} = -1,$$

所求切线方程为

$$y-2=-(x-3),$$

即

$$x+y=5.$$

【例 2-19】 一等边三角形的高 x 以 0.05 m/s 的速度增加. 求当 $x=8$ m 时，三角形面积的变化率.

【解】 设三角形面积为 $A(x)$，则依题意可知

$$A(x)=\frac{\sqrt{3}}{3}x^2, \quad \frac{\mathrm{d}A}{\mathrm{d}t}=\frac{\mathrm{d}A}{\mathrm{d}x}\cdot\frac{\mathrm{d}x}{\mathrm{d}t}=\frac{2\sqrt{3}}{3}x\cdot\frac{\mathrm{d}x}{\mathrm{d}t},$$

令 $\frac{\mathrm{d}x}{\mathrm{d}t}=0.05$，$x=8$，得

$$\frac{\mathrm{d}A}{\mathrm{d}t}=\frac{4\sqrt{3}}{15} \ (\mathrm{m^2/s}).$$

当等边三角形的高 x 为 8 m 时，三角形面积的变化率为 $\frac{4\sqrt{3}}{15}$ m²/s.

【例 2-20】 一正圆锥体的底半径以 5 cm/s 的速度增加，高以 24 cm/s 的速度减少，求当半径为 30 cm，高为 70 cm 时圆锥体体积的变化率.

【解】 设底半径为 r，高为 h，则

$$V=\frac{1}{3}\pi r^2 h,$$

$$\frac{\mathrm{d}V}{\mathrm{d}t}=\frac{1}{3}\pi\cdot 2r\cdot\frac{\mathrm{d}r}{\mathrm{d}t}\cdot h+\frac{1}{3}\pi r^2\cdot\frac{\mathrm{d}h}{\mathrm{d}t},$$

将 $\frac{\mathrm{d}r}{\mathrm{d}t}=5$，$\frac{\mathrm{d}h}{\mathrm{d}t}=-24$，$r=30$，$h=70$ 代入上式得

$$\frac{\mathrm{d}V}{\mathrm{d}t}=-200\pi \ (\mathrm{cm^3/s}).$$

【例 2-21】 一个高度为 10 m 的正圆锥体通过增加底面半径的方式改变体积，在底面半径达到 5 m 时，它要以多少增长率才能使圆锥体的体积以 20 m³/min 的速度增长？

【解】 设底面半径为 r，体积为 V，则

$$V=\frac{1}{3}\pi r^2\cdot 10=\frac{10}{3}\pi r^2,$$

于是

$$\frac{\mathrm{d}V}{\mathrm{d}t}=\frac{10}{3}\pi\cdot 2r\cdot\frac{\mathrm{d}r}{\mathrm{d}t}.$$

令 $r=5$，$\frac{\mathrm{d}V}{\mathrm{d}t}=20$，得

$$\frac{\mathrm{d}V}{\mathrm{d}t}=\frac{3}{5\pi} \ (\mathrm{m^3/min}).$$

（四）其　他

【例 2-22】 设 $f(x)$ 二阶连续可导，且 $f(0)=f'(0)=0$，$f''(0)=6$，试求 $\lim\limits_{x\to 0}\dfrac{f(\sin^2 x)}{x^4}$.

【解】
$$\lim_{x\to 0}\frac{f(\sin^2 x)}{x^4}=\lim_{x\to 0}\frac{f'(\sin^2 x)\cdot \sin 2x}{4x^3}=\lim_{x\to 0}\frac{f'(\sin^2 x)\cdot \sin 2x}{2\sin^2 x\cdot 2x}$$

$$=\frac{1}{2}\lim_{x\to 0}\frac{f'(\sin^2 x)-f'(0)}{\sin^2 x}=\frac{1}{2}f''(0)=\frac{6}{2}=3.$$

【例 2-23】 设 $f(a)\neq 0$，$f'(a)$ 存在，求 $\lim\limits_{n\to\infty}\left[\dfrac{f\left(a+\dfrac{1}{n}\right)}{f\left(a-\dfrac{1}{n}\right)}\right]^n$.

【解】 原式属于 1^∞ 型的极限.

$$\lim_{n\to\infty}\left[\frac{f\left(a+\dfrac{1}{n}\right)}{f\left(a-\dfrac{1}{n}\right)}\right]^n=\exp\lim_{n\to\infty}\frac{\ln f\left(a+\dfrac{1}{n}\right)-\ln f\left(a-\dfrac{1}{n}\right)}{\dfrac{1}{n}}$$

$$=\exp\lim_{n\to\infty}n\left\{\left[\ln f\left(a+\frac{1}{n}\right)-\ln f(a)\right]-\left[\ln f\left(a-\frac{1}{n}\right)-\ln f(a)\right]\right\}$$

$$=\exp\lim_{x\to+\infty}x\left\{\left[\ln f\left(a+\frac{1}{x}\right)-\ln f(a)\right]-\left[\ln f\left(a-\frac{1}{x}\right)-\ln f(a)\right]\right\}$$

$$=\mathrm{e}^{2\frac{\mathrm{d}}{\mathrm{d}x}[\ln f(x)]\big|_{x=a}}=\mathrm{e}^{\frac{2f'(a)}{f(a)}}.$$

【例 2-24】 下面的说法对吗？为什么？

$y=f(x)$ 在 x_0 处可导，那么该函数就必在 x_0 的某个小邻域内连续.

【证】 这种说法是错误的，请看下面的例子：
$$f(x)=\begin{cases} x^2, & x\text{ 为有理数,}\\ -x^2, & x\text{ 为无理数,}\end{cases}$$

当 x 为有理数时，
$$\lim_{x\to 0}\frac{f(x)-f(0)}{x}=\lim_{x\to 0}\frac{x^2}{x}=0;$$

当 x 为无理数时，
$$\lim_{x\to 0}\frac{f(x)-f(0)}{x}=\lim_{x\to 0}\frac{-x^2}{x}=0.$$

故 $f'(0)=0$，但此函数只在 $x=0$ 处可导，在其他任何点都间断，当然也就不存在任何 $x=0$ 的邻域，使 $f(x)$ 在该邻域内连续.

【例 2-25】 设 $f(x)$ 在 $x=x_0$ 处可导，则
$$\lim_{h\to 0}\frac{f(x_0+h)-f(x_0-h)}{h}\xlongequal{x=x_0-h}\lim_{h\to 0}\frac{f(x+2h)-f(x)}{2h}\cdot 2=2\lim_{h\to 0}f'(x)=2\lim_{h\to 0}f'(x_0-h)=2f'(x_0).$$

试指出运算错误所在.

【解】 错误发生在两处. 一是 $f'(x_0-h)$ 是否存在，条件没有说明；二是 $\lim\limits_{h\to 0}f'(x_0-h)=f'(x_0)$ 要用到 $f(x)$ 在 x_0 处连续可导的条件，而此条件更没有. 正确的做法是
$$\lim_{h\to 0}\frac{f(x_0+h)-f(x_0-h)}{h}=\lim_{h\to 0}\left[\frac{f(x_0+h)-f(x_0)}{h}+\frac{f(x_0-h)-f(x_0)}{-h}\right]=\lim_{h\to 0}\frac{f(x_0+h)-f(x_0)}{h}+\lim_{h\to 0}\frac{f(x_0-h)-f(x_0)}{-h}$$

$$=f'(x_0)+f'(x_0)=2f'(x_0).$$

【例 2-26】 若 $f(x)$ 在 $x=x_0$ 处可导，$g(x)$ 在 $x=x_0$ 处不可导，$f(x)g(x)$ 在 $x=x_0$ 处一定不可导吗？

【解】　不一定. 现举反例如下:

设 $f(x)=x$, $g(x)=\begin{cases} x\sin\dfrac{1}{x}, & x\neq 0, \\ 0, & x=0, \end{cases}$

显然 $f(x)$ 在 $x=0$ 处可导, $g(x)$ 在 $x=0$ 处不可导.

但是 $f(x)g(x)=\begin{cases} x^2\sin\dfrac{1}{x}, & x\neq 0, \\ 0, & x=0 \end{cases}$

却在 $x=0$ 处可导.

【例 2-27】　讨论函数 $f(x)=\begin{cases} x\arctan\dfrac{1}{x}, & x\neq 0, \\ 0, & x=0 \end{cases}$

在 $x=0$ 处的连续性与可微性.

【解】　由于

$$\lim_{x\to 0}x=0, \quad \left|\arctan\dfrac{1}{x}\right|\leqslant\dfrac{\pi}{2} \quad \left(\arctan\dfrac{1}{x}\text{有界}\right),$$

又

$$\lim_{x\to 0}f(x)=\lim_{x\to 0}x\arctan\dfrac{1}{x}=0=f(0),$$

故 $f(x)$ 在 $x=0$ 处连续.

$$\lim_{x\to 0}\dfrac{f(x)-f(0)}{x-0}=\lim_{x\to 0}\dfrac{x\arctan\dfrac{1}{x}}{x}=\lim_{x\to 0}\arctan\dfrac{1}{x}, \text{不存在. 这是因为}$$

$$\lim_{x\to+0}\arctan\dfrac{1}{x}=\dfrac{\pi}{2}, \quad \lim_{x\to-0}\arctan\dfrac{1}{x}=-\dfrac{\pi}{2}.$$

故 $f(x)$ 在 $x=0$ 处不可微.

【例 2-28】　已知 $x=t-\ln(1+t^2)$, $y=\arctan t$, 试问 x, y 取何值时 $\dfrac{\mathrm{d}y}{\mathrm{d}x}$ 不存在?

【解】　当 $t\neq 1$ 时, $\dfrac{\mathrm{d}y}{\mathrm{d}x}=\dfrac{\dfrac{1}{1+t^2}}{1-\dfrac{2t}{1+t^2}}=\dfrac{1}{(1-t)^2}$;

当 $t=1$ 时 $\dfrac{\mathrm{d}y}{\mathrm{d}x}$ 不存在. 此时 $x=1-\ln2$, $y=\dfrac{\pi}{4}$.

【例 2-29】　试证 $f(x)=|x|\cdot\sin x$ 在 $x=0$ 处二阶导数不存在.

【证】　$\lim_{x\to 0}\dfrac{f(x)-f(0)}{x-0}=\lim_{x\to 0}\dfrac{|x|\cdot\sin x}{x}=0$, 即

$$f'(0)=0,$$

从而可得 $f'(x)=\begin{cases} \sin x+x\cos x, & x>0, \\ 0, & x=0, \\ -\sin x-x\cos x, & x<0, \end{cases}$

而

$$\lim_{x\to+0}\dfrac{f'(x)-f'(0)}{x-0}=\lim_{x\to+0}\dfrac{\sin x+x\cos x}{x}=1,$$

$$\lim_{x\to-0}\dfrac{f'(x)-f'(0)}{x-0}=\lim_{x\to-0}\dfrac{\sin x+x\cos x}{x}=-1.$$

因此, $f''_{-}(0)\neq f''_{+}(0)$, 即 $f(x)$ 在 $x=0$ 处二阶导数不存在.

【例 2-30】　设 n 为非负整数,

$$f(x) = \begin{cases} x^n \sin \dfrac{1}{x}, & x \neq 0, \\ 0, & x = 0 \end{cases}$$

在何条件下

（1）在 $x=0$ 处连续；

（2）在 $x=0$ 处可微分；

（3）在 $x=0$ 处其导函数连续？

【解】（1）要使 $\lim\limits_{x \to 0} f(x) = \lim\limits_{x \to 0} x^n \sin \dfrac{1}{x} = f(0) = 0$，当且仅当 $n > 0$.

（2）要使 $\lim\limits_{x \to 0} \dfrac{f(x) - f(0)}{x - 0} = \lim\limits_{x \to 0} x^{n-1} \sin \dfrac{1}{x}$ 存在，当且仅当 $n > 1$，而此时 $\lim\limits_{x \to 0} \dfrac{f(x) - f(0)}{x - 0} = 0$.

（3）当 $x \neq 0$ 时，$f'(x) = nx^{n-1} \sin \dfrac{1}{x} - x^{n-2} \cos \dfrac{1}{x}$，$f'(0) = 0$，要使 $\lim\limits_{x \to 0} f'(x) = 0$，当且仅当 $n > 2$.

三、习题全解

习题 2-1 导数概念

1. 设物体绕定轴旋转，在时间间隔 $[0, t]$ 内转过角度 θ，从而转角 θ 是 t 的函数：$\theta = \theta(t)$. 如果旋转是匀速的，那么称 $\omega = \dfrac{\theta}{t}$ 为该物体旋转的角速度. 如果旋转是非匀速的，应怎样确定该物体在时刻 t_0 的角速度？

【解】 $\lim\limits_{t \to t_0} \dfrac{\theta(t) - \theta(t_0)}{t - t_0} = \dfrac{\mathrm{d}\theta}{\mathrm{d}t}\bigg|_{t = t_0}$.

2. 当物体的温度高于周围介质的温度时，物体就不断冷却. 若物体的温度 T 与时间 t 的函数关系为 $T = T(t)$，应怎样确定该物体在时刻 t 的冷却速度？

【解】 $\lim\limits_{\Delta t \to 0} \dfrac{T(t + \Delta t) - T(t)}{\Delta t} = \dfrac{\mathrm{d}T}{\mathrm{d}t}$.

3. 设某工厂生产 x 件产品的成本为

$$C(x) = 2000 + 100x - 0.1x^2 (元),$$

这函数 $C(x)$ 称为成本函数，成本函数 $C(x)$ 的导数 $C'(x)$ 在经济学中称为边际成本. 试求

（1）当生产 100 件产品时的边际成本；

（2）生产第 101 件产品时的成本，并与（1）中求得的边际成本作比较，说明边际成本的实际意义.

【解】（1）$C'(x) = 100 - 0.2x$，$C'(100) = 80$（元/件）；

（2）$C(101) - C(100) = 79.9$（元）.

生产第 101 件产品的成本是 79.9 元，与前者比较可知，边际成本 $C'(x)$ 的实际意义是近似表达产量达到 x 单位时，再增加一个单位产品所需要的成本.

4. 设 $f(x) = 10x^2$，试按定义求 $f'(-1)$.

【解】 $f'(-1) = \lim\limits_{x \to -1} \dfrac{f(x) - f(-1)}{x + 1} = \lim\limits_{x \to -1} \dfrac{10x^2 - 10}{x + 1} = \lim\limits_{x \to -1} 10(x - 1) = -20$.

5. 证明 $(\cos x)' = -\sin x$.

【证】 设 $f(x) = \cos x$，则

$$f'(x) = \lim_{\Delta x \to 0} \frac{f(x + \Delta x) - f(x)}{\Delta x} = \lim_{\Delta x \to 0} \frac{\cos(x + \Delta x) - \cos x}{\Delta x}$$

$$= \lim_{\Delta x \to 0} \frac{-2\sin\frac{\Delta x}{2}\sin\left(x + \frac{\Delta x}{2}\right)}{\Delta x} = -\lim_{\Delta x \to 0} \frac{\sin\frac{\Delta x}{2}}{\frac{\Delta x}{2}} \cdot \sin\left(x + \frac{\Delta x}{2}\right) = -\sin x,$$

所以 $(\cos x)' = -\sin x.$

6. 下列各题中均假定 $f'(x_0)$ 存在, 按照导数定义观察下列极限, 指出 A 表示什么:

(1) $\lim\limits_{\Delta x \to 0} \dfrac{f(x_0 - \Delta x) - f(x_0)}{\Delta x} = A$;   (2) $\lim\limits_{x \to 0} \dfrac{f(x)}{x} = A$, 其中 $f(0) = 0$, 且 $f'(0)$ 存在;

(3) $\lim\limits_{h \to 0} \dfrac{f(x_0 + h) - f(x_0 - h)}{h} = A.$

【解】 (1) $A = -f'(x_0)$; (2) $A = f'(0)$; (3) $A = 2f'(x_0)$.

以下两题中给出了四个结论, 从中选出一个正确的结论:

7. 设
$$f(x) = \begin{cases} \dfrac{2}{3}x^3, & x \leqslant 1, \\ x^2, & x > 1, \end{cases}$$

则 $f(x)$ 在 $x = 1$ 处( ).

(A) 左、右导数都存在   (B) 左导数存在, 右导数不存在
(C) 左导数不存在, 右导数存在   (D) 左、右导数都不存在

【解】 $f_-'(1) = \lim\limits_{x \to 1-0} \dfrac{\frac{2}{3}x^3 - \frac{2}{3}}{x - 1} = \lim\limits_{x \to 1-0} \dfrac{2}{3}(x^2 + x + 1) = 2$; $f_+'(1) = \lim\limits_{x \to 1+0} \dfrac{x^2 - \frac{2}{3}}{x - 1} = \infty.$

故应选择 B.

8. 设 $f(x)$ 可导, $F(x) = f(x)(1 + |\sin x|)$, 则 $f(0) = 0$ 是 $F(x)$ 在 $x = 0$ 处可导的( ).

(A) 充分必要条件   (B) 充分条件但非必要条件
(C) 必要条件但非充分条件   (D) 既非充分条件又非必要条件

【解】 $F_+'(0) = \lim\limits_{x \to 0^+} \dfrac{f(x)(1 + \sin x) - f(0)}{x} = \lim\limits_{x \to 0^+}\left[\dfrac{f(x) - f(0)}{x - 0} + f(x)\dfrac{\sin x}{x}\right] = f'(0) + f(0),$

$F_-'(0) = \lim\limits_{x \to 0^-} \dfrac{f(x)(1 - \sin x) - f(0)}{x} = \lim\limits_{x \to 0^-}\left[\dfrac{f(x) - f(0)}{x - 0} - f(x)\dfrac{\sin x}{x}\right] = f'(0) - f(0),$

故应选择 A.

9. 求下列函数的导数:

(1) $y = x^4$;   (2) $y = \sqrt[3]{x^2}$;   (3) $y = x^{1.6}$;   (4) $y = \dfrac{1}{\sqrt{x}}$;

(5) $y = \dfrac{1}{x^2}$;   (6) $y = x^3\sqrt[5]{x}$;   (7) $y = \dfrac{x^2\sqrt[3]{x^2}}{\sqrt{x^5}}.$

【解】 (1) $y' = 4x^3$;   (2) $y' = (x^{\frac{2}{3}})' = \dfrac{2}{3}x^{-\frac{1}{3}} = \dfrac{2}{3\sqrt[3]{x}}$;

(3) $y' = 1.6x^{0.6}$;   (4) $y' = (x^{-\frac{1}{2}})' = -\dfrac{1}{2}x^{-\frac{3}{2}} = -\dfrac{1}{2x\sqrt{x}}$;

(5) $y' = (x^{-2})' = -2x^{-3} = -\dfrac{2}{x^3}$;   (6) $y' = (x^{3 + \frac{1}{5}})' = \dfrac{16}{5}x^{\frac{11}{5}} = \dfrac{16}{5}x^2\sqrt[5]{x}$;

(7) $y' = (x^{2 + \frac{2}{3} - \frac{5}{2}})' = \dfrac{1}{6}x^{-\frac{5}{6}}.$

10. 已知物体的运动规律为 $s = t^3$ m，求这物体在 $t = 2$ s 时的速度.

【解】 $v = \dfrac{\mathrm{d}s}{\mathrm{d}t} = 3t^2$，$v \mid_{t=2} = 3 \times 2^2 = 12$（m/s）.

11. 如果 $f(x)$ 为偶函数，且 $f'(0)$ 存在，证明 $f'(0) = 0$.

【证】 $f(x)$ 为偶函数，则

$$f(-x) = f(x),$$

$$f'(0) = \lim_{x \to 0} \frac{f(x) - f(0)}{x - 0} = \lim_{-x \to 0} \frac{f(-x) - f(0)}{-x} \cdot (-1) = -f'(0),$$

$2f'(0) = 0$，即 $f'(0) = 0$.

12. 求曲线 $y = \sin x$ 在具有下列横坐标的各点处切线的斜率：

$$x = \frac{2}{3}\pi；\quad x = \pi.$$

【解】 $y' = \cos x$，$k_1 = y' \mid_{x=\frac{2}{3}\pi} = \cos \dfrac{2}{3}\pi = -\dfrac{1}{2}$，$k_2 = y' \mid_{x=\pi} = \cos \pi = -1$.

13. 求曲线 $y = \cos x$ 上点 $\left(\dfrac{\pi}{3}, \dfrac{1}{2} \right)$ 处的切线方程和法线方程.

【解】 $y' = -\sin x$.

在点 $\left(\dfrac{\pi}{3}, \dfrac{1}{2} \right)$ 处，$k_{切} = y' \mid_{x=\frac{\pi}{3}} = -\dfrac{\sqrt{3}}{2}$，切线方程为

$$y - \frac{1}{2} = -\frac{\sqrt{3}}{2}\left(x - \frac{\pi}{3} \right),$$

即

$$\frac{\sqrt{3}}{2}x + y - \frac{1}{2} - \frac{\sqrt{3}}{6}\pi = 0.$$

法线方程为

$$y - \frac{1}{2} = \frac{2}{\sqrt{3}}\left(x - \frac{\pi}{3} \right),$$

即

$$\frac{2\sqrt{3}}{3}x - y + \frac{1}{2} - \frac{2}{9}\sqrt{3}\pi = 0.$$

14. 求曲线 $y = \mathrm{e}^x$ 在点 $(0, 1)$ 处的切线方程.

【解】 $y' = \mathrm{e}^x$.

在点 $(0, 1)$ 处，$k_{切} = y' \mid_{x=0} = 1$，切线方程为

$$y - 1 = 1 \cdot (x - 0),$$

即

$$x - y + 1 = 0.$$

15. 在抛物线 $y = x^2$ 上取横坐标为 $x_1 = 1$ 及 $x_2 = 3$ 的两点，作过这两点的割线. 问该抛物线上哪一点的切线平行于这条割线？

【解】 $x_1 = 1$，$y_1 = 1$，$x_2 = 3$，$y_2 = 9$，则割线的斜率为

$$k = \frac{9 - 1}{3 - 1} = \frac{8}{2} = 4,$$

$$y' = 2x.$$

设抛物线上点 (x_0, y_0) 处的切线平行于割线，则 $2x_0 = 4$，即 $x_0 = 2$，从而 $y_0 = 4$.

点 $(2, 4)$ 处的切线平行于割线.

16. 讨论下列函数在 $x = 0$ 处的连续性与可导性：

（1） $y = |\sin x|$.

【解】 $\lim\limits_{x \to 0^-} y = \lim\limits_{x \to 0^-} (-\sin x) = 0$，$\lim\limits_{x \to 0^+} y = \lim\limits_{x \to 0^-} \sin x = 0$，所以

$$\lim_{x \to 0^-} y = \lim_{x \to 0^+} y = y(0) = 0,$$

函数在 $x=0$ 处连续.

$$f_-'(0)=\lim_{x\to 0^-}\frac{y(x)-y(0)}{x-0}=\lim_{x\to 0^-}\frac{-\sin x-0}{x-0}=-1, \quad f_+'(0)=\lim_{x\to 0^+}\frac{y(x)-y(0)}{x-0}=\lim_{x\to 0^+}\frac{\sin x-0}{x-0}=1.$$

$f_-'(0)\neq f_+'(0)$, 函数在 $x=0$ 处不可导.

(2) $y=\begin{cases} x^2\sin\dfrac{1}{x}, & x\neq 0, \\ 0, & x=0. \end{cases}$

【解】 因为
$$\lim_{x\to 0}x^2\sin\frac{1}{x}=0=f(0),$$
故在 $x=0$ 处, 函数连续.

$$f'(0)=\lim_{x\to 0}\frac{f(x)-f(0)}{x-0}=\lim_{x\to 0}\frac{x^2\sin\dfrac{1}{x}}{x}=\lim_{x\to 0}x\sin\frac{1}{x}=0,$$
故在 $x=0$ 处, 函数可导.

17. 设函数
$$f(x)=\begin{cases} x^2, & x\leqslant 1, \\ ax+b, & x>1. \end{cases}$$
为了使函数 $f(x)$ 在 $x=1$ 处连续且可导, a, b 应取什么值?

【解】 $f(x)$ 在 $x=1$ 处连续, 且
$$f(1)=1, \quad \lim_{x\to 1^-}f(x)=\lim_{x\to 1^-}x^2=1, \quad \lim_{x\to 1^+}f(x)=\lim_{x\to 1^+}(ax+b)=a+b,$$
从而有
$$a+b=1.$$
$f(x)$ 在 $x=1$ 处可导.
$$f_-'(1)=\lim_{x\to 1^-}\frac{f(x)-f(1)}{x-1}=\lim_{x\to 1}\frac{x^2-1}{x-1}=2, \quad f_+'(1)=\lim_{x\to 1^+}\frac{f(x)-f(1)}{x-1}=\lim_{x\to 1}\frac{ax+b-1}{x-1}=a,$$
得
$$a=2, \quad b=-1.$$

注: 求 a 的另一方法是令 $\lim_{x\to 1+0}(ax+b)'=\lim_{x\to 1-0}(x^2)'$, 得 $a=2$.

18. 已知 $f(x)=\begin{cases} x^2, & x\geqslant 0, \\ -x, & x<0, \end{cases}$ 求 $f_+'(0)$ 及 $f_-'(0)$, 又 $f'(0)$ 是否存在?

【解】 $f_+'(0)=\lim_{x\to 0^+}\frac{f(x)-f(0)}{x-0}=\lim_{x\to 0^+}\frac{x^2}{x}=0, \quad f_-'(0)=\lim_{x\to 0^-}\frac{f(x)-f(0)}{x-0}=\lim_{x\to 0^-}\frac{-x}{x}=-1,$
从而 $f'(0)$ 不存在.

19. 已知 $f(x)=\begin{cases} \sin x, & x<0, \\ x, & x\geqslant 0, \end{cases}$ 求 $f'(x)$.

【解】 当 $x\neq 0$ 时,
$$f'(x)=\begin{cases} \cos x, & x<0, \\ 1, & x>0. \end{cases}$$

当 $x=0$ 时,
$$f_-'(0)=\lim_{x\to 0^-}\frac{f(x)-f(0)}{x-0}=\lim_{x\to 0^-}\frac{\sin x}{x}=1, \quad f_+'(0)=\lim_{x\to 0^+}\frac{f(x)-f(0)}{x-0}=\lim_{x\to 0^+}\frac{x}{x}=1,$$
故 $f'(0)=1$. 于是
$$f'(x)=\begin{cases} \cos x, & x<0, \\ 1, & x\geqslant 0. \end{cases}$$

20. 证明: 双曲线 $xy=a^2$ 上任一点处的切线与两坐标轴构成的三角形的面积都等于 $2a^2$.

【证】 设 (x_0, y_0) 是双曲线上任一点, 则

$$\frac{dy}{dx}\Bigg|_{x=x_0}=-\frac{a^2}{x_0^2},$$

过点 (x_0,y_0) 的切线方程为

$$y-y_0=-\frac{a^2}{x_0^2}(x-x_0).$$

令 $x=0$，得 $y=\frac{2a^2}{x_0}$；令 $y=0$，得 $x=2x_0$.

所构成的三角形面积为

$$S=\frac{1}{2}\mid x\mid\cdot\mid y\mid=\frac{1}{2}\cdot\frac{2a^2}{\mid x_0\mid}\cdot2\mid x_0\mid=2a^2.$$

习题 2-2　函数的求导法则

1. 推导余切函数及余割函数的导数公式：

$$(\cot x)'=-\csc^2x;\quad(\csc x)'=-\csc x\cot x.$$

【解】　$(\cot x)'=\left(\dfrac{\cos x}{\sin x}\right)'=\dfrac{(\cos x)'\sin x-\cos x(\sin x)'}{\sin^2x}=\dfrac{-(\sin^2x+\cos^2x)}{\sin^2x}=-\csc^2x,$

$(\csc x)'=\left(\dfrac{1}{\sin x}\right)'=\dfrac{-(\sin x)'}{\sin^2x}=-\dfrac{\csc x}{\sin^2x}=-\csc x\cdot\cot x.$

2. 求下列函数的导数：

(1) $y=x^3+\dfrac{7}{x^4}-\dfrac{2}{x}+12$;　　　　(2) $y=5x^3-2^x+3e^x$;

(3) $y=2\tan x+\sec x-1$;　　　　(4) $y=\sin x\cdot\cos x$;

(5) $y=x^2\ln x$;　　　　(6) $y=3e^x\cos x$;

(7) $y=\dfrac{\ln x}{x}$;　　　　(8) $y=\dfrac{e^x}{x^2}+\ln3$;

(9) $y=x^2\ln x\cos x$;　　　　(10) $s=\dfrac{1+\sin t}{1+\cos t}$.

【解】　(1) $y'=3x^2-\dfrac{28}{x^5}+\dfrac{2}{x^2}$;

(2) $y'=15x^2-2^x\ln2+3e^x$;

(3) $y'=2\sec^2x+\sec x\cdot\tan x$;

(4) $y'=(\sin x)'\cos x+\sin x\cdot(\cos x)'=\cos^2x-\sin^2x=\cos2x$;

(5) $y'=2x\ln x+x^2\cdot\dfrac{1}{x}=2x\ln x+x$;

(6) $y'=3(e^x\cos x-e^x\sin x)=3e^x(\cos x-\sin x)$;

(7) $y'=\dfrac{\dfrac{1}{x}\cdot x-\ln x}{x^2}=\dfrac{1-\ln x}{x^2}$;

(8) $y'=\dfrac{e^x\cdot x^2-e^x\cdot2x}{x^4}=\dfrac{e^x(x-2)}{x^3}$;

(9) $y'=2x\ln x\cos x+x^2\cdot\dfrac{1}{x}\cos x+x^2\cdot\ln x\cdot(-\sin x)=2x\ln x\cos x+x\cos x-x^2\ln x\sin x$;

(10) $y'=\dfrac{\cos t(1+\cos t)-(1+\sin t)(-\sin t)}{(1+\cos t)^2}=\dfrac{\cos t+\sin t+1}{(1+\cos t)^2}$.

3. 求下列函数在给定点处的导数:

(1) $y=\sin x-\cos x$, 求$y'\big|_{x=\frac{\pi}{6}}$和$y'\big|_{x=\frac{\pi}{4}}$.

【解】 $y'=\cos x+\sin x$, $y'\big|_{x=\frac{\pi}{6}}=\cos\dfrac{\pi}{6}+\sin\dfrac{\pi}{6}=\dfrac{\sqrt{3}}{2}+\dfrac{1}{2}$, $y'\big|_{x=\frac{\pi}{4}}=\cos\dfrac{\pi}{4}+\sin\dfrac{\pi}{4}=\dfrac{\sqrt{2}}{2}+\dfrac{\sqrt{2}}{2}=\sqrt{2}$.

(2) $\rho=\theta\sin\theta+\dfrac{1}{2}\cos\theta$, 求$\dfrac{\mathrm{d}\rho}{\mathrm{d}\theta}\bigg|_{\theta=\frac{\pi}{4}}$.

【解】 $\dfrac{\mathrm{d}\rho}{\mathrm{d}\theta}=\sin\theta+\theta\cdot\cos\theta-\dfrac{1}{2}\sin\theta$, $\dfrac{\mathrm{d}\rho}{\mathrm{d}\theta}\bigg|_{\theta=\frac{\pi}{4}}=\sin\dfrac{\pi}{4}+\dfrac{\pi}{4}\cos\dfrac{\pi}{4}-\dfrac{1}{2}\sin\dfrac{\pi}{4}=\dfrac{\sqrt{2}}{4}\left(1+\dfrac{\pi}{2}\right)$.

(3) $f(x)=\dfrac{3}{5-x}+\dfrac{x^2}{5}$, 求$f'(0)$和$f'(2)$.

【解】 $f'(x)=\dfrac{3}{(5-x)^2}+\dfrac{2}{5}x$, $f'(0)=\dfrac{3}{25}$, $f'(2)=\dfrac{1}{3}+\dfrac{4}{5}=\dfrac{17}{15}$.

4. 以初速v_0竖直上抛的物体, 其上升高度s与时间t的关系是$s=v_0t-\dfrac{1}{2}gt^2$. 求:

(1) 该物体的速度$v(t)$;

(2) 该物体达到最高点的时刻.

【解】 (1) $v(t)=\dfrac{\mathrm{d}s}{\mathrm{d}t}=v_0-gt$; (2) 物体达到最高点$v(t)=0$, 则$t=\dfrac{v_0}{g}$.

5. 求曲线$y=2\sin x+x^2$上横坐标为$x=0$的点处的切线方程和法线方程.

【解】 当$x=0$时, $y=0$, $y'=2\cos x+2x$, $k_{切}=y'\big|_{x=0}=2$.

切线方程为 $y-0=2(x-0)$, 即$y=2x$;

法线方程为 $y-0=-\dfrac{1}{2}(x-0)$, 即$y=-\dfrac{1}{2}x$.

6. 求下列函数的导数:

(1) $y=(2x+5)^4$; (2) $y=\cos(4-3x)$; (3) $y=e^{-3x^2}$;

(4) $y=\ln(1+x^2)$; (5) $y=\sin^2x$; (6) $y=\sqrt{a^2-x^2}$;

(7) $y=\tan(x^2)$; (8) $y=\arctan(e^x)$; (9) $y=(\arcsin x)^2$;

(10) $y=\ln\cos x$.

【解】 (1) $y'=4(2x+5)^3\cdot2=8(2x+5)^3$; (2) $y'=-\sin(4-3x)\cdot(-3)=3\sin(4-3x)$;

(3) $y'=e^{-3x^2}\cdot(-3\cdot2x)=-6xe^{-3x^2}$; (4) $y'=\dfrac{2x}{1+x^2}$;

(5) $y'=2\sin x\cdot\cos x=\sin2x$; (6) $y'=\dfrac{-2x}{2\sqrt{a^2-x^2}}=\dfrac{-x}{\sqrt{a^2-x^2}}$;

(7) $y'=\sec^2(x^2)\cdot2x=2x\sec^2(x^2)$; (8) $y'=\dfrac{e^x}{1+(e^x)^2}=\dfrac{e^x}{1+e^{2x}}$;

(9) $y'=2(\arcsin x)\cdot\dfrac{1}{\sqrt{1-x^2}}$; (10) $y'=\dfrac{1}{\cos x}\cdot(-\sin x)=-\tan x$.

7. 求下列函数的导数:

(1) $y=\arcsin(1-2x)$; (2) $y=\dfrac{1}{\sqrt{1-x^2}}$; (3) $y=e^{-\frac{x}{2}}\cos3x$;

(4) $y=\arccos\dfrac{1}{x}$; (5) $y=\dfrac{1-\ln x}{1+\ln x}$; (6) $y=\dfrac{\sin2x}{x}$;

(7) $y=\arcsin\sqrt{x}$; (8) $y=\ln(x+\sqrt{a^2+x^2})$; (9) $y=\ln(\sec x+\tan x)$;

（10）$y=\ln(\csc x-\cot x)$.

【解】　（1）$y'=\dfrac{-2}{\sqrt{1-(1-2x)^2}}=\dfrac{-1}{\sqrt{x-x^2}}$；

（2）$y'=\dfrac{-(\sqrt{1-x^2})'}{1-x^2}=\dfrac{x}{\sqrt{(1-x^2)^3}}$；

（3）$y'=(\mathrm{e}^{-\frac{x}{2}})'\cos 3x+\mathrm{e}^{-\frac{x}{2}}\cdot(\cos 3x)'$

$\qquad =\mathrm{e}^{-\frac{x}{2}}\cdot\left(-\dfrac{1}{2}\right)\cdot\cos 3x+\mathrm{e}^{-\frac{x}{2}}\cdot(-\sin 3x)\cdot 3=-\mathrm{e}^{-\frac{x}{2}}\left(\dfrac{1}{2}\cos 3x+3\sin 3x\right)$；

（4）$y'=-\dfrac{-\dfrac{1}{x^2}}{\sqrt{1-\dfrac{1}{x^2}}}=\dfrac{|x|}{x^2\sqrt{x^2-1}}$；

（5）$y'=\dfrac{-\dfrac{1}{x}(1+\ln x)-(1-\ln x)\cdot\dfrac{1}{x}}{(1+\ln x)^2}=\dfrac{-2}{x(1+\ln x)^2}$；

（6）$y'=\dfrac{2\cos 2x\cdot x-\sin 2x}{x^2}=\dfrac{2x\cos 2x-\sin 2x}{x^2}$；

（7）$y'=\dfrac{1}{\sqrt{1-x}}\cdot\dfrac{1}{2\sqrt{x}}=\dfrac{1}{2\sqrt{x(1-x)}}$；

（8）$y'=\dfrac{1}{x+\sqrt{a^2+x^2}}\cdot\left(1+\dfrac{2x}{2\sqrt{a^2+x^2}}\right)=\dfrac{1}{\sqrt{a^2+x^2}}$；

（9）$y'=\dfrac{\sec x\tan x+\sec^2 x}{\sec x+\tan x}=\sec x$；

（10）$y'=\dfrac{-\csc x\cot x+\csc^2 x}{\csc x-\cot x}=\csc x$.

8. 求下列函数的导数：

（1）$y=\left(\arcsin\dfrac{x}{2}\right)^2$；　　　　（2）$y=\ln\tan\dfrac{x}{2}$；　　　　（3）$y=\sqrt{1+\ln^2 x}$；

（4）$y=\mathrm{e}^{\arctan\sqrt{x}}$；　　　　　　　（5）$y=\sin^n x\cos nx$；　　　　（6）$y=\arctan\dfrac{x+1}{x-1}$；

（7）$y=\dfrac{\arcsin x}{\arccos x}$；　　　　　　（8）$y=\ln\ln\ln x$；　　　　　　（9）$y=\dfrac{\sqrt{1+x}-\sqrt{1-x}}{\sqrt{1+x}+\sqrt{1-x}}$；

（10）$y=\arcsin\sqrt{\dfrac{1-x}{1+x}}$.

【解】　（1）$y'=2\left(\arcsin\dfrac{x}{2}\right)\cdot\dfrac{1}{\sqrt{1-\left(\dfrac{x}{2}\right)^2}}\cdot\dfrac{1}{2}=\left(\arcsin\dfrac{x}{2}\right)\cdot\dfrac{2}{\sqrt{4-x^2}}$；

（2）$y'=\dfrac{1}{\tan\dfrac{x}{2}}\cdot\sec^2\dfrac{x}{2}\cdot\dfrac{1}{2}=\dfrac{1}{\sin x}=\csc x$；

（3）$y'=\dfrac{1}{2\sqrt{1+\ln^2 x}}\cdot 2\ln x\cdot\dfrac{1}{x}=\dfrac{\ln x}{x\sqrt{1+\ln^2 x}}$；

$(4)\ y' = \mathrm{e}^{\arctan\sqrt{x}} \cdot \dfrac{1}{1+(\sqrt{x})^2} \cdot \dfrac{1}{2\sqrt{x}} = \dfrac{1}{2\sqrt{x}(1+x)} \mathrm{e}^{\arctan\sqrt{x}}$;

$(5)\ y' = n\sin^{n-1}x \cdot \cos x \cdot \cos nx + \sin^n x \cdot (-\sin nx) \cdot n = n\sin^{n-1}x\cos(n+1)x$;

$(6)\ y' = \dfrac{1}{1+\left(\dfrac{x+1}{x-1}\right)^2} \cdot \dfrac{x-1-(x+1)}{(x-1)^2} = -\dfrac{1}{x^2+1}$;

$(7)\ y' = \dfrac{\dfrac{1}{\sqrt{1-x^2}}\arccos x - \arcsin x \cdot \left(-\dfrac{1}{\sqrt{1-x^2}}\right)}{(\arccos x)^2} = \dfrac{\arccos x + \arcsin x}{\sqrt{1-x^2}(\arccos x)^2} = \dfrac{\pi}{2\sqrt{1-x^2}(\arccos x)^2}$;

$(8)\ y' = \dfrac{1}{\ln\ln x} \cdot \dfrac{1}{\ln x} \cdot \dfrac{1}{x} = \dfrac{1}{x\ln x \cdot \ln\ln x}$;

$(9)\ y = \dfrac{\sqrt{1+x}-\sqrt{1-x}}{\sqrt{1+x}+\sqrt{1-x}} = \dfrac{(\sqrt{1+x}-\sqrt{1-x})^2}{(\sqrt{1+x}+\sqrt{1-x})(\sqrt{1+x}-\sqrt{1-x})} = \dfrac{1}{x} - \dfrac{\sqrt{1-x^2}}{x}$,

$y' = \left(\dfrac{1}{x}\right)' - \left(\dfrac{\sqrt{1-x^2}}{x}\right)' = -\dfrac{1}{x^2} - \dfrac{\dfrac{-x}{\sqrt{1-x^2}} \cdot x - \sqrt{1-x^2}}{x^2} = -\dfrac{1}{x^2} + \dfrac{1}{x^2\sqrt{1-x^2}}$;

$(10)\ y' = \dfrac{1}{\sqrt{1-\dfrac{1-x}{1+x}}} \cdot \dfrac{1}{2\sqrt{\dfrac{1-x}{1+x}}} \cdot \left(\dfrac{1-x}{1+x}\right)' = \sqrt{\dfrac{1+x}{2x}} \cdot \dfrac{1}{2}\sqrt{\dfrac{1+x}{1-x}} \cdot \dfrac{-(1+x)-(1-x)}{(1+x)^2}$

$= -\dfrac{1}{(1+x)\sqrt{2x(1-x)}}$.

9. 设函数 $f(x)$ 和 $g(x)$ 可导，且 $f^2(x)+g^2(x)\neq 0$，试求函数 $y=\sqrt{f^2(x)+g^2(x)}$ 的导数.

【解】 $y' = \dfrac{1}{2\sqrt{f^2(x)+g^2(x)}}[(f^2(x))'+(g^2(x))'] = \dfrac{f(x)f'(x)+g(x)g'(x)}{\sqrt{f^2(x)+g^2(x)}}$.

10. 设 $f(x)$ 可导，求下列函数 y 的导数 $\dfrac{\mathrm{d}y}{\mathrm{d}x}$：

$(1)\ y=f(x^2)$.

【解】 $\dfrac{\mathrm{d}y}{\mathrm{d}x} = f'(x^2) \cdot (x^2)' = 2xf'(x^2)$.

$(2)\ y=f(\sin^2 x)+f(\cos^2 x)$.

【解】 $\dfrac{\mathrm{d}y}{\mathrm{d}x} = f'(\sin^2 x)(\sin^2 x)'+f'(\cos^2 x)(\cos^2 x)'$

$= f'(\sin^2 x) \cdot 2\sin x\cos x + f'(\cos^2 x) \cdot 2\cos x \cdot (-\sin x) = \sin 2x[f'(\sin^2 x)-f'(\cos^2 x)]$.

11. 求下列函数的导数：

$(1)\ y=\mathrm{e}^{-x}(x^2-2x+3)$; $\qquad$ $(2)\ y=\sin^2 x \cdot \sin(x^2)$; $\qquad$ $(3)\ y=\left(\arctan\dfrac{x}{2}\right)^2$;

$(4)\ y=\dfrac{\ln x}{x^n}$; $\qquad\qquad$ $(5)\ y=\dfrac{\mathrm{e}^t-\mathrm{e}^{-t}}{\mathrm{e}^t+\mathrm{e}^{-t}}$; $\qquad\qquad$ $(6)\ y=\ln\cos\dfrac{1}{x}$;

$(7)\ y=\mathrm{e}^{-\sin^2\frac{1}{x}}$; $\qquad\qquad$ $(8)\ y=\sqrt{x+\sqrt{x}}$; $\qquad\qquad$ $(9)\ y=x\arcsin\dfrac{x}{2}+\sqrt{4-x^2}$;

$(10)\ y=\arcsin\dfrac{2t}{1+t^2}$.

【解】

$(1)\,y'=(e^{-x})'(x^2-2x+3)+e^{-x}(x^2-2x+3)'=-e^{-x}(x^2-2x+3)+e^{-x}(2x-2)=e^{-x}(-x^2+4x-5)\,;$

$(2)\,y'=(\sin^2x)'\sin(x^2)+\sin^2x(\sin(x^2))'=2\sin x\cos x\cdot\sin(x^2)+\sin^2x\cdot\cos(x^2)\cdot2x$

$\qquad=\sin2x\cdot\sin(x^2)+\sin^2x\cdot\cos(x^2)\cdot2x\,;$

$(3)\,y'=2\left(\arctan\dfrac{x}{2}\right)\cdot\left(\arctan\dfrac{x}{2}\right)'=2\arctan\dfrac{x}{2}\cdot\dfrac{1}{1+\left(\dfrac{x}{2}\right)^2}\cdot\dfrac{1}{2}=\dfrac{4\arctan\dfrac{x}{2}}{4+x^2}\,;$

$(4)\,y'=\dfrac{(\ln x)'\cdot x^n-(\ln x)\cdot(x^n)'}{(x^n)^2}=\dfrac{\dfrac{1}{x}\cdot x^n-nx^{n-1}\cdot\ln x}{x^{2n}}=\dfrac{1-n\ln x}{x^{n+1}}\,;$

$(5)\,y'=(\operatorname{th}t)'=\dfrac{1}{\operatorname{ch}^2t}\,;$

$(6)\,y'=\dfrac{1}{\cos\dfrac{1}{x}}\left(\cos\dfrac{1}{x}\right)'=\dfrac{-1}{\cos\dfrac{1}{x}}\cdot\sin\dfrac{1}{x}\cdot\left(\dfrac{1}{x}\right)'=-\tan\dfrac{1}{x}\cdot\left(-\dfrac{1}{x^2}\right)=\dfrac{\tan\dfrac{1}{x}}{x^2}\,;$

$(7)\,y'=e^{-\sin^2\frac{1}{x}}\cdot\left(-\sin^2\dfrac{1}{x}\right)'=e^{-\sin^2\frac{1}{x}}\left(-2\sin\dfrac{1}{x}\right)\left(\sin\dfrac{1}{x}\right)'$

$\qquad=e^{-\sin^2\frac{1}{x}}\cdot\left(-2\sin\dfrac{1}{x}\cos\dfrac{1}{x}\right)\cdot\left(-\dfrac{1}{x^2}\right)=\dfrac{\sin\dfrac{2}{x}}{x^2}e^{-\sin^2\frac{1}{x}}\,;$

$(8)\,y'=\dfrac{1}{2\sqrt{x+\sqrt{x}}}(x+\sqrt{x})'=\dfrac{1}{2\sqrt{x+\sqrt{x}}}\left(1+\dfrac{1}{2\sqrt{x}}\right)=\dfrac{2\sqrt{x}+1}{4\sqrt{x}\sqrt{x+\sqrt{x}}}\,;$

$(9)\,y'=\arcsin\dfrac{x}{2}+x\cdot\dfrac{\dfrac{1}{2}}{\sqrt{1-\left(\dfrac{x}{2}\right)^2}}+\dfrac{-2x}{2\sqrt{4-x^2}}=\arcsin\dfrac{x}{2}\,;$

$(10)\,y'=\dfrac{1}{\sqrt{1-\left(\dfrac{2t}{1+t^2}\right)^2}}\cdot\left(\dfrac{2t}{1+t^2}\right)'=\begin{cases}\dfrac{2}{1+t^2},&t^2<1,\\[3mm]-\dfrac{2}{1+t^2},&t^2>1.\end{cases}$

*12. 求下列函数的导数：

$(1)\ y=\operatorname{ch}(\operatorname{sh}x)\,;$　　　　　　$(2)\ y=\operatorname{sh}x\cdot e^{\operatorname{ch}x}\,;$　　　　　　$(3)\ y=\operatorname{th}(\ln x)\,;$

$(4)\ y=\operatorname{sh}^3x+\operatorname{ch}^2x\,;$　　　　$(5)\ y=\operatorname{th}(1-x^2)\,;$　　　　$(6)\ y=\operatorname{arsh}(x^2+1)\,;$

$(7)\ y=\operatorname{arch}(e^{2x})\,;$　　　　　$(8)\ y=\arctan(\operatorname{th}x)\,;$　　　$(9)\ y=\ln\operatorname{ch}x+\dfrac{1}{2\operatorname{ch}^2x}\,;$

$(10)\ y=\operatorname{ch}^2\left(\dfrac{x-1}{x+1}\right).$

【解】　$(1)\,y'=\operatorname{sh}(\operatorname{sh}x)\cdot(\operatorname{sh}x)'=\operatorname{sh}(\operatorname{sh}x)\cdot\operatorname{ch}x\,;$

$(2)\,y'=\operatorname{ch}x\cdot e^{\operatorname{ch}x}+\operatorname{sh}x\cdot e^{\operatorname{ch}x}\cdot\operatorname{sh}x=e^{\operatorname{ch}x}(\operatorname{ch}x+\operatorname{sh}^2x)\,;$

$(3)\,y'=\dfrac{1}{\operatorname{ch}^2(\ln x)}\cdot(\ln x)'=\dfrac{1}{x\operatorname{ch}^2(\ln x)}\,;$

$(4)\,y'=3\operatorname{sh}^2x(\operatorname{sh}x)'+2\operatorname{ch}x\cdot(\operatorname{ch}x)'=3\operatorname{sh}^2x\cdot\operatorname{ch}x+2\operatorname{ch}x\cdot\operatorname{sh}x$

$\qquad=\operatorname{sh}x\cdot\operatorname{ch}x(3\operatorname{sh}x+2)\,;$

$(5) y' = \dfrac{1}{\text{ch}^2(1-x^2)} \cdot (1-x^2)' = -\dfrac{2x}{\text{ch}^2(1-x^2)};$

$(6) y' = \dfrac{1}{\sqrt{1+(x^2+1)^2}} \cdot (x^2+1)' = \dfrac{2x}{\sqrt{x^4+2x^2+2}};$

$(7) y' = \dfrac{1}{\sqrt{(e^{2x})^2-1}} (e^{2x})' = \dfrac{2e^{2x}}{\sqrt{e^{4x}-1}};$

$(8) y' = \dfrac{1}{1+\text{th}^2 x} \cdot (\text{th} x)' = \dfrac{1}{(1+\text{th}^2 x)\text{ch}^2 x} = \dfrac{1}{\text{ch}^2 x + \text{sh}^2 x} = \dfrac{1}{1+2\text{sh}^2 x};$

$(9) y' = \dfrac{1}{\text{ch} x}(\text{ch} x)' + \dfrac{1}{2} \cdot \dfrac{-2\text{ch} x \text{sh} x}{\text{ch}^4 x} = \dfrac{\text{sh} x}{\text{ch} x} - \dfrac{\text{sh} x}{\text{ch}^3 x} = \dfrac{\text{sh} x(\text{ch}^2 x - 1)}{\text{ch}^3 x} = \dfrac{\text{sh}^3 x}{\text{ch}^3 x} = \text{th}^3 x;$

$(10) y' = 2\text{ch}\dfrac{x-1}{x+1} \cdot \left(\text{ch}\dfrac{x-1}{x+1}\right)' = 2\text{ch}\dfrac{x-1}{x+1} \cdot \text{sh}\dfrac{x-1}{x+1} \cdot \left(\dfrac{x-1}{x+1}\right)'$

$\qquad = 2\text{ch}\dfrac{x-1}{x+1}\text{sh}\dfrac{x-1}{x+1} \cdot \dfrac{x+1-(x-1)}{(x+1)^2} = \dfrac{2}{(x+1)^2}\text{sh}\dfrac{2(x-1)}{x+1}.$

13. 设函数 $f(x)$ 和 $g(x)$ 均在点 x_0 的某邻域内有定义，$f(x)$ 在 x_0 处可导，$f(x_0)=0$，$g(x)$ 在 x_0 处连续，试讨论 $f(x)g(x)$ 在 x_0 处可导性.

【解】 $\lim\limits_{x \to x_0} \dfrac{f(x)g(x)-f(x_0)g(x_0)}{x-x_0} = \lim\limits_{x \to x_0} \dfrac{f(x)}{x-x_0} g(x) = \lim\limits_{x \to x_0} \dfrac{f(x)-f(x_0)}{x-x_0} \cdot \lim\limits_{x \to x_0} g(x) = f'(x_0)g(x_0),$

由上述运算可知 $f(x)g(x)$ 在 x_0 处可导.

14. 设 $f(x)$ 满足下列条件：

(1) $f(x+y)=f(x)f(y)$，对一切 $x, y \in \mathbf{R}$;

(2) $f(x)=1+xg(x)$，而 $\lim\limits_{x \to 0} g(x)=1$.

试证明 $f(x)$ 在 $\mathbf{R}$ 上处处可导，且 $f'(x)=f(x)$.

【证】 显然 $f(0)=1$.

$f'(x) = \lim\limits_{\Delta x \to 0} \dfrac{f(x+\Delta x)-f(x)}{\Delta x} = \lim\limits_{\Delta x \to 0} \dfrac{f(x)f(\Delta x)-f(x)}{\Delta x} = \lim\limits_{\Delta x \to 0}\left[f(x) \cdot \dfrac{f(\Delta x)-1}{\Delta x}\right] = \lim\limits_{\Delta x \to 0}\left[f(x) \cdot \dfrac{\Delta x g(\Delta x)}{\Delta x}\right]$

$\qquad = \lim\limits_{\Delta x \to 0}[f(x)g(\Delta x)] = f(x) \cdot 1 = f(x).$

习题 2-3　高阶导数

1. 求下列函数的二阶导数：

$(1) y=2x^2+\ln x;$　　　　　$(2) y=e^{2x-1};$　　　　　$(3) y=x\cos x;$

$(4) y=e^{-t}\sin t;$　　　　　$(5) y=\sqrt{a^2-x^2};$　　　　　$(6) y=\ln(1-x^2);$

$(7) y=\tan x;$　　　　　$(8) y=\dfrac{1}{x^3+1};$　　　　　$(9) y=(1+x^2)\arctan x;$

$(10) y=\dfrac{e^x}{x};$　　　　　$(11) y=xe^{x^2};$　　　　　$(12) y=\ln(x+\sqrt{1+x^2}).$

【解】 $(1) y'=4x+\dfrac{1}{x}$, $y''=4-\dfrac{1}{x^2};$

$(2) y'=e^{2x-1} \cdot 2=2e^{2x-1}$, $y''=4e^{2x-1};$

$(3) y'=\cos x-x\sin x$, $y''=-\sin x-\sin x-x\cos x=-2\sin x-x\cos x;$

$(4) y'=-e^{-t}\sin t+e^{-t}\cos t,$

$\qquad y''=-[e^{-t} \cdot (-1)\sin t+e^{-t}\cos t]-e^{-t}\cos t-e^{-t}\sin t=-2e^{-t}\cos t;$

$(5)\ y'=\dfrac{-2x}{2\sqrt{a^2-x^2}}=\dfrac{-x}{\sqrt{a^2-x^2}},\quad y''=-\dfrac{\sqrt{a^2-x^2}-x\cdot\dfrac{-x}{\sqrt{a^2-x^2}}}{a^2-x^2}=-\dfrac{a^2}{(a^2-x^2)^{3/2}};$

$(6)\ y'=\dfrac{-2x}{1-x^2},\quad y''=\dfrac{-2[1-x^2-x\cdot(-2x)]}{(1-x^2)^2}=-\dfrac{2(1+x^2)}{(1-x^2)^2};$

$(7)\ y'=\sec^2x,\quad y''=2\sec x\cdot\sec x\tan x=2\sec^2x\cdot\tan x;$

$(8)\ y'=\dfrac{-3x^2}{(x^3+1)^2},\quad y''=-3\cdot\dfrac{2x(x^3+1)^2-x^2\cdot2(x^3+1)^2\cdot3x^2}{(x^3+1)^4}=\dfrac{6(2x^4-x)}{(x^3+1)^3};$

$(9)\ y'=2x\arctan x+(1+x^2)\cdot\dfrac{1}{1+x^2}=2x\arctan x,\quad y''=2\arctan x+\dfrac{2x}{1+x^2};$

$(10)\ y'=\dfrac{e^x\cdot x-e^x\cdot1}{x^2}=\dfrac{e^x(x-1)}{x^2},\quad y''=\dfrac{[e^x(x-1)+e^x]x^2-e^x(x-1)\cdot2x}{x^4}=\dfrac{e^x(x^2-2x+2)}{x^3};$

$(11)\ y'=e^{x^2}+x\cdot e^{x^2}\cdot2x=(1+2x^2)e^{x^2},\quad y''=4xe^{x^2}+(1+2x^2)e^{x^2}\cdot2x=2x(3+2x^2)e^{x^2};$

$(12)\ y'=\dfrac{1}{x+\sqrt{1+x^2}}\left(1+\dfrac{2x}{2\sqrt{1+x^2}}\right)=\dfrac{1}{\sqrt{1+x^2}},\quad y''=\dfrac{-\dfrac{x}{\sqrt{1+x^2}}}{1+x^2}=-\dfrac{x}{(1+x^2)^{3/2}}.$

2. 设 $f(x)=(x+10)^6$，$f'''(2)=?$

【解】 $f'(x)=6(x+10)^5,\ f''(x)=6\times5\times(x+10)^4,$

$f'''(x)=6\times5\times4\times(x+10)^3,\ f'''(2)=6\times5\times4\times(2+10)^3=207360.$

3. 设 $f''(x)$ 存在，求下列函数 y 的二阶导数 $\dfrac{d^2y}{dx^2}$：

$(1)\ y=f(x^2)$；$(2)\ y=\ln[f(x)]$.

【解】 $(1)\ \dfrac{dy}{dx}=2xf'(x^2),\ \dfrac{d^2y}{dx^2}=2f'(x^2)+2x\cdot f''(x^2)\cdot2x=2f'(x^2)+4x^2f''(x^2);$

$(2)\ \dfrac{dy}{dx}=\dfrac{f'(x)}{f(x)},\ \dfrac{d^2y}{dx^2}=\dfrac{f''(x)\cdot f(x)-f'(x)\cdot f'(x)}{f^2(x)}=\dfrac{f''(x)f(x)-f'^2(x)}{f^2(x)}.$

4. 试从 $\dfrac{dx}{dy}=\dfrac{1}{y'}$ 导出：

$(1)\ \dfrac{d^2x}{dy^2}=-\dfrac{y''}{(y')^3}$；$\qquad\qquad (2)\ \dfrac{d^3x}{dy^3}=\dfrac{3(y'')^2-y'y'''}{(y')^5}.$

【证】 $(1)\ \dfrac{d^2x}{dy^2}=\dfrac{d\left(\dfrac{1}{y'}\right)}{dy}=\dfrac{d\left(\dfrac{1}{y'}\right)}{dx}\cdot\dfrac{dx}{dy}=\dfrac{-y''}{y'^2}\cdot\dfrac{1}{y'}=-\dfrac{y''}{y'^3};$

$(2)\ \dfrac{d^3x}{dy^3}=\dfrac{d}{dy}\left(-\dfrac{y''}{y'^3}\right)=-\dfrac{d}{dx}\left(\dfrac{y''}{y'^3}\right)\cdot\dfrac{dx}{dy}=-\dfrac{y'''\cdot y'^3-y''\cdot3y'^2\cdot y''}{y'^6}\cdot\dfrac{1}{y'}=\dfrac{3(y'')^2-y'y'''}{(y')^5}.$

5. 已知物体的运动规律为 $s=A\sin\omega t$（$A,\ \omega$ 是常数），求物体运动的加速度，并验证：

$$\dfrac{d^2s}{dt^2}+\omega^2s=0.$$

【解】 $\dfrac{ds}{dt}=A\cos\omega t\cdot\omega=A\omega\cdot\cos\omega t,$

$\dfrac{d^2s}{dt^2}=A\omega\cdot(-\sin\omega t)\cdot\omega=-A\omega^2\sin\omega t,\quad \dfrac{d^2s}{dt^2}+\omega^2s=-A\omega^2\sin\omega t+\omega^2\cdot A\sin\omega t=0.$

6. 密度大的陨星进入大气层时，当它离地心为 s km 时的速度与 $\sqrt{s}$ 成反比，试证陨星的加速度 a 与 s^2 成反比.

【证】 $v = \dfrac{\mathrm{d}s}{\mathrm{d}t} = \dfrac{k}{\sqrt{s}}$，其中 k 为比例系数，则加速度

$$a = \frac{\mathrm{d}^2 s}{\mathrm{d}t^2} = \frac{\mathrm{d}}{\mathrm{d}s}\left(\frac{k}{\sqrt{s}}\right) \cdot \frac{\mathrm{d}s}{\mathrm{d}t} = -\frac{1}{2} \cdot \frac{k}{s^{\frac{3}{2}}} \cdot \frac{k}{\sqrt{s}} = -\frac{k^2}{2s^2}.$$

可见隕星的加速度与 s^2 成反比.

7. 假设质点沿 x 轴运动的速度为 $\dfrac{\mathrm{d}x}{\mathrm{d}t} = f(x)$，试求质点运动的加速度.

【解】 $a = \dfrac{\mathrm{d}^2 x}{\mathrm{d}t^2} = f'(x)f(x).$

8. 验证函数 $y = C_1 \mathrm{e}^{\lambda x} + C_2 \mathrm{e}^{-\lambda x}$（$\lambda$，$C_1$，$C_2$ 是常数）满足关系式
$$y'' - \lambda^2 y = 0.$$

【解】 $y' = C_1 \lambda \mathrm{e}^{\lambda x} - C_2 \mathrm{e}^{-\lambda x}$，

$y'' = C_1 \lambda^2 \mathrm{e}^{\lambda x} + C_2 \lambda^2 \mathrm{e}^{-\lambda x}$，

$y'' - \lambda^2 y = \lambda^2 (C_1 \mathrm{e}^{\lambda x} + C_2 \mathrm{e}^{-\lambda x}) - \lambda^2 (C_1 \mathrm{e}^{\lambda x} + C_2 \mathrm{e}^{-\lambda x}) = 0.$

9. 验证函数 $y = \mathrm{e}^x \sin x$ 满足关系式
$$y'' - 2y' + 2y = 0.$$

【证】 $y' = \mathrm{e}^x \sin x + \mathrm{e}^x \cos x$，

$y'' = \mathrm{e}^x \sin x + \mathrm{e}^x \cos x + \mathrm{e}^x \cos x - \mathrm{e}^x \sin x = 2\mathrm{e}^x \cos x.$

$y'' - 2y' + 2y = 2\mathrm{e}^x \cos x - 2(\mathrm{e}^x \sin x + \mathrm{e}^x \cos x) + 2\mathrm{e}^x \sin x = 0.$

10. 求下列函数所指定阶的导数:

(1) $y = \mathrm{e}^x \cos x$，求 $y^{(4)}$.

【解】 利用莱布尼茨公式，有

$y^{(4)} = (\mathrm{e}^x \cos x)^{(4)}$

$= (\mathrm{e}^x)^{(4)} \cos x + 4(\mathrm{e}^x)''' (\cos x)' + \dfrac{4 \cdot 3}{2!}(\mathrm{e}^x)''(\cos x)'' + \dfrac{4 \times 3 \times 2}{3!}(\mathrm{e}^x)(\cos x)''' + \mathrm{e}^x(\cos x)^{(4)}$

$= \mathrm{e}^x \cos x - 4\mathrm{e}^x \sin x + 6\mathrm{e}^x(-\cos x) + 4\mathrm{e}^x \sin x + \mathrm{e}^x \cos x = -4\mathrm{e}^x \cos x.$

(2) $y = x^2 \sin 2x$，求 $y^{(50)}$.

【解】 $(x^2)' = 2x$，$(x^2)'' = 2$，$(x^2)^{(n)} = 0$（$n \geq 3$），

$$(\sin 2x)^{(n)} = 2^n \sin\left(2 + \frac{n\pi}{2}\right),$$

由莱布尼茨公式，有

$$y^{(50)} = (x^2 \sin 2x)^{(50)} = x^2 (\sin 2x)^{(50)} + 50 \times (x^2)' \sin(2x)^{(49)} + \frac{50 \cdot 49}{2!} \cdot (x^2)''(\sin 2x)^{(48)}$$

$$= 2^{50} \cdot x^2 \cdot \sin\left(2x + \frac{50\pi}{2}\right) + 100 \times 2^{49} \cdot x\sin\left(2x + \frac{49\pi}{2}\right) + \frac{50 \times 49}{2} \times 2 \times 2^{48} \cdot \sin\left(2x + \frac{48\pi}{2}\right)$$

$$= 2^{50}\left(-x^2 \sin 2x + 50x\cos 2x + \frac{1225}{2}\sin 2x\right).$$

*11. 求下列函数的 n 阶导数的一般表达式:

(1) $y = x^n + a_1 x^{n-1} + a_2 x^{n-2} + \cdots + a_{n-1} x + a_n$（$a_1$，$a_2$，$\cdots$，$a_n$ 都是常数）.

【解】 $y' = nx^{n-1} + a_1(n-1)x^{n-2} + \cdots + a_{n-1}$，

$y'' = n(n-1)x^{n-2} + a_1(n-1)(n-2)x^{n-3} + a_{n-2}$，

…………

$y^{(n)} = n!.$

(2) $y = \sin^2 x.$

【解】 $y=\dfrac{1}{2}(1-\cos 2x)$, $y^{(n)}=-\dfrac{1}{2}\cos\left(2x+\dfrac{n\pi}{2}\right)\cdot 2^n=-2^{n-1}\cos\left(2x+\dfrac{n\pi}{2}\right)$.

（3） $y=x\ln x$.

【解】 $y'=1+\ln x$, $y''=x^{-1}$, $y'''=-x^{-2}$, $\cdots$ $y^{(n)}=\dfrac{(-1)^{n-2}(n-2)!}{x^{n-1}}$ $(n\geqslant 2)$.

总之
$$y^{(n)}=\begin{cases} 1+\ln x, & n=1,\\ (-1)^{n-2}(n-2)!\ x^{1-n}, & n\geqslant 2.\end{cases}$$

（4） $y=x\mathrm{e}^x$.

【解】 $y'=(1+x)\mathrm{e}^x$, $y''=(2+x)\mathrm{e}^x$, $\cdots$.

设 $y^{(k)}=(k+x)\mathrm{e}^x$, 则
$$y^{(k+1)}=(k+x)'\mathrm{e}^x+(k+x)(\mathrm{e}^x)'=[x+(k+1)]\mathrm{e}^x,$$
故
$$y^{(n)}=(n+x)\mathrm{e}^x.$$

*12. 求函数 $f(x)=x^2\ln(1+x)$ 在 $x=0$ 处的 n 阶导数 $f^{(n)}(0)$ $(n\geqslant 3)$.

【解】 记 $u=\ln(1+x)$, $v=x^2$. 利用莱布尼茨公式可求
$$u^{(n)}=\dfrac{(-1)^{n-1}(n-1)!}{(1+x)^n}\quad (n=1,\ 2,\ \cdots).$$

同理
$$v'=2x,\ v''=2,\ v^{(n)}=0\quad (n\geqslant 3).$$

故 $f^{(n)}(x)=\dfrac{(-1)^{n-1}(n-1)!}{(1+x)^n}\cdot x^2+n\cdot\dfrac{(-1)^{n-2}(n-2)!}{(1+x)^{n-1}}\cdot 2x+\dfrac{n(n-1)}{2}\cdot\dfrac{(-1)^{n-3}(n-3)!}{(1+x)^{n-2}}\cdot 2$ $(n\geqslant 3)$,

$f^{(n)}(0)=\dfrac{(-1)^{n-1}n!}{n-2}$ $(n\geqslant 3)$.

习题 2-4　隐函数及由参数方程所确定的函数的导数　相关变化率

1. 求由下列方程所确定的隐函数 y 的导数 $\dfrac{\mathrm{d}y}{\mathrm{d}x}$:

（1） $y^2-2xy+9=0$.

【解】 方程两边对 x 求导, 得 $2yy'-2y-2xy'=0$, 从而
$$y'=\dfrac{2y}{2y-2x}=\dfrac{y}{y-x}.$$

（2） $x^3+y^3-3axy=0$.

【解】 方程两边对 x 求导, 得 $3x^2+3y^2\cdot y'-3ay-3axy'=0$, 从而
$$y'=\dfrac{ay-x^2}{y^2-ax}.$$

（3） $xy=\mathrm{e}^{x+y}$.

【解】 方程两边对 x 求导, 得 $y+xy'=\mathrm{e}^{x+y}\cdot(1+y')$, 从而
$$y'=\dfrac{\mathrm{e}^{x+y}-y}{x-\mathrm{e}^{x+y}}=\dfrac{xy-y}{x-xy}.$$

（4） $y=1-x\mathrm{e}^y$.

【解】 方程两边对 x 求导, 得 $y'=-\mathrm{e}^y-x\mathrm{e}^y\cdot y'$, 从而
$$y'=-\dfrac{\mathrm{e}^y}{1+x\mathrm{e}^y}=\dfrac{\mathrm{e}^y}{y-2}.$$

2. 求曲线 $x^{\frac{2}{3}}+y^{\frac{2}{3}}=a^{\frac{2}{3}}$ 在点 $\left(\dfrac{\sqrt{2}}{4}a,\ \dfrac{\sqrt{2}}{4}a\right)$ 处的切线方程和法线方程.

【解】 方程两边对 x 求导, 得 $\dfrac{2}{3}x^{-\frac{1}{3}}+\dfrac{2}{3}y^{-\frac{1}{3}}\cdot y'=0$, 从而

$$y'=-\sqrt[3]{\dfrac{y}{x}}.$$

在点 $\left(\dfrac{\sqrt{2}}{4}a,\dfrac{\sqrt{2}}{4}a\right)$ 处的切线斜率　　$k=y'\Big|_{x=\frac{\sqrt{2}}{4}a}=-1.$

切线方程为

$$y-\dfrac{\sqrt{2}}{4}a=-\left(x-\dfrac{\sqrt{2}}{4}a\right),$$

即

$$x+y-\dfrac{\sqrt{2}}{2}a=0.$$

法线方程为

$$y-\dfrac{\sqrt{2}}{4}a=x-\dfrac{\sqrt{2}}{4}a,$$

即

$$x-y=0.$$

3. 求由下列方程所确定的隐函数 y 的二阶导数 $\dfrac{\mathrm{d}^2y}{\mathrm{d}x^2}$:

(1) $x^2-y^2=1.$

【解】 方程两边对 x 求导, 得 $2x-2yy'=0$, 从而

$$y'=\dfrac{x}{y},\ y''=\dfrac{y-xy'}{y^2}=\dfrac{y^2-x^2}{y^3}=-\dfrac{1}{y^3}.$$

(2) $b^2x^2+a^2y^2=a^2b^2.$

【解】 方程两边对 x 求导, 得 $2b^2x+2a^2yy'=0$, 从而

$$y'=-\dfrac{b^2x}{a^2y},\ y''=-\dfrac{b^2}{a^2}\cdot\dfrac{y-xy'}{y^2}=-\dfrac{b^2}{a^2}\cdot\dfrac{a^2y^2+b^2x^2}{a^2y^3}=-\dfrac{b^4}{a^2y^3}.$$

(3) $y=\tan(x+y).$

【解】 方程两边对 x 求导, 得 $y'=\sec^2(x+y)(1+y')$, 从而

$$y'=\dfrac{\sec^2(x+y)}{1-\sec^2(x+y)}=\dfrac{\sec^2(x+y)}{-\tan^2(x+y)}=-\csc^2(x+y),$$

$$y''=2\csc(x+y)\cdot\csc(x+y)\cdot\cot(x+y)(1+y')=2\csc^2(x+y)\cdot\cot(x+y)[1-\csc^2(x+y)]$$
$$=-2\csc^2(x+y)\cdot\cot^3(x+y).$$

(4) $y=1+xe^y.$

【解】 方程两边对 x 求导, 得 $y'=e^y+xe^y\cdot y'$, 从而

$$y'=\dfrac{e^y}{1-xe^y}=\dfrac{e^y}{2-y},\ y''=\dfrac{e^y\cdot y'(2-y)-e^y\cdot(-y')}{(2-y)^2}=\dfrac{3-y}{(2-y)^2}\cdot e^y\cdot y'=\dfrac{(3-y)e^{2y}}{(2-y)^3}.$$

4. 用对数求导法求下列函数的导数:

(1) $y=\left(\dfrac{x}{1+x}\right)^x.$

【解】 $\ln y=x[\ln x-\ln(1+x)]$. 两边对 x 求导, 得

$$\dfrac{1}{y}\cdot y'=\ln x-\ln(1+x)+x\left(\dfrac{1}{x}-\dfrac{1}{1+x}\right),\ y'=y\left(\ln\dfrac{x}{1+x}+\dfrac{1}{1+x}\right)=\left(\dfrac{x}{1+x}\right)^x\left(\ln\dfrac{x}{1+x}+\dfrac{1}{1+x}\right).$$

(2) $y=\sqrt[5]{\dfrac{x-5}{\sqrt[5]{x^2+2}}}.$

【解】 $\ln y=\dfrac{1}{5}\ln(x-5)-\dfrac{1}{25}\ln(x^2+2)$. 两边对 x 求导, 得

$$\frac{1}{y}y'=\frac{1}{5}\cdot\frac{1}{x-5}-\frac{1}{25}\cdot\frac{2x}{x^2+2}, \quad y'=y\cdot\frac{1}{5}\left[\frac{1}{x-5}-\frac{2x}{5(x^2+2)}\right]=\frac{1}{5}\sqrt[5]{\frac{x-5}{x^2+2}}\left[\frac{1}{x-5}-\frac{2x}{5(x^2+2)}\right].$$

(3) $y=\dfrac{\sqrt{x+2}\,(3-x)^4}{(x+1)^5}.$

【解】 $\ln y=\dfrac{1}{2}\ln(x+2)+4\ln(3-x)-5\ln(x+1).$ 两边对 x 求导,得

$$\frac{1}{y}\cdot y'=\frac{1}{2(x+2)}+\frac{-4}{3-x}-\frac{5}{x+1},$$

从而

$$y'=\frac{\sqrt{x+2}\,(3-x)^4}{(x+1)^5}\left[\frac{1}{2(x+2)}-\frac{4}{3-x}-\frac{5}{x+1}\right].$$

(4) $y=\sqrt{x\sin x\,\sqrt{1-e^x}}.$

【解】 $\ln y=\dfrac{1}{2}\ln x+\dfrac{1}{2}\ln\sin x+\dfrac{1}{4}\ln(1-e^x).$ 两边对 x 求导,得

$$\frac{1}{y}\cdot y'=\frac{1}{2x}+\frac{\cos x}{2\sin x}+\frac{-e^x}{4(1-e^x)},$$

从而

$$y'=\sqrt{x\sin x\,\sqrt{1-e^x}}\left[\frac{1}{2x}+\frac{1}{2}\cot x+\frac{e^x}{4(e^x-1)}\right].$$

5. 求下列参数方程所确定的函数的导数 $\dfrac{\mathrm{d}y}{\mathrm{d}x}$:

(1) $\begin{cases}x=at^2,\\ y=bt^3.\end{cases}$

【解】 $\dfrac{\mathrm{d}y}{\mathrm{d}x}=\dfrac{\dfrac{\mathrm{d}y}{\mathrm{d}t}}{\dfrac{\mathrm{d}x}{\mathrm{d}t}}=\dfrac{3bt^2}{2at}=\dfrac{3b}{2a}t.$

(2) $\begin{cases}x=\theta(1-\sin\theta),\\ y=\theta\cos\theta.\end{cases}$

【解】 $\dfrac{\mathrm{d}y}{\mathrm{d}x}=\dfrac{\dfrac{\mathrm{d}y}{\mathrm{d}t}}{\dfrac{\mathrm{d}x}{\mathrm{d}t}}=\dfrac{\cos\theta-\theta\sin\theta}{1-\sin\theta+\theta(-\cos\theta)}=\dfrac{\cos\theta-\theta\sin\theta}{1-\sin\theta-\theta\cos\theta}.$

6. 已知 $\begin{cases}x=e^t\sin t,\\ y=e^t\cos t.\end{cases}$ 求当 $t=\dfrac{\pi}{3}$ 时 $\dfrac{\mathrm{d}y}{\mathrm{d}x}$ 的值.

【解】 $\dfrac{\mathrm{d}y}{\mathrm{d}x}=\dfrac{\dfrac{\mathrm{d}y}{\mathrm{d}t}}{\dfrac{\mathrm{d}x}{\mathrm{d}t}}=\dfrac{e^t\cos t-e^t\sin t}{e^t\sin t+e^t\cos t}=\dfrac{\cos t-\sin t}{\sin t+\cos t}, \quad \dfrac{\mathrm{d}y}{\mathrm{d}x}\bigg|_{t=\frac{\pi}{3}}=\dfrac{\cos\dfrac{\pi}{3}-\sin\dfrac{\pi}{3}}{\sin\dfrac{\pi}{3}+\cos\dfrac{\pi}{3}}=\dfrac{1-\sqrt{3}}{1+\sqrt{3}}=\sqrt{3}-2.$

7. 写出下列曲线在所给参数值相应的点处的切线方程和法线方程:

(1) $\begin{cases}x=\sin t,\\ y=\cos 2t,\end{cases}$ 在 $t=\dfrac{\pi}{4}$ 处.

【解】 $\dfrac{\mathrm{d}y}{\mathrm{d}x}=\dfrac{-2\sin 2t}{\cos t}.$

在 $t=\dfrac{\pi}{4}$ 处,$x=\dfrac{\sqrt{2}}{2}$,$y=0$.

$$k_{切} = \frac{\mathrm{d}y}{\mathrm{d}x}\bigg|_{t=\frac{\pi}{4}} = -2\sqrt{2}.$$

切线方程为

$$y - 0 = -2\sqrt{2}\left(x - \frac{\sqrt{2}}{2}\right),$$

即

$$2\sqrt{2}x + y - 2 = 0.$$

法线方程为

$$y - 0 = \frac{1}{2\sqrt{2}}\left(x - \frac{\sqrt{2}}{2}\right),$$

即

$$x - 2\sqrt{2}y - \frac{\sqrt{2}}{2} = 0.$$

(2) $\begin{cases} x = \dfrac{3at}{1+t^2}, \\ y = \dfrac{3at^2}{1+t^2}, \end{cases}$ 在 $t = 2$ 处.

【解】 $\dfrac{\mathrm{d}y}{\mathrm{d}x} = \dfrac{\left(\dfrac{3at^2}{1+t^2}\right)'}{\left(\dfrac{3at}{1+t^2}\right)'} = \dfrac{2t}{1-t^2}.$

在 $t = 2$ 处, $x = \dfrac{6}{5}a$, $y = \dfrac{12}{5}a$.

$$k_{切} = \frac{\mathrm{d}y}{\mathrm{d}x}\bigg|_{t=2} = -\frac{4}{3}.$$

切线方程为

$$y - \frac{12}{5}a = -\frac{4}{3}\left(x - \frac{6}{5}a\right),$$

即

$$4x + 3y - 12a = 0.$$

法线方程为

$$y - \frac{12}{5}a = \frac{3}{4}\left(x - \frac{6}{5}a\right),$$

即

$$3x - 4y + 6a = 0.$$

8. 求下列参数方程所确定的函数的二阶导数 $\dfrac{\mathrm{d}^2 y}{\mathrm{d}x^2}$:

(1) $\begin{cases} x = \dfrac{t^2}{2}, \\ y = 1 - t. \end{cases}$

【解】 $\dfrac{\mathrm{d}y}{\mathrm{d}x} = \dfrac{(1-t)'}{\left(\dfrac{t^2}{2}\right)'} = \dfrac{-1}{t} = -\dfrac{1}{t}$, $\dfrac{\mathrm{d}^2 y}{\mathrm{d}x^2} = \dfrac{\left(-\dfrac{1}{t}\right)'}{\left(\dfrac{1}{2}t^2\right)'} = \dfrac{\dfrac{1}{t^2}}{t} = \dfrac{1}{t^3}.$

(2) $\begin{cases} x = a\cos t, \\ y = b\sin t. \end{cases}$

【解】 $\dfrac{\mathrm{d}y}{\mathrm{d}x} = \dfrac{b\cos t}{-a\sin t} = -\dfrac{b}{a}\cot t$, $\dfrac{\mathrm{d}^2 y}{\mathrm{d}x^2} = \dfrac{-\dfrac{b}{a}(-\csc^2 t)}{-a\sin t} = -\dfrac{b}{a^2\sin^3 t}.$

(3) $\begin{cases} x = 3\mathrm{e}^{-t}, \\ y = 2\mathrm{e}^{t}. \end{cases}$

【解】　$\dfrac{\mathrm{d}y}{\mathrm{d}x}=\dfrac{2\mathrm{e}^{t}}{-3\mathrm{e}^{-t}}=-\dfrac{2}{3}\mathrm{e}^{2t}$,　$\dfrac{\mathrm{d}^{2}y}{\mathrm{d}x^{2}}=\dfrac{-\dfrac{2}{3}\mathrm{e}^{2t}\cdot2}{-3\mathrm{e}^{-t}}=\dfrac{4}{9}\mathrm{e}^{3t}$.

(4) $\begin{cases}x=f'(t),\\ y=tf'(t)-f(y),\end{cases}$ 设 $f''(t)$ 存在且不为零.

【解】　$\dfrac{\mathrm{d}y}{\mathrm{d}x}=\dfrac{f'(t)+tf''(t)-f'(t)}{f''(t)}=t$,　$\dfrac{\mathrm{d}^{2}y}{\mathrm{d}x^{2}}=\dfrac{1}{f''(t)}$.

*9. 求下列参数方程所确定的函数的三阶导数 $\dfrac{\mathrm{d}^{3}y}{\mathrm{d}x^{3}}$:

(1) $\begin{cases}x=1-t^{2},\\ y=t-t^{3}.\end{cases}$

【解】　$\dfrac{\mathrm{d}y}{\mathrm{d}x}=\dfrac{1-3t^{2}}{-2t}$,　$\dfrac{\mathrm{d}^{2}y}{\mathrm{d}x^{2}}=\dfrac{\left(\dfrac{1-3t^{2}}{-2t}\right)'}{-2t}=-\dfrac{1}{4}\left(\dfrac{1}{t^{3}}+\dfrac{3}{t}\right)$,　$\dfrac{\mathrm{d}^{3}y}{\mathrm{d}x^{3}}=\dfrac{-\dfrac{1}{4}\left(\dfrac{1}{t^{3}}+\dfrac{3}{t}\right)'}{-2t}=-\dfrac{3}{8t^{5}}(1+t^{2})$.

(2) $\begin{cases}x=\ln(1+t^{2}),\\ y=t-\arctan t.\end{cases}$

【解】　$\dfrac{\mathrm{d}y}{\mathrm{d}x}=\dfrac{(t-\arctan t)'}{[\ln(1+t^{2})]'}=\dfrac{t}{2}$,　$\dfrac{\mathrm{d}^{2}y}{\mathrm{d}x^{2}}=\dfrac{\left(\dfrac{t}{2}\right)'}{[\ln(1+t^{2})]'}=\dfrac{1}{4}\left(\dfrac{1}{t}+t\right)$,　$\dfrac{\mathrm{d}^{3}y}{\mathrm{d}x^{3}}=\dfrac{\dfrac{1}{4}\left(\dfrac{1}{t}+t\right)'}{[\ln(1+t^{2})]'}=\dfrac{t^{4}-1}{8t^{3}}$.

10. 落在平静水面上的石头, 产生同心波纹. 若最外一圈波半径的增大率总是 6 m/s, 问在 2 s 末扰动水面面积的增大率为多少?

【解】　设最外一圈波的半径 $r=r(t)$, 相应圆面积为 $S=S(t)$, 则

$$S(t)=\pi r^{2},\quad \dfrac{\mathrm{d}S}{\mathrm{d}t}=2\pi r\cdot\dfrac{\mathrm{d}r}{\mathrm{d}t}.$$

当 $t=2$ 时, $r=6\times2=12$, $\dfrac{\mathrm{d}r}{\mathrm{d}t}=6$, 则

$$\dfrac{\mathrm{d}S}{\mathrm{d}t}=2\pi\times12\times6=144\pi\ (\mathrm{m}^{2}/\mathrm{s}).$$

11. 注水入深 8 m、上顶直径 8 m 的正圆锥形容器中, 其速率为 4 m^{3}/min. 当水深为 5 m 时, 其表面上升的速率为多少?

【解】　设在 t 时刻容器中的水深为 h, 水的容积为 V, 如图 2-1 所示. 由相似三角形的性质得

$$r=\dfrac{h}{2},$$

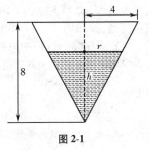

图 2-1

于是　　$V=\dfrac{1}{3}\pi r^{2}\cdot h=\dfrac{\pi}{12}h^{3}$,　$V'_{t}=\dfrac{\pi}{12}\cdot3h^{2}\cdot\dfrac{\mathrm{d}h}{\mathrm{d}t}=\dfrac{\pi}{4}h^{2}\cdot\dfrac{\mathrm{d}h}{\mathrm{d}t}$.

当 $h=5$ 时, $V'_{t}=4$, 得

$$\dfrac{\mathrm{d}h}{\mathrm{d}t}=\dfrac{16}{25\pi}\ (\mathrm{m}/\mathrm{min}).$$

12. 溶液自深 18 cm、顶直径 12 cm 的正圆锥形漏斗中漏入一直径为 10 cm 的圆柱形筒中. 开始时漏斗中盛满了溶液. 已知当溶液在漏斗中深为 12 cm 时, 其表面下降的速率为 1 cm/min. 问此时圆柱形筒中溶液表面上升的速率为多少?

【解】　如图 2-2 所示, 设在 t 时刻漏斗中的水深为 $y=y(t)$, 圆柱形筒中水深为 $h=h(t)$.

建立 $y(t)$ 与 $h(t)$ 的关系式:

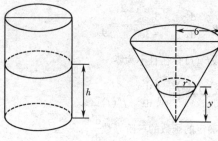

图 2-2

$$\frac{1}{3} \cdot 6^2 \pi \cdot 18 - \frac{1}{3} \pi r^2 y = 5^2 \pi h,$$

其中 $\frac{r}{6} = \frac{y}{18}$，即 $r = \frac{1}{3} y$，则

$$\frac{1}{3} \cdot 6^2 \pi \cdot 18 - \frac{\pi}{27} y^3 = 25 \pi h,$$

两边对 t 求导，得

$$-\frac{1}{9} y^2 \cdot y'_t = 25 h'_t.$$

当 $y = 12$ 时，$y'_t = -1$，得

$$h'_t = -\frac{12^2 \times (-1)}{9 \times 25} = \frac{16}{25} \ (\text{cm/min}).$$

习题 2-5 函数的微分

1. 已知 $y = x^3 - x$，计算在 $x = 2$ 处当 Δx 分别等于 1，0.1，0.01时的 Δy 及 dy.

【解】 $\Delta y = (2 + \Delta x)^3 - (2 + \Delta x) - (2^3 - 2) = 11\Delta x + 6\Delta x^2 + \Delta x^3,$

$\quad\quad$ d$y = y' \big|_{x=2} \Delta x = 11\Delta x.$

当 $\Delta x = 1$ 时，$\Delta y = 18$，d$y = 11$；

当 $\Delta x = 0.1$ 时，$\Delta y = 1.161$，d$y = 1.1$；

当 $\Delta x = 0.01$ 时，$\Delta y = 0.110\ 601$，d$y = 0.11$.

2. 设函数 $y = f(x)$ 的图形如图 2-3，试在图 2-3(a)，(b)，(c)，(d)中分别标出在点 x_0 的 dy，Δy 及 $\Delta y - dy$，并说明其正负.

【解】 如图 2-4.

$\quad\quad$ (a) $\Delta y > 0$，d$y > 0$，$\Delta y - dy > 0$，$\quad$ (b) $\Delta y > 0$，d$y > 0$，$\Delta y - dy < 0$，

$\quad\quad$ (c) $\Delta y < 0$，d$y < 0$，$\Delta y - dy < 0$，$\quad$ (d) $\Delta y < 0$，d$y < 0$，$\Delta y - dy > 0$.

3. 求下列函数的微分：

(1) $y = \frac{1}{x} + 2\sqrt{x}$.

【解】 $y' = -\frac{1}{x^2} + \frac{1}{\sqrt{x}}$，d$y = \left(-\frac{1}{x^2} + \frac{1}{\sqrt{x}} \right) dx$.

(2) $y = x\sin 2x$.

【解】 d$y = \sin 2x dx + x \cdot \cos 2x \cdot 2 dx = (\sin 2x + 2x\cos 2x) dx$.

(3) $y = \frac{x}{\sqrt{x^2 + 1}}$.

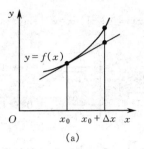

(a)

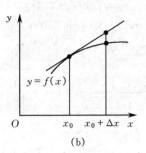

(b)

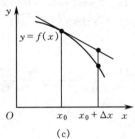

(c)

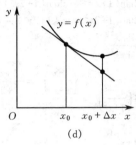

(d)

图 2-3

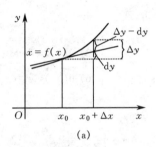

(a)

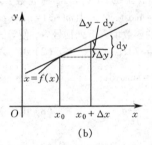

(b)

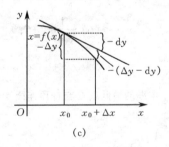

(c)

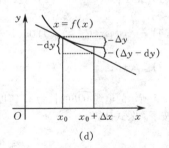

(d)

图 2-4

【解】　$dy = \dfrac{\sqrt{x^2+1}\,dx - x\,d\sqrt{x^2+1}}{x^2+1} = \dfrac{\sqrt{x^2+1}\,dx - x \cdot \dfrac{x}{\sqrt{x^2+1}}dx}{x^2+1} = \dfrac{1}{(x^2+1)^{3/2}}dx.$

(4) $y = \ln^2(1-x).$

【解】　$dy = 2\ln(1-x) \cdot d\ln(1-x) = 2\ln(1-x) \cdot \dfrac{-1}{1-x}dx = -\dfrac{2\ln(1-x)}{1-x}dx.$

(5) $y = x^2 e^{2x}.$

【解】　$dy = e^{2x}dx^2 + x^2 de^{2x} = e^{2x} \cdot 2x\,dx + x^2 e^{2x} \cdot 2\,dx = 2x(1+x)e^{2x}dx.$

(6) $y = e^{-x}\cos(3-x).$

【解】 $dy = \cos(3-x)de^{-x} + e^{-x}d\cos(3-x)$

$\quad = \cos(3-x) \cdot (-e^{-x})dx + e^{-x} \cdot [-\sin(3-x)] \cdot (-1)dx = e^{-x}[\sin(3-x)-\cos(3-x)]dx.$

（7）$y = \arcsin\sqrt{1-x^2}$.

【解】 $dy = \dfrac{1}{\sqrt{1-(1-x^2)}}d\sqrt{1-x^2} = \dfrac{1}{|x|} \cdot \dfrac{-2x}{2\sqrt{1-x^2}}dx = \begin{cases} \dfrac{dx}{\sqrt{1-x^2}}, & -1<x<0, \\[3mm] -\dfrac{dx}{\sqrt{1-x^2}}, & 0<x<1. \end{cases}$

（8）$y = \tan^2(1+2x^2)$.

【解】 $dy = 2\tan(1+2x^2) \cdot d\tan(1+2x^2) = 2\tan(1+2x^2) \cdot \sec^2(1+2x^2)d(1+2x^2)$

$\quad = 2\tan(1+2x^2)\sec^2(1+2x^2) \cdot 4xdx = 8x\tan(1+2x^2)\sec^2(1+2x^2)dx.$

（9）$y = \arctan\dfrac{1-x^2}{1+x^2}$.

【解】 $y' = \dfrac{1}{1+\left(\dfrac{1-x^2}{1+x^2}\right)^2} \cdot \left(\dfrac{1-x^2}{1+x^2}\right)' = \dfrac{(1+x^2)^2}{2+2x^4} \cdot \dfrac{-2x(1+x^2)-(1-x^2) \cdot 2x}{(1+x^2)^2} = -\dfrac{2x}{1+x^4}$,

$\quad dy = -\dfrac{2x}{1+x^4}dx.$

（10）$s = A\sin(\omega t+\varphi)$（$A, \omega, \varphi$ 是常数）.

【解】 $ds = A\cos(\omega t+\varphi)d(\omega t+\varphi) = A\omega \cdot \cos(\omega t+\varphi)dt.$

4. 将适当的函数填入下列括号内，使等式成立：

（1）d(　)$= 2dx$；　　　　（2）d(　)$= 3xdx$；　　　　（3）d(　)$= \cos tdt$；

（4）d(　)$= \sin\omega xdx$；　　　（5）d(　)$= \dfrac{1}{1+x}dx$；　　　（6）d(　)$= e^{-2x}dx$；

（7）d(　)$= \dfrac{1}{\sqrt{x}}dx$；　　　（8）d(　)$= \sec^2 3xdx$.

【解】 （1）$2x+C$；　　　　（2）$\dfrac{3}{2}x^2+C$；　　　　（3）$\sin t+C$；

（4）$-\dfrac{1}{\omega}\cos\omega x+C$；　　（5）$\ln(1+x)+C$；　　　（6）$-\dfrac{1}{2}e^{-2x}+C$；

（7）$2\sqrt{x}+C$；　　　　（8）$\dfrac{1}{3}\tan 3x+C$.

5. 如图 2-5 所示的电缆$\overset{\frown}{AOB}$的长为 s，跨度为 $2l$，电缆的最低点 O 与杆顶连线 AB 的距离为f，则电缆长可按下面公式计算：

$$s = 2l\left(1+\dfrac{2f^2}{3l^2}\right),$$

当f变化了 Δf 时，电缆长的变化约为多少？

【解】 $ds = 2l \cdot \dfrac{4f}{3l^2}df = \dfrac{8f}{3l}df, \ \Delta s \approx ds = \dfrac{8f}{3l}\Delta f.$

6. 设扇形的圆心角 $\alpha = 60°$，半径 $R = 100$ cm（图 2-6）. 如果 R 不变，α 减少 $30'$，问扇形面积大约改变了多少？又如果 α 不变，R 增加 1 cm，问扇形面积大约改变了多少？

【解】 扇形面积 $S = \dfrac{1}{2}\alpha R^2$. 当 R 不变时，

$$\Delta S \approx dS = \dfrac{1}{2}R^2 \cdot \Delta\alpha = \dfrac{1}{2}\times 100^2 \times \left(-\dfrac{\pi}{360}\right) \approx -43.63 \ (\text{cm}^2).$$

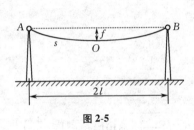

图 2-5

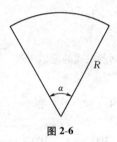

图 2-6

当 α 不变时，

$$\Delta S \approx \mathrm{d}S = \alpha R \cdot \mathrm{d}R = \frac{\pi}{3} \times 100 \times 1 \approx 104.72 \ (\mathrm{cm}^2).$$

7. 计算下列三角函数值的近似值：

（1）$\cos 29°$.

【解】 令 $f(x) = \cos x$，$f'(x) = -\sin x$.

$$\cos 29° = \cos\left(\frac{\pi}{6} - \frac{\pi}{180}\right) \approx \cos\frac{\pi}{6} + \left(-\sin\frac{\pi}{6}\right) \cdot \left(-\frac{\pi}{180}\right) = \frac{\sqrt{3}}{2} + \frac{\pi}{360} \approx 0.8747.$$

（2）$\tan 136°$.

【解】 令 $f(x) = \tan x$，$f'(x) = \sec^2 x$.

$$\tan 136° = \tan\left(\frac{3}{4}\pi + \frac{\pi}{180}\right) \approx \tan\frac{3}{4}\pi + \sec^2\frac{3}{4}\pi \cdot \frac{\pi}{180} = -1 + 2\times\frac{\pi}{180} \approx -0.9651.$$

8. 计算下列反三角函数值的近似值：

（1）$\arcsin 0.5002$.

【解】 设 $f(x) = \arcsin x$，$f'(x) = \dfrac{1}{\sqrt{1-x^2}}$， $\arcsin(x+\Delta x) \approx \arcsin x + \dfrac{1}{\sqrt{1-x^2}} \cdot \Delta x$，

$$\arcsin 0.5002 = \arcsin(0.5 + 0.0002) = \arcsin 0.5 + \frac{1}{\sqrt{1-0.5^2}} \times 0.0002 \approx 30°47'.$$

（2）$\arccos 0.4995$.

【解】 令 $f(x) = \arccos x$，$f'(x) = -\dfrac{1}{\sqrt{1-x^2}}$， $\arccos(x+\Delta x) \approx \arccos x - \dfrac{1}{\sqrt{1-x^2}} \cdot \Delta x$，

$$\arccos 0.4995 = \arccos(0.5 - 0.0005) = \arccos 0.5 - \frac{1}{\sqrt{1-0.5^2}} \times 0.0005 \approx 60°2'.$$

9. 当 $|x|$ 较小时，证明下列近似公式：

（1）$\tan x \approx x$（x 是角的弧度值）；

（2）$\ln(1+x) \approx x$；

（3）$\sqrt[n]{1+x} \approx 1 + \dfrac{1}{n}x$；

（4）$\mathrm{e}^x \approx 1 + x$.

并计算 $\tan 45'$ 和 $\ln 1.002$ 的近似值.

【证】 （1）$\tan x = \tan(0 + x) = \tan 0 + (\tan x)'\big|_{x=0} \cdot x = 0 + \sec^2 x\big|_{x=0} \cdot x = x$，

$$\tan 45' \approx 45' = \frac{\pi}{180} \cdot \frac{3}{4} \approx 0.0131;$$

（2）$\ln(1+x) \approx \ln 1 + \dfrac{1}{x}\bigg|_{x=1} \cdot x = 0 + x = x$， $\ln 1.002 = \ln(1+0.002) \approx 0.002$；

（3）$\sqrt[n]{1+x} \approx \sqrt[n]{1+0} + (\sqrt[n]{1+x})' \big|_{x=0} \cdot x = 1 + \dfrac{1}{n} x$；

（4）$e^x \approx e^0 + (e^x)' \big|_{x=0} \cdot x = 1 + x$.

10. 计算下列各根式的近似值：

（1）$\sqrt[3]{996}$.

【解】 由 $\sqrt[n]{1+x} \approx 1 + \dfrac{1}{n} x$ 得

$$\sqrt[3]{996} = \sqrt[3]{1000-4} = \sqrt[3]{1000\left(1-\dfrac{4}{1000}\right)} = 10\sqrt[3]{1-\dfrac{4}{1000}} \approx 10\left[1+\dfrac{1}{3}\times\left(-\dfrac{4}{1000}\right)\right] \approx 9.987.$$

（2）$\sqrt[6]{65}$.

【解】 由 $\sqrt[n]{1+x} \approx 1 + \dfrac{1}{n} x$ 得

$$\sqrt[6]{65} = \sqrt[6]{64+1} = \sqrt[6]{64\left(1+\dfrac{1}{64}\right)} = 2\sqrt[6]{1+\dfrac{1}{64}} \approx 2\left(1+\dfrac{1}{6}\times\dfrac{1}{64}\right) \approx 2.0052.$$

*11. 计算球体体积时，要求精确度在 2% 以内. 问这时测量直径 D 的相对误差不能超过多少？

【解】 球的体积 $V = \dfrac{1}{6}\pi D^3$，$dV = \dfrac{1}{2}\pi D^2 \Delta D$，题设要求精度在 2% 以内，所以其相对误差不超过 2%，即要求

$$\left|\dfrac{dV}{V}\right| = \left|\dfrac{\dfrac{1}{2}\pi D^2 \Delta D}{\dfrac{1}{6}\pi D^3}\right| = 3\left|\dfrac{\Delta D}{D}\right| < 2\%,$$

即 $\left|\dfrac{\Delta D}{D}\right| \leqslant 0.667\%$，也就是测量直径的相对误差不能超过 0.667%.

12. 某厂生产如图 2-7 所示的扇形板，半径 $R=200$ mm，要求中心角 α 为 55°. 产品检验时，一般用测量弦长 l 的办法来间接测量中心角 α. 如果测量弦长 l 时的误差 $\delta_l = 0.1$ mm，问由此而引起的中心角测量误差 δ_α 是多少？

【解】 由图 2-7 得 $\dfrac{l}{2} = R\sin\dfrac{\alpha}{2}$，于是 $\alpha = 2\arcsin\dfrac{l}{2R} = 2\arcsin\dfrac{l}{400}$.

当 $\alpha = 55°$ 时，$l = 2R\sin\dfrac{\alpha}{2} = 400\sin 27.5° \approx 184.7$，

$$\delta_\alpha = |\alpha'_l|\,\delta_l = \left|\dfrac{2}{\sqrt{1-\left(\dfrac{l}{400}\right)^2}} \times \dfrac{1}{400}\right| \times \delta_l.$$

当 $l = 184.7$，$\delta_l = 0.1$ 时，

$$\delta_\alpha = \dfrac{2}{\sqrt{1-\left(\dfrac{184.7}{400}\right)^2}} \times \dfrac{1}{400} \times 0.1 \approx 0.000\,56\,（弧度）.$$

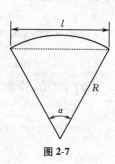

图 2-7

总习题二

1. 在"充分"、"必要"和"充分必要"三者中选择一个正确的填入下列空格内：

（1）$f(x)$ 在点 x_0 可导是 $f(x)$ 在点 x_0 连续的_____条件. $f(x)$ 在点 x_0 连续是 $f(x)$ 在点 x_0 可导

的_____条件.

　　【解】　应填充分；必要. 由函数的可导性与连续性关系可得.

　　(2) $f(x)$ 在点 x_0 的左导数 $f_-'(x_0)$ 及右导数 $f_+'(x_0)$ 都存在且相等是 $f(x)$ 在点 x_0 可导的_____条件.

　　【解】　应填充分必要.

　　由左、右导数的定义和极限存在的充分必要条件可得.

　　(3) $f(x)$ 在点 x_0 可导是 $f(x)$ 在点 x_0 可微的_____条件.

　　【解】　应填充分必要.

　　由可导与可微的定义可得.

　　2. 设 $f(x)=x(x+1)(x+2)\cdots(x+n)$　$(n\geqslant2)$，则 $f'(0)=$ _____.

　　【解】　应填 $n!$. 按定义求导即可得到.

　　3. 下述题中给出了四个结论，从中选出一个正确的结论：

　　设 $f(x)$ 在 $x=a$ 的某个邻域内有定义，则 $f(x)$ 在 $x=a$ 处可导的一个充分条件是(　　).

　　(A) $\lim\limits_{h\to+\infty}h\left[f\left(a+\dfrac{1}{h}\right)-f(a)\right]$ 存在　　　(B) $\lim\limits_{h\to0}\dfrac{f(a+2h)-f(a+h)}{h}$ 存在

　　(C) $\lim\limits_{h\to0}\dfrac{f(a+h)-f(a-h)}{2h}$ 存在　　　(D) $\lim\limits_{h\to0}\dfrac{f(a)-f(a-h)}{h}$ 存在

　　【解】　应选择 D. 因为

　　(A) 只能说 $f_+'(a)$ 存在；　　　(B) 不能说 $f'(a)$ 一定存在；

　　(C) $\lim\limits_{h\to0}\left[\dfrac{f(a+h)-f(a)}{2h}-\dfrac{f(a-h)-f(a)}{2h}\right]$ 只有上述两个极限都存在时，$f'(a)$ 存在；

　　(D) 满足导数定义.

　　4. 设有一根细棒，取棒的一端作为原点，棒上任意点的坐标为 x，于是分布在区间 $[0,x]$ 上细棒的质量 m 是 x 的函数 $m=m(x)$. 应怎样确定细棒在点 x_0 处的线密度(对于均匀细棒来说，单位长度细棒的质量叫作这细棒的线密度)?

　　【解】　对于充分小的 $\Delta x>0$，在区间 $[x_0,x_0+\Delta x]$ 上，棒的质量近似为 $\Delta m=m(x_0+\Delta x)-m(x_0)$，则在点 x_0 处的线密度为

$$\rho(x_0)=\lim_{\Delta x\to0}\frac{\Delta m}{\Delta x}=\lim_{\Delta x\to0}\frac{m(x_0+\Delta x)-m(x_0)}{\Delta x}=m'(x_0).$$

　　5. 根据导数的定义，求 $f(x)=\dfrac{1}{x}$ 的导数.

　　【解】
$$\Delta y=f(x+\Delta x)-f(x)=\frac{1}{x+\Delta x}-\frac{1}{x},$$

$$f'(x)=\lim_{\Delta x\to0}\frac{\Delta y}{\Delta x}=\lim_{\Delta x\to0}\frac{\dfrac{1}{x+\Delta x}-\dfrac{1}{x}}{\Delta x}=\lim_{\Delta x\to0}\frac{\dfrac{-\Delta x}{x(x+\Delta x)}}{\Delta x}=\lim_{\Delta x\to0}\left[-\frac{1}{x(x+\Delta x)}\right]=-\frac{1}{x^2}.$$

　　6. 求下列函数 $f(x)$ 的 $f_-'(0)$ 及 $f_+'(0)$，又 $f'(0)$ 是否存在：

　　(1) $f(x)=\begin{cases}\sin x, & x<0,\\ \ln(1+x), & x\geqslant0.\end{cases}$

　　【解】　$f_-'(0)=\lim\limits_{x\to0^-}\dfrac{f(x)-f(0)}{x-0}=\lim\limits_{x\to0^-}\dfrac{\sin x}{x}=1$，$f_+'(0)=\lim\limits_{x\to0^+}\dfrac{f(x)-f(0)}{x-0}=\lim\limits_{x\to0^+}\dfrac{\ln(1+x)}{x}=1$，

故 $f'(0)$ 存在，$f'(0)=1$.

　　(2) $f(x)=\begin{cases}\dfrac{x}{1+\mathrm{e}^{\frac{1}{x}}}, & x\neq0,\\ 0, & x=0.\end{cases}$

【解】 $f_-'(0)=\lim\limits_{x\to0^-}\dfrac{f(x)-f(0)}{x}=\lim\limits_{x\to0^-}\dfrac{\frac{x}{1+e^{\frac{1}{x}}}}{x}=\lim\limits_{x\to0^-}\dfrac{1}{1+e^{\frac{1}{x}}}=1,$

$f_+'(0)=\lim\limits_{x\to0^+}\dfrac{f(x)-f(0)}{x-0}=\lim\limits_{x\to0^+}\dfrac{\frac{x}{1+e^{\frac{1}{x}}}}{x}=\lim\limits_{x\to0^-}\dfrac{1}{1+e^{\frac{1}{x}}}=0,$

因为 $f_-'(0)\ne f_+'(0)$，所以 $f'(0)$ 不存在.

7. 讨论函数

$$f(x)=\begin{cases}x\sin\dfrac{1}{x}, & x\ne0\\[2mm]0, & x=0\end{cases}$$

在 $x=0$ 处的连续性与可导性.

【解】 $f(0)=0,$

$$\lim\limits_{x\to0}f(x)=\lim\limits_{x\to0}x\sin\dfrac{1}{x}=0,$$

所以 $f(x)$ 在 $x=0$ 处连续.

$$f'(0)=\lim\limits_{x\to0}\dfrac{f(x)-f(0)}{x}=\lim\limits_{x\to0}\dfrac{x\sin\dfrac{1}{x}}{x}=\lim\limits_{x\to0}\sin\dfrac{1}{x},$$

因为 $\lim\limits_{x\to0}\sin\dfrac{1}{x}$ 不存在，所以在 $x=0$ 处不可导.

8. 求下列函数的导数：

（1） $y=\arcsin(\sin x).$

【解】 $y'=\dfrac{1}{\sqrt{1-\sin^2 x}}(\sin x)'=\dfrac{\cos x}{|\cos x|}.$

（2） $y=\arctan\dfrac{1+x}{1-x}.$

【解】 $y'=\dfrac{1}{1+\left(\dfrac{1+x}{1-x}\right)^2}\cdot\left(\dfrac{1+x}{1-x}\right)'=\dfrac{(1-x)^2}{(1-x)^2+(1+x)^2}\cdot\dfrac{(1-x)-(1+x)\cdot(-1)}{(1-x)^2}=\dfrac{1}{1+x^2}.$

（3） $y=\ln\tan\dfrac{x}{2}-\cos x\cdot\ln\tan x.$

【解】 $y'=\dfrac{1}{\tan\dfrac{x}{2}}\left(\tan\dfrac{x}{2}\right)'-(\cos x)'\ln\tan x-\cos x\cdot(\ln\tan x)'$

$=\dfrac{1}{\tan\dfrac{x}{2}}\sec^2\dfrac{x}{2}\cdot\dfrac{1}{2}+\sin x\ln\tan x-\cos x\cdot\dfrac{\sec^2 x}{\tan x}=\dfrac{1}{\sin x}+\sin x\cdot\ln\tan x-\dfrac{1}{\sin x}=\sin x\cdot\ln\tan x.$

（4） $y=\ln(e^x+\sqrt{1+e^{2x}}).$

【解】 $y'=\dfrac{1}{e^x+\sqrt{1+e^{2x}}}(e^x+\sqrt{1+e^{2x}})'=\dfrac{1}{e^x+\sqrt{1+e^{2x}}}\left(e^x+\dfrac{2e^{2x}}{2\sqrt{1+e^{2x}}}\right)=\dfrac{e^x}{\sqrt{1+e^{2x}}}.$

（5） $y=x^{\frac{1}{x}}$ $(x>0).$

【解】 取对数

$$\ln y = \frac{1}{x}\ln x,$$

对 x 求导, 得　　　　　　　　　　 $\frac{1}{y}\cdot y' = \frac{1-\ln x}{x^2}$, $y' = \sqrt[x]{x}\cdot\frac{1-\ln x}{x^2}$.

9. 求下列函数的二阶导数:

(1) $y = \cos^2 x\cdot\ln x$.

【解】 $y' = (\cos^2 x)'\ln x + \cos^2 x(\ln x)' = 2\cos x\cdot(-\sin x)\ln x + \frac{1}{x}\cos^2 x = -\sin 2x\ln x + \frac{\cos^2 x}{x}$,

$$y'' = -2\cos 2x\ln x - \sin 2x\cdot\frac{1}{x} + \frac{-2\cos x\sin x\cdot x - \cos^2 x}{x^2}$$

$$= -2\cos 2x\cdot\ln x - \frac{\sin 2x}{x} - \frac{\sin 2x}{x} - \frac{1}{x^2}\cos^2 x = -2\cos 2x\ln x - \frac{2\sin 2x}{x} - \frac{\cos^2 x}{x^2}.$$

(2) $y = \dfrac{x}{\sqrt{1-x^2}}$.

【解】 $y' = \dfrac{\sqrt{1-x^2} - x\cdot\dfrac{-x}{\sqrt{1-x^2}}}{1-x^2} = (1-x^2)^{-\frac{3}{2}}$, $y'' = -\dfrac{3}{2}(1-x^2)^{-\frac{5}{2}}\cdot(-2x) = \dfrac{3x}{(1-x^2)^{\frac{5}{2}}}$.

*10. 求下列函数的 n 阶导数:

(1) $y = \sqrt[m]{1+x}$.

【解】 $y = (1+x)^{\frac{1}{m}}$, $y^{(n)} = \dfrac{1}{m}\left(\dfrac{1}{m}-1\right)\cdots\left(\dfrac{1}{m}-n+1\right)(x+1)^{\frac{1}{m}-n}$.

(2) $y = \dfrac{1-x}{1+x}$.

【解】 $y = \dfrac{2}{1+x} - 1$, $y^{(n)} = \dfrac{(-1)^n\cdot 2n!}{(1+x)^{n+1}}$.

11. 设函数 $y = y(x)$ 由方程 $e^y + xy = e$ 所确定, 求 $y''(0)$.

【解】 方程两边对 x 求导, 得 $e^y\cdot y' + y + x\cdot y' = 0$, 从而

$$y' = -\frac{y}{x+e^y}, \quad y'' = -\frac{y'(x+e^y) - y(1+e^y\cdot y')}{(x+e^y)^2}.$$

当 $x=0$ 时, $y=1$, $y'(0) = -\dfrac{1}{e}$, $y''(0) = \dfrac{1}{e^2}$.

12. 求下列由参数方程所确定的函数的一阶导数 $\dfrac{dy}{dx}$ 及二阶导数 $\dfrac{d^2y}{dx^2}$:

(1) $\begin{cases} x = a\cos^3\theta, \\ x = a\sin^3\theta. \end{cases}$

【解】 $\dfrac{dy}{d\theta} = 3a\sin^2\theta\cos\theta$, $\dfrac{dx}{d\theta} = -3a\cos^2\theta\sin\theta$,

$$\frac{dy}{dx} = \frac{dy/d\theta}{dx/d\theta} = -\tan\theta, \quad \frac{d^2y}{dx^2} = \frac{-\sec^2\theta}{-3a\cos^2\theta\sin\theta} = \frac{1}{3a}\sec^4\theta\csc\theta.$$

(2) $\begin{cases} x = \ln\sqrt{1+t^2}, \\ y = \arctan t. \end{cases}$

【解】 $\dfrac{dy}{dx} = \dfrac{\dfrac{1}{1+t^2}}{\dfrac{1}{2}\cdot\dfrac{2t}{1+t^2}} = \dfrac{1}{t}$, $\dfrac{d^2y}{dx^2} = \dfrac{-\dfrac{1}{t^2}}{\dfrac{t}{1+t^2}} = -\dfrac{1+t^2}{t^3}$.

13. 求曲线 $\begin{cases} x=2e^t, \\ y=e^{-t} \end{cases}$ 在 $t=0$ 相应的点处的切线方程及法线方程.

【解】 $\dfrac{dy}{dx} = \dfrac{-e^{-t}}{2e^t} = -\dfrac{1}{2}e^{-2t}$.

当 $t=0$ 时, $x=2$, $y=1$,

$$k_{切} = \frac{dy}{dx}\bigg|_{t=0} = -\frac{1}{2}.$$

切线方程为
$$y-1 = -\frac{1}{2}(x-2),$$

即
$$x+2y-4=0.$$

法线方程为
$$y-1 = 2(x-2),$$

即
$$2x-y-3=0.$$

14. 已知 $f(x)$ 是周期为 5 的连续函数, 它在 $x=0$ 的某邻域内满足关系式
$$f(1+\sin x) - 3f(1-\sin x) = 8x + o(x),$$
且 $f(x)$ 在 $x=1$ 处可导, 求曲线 $y=f(x)$ 在点 $(6, f(6))$ 处的切线方程.

【解】 $f(1) - 3f(1) = 0$, 故 $f(1) = 0$.

$$\lim_{x\to 0}\frac{f(1+\sin x)-3f(1-\sin x)}{x} = \lim_{x\to 0}\frac{f(1+\sin x)-3f(1-\sin x)}{\sin x}\cdot\lim_{x\to 0}\frac{\sin x}{x}$$

$$= \lim_{x\to 0}\frac{f(1+\sin x)-f(1)}{\sin x} + 3\lim_{x\to 0}\frac{f(1-\sin x)-f(1)}{-\sin x} = 4f'(1).$$

$4f'(1) = 8$, 故 $f'(1) = 2$.

由于 $f(x+5) = f(x)$, 于是 $f(6) = f(1) = 0$,

$$f'(6) = \lim_{x\to 0}\frac{f(6+x)-f(6)}{x} = \lim_{x\to 0}\frac{f(1+x)-f(1)}{x} = f'(1) = 2,$$

因此, 曲线 $y=f(x)$ 在点 $(6, f(6))$ 即 $(6, 0)$ 处的切线方程为
$$y-0 = 2(x-6),$$

即 $2x-y-12=0$.

15. 当正在高度 H 飞行的飞机开始向机场跑道下降时, 如图 2-8 所示, 从飞机到机场的水平地面距离为 L. 假设飞机下降的路径为三次函数 $y=ax^3+bx^2+cx+d$ 的图形, 其中 $y\big|_{x=-L}=H$, $y\big|_{x=0}=0$. 试确定飞机的降落路径.

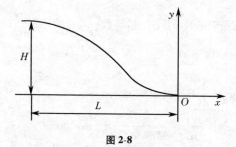

图 2-8

【解】 建立坐标系如图 2-8 所示. 根据题意, 可知

$$y\big|_{x=0}=0 \Rightarrow d=0, \qquad y\big|_{x=-L}=H \Rightarrow -aL^3+bL^2-cL=H.$$

为使飞机平稳降落, 尚需满足

$$y'\big|_{x=0}=0 \Rightarrow c=0, \qquad y'\big|_{x=-L}=0 \Rightarrow 3aL^2-2bL=0.$$

解得 $a=\dfrac{2H}{L^3}$, $b=\dfrac{3H}{L^2}$. 故飞机的降落路径为

$$y=H\left[2\left(\frac{x}{L}\right)^3+3\left(\frac{x}{L}\right)^2\right].$$

16. 甲船以 6 km/h 的速率向东行驶, 乙船以 8 km/h 的速率向南行驶. 在中午十二点整, 乙船位于甲船之北 16 km 外, 问下午一点整两船相离的速率为多少?

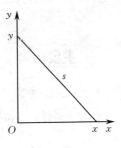

图 2-9

【解】　取甲船 12 点整时位置为坐标原点, 东北方向分别为 x 轴, y 轴的正向, 如图 2-9 所示.

$$x^2+y^2=s^2,\quad 2x\cdot\frac{\mathrm{d}x}{\mathrm{d}t}+2y\cdot\frac{\mathrm{d}y}{\mathrm{d}t}=2d\cdot\frac{\mathrm{d}(s)}{\mathrm{d}t}.$$

当 $t=1$ 时, $x=6$, $x_t{}'=6$, $y=16-8=8$, $y_t{}'=-8$,

$$d=\sqrt{6^2+8^2}=10,\quad d_t{}'=\frac{xx_t{}'+yy_t{}'}{d}=\frac{6\times6+8\times(-8)}{10}=-2.8\ (\mathrm{km/h}).$$

17. 利用函数的微分代替函数的增量求 $\sqrt[3]{1.02}$ 的近似值.

【解】　由

$$f(x)\approx f(x_0)+f'(x_0)(x-x_0),$$

令

$$f(x)=\sqrt[3]{x},$$

则

$$f'(x)=\frac{1}{3}x^{-\frac{2}{3}}.$$

$$\sqrt[3]{1.02}=\sqrt[3]{1+0.02}\approx\sqrt[3]{1}+\frac{1}{3}\times1^{-\frac{2}{3}}\times0.02\approx1.007.$$

18. 已知单摆的振动周期 $T=2\pi\sqrt{\dfrac{l}{g}}$, 其中 $g=980\ \mathrm{cm/s^2}$, l 为摆长(单位为 cm). 设原摆长为 20 cm, 为使周期 T 增大 0.05 s, 摆长约需加长多少?

【解】　$\Delta T\approx\mathrm{d}T=\left(2\pi\sqrt{\dfrac{l}{g}}\right)'_l\Delta l=\dfrac{\pi}{\sqrt{gl}}\cdot\Delta l.$

$\Delta T=0.05$, $l=20$ 时,

$$\Delta l\approx\frac{\sqrt{gl}}{\pi}\Delta T=\frac{\sqrt{980\times20}}{\pi}\times0.05\approx2.23\ (\mathrm{cm}).$$

第三章　微分中值定理与导数的应用

一、主要内容

（一）主要定义

1. 对于函数 $f(x)$ 和点 x_0，若存在 x_0 的某邻域 $U(x_0,\delta)$，使

$$\forall x \in \mathring{U}(x_0, \delta),$$

都有

$$f(x) < f(x_0),$$

则称 $f(x_0)$ 为 $f(x)$ 的一个极大值，x_0 称为它的极大值点.

类似地，可以定义极小值的情况.

2. 设 $f(x)$ 在 $[a,b]$ 上连续，若对于 (a, b) 内任意两点 x_1，x_2，恒有

$$f\left(\frac{x_1+x_2}{2}\right) < \frac{f(x_1)+f(x_2)}{2},$$

则称 $f(x)$ 在 $[a, b]$ 上的图形是向上凹的（凹弧）；不等式相反时称为向上凸的（凸弧）.

3. 连续曲线上凹弧与凸弧的分界点称为曲线的拐点.

4. 使导数为零的点（即方程 $f'(x)=0$ 的实根）叫作函数 $f(x)$ 的驻点.

（二）主要结论

1. 微分中值定理

（1）罗尔（Rolle）定理　$f(x)$ 在 $[a, b]$ 上连续，在 (a, b) 内可微，$f(a)=f(b)$，则至少存在一点 $\xi \in (a, b)$，使 $f'(\xi)=0$.

（2）拉格朗日（Lagrange）定理　设 $f(x)$ 在 $[a, b]$ 上连续，在 (a, b) 内可微，则至少存在一点 $\xi \in (a, b)$，使

$$f(b)-f(a)=f'(\xi)(b-a).$$

（3）柯西（Cauchy）定理　设 $f(x)$ 与 $F(x)$ 在 $[a, b]$ 上连续，在 (a, b) 内可导，且 $F'(x) \neq 0$，则至少存在一点 $\xi \in (a, b)$，使

$$\frac{f(b)-f(a)}{F(b)-F(a)}=\frac{f'(\xi)}{F'(\xi)}.$$

（4）泰勒（Taylor）定理　设 $f(x)$ 在 x_0 的某邻域 $U(x_0, \delta)$ 内具有直到 $n+1$ 阶的导数，则 $\forall x \in U(x_0, \delta)$，有

$$f(x)=f(x_0)+f'(x_0)(x-x_0)+\frac{1}{2!}f''(x_0)(x-x_0)^2+\cdots+\frac{1}{n!}f^{(n)}(x_0)(x-x_0)^n+R_n(x).$$

其中 $R_n(x)=\dfrac{1}{(n+1)!}f^{(n+1)}(\xi)(x-x_0)^{n+1}$，称为拉格朗日型余项. 此公式称为 $f(x)$ 的 n 阶泰勒公式.

当 $x_0=0$ 时，此公式称为麦克劳林（Maclaurin）公式，读者可自己导出. 余项形式还有柯西型余项

$$R_n(x)=\frac{f^{(n+1)}[x_0+\theta(x-x_0)]}{n!} \cdot (1-\theta)^n(x-x_0)^{n+1} \quad (0<\theta<1)$$

和佩亚诺（Peano）型余项

$$R_n(x) = o(|x-x_0|^n).$$

2. 洛必达(L'Hospital)法则

$\lim f(x) = \lim g(x) = 0(\text{或} \infty)$，$\lim \dfrac{f'(x)}{g'(x)}$ 存在或为 ∞，则

$$\lim \frac{f(x)}{g(x)} = \lim \frac{f'(x)}{g'(x)}.$$

3. 设 $f(x)$ 在 $[a, b]$ 上连续，在 (a, b) 内可导，又在 (a, b) 内，若 $f'(x) > 0$，则 $f(x)$ 在 $[a, b]$ 上是单调增加的；若 $f'(x) < 0$，则 $f(x)$ 在 $[a, b]$ 上是单调减少的。

4. 设 $f(x)$ 在 x_0 处连续，在某去心邻域 $\overset{\circ}{U}(x_0, \delta)$ 内可微，当 x 在 $\overset{\circ}{U}(x_0, \delta)$ 内从 x_0 左侧经过 x_0 到右侧时，$f'(x)$ 由正变负，则 $f(x_0)$ 为 $f(x)$ 的一个极大值；若 $f'(x)$ 由负变正，则 $f(x_0)$ 为 $f(x)$ 的一个极小值。(第一充分条件)

5. $f'(x_0) = 0$，$f''(x_0) \neq 0$，那么，当 $f''(x_0) < 0$ 时，$f(x_0)$ 为极大值；当 $f''(x_0) > 0$ 时，$f(x_0)$ 为极小值。(第二充分条件)

6. 设 $f(x)$ 在 (a, b) 内具有二阶导数，则当 $f''(x) > 0$ 时，曲线 $y = f(x)$ 在 (a, b) 内是向上凹的；当 $f''(x) < 0$ 时，曲线 $y = f(x)$ 在 (a, b) 内是向上凸的，$x \in (a, b)$.

7. 设 $f(x)$ 在 (a, b) 内二阶可导，$x_0 \in (a, b)$，$f''(x_0) = 0$，且在 x_0 的左、右二阶导函数变号，则 $(x_0, f(x_0))$ 为曲线 $y = f(x)$ 的拐点。(拐点的第一充分条件)

8. 设 $f(x)$ 在 x_0 三阶可导，$f''(x_0) = 0$，$f'''(x_0) \neq 0$，则 $(x_0, f(x_0))$ 为曲线 $y = f(x)$ 的拐点。(拐点的第二充分条件)

9. 弧微分公式

(1) $\begin{cases} x = \varphi(t) \\ y = \psi(t) \end{cases}$，$ds = \sqrt{\varphi'^2(t) + \psi'^2(t)}\, dt$；

(2) $y = y(x)$，$ds = \sqrt{1 + y'^2}\, dx$；

(3) $x = x(y)$，$ds = \sqrt{1 + x'^2}\, dy$；

(4) $r = r(\theta)$，$ds = \sqrt{r^2(\theta) + r'^2(\theta)}\, d\theta$；

(5) 空间曲线：$x = \varphi(t)$，$y = \psi(t)$，$z = \omega(t)$，$ds = \sqrt{\varphi'^2(t) + \psi'^2(t) + \omega'^2(t)}\, dt$.

10. 曲率与曲率半径

(1) 曲率 $k = \dfrac{|y''|}{(1 + y'^2)^{3/2}}$；

(2) 曲率半径 $\rho = \dfrac{1}{k}$；

(3) 设 $y''(x) \neq 0$，则曲线 $y = f(x)$ 在 $M(x, y)$ 点的曲率中心 $D(\alpha, \beta)$ 的坐标为

$$\begin{cases} \alpha = x - \dfrac{y'(1 + y'^2)}{y''}, \\ \beta = y + \dfrac{1 + y'^2}{y''}. \end{cases}$$

(三) 结论补充

1. 设 $f(x)$ 在 $[a, b]$ 上连续，在 (a, b) 内可导，x_0 是 $f(x)$ 在 (a, b) 内唯一驻点，若 x_0 是极大值点，则 x_0 必是 $f(x)$ 于 $[a, b]$ 上的最大值点；若 x_0 是极小值点，则 x_0 必是 $f(x)$ 于 $[a, b]$ 上的最小值点。

注 对于开区间、无穷区间、半无穷区间，结论亦真。

2. 设 $f(x)$ 在 $[a, b]$ 上连续，在 (a, b) 内可导，若在 (a, b) 内 $f'(x) > 0$，则 a 是最小值点，b 是最大值点；若在 (a, b) 内 $f'(x) < 0$，则 a 是最大值点，b 是最小值点。

3. 设 $f(x)$ 在 x_0 处具有 n 阶连续导数,且

$$f'(x_0)=f''(x_0)=\cdots=f^{(n-1)}(x_0)=0,\ f^{(n)}(x_0)\neq 0,$$

则当 n 为奇数时,$f(x_0)$ 不是极值;当 n 为偶数时,$f(x_0)$ 是极值. 且当 $f^{(n)}(x_0)<0$时,$f(x_0)$ 为极大值;当 $f^{(n)}(x_0)>0$ 时,$f(x_0)$ 为极小值.

4. 若在 x_0 的某邻域内,$f(x)\ n$ 阶连续可导,且

$$f'(x_0)=f''(x_0)=\cdots=f^{(k-1)}(x_0)=0,\ f^{(k)}(x_0)\neq 0\quad (k\leqslant n),$$

则当 k 为偶数时,$(x_0,f(x_0))$ 不为 $y=f(x)$ 的拐点;当 k 为奇数时,$(x_0,f(x_0))$ 为 $y=f(x)$ 的拐点 $(k>2)$.

5. 若 $a=\lim\limits_{x\to\infty}\dfrac{f(x)}{x}$,$b=\lim\limits_{x\to\infty}[f(x)-ax]$ 均存在,则 $y=ax+b$ 是 $y=f(x)$ 的斜渐近线.

若 $\lim\limits_{x\to c}f(x)=\infty$,则 $x=c$ 为 $y=f(x)$ 的铅直渐近线;

若 $\lim\limits_{x\to\infty}f(x)=c$,则 $y=c$ 为 $y=f(x)$ 的水平渐近线.

6. 对于 $\dfrac{0}{0}$ 型未定式,可视分子或分母无穷小的阶数,对分子或分母进行佩亚诺替换,替换公式为

(1) $e^x=1+x+\dfrac{1}{2!}x^2+\cdots+\dfrac{1}{n!}x^n+o(x^n)$;

(2) $\ln(1+x)=x-\dfrac{1}{2}x^2+\dfrac{1}{3}x^3+\cdots+(-1)^n\dfrac{1}{n}x^n+o(x^n)$;

(3) $\sin x=x-\dfrac{1}{3!}x^3+\dfrac{1}{5!}x^5+\cdots+(-1)^n\dfrac{1}{(2n+1)!}x^{2n+1}+o(x^{2n+2})$;

(4) $\cos x=1-\dfrac{1}{2!}x^2+\dfrac{1}{4!}x^4+\cdots+(-1)^n\dfrac{1}{(2n)!}x^{2n}+o(x^{2n+1})$;

(5) $(1+x)^\alpha=1+\alpha x+\dfrac{\alpha(\alpha-1)}{2!}x^2+\cdots+\dfrac{\alpha(\alpha-1)\cdots(\alpha-n+1)}{n!}x^n+o(x^n)$.

7. 设 $\lim u(x)=1$,$\lim v(x)=\infty$,则有

$$\lim u(x)^{v(x)}=\exp\lim[u(x)-1]v(x).$$

8. 设 $\lim\varphi(x)=0$,$\lim\psi(x)=0$,$\psi(x)\neq 0$,则有

$$\lim[1+\varphi(x)]^{\frac{1}{\psi(x)}}=\exp\lim\dfrac{\varphi(x)}{\psi(x)}.$$

二、典型例题

(一) 证明题

1. 证明不等式

【例 3-1】 试证 $x>-1$ 时,$e^x\geqslant 1+\ln(1+x)$.

【证】 令 $f(x)=e^x-1-\ln(1+x)$,则

$$f'(x)=e^x-\dfrac{1}{1+x},$$

有

$$f''(x)=e^x+\dfrac{1}{(1+x)^2}>0.$$

$$f'(0)=0,\ f''(0)=2>0.$$

故 $f(0)$ 为 $f(x)$ 的极小值，也是 $f(x)$ 于 $(-1,+\infty)$ 内的最小值，因此

$$f(x) \geqslant f(0),$$

即

$$e^x \geqslant 1 + \ln(1+x).$$

【例 3-2】 证明当 $0<x<2$ 时，$4x\ln x - x^2 - 2x + 4 > 0$.

【证】 令 $f(x) = 4x\ln x - x^2 - 2x + 4$，则

$$f'(x) = 4\ln x - 2x + 2.$$

但是 $f'(x)$ 是否在 $(0,2)$ 内恒正不好判断，必须寻找其他依据. 为此，令 $f'(x)=0$，得驻点

$$x = 1,$$

这是唯一驻点. 而

$$f''(x) = \frac{2(2-x)}{x}, \quad f''(1) = 2 > 0,$$

故 $x=1$ 是 $f(x)$ 的极小值点.

又当 $0<x<2$ 时，$f''(x)>0$，故曲线 $y=f(x)$ 在 $(0,2)$ 内处处凹，故 $x=1$ 既是极小值点，又是最小值点. 从而在 $0<x<2$ 中，有

$$f(x) > f(1) = 1,$$

从而

$$4x\ln x - x^2 - 2x + 4 > 0.$$

【例 3-3】 证明当 $x>0$ 时，$\ln\left(1+\dfrac{1}{x}\right) > \dfrac{1}{1+x}$.

【证】 令 $f(x) = \ln\left(1+\dfrac{1}{x}\right) - \dfrac{1}{1+x}$ $(x>0)$，则

$$f'(x) = -\frac{1}{x(1+x)^2} < 0 \quad (x>0),$$

故 $f(x)$ 单调减少.

又

$$\lim_{x \to +\infty} f(x) = \lim_{x \to +\infty}\left[\ln\left(1+\frac{1}{x}\right) - \frac{1}{1+x}\right] = 0,$$

$f(x)$ 单调减少，则 $\lim\limits_{x \to +\infty} f(x) = 0$ 的函数必为一正值函数，有 $f(x)>0$，即

$$\ln\left(1+\frac{1}{x}\right) > \frac{1}{1+x} \quad (x>0).$$

注 若将 $\ln\left(1+\dfrac{1}{x}\right)$ 写成 $\ln(1+x) - \ln x$，则所证不等式化为

$$\ln(x+1) - \ln x > \frac{1}{1+x},$$

可令 $g(x) = \ln x$，在区间 $[x, x+1]$ 上使用拉格朗日中值定理证明之.

【例 3-4】 试比较 e^π 与 π^e 的大小.

【解】 由于 $\pi^e = e^{e\ln\pi}$，问题转化为比较同底数的幂指数 e^π 与 $e^{e\ln\pi}$ 的大小了. 只要证出 $\pi > e\ln\pi$ 即可. 令

$$f(x) = x - e\ln x,$$

则

$$f'(x) = 1 - \frac{e}{x} = \frac{x-e}{x}.$$

当 $x>e$ 时，$f'(x)>0$，$f(x)$ 单调增加，而 $f(e)=0$，从而此时

$$f(x) > f(e) = 0,$$

又 $\pi>e$，故 $f(\pi)>0$，有 $\pi - e\ln\pi > 0$，即 $\pi > e\ln\pi$. 故

$$e^\pi > e^{e\ln\pi}, \quad 即 \ e^\pi > \pi^e.$$

【例 3-5】 若 $f(x)$ 二阶可导，且

$$f'(a) = f'(b) = 0 \quad (a<b),$$

试证明在 (a, b) 内至少有一点 ξ, 使

$$|f''(\xi)| \geq \frac{4}{(b-a)^2}|f(b)-f(a)|.$$

【证】　只要证 $|f(b)-f(a)| \leq \frac{(b-a)^2}{4}|f''(\xi)| \quad \xi \in (a, b)$ 即可.

二等分区间 $[a, b]$ 为 $[a, c]$ 与 $[c, b]$,

$$f(c)=f(a)+(c-a)f'(a)+\frac{1}{2}(c-a)^2f''(\xi_1) \quad \xi_1 \in (a, c),$$

$$f(c)=f(b)+(c-b)f'(b)+\frac{1}{2}(c-b)^2f''(\xi_2) \quad \xi_2 \in (c, b),$$

上两式相减并取 $|f''(\xi)|=\max\{|f''(\xi_1)|, |f''(\xi_2)|\}$, 有

$$|f(b)-f(a)|=\frac{1}{2}\left(\frac{b-a}{2}\right)^2[f''(\xi_1)-f''(\xi_2)] \leq \frac{(b-a)^2}{8}[|f''(\xi_1)|+|f''(\xi_2)|] \leq \frac{(b-a)^2}{4}|f''(\xi)|.$$

2. 证明等式

【例 3-6】　$f(x)$ 与 $g(x)$ 在 $[a, b]$ 上连续, 在 (a, b) 内可微, 且 $f(a)=f(b)=0$, 证明存在 $\xi \in (a, b)$, 使 $f'(\xi)+f(\xi)g'(\xi)=0$.

【证】　要证 $f'(\xi)+f(\xi)g'(\xi)=0$, 当然, 若能证出

$$e^{g(\xi)}[f'(\xi)+f(\xi)g'(\xi)]=0$$

即可. 等式的左端正是 $F(x)=f(x)e^{g(x)}$ 在 $x=\xi$ 处的导数.

作辅助函数

$$F(x)=f(x)e^{g(x)}.$$
$$F'(x)=e^{g(x)}[f'(x)+f(x)g'(x)],$$

又　　　　　　　　　　$F(a)=f(a)e^{g(a)}=0, \ F(b)=f(b)e^{g(b)}=0,$

由罗尔定理, 有 $\xi \in (a, b)$, 使 $F'(\xi)=0$, 就是

$$e^{g(\xi)}[f'(\xi)+f(\xi)g'(\xi)]=0.$$

而 $e^{g(\xi)} \neq 0$, 故　　　　　$f'(\xi)+f(\xi)g'(\xi)=0 \quad \xi \in (a, b).$

【例 3-7】　$f(x)$ 在 $[a, b]$ 上连续, 在 (a, b) 内可导 $(0<a<b)$, 证明存在 $\xi \in (a, b)$, 使得

$$f(b)-f(a)=\xi\left(\ln\frac{b}{a}\right)f'(\xi).$$

【证法 1】　对 $f(x)$ 与 $g(x)=\ln x$ 在 $[a, b]$ 上应用柯西中值定理(条件显然满足), 得

$$\frac{f(b)-f(a)}{\ln b-\ln a}=\frac{f'(\xi)}{1/\xi} \quad \xi \in (a, b).$$

整理即得所证结果, 有

$$f(b)-f(a)=\xi\left(\ln\frac{b}{a}\right)f'(\xi).$$

【证法 2】　令 $\varphi(x)=[f(b)-f(a)]\ln x-\left(\ln\frac{a}{b}\right)f(x)$, 容易验证 $\varphi(x)$ 在 $[a, b]$ 上满足罗尔定理诸条件, 故存在 $\xi \in (a, b)$, 使 $\varphi'(\xi)=0$, 即

$$f(b)-f(a)=\xi\left(\ln\frac{b}{a}\right)f'(\xi) \quad (a<\xi<b).$$

【例 3-8】　设 $f(x), g(x)$ 在 $[a, b]$ 上连续, 在 (a, b) 内可微, 对于 $x \in (a, b), \ g'(x) \neq 0$. 试证在 (a, b) 内必有 ξ, 使

$$\frac{f'(\xi)}{g'(\xi)}=\frac{f(\xi)-f(a)}{g(b)-g(\xi)}.$$

【证】 设 $$\varphi(x)=f(x)-\frac{f(x)-f(a)}{g(b)-g(a)}[g(x)-g(a)],$$

则 $\varphi(x)$ 在 $[a,b]$ 上满足罗尔定理的条件，故必有 $\xi\in(a,b)$，使 $\varphi'(\xi)=0$. 即

$$f'(\xi)-\frac{1}{g(b)-g(a)}\{f'(\xi)[g(\xi)-g(a)]+g'(\xi)[f(\xi)-f(a)]\}=0,$$

即 $$\frac{f'(\xi)}{g'(\xi)}=\frac{f(\xi)-f(a)}{g(b)-g(\xi)}.$$

（二）洛必达法则

【例 3-9】 求 $\lim\limits_{x\to 0}\dfrac{1-x^2-e^{-x^2}}{\sin^4 2x}$.

【解】 这是 $\dfrac{0}{0}$ 型的未定式，若直接使用洛必达法则计算会相当麻烦，且很容易出现错误，而如果先作等价无穷小替换，则会简捷得多.

因为 $\sin^4 2x\sim(2x)^4$，故

$$原式=\lim\limits_{x\to 0}\frac{1-x^2-e^{-x^2}}{(2x)^4}=\lim\limits_{x\to 0}\frac{-2x+2xe^{-x^2}}{64x^3}=\lim\limits_{x\to 0}\frac{-1+e^{-x^2}}{32x^2}=\lim\limits_{x\to 0}\frac{-2xe^{-x^2}}{64x}=-\frac{1}{32}.$$

【例 3-10】 求 $\lim\limits_{x\to 1}\left(\dfrac{1}{\ln x}-\dfrac{1}{x-1}\right)$.

【解】 这是 $\infty-\infty$ 型未定式，若使用洛必达法则需化为 $\dfrac{0}{0}$ 型或 $\dfrac{\infty}{\infty}$ 型，为此要先通分.

$$\lim\limits_{x\to 1}\left(\frac{1}{\ln x}-\frac{1}{x-1}\right)=\lim\limits_{x\to 1}\frac{x-1-\ln x}{(x-1)\ln x}=\lim\limits_{x\to 1}\frac{1-\dfrac{1}{x}}{(x-1)/x+\ln x}=\lim\limits_{x\to 1}\frac{x-1}{x-1+x\ln x}=\lim\limits_{x\to 1}\frac{1}{1+1+\ln x}=\frac{1}{2}.$$

【例 3-11】 求 $\lim\limits_{x\to 0}\left(\dfrac{\sin x}{x}\right)^{\frac{1}{x}}$.

【解法 1】 这是 1^∞ 型未定式，需要先取对数.

令 $y=\left(\dfrac{\sin x}{x}\right)^{\frac{1}{x}}$，

$$\ln y=\frac{1}{x}\ln\left(\frac{\sin x}{x}\right),$$

则 $$y=e^{\frac{\ln\frac{\sin x}{x}}{x}}.$$

当 $x\to 0$ 时，$\lim\limits_{x\to 0}\dfrac{\ln\dfrac{\sin x}{x}}{x}$ 呈 $\dfrac{0}{0}$ 型.

$$\lim\limits_{x\to 0}\frac{\ln\dfrac{\sin x}{x}}{x}=\lim\limits_{x\to 0}\frac{x}{\sin x}\cdot\frac{x\cos x-\sin x}{x^2}=\lim\limits_{x\to 0}\frac{\cos x-x\sin x-\cos x}{2x}=0,$$

则原式 $=e^0=1$.

【解法 2】 注意到

$$\lim\limits_{x\to 0}\frac{\sin x-x}{x^2}=\lim\limits_{x\to 0}\frac{\cos x-1}{2x}=\lim\limits_{x\to 0}\frac{-\dfrac{1}{2}x^2}{2x}=0,\quad \lim\limits_{x\to 0}\frac{\sin x-x}{x}=\lim\limits_{x\to 0}\frac{\cos x-1}{1}=0,$$

故
$$\lim_{x \to 0}\left(\frac{\sin x}{x}\right)^{\frac{1}{x}} = \lim_{x \to 0}\left[\left(1+\frac{\sin x - x}{x}\right)^{\frac{x}{\sin x - x}}\right]^{\frac{\sin x - x}{x^2}} = e^0 = 1.$$

【解法3】 利用结论补充公式之 7，有

$$原式 = \exp\lim_{x \to 0}\left(\frac{\sin x}{x}-1\right)\cdot\frac{1}{x} = \exp\lim_{x \to 0}\frac{\sin x - x}{x^2} = \exp\lim_{x \to 0}\frac{\cos x - 1}{2x} = e^0 = 1.$$

【例 3-12】 设 $a>0$，$b>0$，$a \neq 1$，$b \neq 1$，求 $\lim_{n \to \infty}\left(\frac{\sqrt[n]{a}+\sqrt[n]{b}}{2}\right)^n$.

【解法1】 $原式 = \lim_{n \to \infty}\left(1+\frac{a^{\frac{1}{n}}+b^{\frac{1}{n}}-2}{2}\right)^{\frac{2}{a^{\frac{1}{n}}+b^{\frac{1}{n}}-2}\cdot\frac{(a^{\frac{1}{n}}-1)+(b^{\frac{1}{n}}-1)}{2\cdot\frac{1}{n}}} = e^{\frac{1}{2}(\ln a + \ln b)} = \sqrt{ab}.$

【解法2】 因为 $\lim_{x \to +\infty}\left(\frac{a^{\frac{1}{x}}+b^{\frac{1}{x}}}{2}\right)^x = \exp\lim_{x \to +\infty}\dfrac{(a^{\frac{1}{x}}\ln a + b^{\frac{1}{x}}\ln b)\cdot\left(\frac{1}{x}\right)'}{(a^{\frac{1}{x}}+b^{\frac{1}{x}})\left(\frac{1}{x}\right)'} = \exp\dfrac{\ln ab}{2} = \sqrt{ab},$

故
$$\lim_{n \to \infty}\left(\frac{\sqrt[n]{a}+\sqrt[n]{b}}{2}\right)^n = \lim_{x \to +\infty}\left(\frac{a^{\frac{1}{x}}+b^{\frac{1}{x}}}{2}\right)^x = \sqrt{ab}.$$

（三）函数性态

【例 3-13】 设 $f(x)$ 在 $[a, +\infty)$ 中二阶可导，且 $f(a)>0$，$f'(a)<0$，又当 $x>a$ 时，$f''(x)<0$，证明方程 $f(x)=0$ 在 $(a, +\infty)$ 内必有且仅有一个实根.

【证】 唯一性：

由 $f''(x)<0$ 知 $f'(x)$ 在 $[a, +\infty)$ 中单调减少，即当 $x>a$ 时，
$$f'(x)<f'(a)<0,$$
得 $f(x)$ 在 $(a, +\infty)$ 单调减少. 方程 $f(x)=0$ 在 $[a, +\infty)$ 最多只有一个实根.

存在性：

在 $\left[a, a-\dfrac{f(a)}{f'(a)}\right]$ 上用拉格朗日中值定理有

$$f\left(a-\frac{f(a)}{f'(a)}\right)-f(a) = f'\left(a-\theta\frac{f(a)}{f'(a)}\right)\left(-\frac{f(a)}{f'(a)}\right) < -f(a) \quad (0<\theta<1),$$

即
$$f\left(a-\frac{f(a)}{f'(a)}\right) < 0，又 f(a)>0 \quad（已知），$$

由介值定理可知 $f(x)=0$ 在 $\left(a, a-\dfrac{f(a)}{f'(a)}\right)$ 必有实根.

故 $f(x)=0$ 在 $(a, +\infty)$ 内有且仅有一个实根.

【例 3-14】 试证方程 $x^2 = x\sin x + \cos x$ 恰有两个实根.

【证】 令 $f(x) = x^2 - x\sin x - \cos x$，则
$$f'(x) = 2x - x\cos x = x(2-\cos x),$$
令
$$f'(x) = 0,$$
解得
$$x = 0.$$

当 $x<0$ 时，$f'(x)<0$；$x>0$ 时，$f'(x)>0$，即函数分段单调. 又
$$f(-\pi) = f(\pi) = \pi^2 + 1 > 0,\ f(0) = -1 < 0,$$
故必有 $\xi \in (-\pi, 0)$ 和 $\eta \in (0, \pi)$ 使
$$f(\xi) = 0,\ f(\eta) = 0.$$
又由 $f(x)$ 在 $(-\infty, 0)$ 和 $(0, +\infty)$ 分段单调，故只有两个实根.

【例 3-15】 设 $\varphi(x)$ 在 $x=0$ 处二阶连续可导，且 $\varphi(0)=0$，$\varphi'(0)\neq 0$，证明曲线 $y=f(x)=(1-\cos x)\varphi(x)$ 在 $x=0$ 处必出现拐点.

【证】 $f''(x)=(1-\cos x)\varphi''(x)+(2\sin x)\varphi'(x)+\varphi(x)\cos x$.

当 $x=0$ 时，$f''(0)=\varphi(0)=0$，又

$$f'''(0)=\lim_{x\to 0}\frac{f''(x)-f''(0)}{x}=\lim_{x\to 0}\frac{f''(x)}{x}=\lim_{x\to 0}\left[\frac{1-\cos x}{x}\varphi''(x)+2\frac{\sin x}{x}\varphi'(x)+\frac{\varphi(x)}{x}\cos x\right]=3\varphi'(0)\neq 0,$$

故曲线在 $x=0$ 时必出现拐点.

【例 3-16】 求 $y=x^3-6x^2+9x-4$ 的极值.

【解法 1】 $y'=3x^2-12x+9=3(x-1)(x-3)$，令 $y'=0$，得驻点

$$x_1=1,\quad x_2=3.$$

当 $x<1$ 时，$y'>0$；当 $x>1$ 时，$y'<0$；当 $x>3$ 时，$y'>0$；当 $1<x<3$ 时，$y'<0$. 故当 $x=1$ 时，y 取极大值 $y(1)=0$；当 $x=3$ 时，y 取极小值 $y(3)=-4$.

【解法 2】 $y'=3x^2-12x+9=3(x-1)(x-3)$，令 $y'=0$，得驻点

$$x_1=1,\quad x_2=3.$$

又 $\qquad\qquad y''=6x-12,\ y''(1)=-6<0.\ y''(3)=6>0,$

故在 $x=1$ 处，y 取极大值

$$y(1)=0;$$

在 $x=3$ 处，y 取极小值

$$y(3)=-4.$$

【例 3-17】 设在 $[a,b]$ 上 $f''(x)>0$. 证明

$$\varphi(x)=\frac{f(x)-f(a)}{x-a}$$

在 $[a,b]$ 上单调增加.

【证】 $\varphi'(x)=\dfrac{(x-a)f'(x)-[f(x)-f(a)]}{(x-a)^2}=\dfrac{(x-a)f'(x)-f'(\xi)(x-a)}{(x-a)^2}$

$$=\frac{[f'(x)-f'(\xi)](x-a)}{(x-a)^2}\qquad(a<\xi<x).$$

由于 $f''(x)>0$，故 $f'(x)$ 在 $[a,b]$ 上单调增加，因此 $f'(x)>f'(\xi)$，故 $\varphi'(x)\geq 0$，$\varphi(x)$ 在 $[a,b]$ 上单调增加.

【例 3-18】 作函数 $y=\dfrac{x^3}{(x-1)^2}$ 的图形.

【解】 定义域为 $(-\infty,1)\cup(1,+\infty)$，$x=1$ 为间断点.

$$y'=\frac{x^2(x-3)}{(x-1)^3},\quad 驻点\ x_1=0,\ x_2=3.$$

又 $\qquad\qquad y''=\dfrac{6x}{(x-1)^4}$，使 $y''=0$，得 $x=0$.

因为 $\qquad\qquad \lim\limits_{x\to 1^-}y=\lim\limits_{x\to 1}\dfrac{x^3}{(x-1)^2}=+\infty$，

得 $x=1$ 为铅直渐近线. 该函数无水平渐近线. 因为

$$\lim_{x\to\infty}\frac{y(x)}{x}=\lim_{x\to\infty}\frac{x^3}{(x-1)^2x}=1,\ \lim_{x\to\infty}[y(x)-x]=\lim_{x\to\infty}\frac{x^3-x(x-1)^2}{(x-1)^2}=2,$$

所以 $y=x+2$ 是斜渐近线. 函数性态表如下：

函数性态表

x	$(-\infty, 0)$	0	$(0, 1)$	1	$(1, 3)$	3	$(3, +\infty)$
y'	+	0	+		−	0	+
y''	−	0	+		+	9/8	+
y	↗	0	↗		↘	27/4	↗

据表作图如图 3-1 所示.

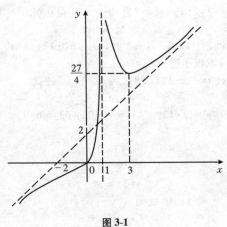

图 3-1

（四）导数应用

【例 3-19】 求单位球的内接正圆锥体，其体积为最大时的高与体积.

【解】 设球心到锥底面垂线长 x，则圆锥体高为 $1+x(0<x<1)$，锥底面半径为 $\sqrt{1-x^2}$，圆锥体体积为

$$V=\frac{\pi}{3}(\sqrt{1-x^2})^2(1+x)=\frac{\pi}{3}(1-x)(1+x)^2 \quad (0<x<1).$$

令 $V'(x)=\dfrac{\pi}{3}(1+x)(1-3x)=0$，得驻点

$$x=\frac{1}{3}(唯一)，V''\left(\frac{1}{3}\right)<0,$$

则

$$V_{\max}=V\left(\frac{1}{3}\right)=\frac{32}{81}\pi,$$

此时高为 $\dfrac{4}{3}$.

【例 3-20】 在曲线 $y=1-x^2(x>0)$ 上求一点 P 的坐标，使曲线在该点处的切线与两坐标轴所围成的三角形面积最小.

【解】 设曲线上点为 $(x, 1-x^2)$，则该点处的切线为

$$Y=1-2xX+x^2,$$

它在两坐标轴上截距分别为

$$1+x^2，\frac{1+x^2}{2x},$$

故三角形面积为

$$S=\frac{(1+x)^2}{4x} \quad (x>0).$$

又
$$S'(x)=\frac{(1+x^2)(3x^2-1)}{4x^2},$$

令 $S'(x)=0$，得 $x=\frac{1}{\sqrt{3}}$，且当 $0<x<\frac{1}{\sqrt{3}}$ 时，$S'(x)<0$；当 $x>\frac{1}{\sqrt{3}}$ 时，$S'(x)>0$. 故 $x=\frac{1}{\sqrt{3}}$ 为 $S(x)$ 的最小值

点. 所求 P 点的坐标为 $P\left(\frac{1}{\sqrt{3}},\frac{2}{3}\right)$.

【例 3-21】 求数列 $\left\{\dfrac{n^2-2n-12}{\sqrt{e^n}}\right\}$ 的最大项.

【解】 令 $f(x)=e^{-\frac{x}{2}}(x^2-2x-12)$ （$1\leqslant x<+\infty$），则
$$f'(x)=-\frac{1}{2}e^{-\frac{x}{2}}(x^2-6x-8),$$

令 $f'(x)=0$，得唯一驻点为
$$x=3+\sqrt{17}.$$

当 $1\leqslant x<3+\sqrt{17}$ 时，$f'(x)>0$；当 $3+\sqrt{17}<x<+\infty$ 时，$f'(x)<0$. 故当 $x=3+\sqrt{17}$ 时，$f(x)$ 取得最大值，而
$$7<3+\sqrt{17}<8,f(7)=\frac{23}{\sqrt{e^7}},f(8)=\frac{36}{\sqrt{e^8}},\frac{f(7)}{f(8)}=\frac{23\sqrt{e}}{36}>\frac{37}{36}>1,$$

故 $n=7$ 时，得数列的最大项，其值是 $f(7)=\dfrac{23}{\sqrt{e^7}}$.

【例 3-22】 曲线 $y=4-x^2$ 与直线 $y=2x+1$ 相交于 A，B 两点，又 C 是曲线弧 $\overset{\frown}{AB}$ 上任一点，求 $\triangle ABC$ 面积的最大值.

【解】 如图 3-2 所示，$\triangle ABC$ 的面积为
$$S(x)=\frac{1}{2}\begin{vmatrix}1&3&1\\x&4-x^2&1\\-3&-5&1\end{vmatrix}=2(-x^2-2x+3).$$

令 $S'(x)=0$，得
$$x=-1,S''(-1)=-4<0,$$

故 $S(-1)=8$ 为最大值.

【例 3-23】 在曲线 $y=x^2-x$ 上求一点 P，使 P 点到定点 $A(0,1)$ 的距离最近.

【解】 设 $P(x,x^2-x)$，则
$$d^2=x^2+(x^2-x-1)^2,$$

令
$$f(x)=x^2+(x^2-x-1)^2,$$

则
$$f'(x)=2(x-1)^2(2x+1).$$

驻点为
$$x=-\frac{1}{2},x=1,$$

进一步判定
$$x=-\frac{1}{2}.$$

即 $P\left(-\frac{1}{2},\frac{3}{4}\right)$ 为所求，最近距离为 $d_{\min}=\dfrac{\sqrt{5}}{4}$.

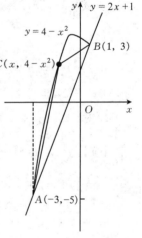

图 3-2

三、习题全解

习题 3-1 微分中值定理

1. 验证罗尔定理对函数 $y=\ln\sin x$ 在区间 $\left[\dfrac{\pi}{6}, \dfrac{5\pi}{6}\right]$ 上的正确性.

【证】 $y=\ln\sin x$ 在 $\left[\dfrac{\pi}{6}, \dfrac{5\pi}{6}\right]$ 上连续, 在 $\left(\dfrac{\pi}{6}, \dfrac{5\pi}{6}\right)$ 内可导, 且

$$y\left(\frac{\pi}{6}\right)=y\left(\frac{5}{6}\pi\right)=-\ln2,$$

则至少有一点 $\xi\in\left(\dfrac{\pi}{6}, \dfrac{5\pi}{6}\right)$, 使得 $y'(\xi)=0$.

由 $y'=\dfrac{\cos x}{\sin x}=\cot x=0$, 得 $x=\dfrac{\pi}{2}$, 而 $\dfrac{\pi}{2}\in\left(\dfrac{\pi}{6}, \dfrac{5\pi}{6}\right)$, 故取 $\xi=\dfrac{\pi}{2}$, 使 $y'(\xi)=\cot\xi=0$.

2. 验证拉格朗日中值定理对函数 $y=4x^3-5x^2+x-2$ 在区间 $[0, 1]$ 上的正确性.

【证】 $y=4x^3-5x^2+x-2$ 在 $[0, 1]$ 上连续, 在 $(0, 1)$ 内可导, 由拉格朗日中值定理, 至少存在一点 $\xi\in(0, 1)$, 使得

$$y'(\xi)=\frac{y(1)-y(0)}{1-0}=0.$$

由 $y'(x)=12x^2-10x+1=0$, 得 $x=\dfrac{5\pm\sqrt{13}}{12}$. 取 $\xi=\dfrac{5\pm\sqrt{13}}{12}\in(0, 1)$, 使 $y'(\xi)=0$, 从而验证了拉格朗日中值定理的正确性.

3. 对函数 $f(x)=\sin x$ 及 $F(x)=x+\cos x$ 在区间 $\left[0, \dfrac{\pi}{2}\right]$ 上验证柯西中值定理的正确性.

【证】 $f(x)$, $F(x)$ 在 $\left[0, \dfrac{\pi}{2}\right]$ 上连续, 在 $\left(0, \dfrac{\pi}{2}\right)$ 内可导, 且 $F'(x)=1-\sin x$ 在 $\left(0, \dfrac{\pi}{2}\right)$ 内不为 0. 由柯西中值定理, 存在一点 $\xi\in\left(0, \dfrac{\pi}{2}\right)$, 使

$$\frac{f'(\xi)}{F'(\xi)}=\frac{f\left(\dfrac{\pi}{2}\right)-f(0)}{F\left(\dfrac{\pi}{2}\right)-F(0)}=\frac{\sin\dfrac{\pi}{2}-\sin0}{\left(\dfrac{\pi}{2}+0\right)-(0+1)}=\frac{2}{\pi-2}.$$

由

$$\frac{f'(x)}{F'(x)}=\frac{\cos x}{1-\sin x}=\frac{2}{\pi-2},$$

则

$$\frac{\cos^2\dfrac{x}{2}-\sin^2\dfrac{x}{2}}{\left(\cos\dfrac{x}{2}-\sin\dfrac{x}{2}\right)^2}=\frac{2}{\pi-2}, \quad \frac{1+\tan\dfrac{x}{2}}{1-\tan\dfrac{x}{2}}=\frac{2}{\pi-2}, \quad \tan\frac{x}{2}=\frac{4-\pi}{\pi},$$

所以

$$x=2n\pi+2\arctan\frac{4-\pi}{\pi}.$$

取 $n=0$, 得 $\xi=2\arctan\dfrac{4-\pi}{\pi}$, 而 $0<\dfrac{4-\pi}{\pi}<1$, 故 $0<\xi<\dfrac{\pi}{2}$, 使得 $\dfrac{f'(\xi)}{F'(\xi)}=\dfrac{2}{\pi-2}$. 从而验证了柯西中值定理的正确性.

4. 试证明对函数 $y=px^2+qx+r$ 应用拉格朗日中值定理时所求得的点 ξ 总是位于区间的正中间.

【证】　设区间为 $[a, b]$，显然，$f(x)$ 在 $[a, b]$ 上连续，在 (a, b) 内可导，满足拉格朗日中值定理，则 $\exists \xi \in (a, b)$，使得

$$f'(\xi)=\frac{f(b)-f(a)}{b-a},$$

而 $y'=2px+q$，则

$$2p\xi+q=\frac{pb^2+qb+r-(pa^2+qa+r)}{b-a}, \quad 2p\xi+q=p(b+a)+q,$$

有

$$\xi=\frac{a+b}{2}.$$

得证.

5. 不用求出函数 $f(x)=(x-1)(x-2)(x-3)(x-4)$ 的导数，说明方程 $f'(x)=0$ 有几个实根，并指出它们所在的区间.

【解】　$f(x)$ 在 $[1, 2]$ 上连续，在 $(1, 2)$ 内可导，且 $f(1)=f(2)=0$，由罗尔定理可知

$$\exists \xi_1 \in (1, 2)，使 f'(\xi_1)=0.$$

同理，$\exists \xi_2 \in (2, 3)$，使 $f'(\xi_2)=0$；

$$\exists \xi_3 \in (3, 4)，使 f'(\xi_3)=0.$$

显然，ξ_1, ξ_2, ξ_3 都是方程 $f'(x)=0$ 的根.

由于方程 $f'(x)=0$ 为三次方程，它只能有三个根，故 ξ_1, ξ_2, ξ_3 是方程 $f'(x)=0$ 的全部根.

6. 证明恒等式：$\arcsin x+\arccos x=\dfrac{\pi}{2}$　$(-1 \leqslant x \leqslant 1)$.

【证】　当 $x=\pm 1$ 时，$\arcsin x+\arccos x=\dfrac{\pi}{2}$. 当 $x \in (-1, 1)$ 时，令 $f(x)=\arcsin x+\arccos x$. 于是

$$f'(x)=\frac{1}{\sqrt{1-x^2}}-\frac{1}{\sqrt{1-x^2}}=0,$$

故

$$f(x)=C \quad (x \in (-1, 1)).$$

取 $x=0$，得 $C=f(0)=\arcsin 0+\arccos 0=\dfrac{\pi}{2}$，所以

$$\arcsin x+\arccos x=\frac{\pi}{2} \quad (x \in (-1, 1)),$$

总之

$$\arcsin x+\arccos x=\frac{\pi}{2} \quad (x \in [-1, 1]).$$

7. 若方程 $a_0 x^n+a_1 x^{n-1}+\cdots+a_{n-1}x=0$ 有一个正根 $x=x_0$，证明方程 $a_0 n x^{n-1}+a_1(n-1)x^{n-2}+\cdots+a_{n-1}=0$ 必有一个小于 x_0 的正根.

【证】　设

$$F(x)=a_0 x^n+a_1 x^{n-1}+\cdots+a_{n-1}x,$$

则

$$F(0)=0, \quad F(x_0)=0,$$

$F(x)$ 在 $[0, x_0]$ 上连续，在 $(0, x_0)$ 内可导. 由罗尔定理，$\exists \xi \in (0, x_0)$，使得 $F'(\xi)=0$，即

$$na_0 \xi^{n-1}+(n-1)a_1 \xi^{n-2}+\cdots+a_{n-1}=0,$$

ξ 就是方程

$$na_0 x^{n-1}+(n-1)a_1 x^{n-2}+\cdots+a_{n-1}=0$$

的一个小于 x_0 的正根.

8. 若函数 $f(x)$ 在 (a, b) 内具有二阶导数，且 $f(x_1)=f(x_2)=f(x_3)$，其中 $a<x_1<x_2<x_3<b$，证明：在 (x_1, x_3) 内至少有一点 ξ，使得 $f''(\xi)=0$.

【证】　因为 $f(x)$ 在 $[x_1, x_2]$ 上连续，在 (x_1, x_2) 内可导，且 $f(x_1)=f(x_2)$，所以由罗尔定理，

$\exists \xi_1 \in (x_1, x_2)$，使得$f'(\xi_1)=0$. 同理，$\exists \xi_2 \in (x_2, x_3)$，使得$f'(\xi_2)=0$.

又函数$f'(x)$在$[\xi_1, \xi_2]$上连续，在(ξ_1, ξ_2)内可导，且$f'(\xi_1)=f'(\xi_2)=0$，再由罗尔定理，$\exists \xi \in (\xi_1, \xi_2) \subset (x_1, x_3)$，使得$f''(\xi)=0$.

9. 设$a>b>0$，$n>1$，证明：

$$nb^{n-1}(a-b)<a^n-b^n<na^{n-1}(a-b).$$

【证】　设$f(x)=x^n$，$x \in [b, a]$. 由拉格朗日中值定理有

$$f(a)-f(b)=f'(\xi)(a-b) \quad (\xi \in (b, a)),$$

即

$$a^n-b^n=n\xi^{n-1}(a-b).$$

因为$b<\xi<a$，则有

$$nb^{n-1}(a-b)<n\xi^{n-1}(a-b)<na^{n-1}(a-b),$$

所以

$$nb^{n-1}(a-b)<a^n-b^n<na^{n-1}(a-b).$$

10. 设$a>b>0$，证明：

$$\frac{a-b}{a}<\ln \frac{a}{b}<\frac{a-b}{b}.$$

【证】　设$f(x)=\ln x$，

$$f(a)-f(b)=f'(\xi)(a-b) \quad (\xi \in (b, a)),$$

即

$$\ln a-\ln b=\frac{1}{\xi}(a-b).$$

因为$b<\xi<a$，则有

$$\frac{a-b}{a}<\frac{1}{\xi}(a-b)<\frac{a-b}{b},$$

所以

$$\frac{a-b}{a}<\ln \frac{a}{b}<\frac{a-b}{b}.$$

11. 证明下列不等式：

(1)　$|\arctan a-\arctan b| \leqslant |a-b|$.

【证】　设$f(x)=\arctan x$，$x \in [a, b]$.

$f(x)$在$[a, b]$上连续，在(a, b)内可导，由拉格朗日中值定理得

$$f(b)-f(a)=f'(\xi)(b-a) \quad (\xi \in (a, b)),$$

即

$$\arctan b-\arctan a=\frac{1}{1+\xi^2}(b-a),$$

所以

$$|\arctan b-\arctan a|=\frac{1}{1+\xi^2}|b-a| \leqslant |b-a|.$$

(2)　当$x>1$时，$e^x>e \cdot x$.

【证】　设$f(x)=e^x$.

由于$f(x)$在区间$[1, x]$上连续，在$(1, x)$内可导，由拉格朗日中值定理得

$$f(x)-f(1)=f'(\xi)(x-1) \quad (\xi \in (1, x)),$$

从而

$$e^x-e=e^\xi(x-1)>e(x-1),$$

所以

$$e^x>ex.$$

12. 证明方程$x^5+x-1=0$只有一个正根.

【证】　设$f(x)=x^5+x-1$，

$$f(0)=-1<0, \quad f(1)=1>0.$$

由介值定理可知，至少存在一点$\xi \in (0, 1)$，使得$f(\xi)=0$.

显然，ξ为方程$x^5+x-1=0$的一个正根.

假设方程还有一个正根$\xi^*>\xi$，则有

$$f(\xi^*)=f(\xi)=0.$$

由罗尔中值定理，$\exists \eta \in (\xi, \xi^*)$，使得

$$f'(\eta)=0,$$

即

$$4\eta^4+1=0,$$

矛盾. 故原方程只有一个正根.

*13. 设 $f(x)$, $g(x)$ 在 $[a, b]$ 上连续，在 (a, b) 内可导，证明在 (a, b) 内有一点 ξ，使

$$\begin{vmatrix} f(a) & f(b) \\ g(a) & g(b) \end{vmatrix} = (b-a) \cdot \begin{vmatrix} f(a) & f'(\xi) \\ g(a) & g'(\xi) \end{vmatrix}.$$

【证】　设

$$\varphi(x) = \begin{vmatrix} f(a) & f(x) \\ g(a) & g(x) \end{vmatrix},$$

即令

$$\varphi(x) = f(a)g(x) - g(a)f(x).$$

在区间 $[a, b]$ 上 $\varphi(x)$ 连续，在 (a, b) 内可导，则

$$\varphi(b) - \varphi(a) = \varphi'(\xi)(b-a) \quad (\xi \in (a, b)),$$

即

$$\begin{vmatrix} f(a) & f(b) \\ g(a) & g(b) \end{vmatrix} = \begin{vmatrix} f(a) & f'(\xi) \\ g(a) & g'(\xi) \end{vmatrix}(b-a).$$

14. 证明：若函数 $f(x)$ 在 $(-\infty, +\infty)$ 内满足关系式 $f'(x) = f(x)$，且 $f(0) = 1$，则 $f(x) = e^x$.

【证】　设 $\varphi(x) = \dfrac{f(x)}{e^x}$，$x \in (-\infty, +\infty)$，则 $\varphi'(x) = \dfrac{f'(x)e^x - f(x)e^x}{e^{2x}} = \dfrac{f'(x) - f(x)}{e^x} = 0$，故

$$\varphi(x) = \frac{f(x)}{e^x} = C.$$

$\varphi(0) = \dfrac{f(0)}{e^0} = 1$，所以 $C = 1$，则有

$$f(x) = e^x.$$

*15. 设函数 $y = f(x)$ 在 $x = 0$ 的某邻域内具有 n 阶导数，且 $f(0) = f'(0) = \cdots = f^{(n-1)}(0) = 0$，试用柯西中值定理证明：

$$\frac{f(x)}{x^n} = \frac{f^{(n)}(\theta x)}{n!} \quad (0 < \theta < 1).$$

【证】　由柯西中值定理

$$\frac{f(x)}{x^n} = \frac{f(x) - f(0)}{x^n - 0} = \frac{f'(\xi_1)}{n\xi_1^{n-1}} \quad (\xi_1 \text{ 在 } 0 \text{ 与 } x \text{ 之间}),$$

$$\frac{f'(\xi_1)}{n\xi_1^{n-1}} = \frac{f'(\xi_1) - f'(0)}{n\xi_1^{n-1} - 0} = \frac{f''(\xi_2)}{n(n-1)\xi_2^{n-2}} \quad (\xi_2 \text{ 在 } 0 \text{ 与 } \xi_1 \text{ 之间}),$$

$$\cdots\cdots\cdots\cdots$$

$$\frac{f^{(n-1)}(\xi_{n-1})}{n \cdot (n-1) \cdots 2\xi_{n-1}} = \frac{f^{(n-1)}(\xi_{n-1}) - f^{(n-1)}(0)}{n \cdot (n-1) \cdots 2\xi_{n-1} - 0} = \frac{f^{(n)}(\xi_n)}{n!} \quad (\xi_n \text{ 在 } 0 \text{ 与 } \xi_{n-1} \text{ 之间}),$$

所以

$$\frac{f(x)}{x^n} = \frac{f^{(n)}(\xi_n)}{n!}.$$

令 $\xi_n = \theta x (0 < \theta < 1)$，则

$$\frac{f(x)}{x^n} = \frac{f^{(n)}(\theta x)}{n!}.$$

习题 3-2　洛必达法则

1. 用洛必达法则求下列极限：

(1) $\lim\limits_{x \to 0} \dfrac{\ln(1+x)}{x}$.

【解】 $\lim\limits_{x\to 0}\dfrac{\ln(1+x)}{x}=\lim\limits_{x\to 0}\dfrac{1}{1+x}=1.$

(2) $\lim\limits_{x\to 0}\dfrac{e^x-e^{-x}}{\sin x}.$

【解】 $\lim\limits_{x\to 0}\dfrac{e^x-e^{-x}}{\sin x}=\lim\limits_{x\to 0}\dfrac{e^x+e^{-x}}{\cos x}=2.$

(3) $\lim\limits_{x\to 0}\dfrac{\tan x-x}{x-\sin x}.$

【解】 原式 $=\lim\limits_{x\to 0}\dfrac{\sec^2x-1}{1-\cos x}=\lim\limits_{x\to 0}\dfrac{\tan^2x}{\frac{1}{2}x^2}=2.$

(4) $\lim\limits_{x\to \pi}\dfrac{\sin 3x}{\tan 5x}.$

【解】 $\lim\limits_{x\to \pi}\dfrac{\sin 3x}{\tan 5x}=\lim\limits_{x\to \pi}\dfrac{3\cos 3x}{5\sec^2 5x}=-\dfrac{3}{5}.$

(5) $\lim\limits_{x\to \frac{\pi}{2}}\dfrac{\ln\sin x}{(\pi-2x)^2}.$

【解】 $\lim\limits_{x\to \frac{\pi}{2}}\dfrac{\ln\sin x}{(\pi-2x)^2}=\lim\limits_{x\to \frac{\pi}{2}}\dfrac{\frac{1}{\sin x}\cdot\cos x}{2(\pi-2x)\cdot(-2)}=\lim\limits_{x\to \frac{\pi}{2}}\dfrac{\cos x}{\pi-2x}\cdot\dfrac{1}{-4\sin x}=-\dfrac{1}{4}\lim\limits_{x\to \frac{\pi}{2}}\dfrac{-\sin x}{-2}=-\dfrac{1}{8}.$

(6) $\lim\limits_{x\to a}\dfrac{x^m-a^m}{x^n-a^n}\quad(a\neq 0).$

【解】 $\lim\limits_{x\to a}\dfrac{x^m-a^m}{x^n-a^n}=\lim\limits_{x\to a}\dfrac{mx^{m-1}}{nx^{n-1}}=\dfrac{m}{n}a^{m-n}.$

(7) $\lim\limits_{x\to 0^+}\dfrac{\ln\tan 7x}{\ln\tan 2x}.$

【解】 $\lim\limits_{x\to 0^+}\dfrac{\ln\tan 7x}{\ln\tan 2x}=\lim\limits_{x\to 0^+}\dfrac{\frac{1}{\tan 7x}\cdot\sec^2 7x\cdot 7}{\frac{1}{\tan 2x}\cdot\sec^2 2x\cdot 2}=\lim\limits_{x\to 0^+}\dfrac{7\sin 4x}{2\sin 14x}=\lim\limits_{x\to 0}\dfrac{7\cdot 4\cos 4x}{2\cdot 14\cos 14x}=1.$

(8) $\lim\limits_{x\to \frac{\pi}{2}}\dfrac{\tan x}{\tan 3x}.$

【解】 $\lim\limits_{x\to \frac{\pi}{2}}\dfrac{\tan x}{\tan 3x}=\lim\limits_{x\to \frac{\pi}{2}}\dfrac{\sec^2 x}{3\sec^2 3x}=\lim\limits_{x\to \frac{\pi}{2}}\dfrac{\cos^2 3x}{3\cos^2 x}=\lim\limits_{x\to \frac{\pi}{2}}\dfrac{-2\cos 3x\sin 3x\cdot 3}{-3\cdot 2\cos x\sin x}$

$=\lim\limits_{x\to \frac{\pi}{2}}\dfrac{\sin 6x}{\sin 2x}=\lim\limits_{x\to \frac{\pi}{2}}\dfrac{6\cos 6x}{2\cos 2x}=3\cdot\dfrac{\cos 3\pi}{\cos \pi}=3.$

(9) $\lim\limits_{x\to +\infty}\dfrac{\ln\left(1+\dfrac{1}{x}\right)}{\text{arccot}x}.$

【解】 $\lim\limits_{x\to +\infty}\dfrac{\ln\left(1+\dfrac{1}{x}\right)}{\text{arccot}x}=\lim\limits_{x\to +\infty}\dfrac{\dfrac{1}{x}}{\text{arccot}x}=\lim\limits_{x\to +\infty}\dfrac{-\dfrac{1}{x^2}}{-\dfrac{1}{1+x^2}}=\lim\limits_{x\to +\infty}\dfrac{1+x^2}{x^2}=1.$

(10) $\lim\limits_{x\to 0}\dfrac{\ln(1+x^2)}{\sec x-\cos x}.$

【解】　$\lim\limits_{x\to0}\dfrac{\ln(1+x^2)}{\sec x-\cos x}=\lim\limits_{x\to0}\dfrac{x^2}{\sec x-\cos x}=\lim\limits_{x\to0}\dfrac{2x}{\sec\tan x+\sin x}=\lim\limits_{x\to0}\dfrac{2x}{\sin x\left(\dfrac{1}{\cos^2x}+1\right)}=\lim\limits_{x\to0}\dfrac{x}{\sin x}\cdot\dfrac{2\cos^2x}{1+\cos^2x}=1.$

注：若不使用洛必达法则，直接有

$$原式=\lim\limits_{x\to0}\dfrac{x^2}{1-\cos^2x}=\lim\limits_{x\to0}\dfrac{x^2}{\sin^2x}=1.$$

（11）$\lim\limits_{x\to0}x\cot2x.$

【解】　$\lim\limits_{x\to0}x\cot2x=\lim\limits_{x\to0}\dfrac{x}{\tan2x}=\lim\limits_{x\to0}\dfrac{1}{2\sec^22x}=\dfrac{1}{2}.$

（12）$\lim\limits_{x\to0}x^2\mathrm{e}^{\frac{1}{x^2}}.$

【解】　$\lim\limits_{x\to0}x^2\mathrm{e}^{\frac{1}{x^2}}=\lim\limits_{x\to0}\dfrac{\mathrm{e}^{\frac{1}{x^2}}}{\dfrac{1}{x^2}}\xlongequal{t=\frac{1}{x}}\lim\limits_{t\to\infty}\dfrac{\mathrm{e}^{t^2}}{t^2}=\lim\limits_{t\to\infty}\dfrac{2t\cdot\mathrm{e}^{t^2}}{2t}=\lim\limits_{t\to\infty}\mathrm{e}^{t^2}=\infty.$

（13）$\lim\limits_{x\to1}\left(\dfrac{2}{x^2-1}-\dfrac{1}{x-1}\right).$

【解】　$\lim\limits_{x\to1}\left(\dfrac{2}{x^2-1}-\dfrac{1}{x-1}\right)=\lim\limits_{x\to1}\dfrac{1-x}{x^2-1}=\lim\limits_{x\to1}\dfrac{-1}{2x}=-\dfrac{1}{2}.$

（14）$\lim\limits_{x\to\infty}\left(1+\dfrac{a}{x}\right)^x.$

【解】　令 $y=\left(1+\dfrac{a}{x}\right)^x$，取对数，得

$$\ln y=x\ln\left(1+\dfrac{a}{x}\right),$$

$$\lim\limits_{x\to\infty}\ln y=\lim\limits_{x\to\infty}x\ln\left(1+\dfrac{a}{x}\right)\xlongequal{t=\frac{1}{x}}\lim\limits_{t\to0}\dfrac{\ln(1+at)}{t}=\lim\limits_{t\to0}\dfrac{a}{1+at}=a,$$

所以 $\lim\limits_{x\to\infty}\left(1+\dfrac{a}{x}\right)^x=\mathrm{e}^a.$

（15）$\lim\limits_{x\to0^+}x^{\sin x}.$

【解】　设 $y=x^{\sin x}$，取对数，得

$$\ln y=\sin x\cdot\ln x,$$

$$\lim\limits_{x\to0^+}\sin x\ln x=\lim\limits_{x\to0^+}\dfrac{\ln x}{\csc x}=\lim\limits_{x\to0^+}\dfrac{\dfrac{1}{x}}{-\csc x\cot x}=\lim\limits_{x\to0^+}-\dfrac{\sin^2x}{x\cos x}=0,$$

所以 $\lim\limits_{x\to0^+}x^{\sin x}=\mathrm{e}^0=1.$

（16）$\lim\limits_{x\to0^+}\left(\dfrac{1}{x}\right)^{\tan x}.$

【解】　设 $y=\left(\dfrac{1}{x}\right)^{\tan x}$，取对数，得

$$\ln y=\tan x\cdot\ln\dfrac{1}{x},$$

$$\lim\limits_{x\to0^+}\ln y=\lim\limits_{x\to0^+}\tan x\cdot\ln\dfrac{1}{x}=\lim\limits_{x\to0^+}\dfrac{-\ln x}{\cot x}=\lim\limits_{x\to0^+}\left(-\dfrac{\dfrac{1}{x}}{-\csc^2x}\right)=\lim\limits_{x\to0^+}\dfrac{\sin^2x}{x}=0,$$

所以 $\lim\limits_{x\to 0^+}\left(\dfrac{1}{x}\right)^{\tan x}=\mathrm{e}^0=1.$

2. 验证极限 $\lim\limits_{x\to\infty}\dfrac{x+\sin x}{x}$ 存在, 但不能用洛必达法则得出.

【证】 $\lim\limits_{x\to\infty}\dfrac{x+\sin x}{x}=\lim\limits_{x\to\infty}\left(1+\dfrac{1}{x}\sin x\right)=1.$

但 $\lim\limits_{x\to\infty}\dfrac{x+\sin x}{x}=\lim\limits_{x\to\infty}(1+\cos x)$ 不存在. 故不能使用洛必达法则.

3. 验证极限 $\lim\limits_{x\to 0}\dfrac{x^2\sin\dfrac{1}{x}}{\sin x}$ 存在, 但不能用洛必达法则得出.

【证】 $\lim\limits_{x\to 0}\dfrac{x^2\sin\dfrac{1}{x}}{\sin x}=\lim\limits_{x\to 0}\dfrac{x}{\sin x}\cdot x\sin\dfrac{1}{x}=0.$

用洛必达法则, 有

$$\lim\limits_{x\to 0}\dfrac{x^2\sin\dfrac{1}{x}}{\sin x}=\lim\limits_{x\to 0}\dfrac{2x\sin\dfrac{1}{x}-\cos\dfrac{1}{x}}{\cos x},$$

因为 $\lim\limits_{x\to 0}\cos\dfrac{1}{x}$ 不存在, $\lim\limits_{x\to 0}\cos x=1$, $\lim\limits_{x\to 0}2x\sin\dfrac{1}{x}=0$, 所以

$$\lim\limits_{x\to 0}\dfrac{2x\sin\dfrac{1}{x}-\cos\dfrac{1}{x}}{\cos x}$$

不存在. 故不能使用洛必达法则.

*4. 讨论函数

$$f(x)=\begin{cases}\left[\dfrac{(1+x)^{\frac{1}{x}}}{\mathrm{e}}\right]^{\frac{1}{x}}, & x>0,\\[3mm] \mathrm{e}^{-\frac{1}{2}}, & x\leqslant 0\end{cases}$$

在点 $x=0$ 处的连续性.

【解】 $f(0)=\mathrm{e}^{-\frac{1}{2}},$ $\lim\limits_{x\to 0^-}f(x)=\lim\limits_{x\to 0^-}\mathrm{e}^{-\frac{1}{2}}=\mathrm{e}^{-\frac{1}{2}}.$

当 $x>0$ 时,

$$\ln f(x)=\dfrac{1}{x}\left[\dfrac{1}{x}\ln(1+x)-\ln\mathrm{e}\right]=\dfrac{\ln(1+x)-x}{x^2},$$

$$\lim\limits_{x\to 0^+}\ln f(x)=\lim\limits_{x\to 0^+}\dfrac{\ln(1+x)-x}{x^2}=\lim\limits_{x\to 0^+}\dfrac{\dfrac{1}{1+x}-1}{2x}=\lim\limits_{x\to 0^+}\dfrac{-x}{2x(1+x)}=\lim\limits_{x\to 0^+}\left[-\dfrac{1}{2(1+x)}\right]=-\dfrac{1}{2},$$

则

$$\lim\limits_{x\to 0^+}f(x)=\mathrm{e}^{-\frac{1}{2}}.$$

故 $f(x)$ 在 $x=0$ 处连续.

习题 3-3 泰勒公式

1. 按 $(x-4)$ 的幂展开多项式 $f(x)=x^4-5x^3+x^2-3x+4.$

【解】 $f'(x)=4x^3-15x^2+2x-3,$ $f''(x)=12x^2-30x+2,$ $f'''(x)=24x-30,$ $f^{(4)}(x)=24,$ $f^{(5)}(x)=$

$0, f(4) = -56, f'(4) = 21, f''(4) = 74, f'''(4) = 66, f^{(4)}(4) = 24.$

所以按$(x-4)$的幂展开的多项式为

$$x^4 - 5x^3 + x^2 - 3x + 4 = f(4) + f'(4)(x-4) + \frac{f''(4)}{2!}(x-4)^2 + \frac{f'''(4)}{3!}(x-4)^3 + \frac{f^{(4)}(4)}{4!}(x-4)^4$$

$$= -56 + 21(x-4) + 37(x-4)^2 + 11(x-4)^3 + (x-4)^4.$$

2. 应用麦克劳林公式，按x的幂展开函数$f(x) = (x^2 - 3x + 1)^3$.

【解】　$f(x)$是x的6次多项式，则当$n \geq 7$时，$f^{(n)}(x) = 0$. 由麦克劳林公式

$$f(x) = f(0) + f'(0)x + \frac{f''(0)}{2!}x^2 + \frac{f'''(0)}{3!}x^3 + \frac{f^{(4)}(0)}{4!}x^4 + \frac{f^{(5)}(0)}{5!}x^5 + \frac{f^{(6)}(0)}{6!}x^6,$$

$$f(0) = 1, f'(0) = -9, f''(0) = 60, f'''(0) = -270,$$

$$f^{(4)}(0) = 720, f^{(5)}(0) = -1\,080, f^{(6)}(0) = 720,$$

故　　　　　　$$f(x) = 1 - 9x + 30x^2 - 45x^3 + 30x^4 - 9x^5 + x^6.$$

3. 求函数$f(x) = \sqrt{x}$按$(x-4)$的幂展开的带有拉格朗日型余项的3阶泰勒公式.

【解】　$f(4) = \sqrt{4} = 2, f'(4) = \frac{1}{2}x^{\frac{1}{2}}\Big|_{x=4} = \frac{1}{4}, f''(4) = -\frac{1}{4}x^{\frac{3}{2}}\Big|_{x=4} = -\frac{1}{32},$

$$f'''(4) = \frac{3}{8}x^{\frac{5}{2}}\Big|_{x=4} = \frac{3}{256}, f^{(4)}(x) = -\frac{15}{16}x^{\frac{7}{2}},$$

$$\sqrt{x} = f(4) + f'(4)(x-4) + \frac{f''(4)}{2!}(x-4)^2 + \frac{f'''(4)}{3!}(x-4)^3 + \frac{f^{(4)}(\xi)}{4!}(x-4)^4$$

$$= 2 + \frac{1}{4}(x-4) - \frac{1}{64}(x-4)^2 + \frac{1}{512}(x-4)^3 - \frac{15(x-4)^4}{4! \cdot 16 \cdot \xi^{7/2}} \quad (\xi \text{ 在 4 与 } x \text{ 之间}).$$

4. 求函数$f(x) = \ln x$按$(x-2)$的幂展开的带有佩亚诺型余项的n阶泰勒公式.

【解】　$f^{(n)}(x) = \frac{(-1)^{n-1}(n-1)!}{x^n}, f^{(n)}(2) = \frac{(-1)^{n-1}(n-1)!}{2^n},$

$$\ln x = \ln 2 + \frac{1}{2}(x-2) - \frac{1}{8}(x-2)^2 + \frac{1}{3 \cdot 2^3}(x-2)^3 + \cdots + (-1)^{n-1}\frac{1}{n2^n}(x-2)^n + o[(x-2)^n].$$

5. 求函数$f(x) = \frac{1}{x}$按$(x+1)$的幂展开的带有拉格朗日型余项的n阶泰勒公式.

【解】　$f^{(n)}(x) = \frac{(-1)^n \cdot n!}{x^{n+1}},$

$$f^{(n)}(-1) = \frac{(-1)^n n!}{(-1)^{n+1}} = -n!,$$

$$\frac{1}{x} = -1 - (x+1) - (x+1)^2 - \cdots - (x+1)^n + (-1)^{n+1}\frac{1}{\xi^{n+2}}(x+1)^{n+1} \quad (\xi \text{ 在 } -1 \text{ 与 } x \text{ 之间})$$

6. 求函数$f(x) = \tan x$的带有拉格朗日型余项的3阶麦克劳林公式.

【解】　$f'(x) = \sec^2 x, f''(x) = 2\sec^2 x \cdot \tan x, f'''(x) = 4\sec^2 x \tan^2 x + 2\sec^4 x,$

$$f^{(4)}(x) = 8\sec^2 x \tan x(\tan^2 x + 2\sec^2 x), f'(0) = 1, f''(0) = 0, f'''(0) = 2,$$

$$\tan x = f(0) + f'(0)x + \frac{1}{2!}f''(0)x^2 + \frac{1}{3!}f'''(0)x^3 + \frac{1}{4!}f^{(4)}(\theta x) \cdot x^4$$

$$= x + \frac{1}{3}x^2 + \frac{1}{3}\sec^2(\theta x)\tan(\theta x)[\tan^2(\theta x) + 2\sec^2(\theta x)]x^4 \quad (0 < \theta < 1).$$

7. 求函数$f(x) = xe^x$的带有佩亚诺型余项的n阶麦克劳林公式.

【解】　$f'(x) = e^x + xe^x = (x+1)e^x,$

$$f''(x) = e^x + (x+1)e^x = (x+2)e^x,$$

……………

$$f^{(n)}(x)=(x+n)\mathrm{e}^x,$$
$$f^{(n)}(0)=n\mathrm{e}^0=n.$$

$$x\mathrm{e}^x=f(0)+f'(0)x+\frac{1}{2!}f''(0)x^2+\cdots+\frac{1}{n!}f^{(n)}(0)x^n+o(x^n)=x+x^2+\frac{1}{2!}x^3+\cdots+\frac{1}{(n-1)!}x^n+o(x^n).$$

8. 验证当 $0<x\leqslant\frac{1}{2}$ 时，按公式 $\mathrm{e}^x\approx1+x+\frac{x^2}{2}+\frac{x^3}{6}$ 计算 e^x 的近似值时，所产生的误差小于 0.01，并求 $\sqrt{\mathrm{e}}$ 的近似值，使误差小于 0.01.

【解】 $f(x)=\mathrm{e}^x$ 的 3 阶麦克劳林公式为

$$f(x)=\mathrm{e}^x=1+x+\frac{1}{2!}x^2+\frac{1}{3!}x^3+\frac{1}{4!}\cdot\mathrm{e}^\xi x^4 \quad (\xi \text{ 在 } 0 \text{ 与 } x \text{ 之间}).$$

误差 $R=\frac{1}{4!}\mathrm{e}^\xi x^4$. 已知 $0<x\leqslant\frac{1}{2}$，从而 $0<\xi<\frac{1}{2}$.

误差 $R\leqslant\frac{1}{4!}\mathrm{e}^{\frac{1}{2}}\cdot\left(\frac{1}{2}\right)^4<\frac{1}{4!}3^{\frac{1}{2}}\cdot\left(\frac{1}{2}\right)^4<0.01.$

$$\sqrt{\mathrm{e}}=\mathrm{e}^{\frac{1}{2}}\approx1+\frac{1}{2}+\frac{1}{2}\left(\frac{1}{2}\right)^2+\frac{1}{6}\left(\frac{1}{2}\right)^3\approx1.645.$$

9. 应用 3 阶泰勒公式求下列各数的近似值，并估计误差：

（1） $\sqrt[3]{30}$.

【解】 $\sqrt[3]{30}=\sqrt[3]{27+3}=\sqrt[3]{27\left(1+\frac{1}{9}\right)}=3\sqrt[3]{1+\frac{1}{9}}.$

设 $f(x)=\sqrt[3]{1+x}$，3 阶泰勒公式为

$$f(x)=f(x_0)+f'(x_0)(x-x_0)+\frac{1}{2!}f''(x_0)(x-x_0)^2+\frac{1}{3!}f'''(x_0)(x-x_0)^3+\frac{1}{4!}f^{(4)}(\xi)(x-x_0)^4.$$

取 $x_0=0$，则

$$\sqrt[3]{1+x}=1+\frac{1}{3}x+\frac{1}{3}\cdot\left(-\frac{2}{3}\right)\cdot\frac{x^2}{2!}+\frac{1}{3}\cdot\left(-\frac{2}{3}\right)\cdot\left(-\frac{5}{3}\right)\frac{x^3}{3!}+$$
$$\frac{1}{3}\cdot\left(-\frac{2}{3}\right)\cdot\left(-\frac{5}{3}\right)\cdot\left(-\frac{8}{3}\right)\frac{x^4}{4!}(1+\xi)^{-\frac{11}{3}}$$
$$=1+\frac{1}{3}x-\frac{1}{9}x^2+\frac{5}{81}x^3-\frac{10}{243}(1+\xi)^{-\frac{11}{3}}\cdot x^4,$$

$$\sqrt[3]{30}=3\left(1+\frac{1}{9}\right)^{\frac{1}{3}}\approx1+\frac{1}{3}\cdot\frac{1}{9}-\frac{1}{9}\cdot\left(\frac{1}{9}\right)^2+\frac{5}{81}\cdot\left(\frac{1}{9}\right)^3\approx3.10725.$$

误差 $\quad\left|R_\xi(x)\right|=\xi\left|\frac{10}{243}(1+\xi)^{-\frac{11}{3}}\cdot x^4\right|<3\cdot\frac{10}{243}\cdot\left(\frac{1}{9}\right)^4\approx1.88\times10^{-5}.$

（2） $\sin18°$.

【解】 取 $f(x)=\sin x$，$x_0=0$，$x=18°=\frac{\pi}{10}$.

由 $\sin x$ 的 3 阶麦克劳林公式

$$\sin x=x-\frac{1}{3!}x^3+\frac{1}{5!}\cos(\theta x)x^5 \quad (0<\theta<1),$$

故

$$\sin18°\approx\frac{\pi}{10}-\frac{1}{3!}\left(\frac{\pi}{10}\right)^3\approx0.30899.$$

误差 $\quad R\leqslant\frac{1}{5!}\left(\frac{\pi}{10}\right)^5\approx2.55\times10^{-5}.$

*10. 利用泰勒公式求下列极限：

（1）$\lim\limits_{x\to+\infty}\left(\sqrt[3]{x^3+3x^2}-\sqrt[4]{x^4-2x^3}\right)$.

【解】 令 $x=\dfrac{1}{t}$，则

$$\lim\limits_{x\to+\infty}\left(\sqrt[3]{x^3+3x^2}-\sqrt[4]{x^4-2x^3}\right)=\lim\limits_{t\to0^+}\frac{\sqrt[3]{1+3t}-\sqrt[4]{1-2t}}{t}$$

$$=\lim\limits_{x\to0^+}\frac{1+t+o(t)-\left[1-\dfrac{1}{2}t+o(t)\right]}{t}=\lim\limits_{x\to0^+}\frac{\dfrac{3}{2}t+o(t)}{t}=\frac{3}{2}.$$

（2）$\lim\limits_{x\to0}\dfrac{\cos x-e^{-\frac{x^2}{2}}}{x^2\left[x+\ln(1-x)\right]}$.

【解】 $\cos x=1-\dfrac{1}{2!}x^2+\dfrac{1}{4!}x^4+o(x^4)$，$e^{-\frac{x^2}{2}}=1-\dfrac{1}{2}x^2+\dfrac{1}{2!}\left(-\dfrac{x^2}{2}\right)^2+o(x^4)$，

$x-\ln(1-x)=-\dfrac{1}{2}x^2+o(x^2)$，

$$\lim\limits_{x\to0}\frac{\cos x-e^{-\frac{x^2}{2}}}{x^2\left[x+\ln(1-x)\right]}=\lim\limits_{x\to0}\frac{1-\dfrac{1}{2}x^2+\dfrac{1}{24}x^4+o(x^4)-\left[1-\dfrac{1}{2}x^2+\dfrac{1}{8}x^4+o(x^4)\right]}{x^2\left[-\dfrac{1}{2}x^2+o(x^2)\right]}=\lim\limits_{x\to0}\frac{-\dfrac{1}{12}x^4+o(x^4)}{-\dfrac{1}{2}x^4+o(x^4)}=\frac{1}{6}.$$

（3）$\lim\limits_{x\to0}\dfrac{1+\dfrac{1}{2}x^2-\sqrt{1+x^2}}{\left(\cos x-e^{x^2}\right)\sin x^2}$.

【解】 $\sqrt{1+x^2}=1+\dfrac{1}{2}x^2-\dfrac{3}{4!}x^4+o(x^4)$，$1+\dfrac{1}{2}x^2-\sqrt{1+x^2}=\dfrac{3}{24}x^4+o(x^4)$，

$\cos x-e^{x^2}=-\dfrac{3}{2}x^2+o(x^2)$，

$$\lim\limits_{x\to0}\frac{1+\dfrac{1}{2}x^2-\sqrt{1+x^2}}{\left(\cos x-e^{x^2}\right)\sin x^2}=\lim\limits_{x\to0}\frac{\dfrac{3}{24}x^4+o(x^4)}{\left[-\dfrac{3}{2}x^2+o(x^2)\right]x^2}=-\frac{1}{12}.$$

（4）$\lim\limits_{x\to\infty}\left[x-x^2\ln\left(1+\dfrac{1}{x}\right)\right]$.

【解】 原式 $=\lim\limits_{x\to\infty}\dfrac{\dfrac{1}{x}-\ln\left(1+\dfrac{1}{x}\right)}{\dfrac{1}{x^2}}\xlongequal{\frac{1}{x}=t}\lim\limits_{t\to0}\dfrac{t-\ln(1+t)}{t^2}=\lim\limits_{t\to0}\dfrac{1-\dfrac{1}{1+t}}{2t}=\lim\limits_{t\to0}\dfrac{t}{2t(1+t)}=\dfrac{1}{2}.$

习题 3-4 函数的单调性与曲线的凹凸性

1. 判定函数 $f(x)=\arctan x-x$ 的单调性.

【解】 $f'(x)=\dfrac{1}{1+x^2}-1=\dfrac{-x^2}{1+x^2}<0$，故 $f(x)$ 在 $(-\infty,+\infty)$ 内单调减少.

2. 判定函数 $f(x)=x+\cos x$ 的单调性.

【解】 $f'(x)=1-\sin x\geqslant0$，故 $f(x)$ 在 $[0,2\pi]$ 上单调增加.

3. 确定下列函数的单调区间：

(1) $y=2x^3-6x^2-18x-7$；　　　　　(2) $y=2x+\dfrac{8}{x}$ $(x>0)$；

(3) $y=\dfrac{10}{4x^3-9x^2+6x}$；　　　　(4) $y=\ln(x+\sqrt{1+x^2})$；

(5) $y=(x-1)(x+1)^3$；　　　　(6) $y=\sqrt[3]{(2x-a)(a-x)^2}$ $(a>0)$；

(7) $y=x^n e^{-x}$ $(n>0,x\geqslant 0)$；　　　　(8) $y=x+|\sin 2x|$．

【解】　(1) $y'=6x^2-12x-18=6(x-3)(x+1)$．

令 $y'=0$，得驻点 $x_1=-1$，$x_2=3$．

x	$(-\infty,-1)$	$(-1,3)$	$(3,+\infty)$
y'	$+$	$-$	$+$
y	↗	↘	↗

在$(-\infty,-1]\cup[3,+\infty)$内，函数单调增加；在$[-1,3]$内，函数单调减少；

(2) $y'=2-\dfrac{8}{x^2}=\dfrac{2}{x^2}(x-2)(x+2)$．

令 $y'=0$，得驻点 $x_1=2$，$x_2=-2$（舍去）．

x	$(0,2)$	$(2,+\infty)$
y'	$-$	$+$
y	↘	↗

在$(0,2]$内，函数单调减少；在$[2,+\infty)$内，函数单调增加；

(3) $y'=\dfrac{-10(12x^2-18x+6)}{(4x^3-9x^2+6x)^2}=\dfrac{-60(x-1)(2x-1)}{(4x^3-9x^2+6x)^2}$．

令 $y'=0$，得驻点 $x_1=\dfrac{1}{2}$，$x_2=1$．而 $x_3=0$ 是函数无定义的点．

x	$(-\infty,0)$	$\left(0,\dfrac{1}{2}\right)$	$\left(\dfrac{1}{2},1\right)$	$(1,+\infty)$
y'	$-$	$-$	$+$	$-$
y	↘	↘	↗	↘

此函数在$(-\infty,0)$，$\left(0,\dfrac{1}{2}\right)$，$[1,+\infty)$内，单调减少；在$\left[\dfrac{1}{2},1\right]$内，单调增加；

(4) $y'=\dfrac{1}{x+\sqrt{1+x^2}}\left(1+\dfrac{2x}{2\sqrt{1+x^2}}\right)=\dfrac{1}{\sqrt{1+x^2}}>0$．

函数在$(-\infty,+\infty)$内单调增加；

(5) $y'=(x+1)^3+(x-1)\cdot 3(x+1)^2=2(x+1)^2(2x-1)$．

令 $y'=0$，得驻点 $x_1=-1$，$x_2=\dfrac{1}{2}$．

x	$(-\infty,-1)$	$\left(-1,\dfrac{1}{2}\right)$	$\left(\dfrac{1}{2},+\infty\right)$
y'	$-$	$-$	$+$
y	↘	↘	↗

函数在$\left(-\infty,\dfrac{1}{2}\right)$内，单调减少；在$\left[\dfrac{1}{2},+\infty\right)$内，单调增加；

(6) $y'=\dfrac{-6\left(x-\dfrac{2a}{3}\right)}{3\sqrt[3]{(2x-a)^2(a-x)}}$ $\left(x\neq\dfrac{a}{2},a\right)$．

令 $y'=0$, 得驻点 $x_1=\dfrac{2}{3}a$, 而 $x_2=\dfrac{a}{2}$, $x_3=a$ 为不可导点.

x	$\left(-\infty,\dfrac{a}{2}\right)$	$\left(\dfrac{a}{2},\dfrac{2}{3}a\right)$	$\left(\dfrac{2}{3}a,a\right)$	$(a,+\infty)$
y'	+	+	−	+
y	↗	↗	↘	↗

此函数在 $\left(-\infty,\dfrac{2}{3}a\right]$, $[a,+\infty)$ 上, 单调增加; 在 $\left[\dfrac{2}{3}a,a\right]$ 内, 单调减少;

(7) $y'=nx^{n-1}\mathrm{e}^{-x}-x^n\mathrm{e}^{-x}=x^{n-1}\mathrm{e}^{-x}(n-x)$.

令 $y'=0$, 得驻点 $x=n$.

x	$(0,n)$	$(n,+\infty)$
y'	+	−
y	↗	↘

此函数在 $[0,n]$ 上, 单调增加; 在 $[n,+\infty)$ 内, 单调减少;

(8) $y=\begin{cases} x+\sin 2x, & x\in\left[k\pi,\,k\pi+\dfrac{\pi}{2}\right], \\ x-\sin 2x, & x\in\left[k\pi+\dfrac{\pi}{2},\,(2k+1)\pi\right] \end{cases} \quad (k\in\mathbf{Z})$.

当 $k\pi\leqslant x\leqslant k\pi+\dfrac{\pi}{2}$ 时, $y'=1+2\cos 2x$.

令 $y'=0$, 得驻点 $x_1=k\pi+\dfrac{\pi}{3}$, 当 $k\pi\leqslant x\leqslant k\pi+\dfrac{\pi}{3}$, 即 $2k\pi\leqslant 2x\leqslant 2k\pi+\dfrac{2}{3}\pi$ 时, $y'=1+2\cos 2x>0$;

当 $k\pi+\dfrac{\pi}{3}\leqslant x\leqslant k\pi+\dfrac{\pi}{2}$, 即 $2k\pi+\dfrac{2}{3}\pi\leqslant 2x\leqslant 2k\pi+\pi$ 时, $y'<0$.

当 $k\pi+\dfrac{\pi}{2}\leqslant x\leqslant (k+1)\pi$ 时, $y'=1-2\cos 2x$.

令 $y'=0$, 得驻点 $x_2=k\pi+\dfrac{5}{6}\pi$. 当 $k\pi+\dfrac{\pi}{2}\leqslant x\leqslant k\pi+\dfrac{5}{6}\pi$, 即 $2k\pi+\pi\leqslant 2x\leqslant 2k\pi+\dfrac{5}{3}\pi$ 时, $y'=1-2\cos 2x>0$; 当 $k\pi+\dfrac{5}{6}\pi\leqslant x\leqslant (k+1)\pi$, 即 $2k\pi+\dfrac{5}{3}\pi\leqslant 2x\leqslant (2k+2)\pi$ 时, $y'=1-2\cos 2x<0$.

所以, 在

$$\left[k\pi,\,k\pi+\dfrac{\pi}{3}\right]\cup\left[k\pi+\dfrac{\pi}{2},\,k\pi+\dfrac{5}{6}\pi\right]=\left[\dfrac{n\pi}{2},\,\dfrac{n\pi}{2}+\dfrac{\pi}{3}\right]$$

上, 函数单调减少; 在

$$\left[k\pi+\dfrac{\pi}{3},\,k\pi+\dfrac{\pi}{2}\right]\cup\left[k\pi+\dfrac{5}{6}\pi,\,k\pi+\pi\right]=\left[\dfrac{n\pi}{2}+\dfrac{\pi}{3},\,\dfrac{n\pi}{2}+\dfrac{\pi}{2}\right]$$

上, 函数单调增加 $(n=0,\pm 1,\pm 2,\cdots)$.

4. 设函数 $f(x)$ 在定义域内可导, $y=f(x)$ 的图形如图 3-3 所示, 则导函数 $f'(x)$ 的图形为图 3-4 所示的四个图形中的哪一个?

【解】 由所给图形知, 当 $x<0$ 时, $y=f(x)$ 单调增加, 从而 $f'(x)\geqslant 0$, 故排除 (A), (C); 当 $x>0$ 时, 随着 x 增大, $y=f(x)$ 先单调增加, 然后单调减少, 再单调增加, 因此随着 x 增大, 先有 $f'(x)\geqslant 0$, 然后 $f'(x)\leqslant 0$, 继而又有 $f'(x)\geqslant 0$, 故应选 (D).

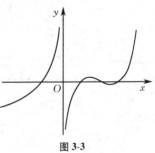

图 3-3

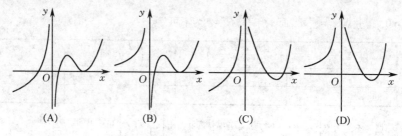

图 3-4

5. 证明下列不等式：

（1）当 $x>0$ 时，$1+\dfrac{1}{2}x>\sqrt{1+x}$.

【证】　令 $f(x)=1+\dfrac{1}{2}x-\sqrt{1+x}$，则

$$f(0)=1+\frac{1}{2}\times0-\sqrt{1+0}=0,\quad f'(x)=\frac{1}{2}-\frac{1}{2\sqrt{1+x}}=\frac{1}{2}\left(1-\frac{1}{\sqrt{1+x}}\right).$$

当 $x>0$ 时，$f'(x)>0$，则 $f(x)$ 单调增加，$f(x)>f(0)=0$，从而

$$1+\frac{1}{2}x>\sqrt{1+x}.$$

（2）当 $x>0$ 时，$1+x\ln(x+\sqrt{1+x^2})>\sqrt{1+x^2}$.

【证】　令 $f(x)=1+x\ln(x+\sqrt{1+x^2})-\sqrt{1+x^2}$，则

$$f(0)=0,$$

$$f'(x)=\ln(x+\sqrt{1+x^2})+\frac{x}{x+\sqrt{1+x^2}}\left(1+\frac{x}{\sqrt{1+x^2}}\right)-\frac{x}{\sqrt{1+x^2}}=\ln(x+\sqrt{1+x^2}).$$

当 $x>0$ 时，$f'(x)>0$，则 $f(x)$ 单调增加，$f(x)>f(0)=0$，故

$$1+x\ln(x+\sqrt{1+x^2})>\sqrt{1+x^2}.$$

（3）当 $0<x<\dfrac{\pi}{2}$ 时，$\sin x+\tan x>2x$.

【证法1】　令 $f(x)=\sin x+\tan x-2x$，则

$$f'(x)=\cos x+\sec^2x-2\geqslant2\sqrt{\cos x\cdot\sec^2x}-2=\frac{2}{\sqrt{\cos x}}-2>0.$$

当 $0<x<\dfrac{\pi}{2}$ 时，$f(x)$ 单调增加，$f(x)>f(0)=0$，故

$$\sin x+\tan x>2x.$$

【证法2】　令 $f(x)=\sin x+\tan x-2x$，则

$$f(0)=0,\quad f'(x)=\cos x+\sec^2x-2,\quad f'(0)=0,$$

$$f''(x)=-\sin x+2\sec^2x\tan x=\sin x(2\sec^3x-1)>0.$$

在 $0<x<\dfrac{\pi}{2}$ 上，$f'(x)$ 单调增加，$f'(x)>f'(0)=0$.

$f(x)$ 在 $\left(0,\dfrac{\pi}{2}\right)$ 内也单调增加，$f(x)>f(0)=0$，故

$$\sin x+\tan x>2x.$$

（4）当 $0<x<\dfrac{\pi}{2}$ 时，$\tan x>x+\dfrac{1}{3}x^3$.

【证】　令 $f(x) = \tan x - x - \dfrac{1}{3}x^3$，则 $f(0) = 0$，

$$f'(x) = \sec^2 x - 1 - x^2 = \tan^2 x - x^2 = (\tan x - x)(\tan x + x).$$

当 $0 < x < \dfrac{\pi}{2}$ 时，$0 < x < \tan x$，从而

$$f'(x) > 0.$$

在 $\left(0, \dfrac{\pi}{2}\right)$ 内，$f(x)$ 单调增加，$f(x) > f(0) = 0$，故

$$\tan x > x + \dfrac{1}{3}x^3.$$

(5) 当 $x > 4$ 时，$2^x > x^2$.

【证】　设 $f(x) = x\ln 2 - 2\ln x$，则 $f(4) = 0$.

当 $x > 4$ 时，

$$f'(x) = \ln 2 - \frac{2}{x} > \ln 2 - \frac{2}{4} = \frac{1}{2}\ln 4 - \frac{1}{2} > \frac{1}{2}\ln e - \frac{1}{2} = 0,$$

所以，当 $x > 4$ 时，$f(x)$ 单调增加，$f(x) > f(4) = 0$，故

$$x\ln 2 > 2\ln x，即 \ 2^x > x^2.$$

6. 讨论方程 $\ln x = ax$（其中 $a > 0$）有几个实根?

【解】　令 $f(x) = \ln x - ax$，则

$$f'(x) = \frac{1}{x} - a.$$

令 $f'(x) = 0$，得驻点 $x = \dfrac{1}{a}$.

函数 $f(x)$ 的定义域是 $(0, +\infty)$. 当 $0 < x < \dfrac{1}{a}$ 时，$f'(x) > 0$，$f(x)$ 单调增加；当 $x > \dfrac{1}{a}$ 时，$f'(x) < 0$，$f(x)$ 单调减少. 且

$$\lim_{x \to 0^+} f(x) = -\infty，\quad \lim_{x \to +\infty} f(x) = \lim_{x \to +\infty}(\ln x - ax) = \lim_{x \to +\infty}\ln\frac{x}{e^{ax}} = -\infty，$$

所以 $f(x) = 0$ 至多有 2 个实根.

$$f\left(\frac{1}{a}\right) = \ln\frac{1}{a} - a \cdot \frac{1}{a} = -\ln a - 1.$$

(1) 当 $f\left(\dfrac{1}{a}\right) > 0$，即 $0 < a < \dfrac{1}{e}$ 时，$f(x)$ 的图像与 x 轴有两个交点，故方程有 2 个实根；

(2) 当 $f\left(\dfrac{1}{a}\right) = 0$，即 $a = \dfrac{1}{e}$ 时，$f(x)$ 的图像与 x 轴只有一个交点，方程的解为 $x = e$；

(3) 当 $f\left(\dfrac{1}{a}\right) < 0$，即 $a > \dfrac{1}{e}$ 时，$f(x)$ 的图像与 x 轴无交点，则方程无实根.

7. 单调函数的导函数是否必为单调函数? 研究下面这个例子：

$$f(x) = x + \sin x.$$

【解】　单调函数的导函数不一定仍是单调函数.

例如，$f(x) = x + \sin x$，$f'(x) = 1 + \cos x \geqslant 0$，且使 $f'(x) = 0$ 的点 $x = (2n+1)\pi$（$n \in \mathbf{Z}$）是一些孤立奇点，它们不能构成区间，所以 $f(x)$ 在 $x \in (-\infty, +\infty)$ 内都是单调增加的. 但显见 $\cos x$ 是周期函数非单调，从而 $f'(x) = 1 + \cos x$ 在 $(-\infty, +\infty)$ 内不是单调函数.

8. 设 I 为任一无穷区间，函数 $f(x)$ 在区间 I 上连续，I 内可导. 试证明：如果 $f(x)$ 在 I 的任一有限的子区间上 $f'(x) \geqslant 0$（或 $f'(x) \leqslant 0$），且等号仅在有限多个点处成立，那么 $f(x)$ 在区间 I 上单

调增加(或单调减少).

【证】 不妨令 $f'(x) \geqslant 0, x \in I$, 则 $\forall x_1, x_2 \in I$, 且 $x_1 < x_2$, 在 $[x_1, x_2]$ 上由拉格朗日中值定理得

$$f(x_2) - f(x_1) = f'(\xi) \cdot (x_2 - x_1) \geqslant 0, \xi \in (x_1, x_2),$$

即 $f(x_2) \geqslant f(x_1)$, 于是 $f(x)$ 在 I 上单调增加, 从而对任意 $x \in [x_1, x_2]$ 有

$$f(x_2) \geqslant f(x) \geqslant f(x_1).$$

假设 $f(x_1) = f(x_2)$, 则有 $f(x) \equiv f(x_1)$, $x \in [x_1, x_2]$, 因此 $f'(x) \equiv 0$, $x \in [x_1, x_2]$, 这与题设条件矛盾, 所以 $f(x_2) > f(x_1)$, 故 $f(x)$ 在 I 上单调增加.

当 $f'(x) \leqslant 0$, $x \in I$ 时, 同理可证 $f(x)$ 在 I 上单调减少.

9. 判定下列曲线的凹凸性:

(1) $y = 4x - x^2$.

【解】 $y' = 4 - 2x$, $y'' = -2 < 0$. 所以曲线在 $(-\infty, +\infty)$ 内是凸的.

(2) $y = \text{sh}x$.

【解】 $y' = \text{ch}x$, $y'' = \text{sh}x$.

令 $y'' = 0$, 得 $x = 0$. 当 $-\infty < x < 0$ 时, $y'' < 0$; 当 $0 < x < +\infty$ 时, $y'' > 0$. 所以曲线在 $(-\infty, 0)$ 内是凸的, 在 $(0, +\infty)$ 内是凹的.

(3) $y = x + \dfrac{1}{x}$ $(x > 0)$.

【解】 $y' = 1 - \dfrac{1}{x^2}$, $y'' = \dfrac{1}{x^3} > 0$ $(x > 0)$. 所以该曲线在 $(0, +\infty)$ 内是凹的.

(4) $y = x\arctan x$.

【解】
$$y' = \arctan x + \frac{x}{1+x^2}, \quad y'' = \frac{1}{1+x^2} + \frac{1+x^2 - x \cdot 2x}{(1+x^2)^2} = \frac{2}{(1+x^2)^2} > 0.$$

所以该曲线在 $(-\infty, +\infty)$ 内都是凹的.

10. 求下列函数图形的拐点及凹或凸的区间:

(1) $y = x^3 - 5x^2 + 3x + 5$.

【解】 $y' = 3x^2 - 10x + 3$, $y'' = 6x - 10$.

令 $y'' = 0$, 得 $x = \dfrac{5}{3}$.

x	$\left(-\infty, \dfrac{5}{3}\right)$	$\dfrac{5}{3}$	$\left(\dfrac{5}{3}, +\infty\right)$
y''	−	0	+
y	凸	拐点	凹

由上表可见, 此函数的凸区间是 $\left(-\infty, \dfrac{5}{3}\right)$, 凹区间是 $\left(\dfrac{5}{3}, +\infty\right)$, 拐点是 $\left(\dfrac{5}{3}, \dfrac{20}{27}\right)$.

(2) $y = xe^{-x}$.

【解】 $y' = e^{-x} - xe^{-x} = (1-x)e^{-x}$,

$y'' = -e^{-x} + (1-x)e^{-x} \cdot (-1) = -(2-x)e^{-x}$.

令 $y'' = 0$, 得 $x = 2$.

x	$(-\infty, 2)$	2	$(2, +\infty)$
y''	−	0	+
y	凸	拐点	凹

所以函数的凸区间为 $(-\infty, 2)$, 凹区间为 $(2, +\infty)$, 拐点为 $(2, 2e^{-2})$.

(3) $y = (x+1)^4 + e^x$.

【解】　$y'=4(x+1)^3+e^x$，$y''=12(x+1)^2+e^x>0$.

所以函数在$(-\infty,+\infty)$内的图形都是凹的，无拐点.

(4) $y=\ln(x^2+1)$.

【解】　$y'=\dfrac{2x}{x^2+1}$，$y''=\dfrac{2(1-x)(1+x)}{(x^2+1)^2}$.

令$y''=0$，得$x_1=-1$，$x_2=1$.

x	$(-\infty,-1)$	-1	$(-1,1)$	1	$(1,+\infty)$
y''	$-$	0	$+$	0	$-$
y	凸	拐点	凹	拐点	凸

所以函数的凸区间是$(-\infty,-1)$，$(1,+\infty)$，凹区间是$(-1,1)$，拐点是$(-1,\ln2)$，$(1,\ln2)$.

(5) $y=e^{\arctan x}$.

【解】　$y'=e^{\arctan x}\cdot\dfrac{1}{1+x^2}$，$y''=e^{\arctan x}\cdot\dfrac{1-2x}{(1+x^2)^2}$.

令$y''=0$，得$x=\dfrac{1}{2}$.

x	$\left(-\infty,\dfrac{1}{2}\right)$	$\dfrac{1}{2}$	$\left(\dfrac{1}{2},+\infty\right)$
y''	$+$	0	$-$
y	凹	拐点	凸

所以函数的凹区间是$\left(-\infty,\dfrac{1}{2}\right)$，凸区间是$\left(\dfrac{1}{2},+\infty\right)$，拐点是$\left(\dfrac{1}{2},e^{\arctan\frac{1}{2}}\right)$.

(6) $y=x^4(12\ln x-7)$.

【解】　$y'=4x^3(12\ln x-7)+x^4\cdot12\cdot\dfrac{1}{x}=48x^3\ln x-16x^3$，

$$y''=144x^2\ln x+48x^3\cdot\dfrac{1}{x}-48x^2=144x^2\ln x\quad(x>0).$$

令$y''=0$，得$x_1=1$，$x_2=0$（舍去）.

x	$(0,1)$	1	$(1,+\infty)$
y''	$-$	0	$+$
y	凸	拐点	凹

所以该函数的凸区间是$(0,1)$，凹区间是$(1,+\infty)$，拐点是$(1,-7)$.

11. 利用函数图形的凹凸性，证明下列不等式：

(1) $\dfrac{1}{2}(x^n+y^n)>\left(\dfrac{x+y}{2}\right)^n$　$(x>0,y>0,x\neq y,n>1)$.

【解】　设

$$f(x)=x^n,f'(x)=nx^{n-1},f''(x)=n(n-1)x^{n-2}>0.$$

所以函数在区间$(0,+\infty)$内是凹的，由凹性定义，任取$x,y\in(0,+\infty)$，$x\neq y$，有

$$\dfrac{1}{2}[f(x)+f(y)]>f\left(\dfrac{x+y}{2}\right),$$

即

$$\dfrac{1}{2}(x^n+y^n)>\left(\dfrac{x+y}{2}\right)^n.$$

(2) $\dfrac{e^x+e^y}{2}>e^{\frac{x+y}{2}}$　$(x\neq y)$.

【解】　设

$$f(x)=e^x,f'(x)=e^x,f''(x)=e^x>0.$$

所以函数在整个数轴上都是凹的，由凹性定义，任取 x, $y \in \mathbf{R}$, $x \neq y$, 有

$$\frac{1}{2}[f(x)+f(y)]>f\left(\frac{x+y}{2}\right),$$

即

$$\frac{e^x+e^y}{2}>e^{\frac{x+y}{2}}.$$

(3) $x\ln x+y\ln y>(x+y)\ln\dfrac{x+y}{2}$ $(x>0, y>0, x\neq y)$.

【解】 设

$$f(x)=x\ln x \ (x>0), \ f'(x)=\ln x+1, \ f''(x)=\frac{1}{x}>0.$$

所以函数在区间 $(0, +\infty)$ 内是凹的，由凹性定义，任取 x, $y \in (0, +\infty)$, $x \neq y$, 有

$$\frac{1}{2}[f(x)+f(y)]>f\left(\frac{x+y}{2}\right),$$

则

$$\frac{1}{2}(x\ln x+y\ln y)>\frac{x+y}{2}\ln\frac{x+y}{2},$$

即

$$x\ln x+y\ln y>(x+y)\ln\frac{x+y}{2}.$$

*12. 试证明曲线 $y=\dfrac{x-1}{x^2+1}$ 有三个拐点位于同一直线上.

【证】 $y'=\dfrac{(x^2+1)-(x-1)\cdot 2x}{(x^2+1)^2}=\dfrac{-x^2+2x+1}{(x^2+1)^2}$,

$y''=\dfrac{(-2x+2)(x^2+1)^2-(-x^2+2x+1)\cdot 2(x^2+1)\cdot 2x}{(x^2+1)^4}=\dfrac{2(x+1)(x^2-4x+1)}{(x^2+1)^3}$.

令 $y''=0$, 得 $\qquad x_1=-1$, $x_2=2-\sqrt{3}$, $x_3=2+\sqrt{3}$,

对应有 $\qquad y_1=-1$, $y_2=\dfrac{1-\sqrt{3}}{4(2-\sqrt{3})}$, $y_3=\dfrac{1+\sqrt{3}}{4(2+\sqrt{3})}$.

x	$(-\infty,-1)$	-1	$(-1,2-\sqrt{3})$	$2-\sqrt{3}$	$(2-\sqrt{3},2+\sqrt{3})$	$2+\sqrt{3}$	$(2+\sqrt{3},+\infty)$
y''	$-$	0	$+$	0	$-$	0	$+$
y	凸	拐点	凹	拐点	凸	拐点	凹

曲线有三个拐点：

$$A(-1, -1), \ B\left(2-\sqrt{3}, \frac{1-\sqrt{3}}{4(2-\sqrt{3})}\right), \ C\left(2+\sqrt{3}, \frac{1+\sqrt{3}}{4(2+\sqrt{3})}\right).$$

$$k_{AB}=\frac{\dfrac{1-\sqrt{3}}{4(2-\sqrt{3})}-(-1)}{(2-\sqrt{3})-(-1)}=\frac{1}{4}, \ k_{AC}=\frac{\dfrac{1+\sqrt{3}}{4(2+\sqrt{3})}-(-1)}{(2+\sqrt{3})-(-1)}=\frac{1}{4},$$

故 $k_{AB}=k_{AC}$, 从而三个拐点在一条直线上.

13. 问 a, b 为何值时，点 $(1, 3)$ 为曲线 $y=ax^3+bx^2$ 的拐点？

【解】 点 $(1, 3)$ 在曲线上，则

$$a+b=3. \tag{①}$$

$$y'=3ax^2+2bx, \ y''=6ax+2b,$$

点 $(1, 3)$ 是曲线的拐点，有

$$y''\big|_{x=1}=6a+2b=0. \tag{②}$$

解方程组①，②，得

$$a = -\frac{3}{2}, \quad b = \frac{9}{2}.$$

14. 试决定曲线 $y = ax^3 + bx^2 + cx + d$ 中的 a，b，c，d，使得 $x = -2$ 处曲线有水平切线，$(1, -10)$ 为拐点，且点 $(-2, 44)$ 在曲线上.

【解】 点 $(1, -10)$，$(-2, 44)$ 都在曲线上，有

$$\begin{cases} a+b+c+d = -10, & \text{①} \\ -8a+4b-2c+d = 44. & \text{②} \end{cases}$$

$$y' = 3ax^2 + 3bx + c, \quad y'' = 6ax + 2b.$$

由题设驻点和拐点条件得

$$\begin{cases} 12a-4b+c = 0, & \text{③} \\ 6a+2b = 0, & \text{④} \end{cases}$$

联立①②③④，解得

$$a = 1, \quad b = -3, \quad c = -24, \quad d = 16.$$

15. 试决定 $y = k(x^2-3)^2$ 中 k 的值，使曲线的拐点处的法线通过原点.

【解】 $y' = 2k(x^2-3) \cdot 2x = 4k(x^3-3x)$， $y'' = 12k(x^2-1) = 12k(x-1)(x+1)$.

令 $y'' = 0$，得 $x_{1,2} = \pm 1$.

由于在 $x_{1,2} = \pm 1$ 的邻域内，y'' 在 $x_{1,2} = \pm 1$ 左、右两侧变号，所以 $x_{1,2} = \pm 1$ 为拐点.

当 $x_1 = 1$ 时，$y_1 = 4k$，$y'(1) = -8k$. 过 (x_1, y_1) 的法线方程为

$$Y - 4k = \frac{1}{8k}(X-1).$$

代入 $(0, 0)$，得 $-4k = -\dfrac{1}{8k}$，即 $k = \pm\dfrac{\sqrt{2}}{8}$.

当 $x_2 = -1$ 时，同理可得 $k = \pm\dfrac{\sqrt{2}}{8}$.

所以当 $k = \pm\dfrac{\sqrt{2}}{8}$ 时，该曲线的拐点的法线通过原点.

*16. 设 $y = f(x)$ 在 $x = x_0$ 的某邻域内具有三阶连续导数，如果 $f''(x_0) = 0$，而 $f'''(x_0) \neq 0$，试问 $(x_0, f(x_0))$ 是否为拐点？为什么？

【解】 因为 $f(x)$ 在 $x = x_0$ 的某邻域内有三阶连续导数，且 $f'''(x_0) \neq 0$. 不妨设 $f'''(x_0) > 0$，由连续函数的保号性，存在 x_0 的一个邻域，在此邻域内，$f'''(x) > 0$.

由拉格朗日中值定理

$$f''(x) - f''(x_0) = f'''(\xi)(x-x_0) \quad (\xi \text{ 在 } x_0 \text{ 与 } x \text{ 之间}),$$

即

$$f''(x) = f'''(\xi)(x-x_0), \quad f'''(\xi) > 0.$$

当 $x < x_0$ 时，$f''(x) < 0$.

当 $x > x_0$ 时，$f''(x) > 0$.

因此，$f''(x)$ 在 x_0 两侧变号. 故 $(x_0, f(x_0))$ 为拐点.

习题 3-5 函数的极值与最大值、最小值

1. 求下列函数的极值：

(1) $y = 2x^3 - 6x^2 - 18x + 7$；

(2) $y = x - \ln(1+x)$；

(3) $y = -x^4 + 2x^2$；

(4) $y = x + \sqrt{1-x}$；

(5) $y = \dfrac{1+3x}{\sqrt{4+5x^2}}$；

(6) $y = \dfrac{3x^2+4x+4}{x^2+x+1}$；

(7) $y = e^x\cos x$；

(8) $y = x^{\frac{1}{x}}$；

(9) $y = 3 - 2(x+1)^{\frac{1}{3}}$；

（10）$y=x+\tan x$.

【解】 （1）$y'=6x^2-12x-18=6(x-3)(x+1)$.

令 $y'=0$，得驻点 $x_1=-1$，$x_2=3$.

x	$(-\infty,-1)$	-1	$(-1,3)$	3	$(3,+\infty)$
y'	$+$	0	$-$	0	$+$
y	↗	极大	↘	极小	↗

所以 $y_{极大}(-1)=17$，$y_{极小}(3)=-47$；

（2）定义域为 $x>-1$.

$$y'=1-\frac{1}{1+x}=\frac{x}{1+x}.$$

令 $y'=0$，得驻点 $x=0$.

$-1<x<0$ 时，$y'<0$；$x>0$ 时，$y'>0$. 所以 $x=0$ 为极小值点，极小值为 $y(0)=0$；

（3）$y'=-4x^3+4x=-4x(x-1)(x+1)$.

令 $y'=0$，得驻点 $x_1=-1$，$x_2=0$，$x_3=1$.

$y''=-12x^2+4$.

$y''(-1)=-8<0$，则 $y_{极大}(-1)=1$；

$y''(0)=4>0$，则 $y_{极小}(0)=0$；

$y''(1)=-8<0$，则 $y_{极大}(1)=1$；

（4）定义域为 $x<1$.

$$y'=1+\frac{-1}{2\sqrt{1-x}}=\frac{2\sqrt{1-x}-1}{2\sqrt{1-x}}.$$

令 $y'=0$，得驻点 $x=\frac{3}{4}$.

当 $-\infty<x<\frac{3}{4}$ 时，$y'>0$；当 $\frac{3}{4}<x<1$ 时，$y'<0$. 所以 $x=\frac{3}{4}$ 为极大值点，极大值为 $y\left(\frac{3}{4}\right)=\frac{5}{4}$；

（5）$y'=\dfrac{3\sqrt{4+5x^2}-(1+3x)\cdot\dfrac{5x}{\sqrt{4+5x^2}}}{4+5x^2}=\dfrac{12-5x}{(4+5x^2)^{\frac{3}{2}}}$.

令 $y'=0$，得驻点 $x=\frac{12}{5}$.

当 $x<\frac{12}{5}$ 时，$y'>0$；当 $x>\frac{12}{5}$ 时，$y'<0$. 所以在 $x=\frac{12}{5}$ 处函数取得极大值，极大值为 $\frac{\sqrt{205}}{10}$；

（6）$y'=\dfrac{(6x+4)(x^2+x+1)-(3x^2+4x+4)(2x+1)}{(x^2+x+1)^2}=\dfrac{-(x+2)x}{(x^2+x+1)^2}$.

令 $y'=0$，得驻点 $x_1=-2$，$x_2=0$.

x	$(-\infty,-2)$	-2	$(-2,0)$	0	$(0,+\infty)$
y'	$-$	0	$+$	0	$-$
y	↘	极小	↗	极大	↘

$$y_{极小}(-2)=\frac{8}{3},\quad y_{极大}(0)=4;$$

（7）$y'=e^x\cos x-e^x\sin x=e^x(\cos x-\sin x)$.

令 $y'=0$，得驻点 $x_n=n\pi+\dfrac{\pi}{4}$ $(n=0,\pm1,\pm2,\cdots)$，$y''=-2e^x\sin x$.

当 $x_n=2k\pi+\dfrac{\pi}{4}$ 时，$y''<0$，为极大值点，极大值为

$$y\left(2k\pi+\frac{\pi}{4}\right)=\frac{\sqrt{2}}{2}e^{2k\pi+\frac{\pi}{4}}\quad(k=0,\pm1,\pm2,\cdots);$$

当 $x_n=2k\pi+\dfrac{5}{4}\pi$ 时，$y''>0$，为极小值点，极小值为

$$y\left(2k\pi+\frac{5}{4}\pi\right)=-\frac{\sqrt{2}}{2}e^{2k\pi+\frac{5}{4}\pi}\quad(k=0,\pm1,\pm2,\cdots);$$

（8）$y'=x^{\frac{1}{x}}\cdot\dfrac{1-\ln x}{x}$.

令 $y'=0$，得驻点 $x=e$.

当 $0<x<e$ 时，$y'>0$；当 $e<x<+\infty$ 时，$y'<0$. 所以函数在 $x=e$ 处取极大值 $y(e)=e^{\frac{1}{e}}$；

（9）函数的定义域为 $(-\infty,+\infty)$.

$$y'=-\frac{2}{3}\cdot\frac{1}{\sqrt[3]{(1+x)^2}}<0,$$

所以函数在 $(-\infty,+\infty)$ 内单调减少，无极值；

（10）$y'=1+\sec^2x>0$.

所以函数单调增加，无极值.

2. 试证明：如果函数 $y=ax^3+bx^2+cx+d$ 满足条件 $b^2-3ac<0$，那么这函数没有极值.

【证】　$y'=3ax^2+2bx+c$，方程 $3ax^2+2bx+c=0$ 的判别式 $\Delta=4(b^2-3ac)<0$. 所以此方程无实根，函数 y 无驻点. 又显见 y 无不可导点，所以函数无极值.

3. 试问 a 为何值时，函数 $f(x)=a\sin x+\dfrac{1}{3}\sin3x$ 在 $x=\dfrac{\pi}{3}$ 处取得极值？它是极大值还是极小值？并求此极值.

【解】　$f'(x)=a\cos x+\cos3x$. $f(x)$ 在 $x=\dfrac{\pi}{3}$ 处取得极值，则有

$$f'\left(\frac{\pi}{3}\right)=a\cos\frac{\pi}{3}+\cos3\times\frac{\pi}{3}=0,$$

故 $a=2$. 又

$$f''(x)=-a\sin x-3\sin3x=-2\sin x-3\sin3x,\ f''\left(\frac{\pi}{3}\right)=-2\sin\frac{\pi}{3}-3\sin3\times\frac{\pi}{3}=-\sqrt{3}<0,$$

所以 $f(x)$ 在 $x=\dfrac{\pi}{3}$ 处取极大值，极大值 $f\left(\dfrac{\pi}{3}\right)=\sqrt{3}$.

4. 设函数 $f(x)$ 在 x_0 处有 n 阶导数，且 $f'(x_0)=f''(x_0)=\cdots=f^{(n-1)}(x_0)=0$，$f^{(n)}(x_0)\neq0$，证明.

（1）当 n 为奇数时，$f(x)$ 在 x_0 处不取得极值；

（2）当 n 为偶数时，$f(x)$ 在 x_0 处取得极值，且当 $f^{(n)}(x_0)<0$ 时，$f(x_0)$ 为极大值，当 $f^{(n)}(x_0)>0$ 时，$f(x_0)$ 为极小值.

【证】　由题设条件得 $f(x)$ 在 x_0 处带有佩亚诺型余项的 n 阶泰勒展示开式为

$$f(x)=f(x_0)+\frac{f^{(n)}(x_0)}{n!}\cdot(x-x_0)^n+o((x-x_0)^n),$$

即

$$f(x)-f(x_0)=\frac{f^{(n)}(x_0)}{n!}\cdot(x-x_0)^n+o((x-x_0)^n).$$

（1）当 n 为奇数时，$\dfrac{1}{n!}f^{(n)}(x_0)\cdot(x-x_0)^n$ 在 x_0 两侧异号，从而 $f(x)-f(x_0)$ 在 x_0 两侧异号，故

$f(x)$ 在点 x_0 处不取得极值;

(2) 当 n 为偶数时, 在 x_0 两侧 $(x-x_0)^n > 0$, 若 $f^{(n)}(x_0) < 0$, 则 $f(x) - f(x_0) < 0$, 即 $f(x_0)$ 是极大值; 若 $f^{(n)}(x_0) > 0$, 则 $f(x) - f(x_0) > 0$, 故 $f(x_0)$ 是极小值.

5. 试利用习题 4 的结论, 讨论函数 $f(x) = e^x + e^{-x} + 2\cos x$ 的极值.

【解】　$f'(x) = e^x - e^{-x} + 2\sin x$, $f''(x) = e^x + e^{-x} - 2\cos x$,

$f'''(x) = e^x - e^{-x} + 2\sin x$, $f^{(4)}(x) = e^x + e^{-x} + 2\cos x$.

因此, $f'(0) = f''(0) = f'''(0) = 0$, $f^{(4)}(0) = 4 > 0$,

故函数 $f(x)$ 在点 $x = 0$ 处有极小值, 极小值为 4.

6. 求下列函数的最大值、最小值:

(1) $y = 2x^3 - 3x^2$, $-1 \leqslant x \leqslant 4$.

【解】　$y' = 6x^2 - 6x = 6x(x-1)$. 令 $y' = 0$, 得驻点 $x_1 = 0$, $x_2 = 1$.

$$y(0) = 0, \ y(1) = -1, \ y(-1) = -5, \ y(4) = 80,$$

所以函数的最大值为 $y(4) = 80$, 最小值为 $y(-1) = -5$.

(2) $y = x^4 - 8x^2 + 2$, $-1 \leqslant x \leqslant 3$.

【解】　$y' = 4x^3 - 16x = 4x(x-2)(x+2)$. 令 $y' = 0$, 得驻点 $x_1 = 0$, $x_2 = 2$, $x_3 = -2$ (舍去).

$$y(-1) = -5, \ y(0) = 2, \ y(2) = -14, \ y(3) = 11,$$

所以函数的最大值为 $y(3) = 11$, 最小值为 $y(2) = -14$.

(3) $y = x + \sqrt{1-x}$, $-5 \leqslant x \leqslant 1$.

【解】　$y' = 1 - \dfrac{1}{2\sqrt{1-x}}$. 令 $y' = 0$, 得驻点 $x_1 = \dfrac{3}{4}$,

$$y(-5) = \sqrt{6} - 5, \ y\left(\dfrac{3}{4}\right) = 1.25, \ y(1) = 1,$$

所以函数的最大值为 $y\left(\dfrac{3}{4}\right) = 1.25$, 最小值为 $y(-5) = \sqrt{6} - 5$.

7. 问函数 $y = 2x^3 - 6x^2 - 18x - 7$ $(1 \leqslant x \leqslant 4)$ 在何处取得最大值? 并求出它的最大值.

【解】　$y' = 6x^2 - 12x - 18 = 6(x-3)(x+1)$. 令 $y' = 0$, 得驻点 $x_1 = 3$, $x_2 = -1$ (舍去).

$$y(1) = -29, \ y(3) = -61, \ y(4) = -47,$$

所以函数在 $x = -1$ 处取得最大值, 最大值为 -29.

8. 问函数 $y = x^2 - \dfrac{54}{x}$ $(x < 0)$ 在何处取得最小值?

【解】　$y' = 2x + \dfrac{54}{x^2} = \dfrac{2(x^3 + 27)}{x^2}$. 令 $y' = 0$, 得驻点 $x = -3$. 又

$$y''\big|_{x=-3} = \left[2 - \dfrac{108}{x^3}\right]_{x=-3} > 0,$$

所以函数在 $x = -3$ 处取得极小值.

因为 $x = -3$ 是函数在 $(-\infty, 0)$ 内的唯一驻点, 所以此点就是最小值点, 最小值为 27.

9. 问函数 $y = \dfrac{x}{x^2+1}$ $(x \geqslant 0)$ 在何处取得最大值?

【解】　$y' = \dfrac{(x^2+1) - x \cdot 2x}{(x^2+1)^2} = \dfrac{1-x^2}{(x^2+1)^2}$.

令 $y' = 0$, 得驻点 $x_1 = 1$, $x_2 = -1$ (舍去).

当 $0 \leqslant x < 1$ 时, $y' > 0$; 当 $1 < x < +\infty$ 时, $y' < 0$. 所以函数在 $x = 1$ 处取得极大值. 又因为 $x = 1$ 是函数在 $[0, +\infty)$ 内的唯一驻点, 所以此点就是最大值点, 最大值为 $y(1) = \dfrac{1}{2}$.

10. 某车间靠墙壁要盖一间长方形小屋, 现有存砖只够砌 20 m 长的墙壁. 问应围成怎样的长

方形才能使这间小屋的面积最大?

【解】　垂直于墙壁的矩形边长为 x,则平行于墙壁的边长 $y=20-2x$(如图 3-5 所示).目标函数为面积:

$$S=x(20-2x)=20x-2x^2 \quad (0<x<20),$$
$$S'=20-4x.$$

令 $S'=0$,得驻点 $x=5$.

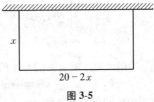

图 3-5

$S''=-4<0$,因此,在驻点处函数取极大值.因为有唯一驻点,故为最大值点,最大面积为

$$S(5)=50,$$

所以当宽为 5 m,长为 10 m 时,长方形面积最大.

11. 要造一圆柱形油罐,体积为 V,问底半径 r 和高 h 等于多少时,才能使表面积最小?这时底直径与高的比是多少?

【解】　$V=\pi r^2 h$(V 为常数),所以　　$h=\dfrac{V}{\pi r^2}$,

表面积

$$S=2\pi r^2+2\pi rh=2\pi r^2+\frac{2V}{r}.$$

令

$$S'=4\pi r-\frac{2V}{r^2}=0,$$

得唯一驻点

$$r=\sqrt[3]{\frac{V}{2\pi}},$$

这时

$$h=\frac{V}{\pi}\sqrt[3]{\left(\frac{2\pi}{V}\right)^2}=2\sqrt[3]{\frac{V}{2\pi}}=2r.$$

由问题的实际意义和驻点的唯一性知,当 $r=\sqrt[3]{\dfrac{V}{2\pi}}$,$h=2r$ 时,表面积最小,这时直径与高的比是 $1:1$.

12. 某地区防空洞的截面拟建成矩形加半圆(图 3-6).截面的面积为 5 m².问底宽 x 为多少时,才能使截面的周长最小,从而使建造时所用的材料最省?

【解】　设截面周长是 l,则 $l=x+2y+\dfrac{\pi}{2}x$,又

$$xy+\frac{1}{2}\pi\left(\frac{x}{2}\right)^2=5,$$

得

$$y=\frac{1}{x}\left(5-\frac{\pi}{8}x^2\right),$$

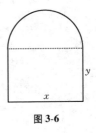

图 3-6

所以

$$l=x+\frac{2}{x}\left(5-\frac{\pi}{8}x^2\right)+\frac{\pi}{2}x=x+\frac{10}{x}-\frac{\pi}{4}x+\frac{\pi}{2}x,\quad l'=1-\frac{10}{x^2}-\frac{\pi}{4}+\frac{\pi}{2}.$$

令 $l'=0$,得唯一驻点 $x=\sqrt{\dfrac{40}{\pi+4}}$(舍去 $x=-\sqrt{\dfrac{40}{\pi+4}}$).

由问题的实际意义和驻点的唯一性知,当 $x=\sqrt{\dfrac{40}{\pi+4}}$ 时,截面周长最小.

13. 设有质量为 5 kg 的物体,置于水平面上,受力 F 的作用而开始移动(图 3-7).设摩擦系数 $\mu=0.25$,问力 F 与水平线的交角 α 为多少时,才可使力 F 的大小为最小?

【解】　因为 $F\cos\alpha=(P-F\sin\alpha)\mu$,所以

$$F = \frac{\mu P}{\cos\alpha + \mu\sin\alpha} \quad \left(\alpha \in \left[0, \frac{\pi}{2}\right)\right).$$

令

$$y = \cos\alpha + \mu\sin\alpha \quad \left(\alpha \in \left[0, \frac{\pi}{2}\right)\right),$$

则 y 的最大值点就是 F 的最小值点.

$$y' = -\sin\alpha + \mu\cos\alpha.$$

令 $y' = 0$, 得驻点 $\alpha_1 = \arctan\mu$.

由实际问题, $\alpha_1 = \arctan\mu$ 就是极大值点, 所以, 当 $\alpha = \arctan\dfrac{1}{4}$

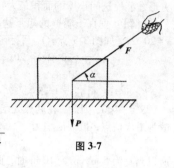

图 3-7

时, F 最小.

14. 有一杠杆, 支点在它的一端. 在距支点 0.1 m 处挂一质量为 49 kg 的物体. 加力于杠杆的另一端, 使杠杆保持水平(图 3-8). 如果杠杆的线密度为 5 kg/m, 求最省力的杆长.

【解】 设杆长为 x, 则杆重为 $5x$, 由力矩平衡公式

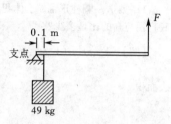

图 3-8

$$x \cdot F = 49 \times 0.1 + 5x \cdot \frac{x}{2}, \quad F = \frac{4.9}{x} + \frac{5}{2}x, \quad F' = -\frac{4.9}{x^2} + \frac{5}{2}.$$

令 $F' = 0$, 得唯一驻点 $x_0 = 1.4$.

又

$$F''\big|_{x_0=1.4} = \frac{2 \times 4.9}{x^3}\bigg|_{x_0=1.4} = \frac{2 \times 4.9}{1.4^3} > 0,$$

故 $x_0 = 1.4$ 为极小值点, 也是最小值点, 即杆长为 1.4 m 时最省力.

15. 从一块半径为 R 的圆铁片上挖去一个扇形做成一个漏斗 (图 3-9). 问留下的扇形的中心角 φ 取多大时, 做成的漏斗的容积最大?

【解】 设漏斗容积为 V, 高为 h, 底面圆半径为 r, 则

$$\begin{cases} V = \dfrac{1}{3}\pi r^2 h, \\ 2\pi r = R\varphi, \\ h^2 = R^2 - r^2, \end{cases}$$

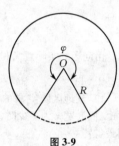

图 3-9

解得

$$V = \frac{R^3}{24\pi^2}\sqrt{4\pi^2\varphi^4 - \varphi^6} \quad (\varphi \in (0, 2\pi)).$$

令

$$y = 4\pi\varphi^4 - \varphi^6 \quad (\varphi \in (0, 2\pi)),$$

y 与 V 具有相同的最大值点.

$$y' = 16\pi\varphi^3 - 6\varphi^5 = -6\varphi^3\left(\varphi - \sqrt{\frac{8}{3}}\pi\right)\left(\varphi + \sqrt{\frac{8}{3}}\pi\right).$$

令 $y' = 0$, 得唯一正驻点 $\varphi_0 = \sqrt{\dfrac{8}{3}}\pi$.

因为当 $0 < \varphi < \sqrt{\dfrac{8}{3}}\pi$ 时, $y' < 0$; 当 $\sqrt{\dfrac{8}{3}}\pi < \varphi < 2\pi$ 时, $y' > 0$. 所以 $\varphi_0 = \sqrt{\dfrac{8}{3}}\pi$ 为 y 的极大值点,

也是 V 的最大值点. 即当 $\varphi = \sqrt{\dfrac{8}{3}}\pi$ 时, 扇形所做漏斗容积最大.

16. 某吊车的车身高为 1.5 m, 吊臂长 15 m. 现在要把一个 6 m 宽、2 m 高的屋架(如图 3-10 (a)), 水平地吊到 6 m 高的柱子上去(如图 3-10(b)), 问能否吊得上去?

【解】 设吊臂对地面的倾角为 φ 时, 屋架能够吊到的最大高度为 h. 建立关系式

$$15\sin\varphi = (h - 1.5) + 2 + 3\tan\varphi,$$

解出

$$h = 15\sin\varphi - 3\tan\varphi - \frac{1}{2}, \quad h' = 15\cos\varphi - \frac{3}{\cos^2\varphi}.$$

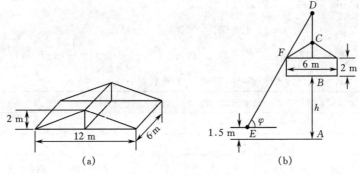

图 3-10

令 $h'=0$，得 $\cos\varphi=\sqrt[3]{\dfrac{1}{5}}$，解得唯一驻点

$$\varphi=\arccos\sqrt[3]{\frac{1}{5}}\approx 54°.$$

又

$$h''\big|_{\varphi=54°}=-15\sin\varphi-3\cdot(-2)\cos^{-3}\varphi\cdot(-\sin\varphi)<0,$$

$\varphi=54°$ 为极大值点，它就是最大值点.

$$\max h=15\sin 54°-3\tan 54°-\frac{1}{2}\approx 7.5\text{ m},$$

所以把此屋架最高能水平地吊至7.5 m高，现只要求水平地吊到6 m处，当然能吊上去.

17. 一房地产公司有 50 套公寓要出租. 当月租金定为 4000 元时，公寓会全部租出去. 当月租金每增加 200 元时，就会多一套公寓租不出去，而租出去的公寓每月需花费 400 元的维修费. 试问房租定为多少可获得最大收入?

【解】 设房租为 x 元，获得收入为 $f(x)$ 元，则租出去的公寓数目为

$$50-\frac{x-4000}{200}=\frac{14000-x}{200}.$$

于是

$$f(x)=\frac{14000-x}{200}\cdot(x-400)=\frac{-x^2+14400x-5600000}{200},$$

$$f'(x)=\frac{-2x+14400}{200}.$$

令 $f'(x)=0$，得 $x=7200$.

又 $f''(x)=-\dfrac{1}{100}<0$，故当房租金定为 7200 元/月时，可获得最大收入.

18. 已知制作一个背包的成本为 40 元，如果每个背包的售出价为 x 元，售出背包数由 $n=\dfrac{a}{x-40}+b(80-x)$ 给出，其中 a，b 为正常数. 问什么样的售出价格能带来最大利润?

【解】 设利润函数为 $L(x)$，则

$$L(x)=(x-40)\cdot 11=a+b(x-40)(80-x),$$

于是

$$L'(x)=b(120-2x).$$

令 $L'(x)=0$，得 $x=60$(元)，由于 $L''(x)=-2b<0$，故售出价格 60 元/件时能带来最大利润.

习题 3-6 函数图形的描绘

描绘下列函数的图形:

1. $y = \dfrac{1}{5}(x^4 - 6x^2 + 8x + 7)$.

【解】 定义域为 $(-\infty, +\infty)$，无奇偶性、周期性.

$$y' = \frac{1}{5}(4x^3 - 12x + 8) = \frac{4}{5}(x+2)(x-1)^2, \quad y'' = \frac{4}{5}(3x^2 - 3) = \frac{12}{5}(x-1)(x+1).$$

令 $y' = 0$，得 $x_1 = -2$，$x_2 = 1$. 令 $y'' = 0$，得 $x_3 = -1$. 列表如下：

x	$(-\infty, -2)$	-2	$(-2, -1)$	-1	$(-1, 1)$	1	$(1, +\infty)$
y'	$-$	0	$+$	$+$	$+$	0	$+$
y''	$+$	$+$	$+$	0	$-$	0	$+$
y	↘	极小	↗	拐点	↗	拐点	↘

图形如图 3-11 所示。

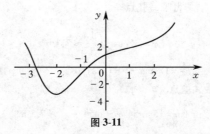

图 3-11

2. $y = \dfrac{x}{1+x^2}$.

【解】 定义域为 $(-\infty, +\infty)$，奇函数，关于原点对称；无周期性(以下讨论仅在 $[0, +\infty)$ 内进行).

$$y' = \frac{1+x^2 - 2x^2}{(1+x^2)^2} = \frac{-(x-1)(x+1)}{(1+x^2)^2}, \quad y'' = \frac{2x(x-\sqrt{3})(x+\sqrt{3})}{(1+x^2)^3}.$$

由于

$$\lim_{x \to \infty} f(x) = \lim_{x \to \infty} \frac{x}{1+x^2} = 0,$$

所以有水平渐近线 $y = 0$. 列表如下：

x	$(0, 1)$	1	$(1, \sqrt{3})$	$\sqrt{3}$	$(\sqrt{3}, +\infty)$
y'	$+$	0	$-$	$-$	$-$
y''	$-$	$-$	$-$	0	$+$
y	↗	极大	↘	拐点	↘

图形如图 3-12 所示.

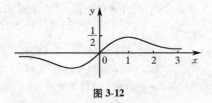

图 3-12

3. $y = e^{-(x-1)^2}$.

【解】 定义域为 $(-\infty, +\infty)$，无周期性、奇偶性.

$$y' = e^{-(x-1)^2}\left[-2(x-1)\right], \quad y'' = 4e^{-(x-1)^2}\left[x-\left(1+\dfrac{\sqrt{2}}{2}\right)\right]\left[x-\left(1-\dfrac{\sqrt{2}}{2}\right)\right].$$

令 $y'=0$, 得 $x_1=1$. 令 $y''=0$, 得 $x_2=1+\dfrac{\sqrt{2}}{2}$, $x_3=1-\dfrac{\sqrt{2}}{2}$.

又
$$\lim_{x\to\infty}f(x)=\lim_{x\to\infty}e^{-(x-1)^2}=0,$$

所以有水平渐近线 $y=0$. 列表如下:

x	$\left(-\infty,1-\dfrac{\sqrt{2}}{2}\right)$	$1-\dfrac{\sqrt{2}}{2}$	$\left(1-\dfrac{\sqrt{2}}{2},1\right)$	1	$\left(1,1+\dfrac{\sqrt{2}}{2}\right)$	$1+\dfrac{\sqrt{2}}{2}$	$\left(1+\dfrac{\sqrt{2}}{2},+\infty\right)$
y'	+	+	+	0	−	−	−
y''	+	0	−	−	−	0	+
y	↗	拐点	↗	极大	↘	拐点	↘

图形如图 3-13 所示.

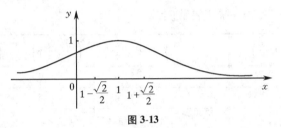

图 3-13

4. $y = x^2 + \dfrac{1}{x}$.

【解】　定义域为 $(-\infty,0)\cup(0,+\infty)$, 无周期性、奇偶性.

$$y' = 2x - \dfrac{1}{x^2}, \quad y'' = 2 + \dfrac{2}{x^3}.$$

令 $y'=0$, 得 $x_1=\sqrt[3]{\dfrac{1}{2}}$. 令 $y''=0$, 得 $x_2=-1$.

又
$$\lim_{x\to 0}y = \lim_{x\to 0}\left(x^2+\dfrac{1}{x}\right)=\infty,$$

所以有铅直渐近线 $x=0$. 列表如下:

x	$(-\infty,-1)$	-1	$(-1,0)$	$\left(0,\dfrac{1}{\sqrt[3]{2}}\right)$	$\dfrac{1}{\sqrt[3]{2}}$	$\left(\dfrac{1}{\sqrt[3]{2}},+\infty\right)$
y'	−	−	−	−	0	+
y''	+	0	−	+	0	+
y	↘	拐点	↘	↘	极小	↗

图形如图 3-14 所示.

5. $y = \dfrac{\cos x}{\cos 2x}$.

【解】　定义域为 $x\neq\dfrac{n\pi}{2}+\dfrac{\pi}{4}$ ($n=0,\pm1,\pm2,\cdots$), 偶函数, 周期为 2π, 以下仅在 $[0,\pi]$ 上讨论, 并作出在一个周期 $[-\pi,\pi]$ 上的图形.

$$y' = \dfrac{\sin x(3-2\sin^2 x)}{\cos^2(2x)}, \quad y'' = \dfrac{\cos x(3+12\sin^2 x-4\sin^4 x)}{\cos^3(2x)}.$$

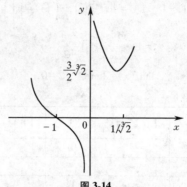

图 3-14

由于

$$\lim_{x \to \frac{\pi}{4}} y = \lim_{x \to \frac{\pi}{4}} \frac{\cos x}{\cos 2x} = \infty, \quad \lim_{x \to \frac{3}{4}\pi} y = \lim_{x \to \frac{3}{4}\pi} \frac{\cos x}{\cos 2x} = \infty,$$

所以有铅直渐近线 $x = \dfrac{\pi}{4}$, $x = \dfrac{3}{4}\pi$. 列表如下:

x	0	$\left(0, \dfrac{\pi}{4}\right)$	$\left(\dfrac{\pi}{4}, \dfrac{\pi}{2}\right)$	$\dfrac{\pi}{2}$	$\left(\dfrac{\pi}{2}, \dfrac{3}{4}\pi\right)$	$\left(\dfrac{3}{4}\pi, \pi\right)$	π
y'	0	+	+	+	+	+	0
y''	+	+	−	0	+	−	−
y	极小	↗	↗	拐点	↗	↗	极大

图形如图 3-15 所示.

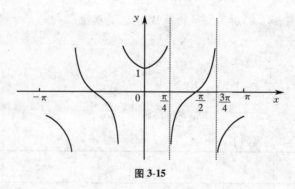

图 3-15

习题 3-7 曲 率

1. 求椭圆 $4x^2 + y^2 = 4$ 在点 $(0, 2)$ 处的曲率.

【解】 方程两边对 x 求导, 得

$$8x + 2yy' = 0,$$

解出

$$y' = -\frac{4x}{y},$$

从而

$$y'' = -\frac{4 \cdot y - 4x \cdot y'}{y^2}.$$

在点$(0,2)$处，$y'\big|_{x=0}=0$，$y''\big|_{x=0}=-2$，$K=\dfrac{|-2|}{\sqrt{(1+0)^3}}=2$.

2. 求曲线 $y=\ln\sec x$ 在点(x,y)处的曲率及曲率半径.

【解】 $y'=\dfrac{1}{\sec x}\cdot\sec x\cdot\tan x=\tan x$，$y''=\sec^2 x$，$K=\dfrac{\sec^2 x}{(1+\tan^2 x)^{3/2}}=\dfrac{1}{|\sec x|}=|\cos x|$，

曲率半径
$$\rho=\frac{1}{K}=\frac{1}{|\cos x|}=|\sec x|.$$

3. 求抛物线 $y=x^2-4x+3$ 在其顶点处的曲率及曲率半径.

【解】 抛物线的顶点为$(2,-1)$.
$$y'=2x-4,\ y''=2,$$

曲率
$$K\big|_{(2,-1)}=\frac{|y''|}{(1+y'^2)^{3/2}}\Big|_{x=2}=2,$$

曲率半径
$$\rho=\frac{1}{K}=\frac{1}{2}.$$

4. 求曲线 $x=a\cos^3 t$，$y=a\sin^3 t$ 在 $t=t_0$ 相应的点处的曲率.

【解】 $\dfrac{\mathrm{d}y}{\mathrm{d}x}=\dfrac{3a\sin^2 t\cos t}{3a\cos^2 t(-\sin t)}=-\tan t$，$\dfrac{\mathrm{d}^2 y}{\mathrm{d}x^2}=\dfrac{-\sec^2 t}{-3a\cos^2 t\sin t}=\dfrac{1}{3a\sin t\cos^4 t}$.

故在 $t=t_0$ 处的曲率为
$$K=\left|\frac{\dfrac{1}{3a\sin t_0\cos^4 t_0}}{[1+(-\tan t_0)^2]^{3/2}}\right|=\left|\frac{2}{3a\sin(2t_0)}\right|.$$

5. 对数曲线 $y=\ln x$ 上哪一点处的曲率半径最小？求出该点处的曲率半径.

【解】 $y'=\dfrac{1}{x}$，$y''=-\dfrac{1}{x^2}$，

曲率
$$K=\frac{|y''|}{(1+y'^2)^{3/2}}=\frac{\dfrac{1}{x^2}}{\left(1+\dfrac{1}{x^2}\right)^{3/2}}=\frac{x}{(1+x^2)^{3/2}},$$

则曲率半径
$$\rho=\frac{1}{K}=\frac{(1+x^2)^{3/2}}{x},$$
$$\rho'=\frac{\dfrac{3}{2}(1+x^2)^{\frac{1}{2}}2x^2-(1+x^2)^{3/2}}{x^2}=\frac{\sqrt{1+x^2}(2x^2-1)}{x^2}.$$

令 $\rho'=0$，得
$$x_1=\frac{\sqrt{2}}{2},\ x_2=-\frac{\sqrt{2}}{2}\ （舍去）.$$

所以曲线在点$\left(\dfrac{\sqrt{2}}{2},-\dfrac{\ln 2}{2}\right)$处的曲率半径最小，最小的曲率半径为
$$\rho=\frac{\left(1+\dfrac{1}{2}\right)^{3/2}}{\sqrt{2}/2}=\frac{3}{2}\sqrt{3}.$$

*6. 证明曲线 $y=a\operatorname{ch}\dfrac{x}{a}$ 在点(x,y)处的曲率半径为$\dfrac{y^2}{a}$.

【证】 $y' = \text{sh}\dfrac{x}{a}, y'' = \dfrac{1}{a}\text{ch}\dfrac{x}{a},$

故曲率为
$$K = \frac{\left|\dfrac{1}{a}\text{ch}\dfrac{x}{a}\right|}{\left(1+\text{sh}^2\dfrac{x}{a}\right)^{3/2}} = \frac{1}{|a|\text{ch}^2\dfrac{x}{a}}.$$

不妨设 $a>0$，所以曲率半径为
$$\rho = \frac{1}{K} = a\text{ch}^2\frac{x}{a} = \frac{y^2}{a}.$$

7. 一飞机沿抛物线路径 $y = \dfrac{x^2}{10000}$（y 轴铅直向上，单位为 m）作俯冲飞行. 在坐标原点 O 处飞机的速度为 $v = 200$ m/s. 飞行员体重 $G = 70$ kg. 求飞机俯冲至最低点即原点 O 处时座椅对飞行员的反力.

【解】 $y' = \dfrac{x}{5000}, y'' = \dfrac{1}{5000},$

在原点处
$$\rho = \frac{(1+y'^2)^{3/2}}{|y''|} = \frac{(1+0^2)^{3/2}}{1/5000} = 5000,$$

向心力为
$$F = \frac{mv^2}{\rho} = \frac{70\times200^2}{5000} = 560 \text{ (N)},$$

因此，座椅对飞行员的反力为 $70\times9.8+560 = 1246$（N），其方向向上.

8. 汽车连同载重共 5 t，在抛物线拱桥上行驶，速度为 21.6 km/h，桥的跨度为 10 m，拱的矢高为 0.25 m（图 3-16）. 求汽车越过桥顶时对桥的压力.

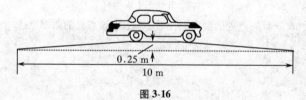

图 3-16

【解】 取桥顶为原点，竖直向下为 y 轴正向，则抛物线方程为 $y = ax^2(a>0)$，桥端点 $(5, 0.25)$ 在抛物线上，所以 $a = 0.01$，则
$$y = 0.01x^2, \quad y'(0) = 0, \quad y''(0) = 0.02,$$

所以顶点处抛物线的曲率半径为
$$\rho\Big|_{x=0} = \frac{(1+y'^2)^{3/2}}{|y''|} = \frac{1}{0.02} = 50,$$

向心力
$$F = \frac{mv^2}{\rho} = \frac{5\times10^3}{50}\left(\frac{21.6\times10^3}{60\times60}\right)^2 = 3600 \text{ (N)},$$

所以，汽车越过桥顶时对桥的总压力为 $5\times10^3\times9.8-3600 = 45400$（N）.

*9. 求曲线 $y = \ln x$ 在与 x 轴的交点处的曲率圆方程.

【解】 曲线 $y = \ln x$ 与 x 轴交点坐标为 $(1, 0)$，
$$y' = \frac{1}{x}, \quad y'' = -\frac{1}{x^2}, \quad y'\Big|_{(1,0)} = 1, \quad y''\Big|_{(1,0)} = -1.$$

曲率半径
$$\rho = \frac{(1+y'^2)^{3/2}}{|y''|} = \sqrt{8}.$$

曲率圆中心坐标为 (α, β)，则

$$\alpha = x - \frac{y'(1+y'^2)}{y''} = 3, \quad \beta = y + \frac{1+y'^2}{y''} = -2,$$

所求曲率圆方程为

$$(x-3)^2 + (y+2)^2 = 8.$$

*10. 求曲线 $y = \tan x$ 在点 $\left(\dfrac{\pi}{4}, 1\right)$ 处的曲率圆方程.

【解】 $y' = \sec^2 x$，$y'' = 2\sec^2 x \tan x$，$y'\Big|_{\left(\frac{\pi}{4}, 1\right)} = 2$，$y''\Big|_{\left(\frac{\pi}{4}, 1\right)} = 4$.

曲率半径

$$\rho = \frac{(1+y'^2)^{3/2}}{|y''|} = \frac{5}{4}\sqrt{5}.$$

曲率圆中心坐标为 (α, β)，则

$$\alpha = x - \frac{y'(1+y'^2)}{y''} = \frac{\pi}{4} - \frac{5}{2}, \quad \beta = y + \frac{1+y'^2}{y''} = \frac{9}{4},$$

所求曲率圆方程为

$$\left(x - \frac{\pi}{4} + \frac{5}{2}\right)^2 + \left(y - \frac{9}{4}\right)^2 = \frac{125}{16}.$$

*11. 求抛物线 $y^2 = 2px$ 的渐屈线方程.

【解】 对方程 $y^2 = 2px$ 求导数，得

$$2yy' = 2p, \quad y' = \frac{p}{y}, \quad y'' = -\frac{p}{y^2} \cdot y' = -\frac{p^2}{y^3},$$

故

$$\alpha = x - \frac{y'(1+y'^2)}{y''} = \frac{2p}{p} + \frac{y^2}{p} + p = \frac{3y^2}{2p} + p, \quad \beta = y + \frac{1+y'^2}{y''} = y - \frac{y^3}{p^2} - y = -\frac{y^3}{p^2},$$

所求渐屈线参数方程为

$$\begin{cases} \alpha = \dfrac{3y^2}{2p} + p, \\ \beta = -\dfrac{y^3}{p^2} \end{cases} \quad (y \text{ 为参数}).$$

习题 3-8　方程的近似解

1. 试证明方程 $x^3 - 3x^2 + 6x - 1 = 0$ 在区间 $(0, 1)$ 内有唯一的实根，并用二分法求这个根的近似值，使误差不超过 0.01.

【证】 设 $\qquad f(x) = x^3 - 3x^2 + 6x - 1 \quad (x \in [0, 1])$.

因为 $f(x)$ 在 $[0, 1]$ 连续，且

$$f(0) \cdot f(1) = -3 < 0,$$

所以由零点定理，存在一点 $\xi \in (0, 1)$，使得 $f(\xi) = 0$.

又因为 $\qquad f'(x) = 3x^2 - 6x + 6 = 3(x-1)^2 + 3 > 0$,

所以 $f(x)$ 单调增加. 在 $[0, 1]$ 内，$f(x)$ 的零点是唯一的，即方程 $x^3 - 3x^2 + 6x - 1 = 0$ 在 $(0, 1)$ 内有唯一实根.

用二分法求这个根的近似值.

k	a_k	b_k	中点 x_k	$f(x_k)$ 的符号
0	0	1	0.500	+
1	0	0.500	0.250	+
2	0	0.250	0.125	−
3	0.125	0.250	0.188	+

表(续)

k	a_k	b_k	中点 x_k	$f(x_k)$ 的符号
4	0.125	0.188	0.157	−
5	0.157	0.188	0.173	−
6	0.173	0.188	0.267	+
7	0.173	0.267	0.220	+
8	0.173	0.220	0.196	+
9	0.173	0.196	0.185	+
10	0.173	0.185	0.179	−
11	0.179	0.185	0.182	−
12	0.182	0.185	0.183	+
13	0.182	0.183	0.183	

所以
$$\xi = 0.183.$$

2. 试证明方程 $x^5+5x+1=0$ 在区间 $(-1, 0)$ 内有唯一的实根,并用切线法求这个根的近似值,使误差不超过 0.01.

【解】 设
$$f(x) = x^5+5x+1 \quad (x \in [-1, 0]).$$
因为 $f(x)$ 在 $[-1, 0]$ 上连续,且
$$f(-1) = -5 < 0, \ f(0) = 1 > 0,$$
由零点定理,至少存在一点 $\xi \in (-1, 0)$,使得 $f(\xi) = 0$.

又由 $f'(x) = 5x^4+5 > 0$,知 $f(x)$ 在 $[-1, 0]$ 上单调增加,所以 $f(x)$ 在 $(-1, 0)$ 内有唯一实根.下面用切线法求 ξ 的近似值.

因为 $f''(x) = 20x^3 < 0$,应取 $x_0 = -1 \quad (f(x_0)f''(x_0) > 0)$,代入递推公式 $x_{n+1} = x_n - \dfrac{f(x_n)}{f'(x_n)}$,

$$x_1 = -1 - \frac{-5}{5+5} = -0.5, \quad x_2 = -0.5 - \frac{f(-0.5)}{f'(-0.5)} \approx -0.26,$$

$$x_3 = -0.26 - \frac{f(-0.26)}{f'(-0.26)} \approx -0.20, \quad x_4 = -0.20 - \frac{f(-0.2)}{f'(-0.2)} \approx -0.20,$$

所以
$$\xi \approx 0.20.$$

3. 用割线法求方程 $x^3+3x=1$ 的近似根,使误差不超过 0.01.

【解】 令 $f(x) = x^3+3x-1$,则 $f'(x) = 3(x^2+1) > 0$.这说明 $f(x) = 0$ 最多有一个实根.

又由于 $f(0) = -1 < 0, f(1) = 3 > 0$,说明 $f(x) = 0$ 的实根位于 $(0, 1)$ 内.取 $a = 0, b = 1, [0, 1]$ 就是隔离区间,列表计算如下.

k	a_k	b_k	中点 x_k	$f(x_k)$
0	0	1	0.5	0.625
1	0	0.5	0.25	−0.234
2	0.25	0.5	0.38	0.095
3	0.25	0.38	0.32	−0.007
4	0.32	0.38	0.35	0.093

表(续)

k	a_k	b_k	中点 x_k	$f(x_k)$
5	0.32	0.35	0.34	0.059
6	0.32	0.34	0.33	0.026
7	0.32	0.33		

于是 0.32<ξ<0.33，即 0.32 作为根的不足近似值，0.33 作为根的过剩近似值，其误差都小于 0.01。

4. 求方程 $x\lg x=1$ 的近似根，使误差不超过 0.01.

【解】　设函数 $f(x)=x\lg x-1$，则
$$f(1)=-1<0, f(3)=3\lg3-1>0.$$
由零点定理，至少存在一点 $\xi\in(1,3)$，使 $f(\xi)=0$. 又
$$f'(x)=\lg x+x\cdot\frac{1}{x}\lg e=\lg x+\lg e>0,$$
故 $f(x)$ 在 $[1,3]$ 上单调增加，因而 $f(x)=0$ 在 $(1,3)$ 内有唯一实根 ξ.
用二分法求近似值.

k	a_k	b_k	中点 x_k	$f(x_k)$ 的符号
0	1	3	2	−
1	2	3	2.5	−
2	2.5	3	2.75	+
3	2.5	2.75	2.63	+
4	2.5	2.63	2.57	+
5	2.5	2.57	2.53	+
6	2.5	2.53	2.52	+
7	2.5	2.52	2.51	+
8	2.5	2.51	2.51	

因为 $f(2.5)<0, f(2.51)>0$，所以取 $\xi=2.50$ 或 $\xi=2.51$ 作为近似值，其误差均不超过 0.01.

总习题三

1. 填空：

设常数 $k>0$，函数 $f(x)=\ln x-\dfrac{x}{e}+k$ 在 $(0,+\infty)$ 内零点的个数为_____.

【解】　应填 2. 因为
$$f'(x)=\frac{1}{x}-\frac{1}{e}=\frac{e-x}{ex}.$$
令 $f'(x)=0$，得 $x=e$，可判断 $x=e$ 是函数在 $(0,+\infty)$ 内的最大值点.
$$f(e)=k>0.$$
又
$$\lim_{x\to0^+}f(x)=-\infty, \lim_{x\to+\infty}f(x)=-\infty,$$
所以 $f(x)$ 在 $(0,+\infty)$ 内有两个零点.

2. 以下两题中给了四个结论，从中选出一个正确的结论：

(1)设在 $[0,1]$ 上 $f''(x)>0$，则 $f'(0),f'(1),f(1)-f(0)$ 或 $f(0)-f(1)$ 几个数的大小顺序为

(　).

(A) $f'(1)>f'(0)>f(1)-f(0)$　　　　(B) $f'(1)>f(1)-f(0)>f'(0)$

(C) $f(1)-f(0)>f'(1)>f'(0)$　　　　(D) $f'(1)>f(0)-f(1)>f'(0)$

【解】 应选择 B. 因为 $f''(x)>0$，则 $f'(x)$ 单调增加，故 $f'(0)<f'(1)$，

$$f(1)-f(0)=f'(\xi)(1-0)\quad(0<\xi<1),$$

故　　　　　　　　　　　　　　$f'(0)<f'(\xi)<f'(1),$

即　　　　　　　　　　　　$f'(0)<f(1)-f(0)<f'(1).$

(2) 设 $f'(x_0)=f''(x_0)=0$，$f'''(x_0)>0$，则(　).

(A) $f'(x_0)$ 是 $f'(x)$ 的极大值　　　　(B) $f(x_0)$ 是 $f(x)$ 的极大值

(C) $f(x_0)$ 是 $f(x)$ 的极小值　　　　(D) $(x_0, f(x_0))$ 是曲线 $y=f(x)$ 的拐点

【解】 取 $f(x)=x^3$，则 $f'(x)=3x^2$，$f''(x)=6x$，$f'''(x)=6>0$，$x_0=0$，符合题意，但明显排除了 A、B、C，故选择 D.

3. 列举一个函数 $f(x)$ 满足：$f(x)$ 在 $[a, b]$ 上连续，在 (a, b) 内除某一点外处处可导，但在 (a, b) 内不存在点 ξ，使 $f(b)-f(a)=f'(\xi)(b-a)$.

【解】 例如 $f(x)=|x|$　$(x\in[-1, 1])$.

$f(x)$ 在 $[-1, 1]$ 上连续. 除点 $x=0$ 外处处可导，且

$$f'(x)=\begin{cases}1, & x\in(0, 1), \\ -1, & x\in(-1, 0),\end{cases}$$

而 $f(1)-f(-1)=0$，知在 $(-1, 1)$ 内的所求可导点中不存在任何点 ξ，使得 $f'(\xi)=0$.

4. 设 $\lim\limits_{x\to\infty}f'(x)=k$，求 $\lim\limits_{x\to\infty}[f(x+a)-f(x)]$.

【解】 由拉格朗日中值定理可知

$$f(x+a)-f(x)=f'(\xi)a\quad(\xi \text{ 在 } x \text{ 与 } x+a \text{ 之间}),$$

所以　　　$\lim\limits_{x\to\infty}[f(x+a)-f(x)]=\lim\limits_{x\to\infty}f'(\xi)\cdot a=\lim\limits_{\xi\to\infty}f'(\xi)\cdot a=ka.$

5. 证明多项式 $f(x)=x^3-3x+a$ 在 $[0, 1]$ 上不可能有两个零点.

【证】 设 $f(x)$ 在 $[0, 1]$ 上有两个零点 x_1, x_2，不妨设 $x_1<x_2$，由罗尔定理，存在 $\xi\in(x_1, x_2)$，使得 $f'(\xi)=0$，即 $3\xi^2-3=0$，从而有 $\xi=\pm1$. 这与 $\xi\in(x_1, x_2)\subset(0, 1)$ 矛盾. 所以 $f(x)=x^3-3x+a$ 在 $[0, 1]$ 上不可能有两个零点.

6. 设 $a_0+\dfrac{a_1}{2}+\cdots+\dfrac{a_n}{n+1}=0$，证明多项式 $f(x)=a_0+a_1x+\cdots+a_nx^n$ 在 $(0, 1)$ 内至少有一个零点.

【证】 设　　　　$F(x)=a_0x+\dfrac{a_1}{2}x^2+\cdots+\dfrac{a_n}{n+1}x^{n+1},$

显然，$F(x)$ 在 $[0, 1]$ 上连续，在 $(0, 1)$ 内可导，

$$F'(x)=a_0+a_1x+\cdots+a_nx^n=f(x).$$

又 $F(0)=F(1)=0$，由罗尔定理，至少存在一点 $\xi\in(0, 1)$，使得

$$f(\xi)=F'(\xi)=0,$$

则 ξ 就是函数 $f(x)$ 在 $(0, 1)$ 内的一个零点.

*7. 设 $f(x)$ 在 $[0, a]$ 上连续，在 $(0, a)$ 内可导，且 $f(a)=0$，证明存在一点 $\xi\in(0, a)$，使 $f(\xi)+\xi f'(\xi)=0$.

【证】 设 $F(x)=xf(x)$，由题设条件知 $F(x)$ 在 $[0, a]$ 上连续，在 $(0, a)$ 内可导，且

$$F'(x)=f(x)+xf'(x),$$

而 $F(0)=F(a)=0$，由罗尔定理知，至少存在一点 $\xi\in(0, x)$，使得

$$F'(\xi)=F'(\xi)=0,$$

即　　　　　　　　　　　　$f(\xi)+\xi\cdot f'(\xi)=0.$

*8. 设 $0<a<b$，函数 $f(x)$ 在 $[a, b]$ 上连续，在 (a, b) 内可导，试利用柯西中值定理，证明存在

一点 $\xi \in (a, b)$，使 $f(b) - f(a) = \xi f'(\xi) \ln \dfrac{b}{a}$.

【证】　设 $F(x) = \ln x$.

$f(x)$ 与 $F(x)$ 在 $[a, b]$ 上连续，在 (a, b) 内可导，且 $F'(x) = \dfrac{1}{x}$，在 (a, b) 内处处不为 0，由柯西中值定理知，必存在 $\xi \in (a, b)$，使得

$$\frac{f(b) - f(a)}{\ln b - \ln a} = \frac{f'(\xi)}{\dfrac{1}{\xi}},$$

即

$$f(b) - f(a) = \xi f'(\xi) \ln \frac{b}{a}.$$

9. 设 $f(x)$，$g(x)$ 都是可导函数，且 $|f'(x)| < g'(x)$. 证明：当 $x > a$ 时，$|f(x) - f(a)| < g(x) - g(a)$.

【证】　因为 $g'(x) > |f'(x)| \geqslant 0$，故 $g(x)$ 单调增加，当 $x > a$ 时，$g(x) > g(a)$.

由柯西中值定理，存在 $\xi \in (a, x)$，使得 $\dfrac{f(x) - f(a)}{g(x) - g(a)} = \dfrac{f'(\xi)}{g'(\xi)}$，即

$$\frac{|f(x) - f(a)|}{g(x) - g(a)} = \frac{|f'(\xi)|}{g'(\xi)} < 1,$$

故 $|f(x) - f(a)| < g(x) - g(a)$.

10. 求下列极限：

(1) $\lim\limits_{x \to 1} \dfrac{x - x^x}{1 - x + \ln x}$.

【解】　属于 $\dfrac{0}{0}$ 型未定式. 使用洛必达法则.

$$原式 = \lim_{x \to 1} \frac{1 - x^x \ln x - x \cdot x^{x-1}}{-1 + \dfrac{1}{x}} = \lim_{x \to 1} x \cdot \lim_{x \to 1} \frac{x^x - 1 + x^x \ln x}{x - 1} = \lim_{x \to 1} [x^{x-1} + (x^x \ln x + x^x) \ln x + x^x + x^x \ln x] = 2.$$

(2) $\lim\limits_{x \to 0} \left[\dfrac{1}{\ln(1 + x)} - \dfrac{1}{x} \right]$.

【解】　$原式 = \lim\limits_{x \to 0} \dfrac{x - \ln(1 + x)}{x^2} = \lim\limits_{x \to 0} \dfrac{1 - \dfrac{1}{1 + x}}{2x} = \lim\limits_{x \to 0} \dfrac{x}{2x(1 + x)} = \dfrac{1}{2}$.

(3) $\lim\limits_{x \to +\infty} \left(\dfrac{2}{\pi} \arctan x \right)^x$.

【解】　令 $y = \left(\dfrac{2}{\pi} \arctan x \right)^x$，则 $\ln y = x \ln \left(\dfrac{2}{\pi} \arctan x \right)$，

$$\lim_{x \to +\infty} \ln y = \lim_{x \to +\infty} \frac{\ln \dfrac{2}{\pi} + \ln \arctan x}{\dfrac{1}{x}} = \lim_{x \to +\infty} \frac{\dfrac{1}{\arctan x} \cdot \dfrac{1}{1 + x^2}}{-\dfrac{1}{x^2}} = \lim_{x \to +\infty} \frac{1}{\arctan x} \cdot \frac{-x^2}{1 + x^2} = -\frac{2}{\pi},$$

故 $\lim\limits_{x \to +\infty} \left(\dfrac{2}{\pi} \arctan x \right)^x = \mathrm{e}^{-\frac{2}{\pi}}$.

(4) $\lim\limits_{x \to \infty} \left[(a_1^{\frac{1}{x}} + a_2^{\frac{1}{x}} + \cdots + a_n^{\frac{1}{x}}) / n \right]^{nx}$ （其中 $a_1, a_2, \cdots, a_n > 0$）.

【解】　设 $y = \left[\dfrac{a_1^{\frac{1}{x}} + a_2^{\frac{1}{x}} + \cdots + a_n^{\frac{1}{x}}}{n} \right]^{nx}$，则 $\ln y = nx \left[\ln(a_1^{\frac{1}{x}} + a_2^{\frac{1}{x}} + \cdots + a_n^{\frac{1}{x}}) - \ln n \right]$，

$$\lim_{x\to\infty}\ln y = \lim_{x\to\infty}\frac{n\left[\ln\left(a_1^{\frac{1}{x}}+a_2^{\frac{1}{x}}+\cdots+a_n^{\frac{1}{x}}\right)-\ln n\right]}{\frac{1}{x}}\xlongequal{\frac{1}{x}=t}\lim_{t\to0}\frac{n\ln\left(a_1^t+a_2^t+\cdots+a_n^t\right)-n\ln n}{t}$$

$$=\lim_{t\to0}\frac{n\left(a_1^t\ln a_1+a_2^t\ln a_2+\cdots+a_n^t\ln a_n\right)}{a_1^t+a_2^t+\cdots+a_n^t}=\ln a_1+\ln a_2+\cdots+\ln a_n,$$

故原式 $=a_1 a_2 \cdots a_n$.

11. 求下列函数在指定点 x_0 处具有指定阶数及余项的泰勒公式：

（1）$f(x)=x^3\ln x$，$x_0=1$，$n=4$，拉格朗日余项；

（2）$f(x)=\arctan x$，$x_0=0$，$n=3$，佩亚诺余项；

（3）$f(x)=e^{\sin x}$，$x_0=0$，$n=3$，佩亚诺余项；

（4）$f(x)=\ln\cos x$，$x_0=0$，$n=6$，佩亚诺余项.

【解】 （1）$f'(x)=3x^2\cdot\ln x+x^2$；$f''(x)=6x\cdot\ln x+5x$；$f'''(x)=6\ln x+11$；$f^{(4)}(x)=\dfrac{6}{x}$；$f^{(5)}(x)=-\dfrac{6}{x^2}$.

所以 $f(1)=0$；$f'(1)=1$；$f''(1)=5$；$f'''(1)=11$；$f^{(4)}(1)=6$；$f^{(5)}(\xi)=-\dfrac{6}{\xi^2}$（$\xi$ 介于 1 与 x 之间）. 因此

$$x^3\cdot\ln x=(x-1)+\frac{5}{2!}(x-1)^2+\frac{11}{3!}(x-1)^3+\frac{6}{4!}(x-1)^4-\frac{1}{5!}\frac{6}{\xi^2}(x-1)^5.$$

（2）由 $f'(x)=\dfrac{1}{1+x^2}$，$f''(x)=-\dfrac{2x}{(1+x^2)^2}$，$f'''(x)=\dfrac{-2(1-3x^2)}{(1+x^2)^3}$ 得 $f'(0)=1$，$f''(0)=0$，$f'''(0)=-2$，

又 $f(0)=0$，故 $\arctan x=x-\dfrac{x^3}{3}+o(x^4)$.

（3）因为 $e^{\sin x}=1+\sin x+\dfrac{1}{2!}\sin^2 x+\dfrac{1}{3!}\sin^3 x+o(x^3)$，又 $\sin x=x-\dfrac{1}{3!}x^3+o(x^4)$，故得

$$e^{\sin x}=1+\left(x-\frac{1}{6}x^3\right)+\frac{1}{2}x^2+\frac{1}{6}x^3+o(x^3)=1+x+\frac{x^2}{2}+o(x^3).$$

（4）$\ln\cos x=\ln\left[1+(\cos x-1)\right]=\cos x-1-\dfrac{1}{2}(\cos x-1)^2+\dfrac{1}{3}(\cos x-1)^3+o(x^6)$，

又 $\cos x=1-\dfrac{1}{2}x^2+\dfrac{1}{24}x^4-\dfrac{1}{720}x^6+o(x^7)$，得

$$\ln\cos x=-\frac{1}{2}x^2-\frac{1}{12}x^4-\frac{1}{45}x^6+o(x^6).$$

12. 证明下列不等式：

（1）当 $0<x_1<x_2<\dfrac{\pi}{2}$ 时，$\dfrac{\tan x_2}{\tan x_1}>\dfrac{x_2}{x_1}$.

【证】 设 $f(x)=\dfrac{\tan x}{x}$，$x\in\left(0,\dfrac{\pi}{2}\right)$，$f'(x)=\dfrac{x\sec^2 x-\tan x}{x^2}=\dfrac{x-\sin x\cos x}{x^2\cos^2 x}=\dfrac{2x-\sin2x}{2x^2\cos^2 x}$.

当 $0<x<\dfrac{\pi}{2}$ 时，$2x>\sin2x$，故 $f'(x)>0$，则在区间 $\left[0,\dfrac{\pi}{2}\right]$ 上，$f(x)$ 单调增加，取 $0<x_1<x_2<\dfrac{\pi}{2}$，

则有 $\dfrac{\tan x_2}{x_2}>\dfrac{\tan x_1}{x_1}$，即

$$\frac{\tan x_2}{\tan x_1}>\frac{x_2}{x_1}.$$

（2）当 $x>0$ 时，$\ln(1+x)>\dfrac{\arctan x}{1+x}$.

【证】 设 $f(x)=(1+x)\ln(1+x)-\arctan x$ $(x>0)$，则

$$f(0)=0,\quad f'(x)=\ln(1+x)+1-\frac{1}{1+x^2}=\ln(1+x)+\frac{x^2}{1+x^2}>0.$$

所以，当 $x>0$ 时，$f(x)$ 单调增加，则 $f(x)>f(0)=0$，即

$$(1+x)\ln(1+x)-\arctan x>0,$$

$$\ln(1+x)>\frac{\arctan x}{1+x}.$$

(3) 当 $e<a<b<e^2$ 时，$\ln^2 b-\ln^2 a>\dfrac{4}{e^2}(b-a)$.

【证】 令

$$f(x)=\ln^2 x\quad (e<a<x<b<e^2),$$

则 $f(x)$ 于 $[a,b]$ 上满足 Lagrange 中值定理. $\exists\,\xi\in(a,b)$，使

$$\ln^2 b-\ln^2 a=\frac{2\ln\xi}{\xi}(b-a).$$

再令 $\varphi(t)=\dfrac{\ln t}{t}$，则 $\varphi'(t)=\dfrac{1-\ln t}{t^2}$，当 $t>e$ 时，$\varphi'(t)<0$. $\varphi(t)$ 在 $[e,+\infty)$ 内单调减少，而

$$e<a<\xi<b<e^2,$$

从而

$$\varphi(\xi)>\varphi(e^2),$$

即

$$\frac{\ln\xi}{\xi}>\frac{\ln e^2}{e^2}=\frac{2}{e^2},$$

最后得

$$\ln^2 b-\ln^2 a>\frac{4}{e^2}(b-a).$$

13. 设 $a>1$. $f(x)=a^x-ax$ 在 $(-\infty,+\infty)$ 内驻点为 $x(a)$，问 a 为何值时，$x(a)$ 最小，并求最小值.

【解】 $f'(x)=a^x\ln a-a$，令 $f'(x)=0$，得驻点 $x(a)=1-\dfrac{\ln\ln a}{\ln a}$. 当 $a>1$ 时，

$$x'(a)=\frac{\ln\ln a-1}{a(\ln a)^2}.$$

令 $x'(a)=0$，得 $a=e^e$. 当 $a>e^e$ 时，$x'(a)>0$；当 $1<a<e^e$ 时，$x'(a)<0$.

故 $x(e^e)=1-\dfrac{1}{e}$ 为极小值，也是最小值.

14. 求椭圆 $x^2-xy+y^2=3$ 上纵坐标最大和最小的点.

【解】 方程两边对 x 求导，得

$$2x-y-xy'+2yy'=0,\quad y'=\frac{2x-y}{x-2y}.$$

令 $y'=0$，解得 $y=2x$. 代入原方程，求得驻点 $x=\pm1$.

当 $x-2y=0$ 时，函数不可导，此时切线垂直于 x 轴，将 $x=2y$ 代入原方程，得不可导点 $x=\pm2$.

因为 $y(-1)=-2$，$y(1)=2$，$y(-2)=-1$，$y(2)=1$，故最大值点为 $(1,2)$，最小值点为 $(-1,-2)$.

15. 求数列 $\{\sqrt[n]{n}\}$ 的最大项.

【解】 设 $f(x)=x^{\frac{1}{x}}$ $(x>0)$，则

$$\ln f(x)=\frac{1}{x}\ln x,\quad \frac{1}{f(x)}\cdot f'(x)=\frac{1-\ln x}{x^2},\quad f'(x)=x^{\frac{1}{x}}\cdot\frac{1-\ln x}{x^2}.$$

令 $f'(x)=0$，得驻点 $x=e$.

当 $0<x<e$ 时，$f'(x)>0$；当 $x>e$ 时，$f'(x)<0$. 故 $f(x)$ 在 $x=e$ 处取得最大值.

数列 $\{\sqrt[n]{n}\}$ 的最大值只可能在 $x=e$ 的邻近整数值中取得，即 $f(2)$ 或 $f(3)$.

$$f(2)=\sqrt{2},\quad f(3)=\sqrt[3]{3}.$$

因为 $(\sqrt{2})^6=8<(\sqrt[3]{3})^6=9$，故 $\sqrt[3]{3}$ 是数列 $\{\sqrt[n]{n}\}$ 的最大项.

16. 曲线弧 $y=\sin x\ (0<x<\pi)$ 上哪一点处的曲率半径最小? 求出该点处的曲率半径.

【解】 $y'=\cos x,\ y''=-\sin x\ (0<x<\pi)$，

$$K=\frac{|y''|}{(1+y'^2)^{3/2}}=\frac{\sin x}{(1+\cos^2 x)^{3/2}},\quad \rho=\frac{1}{K}=\frac{(1+\cos^2 x)^{3/2}}{\sin x},$$

$$\rho'=\frac{\dfrac{3}{2}(1+\cos^2 x)^{1/2}\cdot 2\cos x(-\sin x)\cdot\sin x-(1+\cos^2 x)^{3/2}\cdot\cos x}{\sin^2 x}=\frac{-2\cos x(1+\cos^2 x)^{1/2}(\sin^2 x+1)}{\sin^2 x}.$$

令 $\rho'=0$，得唯一驻点 $x=\dfrac{\pi}{2}$.

因为当 $0<x<\dfrac{\pi}{2}$ 时，$\rho'<0$；当 $\dfrac{\pi}{2}<x<\pi$ 时，$\rho'>0$. 所以曲线上点 $\left(\dfrac{\pi}{2},\ 1\right)$ 是曲率半径取极小值的点，也就是最小值点，最小曲率半径为

$$\rho=\frac{\left(1+\cos^2\dfrac{\pi}{2}\right)^{3/2}}{\sin\dfrac{\pi}{2}}=1.$$

17. 证明方程 $x^3-5x-2=0$ 只有一个正根，并求此正根的近似值，精确到 10^{-3}.

【证】 设

$$f(x)=x^3-5x-2,$$

则有

$$f'(x)=3x^2-5.$$

令 $f'(x)=0$，得驻点 $x=\pm\sqrt{\dfrac{5}{3}}$. 在 $(0,\ +\infty)$ 内，只有唯一驻点 $x=\sqrt{\dfrac{5}{3}}$.

当 $0<x<\sqrt{\dfrac{5}{3}}$ 时，$f'(x)<0$；当 $\sqrt{\dfrac{5}{3}}<x<+\infty$ 时，$f'(x)>0$. 故 $x=\sqrt{\dfrac{5}{3}}$ 为 $f(x)$ 在 $(0,\ +\infty)$ 内的极小值点.

又

$$f(0)=-2<0,\ f\left(\sqrt{\dfrac{5}{3}}\right)=\dfrac{5}{3}\sqrt{\dfrac{5}{3}}-5\sqrt{\dfrac{5}{3}}-2<0,$$

所以在 $\left(0,\ \sqrt{\dfrac{5}{3}}\right)$ 内，$f(x)$ 无零点，而

$$\lim_{x\to+\infty}f(x)=\lim_{x\to+\infty}(x^3-5x-2)=+\infty,$$

所以，在 $\left(\sqrt{\dfrac{5}{3}},\ +\infty\right)$ 内，$f(x)$ 有且仅有一个零点，从而方程 $x^3-5x-2=0$ 在 $(0,\ +\infty)$ 内只有一个根.

下面用切线法近似求这个根.

由于 $f(2)=-4<0,\ f(3)=10>0$，故存在 $\xi\in(2,\ 3)$，使得 $f(\xi)=0$.

在 $(2,\ 3)$ 内，$f'(x)=3x^2-5>0,\ f''(x)=6x>0,\ f(3)$ 与 $f''(x)$ 同号，所以令 $x_0=3$. 由切线法公式得

$$x_1=x_0-\frac{f(x_0)}{f'(x_0)}=3-\frac{f(3)}{f'(3)}\approx 2.545,\ x_2=x_1-\frac{f(x_1)}{f'(x_1)}=2.545-\frac{f(2.545)}{f'(2.545)}\approx 2.423,$$

$$x_3=x_2-\frac{f(x_2)}{f'(x_2)}=2.423-\frac{f(2.423)}{f'(2.423)}\approx 2.414,\ x_4=x_3-\frac{f(x_3)}{f'(x_3)}=2.414-\frac{f(2.414)}{f'(2.414)}\approx 2.414.$$

因为 $x_3=x_4$，所以停止迭代. 又因为 $f(2.414)<0,\ f(2.415)>0$，所以 $2.414<\xi<2.415$，从而取 ξ 为 2.414 或 2.415 作为根的近似值，其误差均小于 10^{-3}.

*18. 设 $f''(x_0)$ 存在，证明

$$\lim_{h\to 0}\frac{f(x_0+h)+f(x_0-h)-2f(x_0)}{h^2}=f''(x_0).$$

【证】

$$\lim_{h\to 0}\frac{f(x_0+h)+f(x_0-h)-2f(x_0)}{h^2}=\lim_{h\to 0}\frac{f'(x_0+h)-f'(x_0-h)}{2h}=\lim_{h\to 0}\left[\frac{f'(x_0+h)-f'(x_0)}{2h}+\frac{f'(x_0)-f'(x_0-h)}{2h}\right]$$

$$=\frac{1}{2}\left[\lim_{h\to 0}\frac{f'(x_0+h)-f'(x_0)}{h}+\lim_{h\to 0}\frac{f'(x_0-h)-f'(x_0)}{-h}\right]=\frac{1}{2}[f''(x_0)+f''(x_0)]=f''(x_0).$$

19. 设 $f(x)$ 在 (a,b) 内二阶可导，且 $f''(x)\geqslant 0$. 证明对于 (a,b) 内任意两点 x_1，x_2 及 $0\leqslant t\leqslant 1$，有 $f[(1-t)x_1+tx_2]\leqslant(1-t)f(x_1)+tf(x_2)$.

【证】　令 $x_0=(1-t)x_1+tx_2\in(a,b)$. 将 $f(x)$ 在 $x=x_0$ 处按一阶泰勒公式展开：

$$f(x)=f(x_0)+(x-x_0)f'(x_0)+\frac{1}{2!}(x-x_0)^2f''(\xi)\ (\xi\text{ 在 }x\text{ 与 }x_0\text{ 之间}),$$

分别将 x_1，x_2 代入上式，得

$$f(x_1)=f(x_0)+(x_1-x_0)f'(x_0)+\frac{1}{2!}(x_1-x_0)^2f''(\xi_1),$$

$$f(x_2)=f(x_0)+(x_2-x_0)f'(x_0)+\frac{1}{2!}(x_2-x_0)^2f''(\xi_2),$$

则

$$(1-t)f(x_1)+tf(x_2)=f(x_0)+[(1-t)x_1+tx_2-x_0]f'(x_0)+$$

$$\frac{1}{2}(1-t)(x_1-x_0)^2f''(\xi_1)+\frac{1}{2}t(x_2-x_0)^2f''(\xi_2)$$

$$=f(x_0)+\frac{1}{2}(1-t)(x_1-x_0)^2f''(\xi_1)+\frac{1}{2}t(x_2-x_0)^2f''(\xi_2).$$

由题设 $f''(x)>0$，且 $0\leqslant t\leqslant 1$ 知 $(1-t)f(x_1)+tf(x_2)\geqslant f(x_0)$，即

$$f[(1-t)x_1+tx_2]\leqslant(1-t)f(x_1)+tf(x_2).$$

20. 试确定常数 a 和 b，使 $f(x)=x-(a+b\cos x)\sin x$ 为当 $x\to 0$ 时关于 x 的 5 阶无穷小.

【解】　由 $\cos x$，$\sin x$ 的泰勒展开式得

$$f(x)=x-\left\{a+b\left[1-\frac{1}{2}x^2+\frac{1}{24}x^4+o(x^4)\right]\right\}\left[x-\frac{1}{6}x^3+\frac{1}{120}x^5+o(x^5)\right]$$

$$=x-\left[(a+b)x-\frac{a+b}{6}x^3+\frac{a+b}{120}x^5-\frac{b}{2}x^3+\frac{b}{12}x^5+\frac{b}{24}x^5+o(x^5)\right]=(1-a-b)x+\frac{a+4b}{6}x^3+\frac{a+16b}{120}x^5+o(x^5),$$

$f(x)$ 为当 $x\to 0$ 时关于 x 的 5 阶无穷小，则 $\begin{cases}1-a-b=0,\\a+4b=0,\end{cases}$ 解得 $a=\dfrac{4}{3}$，$b=-\dfrac{1}{3}$.

第四章 不定积分

一、主要内容

(一) 主要定义

1. 设 $f(x)$ 是定义在某区间 I 内的函数. 若存在函数 $F(x)$, 使得在 I 内任何一点都有
$$F'(x) = f(x), \text{ 或 } \mathrm{d}F(x) = f(x)\mathrm{d}x$$
成立, 则称 $F(x)$ 为 $f(x)$ 在 I 内的一个原函数.

2. 如果 $F(x)$ 是 $f(x)$ 在 I 内的一个原函数, 那么称 $F(x) + C$ 为 $f(x)$ 在 I 内的不定积分. 记作
$$\int f(x)\mathrm{d}x = F(x) + C.$$

注 在某区间 I 内连续的函数, 它的不定积分在该区间内一定存在(原函数存在定理).

(二) 主要结论

1. 不定积分基本性质

(1) $\mathrm{d}\left[\int f(x)\mathrm{d}x\right] = f(x)\mathrm{d}x.$

(2) $\int \mathrm{d}F(x) = F(x) + C.$

(3) $\int kf(x)\mathrm{d}x = k\int f(x)\mathrm{d}x \quad (k \text{ 为常数}, k \neq 0).$

(4) $\int [f(x) + g(x)]\mathrm{d}x = \int f(x)\mathrm{d}x + \int g(x)\mathrm{d}x.$

2. 基本积分公式

(1) $\int x^{\mu}\mathrm{d}x = \dfrac{1}{\mu + 1}x^{\mu+1} + C \quad (\mu \neq -1).$

(2) $\int \dfrac{1}{x}\mathrm{d}x = \ln|x| + C.$

(3) $\int \dfrac{1}{a^2 + x^2}\mathrm{d}x = \dfrac{1}{a}\arctan\dfrac{x}{a} + C.$

(4) $\int \dfrac{1}{x^2 - a^2}\mathrm{d}x = \dfrac{1}{2a}\ln\left|\dfrac{x - a}{x + a}\right| + C.$

(5) $\int \dfrac{\mathrm{d}x}{\sqrt{a^2 - x^2}} = \arcsin\dfrac{x}{a} + C.$

(6) $\int a^x \mathrm{d}x = \dfrac{1}{\ln a}a^x + C,$ 　 特别地, 当 $a = \mathrm{e}$ 时有 $\int \mathrm{e}^x \mathrm{d}x = \mathrm{e}^x + C.$

(7) $\int \sin x\mathrm{d}x = -\cos x + C.$

(8) $\int \cos x\mathrm{d}x = \sin x + C.$

(9) $\int \tan x\mathrm{d}x = -\ln|\cos x| + C.$

（10）$\int \cot x \mathrm{d}x = \ln | \sin x | + C.$

（11）$\int \sec x \mathrm{d}x = \ln | \sec x + \tan x | + C.$

（12）$\int \csc x \mathrm{d}x = \ln | \csc x - \cot x | + C.$

（13）$\int \sec x \tan x \mathrm{d}x = \sec x + C.$

（14）$\int \csc x \cot x \mathrm{d}x = - \csc x + C.$

（15）$\int \dfrac{1}{\cos^2 x} \mathrm{d}x = \tan x + C.$

（16）$\int \dfrac{1}{\sin^2 x} \mathrm{d}x = - \cot x + C.$

（17）$\int \dfrac{1}{\sqrt{x^2 \pm a^2}} \mathrm{d}x = \ln | x + \sqrt{x^2 \pm a^2} | + C.$

（18）$\int \sqrt{a^2 - x^2} \, \mathrm{d}x = \dfrac{x}{2} \sqrt{a^2 - x^2} + \dfrac{a^2}{2} \arcsin \dfrac{x}{a} + C.$

（19）$\int \sqrt{x^2 \pm a^2} \, \mathrm{d}x = \dfrac{x}{2} \sqrt{x^2 \pm a^2} \pm \dfrac{a^2}{2} \ln | x + \sqrt{x^2 \pm a^2} | + C.$

（20）$\int \mathrm{sh}x \mathrm{d}x = \mathrm{ch}x + C.$

（三）结论补充

1. $\int e^{ax} \sin bx \mathrm{d}x = \dfrac{1}{a^2 + b^2} e^{ax} (a \sin bx - b \cos bx) + C.$

2. $\int e^{ax} \cos bx \mathrm{d}x = \dfrac{1}{a^2 + b^2} e^{ax} (b \sin bx + a \cos bx) + C.$

3. $\int \sin^n x \mathrm{d}x = - \dfrac{1}{n} \sin^{n-1} x \cos x + \dfrac{n-1}{n} \int \sin^{n-2} x \mathrm{d}x.$

4. $\int \cos^n x \mathrm{d}x = \dfrac{1}{n} \cos^{n-1} x \sin x + \dfrac{n-1}{n} \int \cos^{n-2} x \mathrm{d}x.$

5. $\int \dfrac{\mathrm{d}x}{\sqrt{(a^2 - x^2)^3}} = \dfrac{x}{a^2 \sqrt{a^2 - x^2}} + C.$

6. $\int \dfrac{\mathrm{d}x}{\sqrt{(a^2 + x^2)^3}} = \dfrac{x}{a^2 \sqrt{a^2 + x^2}} + C.$

7. $\int \dfrac{\mathrm{d}x}{(x^2 + a^2)^n} = \dfrac{x}{2(n-1)a^2(x^2 + a^2)^{n-1}} + \dfrac{2n-3}{2(n-1)a^2} \int \dfrac{\mathrm{d}x}{(x^2 + a^2)^{n-1}}.$

8. 当 $f(u)$ 具有原函数 $F(u)$，且 $u = \varphi(x)$ 连续可导时，则有

$$\int f[\varphi(x)] \varphi'(x) \mathrm{d}x = F[\varphi(x)] + C.$$

9. 当 $x = \varphi(t)$ 单调可导且非零时，若

$$\int f[\varphi(t)] \varphi'(t) \mathrm{d}t = F(t) + C,$$

则有

$$\int f(x) \mathrm{d}x = F[\varphi^{-1}(x)] + C.$$

$t = \varphi^{-1}(x)$ 表示反函数.

10. 设 $u(x)$，$v(x)$ 具有一阶连续导数，则有

$$\int u(x)\mathrm{d}v(x) = u(x)v(x) - \int v(x)\mathrm{d}u(x).$$

注 8、9、10 中所述的三种方法分别称为第一类换元法、第二类换元法和分部积分法.

11. 当 $Q(x) = (x-a)^k \cdots (x^2 + px + q)^m$，$p^2 - 4q < 0$，又 $\dfrac{P(x)}{Q(x)}$ 为真分式时，则有

$$\frac{P(x)}{Q(x)} = \frac{A_1}{(x-a)} + \frac{A_2}{(x-a)^2} + \cdots + \frac{A_k}{(x-a)^k} + \cdots + \frac{B_1 x + C_1}{x^2 + px + q} +$$

$$\frac{B_2 x + C_2}{(x^2 + px + q)^2} + \cdots + \frac{B_m x + C_m}{(x^2 + px + q)^m}.$$

二、典型例题

（一）换元积分法

1. 凑微分法

【例 4-1】 求 $\displaystyle\int\left(\dfrac{\arctan\sqrt{x}}{\sqrt{x}(1+x)} + \dfrac{\arctan\dfrac{1}{x}}{1+x^2}\right)\mathrm{d}x$.

【解】 原式 $= 2\displaystyle\int\dfrac{\arctan\sqrt{x}}{1+x}\mathrm{d}(\sqrt{x}) - \int\dfrac{\arctan\dfrac{1}{x}}{1+\dfrac{1}{x^2}}\mathrm{d}\left(\dfrac{1}{x}\right)$

$\qquad = 2\displaystyle\int\arctan\sqrt{x}\,\mathrm{d}(\arctan\sqrt{x}) - \int\arctan\left(\dfrac{1}{x}\right)\mathrm{d}\left(\arctan\dfrac{1}{x}\right)$

$\qquad = (\arctan\sqrt{x})^2 - \dfrac{1}{2}\left(\arctan\dfrac{1}{x}\right)^2 + C.$

【例 4-2】 求 $\displaystyle\int\dfrac{\ln(x+1) - \ln x}{x(x+1)}\mathrm{d}x$.

【解】 原式 $= \displaystyle\int\ln\left(\dfrac{x+1}{x}\right) \cdot \left(\dfrac{1}{x} - \dfrac{1}{x+1}\right)\mathrm{d}x = \int\ln\left(\dfrac{x+1}{x}\right)\mathrm{d}[\ln x - \ln(x+1)]$

$\qquad = -\displaystyle\int\ln\left(\dfrac{x+1}{x}\right)\mathrm{d}\left(\ln\dfrac{x+1}{x}\right) = -\dfrac{1}{2}\ln^2\left(\dfrac{x+1}{x}\right) + C.$

【例 4-3】 求 $\displaystyle\int\dfrac{\sqrt{\arctan\dfrac{1}{x}}}{1+x^2}\mathrm{d}x$.

【解】 原式 $= \displaystyle\int\dfrac{\sqrt{\arctan\dfrac{1}{x}}}{\left(1+\dfrac{1}{x^2}\right)x^2}\mathrm{d}x = -\int\dfrac{\sqrt{\arctan\dfrac{1}{x}}}{\left(1+\dfrac{1}{x^2}\right)}\mathrm{d}\left(\dfrac{1}{x}\right)$

$$= -\int \sqrt{\arctan\frac{1}{x}}\,d\left(\arctan\frac{1}{x}\right) = -\frac{2}{3}\left(\arctan\frac{1}{x}\right)^{\frac{3}{2}} + C.$$

2. 第二类换元法

【例 4-4】 求 $\int \dfrac{x^2\,dx}{\sqrt{1-x^2}}$.

【解】 被积函数含有 $\sqrt{1-x^2}$，为去掉根号，令 $x = \sin t$，则

$$\sqrt{1-x^2} = \sqrt{1-\sin^2 t} = \cos t,\quad dx = \cos t\,dt.$$

限定 $-\dfrac{\pi}{2} < t < \dfrac{\pi}{2}$，以保证 $x = \sin t$ 单调可导．

$$\text{原式} = \int \frac{\sin^2 t \cos t\,dt}{\cos t} = \int \frac{1}{2}(1-\cos 2t)\,dt = \frac{t}{2} - \frac{1}{2}\sin t\cos t + C$$

$$= \frac{1}{2}\arcsin x - \frac{x}{2}\sqrt{1-x^2} + C.$$

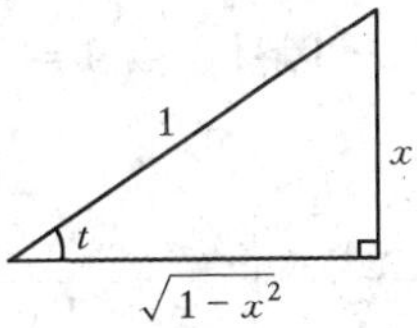

最后一步回代可利用如图 4-1 所示的辅助三角形来进行．

图 4-1

【例 4-5】 求 $\int \dfrac{dx}{1+\sqrt{x^2+2x+2}}$.

【解】 原式 $\xrightarrow{u=x+1} \int \dfrac{du}{1+\sqrt{u^2+1}} \xrightarrow{u=\tan t} \int \dfrac{\sec^2 t}{1+\sec t}\,dt = \int \dfrac{dt}{\cos t \cdot (1+\cos t)}$

$$= \int \frac{dt}{\cos t} - \int \frac{dt}{1+\cos t} = \int \frac{dt}{\cos t} - \int \frac{dt}{\sin^2 t} + \int \frac{\cos t}{\sin^2 t}\,dt = \ln(\sec t + \tan t) + \cot t - \frac{1}{\sin t} + C$$

$$= \ln(\sqrt{1+u^2} + u) + \frac{1}{u} - \frac{\sqrt{1+u^2}}{u} + C$$

$$= \ln(\sqrt{x^2+2x+2} + x + 1) + \frac{1-\sqrt{x^2+2x+2}}{x+1} + C.$$

【例 4-6】 求 $\int \dfrac{dx}{x^4\sqrt{1+x^2}}$.

【解】 令 $x = \tan t$，则 $dx = \sec^2 t\,dt$ $\left(-\dfrac{\pi}{2} < t < \dfrac{\pi}{2}\right)$．

$$\text{原式} = \int \frac{\sec^2 t}{\tan^4 t \sec t}\,dt = \int \frac{\cos^2 t}{\sin^4 t}\,d\sin t = \int \frac{1-\sin^2 t}{\sin^4 t}\,d\sin t$$

$$= \int \sin^{-4} t\,d\sin t - \int \sin^{-2} t\,d\sin t = -\frac{1}{3}\frac{1}{\sin^3 t} + \frac{1}{\sin t} + C = \frac{\sqrt{(x^2+1)^3}}{3x^3} + \frac{\sqrt{x^2+1}}{x} + C.$$

此题亦可采用倒代换 $x = \dfrac{1}{t}$，计算起来会更简单些．

【例 4-7】 求 $\int \dfrac{dx}{2x+\sqrt{1-x^2}}$.

【解】 令 $x = \sin t$，则

$$\text{原式} = \int \frac{\cos t}{2\sin t + \cos t}\,dt = \frac{1}{5}\int \frac{(2\sin t + \cos t) + 2(2\cos t - \sin t)}{2\sin t + \cos t}\,dt$$

$$= \frac{1}{5}(t + 2\ln|2\sin t + \cos t|) + C = \frac{1}{5}(\arcsin x + 2\ln|2x + \sqrt{1-x^2}|) + C.$$

【例 4-8】 求 $\int \dfrac{1 - \ln x}{(x - \ln x)^2}dx$.

【解】 采用第一类换元法. 此时,

$$原式 = \int \dfrac{1 - \ln x}{x^2 \left(1 - \dfrac{\ln x}{x}\right)^2}dx = -\int \dfrac{1 - \ln x}{\left(1 - \dfrac{\ln x}{x}\right)^2}d\left(\dfrac{1}{x}\right) = \int \dfrac{1}{\left(1 - \dfrac{\ln x}{x}\right)^2}d\left(\dfrac{\ln x}{x}\right)$$

$$= \dfrac{1}{1 - \dfrac{\ln x}{x}} + C = \dfrac{x}{x - \ln x} + C.$$

【例 4-9】 求 $\int \dfrac{dx}{x\sqrt{x^2 + 2x + 2}}$ $\quad (x > 0)$.

【解】 令 $x = \dfrac{1}{t}$, 则 $dx = -\dfrac{1}{t^2}dt$.

$$原式 = \int \dfrac{-\dfrac{1}{t^2}dt}{\dfrac{1}{t}\sqrt{\left(\dfrac{1}{t}\right)^2 + 2\left(\dfrac{1}{t}\right) + 2}} = -\int \dfrac{dt}{\sqrt{2t^2 + 2t + 1}} = -\dfrac{1}{\sqrt{2}}\int \dfrac{d\left(t + \dfrac{1}{2}\right)}{\sqrt{\left(t + \dfrac{1}{2}\right)^2 + \dfrac{1}{4}}}$$

$$= -\dfrac{1}{\sqrt{2}}\ln\left[\left(t + \dfrac{1}{2}\right) + \sqrt{\left(t + \dfrac{1}{2}\right)^2 + \dfrac{1}{4}}\right] + C = -\dfrac{1}{\sqrt{2}}\ln\left(\dfrac{1}{x} + \dfrac{1}{2} + \sqrt{\dfrac{1}{x^2} + \dfrac{1}{x} + \dfrac{1}{2}}\right) + C.$$

【例 4-10】 求 $\int \dfrac{xdx}{(x^2 + 1)\sqrt{1 - x^2}}$.

【解】 令 $x = \sin t$, 则 $dx = \cos t dt$.

$$原式 = \int \dfrac{\sin t \cos t}{(\sin^2 t + 1)\cos t}dt = -\int \dfrac{d\cos t}{2 - \cos^2 t}$$

$$= -\dfrac{1}{2\sqrt{2}}\ln\left|\dfrac{\sqrt{2} + \cos t}{\sqrt{2} - \cos t}\right| + C = -\dfrac{1}{2\sqrt{2}}\ln\left|\dfrac{\sqrt{2} + \sqrt{1 - x^2}}{\sqrt{2} - \sqrt{1 - x^2}}\right| + C.$$

(二) 分部积分法

【例 4-11】 求 $\int e^{2x}\cos^2 x dx$.

【解】 $原式 = \dfrac{1}{2}\int e^{2x}(1 + \cos 2x)dx = \dfrac{1}{4}e^{2x} + \dfrac{1}{2}\int e^{2x}\cos 2x dx$,

$$I_1 = \int e^{2x}\cos 2x dx = \dfrac{1}{2}\int \cos 2x de^{2x} = \dfrac{1}{2}\left(e^{2x}\cos 2x + 2\int e^{2x}\sin 2x dx\right)$$

$$= \dfrac{1}{2}\left(e^{2x}\cos 2x + \int \sin 2x de^{2x}\right) = \dfrac{1}{2}\left(e^{2x}\cos 2x + e^{2x}\sin 2x - 2\int e^{2x}\cos 2x dx\right),$$

故 $\qquad\qquad I_1 = \dfrac{1}{4}e^{2x}(\cos 2x + \sin 2x) + C,$

故 $\qquad\quad 原式 = \dfrac{1}{4}e^{2x} + \dfrac{1}{8}e^{2x}(\cos 2x + \sin 2x) + C = \dfrac{1}{8}e^{2x}(2 + \cos 2x + \sin 2x) + C.$

【例 4-12】 求 $\int \dfrac{xe^{\arctan x}}{(1 + x^2)^{3/2}}dx$.

【解】

$$原式 = \int \dfrac{x}{\sqrt{1 + x^2}}de^{\arctan x} = \dfrac{x}{\sqrt{1 + x^2}}e^{\arctan x} - \int \dfrac{e^{\arctan x}}{(1 + x^2)^{3/2}}dx = \dfrac{x}{\sqrt{1 + x^2}}e^{\arctan x} - \int \dfrac{1}{\sqrt{1 + x^2}}de^{\arctan x}$$

$$= \frac{x}{\sqrt{1 + x^2}} e^{\arctan x} - \frac{1}{\sqrt{1 + x^2}} e^{\arctan x} - \int \frac{x e^{\arctan x}}{(1 + x^2)^{3/2}} dx,$$

故　　　　　　　　　　　原式 $= \dfrac{x - 1}{2 \sqrt{1 + x^2}} e^{\arctan x} + C.$

【例 4-13】　求 $\displaystyle\int \frac{x^2 e^x}{(x + 2)^2} dx.$

【解】　原式 $= \displaystyle\int x^2 e^x d\left(-\frac{1}{x + 2}\right) = -\frac{x^2 e^x}{x + 2} - \int \left(-\frac{1}{x + 2}\right)(2x e^x + x^2 e^x) dx$

$$= -\frac{x^2 e^x}{x + 2} + \int x e^x dx = -\frac{x^2 e^x}{x + 2} + x e^x - e^x + C.$$

【例 4-14】　求 $\displaystyle\int \frac{\arctan x}{x^2(1 + x^2)} dx.$

【解】　原式 $= \displaystyle\int \left(\frac{1}{x^2} - \frac{1}{1 + x^2}\right)\arctan x dx = \int \frac{1}{x^2}\arctan x dx - \int \arctan x d\arctan x$

$$= \int \arctan x d\left(-\frac{1}{x}\right) - \frac{1}{2}\arctan^2 x + C$$

$$= -\frac{1}{x}\arctan x + \int \frac{dx}{x(1 + x^2)} - \frac{1}{2}\arctan^2 x + C$$

$$= -\frac{1}{x}\arctan x + \int \left(\frac{1}{x} - \frac{x}{1 + x^2}\right) dx - \frac{1}{2}\arctan^2 x + C$$

$$= -\frac{1}{x}\arctan x + \ln|x| - \frac{1}{2}\ln(1 + x^2) - \frac{1}{2}\arctan^2 x + C.$$

（三）有理函数的积分

【例 4-15】　求 $\displaystyle\int \frac{3x - 2}{x^2 - 4x + 5} dx.$

【解】　原式 $= \dfrac{3}{2}\displaystyle\int \frac{2x - 4}{x^2 - 4x + 5} dx + 4\int \frac{dx}{x^2 - 4x + 5} = \frac{3}{2}\int \frac{d(x^2 - 4x + 5)}{x^2 - 4x + 5} + 4\int \frac{d(x - 2)}{(x - 2)^2 + 1}$

$$= \frac{3}{2}\ln(x^2 - 4x + 5) + 4\arctan(x - 2) + C.$$

【例 4-16】　求 $\displaystyle\int \frac{x^3 + 4x^2 + 4x + 2}{(x + 1)^2(x^2 + x + 1)} dx.$

【解】　被积函数满足将有理分式分解成部分分式的条件. 因此, 可以用待定系数法将其分解成部分分式. 如果仔细分析一下被积函数的特点, 会发现有比这更简便的途径.

$$\frac{x^3 + 4x^2 + 4x + 2}{(x + 1)^2(x^2 + x + 1)} = \frac{(x^3 + 3x^2 + 3x + 1) + (x^2 + x + 1)}{(x + 1)^2(x^2 + x + 1)} = \frac{1}{(x + 1)^2} + \frac{x + 1}{x^2 + x + 1},$$

于是

原式 $= \displaystyle\int \frac{dx}{(x + 1)^2} + \int \frac{x + 1}{x^2 + x + 1} dx = \int \frac{dx}{(x + 1)^2} + \frac{1}{2}\int \frac{d(x^2 + x + 1)}{x^2 + x + 1} + \frac{1}{2}\int \frac{dx}{x^2 + x + 1}$

$$= -\frac{1}{x + 1} + \frac{1}{2}\ln|x^2 + x + 1| + \frac{1}{\sqrt{3}}\arctan \frac{2x + 1}{\sqrt{3}} + C.$$

【例 4-17】　求 $\displaystyle\int \frac{dx}{x^6(1 + x^6)}.$

【解】　原式 $= \displaystyle\int \frac{1 + x^6 - x^6}{x^6(1 + x^6)} dx = \int \frac{dx}{x^6} - \int \frac{dx}{1 + x^6} = -\frac{1}{5x^5} - \int \frac{1 + x^2 - x^2}{1 + x^6} dx$

$$= -\frac{1}{5x^5} - \int \frac{dx}{x^4 - x^2 + 1} + \frac{1}{3}\arctan x^3.$$

$$I_1 = \int \frac{dx}{x^4 - x^2 + 1} = \frac{1}{2}\int \frac{x^2 + 1}{x^4 - x^2 + 1}dx - \frac{1}{2}\int \frac{x^2 - 1}{x^4 - x^2 + 1}dx$$

$$= \frac{1}{2}\int \frac{1 + \frac{1}{x^2}}{x^2 - 1 + \frac{1}{x^2}}dx - \frac{1}{2}\int \frac{1 - \frac{1}{x^2}}{x^2 - 1 + \frac{1}{x^2}}dx = \frac{1}{2}\int \frac{d\left(x - \frac{1}{x}\right)}{\left(x - \frac{1}{x}\right)^2 + 1} - \frac{1}{2}\int \frac{d\left(x + \frac{1}{x}\right)}{\left(x + \frac{1}{x}\right)^2 - 3}$$

$$= \frac{1}{2}\arctan\left(x - \frac{1}{x}\right) + \frac{1}{2\sqrt{3}}\ln\left|\frac{x^2 + \sqrt{3}x + 1}{x^2 - \sqrt{3}x + 1}\right| + C.$$

原式 $= -\dfrac{1}{5x^5} + \dfrac{1}{3}\arctan(x^3) + \dfrac{1}{2}\arctan\left(x - \dfrac{1}{x}\right) + \dfrac{1}{2\sqrt{3}}\ln\left|\dfrac{x^2 + \sqrt{3}x + 1}{x^2 - \sqrt{3}x + 1}\right| + C.$

（四）无理函数与三角有理式的积分

1. 无理函数的积分

【例 4-18】　求 $\displaystyle\int \frac{dx}{x\sqrt[3]{1 + x^2}}$.

【解】　为去掉根号，令 $1 + x^2 = t^3$，则 $2x\,dx = 3t^2\,dt$.

$$原式 = \int \frac{\frac{1}{2}d(x^2)}{x^2\sqrt[3]{1 + x^2}} = \frac{1}{2}\int \frac{3t^2\,dt}{(t^3 - 1)t} = \frac{1}{2}\int\left(\frac{1}{t - 1} + \frac{1 - t}{t^2 + t + 1}\right)dt$$

$$= \frac{1}{2}\ln|t - 1| + \frac{1}{2}\int \frac{-\frac{1}{2}(2t + 1) + \frac{3}{2}}{t^2 + t + 1}dt$$

$$= \frac{1}{2}\ln|t - 1| - \frac{1}{4}\ln|t^2 + t + 1| + \frac{3}{4}\cdot\frac{2}{\sqrt{3}}\arctan\frac{t + \frac{1}{2}}{\sqrt{3}/2} + C$$

$$= \frac{1}{2}\ln(\sqrt[3]{1 + x^2} - 1) - \frac{1}{4}\ln\left[\sqrt[3]{(1 + x^2)^2} + \sqrt[3]{1 + x^2} + 1\right] + \frac{\sqrt{3}}{2}\arctan\frac{2\sqrt[3]{1 + x^2} + 1}{3} + C.$$

【例 4-19】　求 $\displaystyle\int \frac{1}{x\sqrt{x^2 + 2x + 2}}dx$.

【解】　令 $x = \dfrac{1}{t}$，则

$$原式 = \int \frac{dx}{x^2\sqrt{1 + \frac{2}{x} + \frac{2}{x^2}}} = -\int \frac{1}{\sqrt{2t^2 + 2t + 1}}dt = -\frac{1}{\sqrt{2}}\int \frac{d\left(t + \frac{1}{2}\right)}{\sqrt{\left(t + \frac{1}{2}\right)^2 + \frac{1}{4}}}$$

$$= -\frac{1}{\sqrt{2}}\ln\left|\left(t + \frac{1}{2}\right) + \sqrt{\left(t + \frac{1}{2}\right)^2 + \frac{1}{4}}\right| + C = -\frac{1}{\sqrt{2}}\ln\left|\frac{x + 2 + \sqrt{2}\cdot\sqrt{x^2 + 2x + 2}}{x}\right| + C.$$

2. 三角有理式的积分

【例 4-20】　求 $\displaystyle\int \frac{dx}{\cos x + 2\sin x + 3}$.

【解法 1】 这是三角有理式的积分，采用万能代换 $t = \tan\dfrac{x}{2}$，则有

$$\sin x = \frac{2t}{1 + t^2},\ \cos x = \frac{1 - t^2}{1 + t^2},\ x = 2\arctan t,\ \mathrm{d}x = \frac{2}{1 + t^2}\mathrm{d}t.$$

$$\text{原式} = \int \frac{\dfrac{2}{1 + t^2}\mathrm{d}t}{\dfrac{1 - t^2}{1 + t^2} + 2 \cdot \dfrac{2t}{1 + t^2} + 3} = \int \frac{\mathrm{d}t}{t^2 + 2t + 2} = \arctan(1 + t) + C = \arctan\left(1 + \tan\frac{x}{2}\right) + C.$$

【解法 2】 如果注意到 $1 + \cos x = 2\cos^2\dfrac{x}{2}$，$\sin x = 2\sin\dfrac{x}{2}\cos\dfrac{x}{2}$ 和 $\sec^2\dfrac{x}{2} = 1 + \tan^2\dfrac{x}{2}$，则有

$$\text{原式} = \int \frac{\mathrm{d}x}{(1 + \cos x) + 2\sin x + 2} = \int \frac{\mathrm{d}x}{2\cos^2\dfrac{x}{2} + 4\sin\dfrac{x}{2}\cos\dfrac{x}{2} + 2}$$

$$= \int \frac{\sec^2\dfrac{x}{2}\mathrm{d}x}{2 + 4\tan\dfrac{x}{2} + 2\sec^2\dfrac{x}{2}} = \int \frac{\mathrm{d}\left(\tan\dfrac{x}{2} + 1\right)}{\left(\tan\dfrac{x}{2} + 1\right)^2 + 1} = \arctan\left(1 + \tan\frac{x}{2}\right) + C.$$

【例 4-21】 $\displaystyle\int \frac{3\sin x + 2\cos x}{2\sin x + 3\cos x}\mathrm{d}x.$

【解】 从前面的例子可以看出，采用万能代换是比较麻烦的．遇到三角有理式的积分，实在找不到更好的办法时，是不得已而用之，对于本题，就可以避免采用万能代换．

设 $\quad\quad\quad 3\sin x + 2\cos x = \alpha(2\sin x + 3\cos x) + \beta(2\sin x + 3\cos x)',$

由此可得 $\quad\quad\quad 2\alpha - 3\beta = 3,\ 3\alpha + 2\beta = 2,$

解出 $\quad\quad\quad \alpha = \dfrac{12}{13},\ \beta = -\dfrac{5}{13},$

则 $\quad\quad$ 原式 $= \dfrac{12}{13}\displaystyle\int \mathrm{d}x - \dfrac{5}{13}\int \dfrac{(2\sin x + 3\cos x)'}{2\sin x + 3\cos x}\mathrm{d}x = \dfrac{12}{13}x - \dfrac{5}{13}\ln|2\sin x + 3\cos x| + C.$

【例 4-22】 求 $\displaystyle\int \frac{\sin x}{\sin^3 x + \cos^3 x}\mathrm{d}x.$

【解】 令 $\tan x = t$，则

$$\text{原式} = \int \frac{t}{t^3 + 1}\mathrm{d}t = \frac{1}{3}\int \frac{(t + 1)^2 - (t^2 - t + 1)}{(t + 1)(t^2 - t + 1)}\mathrm{d}t$$

$$= \frac{1}{6}\int \frac{2t - 1}{t^2 - t + 1}\mathrm{d}t + \frac{1}{2}\int \frac{\mathrm{d}t}{t^2 - t + 1} - \frac{1}{3}\ln|t + 1|$$

$$= \frac{1}{6}\ln|t^2 - t + 1| + \frac{1}{\sqrt{3}}\arctan\frac{2t - 1}{\sqrt{3}} - \frac{1}{3}\ln|t + 1| + C$$

$$= \frac{1}{6}\ln|\tan^2 x - \tan x + 1| - \frac{1}{3}\ln|\tan x + 1| + \frac{1}{\sqrt{3}}\arctan\frac{2\tan x - 1}{\sqrt{3}} + C.$$

（五）综合法与综合问题

【例 4-23】 求 $\displaystyle\int \frac{x\mathrm{e}^x}{\sqrt{\mathrm{e}^x - 1}}\mathrm{d}x.$

【解】 为去掉根式，令 $\sqrt{\mathrm{e}^x - 1} = t$，则

$$e^x = 1 + t^2, \quad dx = \frac{2t}{1 + t^2}dt.$$

$$原式 = \int \frac{(1 + t^2)\ln(1 + t^2)}{t} \cdot \frac{2t}{1 + t^2}dt = 2\int \ln(1 + t^2)dt = 2t\ln(1 + t^2) - \int \frac{4t^2}{1 + t^2}dt$$

$$= 2t\ln(1 + t^2) - 4t + 4\arctan t + C = 2x\sqrt{e^x - 1} - 4\sqrt{e^x - 1} + 4\arctan\sqrt{e^x - 1} + C.$$

【例 4-24】 $\int \dfrac{\arcsin x}{x^2}dx.$

【解】 先用分部积分：

$$原式 = \int \arcsin x d\left(-\frac{1}{x}\right) = -\frac{\arcsin x}{x} + \int \frac{dx}{x\sqrt{1 - x^2}},$$

对于 $I_1 = \int \dfrac{dx}{x\sqrt{1 - x^2}}$，再令 $x = \sin t$，有

$$I_1 = \int \frac{dt}{\sin t} = \ln|\csc t - \cot t| + C = \ln\left|\frac{x}{1 + \sqrt{1 - x^2}}\right| + C,$$

故 $\qquad\qquad 原式 = -\dfrac{\arcsin x}{x} + \ln\left|\dfrac{x}{1 + \sqrt{1 - x^2}}\right| + C.$

【例 4-25】 求 $\int \dfrac{x}{\sqrt{1 - x^2}}\ln\dfrac{x}{\sqrt{1 - x^2}}dx.$

【解】 注意到

$$\int \frac{dx}{x\sqrt{1 - x^2}} \xlongequal{x = \cos t} \int \frac{-\sin t dt}{\cos t \sin t} = -\ln(\sec t + \tan t) + C = -\ln\frac{1 + \sqrt{1 - x^2}}{x} + C.$$

$$原式 = \int \ln\frac{x}{\sqrt{1 - x^2}}d(-\sqrt{1 - x^2}) = -\sqrt{1 - x^2}\ln\frac{x}{\sqrt{1 - x^2}} + \int \frac{dx}{x\sqrt{1 - x^2}}$$

$$= -\sqrt{1 - x^2}\ln\frac{x}{\sqrt{1 - x^2}} - \ln\frac{1 + \sqrt{1 - x^2}}{x} + C.$$

【例 4-26】 求满足条件 $F''(x) = 2x$，$F'(0) = 0$，$F(0) = 1$ 的 $F(x)$.

【解】 $F'(x) = \int F''(x)dx = \int 2xdx = x^2 + C_1$，$F(x) = \int(x^2 + C_1)dx = \dfrac{1}{3}x^3 + C_1x + C_2$，

代入 $F'(0) = 0$，$F(0) = 1$，得 $C_1 = 0$，$C_2 = 1$，故

$$F(x) = \frac{1}{3}x^3 + 1.$$

【例 4-27】 设 $f(x)$ 的一个原函数为 $\dfrac{\sin x}{x}$，求 $\int x f'(x)dx.$

【解】 $\int x f'(x)dx = \int x df(x) = x f(x) - \int f(x)dx = x\left(\dfrac{\sin x}{x}\right)' - \dfrac{\sin x}{x} + C$

$$= x \cdot \frac{1}{x^2}(x\cos x - \sin x) - \frac{1}{x}\sin x + C = \cos x - \frac{2\sin x}{x} + C.$$

【例 4-28】 设 $f(x)$ 的导函数 $f'(x)$ 为如图 4-2 所示的二次抛物线，且 $f(x)$ 的极小值为 2，极大值为 6，试求 $f(x)$.

【解】 由题意可设

$$f'(x) = ax(x - 2) \quad (a < 0),$$

则 $\qquad\qquad f(x) = \int ax(x - 2)dx = a\left(\dfrac{x^3}{3} - x^2\right) + C.$

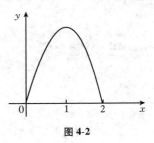

图 4-2

因为　　　　　$f'(0) = 0, f'(2) = 0,$

且　　　　　$f''(0) > 0, f''(2) < 0,$

故极小值为 $f(0) = 2$, 极大值为 $f(2) = 6$.

又因为　　$f(0) = C, f(2) = a\left(\dfrac{2^3}{3} - 2^2\right) + C,$

故　　　　　$C = 2, a = -3.$

于是　　　　$f(x) = -3\left(\dfrac{x^3}{3} - x^2\right) + 2 = -x^3 + 3x^2 + 2.$

【例 4-29】　求 $\displaystyle\int \max\{1, x^2\} \, \mathrm{d}x$.

【解】　$f(x) = \max\{1, x^2\} = \begin{cases} 1, & |x| \leqslant 1, \\ x^2, & |x| > 1. \end{cases}$

设 $\varphi(x)$ 是 $f(x)$ 的一个原函数, 则

$$\varphi(x) = \begin{cases} \dfrac{x^3}{3} + C_1, & x < -1, \\ x, & x \in [-1, 1], \\ \dfrac{x^3}{3} + C_2, & x > 1. \end{cases}$$

$$\lim_{x \to -1-0} \varphi(x) = -\frac{1}{3} + C_1, \qquad \lim_{x \to -1+0} \varphi(x) = -1;$$

$$\lim_{x \to 1-0} \varphi(x) = 1, \qquad \lim_{x \to 1+0} \varphi(x) = \frac{1}{3} + C_2.$$

$\varphi(x)$ 必然连续, 故

$$C_1 = -\frac{2}{3}, \ C_2 = \frac{2}{3},$$

即　　　　　$$\varphi(x) = \begin{cases} \dfrac{x^3}{3} - \dfrac{2}{3}, & x < -1, \\ x, & -1 \leqslant x \leqslant 1, \\ \dfrac{x^3}{3} + \dfrac{2}{3}, & x > 1. \end{cases}$$

故得　　　　$$\int \max\{1, x^2\} \, \mathrm{d}x = \begin{cases} x + C, & |x| \leqslant 1, \\ \dfrac{x^3}{3} + \dfrac{2}{3}\operatorname{sgn}x + C, & |x| > 1. \end{cases}$$

【例 4-30】　求 $\displaystyle\int (1 + x^2)^2 \cos x \, \mathrm{d}x$.

【解】　令

$$\int (1 + x^2)^2 \cos x \, \mathrm{d}x = (a_3 x^3 + a_2 x^2 + a_1 x + a_0)\cos x + (x^4 + b_3 x^3 + b_2 x^2 + b_1 x + b_0)\sin x + C.$$

两边对 x 求导, 得

$$\begin{aligned}(1 + x^2)^2 \cos x = {} & [x^4 + b_3 x^3 + (b_2 + 3a_3)x^2 + (b_1 + 2a_2)x + \\ & (b_0 + a_1)]\cos x + [(4 - a_3)x^3 + (3b_3 - a_2)x^2 + \\ & (2b_2 - a_1)x + (b_1 - a_0)]\sin x.\end{aligned}$$

对比系数可得

$$a_3 = 4, \ b_3 = 0, \ a_2 = 0, \ b_2 = -10,$$
$$a_1 = -20, \ b_1 = 0, \ a_0 = 0, \ b_0 = 21.$$
$$原式 = (4x^3 - 20x)\cos x + (x^4 - 10x^2 + 21)\sin x + C.$$

三、习题全解

习题 4-1 不定积分的概念与性质

1. 利用导数验证下列等式:

(1) $\int \dfrac{1}{\sqrt{x^2+1}}dx = \ln(x+\sqrt{x^2+1}) + C.$

【解】 $\left[\ln(x+\sqrt{x^2+1})\right]' = \dfrac{1}{x+\sqrt{x^2+1}} \cdot \left(1+\dfrac{x}{\sqrt{x^2+1}}\right) = \dfrac{1}{\sqrt{x^2+1}}.$

(2) $\int \dfrac{dx}{x^2\sqrt{x^2-1}} = \dfrac{\sqrt{x^2-1}}{x} + C.$

【解】 $\left(\dfrac{\sqrt{x^2-1}}{x}\right)' = \dfrac{\dfrac{x}{\sqrt{x^2-1}}\cdot x - \sqrt{x^2-1}}{x^2} = \dfrac{1}{x^2\sqrt{x^2-1}}.$

(3) $\int \dfrac{2x}{(x^2+1)(x+1)^2}dx = \arctan x + \dfrac{1}{x+1} + C.$

【解】 $\left(\arctan x + \dfrac{1}{x+1}\right)' = \dfrac{1}{1+x^2} - \dfrac{1}{(x+1)^2} = \dfrac{2x}{(x^2+1)(x+1)^2}.$

(4) $\int \sec x dx = \ln|\tan x + \sec x| + C.$

【解】 $(\ln|\tan x + \sec x|)' = \dfrac{1}{\tan x + \sec x} \cdot (\sec^2 x + \sec x \tan x) = \sec x.$

(5) $\int x\cos x dx = x\sin x + \cos x + C.$

【解】 $(x\sin x + \cos x)' = \sin x + x\cos x - \sin x = x\cos x.$

(6) $\int e^x \sin x dx = \dfrac{1}{2}e^x(\sin x - \cos x) + C.$

【解】 $\left[\dfrac{1}{2}e^x(\sin x - \cos x)\right]' = \dfrac{1}{2}e^x(\sin x - \cos x) + \dfrac{1}{2}e^x(\cos x + \sin x)$
$= e^x \sin x.$

2. 求下列不定积分:

(1) $\int \dfrac{dx}{x^2}.$

【解】 原式 $= \dfrac{1}{-2+1}x^{-2+1}+C = -\dfrac{1}{x}+C.$

(2) $\int x\sqrt{x}\,dx.$

【解】 原式 $= \int x^{\frac{3}{2}}dx = \dfrac{1}{\frac{3}{2}+1}x^{\frac{3}{2}+1}+C = \dfrac{2}{5}x^{\frac{5}{2}}+C.$

(3) $\int \dfrac{dx}{\sqrt{x}}.$

【解】　原式 $=\displaystyle\int x^{-\frac{1}{2}}\mathrm{d}x=\dfrac{1}{-\dfrac{1}{2}+1}x^{-\frac{1}{2}+1}+C=2\sqrt{x}+C.$

（4）$\displaystyle\int x^2\sqrt[3]{x}\,\mathrm{d}x.$

【解】　原式 $=\displaystyle\int x^{\frac{7}{3}}\mathrm{d}x=\dfrac{1}{\dfrac{7}{3}+1}x^{\frac{7}{3}+1}+C=\dfrac{3}{10}x^{\frac{10}{3}}+C.$

（5）$\displaystyle\int\dfrac{\mathrm{d}x}{x^2\sqrt{x}}.$

【解】　原式 $=\displaystyle\int x^{-\frac{5}{2}}\mathrm{d}x=\dfrac{1}{-\dfrac{5}{2}+1}x^{-\frac{5}{2}+1}+C=-\dfrac{2}{3}x^{-\frac{3}{2}}+C.$

（6）$\displaystyle\int\sqrt[m]{x^n}\,\mathrm{d}x.$

【解】　原式 $=\displaystyle\int x^{\frac{n}{m}}\mathrm{d}x=\dfrac{1}{\dfrac{n}{m}+1}x^{\frac{n}{m}+1}+C=\dfrac{m}{m+n}x^{\frac{m+n}{m}}+C.$

（7）$\displaystyle\int 5x^3\,\mathrm{d}x.$

【解】　原式 $=\dfrac{5}{3+1}x^{3+1}+C=\dfrac{5}{4}x^4+C.$

（8）$\displaystyle\int(x^2-3x+2)\,\mathrm{d}x.$

【解】　原式 $=\dfrac{1}{3}x^3-\dfrac{3}{2}x^2+2x+C.$

（9）$\displaystyle\int\dfrac{\mathrm{d}h}{\sqrt{2gh}}$（$g$ 是常数）.

【解】　原式 $=\dfrac{1}{\sqrt{2g}}\displaystyle\int h^{-\frac{1}{2}}\mathrm{d}h=\dfrac{2}{\sqrt{2g}}\sqrt{h}+C.$

（10）$\displaystyle\int(x^2+1)^2\,\mathrm{d}x.$

【解】　原式 $=\displaystyle\int(x^4+2x^2+1)\,\mathrm{d}x=\dfrac{1}{5}x^5+\dfrac{2}{3}x^3+x+C.$

（11）$\displaystyle\int(\sqrt{x}+1)(\sqrt{x^3}-1)\,\mathrm{d}x.$

【解】　原式 $=\displaystyle\int(x^2+x^{\frac{3}{2}}-x^{\frac{1}{2}}-1)\,\mathrm{d}x=\dfrac{1}{3}x^3+\dfrac{2}{5}x^{\frac{5}{2}}-\dfrac{2}{3}x^{\frac{3}{2}}-x+C.$

（12）$\displaystyle\int\dfrac{(1-x)^2}{\sqrt{x}}\,\mathrm{d}x.$

【解】　原式 $=\displaystyle\int\dfrac{1-2x+x^2}{\sqrt{x}}\,\mathrm{d}x=\int(x^{-\frac{1}{2}}-2x^{\frac{1}{2}}+x^{\frac{3}{2}})\,\mathrm{d}x=2\sqrt{x}-\dfrac{4}{3}x^{\frac{3}{2}}+\dfrac{2}{5}x^{\frac{5}{2}}+C.$

（13）$\displaystyle\int\left(2\mathrm{e}^x+\dfrac{3}{x}\right)\mathrm{d}x.$

【解】　原式 $=2\mathrm{e}^x+3\ln|x|+C.$

（14）$\displaystyle\int\left(\dfrac{3}{1+x^2}-\dfrac{2}{\sqrt{1-x^2}}\right)\mathrm{d}x.$

【解】 原式 $= 3\arctan x - 2\arcsin x + C.$

(15) $\int e^x \left(1 - \dfrac{e^{-x}}{\sqrt{x}} \right) dx.$

【解】 原式 $= \int (e^x - x^{-\frac{1}{2}}) dx = e^x - 2\sqrt{x} + C.$

(16) $\int 3^x e^x dx.$

【解】 原式 $= \int (3e)^x dx = \dfrac{(3e)^x}{\ln(3e)} + C = \dfrac{3^x e^x}{1 + \ln 3} + C.$

(17) $\int \dfrac{2 \cdot 3^x - 5 \cdot 2^x}{3^x} dx.$

【解】 原式 $= \int \left[2 - 5\left(\dfrac{2}{3} \right)^x \right] dx = 2x - \dfrac{5\left(\dfrac{2}{3} \right)^x}{\ln \dfrac{2}{3}} + C = 2x - \dfrac{5}{\ln 2 - \ln 3}\left(\dfrac{2}{3} \right)^x + C.$

(18) $\int \sec x (\sec x - \tan x) dx.$

【解】 原式 $= \int (\sec^2 x - \sec x \tan x) dx = \tan x - \sec x + C.$

(19) $\int \cos^2 \dfrac{x}{2} dx.$

【解】 原式 $= \int \dfrac{1}{2} (1 + \cos x) dx = \dfrac{1}{2} x + \dfrac{1}{2} \sin x + C.$

(20) $\int \dfrac{dx}{1 + \cos 2x}.$

【解】 原式 $= \int \dfrac{1}{2\cos^2 x} dx = \dfrac{1}{2} \int \sec^2 x dx = \dfrac{1}{2} \tan x + C.$

(21) $\int \dfrac{\cos 2x}{\cos x - \sin x} dx.$

【解】 原式 $= \int \dfrac{\cos^2 x - \sin^2 x}{\cos x - \sin x} dx = \int (\cos x + \sin x) dx = \sin x - \cos x + C.$

(22) $\int \dfrac{\cos 2x}{\cos^2 x \sin^2 x} dx.$

【解】 原式 $= \int \dfrac{\cos^2 x - \sin^2 x}{\cos^2 x \sin^2 x} dx = \int \left(\dfrac{1}{\sin^2 x} - \dfrac{1}{\cos^2 x} \right) dx = \int (\csc^2 x - \sec^2 x) dx = -\cot x - \tan x + C.$

(23) $\int \cot^2 x dx.$

【解】 原式 $= \int (\csc^2 x - 1) dx = -\cot x - x + C.$

(24) $\int \cos \theta (\tan \theta + \sec \theta) d\theta.$

【解】 原式 $= \int (\sin \theta + 1) d\theta = -\cos \theta + \theta + C.$

(25) $\int \dfrac{x^2}{x^2 + 1} dx.$

【解】 原式 $= \int \left(1 - \dfrac{1}{x^2 + 1} \right) dx = x - \arctan x + C.$

$(26) \int \dfrac{3x^4 + 2x^2}{x^2 + 1} \mathrm{d}x.$

【解】　原式 $= \int \left(3x^2 - 1 + \dfrac{1}{1 + x^2}\right) \mathrm{d}x = x^3 - x + \arctan x + C.$

3. 含有未知函数的导数的方程称为<u>微分方程</u>,例如方程 $\dfrac{\mathrm{d}y}{\mathrm{d}x} = f(x)$,其中 $\dfrac{\mathrm{d}y}{\mathrm{d}x}$ 为未知函数的导数,$f(x)$ 为已知函数. 如果函数 $y = \varphi(x)$ 代入微分方程,使微分方程成为恒等式,那么函数 $y = \varphi(x)$ 就称为这个微分方程的<u>解</u>. 求下列微分方程满足所给条件的解:

$(1)\ \dfrac{\mathrm{d}y}{\mathrm{d}x} = (x-2)^2,\ y\ \Big|_{x=2} = 0;$

$(2)\ \dfrac{\mathrm{d}^2 x}{\mathrm{d}t^2} = \dfrac{2}{t^3},\ \dfrac{\mathrm{d}x}{\mathrm{d}t}\ \Big|_{t=1} = 1,\ x\ \Big|_{t=1} = 1.$

【解】　$(1)\ y = \int (x - 2)^2 \mathrm{d}x = \dfrac{1}{3}(x - 2)^3 + C.$

由 $y\ \Big|_{x=2} = 0$,得 $C = 0$,于是所求的解为 $y = \dfrac{1}{3}(x-2)^3$;

$(2)\ \dfrac{\mathrm{d}x}{\mathrm{d}t} = \int \dfrac{2}{t^3} \mathrm{d}t = -\dfrac{1}{t^2} + C_1.$

由 $\dfrac{\mathrm{d}x}{\mathrm{d}t}\ \Big|_{t=1} = 1$,得 $C_1 = 2$,故 $\dfrac{\mathrm{d}x}{\mathrm{d}t} = -\dfrac{1}{t^2} + 2$,

$$x = \int \left(-\dfrac{1}{t^2} + 2\right) \mathrm{d}t = \dfrac{1}{t} + 2t + C_2,$$

由 $x\ \Big|_{t=1} = 1$,得 $C_2 = -2$,于是所求的解为 $x = \dfrac{1}{t} + 2t - 2$.

4. 汽车以 20 m/s 的速度在直道上行驶,刹车后匀减速行驶了 50 m 停住. 求刹车加速度,可执行下列步骤:

(1)求微分方程 $\dfrac{\mathrm{d}^2 s}{\mathrm{d}t^2} = -k$ 满足条件 $\dfrac{\mathrm{d}s}{\mathrm{d}t}\ \Big|_{t=0} = 20$ 及 $s|_{t=0} = 0$ 的解;

(2)求使 $\dfrac{\mathrm{d}s}{\mathrm{d}t} = 0$ 的 t 值及相应的 s 值;

(3)求使 $s = 50$ 的 k 值.

【解】　$(1)\ \dfrac{\mathrm{d}s}{\mathrm{d}t} = \int -k \mathrm{d}t = -kt + C_1.$

由 $\dfrac{\mathrm{d}s}{\mathrm{d}t}\ \Big|_{t=0} = 20$,得 $C_1 = 20$,故 $\dfrac{\mathrm{d}s}{\mathrm{d}t} = -kt + 20$. 两边积分得

$$s = \int (-kt + 20) \mathrm{d}t = -\dfrac{1}{2}dt^2 + 20t + C_2.$$

再由 $s|_{t=0} = 0$,得 $C_2 = 0$,于是

$$s = -\dfrac{1}{2}kt^2 + 20t;$$

(2)令 $\dfrac{\mathrm{d}s}{\mathrm{d}t} = 0$,得 $t = \dfrac{20}{k}$,相应地 $s = \dfrac{200}{k}$;

(3)当 $t = \dfrac{20}{k}$ 时,$s = 50$,即

$$-\dfrac{1}{2}k\left(\dfrac{20}{k}\right)^2 + \dfrac{400}{k} = 50.$$

解出 $k=4$，即刹车加速度为-4 m/s.

5. 一曲线通过点$(e^2, 3)$，且在任一点处的切线的斜率等于该点横坐标的倒数，求该曲线的方程.

【解】 设该曲线方程为 $y=f(x)$. 依题意得

$$y'=\frac{1}{x},$$

所以

$$y=\int \frac{1}{x}\mathrm{d}x=\ln|x|+C,$$

代入点$(e^2, 3)$，得 $C=1$. 所求曲线方程为

$$y=\ln|x|+C.$$

6. 一物体由静止开始运动，经 t s 后的速度是 $3t^2$ m/s，问：

(1) 在 3 s 后物体离开出发点的距离是多少？

(2) 物体走完 360 m 需要多少时间？

【解】 依题意知

$$\begin{cases} v=\dfrac{\mathrm{d}s}{\mathrm{d}t}=3t^2, \\ s(0)=0, \end{cases}$$

则

$$s(t)=\int 3t^2 \mathrm{d}t=t^3+C,$$

代入条件 $s(0)=0$，知 $C=0$.

因此，位移函数为 $s(t)=t^3$.

(1) $s(3)=3^3=27(\text{m})$；

(2) 由 $360=t^3$ 得 $t=\sqrt[3]{360}\approx 7.11(\text{s})$.

7. 证明函数 $\arcsin(2x-1)$，$\arccos(1-2x)$ 和 $2\arctan\sqrt{\dfrac{x}{1-x}}$ 都是 $\dfrac{1}{\sqrt{x-x^2}}$ 的原函数.

【证】

$$[\arcsin(2x-1)]'=\frac{1}{\sqrt{1-(2x-1)^2}}\cdot 2=\frac{1}{\sqrt{x-x^2}},$$

$$[\arccos(1-2x)]'=-\frac{1}{\sqrt{1-(1-2x)^2}}\cdot(-2)=\frac{1}{\sqrt{x-x^2}},$$

$$\left[2\arctan\sqrt{\frac{x}{1-x}}\right]'=2\frac{1}{1+\dfrac{x}{1-x}}\cdot\frac{1}{2}\sqrt{\frac{1-x}{x}}\cdot\frac{1}{(1-x)^2}=\frac{1}{\sqrt{x-x^2}}.$$

故结论成立.

习题 4-2 换元积分法

1. 在下列各式等号右端的横线处填入适当的系数，使等式成立$\left(\text{例如：}\mathrm{d}x=\dfrac{1}{4}\mathrm{d}(4x+7)\right)$：

(1) $\mathrm{d}x=\underline{\quad}\mathrm{d}(ax)$；

(2) $\mathrm{d}x=\underline{\quad}\mathrm{d}(7x-3)$；

(3) $x\mathrm{d}x=\underline{\quad}\mathrm{d}(x^2)$；

(4) $x\mathrm{d}x=\underline{\quad}\mathrm{d}(5x^2)$；

(5) $x\mathrm{d}x=\underline{\quad}\mathrm{d}(1-x^2)$；

(6) $x^3\mathrm{d}x=\underline{\quad}\mathrm{d}(3x^4-2)$；

(7) $e^{2x}\mathrm{d}x=\underline{\quad}\mathrm{d}(e^{2x})$；

(8) $e^{-\frac{x}{2}}\mathrm{d}x=\underline{\quad}\mathrm{d}(1+e^{-\frac{x}{2}})$；

(9) $\sin\dfrac{3}{2}x\mathrm{d}x=\underline{\quad}\mathrm{d}\left(\cos\dfrac{3}{2}x\right)$；

(10) $\dfrac{\mathrm{d}x}{x}=\underline{\quad}\mathrm{d}(5\ln|x|)$；

(11) $\dfrac{\mathrm{d}x}{x} = $ ____ $\mathrm{d}(3-5\ln|x|)$; (12) $\dfrac{\mathrm{d}x}{1+9x^2} = $ ____ $\mathrm{d}(\arctan 3x)$;

(13) $\dfrac{\mathrm{d}x}{\sqrt{1-x^2}} = $ ____ $\mathrm{d}(1-\arcsin x)$; (14) $\dfrac{x\mathrm{d}x}{\sqrt{1-x^2}} = $ ____ $\mathrm{d}(\sqrt{1-x^2})$.

【解】 (1) $\dfrac{1}{a}$; (2) $\dfrac{1}{7}$; (3) $\dfrac{1}{2}$;

(4) $\dfrac{1}{10}$; (5) $-\dfrac{1}{2}$; (6) $\dfrac{1}{12}$;

(7) $\dfrac{1}{2}$; (8) -2; (9) $-\dfrac{2}{3}$;

(10) $\dfrac{1}{5}$; (11) $-\dfrac{1}{5}$; (12) $\dfrac{1}{3}$;

(13) -1; (14) -1.

2. 求下列不定积分 (其中 a, b, ω, φ 均为常数):

(1) $\displaystyle\int \mathrm{e}^{5t}\mathrm{d}t$.

【解】 原式 $=\dfrac{1}{5}\displaystyle\int \mathrm{e}^{5t}\mathrm{d}(5t)=\dfrac{1}{5}\mathrm{e}^{5t}+C$.

(2) $\displaystyle\int (3-2x)^3\mathrm{d}x$.

【解】 原式 $=-\dfrac{1}{2}\displaystyle\int (3-2x)^3\mathrm{d}(3-2x)=-\dfrac{1}{8}(3-2x)^4+C$.

(3) $\displaystyle\int \dfrac{\mathrm{d}x}{1-2x}$.

【解】 原式 $=-\dfrac{1}{2}\displaystyle\int \dfrac{1}{1-2x}\mathrm{d}(1-2x)=-\dfrac{1}{2}\ln|1-2x|+C$.

(4) $\displaystyle\int \dfrac{\mathrm{d}x}{\sqrt[3]{2-3x}}$.

【解】 原式 $=-\dfrac{1}{3}\displaystyle\int (2-3x)^{-\frac{1}{3}}\mathrm{d}(2-3x)=-\dfrac{1}{3}\cdot\dfrac{1}{-\frac{1}{3}+1}(2-3x)^{-\frac{1}{3}+1}+C=-\dfrac{1}{2}(2-3x)^{\frac{2}{3}}+C$.

(5) $\displaystyle\int \left(\sin ax - \mathrm{e}^{\frac{x}{b}}\right)\mathrm{d}x$.

【解】 原式 $=\dfrac{1}{a}\displaystyle\int \sin ax\,\mathrm{d}(ax)-b\displaystyle\int \mathrm{e}^{\frac{x}{b}}\mathrm{d}\left(\dfrac{x}{b}\right)=-\dfrac{1}{a}\cos ax-b\mathrm{e}^{\frac{x}{b}}+C$.

(6) $\displaystyle\int \dfrac{\sin\sqrt{t}}{\sqrt{t}}\mathrm{d}t$.

【解】 原式 $=2\displaystyle\int \sin\sqrt{t}\,\mathrm{d}\sqrt{t}=-2\cos\sqrt{t}+C$.

(7) $\displaystyle\int x\mathrm{e}^{-x^2}\mathrm{d}x$.

【解】 原式 $=-\dfrac{1}{2}\displaystyle\int \mathrm{e}^{-x^2}\mathrm{d}(-x^2)=-\dfrac{1}{2}\mathrm{e}^{-x^2}+C$.

(8) $\displaystyle\int x\cos x^2\mathrm{d}x$.

【解】 原式 $=\dfrac{1}{2}\displaystyle\int \cos x^2\,\mathrm{d}x^2=\dfrac{1}{2}\sin x^2+C$.

(9) $\int \dfrac{x}{\sqrt{2-3x^2}}dx.$

【解】 原式 $=-\dfrac{1}{6}\int(2-3x^2)^{-\frac{1}{2}}d(2-3x^2)=-\dfrac{1}{3}\sqrt{2-3x^2}+C.$

(10) $\int \dfrac{3x^3}{1-x^4}dx.$

【解】 原式 $=\dfrac{3}{4}\int\dfrac{1}{1-x^4}dx^4=-\dfrac{3}{4}\int\dfrac{1}{1-x^4}d(1-x^4)=-\dfrac{3}{4}\ln|1-x^4|+C.$

(11) $\int \dfrac{x+1}{x^2+2x+5}dx.$

【解】 原式 $=\dfrac{1}{2}\int\dfrac{(x^2+2x+5)'}{x^2+2x+5}dx=\dfrac{1}{2}\ln|x^2+2x+5|+C.$

(12) $\int \cos^2(\omega t+\varphi)\sin(\omega t+\varphi)dt.$

【解】

原式 $=\dfrac{1}{\omega}\int\cos^2(\omega t+\varphi)\sin(\omega t+\varphi)d(\omega t+\varphi)=-\dfrac{1}{\omega}\int\cos^2(\omega t+\varphi)d\cos(\omega t+\varphi)=-\dfrac{1}{3\omega}\cos^3(\omega t+\varphi)+C.$

(13) $\int \dfrac{\sin x}{\cos^3 x}dx.$

【解】 原式 $=-\int\dfrac{1}{\cos^3 x}d\cos x=-\dfrac{1}{-3+1}\cos^{-3+1}x+C=\dfrac{1}{2\cos^2 x}+C.$

(14) $\int \dfrac{\sin x+\cos x}{\sqrt[3]{\sin x-\cos x}}dx.$

【解】 原式 $=\int(\sin x-\cos x)^{-\frac{1}{3}}d(\sin x-\cos x)=\dfrac{3}{2}(\sin x-\cos x)^{\frac{2}{3}}+C.$

(15) $\int \tan^{10}x\sec^2 x dx.$

【解】 原式 $=\int\tan^{10}xd(\tan x)=\dfrac{1}{11}\tan^{11}x+C.$

(16) $\int \dfrac{dx}{x\ln x\ln\ln x}.$

【解】 原式 $=\int\dfrac{d\ln x}{\ln x\ln\ln x}=\int\dfrac{1}{\ln\ln x}d\ln\ln x=\ln\ln\ln x+C.$

(17) $\int \dfrac{dx}{(\arcsin x)^2\sqrt{1-x^2}}.$

【解】 原式 $=\int\dfrac{d(\arcsin x)}{(\arcsin x)^2}=-\dfrac{1}{\arcsin x}+C.$

(18) $\int \dfrac{10^{2\arccos x}}{\sqrt{1-x^2}}dx.$

【解】 原式 $=-\int 10^{2\arccos x}d\arccos x=-\dfrac{1}{2}\int 10^{2\arccos x}d(2\arccos x)=-\dfrac{10^{2\arccos x}}{2\ln 10}+C.$

(19) $\int \tan\sqrt{1+x^2}\cdot\dfrac{x}{\sqrt{1+x^2}}dx.$

【解】 原式 $=\int\tan\sqrt{1+x^2}d(\sqrt{1+x^2})=-\ln|\cos\sqrt{1+x^2}|+C.$

（20）$\int \dfrac{\arctan\sqrt{x}}{\sqrt{x}\,(1+x)}\mathrm{d}x.$

【解】 原式 $=2\int \dfrac{\arctan\sqrt{x}}{1+(\sqrt{x})^2}\mathrm{d}\sqrt{x}=2\int \arctan\sqrt{x}\,\mathrm{d}\arctan\sqrt{x}=(\arctan\sqrt{x})^2+C.$

（21）$\int \dfrac{1+\ln x}{(x\ln x)^2}\mathrm{d}x.$

【解】 原式 $=\int \dfrac{1}{(x\ln x)^2}\mathrm{d}(x\ln x)=-\dfrac{1}{x\ln x}+C.$

（22）$\int \dfrac{\mathrm{d}x}{\sin x\cos x}.$

【解】 原式 $=\int \csc 2x\,\mathrm{d}(2x)=\ln|\csc 2x-\cot 2x|+C=\ln|\tan x|+C.$

（23）$\int \dfrac{\ln\tan x}{\cos x\sin x}\mathrm{d}x.$

【解】 原式 $=\int \dfrac{\ln\tan x}{\tan x}\cdot\sec^2x\mathrm{d}x=\int \dfrac{\ln\tan x}{\tan x}\mathrm{d}\tan x=\int \ln\tan x\,\mathrm{d}(\ln\tan x)=\dfrac{1}{2}(\ln\tan x)^2+C.$

（24）$\int \cos^3x\mathrm{d}x.$

【解】 原式 $=\int (1-\sin^2x)\mathrm{d}(\sin x)=\sin x-\dfrac{1}{3}\sin^3x+C.$

（25）$\int \cos^2(\omega t+\varphi)\mathrm{d}t.$

【解】 原式 $=\int \dfrac{1}{2}[\cos 2(\omega t+\varphi)+1]\mathrm{d}t=\dfrac{\sin 2(\omega t+\varphi)}{4\omega}+\dfrac{t}{2}+C.$

（26）$\int \sin 2x\cos 3x\mathrm{d}x.$

【解】 原式 $=\dfrac{1}{2}\int (\sin 5x-\sin x)\mathrm{d}x=\dfrac{1}{2}\left(-\dfrac{1}{5}\cos 5x+\cos x\right)+C=\dfrac{1}{2}\cos x-\dfrac{1}{10}\cos 5x+C.$

（27）$\int \cos x\cos \dfrac{x}{2}\mathrm{d}x.$

【解】 原式 $=\dfrac{1}{2}\int \left(\cos \dfrac{3}{2}x+\cos \dfrac{x}{2}\right)\mathrm{d}x=\dfrac{1}{2}\left[\dfrac{2}{3}\int \cos \dfrac{3}{2}x\mathrm{d}\left(\dfrac{3}{2}x\right)+2\int \cos \dfrac{x}{2}\mathrm{d}\dfrac{x}{2}\right]$

$=\dfrac{1}{3}\sin \dfrac{3}{2}x+\sin \dfrac{x}{2}+C.$

（28）$\int \sin 5x\sin 7x\mathrm{d}x.$

【解】 原式 $=-\dfrac{1}{2}\int (\cos 12x-\cos 2x)\mathrm{d}x=\dfrac{1}{4}\sin 2x-\dfrac{1}{24}\sin 12x+C.$

（29）$\int \tan^3x\sec x\mathrm{d}x.$

【解】 原式 $=\int \tan^2x\mathrm{d}\sec x=\int (\sec^2x-1)\mathrm{d}\sec x=\dfrac{1}{3}\sec^3x-\sec x+C.$

（30）$\int \dfrac{\mathrm{d}x}{e^x+e^{-x}}.$

【解】 原式 $=\int \dfrac{\mathrm{d}(e^x)}{1+(e^x)^2}=\arctan(e^x)+C.$

(31) $\int \dfrac{1-x}{\sqrt{9-4x^2}}\mathrm{d}x.$

【解】 原式 $= \dfrac{1}{2} \int \dfrac{\mathrm{d}\left(\dfrac{2}{3}x\right)}{\sqrt{1-\left(\dfrac{2}{3}x\right)^2}} + \dfrac{1}{8} \int \dfrac{\mathrm{d}(9-4x^2)}{\sqrt{9-4x^2}} = \dfrac{1}{2}\arcsin\dfrac{2}{3}x + \dfrac{1}{4}\sqrt{9-4x^2} + C.$

(32) $\int \dfrac{x^3}{9+x^2}\mathrm{d}x.$

【解】 原式 $= \dfrac{1}{2} \int \dfrac{x^2}{9+x^2}\mathrm{d}x^2 = \dfrac{1}{2} \int \left(1-\dfrac{9}{9+x^2}\right)\mathrm{d}x^2 = \dfrac{1}{2}\left[x^2-9\ln(9+x^2)\right]+C = \dfrac{1}{2}x^2-\dfrac{9}{2}\ln(9+x^2)+C.$

(33) $\int \dfrac{\mathrm{d}x}{2x^2-1}.$

【解】 原式 $= \dfrac{1}{\sqrt{2}} \int \dfrac{1}{(\sqrt{2}x)^2-1}\mathrm{d}(\sqrt{2}x) = \dfrac{1}{2\sqrt{2}}\ln\left|\dfrac{\sqrt{2}x-1}{\sqrt{2}x+1}\right|+C.$

(34) $\int \dfrac{\mathrm{d}x}{(x+1)(x-2)}.$

【解】 原式 $= \dfrac{1}{3} \int \left(\dfrac{1}{x-2}-\dfrac{1}{x+1}\right)\mathrm{d}x = \dfrac{1}{3}(\ln|x-2|-\ln|x+1|)+C = \dfrac{1}{3}\ln\left|\dfrac{x-2}{x+1}\right|+C.$

(35) $\int \dfrac{x}{x^2-x-2}\mathrm{d}x.$

【解】 原式 $= \dfrac{1}{3} \int \left(\dfrac{2}{x-2}+\dfrac{1}{x+1}\right)\mathrm{d}x = \dfrac{2}{3}\ln|x-2|+\dfrac{1}{3}\ln|x+1|+C.$

(36) $\int \dfrac{x^2\mathrm{d}x}{\sqrt{a^2-x^2}}$ $(a>0).$

【解】 设 $x=a\sin t$, 则

$$原式 = \int \dfrac{a^2\sin^2 t}{\sqrt{a^2-a^2\sin^2 t}} \cdot a\cos t\mathrm{d}t = a^2 \int \sin^2 t\mathrm{d}t$$

$$= \dfrac{a^2}{2} \int (1-\cos 2t)\mathrm{d}t = \dfrac{a^2}{2}\left(t-\dfrac{1}{2}\sin 2t\right)+C = \dfrac{a^2}{2}(t-\sin t\cos t)+C$$

$$= \dfrac{a^2}{2}\left(\arcsin\dfrac{x}{a}-\dfrac{x}{a^2}\sqrt{a^2-x^2}\right)+C = \dfrac{a^2}{2}\arcsin\dfrac{x}{a}-\dfrac{1}{2}x\sqrt{a^2-x^2}+C.$$

(37) $\int \dfrac{\mathrm{d}x}{x\sqrt{x^2-1}}.$

【解法1】 设 $x=\sec t$, 则原式 $= \int \dfrac{1}{\sec t\sqrt{\sec^2 t-1}} \cdot \sec t \cdot \tan t\mathrm{d}t = \int \mathrm{d}t = t+C = \arccos\dfrac{1}{x}+C;$

【解法2】 原式 $= \int \dfrac{1}{x^2\sqrt{1-\dfrac{1}{x^2}}}\mathrm{d}x = -\int \dfrac{1}{\sqrt{1-\dfrac{1}{x^2}}}\mathrm{d}\dfrac{1}{x} = -\arcsin\dfrac{1}{x}+C.$

(38) $\int \dfrac{\mathrm{d}x}{\sqrt{(x^2+1)^3}}.$

【解】 设 $x=\tan t$, 则原式 $= \int \dfrac{1}{\sqrt{(\tan^2 t+1)^3}} \cdot \sec^2 t\mathrm{d}t = \int \cos t\mathrm{d}t = \sin t+C = \dfrac{x}{\sqrt{1+x^2}}+C.$

(39) $\int \dfrac{\sqrt{x^2-9}}{x}\mathrm{d}x$.

【解】　设 $x=3\sec t$，则

$$原式 = \int \frac{\sqrt{9\sec^2 t-9}}{3\sec t}\cdot 3\sec t\cdot \tan t\mathrm{d}t = 3\int \tan^2 t\mathrm{d}t = 3\int (\sec^2 t-1)\mathrm{d}t$$

$$= 3(\tan t-t)+C = 3\left(\frac{\sqrt{x^2-9}}{3}-\arccos\frac{3}{x}\right)+C = \sqrt{x^2-9}-3\arccos\frac{3}{x}+C.$$

(40) $\int \dfrac{\mathrm{d}x}{1+\sqrt{2x}}$.

【解】　设 $\sqrt{2x}=t$，$x=\dfrac{t^2}{2}$，则

$$原式 = \int \frac{1}{1+t}\cdot t\mathrm{d}t = \int \left(1-\frac{1}{1+t}\right)\mathrm{d}t = t-\ln|1+t|+C = \sqrt{2x}-\ln(1+\sqrt{2x})+C.$$

(41) $\int \dfrac{\mathrm{d}x}{1+\sqrt{1-x^2}}$.

【解】　设 $x=\sin t$，则

$$原式 = \int \frac{1}{1+\sqrt{1-\sin^2 t}}\cdot \cos t\mathrm{d}t = \int \frac{\cos t}{1+\cos t}\mathrm{d}t = \int \left(1-\frac{1}{1+\cos t}\right)\mathrm{d}t = \int \left(1-\frac{1}{2\cos^2\dfrac{t}{2}}\right)\mathrm{d}t$$

$$= t-\int \sec^2\frac{t}{2}\mathrm{d}\frac{t}{2} = t-\tan\frac{t}{2}+C = t-\frac{\sin t}{1+\cos t}+C = \arcsin x-\frac{x}{1+\sqrt{1-x^2}}+C.$$

(42) $\int \dfrac{\mathrm{d}x}{x+\sqrt{1-x^2}}$.

【解】　设 $x=\sin t$，则

$$原式 = \int \frac{\cos t}{\sin t+\cos t}\mathrm{d}t = \frac{1}{2}\int \frac{2\cos t}{\sin t+\cos t}\mathrm{d}t = \frac{1}{2}\int \frac{(\sin t+\cos t)+(\cos t-\sin t)}{\sin t+\cos t}\mathrm{d}t$$

$$= \frac{1}{2}\int \mathrm{d}t+\frac{1}{2}\int \frac{\cos t-\sin t}{\sin t+\cos t}\mathrm{d}t = \frac{t}{2}+\frac{1}{2}\ln|\sin t+\cos t|+C = \frac{1}{2}\arcsin x+\frac{1}{2}\ln|x+\sqrt{1-x^2}|+C.$$

(43) $\int \dfrac{x-1}{x^2+2x+3}\mathrm{d}x$.

【解】　$原式 = \dfrac{1}{2}\int \dfrac{(x^2+2x+3)'}{x^2+2x+3}\mathrm{d}x - 2\int \dfrac{\mathrm{d}x}{(x+1)^2+2} = \ln|x^2+2x+3|-\sqrt{2}\arctan\dfrac{x+1}{\sqrt{2}}+C.$

(44) $\int \dfrac{x^3+1}{(x^2+1)^2}\mathrm{d}x$.

【解】　令 $x=\tan t\left(-\dfrac{\pi}{2}<t<\dfrac{\pi}{2}\right)$，则

$$x^2+1=\sec^2 t,\quad \mathrm{d}x=\sec^2 t\mathrm{d}t.$$

$$原式 = \int \frac{\tan^3 t+1}{\sec^2 t}\mathrm{d}t = \int \frac{\cos 2t-1}{\cos t}\mathrm{d}(\cos t) + \int \frac{1}{2}(1+\cos 2t)\mathrm{d}t$$

$$= \frac{1}{2}\cos^2 t-\ln\cos t+\frac{1}{2}t+\frac{1}{4}\sin t\cos t+C = \frac{1+x}{2(1+x^2)}+\frac{1}{2}\ln(1+x^2)+\frac{1}{2}\arctan x+C.$$

习题 4-3　分部积分法

求下列不定积分：

1. $\int x\sin x \mathrm{d}x$.

【解】　原式 $= -\int x\mathrm{d}\cos x = -\left(x\cos x - \int \cos x \mathrm{d}x\right) = -x\cos x + \sin x + C$.

2. $\int \ln x \mathrm{d}x$.

【解】　原式 $= x \cdot \ln x - \int x \cdot \dfrac{1}{x}\mathrm{d}x = x\ln x - x + C$.

3. $\int \arcsin x \mathrm{d}x$.

【解】　原式 $= x\arcsin x - \int \dfrac{x}{\sqrt{1-x^2}}\mathrm{d}x = x\arcsin x + \sqrt{1-x^2} + C$.

4. $\int x\mathrm{e}^{-x}\mathrm{d}x$.

【解】　原式 $= -\int x\mathrm{d}\mathrm{e}^{-x} = -\left(x\mathrm{e}^{-x} - \int \mathrm{e}^{-x}\mathrm{d}x\right) = -x\mathrm{e}^{-x} - \mathrm{e}^{-x} + C$.

5. $\int x^2\ln x \mathrm{d}x$.

【解】　原式 $= \dfrac{1}{3}\int \ln x \mathrm{d}x^3 = \dfrac{1}{3}\left(x^3\ln x - \int x^3 \cdot \dfrac{1}{x}\mathrm{d}x\right) = \dfrac{1}{3}x^3 \cdot \ln x - \dfrac{1}{9}x^3 + C$.

6. $\int \mathrm{e}^{-x}\cos x \mathrm{d}x$.

【解】　原式 $= \int \mathrm{e}^{-x}\mathrm{d}\sin x = \mathrm{e}^{-x}\sin x + \int \mathrm{e}^{-x}\sin x \mathrm{d}x = \mathrm{e}^{-x}\sin x - \int \mathrm{e}^{-x}\mathrm{d}\cos x$

$\qquad = \mathrm{e}^{-x}\sin x - \mathrm{e}^{-x}\cos x - \int \mathrm{e}^{-x}\cos x \mathrm{d}x$,

所以　　　　　　　　　　　　原式 $= \dfrac{1}{2}\mathrm{e}^{-x}(\sin x - \cos x) + C$.

7. $\int \mathrm{e}^{-2x}\sin \dfrac{x}{2}\mathrm{d}x$.

【解】　原式 $= -2\int \mathrm{e}^{-2x}\mathrm{d}\cos \dfrac{x}{2} = -2\left(\mathrm{e}^{-2x}\cos \dfrac{x}{2} + 2\int \mathrm{e}^{-2x}\cos \dfrac{x}{2}\mathrm{d}x\right)$

$\qquad\qquad = -2\mathrm{e}^{-2x}\cos \dfrac{x}{2} - 8\int \mathrm{e}^{-2x}\mathrm{d}\sin \dfrac{x}{2}$

$\qquad\qquad = -2\mathrm{e}^{-2x}\cos \dfrac{x}{2} - 8\left(\mathrm{e}^{-2x}\sin \dfrac{x}{2} + 2\int \mathrm{e}^{-2x}\sin \dfrac{x}{2}\mathrm{d}x\right)$

$\qquad\qquad = -2\mathrm{e}^{-2x}\cos \dfrac{x}{2} - 8\mathrm{e}^{-2x}\sin \dfrac{x}{2} - 16\int \mathrm{e}^{-2x}\sin \dfrac{x}{2}\mathrm{d}x$,

所以　　　　　　　　　原式 $= -\dfrac{2}{17}\mathrm{e}^{-2x}\left(\cos \dfrac{x}{2} + 4\sin \dfrac{x}{2}\right) + C$.

8. $\int x\cos \dfrac{x}{2}\mathrm{d}x$.

【解】　原式 $= 2\int x\mathrm{d}\sin \dfrac{x}{2} = 2\left(x\sin \dfrac{x}{2} - \int \sin \dfrac{x}{2}\mathrm{d}x\right) = 2\left(x\sin \dfrac{x}{2} + 2\cos \dfrac{x}{2}\right) + C$.

9. $\int x^2\arctan x \mathrm{d}x$.

【解】

原式 $= \dfrac{1}{3}\int \arctan x \mathrm{d}x^3 = \dfrac{1}{3}\left(x^3\arctan x - \int \dfrac{x^3}{1+x^2}\mathrm{d}x\right) = \dfrac{1}{3}\left[x^3\arctan x - \dfrac{1}{2}\int\left(1 - \dfrac{1}{1+x^2}\right)\mathrm{d}x^2\right]$

$$= \frac{1}{3} \left\{ x^3 \arctan x - \frac{1}{2} \left[x^2 - \ln(1+x^2) \right] \right\} + C = \frac{1}{3} x^3 \arctan x - \frac{1}{6} x^2 + \frac{1}{6} \ln(1+x^2) + C.$$

10. $\int x \tan^2 x \mathrm{d}x.$

【解】　原式 $= \int x(\sec^2 x - 1) \mathrm{d}x = \int x\sec^2 x \mathrm{d}x - \int x \mathrm{d}x$

$$= \int x \mathrm{d}\tan x - \frac{1}{2} x^2 = x\tan x - \int \tan x \mathrm{d}x - \frac{1}{2} x^2 = x\tan x + \ln|\cos x| - \frac{1}{2} x^2 + C.$$

11. $\int x^2 \cos x \mathrm{d}x.$

【解】　原式 $= \int x^2 \mathrm{d}\sin x = x^2 \sin x - \int 2x\sin x \mathrm{d}x = x^2 \sin x + 2\int x \mathrm{d}\cos x$

$$= x^2 \sin x + 2x\cos x - 2\int \cos x \mathrm{d}x = x^2 \sin x + 2x\cos x - 2\sin x + C.$$

12. $\int t \mathrm{e}^{-2t} \mathrm{d}t.$

【解】　原式 $= -\frac{1}{2} \int t \mathrm{d}\mathrm{e}^{-2t} = -\frac{1}{2} \left(t\mathrm{e}^{-2t} - \int \mathrm{e}^{-2t} \mathrm{d}t \right) = -\frac{1}{2} \left(t\mathrm{e}^{-2t} + \frac{1}{2} \mathrm{e}^{-2t} \right) + C = -\frac{1}{2} \mathrm{e}^{-2t} \left(t + \frac{1}{2} \right) + C.$

13. $\int \ln^2 x \mathrm{d}x.$

【解】　原式 $= x\ln^2 x - \int x \cdot 2\ln x \cdot \frac{1}{x} \mathrm{d}x = x\ln^2 x - 2\left(x\ln x - \int x \cdot \frac{1}{x} \mathrm{d}x \right) = x\ln^2 x - 2x\ln x + 2x + C.$

14. $\int x\sin x\cos x \mathrm{d}x.$

【解】　原式 $= \frac{1}{2} \int x\sin 2x \mathrm{d}x = -\frac{1}{4} \int x \mathrm{d}\cos 2x = -\frac{1}{4} \left(x\cos 2x - \int \cos 2x \mathrm{d}x \right) = -\frac{1}{4} x\cos 2x + \frac{1}{8} \sin 2x + C.$

15. $\int x^2 \cos^2 \frac{x}{2} \mathrm{d}x.$

【解】　原式 $= \int x^2 \cdot \frac{1+\cos x}{2} \mathrm{d}x = \frac{1}{2} \int x^2 \mathrm{d}x + \frac{1}{2} \int x^2 \mathrm{d}\sin x$

$$= \frac{1}{6} x^3 + \frac{1}{2} \left(x^2 \sin x - \int 2x\sin x \mathrm{d}x \right) = \frac{1}{6} x^3 + \frac{1}{2} x^2 \sin x + \int x \mathrm{d}\cos x$$

$$= \frac{1}{6} x^3 + \frac{1}{2} x^2 \sin x + x\cos x - \int \cos x \mathrm{d}x = \frac{1}{6} x^3 + \frac{1}{2} x^2 \sin x + x\cos x - \sin x + C.$$

16. $\int x\ln(x-1) \mathrm{d}x.$

【解】　原式 $= \frac{1}{2} \int \ln(x-1) \mathrm{d}x^2 = \frac{1}{2} \left[x^2 \ln(x-1) - \int \frac{x^2}{x-1} \mathrm{d}x \right]$

$$= \frac{1}{2} x^2 \ln(x-1) - \frac{1}{2} \int \left(x+1+\frac{1}{x-1} \right) \mathrm{d}x = \frac{1}{2} x^2 \ln(x-1) - \frac{1}{4} x^2 - \frac{1}{2} x - \frac{1}{2} \ln|x-1| + C.$$

17. $\int (x^2-1) \sin 2x \mathrm{d}x.$

【解】　原式 $= -\frac{1}{2} \int (x^2-1) \mathrm{d}\cos 2x = -\frac{1}{2} \left[(x^2-1)\cos 2x - \int 2x\cos 2x \mathrm{d}x \right]$

$$= -\frac{1}{2} (x^2-1)\cos 2x + \frac{1}{2} \int x \mathrm{d}\sin 2x = -\frac{1}{2} (x^2-1)\cos 2x + \frac{1}{2} \left(x\sin 2x - \int \sin 2x \mathrm{d}x \right)$$

$$= -\frac{1}{2} (x^2-1)\cos 2x + \frac{1}{2} x\sin 2x + \frac{1}{4} \cos 2x + C = -\frac{1}{2} \left(x^2 - \frac{3}{2} \right) \cos 2x + \frac{1}{2} x\sin 2x + C.$$

18. $\int \dfrac{\ln^3 x}{x^2}\mathrm{d}x.$

【解】原式 $= -\int \ln^3 x\,\mathrm{d}\dfrac{1}{x} = -\left(\dfrac{\ln^3 x}{x} - \int 3\ln^2 x \cdot \dfrac{1}{x^2}\mathrm{d}x\right) = -\dfrac{\ln^3 x}{x} - 3\int \ln^2 x\,\mathrm{d}\dfrac{1}{x}$

$\qquad = -\dfrac{\ln^3 x}{x} - 3\left(\dfrac{\ln^2 x}{x} - \int 2\ln x \cdot \dfrac{1}{x^2}\mathrm{d}x\right) = -\dfrac{\ln^3 x + 3\ln^2 x}{x} - 6\int \ln x\,\mathrm{d}\dfrac{1}{x}$

$\qquad = -\dfrac{\ln^3 x + 3\ln^2 x}{x} - 6\left(\dfrac{\ln x}{x} - \int \dfrac{1}{x^2}\mathrm{d}x\right) = -\dfrac{1}{x}\left(\ln^3 x + 3\ln^2 x + 6\ln x + 6\right) + C.$

19. $\int \mathrm{e}^{\sqrt[3]{x}}\mathrm{d}x.$

【解】 令 $\sqrt[3]{x} = t$, $x = t^3$, 则

$\qquad$ 原式 $= \int \mathrm{e}^t \cdot 3t^2\mathrm{d}t = 3\int t^2\mathrm{d}\mathrm{e}^t = 3\left(t^2\mathrm{e}^t - \int 2t\mathrm{e}^t\mathrm{d}t\right) = 3t^2\mathrm{e}^t - 6\int t\mathrm{d}\mathrm{e}^t$

$\qquad = 3t^2\mathrm{e}^t - 6\left(t\mathrm{e}^t - \int \mathrm{e}^t\mathrm{d}t\right) = 3t^2\mathrm{e}^t - 6t\mathrm{e}^t + 6\mathrm{e}^t + C = 3\mathrm{e}^{\sqrt[3]{x}}\left(\sqrt[3]{x^2} - 2\sqrt[3]{x} + 2\right) + C.$

20. $\int \cos(\ln x)\,\mathrm{d}x.$

【解】 原式 $= x \cdot \cos(\ln x) + \int x \cdot \sin(\ln x) \cdot \dfrac{1}{x}\mathrm{d}x = x\cos(\ln x) + x\sin(\ln x) - \int \cos(\ln x)\,\mathrm{d}x,$

所以 $\qquad\qquad\qquad$ 原式 $= \dfrac{x}{2}\left[\cos(\ln x) + \sin(\ln x)\right] + C.$

21. $\int (\arcsin x)^2\,\mathrm{d}x.$

【解】 原式 $= x(\arcsin x)^2 - \int 2\arcsin x \cdot \dfrac{x}{\sqrt{1-x^2}}\mathrm{d}x = x(\arcsin x)^2 + 2\int \arcsin x\,\mathrm{d}\sqrt{1-x^2}$

$\qquad = x(\arcsin x)^2 + 2\arcsin x \cdot \sqrt{1-x^2} - 2\int \dfrac{\sqrt{1-x^2}}{\sqrt{1-x^2}}\mathrm{d}x = x(\arcsin x)^2 + 2\sqrt{1-x^2}\arcsin x - 2x + C.$

22. $\int \mathrm{e}^x\sin^2 x\mathrm{d}x.$

【解】 原式 $= \int \mathrm{e}^x \cdot \dfrac{1-\cos 2x}{2}\mathrm{d}x = \int \dfrac{1}{2}\mathrm{e}^x\mathrm{d}x - \dfrac{1}{2}\int \mathrm{e}^x\cos 2x\mathrm{d}x = \dfrac{1}{2}\mathrm{e}^x - \dfrac{1}{2}\int \mathrm{e}^x\cos 2x\mathrm{d}x,$

而

$\qquad \int \mathrm{e}^x\cos 2x\mathrm{d}x = \int \cos 2x\mathrm{d}\mathrm{e}^x = \mathrm{e}^x\cos 2x + \int \mathrm{e}^x \cdot 2\sin 2x\mathrm{d}x = \mathrm{e}^x\cos 2x + 2\int \sin 2x\mathrm{d}\mathrm{e}^x$

$\qquad\qquad\qquad\quad = \mathrm{e}^x\cos 2x + 2\mathrm{e}^x\sin 2x - 4\int \mathrm{e}^x\cos 2x\mathrm{d}x,$

所以 $\qquad\qquad\qquad \int \mathrm{e}^x\cos 2x\mathrm{d}x = \dfrac{\mathrm{e}^x}{5}(\cos 2x + 2\sin 2x) + C,$

从而 $\qquad\qquad\qquad$ 原式 $= \dfrac{1}{2}\mathrm{e}^x - \dfrac{\mathrm{e}^x}{10}(\cos 2x + 2\sin 2x) + C.$

23. $\int x\ln^2 x\mathrm{d}x.$

【解】 原式 $= \int \ln^2 x\,\mathrm{d}\left(\dfrac{x^2}{2}\right) = \dfrac{x^2}{2}\ln^2 x - \int x\ln x\mathrm{d}x = \dfrac{x^2}{2}\ln^2 x - \dfrac{x^2}{2}\ln x + \int \dfrac{x}{2}\mathrm{d}x$

$\qquad = \dfrac{x^2}{4}(2\ln^2 x - 2\ln x + 1) + C.$

24. $\int \mathrm{e}^{\sqrt{3x+9}}\mathrm{d}x.$

【解】　令 $\sqrt{3x+9}=u$.

$$原式 = \int \frac{2}{3}ue^u\mathrm{d}u = \frac{2}{3}ue^u - \frac{2}{3}e^u + C = \frac{2}{3}e^{\sqrt{3x+9}}(\sqrt{3x+9}-1)+C.$$

习题 4-4　有理函数的积分

求下列不定积分：

1. $\int \dfrac{x^3}{x+3}\mathrm{d}x$.

【解】　$原式 = \int\left(x^2-3x+9-\dfrac{27}{x+3}\right)\mathrm{d}x = \dfrac{1}{3}x^3-\dfrac{3}{2}x^2+9x-27\ln|x+3|+C.$

2. $\int \dfrac{2x+3}{x^2+3x-10}\mathrm{d}x$.

【解】　$原式 = \int \dfrac{1}{x^2+3x-10}\mathrm{d}(x^2+3x-10) = \ln|x^2+3x-10|+C.$

3. $\int \dfrac{x+1}{x^2-2x+5}\mathrm{d}x$.

【解】　$原式 = \int \dfrac{\frac{1}{2}(x^2-2x+5)'}{x^2-2x+5}\mathrm{d}x + \int \dfrac{2}{(x-1)^2+4}\mathrm{d}x = \dfrac{1}{2}\ln|x^2-2x+5|+\arctan\dfrac{x-1}{2}+C.$

4. $\int \dfrac{\mathrm{d}x}{x(x^2+1)}$.

【解】　$原式 = \int\left(\dfrac{1}{x}-\dfrac{x}{x^2+1}\right)\mathrm{d}x = \ln|x|-\dfrac{1}{2}\ln|x^2+1|+C.$

5. $\int \dfrac{3}{x^3+1}\mathrm{d}x$.

【解】　$原式 = \int \dfrac{3}{(x+1)(x^2-x+1)}\mathrm{d}x = \int\left(\dfrac{1}{x+1}-\dfrac{x-2}{x^2-x+1}\right)\mathrm{d}x = \ln|x+1| - \int \dfrac{\left(x-\frac{1}{2}\right)-\frac{3}{2}}{\left(x-\frac{1}{2}\right)^2+\frac{3}{4}}\mathrm{d}x$

$$=\ln|x+1| - \int \dfrac{x-\frac{1}{2}}{\left(x-\frac{1}{2}\right)^2+\frac{3}{4}}\mathrm{d}x + \dfrac{3}{2}\int \dfrac{\mathrm{d}x}{\left(x-\frac{1}{2}\right)^2+\frac{3}{4}}$$

$$=\ln|x+1| - \dfrac{1}{2}\int \dfrac{1}{\left(x-\frac{1}{2}\right)^2+\frac{3}{4}}\mathrm{d}\left(x-\dfrac{1}{2}\right)^2 + \dfrac{3}{2}\int \dfrac{\mathrm{d}\left(x-\frac{1}{2}\right)}{\left(x-\frac{1}{2}\right)^2+\left(\frac{\sqrt{3}}{2}\right)^2}$$

$$=\ln|x+1| - \dfrac{1}{2}\ln(x^2-x+1)+\sqrt{3}\arctan\dfrac{2x-1}{\sqrt{3}}+C.$$

6. $\int \dfrac{x^2+1}{(x+1)^2(x-1)}\mathrm{d}x$.

【解】　$原式 = \int\left[\dfrac{1}{2(x-1)}+\dfrac{1}{2(x+1)}-\dfrac{1}{(x+1)^2}\right]\mathrm{d}x = \dfrac{1}{2}\ln|x-1|+\dfrac{1}{2}\ln|x+1|+\dfrac{1}{x+1}+C$

$$= \frac{1}{2}\ln|x^2-1| + \frac{1}{x+1} + C.$$

7. $\displaystyle\int \frac{x\mathrm{d}x}{(x+1)(x+2)(x+3)}.$

【解】 原式 $= \displaystyle\int\left(\frac{-\dfrac{1}{2}}{x+1} + \frac{2}{x+2} + \frac{-\dfrac{3}{2}}{x+3}\right)\mathrm{d}x = 2\ln|x+2| - \frac{1}{2}\ln|x+1| - \frac{3}{2}\ln|x+3| + C.$

8. $\displaystyle\int \frac{x^5 + x^4 - 8}{x^3 - x}\mathrm{d}x.$

【解】 原式 $= \displaystyle\int\left(x^2+x+1+\frac{8}{x}-\frac{3}{x-1}-\frac{4}{x+1}\right)\mathrm{d}x = \frac{x^3}{3}+\frac{1}{2}x^2+8\ln|x|-3\ln|x-1|-4\ln|x+1|+C.$

9. $\displaystyle\int \frac{\mathrm{d}x}{(x^2+1)(x^2+x)}.$

【解】

$$原式 = \int \frac{1}{x(x^2+1)(x+1)}\mathrm{d}x = \int\left(\frac{1}{x}-\frac{\dfrac{1}{2}}{x+1}-\frac{\dfrac{1}{2}x+\dfrac{1}{2}}{x^2+1}\right)\mathrm{d}x = \ln|x|-\frac{1}{2}\ln|x+1|-\frac{1}{4}\int\frac{\mathrm{d}x^2}{x^2+1}-\frac{1}{2}\int\frac{\mathrm{d}x}{x^2+1}$$

$$= \ln|x| - \frac{1}{2}\ln|x+1| - \frac{1}{4}\ln(x^2+1) - \frac{1}{2}\arctan x + C.$$

10. $\displaystyle\int \frac{\mathrm{d}x}{x^4-1}.$

【解】 原式 $= \displaystyle\int \frac{\mathrm{d}x}{(x-1)(x+1)(x^2+1)} = \int\frac{1}{4}\left(\frac{1}{x-1}-\frac{1}{x+1}-\frac{2}{x^2+1}\right)\mathrm{d}x = \frac{1}{4}\ln\left|\frac{x-1}{x+1}\right| - \frac{1}{2}\arctan x + C.$

11. $\displaystyle\int \frac{\mathrm{d}x}{(x^2+1)(x^2+x+1)}.$

【解】 原式 $= \displaystyle\int\left(-\frac{x}{x^2+1}+\frac{x+1}{x^2+x+1}\right)\mathrm{d}x = -\frac{1}{2}\int\frac{\mathrm{d}x^2}{x^2+1}+\int\frac{\left(x+\dfrac{1}{2}\right)+\dfrac{1}{2}}{\left(x+\dfrac{1}{2}\right)^2+\dfrac{3}{4}}\mathrm{d}x$

$$= -\frac{1}{2}\ln(x^2+1)+\frac{1}{2}\int\frac{1}{\left(x+\dfrac{1}{2}\right)^2+\dfrac{3}{4}}\mathrm{d}\left(x+\frac{1}{2}\right)^2+\frac{1}{2}\int\frac{\mathrm{d}\left(x+\dfrac{1}{2}\right)}{\left(x+\dfrac{1}{2}\right)^2+\dfrac{3}{4}}$$

$$= -\frac{1}{2}\ln(x^2+1)+\frac{1}{2}\ln(x^2+x+1)+\frac{\sqrt{3}}{3}\arctan\frac{2x+1}{\sqrt{3}}+C.$$

12. $\displaystyle\int \frac{(x+1)^2}{(x^2+1)^2}\mathrm{d}x.$

【解】 原式 $= \displaystyle\int\frac{x^2+1}{(x^2+1)^2}\mathrm{d}x+\int\frac{2x\mathrm{d}x}{(x^2+1)^2} = \arctan x - \frac{1}{x^2+1}+C.$

13. $\displaystyle\int \frac{-x^2-2}{(x^2+x+1)^2}\mathrm{d}x.$

【解】 原式 $= \displaystyle\int\frac{x-1}{(x^2+x+1)^2}\mathrm{d}x-\int\frac{1}{x^2+x+1}\mathrm{d}x = \int\frac{\left(x+\dfrac{1}{2}\right)-\dfrac{3}{2}}{(x^2+x+1)^2}\mathrm{d}x-\int\frac{1}{\left(x+\dfrac{1}{2}\right)^2+\dfrac{3}{4}}\mathrm{d}x$

$$=\frac{1}{2}\int\frac{d(x^2+x+1)}{(x^2+x+1)^2}-\frac{3}{2}\int\frac{dx}{(x^2+x+1)^2}-\frac{2}{\sqrt{3}}\arctan\frac{2x+1}{\sqrt{3}}$$

$$=-\frac{1}{2}\frac{1}{x^2+x+1}-\frac{3}{2}\int\frac{dx}{\left[\left(x+\frac{1}{2}\right)^2+\frac{3}{4}\right]^2}-\frac{2}{\sqrt{3}}\arctan\frac{2x+1}{\sqrt{3}}.$$

对于积分 $\displaystyle\int\frac{dx}{\left[\left(x+\frac{1}{2}\right)^2+\frac{3}{4}\right]^2}$，令 $x+\frac{1}{2}=\frac{\sqrt{3}}{2}\tan t$，得

$$\int\frac{dx}{\left[\left(x+\frac{1}{2}\right)^2+\frac{3}{4}\right]^2}=\int\frac{\frac{\sqrt{3}}{2}\sec^2 t}{\left(\frac{3}{4}\tan^2 t+\frac{3}{4}\right)^2}dt=\frac{8\sqrt{3}}{9}\int\cos^2 t\,dt=\frac{4\sqrt{3}}{9}\int(1+\cos 2t)\,dt=\frac{4\sqrt{3}}{9}(t+\sin t\cos t)+C$$

$$=\frac{4\sqrt{3}}{9}\left(\arctan\frac{2x+1}{\sqrt{3}}+\frac{\sqrt{3}}{2}\frac{x+\frac{1}{2}}{x^2+x+1}\right)+C,$$

所以　　　　　　　　　　　　原式 $=-\dfrac{x+1}{x^2+x+1}-\dfrac{4}{\sqrt{3}}\arctan\dfrac{2x+1}{\sqrt{3}}+C.$

14. $\displaystyle\int\frac{dx}{3+\sin^2 x}.$

【解】　原式 $=\displaystyle\int\frac{dx}{3(\cos^2 x+\sin^2 x)+\sin^2 x}=\int\frac{dx}{\cos^2 x(3+4\tan^2 x)}$

$$=\frac{1}{4}\int\frac{d\tan x}{\tan^2 x+\frac{3}{4}}=\frac{1}{2\sqrt{3}}\arctan\left(\frac{2\tan x}{\sqrt{3}}\right)+C.$$

15. $\displaystyle\int\frac{dx}{3+\cos x}.$

【解】　设 $u=\tan\dfrac{x}{2}$，$x=2\arctan u$，则

原式 $=\displaystyle\int\frac{1}{3+\frac{1-u^2}{1+u^2}}\cdot\frac{2}{1+u^2}du=\int\frac{1}{2+u^2}du=\frac{1}{\sqrt{2}}\arctan\frac{u}{\sqrt{2}}+C=\frac{1}{\sqrt{2}}\arctan\left(\frac{1}{\sqrt{2}}\tan\frac{x}{2}\right)+C.$

16. $\displaystyle\int\frac{dx}{2+\sin x}.$

【解】　设 $u=\tan\dfrac{x}{2}$，$x=2\arctan u$，则

原式 $=\displaystyle\int\frac{1}{2+\frac{2u}{1+u^2}}\cdot\frac{2}{1+u^2}du=\int\frac{1}{u^2+u+1}du=\int\frac{1}{\left(u+\frac{1}{2}\right)^2+\frac{3}{4}}d\left(u+\frac{1}{2}\right)=\frac{2}{\sqrt{3}}\arctan\frac{2u+1}{\sqrt{3}}+C$

$$=\frac{2}{\sqrt{3}}\arctan\frac{2\tan\frac{x}{2}+1}{\sqrt{3}}+C.$$

17. $\displaystyle\int\frac{dx}{1+\sin x+\cos x}.$

【解】　原式 $= \int \dfrac{1}{2\cos^2\dfrac{x}{2}+2\sin\dfrac{x}{2}\cos\dfrac{x}{2}}\mathrm{d}x = \dfrac{1}{2}\int \dfrac{\sec^2\dfrac{x}{2}}{1+\tan\dfrac{x}{2}}\mathrm{d}x$

$\quad\quad = \int \dfrac{1}{1+\tan\dfrac{x}{2}}\mathrm{d}\tan\dfrac{x}{2} = \ln\left|1+\tan\dfrac{x}{2}\right|+C.$

18. $\int \dfrac{\mathrm{d}x}{2\sin x-\cos x+5}.$

【解】　设 $u=\tan\dfrac{x}{2}$，$x=2\arctan u$，则

原式 $= \int \dfrac{1}{2\cdot\dfrac{2u}{1+u^2}-\dfrac{1-u^2}{1+u^2}+5}\cdot\dfrac{2}{1+u^2}\mathrm{d}u = \int \dfrac{1}{3u^2+2u+2}\mathrm{d}u$

$\quad = \dfrac{1}{3}\int \dfrac{1}{\left(u+\dfrac{1}{3}\right)^2+\dfrac{5}{9}}\mathrm{d}\left(u+\dfrac{1}{3}\right) = \dfrac{1}{\sqrt{5}}\arctan\dfrac{3u+1}{\sqrt{5}}+C = \dfrac{1}{\sqrt{5}}\arctan\dfrac{3\tan\dfrac{x}{2}+1}{\sqrt{5}}+C.$

19. $\int \dfrac{\mathrm{d}x}{1+\sqrt[3]{x+1}}.$

【解】　设 $\sqrt[3]{x+1}=t$，$x=t^3-1$，$\mathrm{d}x=3t^2\mathrm{d}t$，则

原式 $= \int \dfrac{3t^2}{1+t}\mathrm{d}t = 3\int\left(t-1+\dfrac{1}{1+t}\right)\mathrm{d}t = 3\left(\dfrac{1}{2}t^2-t+\ln|1+t|\right)+C$

$\quad = \dfrac{3}{2}\sqrt[3]{(1+x)^2}-3\sqrt[3]{1+x}+3\ln\left|1+\sqrt[3]{1+x}\right|+C.$

20. $\int \dfrac{(\sqrt{x})^3-1}{\sqrt{x}+1}\mathrm{d}x.$

【解】　原式 $= \int\left(x-\sqrt{x}+1-\dfrac{2}{\sqrt{x}+1}\right)\mathrm{d}x = \dfrac{x^2}{2}-\dfrac{2}{3}x\sqrt{x}+x-\int\dfrac{4\sqrt{x}}{\sqrt{x}+1}\mathrm{d}(\sqrt{x})$

$\quad = \dfrac{x^2}{2}-\dfrac{2}{3}x\sqrt{x}+x-4\sqrt{x}+4\ln(\sqrt{x}+1)+C.$

21. $\int \dfrac{\sqrt{x+1}-1}{\sqrt{x+1}+1}\mathrm{d}x.$

【解】　设 $\sqrt{x+1}=t$，$x=t^2-1$，$\mathrm{d}x=2t\mathrm{d}t$，则

原式 $= \int\dfrac{t-1}{t+1}\cdot 2t\mathrm{d}t = 2\int\left(t-2+\dfrac{2}{t+1}\right)\mathrm{d}t = t^2-4t+4\ln|t+1|+C = x+1-4\sqrt{x+1}+4\ln(\sqrt{x+1}+1)+C.$

22. $\int \dfrac{\mathrm{d}x}{\sqrt{x}+\sqrt[4]{x}}.$

【解】　设 $\sqrt[4]{x}=t$，$x=t^4$，$\mathrm{d}x=4t^3\mathrm{d}t$，则

原式 $= \int\dfrac{4t^3}{t^2+t}\mathrm{d}t = 4\int\left(t-1+\dfrac{1}{t+1}\right)\mathrm{d}t = 4\left(\dfrac{1}{2}t^2-t+\ln|t+1|\right)+C = 2\sqrt{x}-4\sqrt[4]{x}+4\ln(\sqrt[4]{x}+1)+C.$

23. $\int \sqrt{\dfrac{1-x}{1+x}}\dfrac{\mathrm{d}x}{x}.$

【解法 1】 设 $\sqrt{\dfrac{1-x}{1+x}}=t$，$x=\dfrac{1-t^2}{1+t^2}$，$dx=-\dfrac{4t}{(1+t^2)^2}dt$，则

$$原式=\int t\cdot\frac{1+t^2}{1-t^2}\cdot\left[-\frac{4t}{(1+t^2)^2}\right]dt=-2\int\frac{2t^2}{(1-t^2)(1+t^2)}dt=2\int\left(\frac{1}{t^2-1}+\frac{1}{t^2+1}\right)dt=\ln\frac{t-1}{t+1}+2\arctan t+C$$

$$=\ln\frac{\sqrt{1-x}-\sqrt{1+x}}{\sqrt{1-x}+\sqrt{1+x}}+2\arctan\sqrt{\frac{1-x}{1+x}}+C.$$

【解法 2】 $原式=\displaystyle\int\frac{1-x}{x\sqrt{1-x^2}}dx=\int\frac{dx}{x\sqrt{1-x^2}}-\int\frac{1}{\sqrt{1-x^2}}dx=\int\frac{1}{x^2\sqrt{\dfrac{1}{x^2}-1}}dx-\arcsin x$

$$=\int\frac{-1}{\sqrt{\dfrac{1}{x^2}-1}}d\left(\frac{1}{x}\right)-\arcsin x=-\ln\left|\frac{1}{x}+\sqrt{\frac{1}{x^2}-1}\right|-\arcsin x+C$$

$$=-\ln\frac{1+\sqrt{1-x^2}}{|x|}-\arcsin x+C.$$

24. $\displaystyle\int\frac{dx}{\sqrt[3]{(x+1)^2(x-1)^4}}$.

【解】 设 $\sqrt[3]{\dfrac{x+1}{x-1}}=t$，$x=\dfrac{t^3+1}{t^3-1}$，$dx=-\dfrac{6t^2}{(t^3-1)^2}dt$，则

$$原式=\int\frac{1}{\sqrt[3]{\left(\dfrac{x+1}{x-1}\right)^2}}\cdot\frac{1}{(x-1)^2}dx=-\frac{3}{2}\int dt=-\frac{3}{2}t+C=-\frac{3}{2}\sqrt[3]{\frac{x+1}{x-1}}+C.$$

习题 4-5　积分表的使用

利用积分表计算下列不定积分：

1. $\displaystyle\int\frac{dx}{\sqrt{4x^2-9}}$.

【解】 $原式=\displaystyle\int\frac{dx}{2\sqrt{x^2-\left(\dfrac{3}{2}\right)^2}}$.

被积函数中含有 $\sqrt{x^2-a^2}$，在积分表（七）中查到公式（45）

$$\int\frac{dx}{\sqrt{x^2-a^2}}=\ln\left|x+\sqrt{x^2-a^2}\right|+C,$$

于是

$$原式=\frac{1}{2}\ln\left|x+\sqrt{x^2-\frac{9}{4}}\right|+C=\frac{1}{2}\ln\left|2x+\sqrt{4x^2-9}\right|+C_1.$$

2. $\displaystyle\int\frac{1}{x^2+2x+5}dx$.

【解】 在积分表（五）中查到公式（29）

$$\int\frac{dx}{ax^2+bx+c}=\frac{2}{\sqrt{4ac-b^2}}\arctan\frac{2ax+b}{\sqrt{4ac-b^2}}+C\quad(b^2<4ac),$$

现在 $a=1$，$b=2$，$c=5$，于是

$$原式 = \frac{1}{2}\arctan\frac{x+1}{2} + C.$$

3. $\int \dfrac{\mathrm{d}x}{\sqrt{5-4x+x^2}}$.

【解】 原式 $= \int \dfrac{\mathrm{d}x}{\sqrt{(x-2)^2+1}}$.

令 $x-2=u$，则 $\sqrt{(x-2)^2+1} = \sqrt{u^2+1}$，$\mathrm{d}x = \mathrm{d}u$，于是

$$\int \frac{\mathrm{d}x}{\sqrt{(x-2)^2+1}} = \int \frac{\mathrm{d}u}{\sqrt{u^2+1}}.$$

在积分表(六)中查到公式(31)

$$\int \frac{\mathrm{d}x}{\sqrt{x^2+a^2}} = \ln\left(x+\sqrt{x^2+a^2}\right) + C.$$

现在 $a=1$，得

$$原式 = \ln\left(u+\sqrt{u^2+1}\right) + C = \ln\left(x-2+\sqrt{x^2-4x+5}\right) + C.$$

4. $\int \sqrt{2x^2+9}\,\mathrm{d}x$.

【解】 令 $\sqrt{2}\,x=u$，则 $\sqrt{2x^2+9} = \sqrt{u^2+9}$，$\mathrm{d}x = \dfrac{\sqrt{2}}{2}\mathrm{d}u$，于是

$$原式 = \int \sqrt{u^2+9} \cdot \frac{\sqrt{2}}{2}\mathrm{d}u.$$

在积分表(六)中查到公式(39)

$$\int \sqrt{x^2+a^2}\,\mathrm{d}x = \frac{x}{2}\sqrt{x^2+a^2} + \frac{a^2}{2}\ln\left(x+\sqrt{x^2+a^2}\right) + C.$$

现在 $a=3$，于是

$$原式 = \frac{\sqrt{2}}{2}\left[\frac{u}{2}\sqrt{u^2+9} + \frac{9}{2}\ln\left(u+\sqrt{u^2+9}\right)\right] + C = \frac{x}{2}\sqrt{2x^2+9} + \frac{9\sqrt{2}}{4}\ln\left(\sqrt{2}x+\sqrt{2x^2+9}\right) + C.$$

5. $\int \sqrt{3x^2-2}\,\mathrm{d}x$.

【解】 令 $\sqrt{3}\,x=u$，则 $\sqrt{3x^2-2} = \sqrt{u^2-2}$，$\mathrm{d}x = \dfrac{\sqrt{3}}{3}\mathrm{d}u$，于是

$$原式 = \frac{\sqrt{3}}{3}\int \sqrt{u^2-2}\,\mathrm{d}u.$$

在积分表(七)中查到公式(53)

$$\int \sqrt{x^2-a^2}\,\mathrm{d}x = \frac{x}{2}\sqrt{x^2-a^2} - \frac{a^2}{2}\ln\left|x+\sqrt{x^2-a^2}\right| + C.$$

现在 $a=\sqrt{2}$，于是

$$原式 = \frac{\sqrt{3}}{3}\left(\frac{u}{2}\sqrt{u^2-2} - \ln\left|u+\sqrt{u^2-2}\right|\right) + C = \frac{x}{2}\sqrt{3x^2-2} - \frac{\sqrt{3}}{3}\ln\left|\sqrt{3}x+\sqrt{3x^2-2}\right| + C.$$

6. $\int \mathrm{e}^{2x}\cos x\,\mathrm{d}x$.

【解】 在积分表(十三)中查到公式(129)

$$\int \mathrm{e}^{ax}\cos bx\,\mathrm{d}x = \frac{1}{a^2+b^2}\mathrm{e}^{ax}(b\sin bx + a\cos bx) + C.$$

现在 $a=2$，$b=1$，于是

$$原式 = \frac{1}{5}e^{2x}(\sin x + 2\cos x) + C.$$

7. $\int x \arcsin \dfrac{x}{2} \mathrm{d}x.$

【解】　在积分表(十二)中查到公式(114)

$$\int x \arcsin \frac{x}{a} \mathrm{d}x = \left(\frac{x^2}{2} - \frac{a^2}{4} \right) \arcsin \frac{x}{a} + \frac{x}{4}\sqrt{a^2 - x^2} + C.$$

现在 $a = 2$, 于是

$$原式 = \left(\frac{x^2}{2} - 1 \right) \arcsin \frac{x}{2} + \frac{x}{4}\sqrt{4 - x^2} + C.$$

8. $\int \dfrac{\mathrm{d}x}{(x^2 + 9)^2}.$

【解】　在积分表(三)中查到公式(20)

$$\int \frac{\mathrm{d}x}{(x^2 + a^2)^n} = \frac{x}{2(n-1)a^2(x^2 + a^2)^{n-1}} + \frac{2n-3}{2(n-1)a^2} \int \frac{\mathrm{d}x}{(x^2 + a^2)^{n-1}}.$$

现在 $a = 3$, $n = 2$, 于是

$$原式 = \frac{x}{18(x^2 + 9)} + \frac{1}{18} \int \frac{\mathrm{d}x}{x^2 + 9}.$$

对积分 $\int \dfrac{\mathrm{d}x}{x^2 + 9}$ 用公式(19), 有

$$\int \frac{\mathrm{d}x}{x^2 + 9} = \frac{1}{3}\arctan \frac{x}{3} + C,$$

所以

$$原式 = \frac{x}{18(x^2 + 9)} + \frac{1}{54}\arctan \frac{x}{3} + C.$$

9. $\int \dfrac{\mathrm{d}x}{\sin^3 x}.$

【解】　在积分表(十一)中查到公式(97)

$$\int \frac{\mathrm{d}x}{\sin^n x} = -\frac{1}{n-1}\frac{\cos x}{\sin^{n-1} x} + \frac{n-2}{n-1} \int \frac{\mathrm{d}x}{\sin^{n-2} x}.$$

现在 $n = 3$, 于是

$$原式 = -\frac{1}{2} \cdot \frac{\cos x}{\sin^2 x} + \frac{1}{2} \int \frac{\mathrm{d}x}{\sin x} = -\frac{1}{2}\frac{\cos x}{\sin^2 x} + \frac{1}{2}\ln \left| \tan \frac{x}{2} \right| + C.$$

10. $\int e^{-2x}\sin 3x \mathrm{d}x.$

【解】　在积分表(十三)中查到公式(128)

$$\int e^{ax}\sin bx \mathrm{d}x = \frac{1}{a^2 + b^2}e^{ax}(a\sin bx - b\cos bx) + C.$$

现在 $a = -2$, $b = 3$, 于是

$$原式 = \frac{1}{13}e^{-2x}(-2\sin 3x - 3\cos 3x) + C.$$

11. $\int \sin 3x \sin 5x \mathrm{d}x.$

【解】　在积分表(十一)中查到公式(101)

$$\int \sin ax \sin bx \mathrm{d}x = -\frac{1}{2(a+b)}\sin(a+b)x + \frac{1}{2(a-b)}\sin(a-b)x + C.$$

现在 $a = 3$, $b = 5$, 于是

$$原式 = -\frac{1}{16}\sin 8x + \frac{1}{4}\sin 2x + C.$$

12. $\int \ln^3 x \mathrm{d}x$.

【解】 在积分表(十四)中查到公式(135)

$$\int (\ln x)^n \mathrm{d}x = x(\ln x)^n - n \int (\ln x)^{n-1} \mathrm{d}x.$$

现在 $n = 3$，于是

$$原式 = x\ln^3 x - 3 \int \ln^2 x \mathrm{d}x = x\ln^3 x - 3\left(x\ln^2 x - 2\int \ln x \mathrm{d}x\right) = x\ln^3 x - 3x\ln^2 x + 6x\ln x - 6x + C.$$

13. $\int \dfrac{1}{x^2(1-x)}\mathrm{d}x$.

【解】 在积分表(一)中查到公式(6)

$$\int \frac{\mathrm{d}x}{x^2(ax+b)} = -\frac{1}{bx} + \frac{a}{b^2}\ln\left|\frac{ax+b}{x}\right| + C.$$

现在 $a = -1$，$b = 1$，于是

$$原式 = -\frac{1}{x} - \ln\left|\frac{1-x}{x}\right| + C.$$

14. $\int \dfrac{\sqrt{x-1}}{x}\mathrm{d}x$.

【解】 在积分表(二)中查到公式(17)

$$\int \frac{\sqrt{ax-b}}{x}\mathrm{d}x = 2\sqrt{ax+b} + b\int \frac{\mathrm{d}x}{x\sqrt{ax+b}}.$$

现在 $a = 1$，$b = -1$，于是

$$原式 = 2\sqrt{x-1} - \int \frac{\mathrm{d}x}{x\sqrt{x-1}}.$$

再在积分表(二)中查到公式(15)，所以

$$\int \frac{\mathrm{d}x}{x\sqrt{x-1}} = 2\arctan\sqrt{x-1} + C.$$

$$原式 = 2\sqrt{x-1} - 2\arctan\sqrt{x-1} + C.$$

15. $\int \dfrac{\mathrm{d}x}{(1+x^2)^2}$.

【解】 在积分表(三)中查到公式(20)

$$\int \frac{\mathrm{d}x}{(x^2+a^2)^2} = \frac{x}{2(n-1)a^2(x^2+a^2)^{n-1}} + \frac{2n-3}{2(n-1)a^2}\int \frac{\mathrm{d}x}{(x^2+a^2)^{n-1}}.$$

现在 $n = 2$，$a = 1$，于是

$$原式 = \frac{x}{2(x^2+1)} + \frac{1}{2}\int \frac{\mathrm{d}x}{x^2+1} = \frac{x}{2(x^2+1)} + \frac{1}{2}\arctan x + C.$$

16. $\int \dfrac{1}{x\sqrt{x^2-1}}\mathrm{d}x$.

【解】 在积分表(七)中查到公式(51)

$$\int \frac{\mathrm{d}x}{x\sqrt{x^2-a^2}} = \frac{1}{a}\arccos\frac{a}{|x|} + C.$$

现在 $a = 1$，于是

$$原式 = \arccos \frac{1}{|x|} + C.$$

17. $\int \frac{x}{(2+3x)^2} \mathrm{d}x.$

【解】 在积分表(一)中查到公式(7)

$$\int \frac{x}{(ax+b)^2} \mathrm{d}x = \frac{1}{a^2} \left(\ln |ax+b| + \frac{b}{ax+b} \right) + C$$

现在 $a=3$，$b=2$，于是

$$原式 = \frac{1}{9} \left(\ln |2+3x| + \frac{2}{2+3x} \right) + C.$$

18. $\int \cos^6 x \mathrm{d}x.$

【解】 在积分表(十一)中查到公式(96)

$$\int \cos^n x \mathrm{d}x = \frac{1}{n} \cos^{n-1} x \sin x + \frac{n-1}{n} \int \cos^{n-2} x \mathrm{d}x.$$

现在 $n=6$，于是

$$原式 = \frac{1}{6} \cos^5 x \sin x + \frac{5}{6} \int \cos^4 x \mathrm{d}x = \frac{1}{6} \cos^5 x \sin x + \frac{5}{6} \left(\frac{1}{4} \cos^3 x \sin x + \frac{3}{4} \int \cos^2 x \mathrm{d}x \right).$$

对积分 $\int \cos^2 x \mathrm{d}x$，在积分表(十一)中查到公式(94)

$$\int \cos^2 x \mathrm{d}x = \frac{x}{2} + \frac{1}{4} \sin 2x + C.$$

所以

$$原式 = \frac{1}{6} \cos^5 x \sin x + \frac{5}{24} \cos^3 x \sin x + \frac{15}{24} \left(\frac{x}{2} + \frac{1}{4} \sin 2x \right) + C.$$

19. $\int x^2 \sqrt{x^2-2} \, \mathrm{d}x.$

【解】 在积分表(七)中查到公式(56)

$$\int x^2 \sqrt{x^2-a^2} \, \mathrm{d}x = \frac{x}{8} (2x^2-a^2) \sqrt{x^2-a^2} - \frac{a^4}{8} \ln |x + \sqrt{x^2-a^2}| + C.$$

现在 $a=\sqrt{2}$，于是

$$原式 = \frac{x}{4} (x^2-1) \sqrt{x^2-2} - \frac{1}{2} \ln |x + \sqrt{x^2-2}| + C.$$

20. $\int \frac{\mathrm{d}x}{2+5\cos x}.$

【解】 在积分表(十一)中查到公式(106)

$$\int \frac{\mathrm{d}x}{a+b\cos x} = \frac{1}{a+b} \sqrt{\frac{a+b}{b-a}} \ln \left| \frac{\tan \dfrac{x}{2} + \sqrt{\dfrac{a+b}{b-a}}}{\tan \dfrac{x}{2} - \sqrt{\dfrac{a+b}{b-a}}} \right| + C \quad (a^2 < b^2).$$

现在 $a=2$，$b=5$，于是

$$原式 = \frac{1}{7} \sqrt{\frac{7}{3}} \ln \left| \frac{\tan \dfrac{x}{2} + \sqrt{\dfrac{7}{3}}}{\tan \dfrac{x}{2} - \sqrt{\dfrac{7}{3}}} \right| + C = \frac{1}{\sqrt{21}} \ln \left| \frac{\sqrt{3} \tan \dfrac{x}{2} + \sqrt{7}}{\sqrt{3} \tan \dfrac{x}{2} - \sqrt{7}} \right| + C.$$

21. $\int \frac{\mathrm{d}x}{x^2 \sqrt{2x-1}}.$

【解】 在积分表(二)中查到公式(16)

$$\int \frac{dx}{x^2\sqrt{ax+b}} = -\frac{\sqrt{ax+b}}{bx} - \frac{a}{2b}\int \frac{dx}{x\sqrt{ax+b}}.$$

现在 $a=2$,$b=-1$,于是

$$原式 = \frac{\sqrt{2x-1}}{x} + \int \frac{dx}{x\sqrt{2x-1}}.$$

对积分 $\int \frac{dx}{x\sqrt{2x-1}}$,在积分表(二)中查到公式(15)

$$\int \frac{dx}{x\sqrt{ax+b}} = \frac{2}{\sqrt{-b}}\arctan\sqrt{\frac{ax+b}{-b}} + C.$$

所以

$$原式 = \frac{\sqrt{2x-1}}{x} + 2\arctan\sqrt{2x-1} + C.$$

22. $\int \sqrt{\dfrac{1-x}{1+x}}dx.$

【解】 $原式 = \int \frac{1-x}{\sqrt{1-x^2}}dx = \int \frac{1}{\sqrt{1-x^2}}dx - \int \frac{x}{\sqrt{1-x^2}}dx.$

由积分表(八)中的公式(59)和(61)得

$$原式 = \arcsin x + \sqrt{1-x^2} + C.$$

23. $\int \dfrac{x+5}{x^2-2x-1}dx.$

【解】 $原式 = \int \frac{x}{x^2-2x-1}dx + \int \frac{5}{x^2-2x-1}dx.$

由积分表(五)中的公式(29)和(30)得

$$原式 = \frac{1}{2}\ln|x^2-2x-1| + \int \frac{6}{x^2-2x-1}dx = \frac{1}{2}\ln|x^2-2x-1| + \frac{6}{\sqrt{8}}\ln\left|\frac{2x-2-\sqrt{8}}{2x-2+\sqrt{8}}\right| + C$$

$$= \frac{1}{2}\ln|x^2-2x-1| + \frac{3}{\sqrt{2}}\ln\left|\frac{x-1-\sqrt{2}}{x-1+\sqrt{2}}\right| + C.$$

24. $\int \dfrac{xdx}{\sqrt{1+x-x^2}}.$

【解】 在积分表(九)中查到公式(78)

$$\int \frac{xdx}{\sqrt{c+bx-ax^2}} = -\frac{1}{a}\sqrt{c+bx-ax^2} + \frac{b}{2\sqrt{a^3}}\arcsin\frac{2ax-b}{\sqrt{b^2+4ac}} + C.$$

现在 $a=1$,$b=1$,$c=1$,于是

$$原式 = -\sqrt{1+x-x^2} + \frac{1}{2}\arcsin\frac{2x-1}{\sqrt{5}} + C.$$

25. $\int \dfrac{x^4}{25+4x^2}dx.$

【解】 $原式 = \int \left(\frac{1}{4}x^2 - \frac{25}{16} + \frac{625}{16} \cdot \frac{1}{4x^2+25}\right)dx = \frac{1}{12}x^3 - \frac{25}{16}x + \frac{625}{16}\int \frac{dx}{4x^2+25}.$

对积分 $\int \frac{dx}{4x^2+25}$,由积分表(三)中的公式(19)得

$$原式 = \frac{1}{12}x^3 - \frac{25}{16}x + \frac{125}{32}\arctan\frac{2}{5}x + C.$$

总习题四

1. 填空：

(1) $\int x^3 e^x = $ _____ ；　(2) $\int \frac{x+5}{x^3-6x+13}dx = $ _____ .

【解】　(1)利用分部积分很容易得到结果，即

$$(x^3 - 3x^2 + 6x - 6)e^x + C;$$

(2)原式 $= \frac{1}{2}\int\frac{d(x^2-6x+13)}{x^2-6x+13} + 8\int\frac{dx}{4+(x-3)^2} = \frac{1}{2}\ln|x^2-6x+3| + 4\arctan\frac{x-3}{2} + C.$

这就是所要的结果.

2. 以下两题中给出了四个结论，从中选出一个正确的结论：

(1)已知 $f'(x) = \dfrac{1}{x(1+2\ln x)}$ ，且 $f(1) = 1$ ，则 $f(x)$ 等于（　）；

(A) $\ln(1+2\ln x) + 1$ 　　　　　　(B) $\dfrac{1}{2}\ln(1+2\ln x) + 1$

(C) $\dfrac{1}{2}\ln(1+2\ln x) + \dfrac{1}{2}$ 　　　　(D) $2\ln(1+2\ln x) + 1$

(2)在下列等式中，正确的结果是（　）.

(A) $\int f'(x)dx = f(x)$ 　　　　　(B) $\int df(x) = f(x)$

(C) $\dfrac{d}{dx}\int f(x)dx = f(x)$ 　　　　(D) $d\int f(x)dx = f(x)$

【解】　(1)由于 $f(x) - f(1) = \int_1^x f'(t)dt = \int_1^x \frac{dt}{t(1+2\ln t)} = \frac{1}{2}\left[\ln(1+2\ln t)\right]\Big|_1^x = \frac{1}{2}\ln(1+2\ln x),$

又 $f(1) = 1$ ，从而 $f(x) = 1 + \dfrac{1}{2}\ln(1+2\ln x).$ 故选 B；

(2)因为 $\int df(x) = \int f'(x)d(x) = f(x) + C,$ 故选 C.

3. 已知 $\dfrac{\sin x}{x}$ 是 $f(x)$ 的一个原函数，求 $\int x^3 f'(x)dx.$

【解】　由题设条件知 $\int f(x)dx = \dfrac{\sin x}{x} + C,$ 即 $f(x) = \left(\dfrac{\sin x}{x}\right)' = \dfrac{x\cos x - \sin x}{x^2},$ 于是

$$\int x^2 f'(x)dx = \int x^3 df(x) = x^3 f(x) - 3\int x^2 f(x)dx = x(x\cos x - \sin x) - 3\int x^2 \cdot d\left(\frac{\sin x}{x}\right)$$

$$= x^2\cos x - x\sin x - 3\left(x^2 \cdot \frac{\sin x}{x} - \int\frac{\sin x}{x}\cdot 2x dx\right)$$

$$= x^2\cos x - 4x \cdot \sin x - 6\cos x + C.$$

4. 求下列不定积分（其中 a , b 为常数）：

(1) $\int\dfrac{dx}{e^x - e^{-x}}.$

【解】　原式 $= \int\dfrac{e^x}{(e^x)^2 - 1}dx = \int\dfrac{1}{(e^x)^2 - 1}de^x = \dfrac{1}{2}\ln\left|\dfrac{e^x - 1}{e^x + 1}\right| + C.$

(2) $\int \dfrac{x}{(1-x)^3}dx.$

【解】 原式 $=-\int \dfrac{(x-1)+1}{(x-1)^3}dx=-\int \left[\dfrac{1}{(x-1)^2}+\dfrac{1}{(x-1)^3}\right]dx=\dfrac{1}{x-1}+\dfrac{1}{2(x-1)^2}+C.$

(3) $\int \dfrac{x^2}{a^6-x^6}dx \ (a>0).$

【解】 原式 $=\dfrac{1}{3}\int \dfrac{1}{a^6-(x^3)^2}dx^3=\dfrac{1}{6a^3}\int \left(\dfrac{1}{a^3-x^3}+\dfrac{1}{a^3+x^3}\right)dx^3=\dfrac{1}{6a^3}\ln \left|\dfrac{a^3+x^3}{a^3-x^3}\right|+C.$

(4) $\int \dfrac{1+\cos x}{x+\sin x}dx.$

【解】 原式 $=\int \dfrac{1}{x+\sin x}d(x+\sin x)=\ln |x+\sin x|+C.$

(5) $\int \dfrac{\ln\ln x}{x}dx.$

【解】 原式 $=\int \ln\ln x\,d\ln x=\ln\ln x \cdot \ln x-\int \ln x \cdot \dfrac{1}{\ln x} \cdot \dfrac{1}{x}dx=\ln\ln x \cdot \ln x-\ln x+C=\ln x(\ln\ln x-1)+C.$

(6) $\int \dfrac{\sin x\cos x}{1+\sin^4 x}dx.$

【解】 原式 $=\int \dfrac{\sin x}{1+\sin^4 x}d\sin x=\dfrac{1}{2}\int \dfrac{1}{1+(\sin^2 x)^2}d\sin^2 x=\dfrac{1}{2}\arctan(\sin^2 x)+C.$

(7) $\int \tan^4 x\,dx.$

【解】 原式 $=\int (\sec^2 x-1)^2 dx=\int (\sec^4 x-2\sec^2 x+1)dx$

$=\int \sec^2 x\,d\tan x-2\tan x+x=\int (\tan^2 x+1)d\tan x-2\tan x+x$

$=\dfrac{1}{3}\tan^3 x+\tan x-2\tan x+x+C=\dfrac{1}{3}\tan^3 x-\tan x+x+C.$

(8) $\int \sin x\sin 2x\sin 3x\,dx.$

【解】 原式 $=\int \left[-\dfrac{1}{2}(\cos 3x-\cos x)\sin 3x\right]dx=-\dfrac{1}{2}\int (\sin 3x\cos 3x-\sin 3x\cos x)dx$

$=-\dfrac{1}{4}\int (\sin 6x-\sin 4x-\sin 2x)dx=\dfrac{1}{4}\left(\dfrac{1}{6}\cos 6x-\dfrac{1}{4}\cos 4x-\dfrac{1}{2}\cos 2x\right)+C.$

(9) $\int \dfrac{dx}{x(x^6+4)}.$

【解法 1】 原式 $=\int \dfrac{x^5}{x^6(x^6+4)}dx=\dfrac{1}{24}\int \left(\dfrac{1}{x^6}-\dfrac{1}{x^6+4}\right)dx^6=\dfrac{1}{24}\ln \dfrac{x^6}{x^6+4}+C.$

【解法 2】 原式 $=\int \dfrac{1}{x^7\left(1+\dfrac{4}{x^6}\right)}dx=-\dfrac{1}{6}\int \dfrac{1}{1+\dfrac{4}{x^6}}d\left(\dfrac{1}{x^6}\right)=-\dfrac{1}{24}\ln \left(1+\dfrac{4}{x^6}\right)+C.$

(10) $\int \sqrt{\dfrac{a+x}{a-x}}dx \quad (a>0).$

【解】 原式 $=\int \dfrac{a+x}{\sqrt{a^2-x^2}}dx=a\int \dfrac{1}{\sqrt{a^2-x^2}}dx+\int \dfrac{x}{\sqrt{a^2-x^2}}dx$

$$= a \cdot \arcsin \frac{x}{a} - \frac{1}{2} \int (a^2 - x^2)^{\frac{1}{2}} d(a^2 - x^2) = a \cdot \arcsin \frac{x}{a} - \sqrt{a^2 - x^2} + C.$$

（11）$\int \dfrac{dx}{\sqrt{x(1+x)}}$.

【解法 1】 原式 $= \int \dfrac{1}{\sqrt{\left(x+\frac{1}{2}\right)^2 - \frac{1}{4}}} dx = \ln \left| x + \frac{1}{2} + \sqrt{\left(x+\frac{1}{2}\right)^2 - \frac{1}{4}} \right| + C = \ln \left| x + \frac{1}{2} + \sqrt{x(x+1)} \right| + C.$

【解法 2】 设 $\sqrt{\dfrac{x}{1+x}} = t$, $x = \dfrac{t^2}{1-t^2}$, $dx = \dfrac{2t}{(1-t^2)^2} dt$, 则

$$原式 = \int \frac{1}{x} \sqrt{\frac{x}{1+x}} dx = \int \frac{1-t^2}{t^2} \cdot t \cdot \frac{2t}{(1-t^2)^2} dt = \int \frac{2}{1-t^2} dt = \ln \frac{1+t}{1-t} + C = \ln \frac{\sqrt{1+x} + \sqrt{x}}{\sqrt{1+x} - \sqrt{x}} + C.$$

（12）$\int x\cos^2 x\, dx$.

【解】 原式 $= \int x \cdot \dfrac{1+\cos 2x}{2} dx = \dfrac{1}{2} \int x\, dx + \dfrac{1}{2} \int x\cos 2x\, dx$

$$= \frac{1}{4} x^2 + \frac{1}{4} \int x\, d\sin 2x = \frac{1}{4} x^2 + \frac{1}{4} x\sin 2x - \frac{1}{4} \int \sin 2x\, dx = \frac{1}{4} x^2 + \frac{1}{4} x\sin 2x + \frac{1}{8} \cos 2x + C.$$

（13）$\int e^{ax}\cos bx\, dx$.

【解】 原式 $= \dfrac{1}{a} \int \cos bx\, de^{ax} = \dfrac{1}{a} \left(e^{ax}\cos bx + \int e^{ax} \cdot b\sin bx\, dx \right)$

$$= \frac{1}{a} e^{ax}\cos bx + \frac{b}{a^2} \int \sin bx\, de^{ax} = \frac{1}{a} e^{ax}\cos bx + \frac{b}{a^2} \left(e^{ax}\sin bx - \int e^{ax} \cdot b\cos bx\, dx \right)$$

$$= \frac{1}{a} e^{ax} \left(\cos bx + \frac{b}{a}\sin bx \right) - \frac{b^2}{a^2} \int e^{ax}\cos bx\, dx,$$

所以 $$原式 = \frac{e^{ax}}{a^2 + b^2} (a\cos bx + b\sin bx) + C.$$

（14）$\int \dfrac{dx}{\sqrt{1+e^x}}$.

【解】 设 $\sqrt{1+e^x} = t$, $x = \ln(t^2 - 1)$, $dx = \dfrac{2t}{t^2-1} dt$, 则

$$原式 = \int \frac{1}{t} \cdot \frac{2t}{t^2-1} dt = \int \frac{2}{t^2-1} dt = \ln \left| \frac{t-1}{t+1} \right| + C = \ln \frac{\sqrt{1+e^x}-1}{\sqrt{1+e^x}+1} + C.$$

（15）$\int \dfrac{dx}{x^2\sqrt{x^2-1}}$.

【解法 1】 设 $x = \sec u$, $dx = \sec u\tan u\, du$, 则

$$原式 = \int \frac{1}{\sec^2 u \cdot \tan u} \cdot \sec u\tan u\, du = \int \cos u\, du = \sin u + C = \frac{\sqrt{x^2-1}}{x} + C.$$

【解法 2】 原式 $= \int \dfrac{1}{x^3\sqrt{1-\frac{1}{x^2}}} dx = -\dfrac{1}{2} \int \dfrac{1}{\sqrt{1-\frac{1}{x^2}}} d\dfrac{1}{x^2} = \sqrt{1-\dfrac{1}{x^2}} + C = \dfrac{\sqrt{x^2-1}}{x} + C.$

（16）$\int \dfrac{dx}{(a^2-x^2)^{\frac{5}{2}}}$.

【解】 设 $x=a\sin t$, $\mathrm{d}x=a\cos t\mathrm{d}t$, 则

$$原式=\int\frac{1}{a^5\cos^5 t}\cdot a\cos t\mathrm{d}t=\frac{1}{a^4}\int\sec^4 t\mathrm{d}t=\frac{1}{a^4}\int(1+\tan^2 t)\,\mathrm{d}\tan t$$

$$=\frac{1}{a^4}\left(\tan t+\frac{1}{3}\tan^2 t\right)+C=\frac{1}{a^4}\left(\frac{x}{\sqrt{a^2-x^2}}+\frac{x^3}{3\sqrt{(a^2-x^2)^3}}\right)+C.$$

(17) $\int\dfrac{\mathrm{d}x}{x^4\sqrt{1+x^2}}$.

【解】 设 $x=\tan t$, $\mathrm{d}x=\sec^2 t\mathrm{d}t$, 则

$$原式=\int\frac{\sec^2 t}{\tan^4 t\cdot\sec t}\mathrm{d}t=\int\frac{\cos^3 t}{\sin^4 t}\mathrm{d}t=\int\frac{1-\sin^2 t}{\sin^4 t}\mathrm{d}\sin t=-\frac{1}{3\sin^3 t}+\frac{1}{\sin t}+C=-\frac{\sqrt{(1+x^2)^3}}{3x^2}+\frac{\sqrt{1+x^2}}{x}+C.$$

(18) $\int\sqrt{x}\sin\sqrt{x}\,\mathrm{d}x$.

【解】 设 $\sqrt{x}=t$, $x=t^2$, $\mathrm{d}x=2t\mathrm{d}t$, 则

$$原式=\int t\sin t\cdot 2t\mathrm{d}t=-2\int t^2\mathrm{d}\cos t=-2\left(t^2\cos t-\int 2t\cos t\mathrm{d}t\right)$$

$$=-2t^2\cos t+4\int t\mathrm{d}\sin t=-2t^2\cos t+4t\sin t-4\int\sin t\mathrm{d}t$$

$$=-2t^2\cos t+4t\sin t+4\cos t+C=(4-2x)\cos\sqrt{x}+4\sqrt{x}\sin\sqrt{x}+C.$$

(19) $\int\ln(1+x^2)\,\mathrm{d}x$.

【解】 $原式=x\ln(1+x^2)-\int x\cdot\dfrac{2x}{1+x^2}\mathrm{d}x=x\ln(1+x^2)-2\int\left(1-\dfrac{1}{1+x^2}\right)\mathrm{d}x=x\ln(1+x^2)-2x+2\arctan x+C.$

(20) $\int\dfrac{\sin^2 x}{\cos^3 x}\mathrm{d}x$.

【解】 $原式=\int\dfrac{1-\cos^2 x}{\cos^3 x}\mathrm{d}x=\int\sec^3 x\mathrm{d}x-\int\sec x\mathrm{d}x.$

因为 $\int\sec^3 x\mathrm{d}x=\int\sec x\mathrm{d}\tan x=\sec x\tan x-\int\tan^2 x\sec x\mathrm{d}x$

$$=\sec x\tan x-\int(\sec^2 x-1)\sec x\mathrm{d}x=\sec x\tan x-\int\sec^3 x\mathrm{d}x+\int\sec x\mathrm{d}x,$$

所以 $\int\sec^3 x\mathrm{d}x=\dfrac{1}{2}\sec x\tan x+\dfrac{1}{2}\int\sec x\mathrm{d}x,$

从而 $原式=\dfrac{1}{2}\sec x\tan x-\dfrac{1}{2}\int\sec x\mathrm{d}x=\dfrac{1}{2}\sec x\tan x-\dfrac{1}{2}\ln|\sec x+\tan x|+C.$

(21) $\int\arctan\sqrt{x}\,\mathrm{d}x$.

【解】 $原式=x\arctan\sqrt{x}-\dfrac{1}{2}\int\dfrac{\sqrt{x}}{1+x}\mathrm{d}x.$ 设 $t=\sqrt{x}$, $x=t^2$, $\mathrm{d}x=2t\mathrm{d}t$, 则

$$\int\frac{\sqrt{x}}{1+x}\mathrm{d}x=\int\frac{t}{1+t^2}\cdot 2t\mathrm{d}t=2\int\left(1-\frac{1}{1+t^2}\right)\mathrm{d}t=2(t-\arctan t)+C_1.$$

$$原式=(x+1)\arctan\sqrt{x}-\sqrt{x}+C.$$

(22) $\int\dfrac{\sqrt{1+\cos x}}{\sin x}\mathrm{d}x$.

【解】 $原式=\int\dfrac{\sqrt{2\cos^2\dfrac{x}{2}}}{2\sin\dfrac{x}{2}\cos\dfrac{x}{2}}=\dfrac{\sqrt{2}}{2}\int\csc\dfrac{x}{2}\mathrm{d}x=\sqrt{2}\ln\left|\csc\dfrac{x}{2}-\cot\dfrac{x}{2}\right|+C.$

(23) $\int \dfrac{x^3}{(1+x^8)^2}dx.$

【解】　原式 $=\dfrac{1}{4}\int \dfrac{1}{[1+(x^4)^2]^2}dx^4 \xlongequal{u=x^4} \dfrac{1}{4}\int \dfrac{1}{(1+u^2)^2}du.$

设 $u=\tan t,\ du=\sec^2 t\,dt,$ 则

原式 $=\dfrac{1}{4}\int \dfrac{\sec^2 t}{\sec^4 t}dt=\dfrac{1}{4}\int \cos^2 t\,dt=\dfrac{1}{8}\int (1+\cos 2t)\,dt=\dfrac{1}{8}\left(t+\dfrac{1}{2}\sin 2t\right)+C=\dfrac{1}{8}(t+\sin t\cos t)+C$

$=\dfrac{1}{8}\left(\arctan u+\dfrac{u}{1+u^2}\right)+C=\dfrac{1}{8}\arctan(x^4)+\dfrac{x^4}{8(1+x^8)}+C.$

(24) $\int \dfrac{x^{11}}{x^8+3x^4+2}dx.$

【解】　原式 $=\dfrac{1}{4}\int \dfrac{x^8}{x^8+3x^4+2}dx^4 \xlongequal{u=x^4} \dfrac{1}{4}\int \dfrac{u^2}{u^2+3u+2}du$

$=\dfrac{1}{4}\int \left(1-\dfrac{4}{u+2}+\dfrac{1}{u+1}\right)du=\dfrac{1}{4}(u-4\ln|u+2|+\ln|u+1|)+C$

$=\dfrac{1}{4}x^4-\ln(x^4+2)+\dfrac{1}{4}\ln(x^4+1)+C.$

(25) $\int \dfrac{dx}{16-x^4}.$

【解】　原式 $=\int \dfrac{1}{(4-x^2)(4+x^2)}dx=\dfrac{1}{8}\left(\int \dfrac{1}{4-x^2}dx+\int \dfrac{1}{4+x^2}dx\right)$

$=\dfrac{1}{8}\int \dfrac{1}{(2-x)(2+x)}dx+\dfrac{1}{16}\arctan\dfrac{x}{2}=\dfrac{1}{32}\int \left(\dfrac{1}{2-x}+\dfrac{1}{2+x}\right)dx+\dfrac{1}{16}\arctan\dfrac{x}{2}$

$=\dfrac{1}{32}\ln\left|\dfrac{2+x}{2-x}\right|+\dfrac{1}{16}\arctan\dfrac{x}{2}+C.$

(26) $\int \dfrac{\sin x}{1+\sin x}dx.$

【解法 1】　原式 $=\int \left(1-\dfrac{1}{1+\sin x}\right)dx=x-\int \dfrac{1}{\left(\cos\dfrac{x}{2}+\sin\dfrac{x}{2}\right)^2}dx=x-\int \dfrac{\sec^2\dfrac{x}{2}}{\left(1+\tan\dfrac{x}{2}\right)^2}dx$

$=x-2\int \dfrac{1}{\left(1+\tan\dfrac{x}{2}\right)^2}d\left(\tan\dfrac{x}{2}+1\right)=x+\dfrac{2}{1+\tan\dfrac{x}{2}}+C;$

【解法 2】

原式 $=\int \left(1-\dfrac{1}{1+\sin x}\right)dx=x-\int \dfrac{1-\sin x}{\cos^2 x}dx=x-\int (\sec^2 x-\sec x\tan x)\,dx=x+\sec x-\tan x+C.$

(27) $\int \dfrac{x+\sin x}{1+\cos x}dx.$

【解】　原式 $=\int \dfrac{x}{1+\cos x}dx+\int \dfrac{\sin x}{1+\cos x}dx=\dfrac{1}{2}\int \dfrac{x}{\cos^2\dfrac{x}{2}}dx-\int \dfrac{1}{1+\cos x}d(\cos x+1)$

$=\int x\,d\tan\dfrac{x}{2}-\ln|1+\cos x|=x\tan\dfrac{x}{2}-\int \tan\dfrac{x}{2}dx-\ln|1+\cos x|$

$=x\tan\dfrac{x}{2}+2\ln\left|\cos\dfrac{x}{2}\right|-\ln|1+\cos x|+C=x\tan\dfrac{x}{2}-\ln 2+C_1$

$$=x\tan\frac{x}{2}+C \quad (C=C_1-\ln 2).$$

(28) $\int e^{\sin x}\dfrac{x\cos^3 x-\sin x}{\cos^2 x}dx.$

【解】 原式 $=\displaystyle\int e^{\sin x}\cdot x\cos x\,dx-\int e^{\sin x}\cdot\frac{\sin x}{\cos^2 x}dx=\int x\,de^{\sin x}-\int e^{\sin x}\cdot d\frac{1}{\cos x}$

$\qquad =xe^{\sin x}-\displaystyle\int e^{\sin x}dx-\left(\frac{e^{\sin x}}{\cos x}-\int e^{\sin x}\cdot\cos x\cdot\frac{1}{\cos x}dx\right)=xe^{\sin x}-\frac{e^{\sin x}}{\cos x}+C.$

(29) $\displaystyle\int\frac{\sqrt[3]{x}}{x(\sqrt{x}+\sqrt[3]{x})}dx.$

【解】 设 $\sqrt[6]{x}=t,\ x=t^6,\ dx=6t^5dt,$ 则

$$原式 =\int\frac{t^2}{t^6(t^3+t^2)}\cdot 6t^5dt=\int\frac{6}{t(t+1)}dt=6\int\left(\frac{1}{t}-\frac{1}{t+1}\right)dt=6\ln\frac{t}{t+1}+C=6\ln\frac{\sqrt[6]{x}}{\sqrt[6]{x}+1}+C.$$

(30) $\displaystyle\int\frac{dx}{(1+e^x)^2}.$

【解】 原式 $=\displaystyle\int\frac{(1+e^x)-e^x}{(1+e^x)^2}dx=\int\frac{1}{1+e^x}dx-\int\frac{e^x}{(1+e^x)^2}dx=\int\left(1-\frac{e^x}{1+e^x}\right)dx-\int\frac{1}{(1+e^x)^2}d(e^x+1)$

$\qquad =x-\ln(1+e^x)+\dfrac{1}{1+e^x}+C.$

(31) $\displaystyle\int\frac{e^{3x}+e^x}{e^{4x}-e^{2x}+1}dx.$

【解】

$$原式=\int\frac{e^{2x}+1}{e^{4x}-e^{2x}+1}de^x\xlongequal{t=e^x}\int\frac{t^2+1}{t^4-t^2+1}dt=\int\frac{1+\frac{1}{t^2}}{t^2-1+\frac{1}{t^2}}dt=\int\frac{1}{\left(t-\frac{1}{t}\right)^2+1}d\left(t-\frac{1}{t}\right)=\arctan\left(t-\frac{1}{t}\right)+C$$

$\qquad =\arctan(e^x-e^{-x})+C=\arctan(2\operatorname{sh}x)+C.$

(32) $\displaystyle\int\frac{xe^x}{(e^x+1)^2}dx.$

【解】

$$原式=\int\frac{x}{(e^x+1)^2}de^x=-\int xd\left(\frac{1}{e^x+1}\right)=-\left(x\cdot\frac{1}{e^x+1}-\int\frac{1}{e^x+1}dx\right)=-\frac{x}{e^x+1}+\int\frac{e^{-x}}{1+e^{-x}}dx$$

$$=-\frac{x}{e^x+1}-\int\frac{1}{1+e^{-x}}de^{-x}=-\frac{x}{e^x+1}-\ln(1+e^{-x})+C=-\frac{x}{e^x+1}-\ln(1+e^x)+x+C=\frac{xe^x}{1+e^x}-\ln(1+e^x)+C.$$

(33) $\displaystyle\int\ln^2(x+\sqrt{1+x^2})dx.$

【解】 $\quad$ 原式 $=x\ln^2(x+\sqrt{1+x^2})-\displaystyle\int x\cdot 2\ln(x+\sqrt{1+x^2})\cdot\frac{1}{\sqrt{1+x^2}}dx$

$\qquad =x\ln^2(x+\sqrt{1+x^2})-2\displaystyle\int\ln(x+\sqrt{1+x^2})d\sqrt{1+x^2}$

$\qquad =x\ln^2(x+\sqrt{1+x^2})-2\ln(x+\sqrt{1+x^2})\sqrt{1+x^2}+2\displaystyle\int 1dx$

$\qquad =x\ln^2(x+\sqrt{1+x^2})-2\sqrt{1+x^2}\ln(x+\sqrt{1+x^2})+2x+C.$

(34) $\displaystyle\int\frac{\ln x}{(1+x^2)^{\frac{3}{2}}}dx.$

【解法 1】 设 $x = \tan t$，$\mathrm{d}x = \sec^2 t \mathrm{d}t$，则

$$原式 = \int \frac{\ln\tan t}{\sec^3 t} \cdot \sec^2 t \mathrm{d}t = \int \ln\tan t \cdot \cos t \mathrm{d}t = \int \ln\tan t \mathrm{d}\sin t = \sin t \cdot \ln\tan t - \int \sin t \cdot \frac{\sec^2 t}{\tan t} \mathrm{d}t$$

$$= \sin t \cdot \ln(\tan t) - \int \sec t \mathrm{d}t = \sin t \cdot \ln\tan t - \ln|\sec t + \tan t| + C = \frac{x\ln x}{\sqrt{1+x^2}} - \ln(x + \sqrt{1+x^2}) + C;$$

【解法 2】 $原式 = \int \ln x \mathrm{d}\frac{x}{\sqrt{1+x^2}} = \frac{x\ln x}{\sqrt{1+x^2}} - \int \frac{1}{x} \cdot \frac{x}{\sqrt{1+x^2}} \mathrm{d}x$

$$= \frac{x\ln x}{\sqrt{1+x^2}} - \int \frac{1}{\sqrt{1+x^2}} \mathrm{d}x = \frac{x\ln x}{\sqrt{1+x^2}} - \ln(x + \sqrt{1+x^2}) + C.$$

(35) $\int \sqrt{1-x^2} \arcsin x \mathrm{d}x.$

【解】 设 $x = \sin t$，$\mathrm{d}x = \cos t \mathrm{d}t$，则

$$原式 = \int \sqrt{1-\sin^2 t} \cdot t \cdot \cos t \mathrm{d}t = \int t\cos^2 t \mathrm{d}t = \int t \cdot \frac{1+\cos 2t}{2} \mathrm{d}t = \int \frac{t}{2} \mathrm{d}t + \int \frac{t}{2}\cos 2t \mathrm{d}t$$

$$= \frac{1}{4}t^2 + \frac{1}{4}\int t\mathrm{d}\sin 2t = \frac{1}{4}t^2 + \frac{1}{4}t\sin 2t - \frac{1}{4}\int \sin 2t \mathrm{d}t$$

$$= \frac{1}{4}t^2 + \frac{1}{2}t\sin t\cos t + \frac{1}{8}\cos 2t + C = \frac{1}{4}t^2 + \frac{1}{2}t\sin t\cos t + \frac{1}{8}(1-2\sin^2 t) + C_1$$

$$= \frac{1}{4}(\arcsin x)^2 + \frac{x}{2}\sqrt{1-x^2}\arcsin x - \frac{1}{4}x^2 + C \quad \left(C = C_1 + \frac{1}{8}\right).$$

(36) $\int \frac{x^3 \arccos x}{\sqrt{1-x^2}} \mathrm{d}x.$

【解法 1】 设 $x = \cos t$，$\mathrm{d}x = -\sin t \mathrm{d}t$，则

$$原式 = \int \frac{\cos^3 t \cdot t}{\sqrt{1-\cos^2 t}} \cdot (-\sin t) \mathrm{d}t = -\int t\cos^3 t \mathrm{d}t = -\int t \cdot \cos^2 t \mathrm{d}\sin t = -\int t(1-\sin^2 t)\mathrm{d}\sin t$$

$$= \int t\mathrm{d}\left(\frac{1}{3}\sin^3 t - \sin t\right) = t \cdot \frac{1}{3}(\sin^3 t - 3\sin t) - \int \left(\frac{1}{3}\sin^3 t - \sin t\right)\mathrm{d}t$$

$$= \frac{t}{3}(\sin^3 t - 3\sin t) + \int \left(\frac{1}{3}\sin^2 t - 1\right)\mathrm{d}\cos t = \frac{t}{3}\sin t(\sin^2 t - 3) + \int \left[\frac{1}{3}(1-\cos^2 t) - 1\right]\mathrm{d}\cos t$$

$$= \frac{t}{3}\sin t(-\cos^2 t - 2) + \int \left(-\frac{1}{3}\cos^2 t - \frac{2}{3}\right)\mathrm{d}\cos t = \frac{t}{3}\sin t(-\cos^2 t - 2) - \frac{1}{3}\left(\frac{1}{3}\cos^3 t + 2\cos t\right) + C$$

$$= -\frac{1}{3}\sqrt{1-x^2}(x^2+2)\arccos x - \frac{1}{9}x(x^2+6) + C;$$

【解法 2】 注意到

$$\int \frac{x^3}{\sqrt{1-x^2}} \mathrm{d}x = \frac{1}{2}\int \frac{x^2 \mathrm{d}(x^2)}{\sqrt{1-x^2}} \overset{x^2=t}{=\!=\!=} \frac{1}{2}\int \frac{t\mathrm{d}t}{\sqrt{1-t}} \overset{\sqrt{1-t}=u}{=\!=\!=} \frac{1}{2}\int \frac{(1-u^2)(-2u)\mathrm{d}u}{u} = \frac{1}{3}u^3 - u + C$$

$$= \frac{1}{3}(\sqrt{1-t})^3 - \sqrt{1-t} + C = \frac{1}{3}(1-x^2)^{\frac{3}{2}} - \sqrt{1-x^2} + C = -\frac{2+x^2}{3}(1-x^2)^{\frac{1}{2}} + C.$$

在原始公式中，令 $u = \arccos x$，$\mathrm{d}v = \frac{x^3 \mathrm{d}x}{\sqrt{1-x^2}}$，则

$$v = \int \frac{x^3 \mathrm{d}x}{\sqrt{1-x^2}} = -\frac{2+x^2}{3}(1-x^2)^{\frac{1}{2}} + C,$$

$$原式 = -\frac{2+x^2}{3}(1-x^2)^{\frac{1}{2}}\arccos x - \int \frac{2+x^2}{3}\mathrm{d}x = -\frac{1}{3}(2+x^2)\sqrt{1-x^2}\arccos x - \frac{1}{9}x(x^2+6) + C.$$

（37）$\int \dfrac{\cot x}{1+\sin x}\mathrm{d}x$.

【解】

原式 $=\int \dfrac{\cos x}{\sin x(1+\sin x)}\mathrm{d}x=\int\left(\dfrac{1}{\sin x}-\dfrac{1}{1+\sin x}\right)\mathrm{d}\sin x=\ln\mid\sin x\mid-\ln\mid 1+\sin x\mid+C=\ln\left|\dfrac{\sin x}{1+\sin x}\right|+C$.

（38）$\int \dfrac{\mathrm{d}x}{\sin^3 x\cos x}$.

【解】 原式 $=\int\dfrac{\cos^2 x+\sin^2 x}{\sin^3 x\cos x}\mathrm{d}x=\int\left(\dfrac{\cos x}{\sin^3 x}+\dfrac{1}{\sin x\cos x}\right)\mathrm{d}x=\int\dfrac{1}{\sin^3 x}\mathrm{d}\sin x+\int\dfrac{\sec^2 x}{\tan x}\mathrm{d}x$

$=-\dfrac{1}{2\sin^2 x}+\int\dfrac{1}{\tan x}\mathrm{d}\tan x=-\dfrac{1}{2\sin^2 x}+\ln\mid\tan x\mid+C$.

（39）$\int\dfrac{\mathrm{d}x}{(2+\cos x)\sin x}$.

【解法1】 设 $t=\tan\dfrac{x}{2}$，$x=2\arctan t$，则

原式 $=\int\dfrac{1+t^2}{(t^2+3)t}\mathrm{d}t=\int\dfrac{1}{3}\left(\dfrac{2t}{t^2+3}+\dfrac{1}{t}\right)\mathrm{d}t=\dfrac{1}{3}\int\dfrac{1}{t^2+3}\mathrm{d}(t^2+3)+\dfrac{1}{3}\int\dfrac{1}{t}\mathrm{d}t$

$=\dfrac{1}{3}\ln(t^2+3)+\dfrac{1}{3}\ln\mid t\mid+C=\dfrac{1}{3}\ln\mid t^3+t\mid+C=\dfrac{1}{3}\ln\left|\tan^3\dfrac{x}{2}+\tan\dfrac{x}{2}\right|+C$；

【解法2】 原式 $=\int\dfrac{\sin x}{(2+\cos x)(1-\cos^2 x)}\mathrm{d}x=\int\dfrac{-1}{(2+\cos x)(1-\cos x)(1+\cos x)}\mathrm{d}\cos x$

$=\int\left[\dfrac{1}{3(2+\cos x)}-\dfrac{1}{6(1-\cos x)}-\dfrac{1}{2(1+\cos x)}\right]\mathrm{d}x$

$=\dfrac{1}{3}\ln(2+\cos x)+\dfrac{1}{6}\ln(1-\cos x)-\dfrac{1}{2}\ln(1+\cos x)+C$.

（40）$\int\dfrac{\sin x\cos x}{\sin x+\cos x}\mathrm{d}x$.

【解】原式 $=\dfrac{1}{2}\int\dfrac{(2\sin x\cos x+1)-1}{\sin x+\cos x}\mathrm{d}x=\dfrac{1}{2}\int\dfrac{(\sin x+\cos x)^2-1}{\sin x+\cos x}\mathrm{d}x$

$=\dfrac{1}{2}\int(\sin x+\cos x)\mathrm{d}x-\dfrac{1}{2}\int\dfrac{1}{\sqrt{2}\sin\left(x+\dfrac{\pi}{4}\right)}\mathrm{d}x$

$=\dfrac{1}{2}(\sin x-\cos x)-\dfrac{1}{2\sqrt{2}}\ln\left|\csc\left(x+\dfrac{\pi}{4}\right)-\cot\left(x+\dfrac{\pi}{4}\right)\right|+C$

$=\dfrac{1}{2}(\sin x-\cos x)-\dfrac{1}{2\sqrt{2}}\ln\left|\tan\left(\dfrac{x}{2}+\dfrac{\pi}{8}\right)\right|+C$.

第五章 定积分

一、主要内容

(一) 主要定义

1. 定积分

在区间$[a, b]$上有界函数$f(x)$的定积分记作

$$\int_a^b f(x)\,\mathrm{d}x.$$

即

$$\int_a^b f(x)\,\mathrm{d}x = \lim_{\lambda \to 0} \sum_{i=1}^n f(\xi_i)\Delta x_i \quad (若右端存在).$$

其中Δx_i表示任意分$[a, b]$为n个子区间中第i个子区间$[x_{i-1}, x_i]$的长度,ξ_i为在$[x_{i-1}, x_i]$上任一点,$\lambda = \max\limits_{1 \leqslant i \leqslant n} \{\Delta x_i\}$,$\int_a^b f(x)\,\mathrm{d}x$存在时,说$f(x)$在$[a, b]$上可积.

2. 反常积分

(1) 无穷限的反常积分

$f(x)$在$[a, +\infty)$内的反常积分记作

$$\int_a^{+\infty} f(x)\,\mathrm{d}x.$$

若极限$\lim\limits_{b \to +\infty} \int_a^b f(x)\,\mathrm{d}x$存在,则称反常积分$\int_a^{+\infty} f(x)\,\mathrm{d}x$收敛,且$\int_a^{+\infty} f(x)\,\mathrm{d}x = \lim\limits_{b \to +\infty} \int_a^b f(x)\,\mathrm{d}x$;若极限$\lim\limits_{b \to +\infty} \int_a^b f(x)\,\mathrm{d}x$不存在,则称该反常积分发散.

类似地可以定义$\int_{-\infty}^b f(x)\,\mathrm{d}x$的收敛与发散.

若$\int_{-\infty}^a f(x)\,\mathrm{d}x$与$\int_a^{+\infty} f(x)\,\mathrm{d}x$均收敛,则称反常积分$\int_{-\infty}^{+\infty} f(x)\,\mathrm{d}x$收敛,且

$$\int_{-\infty}^{+\infty} f(x)\,\mathrm{d}x = \int_{-\infty}^a f(x)\,\mathrm{d}x + \int_a^{+\infty} f(x)\,\mathrm{d}x,$$

否则称$\int_{-\infty}^{+\infty} f(x)\,\mathrm{d}x$发散.

注 右端有一个不存在,则称反常积分$\int_{-\infty}^{+\infty} f(x)\,\mathrm{d}x$发散.

(2) 无界函数的反常积分

设$f(x)$在$[a, b)$内连续,$\lim\limits_{x \to b-0} f(x) = \infty$,当$\lim\limits_{\varepsilon \to +0} \int_a^{b-\varepsilon} f(x)\,\mathrm{d}x$存在时,则称反常积分$\int_a^b f(x)\,\mathrm{d}x$收敛,且$\int_a^b f(x)\,\mathrm{d}x = \lim\limits_{\varepsilon \to +0} \int_a^{b-\varepsilon} f(x)\,\mathrm{d}x$. 若不存在,则说该反常积分发散.

类似地可以定义$\lim\limits_{x \to a+0} f(x) = \infty$,$f(x)$在$(a, b]$上连续时的反常积分$\int_a^b f(x)\,\mathrm{d}x$.

设$f(x)$在$[a, c)$,$(c, b]$内连续,$\lim\limits_{x \to c} f(x) = \infty$,若$\int_a^c f(x)\,\mathrm{d}x$,$\int_c^b f(x)\,\mathrm{d}x$均收敛时,称反常积分

$\int_a^b f(x)\,\mathrm{d}x$ 收敛, 且

$$\int_a^b f(x)\,\mathrm{d}x = \int_a^c f(x)\,\mathrm{d}x + \int_c^b f(x)\,\mathrm{d}x.$$

否则称反常积分 $\int_a^b f(x)\,\mathrm{d}x$ 发散.

注　右端有一个不存在, 则称反常积分 $\int_a^b f(x)\,\mathrm{d}x$ 发散.

(二) 主要结论

1. 定积分的性质

设 $f(x)$, $g(x)$ 在 $[a, b]$ 上可积, 则有

(1) $\int_a^b kf(x)\,\mathrm{d}x = k\int_a^b f(x)\,\mathrm{d}x$　(k 为常数);

(2) $\int_a^b [f(x) \pm g(x)]\,\mathrm{d}x = \int_a^b f(x)\,\mathrm{d}x \pm \int_a^b g(x)\,\mathrm{d}x$;

(3) $\int_a^b f(x)\,\mathrm{d}x = \int_a^c f(x)\,\mathrm{d}x + \int_c^b f(x)\,\mathrm{d}x$;

(4) 若 $f(x) \geqslant 0$, $x \in [a, b]$, 则 $\int_a^b f(x)\,\mathrm{d}x \geqslant 0$;

注　若 $f(x) \leqslant g(x)$, $x \in [a, b]$, 则

$$\int_a^b f(x)\,\mathrm{d}x \leqslant \int_a^b g(x)\,\mathrm{d}x.$$

若 $m \leqslant f(x) \leqslant M$, $x \in [a, b]$, 则

$$m(b - a) \leqslant \int_a^b f(x)\,\mathrm{d}x \leqslant M(b - a).$$

(5) $\int_a^b \mathrm{d}x = b - a$;

(6) $\left| \int_a^b f(x)\,\mathrm{d}x \right| \leqslant \int_a^b |f(x)|\,\mathrm{d}x$　($a < b$);

(7) 若 $f(x)$ 在 $[a, b]$ 上连续, 则有积分中值定理

$$\int_a^b f(x)\,\mathrm{d}x = f(\xi)(b - a)\quad(a \leqslant \xi \leqslant b).$$

2. 若 $f(x)$ 在 $[a, b]$ 上连续, 则 $f(x)$ 在 $[a, b]$ 上可积.

3. 若 $f(x)$ 在 $[a, b]$ 上有界, 且只有有限个第一类间断点, 则 $f(x)$ 在 $[a, b]$ 上可积.

4. 若 $f(x)$ 在 $[a, b]$ 上连续, 则 $F(x) = \int_a^x f(x)\,\mathrm{d}x$ 在 $[a, b]$ 上可导, 且有 $F'(x) = f(x)$.

5. 微积分基本公式 (牛顿 – 莱布尼茨 (Newton-Leibniz) 公式)

设 $f(x)$ 在 $[a, b]$ 上连续, $F(x)$ 是 $f(x)$ 的一个原函数, 则

$$\int_a^b f(x)\,\mathrm{d}x = F(x)\Big|_a^b = F(b) - F(a).$$

6. 定积分的计算法

(1) 换元积分法

若 $f(x)$ 在 $[a, b]$ 上连续, $x = \varphi(t)$ 在 $[\alpha, \beta]$ 上单值且有连续导数, 又

$$\varphi(\alpha) = a, \varphi(\beta) = b, a \leqslant \varphi(t) \leqslant b, t \in [\alpha, \beta],$$

则

$$\int_a^b f(x)\,\mathrm{d}x = \int_\alpha^\beta f[\varphi(t)]\varphi'(t)\,\mathrm{d}t;$$

(2) 分部积分法

若 $u(x)$, $v(x)$ 在 $[a, b]$ 上具有连续导数, 则

$$\int_a^b u(x)v'(x)\,\mathrm{d}x = u(x)v(x)\Big|_a^b - \int_a^b v(x)\,\mathrm{d}u(x).$$

(三) 结论补充

1. $a > 0$, 若 $f(x)$ 在 $[-a, a]$ 上连续, 则有

$$\int_{-a}^a f(x)\,\mathrm{d}x = \int_0^a [f(x) + f(-x)]\,\mathrm{d}x = \begin{cases} 0, & f(x) \text{ 为奇函数}, \\ 2\int_0^a f(x)\,\mathrm{d}x, & f(x) \text{ 为偶函数}. \end{cases}$$

2. 若 $f(x)$ 在 $(-\infty, +\infty)$ 内连续且以 T 为周期, 则有

$$\int_a^{a+T} f(x)\,\mathrm{d}x = \int_0^T f(x)\,\mathrm{d}x, \quad \int_a^{a+nT} f(x)\,\mathrm{d}x = n\int_0^T f(x)\,\mathrm{d}x.$$

3. 当 $f(x)$ 连续时, 有

(1) $\displaystyle\int_0^{\frac{\pi}{2}} f(\sin x)\,\mathrm{d}x = \int_0^{\frac{\pi}{2}} f(\cos x)\,\mathrm{d}x$;

(2) $\displaystyle\int_0^\pi x f(\sin x)\,\mathrm{d}x = \frac{\pi}{2}\int_0^\pi f(\sin x)\,\mathrm{d}x$;

(3) $\displaystyle\int_0^\pi f(\sin x)\,\mathrm{d}x = 2\int_0^{\frac{\pi}{2}} f(\sin x)\,\mathrm{d}x$;

(4) $\displaystyle I_n = \int_0^{\frac{\pi}{2}} \sin^n x\,\mathrm{d}x = \int_0^{\frac{\pi}{2}} \cos^n x\,\mathrm{d}x = \begin{cases} \dfrac{n-1}{n} \cdot \dfrac{n-3}{n-2} \cdot \cdots \cdot \dfrac{3}{4} \cdot \dfrac{1}{2} \cdot \dfrac{\pi}{2}, & n \text{ 为偶数}, \\ \dfrac{n-1}{n} \cdot \dfrac{n-3}{n-2} \cdot \cdots \cdot \dfrac{4}{5} \cdot \dfrac{2}{3} \cdot 1, & n \text{ 为奇数}. \end{cases}$

注 $I_0 = \dfrac{\pi}{2}$, $I_1 = 1$.

4. 反常积分 $\displaystyle\int_1^{+\infty} \frac{1}{x^p}\,\mathrm{d}x$: 当 $p > 1$ 时收敛于 $\dfrac{1}{p-1}$, 当 $p \leqslant 1$ 时发散.

5. 反常积分 $\displaystyle\int_0^1 \frac{1}{x^q}\,\mathrm{d}x$: 当 $q < 1$ 时收敛于 $\dfrac{1}{1-q}$, 当 $q \geqslant 1$ 时发散.

6. 比较审敛法　设 $f(x)$ 在 $[a, +\infty)$ 内非负连续.

(1) 若 $\exists \varphi(x) \geqslant 0$, 使 $0 \leqslant f(x) \leqslant \varphi(x)$, 且 $\displaystyle\int_a^{+\infty} \varphi(x)\,\mathrm{d}x$ 收敛, 则 $\displaystyle\int_a^{+\infty} f(x)\,\mathrm{d}x$ 也收敛;

(2) 若 $\exists \varphi(x) \geqslant 0$, 使 $f(x) \geqslant \varphi(x) \geqslant 0$, 且 $\displaystyle\int_a^{+\infty} \varphi(x)\,\mathrm{d}x = +\infty$, 则 $\displaystyle\int_a^{+\infty} f(x)\,\mathrm{d}x = +\infty$.

7. 设 $f(x)$ 在 $[a, b]$ 上连续, $g(x)$ 在 $[a, b]$ 上可积且不变号, 则存在 $\xi \in [a, b]$, 使

$$\int_a^b f(x)g(x)\,\mathrm{d}x = f(\xi)\int_a^b g(x)\,\mathrm{d}x.$$

注　此结论称为第一积分中值定理.

8. 设 $f(x)$ 在 $[a, b]$ 上连续, $g(x)$ 在 $[a, b]$ 上可导, 且 $g'(x) \geqslant 0$, 则必存在 $\xi \in [a, b]$, 使

$$\int_a^b f(x)g(x)\,\mathrm{d}x = g(a)\int_a^\xi f(x)\,\mathrm{d}x + g(b)\int_\xi^b f(x)\,\mathrm{d}x.$$

二、典型例题

(一) 定积分的计算

1. 性质与公式的直接利用

【例 5-1】 设 $f(x)$ 连续, 且 $f(x) = x + 2\int_0^1 f(x)\,dx$, 求 $f(x)$ 的非积分表达式.

【解】 因为

$$\int_0^1 f(x)\,dx = \int_0^1 x\,dx + 2\int_0^1 f(x)\,dx,$$

故

$$\int_0^1 f(x)\,dx = -\frac{1}{2},$$

从而

$$f(x) = x - 1.$$

【例 5-2】 $f(x) = x^2 - x\int_0^2 f(x)\,dx + 2\int_0^1 f(x)\,dx$, 求 $f(x)$.

【解】 令 $a = \int_0^1 f(x)\,dx$, $b = \int_0^2 f(x)\,dx$, 则有

$$f(x) = x^2 - bx + 2a,$$

$$a = \int_0^1 f(x)\,dx = \int_0^1 (x^2 - bx + 2a)\,dx = \frac{1}{3} - \frac{b}{2} + 2a, \quad b = \frac{8}{3} - 2b + 4a,$$

即

$$\begin{cases} a - \dfrac{1}{2}b = -\dfrac{1}{3}, \\ 4a - 3b = -\dfrac{8}{3}, \end{cases}$$

解出

$$\begin{cases} a = \dfrac{1}{3}, \\ b = \dfrac{4}{3}, \end{cases}$$

故

$$f(x) = x^2 - \frac{4}{3}x + \frac{2}{3}.$$

【例 5-3】 求 $\int_{-2}^2 \max\{1, x^2\}\,dx$.

【解】 $f(x) = \max\{1, x^2\}$ 在 $[-2, 2]$ 各不同区间上表达式是不一样的, 实际上

$$f(x) = \begin{cases} 1, & |x| \le 1, \\ x^2, & 1 \le |x| < 2, \end{cases}$$

于是

$$\int_{-2}^2 \max\{1, x^2\}\,dx = \int_{-2}^{-1} x^2\,dx + \int_{-1}^1 dx + \int_1^2 x^2\,dx = \frac{20}{3}.$$

另外, 还可用偶函数的性质

$$原式 = 2\left(\int_0^1 dx + \int_1^2 x^2\,dx\right) = \frac{20}{3}.$$

【例 5-4】 若 $f'(e^x) = xe^x$, 且 $f(1) = 0$, 计算

$$\int_1^2 \left[2f(x) + \frac{1}{2}(x^2 - 1)\right] dx.$$

【解】 首先, 应利用已知条件确定 $f(x)$, 为此, 令 $e^x = t$, 则 $x = \ln t$, 由 $f'(t) = t\ln t$ 有

$$f(t) = \int t\ln t\,dt = \frac{1}{2}t^2\ln t - \frac{1}{4}t^2 + C,$$

又 $f(1) = 0$, 故 $C = \frac{1}{4}$, 从而

$$f(t) = \frac{1}{2}t^2\ln t - \frac{1}{4}t^2 + \frac{1}{4}.$$

$$\int_1^2 \left[2f(x) + \frac{1}{2}(x^2-1) \right] dx = \int_1^2 \left[2\left(\frac{1}{2}x^2\ln x - \frac{1}{4}x^2 + \frac{1}{4} \right) + \frac{1}{2}(x^2-1) \right] dx$$

$$= \int_1^2 x^2\ln x\,dx = \left(\frac{x^3}{3}\ln x - \frac{1}{9}x^3 \right) \Big|_1^2 = \frac{1}{3}\left(8\ln 2 - \frac{7}{3} \right).$$

【例 5-5】 写出函数 $f(x) = \int_0^1 | t(t-x) |\,dt$ $(0 \leqslant x \leqslant 2)$ 的非积分表达式, 并计算 $\int_0^2 f(x)\,dx$.

【解】 当 $0 \leqslant x \leqslant 1$ 时,

$$f(x) = \int_0^x t(x-t)\,dt + \int_x^1 t(t-x)\,dx = \left(\frac{x}{2}t^2 - \frac{1}{3}t^3 \right) \Big|_0^x + \left(\frac{t^3}{3} - \frac{t^2}{2}x \right) \Big|_x^1 = \frac{1}{3}x^3 - \frac{x}{2} + \frac{1}{3};$$

当 $1 < x \leqslant 2$ 时,

$$f(x) = \int_0^1 t(x-t)\,dt = \left(\frac{t^2}{2}x - \frac{1}{3}t^3 \right) \Big|_0^1 = \frac{1}{2}x - \frac{1}{3}.$$

故

$$f(x) = \begin{cases} \dfrac{1}{3}x^3 - \dfrac{x}{2} + \dfrac{1}{3}, & 0 \leqslant x \leqslant 1, \\[2mm] \dfrac{1}{2}x - \dfrac{1}{3}, & 1 < x \leqslant 2, \end{cases}$$

从而

$$\int_0^2 f(x)\,dx = \int_0^1 \left(\frac{1}{3}x^3 - \frac{x}{2} + \frac{1}{3} \right) dx + \int_1^2 \left(\frac{1}{2}x - \frac{1}{3} \right) dx = \frac{7}{12}.$$

【例 5-6】 求

$$\lim_{n\to\infty} \left[\left(1 + \frac{1}{n} \right) \frac{\pi}{n^2} + \left(1 + \frac{2}{n} \right) \frac{2\pi}{n^2} + \cdots + \left(1 + \frac{n-1}{n} \right) \frac{n-1}{n^2}\pi \right].$$

【解】 原式 $= \pi \lim\limits_{n\to\infty} \dfrac{1}{n} \left(\dfrac{1}{n} + \dfrac{2}{n} + \cdots + \dfrac{n-1}{n} \right) + \pi \lim\limits_{n\to\infty} \dfrac{1}{n} \left[\dfrac{1}{n^2} + \dfrac{2^2}{n^2} + \cdots + \dfrac{(n-1)^2}{n^2} \right]$

$$= \pi \int_0^1 x\,dx + \pi \int_0^1 x^2\,dx = \frac{5\pi}{6}.$$

2. 换元与分部

(1) 换元法

【例 5-7】 求 $\int_0^{\frac{1}{\sqrt{3}}} \dfrac{dx}{(1+5x^2)\sqrt{1+x^2}}$.

【解】 为去掉根号, 令 $x = \tan t$, 则

$$原式 = \int_0^{\frac{\pi}{6}} \frac{\cos t}{1 + 4\sin^2 t}dt = \frac{1}{2} \int_0^{\frac{\pi}{6}} \frac{d(2\sin t)}{1 + (2\sin t)^2} = \frac{1}{2}\arctan(2\sin t) \Big|_0^{\frac{\pi}{6}} = \frac{\pi}{8}.$$

【例 5-8】 求 $\int_0^{\frac{\pi}{2}} \dfrac{dx}{1 + \cos^2 x}$.

【解】 令 $\tan\dfrac{x}{2} = u$, 则

$$原式 = \int_0^1 \frac{u^2 + 1}{u^4 + 1} du = \lim_{\varepsilon \to +0} \frac{1}{\sqrt{2}} \arctan \frac{u - \dfrac{1}{u}}{\sqrt{2}} \Bigg|_{\varepsilon}^1 = \frac{\pi}{2\sqrt{2}}.$$

【例 5-9】 设
$$f(x) = \begin{cases} 1 + x^2, & x \leq 0, \\ e^{-x}, & x > 0, \end{cases}$$

求 $\int_1^3 f(x - 2) dx$.

【解】 令 $t = x - 2$，则 $x = 1$ 时，$t = -1$；$x = 3$ 时，$t = 1$. 于是

$$\int_1^3 f(x - 2) dx = \int_{-1}^1 f(t) dt = \int_{-1}^0 (1 + t^2) dt + \int_0^1 e^{-t} dt = \left(t + \frac{1}{3} t^3\right) \Bigg|_{-1}^0 - e^{-t} \Bigg|_0^1 = \frac{7}{3} - \frac{1}{e}.$$

(2) 分部法

【例 5-10】 求 $\int_0^3 \arcsin \sqrt{\dfrac{x}{1 + x}} dx$.

【解】 原式 $= x \arcsin \sqrt{\dfrac{x}{1 + x}} \Bigg|_0^3 - \dfrac{1}{2} \int_0^3 \dfrac{x dx}{\sqrt{x}(1 + x)} = 3 \arcsin \dfrac{\sqrt{3}}{2} - \int_0^3 \dfrac{1 + (\sqrt{x})^2 - 1}{1 + (\sqrt{x})^2} d(\sqrt{x})$

$$= 3 \times \frac{\pi}{3} - \sqrt{x} \Bigg|_0^3 + \arctan \sqrt{x} \Bigg|_0^3 = \frac{4}{3} \pi - \sqrt{3}.$$

【例 5-11】 求 $\int_0^{\frac{\pi}{4}} \sec^3 x dx$.

【解】 原式 $= \int_0^{\frac{\pi}{4}} \sec x d\tan x = \sec x \tan x \Bigg|_0^{\frac{\pi}{4}} - \int_0^{\frac{\pi}{4}} \tan^2 x \sec x dx = \sqrt{2} - \int_0^{\frac{\pi}{4}} \sec^3 x dx + \int_0^{\frac{\pi}{4}} \sec x dx$

$$= \sqrt{2} - \int_0^{\frac{\pi}{4}} \sec^3 x dx + \ln(\sec x + \tan x) \Bigg|_0^{\frac{\pi}{4}} = \sqrt{2} + \ln(\sqrt{2} + 1) - \int_0^{\frac{\pi}{4}} \sec^3 x dx,$$

故
$$原式 = \frac{1}{2} [\sqrt{2} + \ln(\sqrt{2} + 1)].$$

【例 5-12】 已知 $f(\pi) = 1$，$f(x)$ 二阶连续可微，且 $\int_0^{\pi} [f(x) + f''(x)] \sin x dx = 3$，求 $f(0)$.

【解】

$$\int_0^{\pi} [f(x) + f''(x)] \sin x dx = \int_0^{\pi} [f''(x) \sin x - f(x)(\sin x)''] dx = \int_0^{\pi} [\sin x f'(x) - f(x)(\sin x)']' dx$$

$$= [\sin x f'(x) - f(x) \cos x] \Bigg|_0^{\pi} = f(\pi) + f(0),$$

从而
$$f(\pi) + f(0) = 3,$$

又 $f(\pi) = 1$，故 $f(0) = 2$.

【例 5-13】 $y'(x) = \arctan(x - 1)^2$，$y(0) = 0$，求 $\int_0^1 y(x) dx$.

【解】 原式 $= \int_0^1 y(x) dx = xy(x) \Bigg|_0^1 - \int_0^1 xy'(x) dx = y(1) - \int_0^1 x \arctan(x - 1)^2 dx$

$$= y(1) - \int_0^1 (x - 1) \arctan(x - 1)^2 dx - \int_0^1 \arctan(x - 1)^2 dx$$

$$= y(1) - \int_0^1 (x - 1) \arctan(x - 1)^2 dx - [y(1) - y(0)] = -\int_0^1 (x - 1) \arctan(x - 1)^2 dx$$

$$\xrightarrow{x - 1 = t} -\int_{-1}^0 t \arctan t^2 dt = -\frac{1}{2} \int_{-1}^0 \arctan t^2 dt^2$$

$$\xrightarrow{u = t^2} \frac{1}{2} \int_0^1 \arctan u du = \left[\frac{1}{2} u \arctan u - \frac{1}{4} \ln(u^2 + 1)\right] \Bigg|_0^1 = \frac{\pi}{8} - \frac{1}{4} \ln 2.$$

3. 运算的简化

【例 5-14】 计算 $\int_0^4 x(x-1)(x-2)(x-3)(x-4)\mathrm{d}x$.

【解】 如果直接将被积函数展开再积分，会遇到很多麻烦，为此令 $t = x - 2$，则 $x = 0$ 时，$t = -2$；$x = 4$ 时，$t = 2$.

$$原式 = \int_{-2}^2 (t+2)(t+1)t(t-1)(t-2)\mathrm{d}t = \int_{-2}^2 t(t^2-4)(t^2-1)\mathrm{d}t = 0.$$

这是因为 $f(t) = t(t^2-4)(t^2-1)$ 为 $[-2,2]$ 上的连续的奇函数.

【例 5-15】 计算 $\int_{-\frac{1}{2}}^{\frac{1}{2}} \dfrac{2x^3+5x+2}{\sqrt{1-x^2}}\mathrm{d}x$.

【解】 注意到 $\dfrac{2x^3+5x}{\sqrt{1-x^2}}$ 是奇函数，$\dfrac{1}{\sqrt{1-x^2}}$ 为偶函数.

$$原式 = \int_{-\frac{1}{2}}^{\frac{1}{2}} \frac{2x^3+5x}{\sqrt{1-x^2}}\mathrm{d}x + \int_{-\frac{1}{2}}^{\frac{1}{2}} \frac{2}{\sqrt{1-x^2}}\mathrm{d}x = 0 + \int_0^{\frac{1}{2}} \frac{4}{\sqrt{1-x^2}}\mathrm{d}x = 4\arcsin x \Big|_0^{\frac{1}{2}} = \frac{2}{3}\pi.$$

【例 5-16】 求 $\int_{\frac{3}{10}\pi}^{\frac{23}{10}\pi} \sin x\,\mathrm{d}x$.

【解】 $\int_{\frac{3}{10}\pi}^{\frac{23}{10}\pi} \sin x\,\mathrm{d}x = \int_{\frac{3\pi}{10}}^{\frac{3\pi}{10}+2\pi} \sin x\,\mathrm{d}x = \int_0^{2\pi} \sin x\,\mathrm{d}x = 0.$

【例 5-17】 求 $\int_0^{\pi} \dfrac{x\sin x}{1+\cos^2 x}\mathrm{d}x$.

【解】 $\int_0^{\pi} \dfrac{x\sin x}{1+\cos^2 x}\mathrm{d}x = \dfrac{\pi}{2}\int_0^{\pi} \dfrac{\sin x}{1+\cos^2 x}\mathrm{d}x = -\dfrac{\pi}{2}\arctan(\cos x)\Big|_0^{\pi} = \dfrac{\pi^2}{4}.$

【例 5-18】 求 $\int_{-\frac{\pi}{2}}^{\frac{\pi}{2}} \dfrac{e^x}{1+e^x}\sin^4 x\,\mathrm{d}x$.

【解】 原式 $= \int_0^{\frac{\pi}{2}} \left(\dfrac{e^x}{1+e^x} + \dfrac{e^{-x}}{1+e^{-x}}\right)\sin^4 x\,\mathrm{d}x = \int_0^{\frac{\pi}{2}} \sin^4 x\,\mathrm{d}x = \dfrac{3}{4}\times\dfrac{1}{2}\times\dfrac{\pi}{2} = \dfrac{3}{16}\pi.$

【例 5-19】 求 $\int_0^{\frac{\pi}{2}} \dfrac{e^{\sin x}}{e^{\sin x}+e^{\cos x}}\mathrm{d}x$.

【解】 由 $\int_0^{\frac{\pi}{2}} f(\sin x,\cos x)\mathrm{d}x = \int_0^{\frac{\pi}{2}} f(\cos x,\sin x)\mathrm{d}x$，$f$ 连续，所以

$$I = \int_0^{\frac{\pi}{2}} \frac{e^{\cos x}}{e^{\cos x}+e^{\sin x}}\mathrm{d}x,\quad 2I = \int_0^{\frac{\pi}{2}} \left(\frac{e^{\sin x}}{e^{\cos x}+e^{\sin x}} + \frac{e^{\cos x}}{e^{\cos x}+e^{\sin x}}\right)\mathrm{d}x = \frac{\pi}{2},$$

原式 $= \dfrac{1}{4}\pi.$

【例 5-20】 求 $\int_0^{\pi} x\sin^6 x\,\mathrm{d}x$.

【解】 原式 $= \dfrac{\pi}{2}\int_0^{\pi} \sin^6 x\,\mathrm{d}x = \dfrac{\pi}{2}\times 2\int_0^{\frac{\pi}{2}} \sin^6 x\,\mathrm{d}x = \pi\left(\dfrac{5}{6}\times\dfrac{3}{4}\times\dfrac{1}{2}\times\dfrac{\pi}{2}\right) = \dfrac{5}{32}\pi^2.$

（二）反常积分的计算

【例 5-21】 求 $\int_1^{+\infty} \dfrac{\mathrm{d}x}{x\sqrt{1+x^5+x^{10}}}$.

【解】 原式 $= -\dfrac{1}{5}\int_1^{+\infty}\dfrac{\mathrm{d}\left(\dfrac{1}{x^5}\right)}{\sqrt{\left(\dfrac{1}{x^5}\right)^2 + \dfrac{1}{x^5} + 1}}\xlongequal{u = \frac{1}{x^5}}\dfrac{1}{5}\int_0^1\dfrac{\mathrm{d}u}{\sqrt{u^2 + u + 1}}$

$$= \dfrac{1}{5}\ln\left(u + \dfrac{1}{2} + \sqrt{u^2 + u + 1}\right)\Big|_0^1 = \dfrac{1}{5}\ln\left(1 + \dfrac{2}{\sqrt{3}}\right).$$

【例 5-22】 讨论 $\displaystyle\int_0^2\dfrac{\mathrm{d}x}{(1 - x)^2}$ 的敛散性.

【解】 $x = 1$ 为瑕点. 取 $\varepsilon > 0$, 有

$$\lim_{\varepsilon \to +0}\int_0^{1-\varepsilon}\dfrac{\mathrm{d}x}{(1 - x)^2} = \lim_{\varepsilon \to +0}\left(\dfrac{1}{1 - x}\right)\Bigg|_0^{1-\varepsilon} = \lim_{\varepsilon \to +0}\left(\dfrac{1}{\varepsilon} - 1\right) = +\infty,$$

故积分 $\displaystyle\int_0^2\dfrac{\mathrm{d}x}{(1 - x)^2}$ 发散.

【例 5-23】 求 $\displaystyle\int_{-\infty}^{+\infty}\dfrac{\mathrm{d}x}{(x^2 + x + 1)^2}.$

【解】 原式 $= \displaystyle\int_{-\infty}^{+\infty}\dfrac{\mathrm{d}\left(x + \dfrac{1}{2}\right)}{\left[\left(x + \dfrac{1}{2}\right)^2 + \left(\dfrac{\sqrt{3}}{2}\right)^2\right]^2}\xlongequal{u = x + \frac{1}{2}}\int_{-\infty}^{+\infty}\dfrac{\mathrm{d}u}{\left[u^2 + \left(\dfrac{\sqrt{3}}{2}\right)^2\right]^2}$

$$\xlongequal{u = \frac{\sqrt{3}}{2}\tan t}\int_{-\frac{\pi}{2}}^{\frac{\pi}{2}}\dfrac{\sec^2 t\,\mathrm{d}t}{\left(\dfrac{\sqrt{3}}{2}\right)^3 \cdot \sec^4 t} = \dfrac{2}{\left(\dfrac{\sqrt{3}}{2}\right)^3}\int_0^{\frac{\pi}{2}}\cos^2 t\,\mathrm{d}t = \dfrac{4\pi}{3\sqrt{3}}.$$

【例 5-24】 求 $I = \displaystyle\int_0^{+\infty}\dfrac{\mathrm{d}x}{(1 + x^2)(1 + x^\alpha)}$ （α 为正数）.

【解】 令 $x = \tan t$, 则 $\mathrm{d}x = \sec^2 t\,\mathrm{d}t$, $1 + x^2 = 1 + \tan^2 t$, $x = 0$ 时, $t = 0$; $x \to +\infty$ 时, $t \to \dfrac{\pi}{2}$.
故

$$I = \int_0^{\frac{\pi}{2}}\dfrac{\sec^2 t\,\mathrm{d}t}{(1 + \tan^2 t)(1 + \tan^\alpha t)} = \int_0^{\frac{\pi}{2}}\dfrac{\mathrm{d}t}{1 + \tan^\alpha t} = \int_0^{\frac{\pi}{2}}\dfrac{\cos^\alpha t\,\mathrm{d}t}{\sin^\alpha t + \cos^\alpha t}.$$

利用公式 $\displaystyle\int_0^{\frac{\pi}{2}}f(\sin x, \cos x)\,\mathrm{d}x = \int_0^{\frac{\pi}{2}}f(\cos x, \sin x)\,\mathrm{d}x$, 则有

$$I = \int_0^{\frac{\pi}{2}}\dfrac{\sin^\alpha t}{\cos^\alpha t + \sin^\alpha t}\mathrm{d}t,$$

于是 $\qquad I + I = \displaystyle\int_0^{\frac{\pi}{2}}\dfrac{\sin^\alpha t + \cos^\alpha t}{\cos^\alpha t + \sin^\alpha t}\mathrm{d}t = \int_0^{\frac{\pi}{2}}\mathrm{d}t = \dfrac{\pi}{2},$

故 $\qquad\qquad\qquad\qquad$ 原式 $= \dfrac{\pi}{4}$ （α 为正数）.

【例 5-25】 求 $\displaystyle\int_1^2\left[\dfrac{1}{x\ln^2 x} - \dfrac{1}{(x - 1)^2}\right]\mathrm{d}x.$

【解】原式 $= \lim\limits_{\varepsilon \to +0}\left(\dfrac{1}{x - 1} - \dfrac{1}{\ln x}\right)\Bigg|_{1+\varepsilon}^2 = \left(1 - \dfrac{1}{\ln 2}\right) + \lim\limits_{\varepsilon \to +0}\left[\dfrac{1}{\ln(1 + \varepsilon)} - \dfrac{1}{\varepsilon}\right]$

$$= \left(1 - \frac{1}{\ln 2}\right) + \lim_{\varepsilon \to +0} \frac{\varepsilon - \ln(1 + \varepsilon)}{\varepsilon^2} = \left(1 - \frac{1}{\ln 2}\right) + \lim_{\varepsilon \to +0} \frac{1 - \frac{1}{1 + \varepsilon}}{2\varepsilon}$$

$$= \left(1 - \frac{1}{\ln 2}\right) + \lim_{\varepsilon \to +0} \frac{\varepsilon}{2\varepsilon(1 + \varepsilon)} = 1 - \frac{1}{\ln 2} + \frac{1}{2} = \frac{3}{2} - \frac{1}{\ln 2}.$$

注 单独的 $\int_1^2 \frac{1}{x \ln^2 x} dx$ 与 $\int_1^2 \frac{1}{(x-1)^2} dx$ 都是发散的.

(三)证明题

【例 5-26】 设函数 $f(x)$ 在 $(-\infty, +\infty)$ 内连续, 且

$$F(x) = \int_0^x (x - 2t) f(t) dt,$$

$f(x)$ 单调减少, 证明 $F(x)$ 单调增加.

【证】 $F(x) = x \int_0^x f(t) dt - 2 \int_0^x t f(t) dt.$

$$F'(x) = \int_0^x f(t) dt + x f(x) - 2x f(x) = \int_0^x f(t) dt - x f(x) = \int_0^x [f(t) - f(x)] dt$$

$$= x[f(\xi) - f(x)] > 0 \quad (\xi \text{ 介于 } 0 \text{ 与 } x \text{ 之间}),$$

故 $F(x)$ 单调增加.

【例 5-27】 已知函数 $f(x)$ 在 $[-a, a]$ 上连续 $(a > 0)$, 且 $f(x) > 0$, 又

$$g(x) = \int_{-a}^a |x - t| f(t) dt,$$

证明 $g'(x)$ 在 $[-a, a]$ 上单调增加.

【证】 欲证 $g'(x)$ 单调增加, 只需证出 $g''(x) > 0$.

$$g(x) = \int_{-a}^x f(t)(x - t) dt + \int_x^a f(t)(t - x) dt = x \int_{-a}^x f(t) dt - \int_{-a}^x t f(t) dt + x \int_x^a f(t) dt + \int_x^a t f(t) dt,$$

$$g'(x) = \int_{-a}^x f(t) dt + \int_x^a f(t) dt, \quad g''(x) = 2f(x) > 0,$$

故 $g'(x)$ 在 $[a, b]$ 上单调增加.

【例 5-28】 设函数 $f(x)$ 在 $[a, b]$ 上非负且连续, 试证存在 $\xi \in [a, b]$, 使直线 $x = \xi$ 将曲线 $y = f(x)$ 与直线 $x = a$, $x = b$, $y = 0$ 所围成的曲边梯形的面积二等分.

【证】 设所围的曲边梯形的面积为 A, 又

$$F(t) = \int_a^t f(x) dx, \quad t \in [a, b],$$

则 $F'(t) = f(t) \geqslant 0$, 故 $F(t)$ 是 $[a, b]$ 上的连续增函数, 且

$$F(a) = 0, \quad F(b) = A,$$

由介值定理可知, 对于介于 0 与 A 之间的值 $\frac{A}{2}$, 必有 $\xi \in (a, b)$, 使

$$F(\xi) = \frac{A}{2}.$$

事实上, 这里的二等分可以改成把 A 分成任意指定的两部分, 这已从证明过程中看到.

【例 5-29】 设 $f(x), g(x)$ 是 $[a, b]$ 上的连续增函数 $(a > 0, b > 0)$, 试证

$$\int_a^b f(x) dx \int_a^b g(x) dx \leqslant (b - a) \int_a^b f(x) g(x) dx.$$

【证】 令 $F(x) = \int_a^x f(t) dt \int_a^x g(t) dt - (x - a) \int_a^x f(t) g(t) dt$, 则

$$F'(x) = f(x) \int_a^x g(t) dt + g(x) \int_a^x f(t) dt - \int_a^x f(t) g(t) dt - (x - a) f(x) g(x)$$

$$= \int_a^x f(x)g(t)\,\mathrm{d}t + \int_a^x g(x)f(t)\,\mathrm{d}t - \int_a^x f(t)g(t)\,\mathrm{d}t - \int_a^x f(x)g(x)\,\mathrm{d}t$$

$$= -\int_a^x [f(x) - f(t)][g(x) - g(t)]\,\mathrm{d}t < 0.$$

$F(x)$ 单调下降, $x \in [a, b]$.

又 $F(a) = 0$, 所以 $F(b) \leqslant F(a) = 0$, 即

$$\int_a^b f(x)\,\mathrm{d}x \int_a^b g(x)\,\mathrm{d}x - (b - a)\int_a^b f(x)g(x)\,\mathrm{d}x \leqslant 0,$$

亦即

$$\int_a^b f(x)\,\mathrm{d}x \int_a^b g(x)\,\mathrm{d}x \leqslant (b - a)\int_a^b f(x)g(x)\,\mathrm{d}x.$$

【例 5-30】 设 $f(x)$ 在 $[2, 4]$ 上连续可微, 且 $f(2) = f(4) = 0$, 试证

$$\max_{2 \leqslant x \leqslant 4} |f'(x)| \geqslant \left| \int_2^4 f(x)\,\mathrm{d}x \right|.$$

【证法 1】 注意到 $\int_2^4 |x - 3|\,\mathrm{d}x = 1$, 记 $M = \max_{2 \leqslant x \leqslant 4} |f'(x)|$, 有

$$\left| \int_2^4 f(x)\,\mathrm{d}x \right| = \left| \int_2^4 f(x)\,\mathrm{d}(x - 3) \right| = \left| [(x - 3)f(x)] \Big|_2^4 - \int_2^4 f'(x)(x - 3)\,\mathrm{d}x \right|$$

$$\leqslant M \int_2^4 |x - 3|\,\mathrm{d}x = M.$$

【证法 2】 M 的意义同证法 1, 则

$$f(x) - f(2) = f'(\xi_1)(x - 2) \quad (2 < \xi_1 < x), \quad f(4) - f(x) = f'(\xi_2)(4 - x) \quad (x < \xi_2 < 4),$$

$$|f(x)| \leqslant M(x - 2), \quad |f(x)| \leqslant M(4 - x).$$

$$\left| \int_2^4 f(x)\,\mathrm{d}x \right| \leqslant \int_2^4 |f(x)|\,\mathrm{d}x \leqslant \int_2^3 M(x - 2)\,\mathrm{d}x + \int_3^4 M(4 - x)\,\mathrm{d}x = M.$$

【例 5-31】 设 $f(x)$ 在 $[a, b]$ 上二阶可导, 且 $f''(x) \leqslant 0$. 试证

$$\int_a^b f(x)\,\mathrm{d}x \leqslant (b - a)f\left(\frac{a + b}{2}\right).$$

【证】 不等式的几何解释是很清楚的. 考虑到二阶导数的性质, 可将 $f(x)$ 在 $x_0 = \dfrac{a + b}{2}$ 处使用一阶泰勒公式.

$$f(x) = f\left(\frac{a + b}{2}\right) + f'\left(\frac{a + b}{2}\right)\left(x - \frac{a + b}{2}\right) + \frac{f''(\xi)}{2!}\left(x - \frac{a + b}{2}\right)^2$$

$$\leqslant f\left(\frac{a + b}{2}\right) + f'\left(\frac{a + b}{2}\right)\left(x - \frac{a + b}{2}\right),$$

$$\int_a^b f(x)\,\mathrm{d}x \leqslant f\left(\frac{a + b}{2}\right)(b - a) + f'\left(\frac{a + b}{2}\right)\int_a^b \left(x - \frac{a + b}{2}\right)\mathrm{d}x = (b - a)f\left(\frac{a + b}{2}\right).$$

注 容易计算 $\int_a^b \left(x - \dfrac{a + b}{2}\right)\mathrm{d}x = 0$.

【例 5-32】 设 $f(x)$ 在 $[0, 1]$ 上连续可微, 且 $f(0) = 0$, $f(1) = 1$, 试证

$$\int_0^1 |f'(x) - f(x)|\,\mathrm{d}x \geqslant \frac{1}{e}.$$

【证】 注意到 $f'(x) - f(x) = e^x[e^{-x}f(x)]'$, 有

$$\int_0^1 |f'(x) - f(x)|\,\mathrm{d}x = \int_0^1 e^x |[e^{-x}f(x)]'|\,\mathrm{d}x \geqslant \int_0^1 |[e^{-x}f(x)]'|\,\mathrm{d}x$$

$$\geqslant \int_0^1 [e^{-x}f(x)]'\,\mathrm{d}x = e^{-x}f(x) \Big|_0^1 = \frac{1}{e}.$$

【例 5-33】 设 $f(x)$ 在 $[a, b]$ 上连续可导, $f(a) = 0$, 试证

$$\int_a^b f^2(x)\,\mathrm{d}x \le \frac{1}{2}(b-a)^2 \int_a^b [f'(x)]^2 \mathrm{d}x.$$

【证】　$f(x) = \int_a^x 1 \cdot f'(t)\,\mathrm{d}t$, 由柯西 - 施瓦茨不等式

$$f^2(x) = \left[\int_a^x 1 \cdot f'(t)\,\mathrm{d}t\right]^2 \le \left(\int_a^x 1^2 \mathrm{d}x\right)\left\{\int_a^x [f'(x)]^2 \mathrm{d}x\right\}$$

$$= (x-a)\int_a^x [f'(x)]^2 \mathrm{d}x \le (x-a)\int_a^b [f'(x)]^2 \mathrm{d}x,$$

$$\int_a^b f^2(x)\,\mathrm{d}x \le \left\{\int_a^b [f'(x)]^2 \mathrm{d}x\right\}\left[\int_a^b (x-a)\,\mathrm{d}x\right] = \frac{1}{2}(b-a)^2 \int_a^b [f'(x)]^2 \mathrm{d}x.$$

【例 5-34】　设 $f(x)$ 在 $[0,1]$ 上可导, 且满足 $f(1) = 2\int_0^{\frac{1}{2}} xf(x)\,\mathrm{d}x$, 试证: $\exists \xi \in (0,1)$, 使
$$f(\xi) + \xi f'(\xi) = 0.$$

【证】　令 $\varphi(x) = xf(x)$, 则 $\varphi(1) = f(1)$. 由积分中值定理, $\exists \eta \in \left(0, \frac{1}{2}\right)$, 使

$$\int_0^{\frac{1}{2}} xf(x)\,\mathrm{d}x = \eta f(\eta) \cdot \frac{1}{2}.$$

由 $f(1) = 2\int_0^{\frac{1}{2}} xf(x)\,\mathrm{d}x$ 知

$$\eta f(\eta) = \varphi(\eta) = f(1),$$

于是, $\varphi(1) = \varphi(\eta) = f(1)$, 由罗尔定理, $\exists \xi \in (\eta, 1) \subset (0, 1)$, 使
$$\varphi'(\xi) = 0,$$
即
$$f(\xi) + \xi f'(\xi) = 0.$$

三、习题全解

习题 5-1　定积分的概念与性质

*1. 利用定积分定义计算由抛物线 $y = x^2+1$, 两直线 $x=a$, $x=b(b>a)$ 及 x 轴所围成的图形的面积.

【解】　因 $f(x) = x^2+1$ 在 $[a, b]$ 上连续, 故 $f(x)$ 可积. 将 $[a, b]$ 分成 n 等份, 取 $\xi_i = a + \frac{b-a}{n}i$, 则

$$\int_a^b (x^2+1)\,\mathrm{d}x$$

$$= \lim_{n\to\infty} \sum_{i=1}^n \left[\left(a+\frac{b-a}{n}i\right)^2 + 1\right] \cdot \frac{b-a}{n} = \lim_{n\to\infty} \frac{b-a}{n} \sum_{i=1}^n \left[a^2 + \frac{2a(b-a)}{n}i + \frac{(b-a)^2}{n^2}i^2 + 1\right]$$

$$= \lim_{n\to\infty}\left\{\frac{b-a}{n} \cdot \left[na^2 + \frac{2a(b-a)}{n}\sum_{i=1}^n i + \frac{(b-a)^2}{n^2}\sum_{i=1}^n i^2 + n\right]\right\}$$

$$= \lim_{n\to\infty} \frac{b-a}{n}\left[na^2 + \frac{2a(b-a)}{n} \cdot \frac{n(n+1)}{2} + \frac{(b-a)^2}{n^2} \cdot \frac{1}{6}n(n+1)(2n+1) + n\right]$$

$$= \lim_{n\to\infty}(b-a)\left[a^2 + a(b-a)\left(1+\frac{1}{n}\right) + \frac{(b-a)^2}{6}\left(1+\frac{1}{n}\right)\left(2+\frac{1}{n}\right) + 1\right]$$

$$= (b-a)\left[a^2 + ab - a^2 + \frac{(b-a)^2}{3} + 1\right] = (b-a)\left(\frac{b^2+ab+a^2}{3}+1\right) = \frac{b^3-a^3}{3} + b - a.$$

*2. 利用定积分定义计算下列积分:

(1) $\int_a^b x\mathrm{d}x$ $(a<b)$.

【解】 $f(x)=x$ 在 $[a,b]$ 上连续, 从而可积. 将 $[a,b]$ 分成 n 等份, 则 $\Delta x_i=\dfrac{b-a}{n}$, 取 $\xi_i=a+\dfrac{b-a}{n}i$, $i=1,2,\cdots,n$, 则

$$\int_a^b x\mathrm{d}x=\lim_{n\to\infty}\sum_{i=1}^n\left(a+\frac{b-a}{n}i\right)\cdot\frac{b-a}{n}=\lim_{n\to\infty}\frac{b-a}{n}\left(na+\frac{b-a}{n}\sum_{i=1}^n i\right)=\lim_{n\to\infty}\frac{b-a}{n}\left[na+\frac{b-a}{n}\cdot\frac{1}{2}n(n+1)\right]$$

$$=\lim_{n\to\infty}(b-a)\left[a+\frac{b-a}{2}\left(1+\frac{1}{n}\right)\right]=(b-a)\cdot\frac{b+a}{2}=\frac{b^2-a^2}{2}.$$

(2) $\int_0^1 \mathrm{e}^x\mathrm{d}x$.

【解】 $f(x)$ 在 $[0,1]$ 上连续, 从而可积. 将 $[0,1]$ 分成 n 等份, 则 $\Delta x_i=\dfrac{1}{n}$. 取 $\xi_i=\dfrac{i}{n}$, $i=1,2,\cdots,n$, 则

$$\int_0^1 \mathrm{e}^x\mathrm{d}x=\lim_{n\to\infty}\sum_{i=1}^n \mathrm{e}^{\frac{i}{n}}\cdot\frac{1}{n}=\lim_{n\to\infty}\frac{1}{n}(\mathrm{e}^{\frac{1}{n}}+\mathrm{e}^{\frac{2}{n}}+\cdots+\mathrm{e}^{\frac{n}{n}})=\lim_{n\to\infty}\frac{1}{n}\cdot\frac{\mathrm{e}^{\frac{1}{n}}\left[1-(\mathrm{e}^{\frac{1}{n}})^n\right]}{1-\mathrm{e}^{\frac{1}{n}}}=\lim_{n\to\infty}\frac{\mathrm{e}^{\frac{1}{n}}(1-\mathrm{e})}{n(1-\mathrm{e}^{\frac{1}{n}})}$$

$$=\lim_{n\to\infty}\mathrm{e}^{\frac{1}{n}}(1-\mathrm{e})\cdot\frac{-1}{n(\mathrm{e}^{\frac{1}{n}}-1)}=(\mathrm{e}-1)\lim_{n\to\infty}\frac{1}{n\cdot\frac{1}{n}}=\mathrm{e}-1.$$

3. 利用定积分的几何意义, 证明下列等式:

(1) $\int_0^1 2x\mathrm{d}x=1$.

【证】 $\int_0^1 2x\mathrm{d}x$ 表示直线 $y=2x$, $x=1$ 及 x 轴所围成图形的面积. 如图 5-1 所示. 其面积为 $\dfrac{1}{2}\times1\times2=1$.

(2) $\int_0^1 \sqrt{1-x^2}\,\mathrm{d}x=\dfrac{\pi}{4}$.

【证】 $\int_0^1 \sqrt{1-x^2}\,\mathrm{d}x$ 表示曲线 $y=\sqrt{1-x^2}$ 及 x 轴, y 轴所围图形的面积. 如图 5-2 所示.

其面积是圆域 $x^2+y^2\leqslant 1$ 在第 I 象限内的面积, 其值为 $\dfrac{\pi}{4}$.

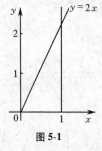

图 5-1

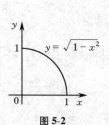

图 5-2

(3) $\int_{-\pi}^{\pi} \sin x\mathrm{d}x=0$.

【证】 $\int_{-\pi}^{\pi} \sin x\mathrm{d}x$ 表示正弦曲线 $y=\sin x$ 与 x 轴在 $x=-\pi$ 及 $x=\pi$ 之间所围成图形面积的代数和. 由 $y=\sin x$ 在 $[-\pi,\pi]$ 上是奇函数可知, 其面积的代数和为零. 如图 5-3 所示.

(4) $\int_{-\frac{\pi}{2}}^{\frac{\pi}{2}} \cos x \mathrm{d}x = 2\int_{0}^{\frac{\pi}{2}} \cos x \mathrm{d}x.$

【证】 $\int_{-\frac{\pi}{2}}^{\frac{\pi}{2}} \cos x \mathrm{d}x$ 表示余弦曲线 $y = \cos x$ 与 x 轴在 $x = -\dfrac{\pi}{2}$ 及 $x = \dfrac{\pi}{2}$ 之间所围成图形的面积. 由

于 $y = \cos x$ 是偶函数, 关于 y 轴对称, 所以 $\int_{0}^{\frac{\pi}{2}} \cos x \mathrm{d}x$ 是总面积的一半. 如图 5-4 所示, 则

$$\int_{-\frac{\pi}{2}}^{\frac{\pi}{2}} \cos x \mathrm{d}x = 2\int_{0}^{\frac{\pi}{2}} \cos x \mathrm{d}x.$$

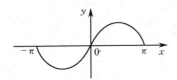

图 5-3　　　　　　　　　　　　图 5-4

4. 利用定积分的几何定义, 求下列积分:

(1) $\int_{0}^{t} x \mathrm{d}x \quad (t > 0).$

【解】 $\int_{0}^{t} x \mathrm{d}x$ 表示由直线 $y = x$, $x = t$ 及 $y = 0$ 围成的三角形的面积, 故 $\int_{0}^{t} x \mathrm{d}x = \dfrac{t^2}{2}.$

(2) $\int_{-2}^{4} \left(\dfrac{x}{2} + 3 \right) \mathrm{d}x.$

【解】 该积分表示由直线 $y = \dfrac{x}{2} + 3$, $x = -2$, $x = 4$ 及 $y = 0$ 围成的梯形面积. 计算此梯形面积为

21, 故 $\int_{-2}^{4} \left(\dfrac{x}{2} + 3 \right) \mathrm{d}x = 21.$

(3) $\int_{-1}^{2} |x| \mathrm{d}x.$

【解】 这是两个三角形面积的和, 其值为 $\dfrac{5}{2}$, 故 $\int_{-1}^{2} |x| \mathrm{d}x = \dfrac{5}{2}.$

(4) $\int_{-3}^{3} \sqrt{a - x^2} \mathrm{d}x.$

【解】 这是以 $O(0, 0)$ 为圆心, 以 3 为半径的圆的上半圆的面积, 故 $\int_{-3}^{3} \sqrt{a - x^2} \mathrm{d}x = \dfrac{9}{2}\pi.$

5. 设 $a < b$, 问 a, b 取什么值时, 积分 $\int_{a}^{b} (x - x^2) \mathrm{d}x$ 取得最大值?

【解】 $\int_{a}^{b} (x - x^2) \mathrm{d}x$ 表示由曲线 $y = x - x^2$, 直线 $x = a$, $x = b$ 及 $y = 0$ 围成的图形的面积, 当 x 轴

下方部分面积为零时, 围成的面积最大. 即取 $a = 0$, $b = 1$, 积分 $\int_{a}^{b} (x - x^2) \mathrm{d}x$ 取最大值.

6. 已知 $\ln 2 = \int_{0}^{1} \dfrac{1}{1 + x} \mathrm{d}x$, 试用抛物线法公式 (1-6), 求出 $\ln 2$ 的近似值 (取 $n = 10$, 计算时取 4

位小数).

【解】

i	0	1	2	3	4	5	6	7	8	9	10
x_i	0.0000	0.1000	0.2000	0.3000	0.4000	0.5000	0.6000	0.7000	0.8000	0.9000	1.0000
y_i	1.0000	0.9010	0.8333	0.7692	0.7143	0.6667	0.6250	0.5882	0.5556	0.5263	0.5000

按抛物线法公式，求得

$$S = \frac{1}{10}\big[(y_0+y_{10})+2(y_2+y_4+y_6+y_8)+4(y_1+y_3+y_5+y_7+y_9)\big] \approx 0.6931.$$

7. 设 $\int_{-1}^{1} 3f(x)\,dx = 18$，$\int_{-1}^{3} f(x)\,dx = 4$，$\int_{-1}^{3} g(x)\,dx = 3$，求

(1) $\int_{-1}^{1} f(x)\,dx$； (2) $\int_{1}^{3} f(x)\,dx$；

(3) $\int_{3}^{-1} g(x)\,dx$； (4) $\int_{-1}^{3} \frac{1}{5}[4f(x)+3g(x)]\,dx$.

【解】 (1) $\int_{-1}^{1} f(x)\,dx = \frac{1}{3}\int_{-1}^{1} 3f(x)\,dx = \frac{1}{3}\times 18 = 6$；

(2) $\int_{1}^{3} f(x)\,dx = \int_{-1}^{3} f(x)\,dx + \left[-\int_{-1}^{1} f(x)\,dx\right] = 4 - 6 = -2$；

(3) $\int_{3}^{-1} g(x)\,dx = -\int_{-1}^{3} g(x)\,dx = -3$；

(4) $\int_{-1}^{3} \frac{1}{5}[4f(x)+3g(x)]\,dx = \frac{4}{5}\int_{-1}^{3} f(x)\,dx + \frac{3}{5}\int_{-1}^{3} g(x)\,dx = \frac{4}{5}\times 4 + \frac{3}{5}\times 3 = 5.$

8. 水利工程中要计算拦水闸门所受的水压力. 已知闸门上水的压强 p 与水深 h 存在函数关系，且有 $p = 9.8h$ kN/m². 若闸门高 $H = 3$ m，宽 $L = 2$ m，求水面与闸门顶相齐时闸门所受的水压力 p.

【解】 如图 5-5 建立坐标系. x 轴垂直于水面向下，y 轴在水面，闸门底部在水面下面 3 m 处. 将 OH 等分成 n 个小区间，在第 i 个区间 $[x_{i-1}, x_i]$ 上，闸门相应部分所受的水压力

$$\Delta p_i = 9.8x_i L \Delta x_i,$$

故整个闸门所受的水压力

$$p = \lim_{n\to\infty}\sum_{i=1}^{n} 9.8x_i L\Delta x_i = 9.8L \lim_{n\to\infty}\sum_{i=1}^{n}\left(\frac{H}{n}\cdot i\cdot\frac{H}{n}\right)$$

$$= 9.8L \lim_{n\to\infty}\frac{H^2}{n^2}\cdot\sum_{i=1}^{n} i = 9.8LH^2\cdot\lim_{n\to\infty}\frac{1}{n^2}\cdot\frac{1}{2}n(n+1)$$

$$= 9.8L\cdot H^2\cdot\frac{1}{2},$$

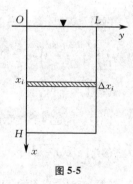

图 5-5

代入 $L = 2$ m，$H = 3$ m，得 $p = 88.2$(kN).

9. 证明定积分性质：

(1) $\int_{a}^{b} kf(x)\,dx = k\int_{a}^{b} f(x)\,dx$（$k$ 是常数）.

【证】 设 $f(x)$ 在 $[a, b]$ 上可积，对任意的分法与取法，记 $\lambda = \max\{\Delta x_i \mid i = 1, 2, \cdots, n\}$，有

$$\int_{a}^{b} kf(x)\,dx = \lim_{\lambda\to 0}\sum_{i=1}^{n} kf(\xi_i)\Delta x_i = k\left(\lim_{\lambda\to 0}\sum_{i=1}^{n} f(\xi_i)\Delta x_i\right) = k\int_{a}^{b} f(x)\,dx.$$

(2) $\int_{a}^{b} 1\cdot dx = \int_{a}^{b} dx = b-a$.

【证】 因 $f(x) = 1$ 在 $[a, b]$ 上可积，对任意分法与取法，记 $\lambda = \max\{\Delta x_i \mid i = 1, 2, \cdots, n\}$，有

$$\int_a^b \mathrm{d}x = \lim_{\lambda \to 0} \sum_{i=1}^n 1 \cdot \Delta x_i = \lim_{\lambda \to 0} (b-a) = b-a.$$

10. 估计下列各积分的值:

(1) $\displaystyle\int_1^4 (x^2+1)\,\mathrm{d}x.$

【解】 $f(x) = x^2+1$, 在区间 $[1, 4]$ 上, $2 \le x^2+1 \le 17$, 则 $6 \le \displaystyle\int_1^4 (x^2+1)\,\mathrm{d}x \le 51.$

(2) $\displaystyle\int_{\frac{\pi}{4}}^{\frac{5}{4}\pi} (1+\sin^2 x)\,\mathrm{d}x.$

【解】 $f(x) = 1+\sin^2 x$, 在区间 $\left[\dfrac{\pi}{4}, \dfrac{5}{4}\pi\right]$ 上, 最大值为 2, 最小值为 1, 则

$$1 \le 1+\sin^2 x \le 2, \quad \pi \le \int_{\frac{\pi}{4}}^{\frac{5}{4}\pi} (1+\sin^2 x)\,\mathrm{d}x \le 2\pi.$$

(3) $\displaystyle\int_{\frac{1}{\sqrt{3}}}^{\sqrt{3}} x\arctan x\,\mathrm{d}x.$

【解】 $f(x) = x\arctan x$, 在区间 $\left[\dfrac{1}{\sqrt{3}}, \sqrt{3}\right]$ 上, $f'(x) = \arctan x + \dfrac{x}{1+x^2} > 0$, 则 $f(x)$ 单调增加, 有

$$\frac{\pi}{6\sqrt{3}} \le x\arctan x \le \frac{\sqrt{3}}{3}\pi, \quad \frac{\pi}{9} \le \int_{\frac{1}{\sqrt{3}}}^{\sqrt{3}} x\arctan x\,\mathrm{d}x \le \frac{2}{3}\pi.$$

(4) $\displaystyle\int_2^0 \mathrm{e}^{x^2-x}\,\mathrm{d}x.$

【解】 $\displaystyle\int_2^0 \mathrm{e}^{x^2-x}\,\mathrm{d}x = -\int_0^2 \mathrm{e}^{x^2-x}\,\mathrm{d}x.$ 设 $f(x) = x^2-x$, 在 $[0, 2]$ 上,

$$f(x) = \left(x-\frac{1}{2}\right)^2 - \frac{1}{4},$$

则 $\quad -\dfrac{1}{4} \le f(x) \le 2, \ \mathrm{e}^{-\frac{1}{4}} \le \mathrm{e}^{x^2-x} \le \mathrm{e}^2, \ 2\mathrm{e}^{-\frac{1}{4}} \le \displaystyle\int_0^2 \mathrm{e}^{x^2-x}\,\mathrm{d}x \le 2\mathrm{e}^2, -2\mathrm{e}^2 \le \displaystyle\int_2^0 \mathrm{e}^{x^2-x}\,\mathrm{d}x \le -2\mathrm{e}^{-\frac{1}{4}}.$

11. 设 $f(x)$ 在 $[0, 1]$ 上连续. 证明 $\displaystyle\int_0^1 f^2(x)\,\mathrm{d}x \ge \left(\displaystyle\int_0^1 f(x)\,\mathrm{d}x\right)^2.$

【证】 记 $a = \displaystyle\int_0^1 f(x)\,\mathrm{d}x$, 又 $\displaystyle\int_0^1 [f(x)-a]^2\,\mathrm{d}x \ge 0.$ 计算

$$\int_0^1 [f(x)-a]^2\,\mathrm{d}x = \int_0^1 f^2(x)\,\mathrm{d}x - 2a\int_0^1 f(x)\,\mathrm{d}x + a^2 \ge 0.$$

判别式 $\left[-2\displaystyle\int_0^1 f(x)\,\mathrm{d}x\right]^2 - 4\displaystyle\int_0^1 f^2(x)\,\mathrm{d}x \ge 0$, 因此 $\quad \displaystyle\int_0^1 f^2(x)\,\mathrm{d}x \ge \left(\displaystyle\int_0^1 f(x)\,\mathrm{d}x\right)^2.$

12. 设 $f(x)$ 及 $g(x)$ 在 $[a, b]$ 上连续, 证明:

(1) 若在 $[a, b]$ 上, $f(x) \ge 0$, 且 $f(x) \not\equiv 0$. 则 $\displaystyle\int_a^b f(x)\,\mathrm{d}x > 0.$

【证】 用反证法. 设存在一点 $x_0 \in [a, b]$, 使得 $f(x_0) > 0.$ 由于 $f(x)$ 在 $x=x_0$ 处连续, 由连续函数保号性, 存在 x_0 的一个邻域 $U(x_0, \delta)$, 使 $x \in U(x_0, \delta)$ 时, 有 $f(x) > 0.$

又当 $x \in [a, b]$ 时, $f(x) \ge 0$, 故有

$$\int_a^b f(x)\,\mathrm{d}x = \int_a^{x_0-\delta} f(x)\,\mathrm{d}x + \int_{x_0-\delta}^{x_0+\delta} f(x)\,\mathrm{d}x + \int_{x_0+\delta}^b f(x)\,\mathrm{d}x \ge \int_{x_0-\delta}^{x_0+\delta} f(x)\,\mathrm{d}x > 0,$$

与题设矛盾, 则对一切 $x \in [a, b]$, 有 $f(x) \equiv 0.$

(2) 若在 $[a, b]$ 上, $f(x) \ge 0$, 且 $\displaystyle\int_a^b f(x)\,\mathrm{d}x = 0$, 则在 $[a, b]$ 上 $f(x) \equiv 0.$

【证】 因为在 $[a, b]$ 上, $f(x) \ge 0$, 所以

$$\int_a^b f(x)\,dx \geq 0.$$

假设 $\int_a^b f(x)\,dx = 0$，则由（1）知 $f(x) \equiv 0$. 与题设矛盾，故有

$$\int_a^b f(x)\,dx > 0.$$

（3）若在 $[a, b]$ 上，$f(x) \leq g(x)$，且 $\int_a^b f(x)\,dx = \int_a^b g(x)\,dx$，则在 $[a, b]$ 上，$f(x) \equiv g(x)$.

【证】 设 $F(x) = g(x) - f(x)$，则在 $[a, b]$ 上，$F(x) \geq 0$，且

$$\int_a^b F(x)\,dx = 0.$$

由（1）的证明知：在 $[a, b]$ 上，$F(x) \equiv 0$，即 $g(x) \equiv f(x)$.

13. 根据定积分的性质及第 12 题的结论，说明下列积分哪一个的值较大：

（1）$\int_0^1 x^2\,dx$ 还是 $\int_0^1 x^3\,dx$？ （2）$\int_1^2 x^2\,dx$ 还是 $\int_1^2 x^3\,dx$？ （3）$\int_1^2 \ln x\,dx$ 还是 $\int_1^2 (\ln x)^2\,dx$？

（4）$\int_0^1 x\,dx$ 还是 $\int_0^1 \ln(1+x)\,dx$？ （5）$\int_0^1 e^x\,dx$ 还是 $\int_0^1 (1+x)\,dx$？

【解】 （1）因为 $x^2 \geq x^3$，$x \in [0, 1]$，所以 $\int_0^1 x^2\,dx \geq \int_0^1 x^3\,dx$；

（2）因为 $x^2 \leq x^3$，$x \in [1, 2]$，所以 $\int_0^1 x^2\,dx \leq \int_0^1 x^3\,dx$；

（3）因为 $x \in [1, 2]$，所以 $0 \leq \ln x < 1$，故 $\ln x \geq (\ln x)^2$，$\int_1^2 \ln x\,dx \geq \int_1^2 (\ln x)^2\,dx$；

（4）设 $f(x) = \ln(1+x) - x$，$x \in (0, 1)$，则 $f'(x) = \dfrac{1}{1+x} - 1 = \dfrac{-x}{1+x} < 0$，

故 $f(x)$ 在 $[0, 1]$ 上单调减少，$f(x) < f(0) = 0$，即

$$\ln(1+x) < x,$$

从而

$$\int_0^1 \ln(1+x)\,dx < \int_0^1 x\,dx;$$

（5）设 $f(x) = e^x - (1+x)$，$x \in (0, 1)$，则 $f'(x) = e^x - 1 > 0$，

故 $f(x)$ 在 $[0, 1]$ 上单调增加，$f(x) > f(0) = 0$，即

$$e^x > 1 + x,$$

从而

$$\int_0^1 e^x\,dx > \int_0^1 (1+x)\,dx.$$

习题 5-2 微积分基本公式

1. 试求函数 $y = \int_0^x \sin t\,dt$ 当 $x = 0$ 及 $x = \dfrac{\pi}{4}$ 时的导数.

【解】 $y' = \sin x$，$y'\big|_{x=0} = \sin 0 = 0$，$y'\big|_{x=\frac{\pi}{4}} = \sin\dfrac{\pi}{4} = \dfrac{\sqrt{2}}{2}$.

2. 求由参数表达式 $x = \int_0^t \sin u\,du$，$y = \int_0^t \cos u\,du$ 所给定的函数 y 对 x 的导数 $\dfrac{dy}{dx}$.

【解】 $\dfrac{dx}{dt} = \sin t$，$\dfrac{dy}{dt} = \cos t$，$\dfrac{dy}{dx} = \dfrac{dy/dt}{dx/dt} = \dfrac{\cos t}{\sin t} = \cot t$.

3. 求由 $\int_0^y e^t\,dt + \int_0^x \cos t\,dt = 0$ 所决定的隐函数对 x 的导数 $\dfrac{dy}{dx}$.

【解】 方程两边对 x 求导，得

$$e^y \cdot y' + \cos x = 0,$$

解出
$$y' = -\frac{\cos x}{e^y}.$$

又
$$e^t \Big|_0^y + \sin t \Big|_0^x = 0,$$

即
$$e^y - 1 + \sin x = 0,$$

所以
$$y' = \frac{\cos x}{\sin x - 1}.$$

4. 当 x 为何值时, 函数 $I(x) = \int_0^x t e^{-t^2} dt$ 有极值?

【解】 $I'(x) = x e^{-x^2}$. 令 $I'(x) = 0$, 得 $x = 0$.

当 $x < 0$ 时, $I'(x) < 0$; 当 $x > 0$ 时, $I'(x) > 0$. 所以, $I(x)$ 在 $x = 0$ 处取极小值, 极小值为 $I(0) = 0$.

5. 计算下列各导数:

(1) $\dfrac{d}{dx} \int_0^{x^2} \sqrt{1+t^2} \, dt$.

【解】 $\dfrac{d}{dx} \int_0^{x^2} \sqrt{1+t^2} \, dt = \sqrt{1+x^4} \cdot 2x$.

(2) $\dfrac{d}{dx} \int_{x^2}^{x^3} \dfrac{dt}{\sqrt{1+t^4}}$.

【解】 $\dfrac{d}{dx} \int_{x^2}^{x^3} \dfrac{dt}{\sqrt{1+t^4}} = \dfrac{d}{dx} \left(\int_{x^2}^{0} \dfrac{dt}{\sqrt{1+t^4}} + \int_0^{x^3} \dfrac{dt}{\sqrt{1+t^4}} \right)$

$$= \frac{d}{dx} \left(-\int_0^{x^2} \frac{dt}{\sqrt{1+t^4}} \right) + \frac{d}{dx} \int_0^{x^3} \frac{dt}{\sqrt{1+t^4}} = -\frac{2x}{\sqrt{1+x^8}} + \frac{3x^2}{\sqrt{1+x^{12}}}.$$

(3) $\dfrac{d}{dx} \int_{\sin x}^{\cos x} \cos(\pi t^2) \, dt$.

【解】 $\dfrac{d}{dx} \int_{\sin x}^{\cos x} \cos(\pi t^2) \, dt = \dfrac{d}{dx} \int_{\sin x}^{0} \cos(\pi t^2) \, dt + \dfrac{d}{dx} \int_0^{\cos x} \cos(\pi t^2) \, dt$

$$= -\cos(\pi \sin^2 x) \cdot \cos x + \cos(\pi \cos^2 x) \cdot (-\sin x) = -\cos(\pi \sin^2 x) \cos x - \cos(\pi - \pi \sin^2 x) \sin x$$

$$= \cos(\pi \sin^2 x)(\sin x - \cos x).$$

6. 证明 $f(x) = \int_1^x \sqrt{1+t^3} \, dt$ 在 $[-1, +\infty)$ 上是单调增加函数, 并求 $(f^{-1})'(0)$.

【解】 当 $x > -1$ 时, $f'(x) = \sqrt{1+x^3} > 0$, 故 $f(x)$ 在 $[-1, +\infty)$ 上单调增加.

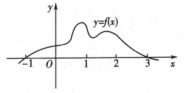

$f(1) = 0$, 故 $(f^{-1})'(0) = \dfrac{1}{f'(1)} = \dfrac{\sqrt{2}}{2}$.

7. 设 $f(x)$ 具有三阶连续导数, $y = f(x)$ 的图形如图 5-6 所示. 问下列积分中的哪一个积分值为负?

(A) $\displaystyle\int_{-1}^{3} f(x) \, dx$ 　　　(B) $\displaystyle\int_{-1}^{3} f'(x) \, dx$

(C) $\displaystyle\int_{-1}^{3} f''(x) \, dx$ 　　　(D) $\displaystyle\int_{-1}^{3} f'''(x) \, dx$

图 5-6

【解】 由 $y = f(x)$ 的图形知, $f(x) \geq 0$, $x \in [-1, 3]$, 且 $f(-1) = f(3) = 0$, $f'(-1) > 0$, $f''(-1) < 0$, $f'(3) < 0$, $f''(3) > 0$. 于是有

$$\int_{-1}^{3} f'(x) \, dx > 0, \quad \int_{-1}^{3} f'(x) \, dx = f(3) - f(-1) = 0,$$

$$\int_{-1}^{3} f''(x) \, dx = f'(3) - f'(-1) < 0, \quad \int_{-1}^{3} f'''(x) \, dx = f''(3) - f''(-1) > 0.$$

综合知选 C.

8. 计算下列各定积分：

(1) $\int_0^a (3x^2-x+1)\mathrm{d}x$.

【解】 $\int_0^a (3x^2-x+1)\mathrm{d}x = \left(x^3-\dfrac{1}{2}x^2+x\right)\bigg|_0^a = a^3-\dfrac{1}{2}a^2+a.$

(2) $\int_1^2 \left(x^2+\dfrac{1}{x^4}\right)\mathrm{d}x$.

【解】 $\int_1^2 \left(x^2+\dfrac{1}{x^4}\right)\mathrm{d}x = \left(\dfrac{1}{3}x^3-\dfrac{1}{3x^3}\right)\bigg|_1^2 = \dfrac{1}{3}\times 2^3-\dfrac{1}{3\times 2^3}-\left(\dfrac{1}{3}\times 1^3-\dfrac{1}{3\times 1^3}\right) = 2\dfrac{5}{8}.$

(3) $\int_4^9 \sqrt{x}(1+\sqrt{x})\mathrm{d}x$.

【解】 $\int_4^9 \sqrt{x}(1+\sqrt{x})\mathrm{d}x = \int_4^9 (\sqrt{x}+x)\mathrm{d}x = \left(\dfrac{2}{3}x^{\frac{3}{2}}+\dfrac{1}{2}x^2\right)\bigg|_4^9$

$$= \left(\dfrac{2}{3}\times 9^{\frac{3}{2}}+\dfrac{1}{2}\times 9^2\right)-\left(\dfrac{2}{3}\times 4^{\frac{3}{2}}+\dfrac{1}{2}\times 4^2\right) = 45\dfrac{1}{6}.$$

(4) $\int_{\frac{1}{\sqrt{3}}}^{\sqrt{3}} \dfrac{\mathrm{d}x}{1+x^2}$.

【解】 $\int_{\frac{1}{\sqrt{3}}}^{\sqrt{3}} \dfrac{\mathrm{d}x}{1+x^2} = \arctan x \bigg|_{\frac{1}{\sqrt{3}}}^{\sqrt{3}} = \arctan\sqrt{3}-\arctan\dfrac{\sqrt{3}}{3} = \dfrac{\pi}{3}-\dfrac{\pi}{6} = \dfrac{\pi}{6}.$

(5) $\int_{-\frac{1}{2}}^{\frac{1}{2}} \dfrac{\mathrm{d}x}{\sqrt{1-x^2}}$.

【解】 $\int_{-\frac{1}{2}}^{\frac{1}{2}} \dfrac{\mathrm{d}x}{\sqrt{1-x^2}} = 2\int_0^{\frac{1}{2}} \dfrac{\mathrm{d}x}{\sqrt{1-x^2}} = 2\arcsin x \bigg|_0^{\frac{1}{2}} = 2\times\dfrac{\pi}{6} = \dfrac{\pi}{3}.$

(6) $\int_0^{\sqrt{3}a} \dfrac{\mathrm{d}x}{a^2+x^2}$.

【解】 $\int_0^{\sqrt{3}a} \dfrac{\mathrm{d}x}{a^2+x^2} = \dfrac{1}{a}\arctan\dfrac{x}{a}\bigg|_0^{\sqrt{3}a} = \dfrac{1}{a}\arctan\sqrt{3} = \dfrac{\pi}{3a}.$

(7) $\int_0^1 \dfrac{\mathrm{d}x}{\sqrt{4-x^2}}$.

【解】 $\int_0^1 \dfrac{\mathrm{d}x}{\sqrt{4-x^2}} = \arcsin\dfrac{x}{2}\bigg|_0^1 = \arcsin\dfrac{1}{2} = \dfrac{\pi}{6}.$

(8) $\int_{-1}^0 \dfrac{3x^4+3x^2+1}{x^2+1}\mathrm{d}x$.

【解】 $\int_{-1}^0 \dfrac{3x^4+3x^2+1}{x^2+1}\mathrm{d}x = \int_{-1}^0 \left(3x^2+\dfrac{1}{1+x^2}\right)\mathrm{d}x = (x^3+\arctan x)\bigg|_{-1}^0 = 1+\dfrac{\pi}{4}.$

(9) $\int_{-e-1}^{-2} \dfrac{\mathrm{d}x}{1+x}$.

【解】 $\int_{-e-1}^{-2} \dfrac{\mathrm{d}x}{1+x} = (\ln|1+x|)\bigg|_{-e-1}^{-2} = -1.$

(10) $\int_0^{\frac{\pi}{4}} \tan^2\theta\mathrm{d}\theta$.

【解】 $\int_0^{\frac{\pi}{4}} \tan^2\theta\mathrm{d}\theta = \int_0^{\frac{\pi}{4}} (\sec^2\theta-1)\mathrm{d}\theta = (\tan\theta-\theta)\bigg|_0^{\frac{\pi}{4}} = \tan\dfrac{\pi}{4}-\dfrac{\pi}{4} = 1-\dfrac{\pi}{4}.$

（11）$\int_0^{2\pi} |\sin x| \, dx$.

【解】　$\int_0^{2\pi} |\sin x| \, dx = \int_0^{\pi} \sin x dx + \int_{\pi}^{2\pi} (-\sin x) \, dx = -\cos x \Big|_0^{\pi} + \cos x \Big|_{\pi}^{2\pi} = 4.$

（12）$\int_0^2 f(x) \, dx$，其中 $f(x) = \begin{cases} x+1, & x \leq 1, \\ \dfrac{1}{2}x^2, & x > 1. \end{cases}$

【解】　$\int_0^2 f(x) \, dx = \int_0^1 (x+1) \, dx + \int_1^2 \dfrac{1}{2} x^2 \, dx = \left(\dfrac{1}{2}x^2 + x \right) \Big|_0^1 + \dfrac{1}{6}x^3 \Big|_1^2 = \dfrac{8}{3}.$

9. 设 $k \in \mathbf{N}_+$，试证下列各题：

（1）$\int_{-\pi}^{\pi} \cos kx dx = 0.$

【证】　$\int_{-\pi}^{\pi} \cos kx dx = \dfrac{1}{k} \sin kx \Big|_{-\pi}^{\pi} = \dfrac{1}{k} \big[\sin k\pi - \sin(-k\pi) \big] = 0.$

（2）$\int_{-\pi}^{\pi} \sin kx dx = 0.$

【证】　$\int_{-\pi}^{\pi} \sin kx dx = -\dfrac{1}{k} \cos kx \Big|_{-\pi}^{\pi} = -\dfrac{1}{k} (\cos k\pi - \cos k\pi) = 0.$

（3）$\int_{-\pi}^{\pi} \cos^2 kx dx = \pi.$

【证】　$\int_{-\pi}^{\pi} \cos^2 kx dx = \int_{-\pi}^{\pi} \dfrac{1+\cos 2kx}{2} dx = \int_{-\pi}^{\pi} \dfrac{1}{2} dx + \dfrac{1}{2} \int_{-\pi}^{\pi} \cos 2kx dx = \dfrac{1}{2} x \Big|_{-\pi}^{\pi} = \pi.$

（4）$\int_{-\pi}^{\pi} \sin^2 kx dx = \pi.$

【证】　$\int_{-\pi}^{\pi} \sin^2 kx dx = \int_{-\pi}^{\pi} \dfrac{1-\cos 2kx}{2} dx = \int_{-\pi}^{\pi} \dfrac{1}{2} dx - \dfrac{1}{2} \int_{-\pi}^{\pi} \cos 2kx dx = \pi.$

10. 设 $k, l \in \mathbf{N}_+$，且 $k \neq l$. 证明：

（1）$\int_{-\pi}^{\pi} \cos kx \sin lx dx = 0.$

【证】　$\int_{-\pi}^{\pi} \cos kx \sin lx dx = \dfrac{1}{2} \int_{-\pi}^{\pi} \big[\sin(l+k)x + \sin(l-k)x \big] dx = 0.$

（2）$\int_{-\pi}^{\pi} \cos kx \cos lx dx = 0.$

【证】　$\int_{-\pi}^{\pi} \cos kx \cos lx dx = \dfrac{1}{2} \int_{-\pi}^{\pi} \big[\cos(k+l)x + \cos(k-l)x \big] dx = 0.$

（3）$\int_{-\pi}^{\pi} \sin kx \sin lx dx = 0.$

【证】　$\int_{-\pi}^{\pi} \sin kx \sin lx dx = -\dfrac{1}{2} \int_{-\pi}^{\pi} \big[\cos(k+l)x - \cos(k-l)x \big] dx = 0.$

11. 求下列极限：

（1）$\lim\limits_{x \to 0} \dfrac{\int_0^x \cos t^2 dt}{x}.$

【解】　$\lim\limits_{x \to 0} \dfrac{\int_0^x \cos t^2 dt}{x} = \lim\limits_{x \to 0} \dfrac{\cos x^2}{1} = 1.$

（2）$\lim\limits_{x\to 0}\dfrac{\left(\int_0^x e^{t^2}dt\right)^2}{\int_0^x te^{2t^2}dt}$.

【解】 $\lim\limits_{x\to 0}\dfrac{\left(\int_0^x e^{t^2}dt\right)^2}{\int_0^x te^{2t^2}dt}=\lim\limits_{x\to 0}\dfrac{2\int_0^x e^{t^2}dt\cdot e^{x^2}}{xe^{2x^2}}=\lim\limits_{x\to 0}\dfrac{2\int_0^x e^{t^2}dt}{xe^{x^2}}=\lim\limits_{x\to 0}\dfrac{2e^{x^2}}{e^{x^2}+x\cdot e^{x^2}\cdot 2x}=2.$

12. 设

$$f(x)=\begin{cases}x^2, & x\in[0,1),\\ x, & x\in[1,2].\end{cases}$$

求 $\Phi(x)=\int_0^x f(t)dt$ 在 $[0,2]$ 上的表达式，并讨论 $\Phi(x)$ 在 $(0,2)$ 内的连续性.

【解】 当 $x\in[0,1)$ 时，

$$\Phi(x)=\int_0^x t^2 dt=\frac{1}{3}x^3;$$

当 $x\in[1,2]$ 时，

$$\Phi(x)=\int_0^1 t^2 dt+\int_1^x tdt=\frac{1}{3}+\frac{1}{2}x^2-\frac{1}{2}=\frac{1}{2}x^2-\frac{1}{6}.$$

所以

$$\Phi(x)=\begin{cases}\dfrac{1}{3}x^3, & x\in[0,1),\\[2mm] \dfrac{1}{2}x^2-\dfrac{1}{6}, & x\in[1,2].\end{cases}$$

由于

$$\Phi(1-0)=\lim\limits_{x\to 1^-}\Phi(x)=\lim\limits_{x\to 1^-}\frac{1}{3}x^3=\frac{1}{3}, \quad \Phi(1+0)=\lim\limits_{x\to 1^+}\Phi(x)=\lim\limits_{x\to 1^+}\left(\frac{1}{2}x^2-\frac{1}{6}\right)=\frac{1}{3}, \quad \Phi(1)=\frac{1}{3},$$

所以 $\Phi(x)$ 在 $(0,2)$ 内连续.

13. 设

$$f(x)=\begin{cases}\dfrac{1}{2}\sin x, & 0\leqslant x\leqslant \pi,\\[2mm] 0, & x<0 \text{ 或 } x>\pi.\end{cases}$$

求 $\Phi(x)=\int_0^x f(t)dt$ 在 $(-\infty,+\infty)$ 内的表达式.

【解】 当 $x<0$ 时，$\Phi(x)=0$；

当 $0\leqslant x\leqslant \pi$ 时，$\quad\Phi(x)=\int_0^x \frac{1}{2}\sin tdt=-\frac{1}{2}\cos t\Big|_0^x=-\frac{1}{2}\cos x+\frac{1}{2}$；

当 $x>\pi$ 时，$\quad\quad\quad\Phi(x)=\int_0^\pi \frac{1}{2}\sin tdt+\int_\pi^x 0dt=1.$

所以 $\quad\quad\quad\quad\quad\Phi(x)=\begin{cases}0, & x<0,\\[2mm] \dfrac{1}{2}(1-\cos x), & 0\leqslant x\leqslant \pi,\\[2mm] 1, & x>\pi.\end{cases}$

14. 设 $f(x)$ 在 $[a,b]$ 上连续，在 (a,b) 内可导且 $f'(x)\leqslant 0$，

$$F(x)=\frac{1}{x-a}\int_a^x f(t)dt.$$

证明在 (a,b) 内有 $F'(x)\leqslant 0$.

【证】 $F'(x)=\dfrac{f(x)(x-a)-\int_0^x f(t)dt}{(x-a)^2}=\dfrac{f(x)-f(\xi)}{x-a}\ (a<\xi<x).$

因为 $f'(x) \leqslant 0$, 所以在 (a, b) 内, $f(x)$ 是非增函数, 则对 $a < \xi < x$, 有
$$f(x) \leqslant f(\xi),$$
从而
$$F'(x) = \frac{f(x) - f(\xi)}{x - a} \leqslant 0.$$

15. 设 $F(x) = \int_0^x \frac{\sin t}{t} dt$, 求 $F'(0)$.

【解】　$F'(0) = \lim_{x \to 0} \dfrac{F(x) - F(0)}{x - 0} = \lim_{x \to 0} \dfrac{\displaystyle\int_0^x \frac{\sin t}{t} dt}{x} = \lim_{x \to 0} \dfrac{\sin x}{x} = 1.$

16. 设 $f(x)$ 在 $[0, +\infty)$ 内连续, 且 $\lim\limits_{x \to +\infty} f(x) = 1$. 证明函数 $y = e^{-x} \cdot \int_0^x e^t f(t) dt$ 满足微分方程 $\dfrac{dy}{dx} + y = f(x)$, 并求 $\lim\limits_{x \to +\infty} y(x)$.

【证】　$\dfrac{dy}{dx} = -e^{-x} \int_0^x e^t f(t) dt + f(x) = -y + f(x).$

得证.

由于 $\lim\limits_{x \to +\infty} f(x) = 1$, $\exists X_0 > 0$, 使当 $x > X_0$ 时, $f(x) > \dfrac{1}{2}$.

$$\int_0^x e^t f(t) dt = \int_0^{X_0} e^t f(t) dt + \int_{X_0}^x e^t f(t) dt \geqslant \int_0^{X_0} e^t f(t) dt + \int_{X_0}^x \frac{1}{2} e^{X_0} dt = \int_0^{X_0} e^t f(t) dt + \frac{1}{2} e^{X_0} (x - X_0),$$

$$\lim_{x \to +\infty} y(x) = \lim_{X \to +\infty} \frac{\displaystyle\int_0^1 e^t f(t) dt}{e^x} = \lim_{x \to +\infty} \frac{e^x f(x)}{e^x} = 1.$$

习题 5-3　定积分的换元法和分部积分法

1. 计算下列定积分:

（1）$\int_{\frac{\pi}{3}}^{\pi} \sin\left(x + \frac{\pi}{3}\right) dx.$

【解】　原式 $= \int_{\frac{\pi}{3}}^{\pi} \sin\left(x + \frac{\pi}{3}\right) d\left(x + \frac{\pi}{3}\right) = -\cos\left(x + \frac{\pi}{3}\right) \Big|_{\frac{\pi}{3}}^{\pi} = 0.$

（2）$\int_{-2}^{1} \dfrac{dx}{(11 + 5x)^3}.$

【解】　原式 $= \dfrac{1}{5} \int_{-2}^{1} \dfrac{1}{(11 + 5x)^3} d(5x + 11) = -\dfrac{1}{10(11 + 5x)^2} \Big|_{-2}^{1} = -\dfrac{1}{10 \times 16^2} + \dfrac{1}{10} = \dfrac{51}{512}.$

（3）$\int_0^{\frac{\pi}{2}} \sin\varphi \cos^3\varphi \, d\varphi.$

【解】　原式 $= -\int_0^{\frac{\pi}{2}} \cos^3\varphi \, d\cos\varphi = -\dfrac{1}{4} \cos^4\varphi \Big|_0^{\frac{\pi}{2}} = \dfrac{1}{4}.$

（4）$\int_0^{\pi} (1 - \sin^3\theta) d\theta.$

【解】　原式 $= \int_0^{\pi} d\theta - \int_0^{\pi} \sin^2\theta \sin\theta \, d\theta = \theta \Big|_0^{\pi} + \int_0^{\pi} (1 - \cos^2\theta) d\cos\theta = \pi + \left(\cos\theta - \dfrac{1}{3}\cos^3\theta\right) \Big|_0^{\pi} = \pi - \dfrac{4}{3}.$

（5）$\int_{\frac{\pi}{6}}^{\frac{\pi}{2}} \cos^2 u \, du.$

【解】 原式 $= \dfrac{1}{2}\displaystyle\int_{\frac{\pi}{6}}^{\frac{\pi}{2}}(1+\cos 2u)\,\mathrm{d}u = \dfrac{1}{2}\left(u+\dfrac{1}{2}\sin 2u\right)\Big|_{\frac{\pi}{6}}^{\frac{\pi}{2}} = \dfrac{\pi}{6}-\dfrac{\sqrt{3}}{8}.$

(6) $\displaystyle\int_{0}^{\sqrt{2}}\sqrt{2-x^2}\,\mathrm{d}x.$

【解】 令 $x=\sqrt{2}\sin t$，则

原式 $=\displaystyle\int_{0}^{\frac{\pi}{2}}\sqrt{2-2\sin^2 t}\cdot\sqrt{2}\cos t\,\mathrm{d}t = 2\displaystyle\int_{0}^{\frac{\pi}{2}}\cos^2 t\,\mathrm{d}t = \displaystyle\int_{0}^{\frac{\pi}{2}}(1+\cos 2t)\,\mathrm{d}t = \left(t+\dfrac{1}{2}\sin 2t\right)\Big|_{0}^{\frac{\pi}{2}} = \dfrac{\pi}{2}.$

(7) $\displaystyle\int_{-\sqrt{2}}^{\sqrt{2}}\sqrt{8-2y^2}\,\mathrm{d}y.$

【解】 令 $y=2\sin t$，$\mathrm{d}y=2\cos t\,\mathrm{d}t$，则

原式 $=\displaystyle\int_{-\frac{\pi}{4}}^{\frac{\pi}{4}}\sqrt{8-8\sin^2 t}\cdot 2\cos t\,\mathrm{d}t = \displaystyle\int_{-\frac{\pi}{4}}^{\frac{\pi}{4}}4\sqrt{2}\cos^2 t\,\mathrm{d}t$

$= 4\sqrt{2}\displaystyle\int_{0}^{\frac{\pi}{4}}(1+\cos 2t)\,\mathrm{d}t = 4\sqrt{2}\left(t+\dfrac{1}{2}\sin 2t\right)\Big|_{0}^{\frac{\pi}{4}} = 4\sqrt{2}\left(\dfrac{\pi}{4}+\dfrac{1}{2}\right) = \sqrt{2}(\pi+2).$

(8) $\displaystyle\int_{\frac{1}{\sqrt{2}}}^{1}\dfrac{\sqrt{1-x^2}}{x^2}\,\mathrm{d}x.$

【解】 令 $x=\sin t$，$\mathrm{d}x=\cos t\,\mathrm{d}t$，则

原式 $=\displaystyle\int_{\frac{\pi}{4}}^{\frac{\pi}{2}}\dfrac{\sqrt{1-\sin^2 t}}{\sin^2 t}\cdot\cos t\,\mathrm{d}t = \displaystyle\int_{\frac{\pi}{4}}^{\frac{\pi}{2}}\cot^2 t\,\mathrm{d}t = \displaystyle\int_{\frac{\pi}{4}}^{\frac{\pi}{2}}(\csc^2 t-1)\,\mathrm{d}t = (-\cot t-t)\Big|_{\frac{\pi}{4}}^{\frac{\pi}{2}} = 1-\dfrac{\pi}{4}.$

(9) $\displaystyle\int_{0}^{a}x^2\sqrt{a^2-x^2}\,\mathrm{d}x.$

【解】 令 $x=a\sin t$，$\mathrm{d}x=a\cos t\,\mathrm{d}t$，则

原式 $=\displaystyle\int_{0}^{\frac{\pi}{2}}a^2\sin^2 t\cdot\sqrt{a^2-a^2\sin^2 t}\cdot a\cos t\,\mathrm{d}t = a^4\displaystyle\int_{0}^{\frac{\pi}{2}}\sin^2 t\cos^2 t\,\mathrm{d}t = a^4\displaystyle\int_{0}^{\frac{\pi}{2}}(\sin^2 t-\sin^4 t)\,\mathrm{d}t$

$= a^4\cdot\left(\dfrac{1}{2}\cdot\dfrac{\pi}{2}-\dfrac{3}{4}\cdot\dfrac{1}{2}\cdot\dfrac{\pi}{2}\right) = \dfrac{\pi}{16}a^4.$

(10) $\displaystyle\int_{1}^{\sqrt{3}}\dfrac{\mathrm{d}x}{x^2\sqrt{1+x^2}}.$

【解】 令 $x=\tan t$，$\mathrm{d}x=\sec^2 t\,\mathrm{d}t$，则

原式 $=\displaystyle\int_{\frac{\pi}{4}}^{\frac{\pi}{3}}\dfrac{\sec^2 t}{\tan^2 t\sqrt{1+\tan^2 t}}\,\mathrm{d}t = \displaystyle\int_{\frac{\pi}{4}}^{\frac{\pi}{3}}\dfrac{\sec t}{\tan^2 t}\,\mathrm{d}t = \displaystyle\int_{\frac{\pi}{4}}^{\frac{\pi}{3}}\dfrac{\cos t}{\sin^2 t}\,\mathrm{d}t = \displaystyle\int_{\frac{\pi}{4}}^{\frac{\pi}{3}}\dfrac{1}{\sin^2 t}\,\mathrm{d}\sin t = -\dfrac{1}{\sin t}\Big|_{\frac{\pi}{4}}^{\frac{\pi}{3}} = \sqrt{2}-\dfrac{2\sqrt{3}}{3}.$

(11) $\displaystyle\int_{-1}^{1}\dfrac{x\,\mathrm{d}x}{\sqrt{5-4x}}.$

【解】 设 $\sqrt{5-4x}=t$，$x=\dfrac{5}{4}-\dfrac{1}{4}t^2$，$\mathrm{d}x=-\dfrac{1}{2}t\,\mathrm{d}t$，则

原式 $=\displaystyle\int_{3}^{1}\dfrac{\dfrac{5}{4}-\dfrac{1}{4}t^2}{t}\cdot\left(-\dfrac{1}{2}t\right)\mathrm{d}t = -\dfrac{1}{8}\displaystyle\int_{3}^{1}(5-t^2)\,\mathrm{d}t = \dfrac{1}{8}\left(5t-\dfrac{1}{3}t^3\right)\Big|_{1}^{3} = \dfrac{1}{6}.$

(12) $\displaystyle\int_{1}^{4}\dfrac{\mathrm{d}x}{1+\sqrt{x}}.$

【解】 设 $\sqrt{x}=t$，$x=t^2$，$\mathrm{d}x=2t\,\mathrm{d}t$，则

原式 $=\displaystyle\int_{1}^{2}\dfrac{2t}{1+t}\,\mathrm{d}t = 2\displaystyle\int_{1}^{2}\left(1-\dfrac{1}{1+t}\right)\mathrm{d}t = 2[t-\ln|1+t|]\Big|_{1}^{2} = 2+2\ln\dfrac{2}{3}.$

（13）$\int_{\frac{3}{4}}^{1} \dfrac{\mathrm{d}x}{\sqrt{1-x}-1}$.

【解】 设 $\sqrt{1-x}=t$，$x=1-t^2$，$\mathrm{d}x=-2t\mathrm{d}t$，则

$$原式 = \int_{\frac{1}{2}}^{0} \frac{-2t}{t-1}\mathrm{d}t = 2\int_{0}^{\frac{1}{2}} \frac{t}{t-1}\mathrm{d}t = 2\int_{0}^{\frac{1}{2}}\left(1+\frac{1}{t-1}\right)\mathrm{d}t = 2(t+\ln|t-1|)\Big|_{0}^{\frac{1}{2}} = 1-2\ln2.$$

（14）$\int_{0}^{\sqrt{2}a} \dfrac{x\mathrm{d}x}{\sqrt{3a^2-x^2}}$ $(a>0)$.

【解】 $原式 = -\dfrac{1}{2}\int_{0}^{\sqrt{2}a}\dfrac{1}{\sqrt{3a^2-x^2}}\mathrm{d}(3a^2-x^2) = -\sqrt{3a^2-x^2}\,\Big|_{0}^{\sqrt{2}a} = (\sqrt{3}-1)a.$

（15）$\int_{0}^{1} t\mathrm{e}^{-\frac{t^2}{2}}\mathrm{d}t$.

【解】 $原式 = -\int_{0}^{1}\mathrm{e}^{-\frac{t^2}{2}}\mathrm{d}\left(-\dfrac{t^2}{2}\right) = -\mathrm{e}^{-\frac{t^2}{2}}\,\Big|_{0}^{1} = 1-\dfrac{1}{\sqrt{\mathrm{e}}}.$

（16）$\int_{1}^{\mathrm{e}^2} \dfrac{\mathrm{d}x}{x\sqrt{1+\ln x}}$.

【解】 $原式 = \int_{1}^{\mathrm{e}^2}\dfrac{1}{\sqrt{1+\ln x}}\mathrm{d}(\ln x+1) = 2\sqrt{1+\ln x}\,\Big|_{1}^{\mathrm{e}^2} = 2\sqrt{3}-2.$

（17）$\int_{-2}^{0} \dfrac{(x+2)\mathrm{d}x}{x^2+2x+2}$.

【解】 $原式 = \int_{-2}^{0}\dfrac{(x+1)+1}{(x+1)^2+1}\mathrm{d}x = \dfrac{1}{2}\ln(x^2+2x+2)\,\Big|_{-2}^{0} + \arctan(x+1)\,\Big|_{-2}^{0} = \dfrac{\pi}{2}.$

（18）$\int_{0}^{2} \dfrac{x\mathrm{d}x}{(x^2-2x+2)^2}$.

【解】 令 $x-1=\tan t$，则

$$原式 = \int_{-\frac{\pi}{4}}^{\frac{\pi}{4}} \frac{(1+\tan t)}{\sec^2 t}\mathrm{d}t = 2\int_{0}^{\frac{\pi}{4}}\cos^2 t\mathrm{d}t = \int_{0}^{\frac{\pi}{4}}(1+\cos 2t)\mathrm{d}t = \frac{\pi}{4}+\frac{1}{2}.$$

（19）$\int_{-\pi}^{\pi} x^4\sin x\mathrm{d}x$.

【解】 由于 $f(x)=x^4\sin x$ 在 $[-\pi,\pi]$ 上是连续的奇函数，故该积分值为零，即

$$\int_{-\pi}^{\pi} x^4\sin x\mathrm{d}x = 0.$$

（20）$\int_{-\frac{\pi}{2}}^{\frac{\pi}{2}} 4\cos^4\theta\mathrm{d}\theta$.

【解】 $原式 = 2\times 4\times\int_{0}^{\frac{\pi}{2}}\cos^4\theta\mathrm{d}\theta = 2\times 4\times\dfrac{3}{4}\times\dfrac{\pi}{4} = \dfrac{3}{2}\pi.$

（21）$\int_{-\frac{1}{2}}^{\frac{1}{2}} \dfrac{(\arcsin x)^2}{\sqrt{1-x^2}}\mathrm{d}x$.

【解】 $原式 = 2\int_{0}^{\frac{1}{2}}(\arcsin x)^2\mathrm{d}(\arcsin x) = \dfrac{2}{3}(\arcsin x)^3\,\Big|_{0}^{\frac{1}{2}} = \dfrac{\pi^3}{324}.$

（22）$\int_{-5}^{5} \dfrac{x^3\sin^2 x}{x^4+2x^2+1}\mathrm{d}x$.

【解】 由于 $f(x)=\dfrac{x^3\sin^2 x}{x^4+2x^2+1}$ 是 $[-5,5]$ 上的连续的奇函数，故 $\int_{-5}^{5}\dfrac{x^3\sin^2 x}{x^4+2x^2+1}\mathrm{d}x = 0.$

(23) $\int_{-\frac{\pi}{2}}^{\frac{\pi}{2}} \cos x \cos 2x \mathrm{d}x.$

【解】 原式 $= 2 \int_0^{\frac{\pi}{2}} \frac{1}{2} (\cos 3x + \cos x) \mathrm{d}x = \left(\frac{1}{3} \sin 3x + \sin x \right) \Big|_0^{\frac{\pi}{2}} = \frac{2}{3}.$

(24) $\int_{-\frac{\pi}{2}}^{\frac{\pi}{2}} \sqrt{\cos x - \cos^3 x} \, \mathrm{d}x.$

【解】 原式 $= 2 \int_0^{\frac{\pi}{2}} \sqrt{\cos x (1 - \cos^2 x)} \, \mathrm{d}x = 2 \int_0^{\frac{\pi}{2}} \sqrt{\cos x} \cdot \sin x \mathrm{d}x$

$$= -2 \int_0^{\frac{\pi}{2}} (\cos x)^{\frac{1}{2}} \mathrm{d}\cos x = -\frac{4}{3} (\cos x)^{\frac{3}{2}} \Big|_0^{\frac{\pi}{2}} = \frac{4}{3}.$$

(25) $\int_0^{\pi} \sqrt{1 + \cos 2x} \, \mathrm{d}x.$

【解】 原式 $= \int_0^{\pi} \sqrt{2 \cos^2 x} \, \mathrm{d}x = \sqrt{2} \int_0^{\pi} |\cos x| \, \mathrm{d}x = \sqrt{2} \left(\int_0^{\frac{\pi}{2}} \cos x \mathrm{d}x - \int_{\frac{\pi}{2}}^{\pi} \cos x \mathrm{d}x \right)$

$$= \sqrt{2} \left(\sin x \Big|_0^{\frac{\pi}{2}} - \sin x \Big|_{\frac{\pi}{2}}^{\pi} \right) = 2\sqrt{2}.$$

(26) $\int_0^{2\pi} |\sin(x + 1)| \mathrm{d}x.$

【解】 令 $x = u - 1$, 则

$$原式 = \int_1^{2\pi + 1} |\sin u| \mathrm{d}u = 2 \int_0^{\pi} |\sin u| \mathrm{d}u = 4.$$

2. 设 $f(x)$ 在 $[a, b]$ 上连续, 证明

$$\int_a^b f(x) \mathrm{d}x = \int_a^b f(a + b - x) \mathrm{d}x.$$

【证】 设 $x = a + b - t$, $\mathrm{d}x = -\mathrm{d}t$. 当 $x = a$ 时, $t = b$; 当 $x = b$ 时, $t = a$.

左端 $= \int_a^b f(x) \mathrm{d}x = \int_b^a f(a + b - t) \cdot (-\mathrm{d}t) = \int_a^b f(a + b - t) \mathrm{d}t = \int_a^b f(a + b - x) \mathrm{d}x =$ 右端.

3. 证明: $\int_x^1 \frac{\mathrm{d}x}{1 + x^2} = \int_1^{\frac{1}{x}} \frac{\mathrm{d}x}{1 + x^2}$ $(x > 0).$

【证】 设 $t = \frac{1}{u}$, $\mathrm{d}t = -\frac{1}{u^2} \mathrm{d}u$. 当 $t = x$ 时, $u = \frac{1}{x}$; 当 $t = 1$ 时, $u = 1$.

$$左端 = \int_x^1 \frac{\mathrm{d}t}{1 + t^2} = \int_{\frac{1}{x}}^1 \frac{-\frac{1}{u^2}}{1 + \frac{1}{u^2}} \mathrm{d}u = -\int_{\frac{1}{x}}^1 \frac{1}{u^2 + 1} \mathrm{d}u = \int_1^{\frac{1}{x}} \frac{1}{1 + u^2} \mathrm{d}u = 右端.$$

4. 证明: $\int_0^1 x^m (1-x)^n \mathrm{d}x = \int_0^1 x^n (1-x)^m \mathrm{d}x$ $(m, n \in \mathbf{N}).$

【证】 设 $t = 1 - x$, 则 $x = 1 - t$, $\mathrm{d}x = -\mathrm{d}t$.

左端 $= \int_0^1 x^m (1-x)^n \mathrm{d}x = \int_1^0 (1-t)^m \cdot t^n \cdot (-\mathrm{d}t) = \int_0^1 t^n (1-t)^m \mathrm{d}t =$ 右端.

5. 设 $f(x)$ 在 $[0, 1]$ 上连续, $n \in \mathbf{Z}$, 证明

$$\int_{\frac{n}{2}\pi}^{\frac{n+1}{2}\pi} f(|\sin x|) \mathrm{d}x = \int_{\frac{n}{2}\pi}^{\frac{n+1}{2}\pi} f(|\cos x|) \mathrm{d}x = \int_0^{\frac{\pi}{2}} f(\sin x) \mathrm{d}x.$$

【证】 令 $x = u + \frac{n}{2}\pi$, 则

$$\int_{\frac{n}{2}\pi}^{\frac{n+1}{2}\pi} f(\,|\sin x|\,)\,\mathrm{d}x = \int_0^{\frac{\pi}{2}} f\!\left(\left|\sin\!\left(u+\frac{n}{2}\pi\right)\right|\right)\mathrm{d}u = \begin{cases} \displaystyle\int_0^{\frac{\pi}{2}} f(\sin u)\,\mathrm{d}u, & n\text{ 为偶数;} \\[4mm] \displaystyle\int_0^{\frac{\pi}{2}} f(\cos u)\,\mathrm{d}u, & n\text{ 为奇数.} \end{cases}$$

类似地
$$\int_{\frac{n}{2}\pi}^{\frac{n+1}{2}\pi} f(\,|\cos x|\,)\,\mathrm{d}x = \begin{cases} \displaystyle\int_0^{\frac{\pi}{2}} f(\cos u)\,\mathrm{d}u, & n\text{ 为偶数;} \\[4mm] \displaystyle\int_0^{\frac{\pi}{2}} f(\sin u)\,\mathrm{d}u, & n\text{ 为奇数.} \end{cases}$$

由于
$$\int_0^{\frac{\pi}{2}} f(\sin x)\,\mathrm{d}x = \int_0^{\frac{\pi}{2}} f(\cos x)\,\mathrm{d}x,$$

故结论成立.

6. 若 $f(t)$ 是连续的奇函数,证明 $\int_0^x f(t)\,\mathrm{d}t$ 是偶函数;若 $f(t)$ 是连续的偶函数,证明 $\int_0^x f(t)\,\mathrm{d}t$ 是奇函数.

【证】 设
$$F(x)=\int_0^x f(t)\,\mathrm{d}t,$$

则
$$F(-x)=\int_0^{-x} f(t)\,\mathrm{d}t \xlongequal{t=-u} \int_0^x f(-u)(-\mathrm{d}u)=-\int_0^x f(-u)\,\mathrm{d}u.$$

若 $f(t)$ 是连续的奇函数,则 $f(-u)=-f(u)$,故 $F(-x)=\int_0^x f(u)\,\mathrm{d}u=F(x)$,$\int_0^x f(t)\,\mathrm{d}t$ 是偶函数.

若 $f(t)$ 是连续的偶函数,则 $f(-u)=f(u)$,故 $F(-x)=-\int_0^x f(u)\,\mathrm{d}u=-F(x)$,$\int_0^x f(t)\,\mathrm{d}t$ 是奇函数.

7. 计算下列定积分:

(1) $\displaystyle\int_0^1 x\mathrm{e}^{-x}\,\mathrm{d}x.$

【解】 $\displaystyle\int_0^1 x\mathrm{e}^{-x}\,\mathrm{d}x = -\int_0^1 x\,\mathrm{d}\mathrm{e}^{-x} = -\left(x\mathrm{e}^{-x}\,\Big|_0^1 - \int_0^1 \mathrm{e}^{-x}\,\mathrm{d}x\right) = -\mathrm{e}^{-1}-\mathrm{e}^{-x}\,\Big|_0^1 = 1-\dfrac{2}{\mathrm{e}}.$

(2) $\displaystyle\int_1^{\mathrm{e}} x\ln x\,\mathrm{d}x.$

【解】 原式 $=\displaystyle\int_1^{\mathrm{e}} \ln x\,\mathrm{d}\,\dfrac{1}{2}x^2 = \dfrac{1}{2}x^2\ln x\,\Big|_1^{\mathrm{e}} - \int_1^{\mathrm{e}} \dfrac{1}{2}x^2\cdot\dfrac{1}{x}\,\mathrm{d}x = \dfrac{1}{2}\mathrm{e}^2 - \dfrac{1}{4}x^2\,\Big|_1^{\mathrm{e}} = \dfrac{1}{4}(\mathrm{e}^2+1).$

(3) $\displaystyle\int_0^{\frac{2\pi}{\omega}} t\sin\omega t\,\mathrm{d}t$ （ω 为常数）.

【解】 原式 $=\displaystyle\int_0^{\frac{2\pi}{\omega}} t\,\mathrm{d}\left(-\dfrac{1}{\omega}\cos\omega t\right) = -\dfrac{1}{\omega}\left(t\cos\omega t\,\Big|_0^{\frac{2\pi}{\omega}} - \int_0^{\frac{2\pi}{\omega}}\cos\omega t\,\mathrm{d}t\right) = -\dfrac{2\pi}{\omega^2}+\dfrac{1}{\omega^2}\sin\omega t\,\Big|_0^{\frac{2\pi}{\omega}} = -\dfrac{2\pi}{\omega^2}.$

(4) $\displaystyle\int_{\frac{\pi}{4}}^{\frac{\pi}{3}} \dfrac{x}{\sin^2 x}\,\mathrm{d}x.$

【解】 原式 $=\displaystyle\int_{\frac{\pi}{4}}^{\frac{\pi}{3}} x\,\mathrm{d}(-\cot x) = -\left(x\cot x\,\Big|_{\frac{\pi}{4}}^{\frac{\pi}{3}} - \int_{\frac{\pi}{4}}^{\frac{\pi}{3}}\cot x\,\mathrm{d}x\right) = -\dfrac{\pi}{3}\cot\dfrac{\pi}{3}+\dfrac{\pi}{4}\cot\dfrac{\pi}{4}+\ln|\sin x|\,\Big|_{\frac{\pi}{4}}^{\frac{\pi}{3}}$

$$=-\dfrac{\pi}{3}\times\dfrac{\sqrt{3}}{3}+\dfrac{\pi}{4}+\ln\dfrac{\sqrt{3}}{2}-\ln\dfrac{\sqrt{2}}{2}=\dfrac{\pi}{4}-\dfrac{\sqrt{3}}{9}\pi+\dfrac{1}{2}\ln\dfrac{3}{2}.$$

(5) $\displaystyle\int_1^4 \dfrac{\ln x}{\sqrt{x}}\,\mathrm{d}x.$

【解】 原式 $=2\displaystyle\int_1^4 \ln x\,\mathrm{d}\sqrt{x} = 2\left(\sqrt{x}\ln x\,\Big|_1^4 - \int_1^4 \sqrt{x}\cdot\dfrac{1}{x}\,\mathrm{d}x\right) = 4\ln 4 - 4\sqrt{x}\,\Big|_1^4 = 4\ln 4 - 4 = 4(2\ln 2 - 1).$

(6) $\int_0^1 x\arctan x\,\mathrm{d}x.$

【解】 原式 $=\int_0^1 \arctan x\,\mathrm{d}\dfrac{1}{2}x^2=\dfrac{1}{2}x^2\arctan x\ \Big|_0^1-\dfrac{1}{2}\int_0^1\dfrac{x^2}{1+x^2}\mathrm{d}x$

$\qquad\qquad =\dfrac{1}{2}\times\dfrac{\pi}{4}-\dfrac{1}{2}\int_0^1\left(1-\dfrac{1}{1+x^2}\right)\mathrm{d}x=\dfrac{\pi}{8}-\dfrac{1}{2}(x-\arctan x)\ \Big|_0^1=\dfrac{\pi}{4}-\dfrac{1}{2}.$

(7) $\int_0^{\frac{\pi}{2}} \mathrm{e}^{2x}\cos x\,\mathrm{d}x.$

【解】 原式 $=\int_0^{\frac{\pi}{2}} \mathrm{e}^{2x}\mathrm{d}\sin x=\mathrm{e}^{2x}\sin x\ \Big|_0^{\frac{\pi}{2}}-2\int_0^{\frac{\pi}{2}}\mathrm{e}^{2x}\sin x\,\mathrm{d}x$

$\qquad =\mathrm{e}^{\pi}+2\int_0^{\frac{\pi}{2}}\mathrm{e}^{2x}\mathrm{d}\cos x=\mathrm{e}^{\pi}+2\left(\mathrm{e}^{2x}\cos x\ \Big|_0^{\frac{\pi}{2}}-2\int_0^{\frac{\pi}{2}}\mathrm{e}^{2x}\cos x\,\mathrm{d}x\right)=\mathrm{e}^{\pi}-2-4\int_0^{\frac{\pi}{2}}\mathrm{e}^{2x}\cos x\,\mathrm{d}x.$

所以 $\qquad\qquad\qquad\qquad\qquad$ 原式 $=\dfrac{1}{5}(\mathrm{e}^{\pi}-2).$

(8) $\int_1^2 x\log_2 x\,\mathrm{d}x.$

【解】 原式 $=\int_1^2\log_2 x\,\mathrm{d}\left(\dfrac{1}{2}x^2\right)=\dfrac{1}{2}x^2\log_2 x\ \Big|_1^2-\int_1^2\dfrac{1}{2}x^2\cdot\dfrac{1}{x\ln 2}\mathrm{d}x$

$\qquad\qquad =2-\dfrac{1}{2\ln 2}\int_1^2 x\,\mathrm{d}x=2-\dfrac{1}{2\ln 2}\times\dfrac{1}{2}x^2\ \Big|_1^2=2-\dfrac{3}{4\ln 2}.$

(9) $\int_0^{\pi}(x\sin x)^2\,\mathrm{d}x.$

【解】 原式 $=\int_0^{\pi}x^2\sin^2 x\,\mathrm{d}x=\int_0^{\pi}x^2\cdot\dfrac{1-\cos 2x}{2}\mathrm{d}x=\int_0^{\pi}\dfrac{1}{2}x^2\,\mathrm{d}x-\dfrac{1}{4}\int_0^{\pi}x^2\mathrm{d}\sin 2x$

$\qquad\qquad =\dfrac{1}{6}x^3\ \Big|_0^{\pi}-\dfrac{1}{4}\left(x^2\sin 2x\ \Big|_0^{\pi}-\int_0^{\pi}2x\cdot\sin 2x\,\mathrm{d}x\right)=\dfrac{1}{6}\pi^3-\dfrac{1}{4}\int_0^{\pi}x\mathrm{d}\cos 2x$

$\qquad\qquad =\dfrac{1}{6}\pi^3-\dfrac{1}{4}\left(x\cos 2x\ \Big|_0^{\pi}-\int_0^{\pi}\cos 2x\,\mathrm{d}x\right)=\dfrac{\pi^3}{6}-\dfrac{\pi}{4}.$

(10) $\int_1^{\mathrm{e}}\sin(\ln x)\,\mathrm{d}x.$

【解】 原式 $=x\sin(\ln x)\ \Big|_1^{\mathrm{e}}-\int_1^{\mathrm{e}}x\cdot\cos(\ln x)\cdot\dfrac{1}{x}\mathrm{d}x=\mathrm{e}\sin 1-\int_1^{\mathrm{e}}\cos(\ln x)\,\mathrm{d}x$

$\qquad\qquad =\mathrm{e}\sin 1-\left[x\cos(\ln x)\ \Big|_1^{\mathrm{e}}+\int_1^{\mathrm{e}}x\sin(\ln x)\cdot\dfrac{1}{x}\mathrm{d}x\right]=\mathrm{e}\sin 1-\mathrm{e}\cos 1+1-\int_1^{\mathrm{e}}\sin(\ln x)\,\mathrm{d}x,$

所以 $\qquad\qquad\qquad\qquad\qquad$ 原式 $=\dfrac{1}{2}(\mathrm{e}\sin 1-\mathrm{e}\cos 1+1).$

(11) $\int_{\frac{1}{\mathrm{e}}}^{\mathrm{e}}|\ln x|\,\mathrm{d}x.$

【解】 原式 $=\int_{\frac{1}{\mathrm{e}}}^1 -\ln x\,\mathrm{d}x+\int_1^{\mathrm{e}}\ln x\,\mathrm{d}x=-x\ln x\ \Big|_{\frac{1}{\mathrm{e}}}^1+\int_{\frac{1}{\mathrm{e}}}^1 x\cdot\dfrac{1}{x}\mathrm{d}x+x\ln x\ \Big|_1^{\mathrm{e}}-\int_1^{\mathrm{e}}x\cdot\dfrac{1}{x}\mathrm{d}x$

$\qquad\qquad =-\dfrac{1}{\mathrm{e}}+x\ \Big|_{\frac{1}{\mathrm{e}}}^1+\mathrm{e}-x\ \Big|_1^{\mathrm{e}}=2-\dfrac{2}{\mathrm{e}}.$

(12) $\int_0^1(1-x^2)^{\frac{m}{2}}\mathrm{d}x\ (m\in\mathbf{N}_+).$

【解】 设 $x=\sin t,\ \mathrm{d}x=\cos t\,\mathrm{d}t,$ 则

$$原式 = \int_0^{\frac{\pi}{2}} (\cos^2 t)^{\frac{m}{2}} \cos t \, dt = \int_0^{\frac{\pi}{2}} \cos^{m+1} t \, dt = \begin{cases} \dfrac{1 \times 3 \times 5 \times \cdots \times m}{2 \times 4 \times 6 \times \cdots \times (m+1)} \cdot \dfrac{\pi}{2}, & m \text{ 为奇数}, \\[3mm] \dfrac{2 \times 4 \times 6 \times \cdots \times m}{1 \times 3 \times 5 \times \cdots \times (m+1)}, & m \text{ 为偶数}. \end{cases}$$

(13) $J_m = \int_0^{\pi} x \sin^m x \, dx \quad (m \in \mathbf{N}_+)$.

【解】　设 $x = \pi - t$, $dx = -dt$.

$$J_m = \int_{\pi}^{0} (\pi - t) \sin^m (\pi - t)(-dt) = \int_0^{\pi} (\pi - t) \sin^m t \, dt = \pi \int_0^{\pi} \sin^m t \, dt - \int_0^{\pi} t \sin^m t \, dt = \pi \int_0^{\pi} \sin^m x \, dx - J_m.$$

所以　　　　　　　$J_m = \dfrac{\pi}{2} \int_0^{\pi} \sin^m x \, dx = \begin{cases} \dfrac{1 \times 3 \times 5 \times \cdots \times (m-1)}{2 \times 4 \times 6 \times \cdots \times m} \cdot \dfrac{\pi^2}{2}, & m \text{ 为偶数}, \\[3mm] \dfrac{2 \times 4 \times 6 \times \cdots \times (m-1)}{1 \times 3 \times 5 \times \cdots \times m} \pi, & m \text{ 为大于 1 的奇数}, \end{cases}$

$J_1 = \pi$.

习题 5-4　反常积分

1. 判定下列各反常积分的收敛性, 如果收敛, 计算反常积分的值:

(1) $\displaystyle\int_1^{+\infty} \dfrac{dx}{x^4}$.

【解】　原式 $= -\dfrac{1}{3x^3} \Big|_1^{+\infty} = \dfrac{1}{3}$.

(2) $\displaystyle\int_1^{+\infty} \dfrac{dx}{\sqrt{x}}$.

【解】　原式 $= 2\sqrt{x} \Big|_1^{+\infty} = +\infty$, 所以 $\displaystyle\int_1^{+\infty} \dfrac{dx}{\sqrt{x}}$ 发散.

(3) $\displaystyle\int_0^{+\infty} e^{-ax} \, dx \ (a > 0)$.

【解】　原式 $= -\dfrac{1}{a} e^{-ax} \Big|_0^{+\infty} = \dfrac{1}{a}$.

(4) $\displaystyle\int_0^{+\infty} \dfrac{dx}{(1+x)(1+x^2)}$.

【解】　原式 $= \displaystyle\int_0^{+\infty} \dfrac{1}{2}\left(\dfrac{1}{1+x} + \dfrac{1-x}{1+x^2}\right) dx = \left[\dfrac{1}{4} \ln \dfrac{(1+x)^2}{1+x^2} + \dfrac{1}{2} \arctan x\right] \Big|_0^{+\infty} = \dfrac{\pi}{4}$.

(5) $\displaystyle\int_0^{+\infty} e^{-pt} \sin\omega t \, dt \ (p > 0, \ \omega > 0)$.

【解】　原式 $= -\dfrac{1}{\omega} \displaystyle\int_0^{+\infty} e^{-pt} d\cos\omega t = -\dfrac{1}{\omega} \left[e^{-pt} \cos\omega t \Big|_0^{+\infty} - \int_0^{+\infty} (-p e^{-pt} \cos\omega t) \, dt\right]$

$\qquad = \dfrac{1}{\omega} - \dfrac{p}{\omega^2} \displaystyle\int_0^{+\infty} e^{-pt} d\sin\omega t = \dfrac{1}{\omega} - \dfrac{p}{\omega^2} \left(e^{-pt} \sin\omega t \Big|_0^{+\infty} - \int_0^{+\infty} -p e^{-pt} \sin\omega t \, dt\right)$

$\qquad = \dfrac{1}{\omega} - \dfrac{p^2}{\omega^2} \displaystyle\int_0^{+\infty} e^{-pt} \sin\omega t \, dt,$

所以　　　　　　　　　　　　　$原式 = \dfrac{1}{\omega} \cdot \dfrac{1}{1 + \dfrac{p^2}{\omega^2}} = \dfrac{\omega}{p^2 + \omega^2}$.

(6) $\int_{-\infty}^{+\infty} \dfrac{\mathrm{d}x}{x^2+2x+2}$.

【解】 原式 $= \int_{-\infty}^{+\infty} \dfrac{1}{(x+1)^2+1} \mathrm{d}(x+1) = \arctan(x+1) \Big|_{-\infty}^{+\infty}$

$$= \lim_{x \to +\infty} \arctan(x+1) - \lim_{x \to -\infty} \arctan(x+1) = \dfrac{\pi}{2} - \left(-\dfrac{\pi}{2}\right) = \pi.$$

(7) $\int_0^1 \dfrac{x\mathrm{d}x}{\sqrt{1-x^2}}$.

【解】 $x=1$ 为被积函数的无穷间断点,属于反常积分.

$$原式 = -\dfrac{1}{2}\int_0^1 \dfrac{1}{\sqrt{1-x^2}} \mathrm{d}(-x^2+1) = -\sqrt{1-x^2} \Big|_0^1 = 1.$$

(8) $\int_0^2 \dfrac{\mathrm{d}x}{(1-x)^2}$.

【解】 在 $x=1$ 处,函数 $f(x)=\dfrac{1}{(1-x)^2}$ 无界.

$$原式 = \int_0^1 \dfrac{1}{(1-x)^2}\mathrm{d}x + \int_1^2 \dfrac{\mathrm{d}x}{(1-x)^2} = \dfrac{1}{1-x} \Big|_0^1 + \dfrac{1}{1-x} \Big|_1^2 = \lim_{x \to 1^-}\dfrac{1}{1-x} - 1 - 1 - \lim_{x \to 1^+}\dfrac{1}{1-x},$$

所以原反常积分发散.

(9) $\int_1^2 \dfrac{x\mathrm{d}x}{\sqrt{x-1}}$.

【解】 $x=1$ 为间断点.

$$原式 = \int_1^2 \dfrac{(x-1)+1}{\sqrt{x-1}}\mathrm{d}x = \int_1^2 \left(\sqrt{x-1} + \dfrac{1}{\sqrt{x-1}}\right)\mathrm{d}(x-1) = \left[\dfrac{2}{3}(x-1)^{\frac{3}{2}} + 2(x-1)^{\frac{1}{2}}\right]\Big|_1^2 = 2\dfrac{2}{3}.$$

(10) $\int_1^e \dfrac{\mathrm{d}x}{x\sqrt{1-(\ln x)^2}}$.

【解】 $x=e$ 是函数的无穷间断点.

$$原式 = \int_1^e \dfrac{1}{\sqrt{1-(\ln x)^2}}\mathrm{d}\ln x = \arcsin(\ln x) \Big|_1^e = \lim_{x \to e}\arcsin(\ln x) - 0 = \dfrac{\pi}{2}.$$

2. 当 k 为何值时,反常积分 $\int_2^{+\infty} \dfrac{\mathrm{d}x}{x(\ln x)^k}$ 收敛?当 k 为何值时,这反常积分发散?又当 k 为何值时,这反常积分取得最小值?

【解】 $\int_2^{+\infty} \dfrac{\mathrm{d}x}{x(\ln x)^k} = \int_2^{+\infty} \dfrac{1}{(\ln x)^k}\mathrm{d}\ln x$.

当 $k=1$ 时, $\int_2^{+\infty} \dfrac{1}{x(\ln x)^k}\mathrm{d}x = \ln(\ln x) \Big|_2^{+\infty} = \infty$,

此反常积分发散;

当 $k<1$ 时, $\int_2^{+\infty} \dfrac{\mathrm{d}x}{x(\ln x)^k} = \dfrac{1}{1-k}(\ln x)^{1-k} \Big|_2^{+\infty} = \infty$,

此反常积分发散;

当 $k>1$ 时, $\int_2^{+\infty} \dfrac{\mathrm{d}x}{x(\ln x)^k} = \dfrac{1}{1-k}(\ln x)^{-(k-1)} \Big|_2^{+\infty} = \dfrac{1}{k-1}\dfrac{1}{(\ln 2)^{k-1}}$,

此反常积分收敛.

当 $k>1$ 时,记

$$f(k) = \frac{1}{k-1}\left(\frac{1}{\ln 2}\right)^{k-1},$$

$$f'(k) = -\frac{1}{(k-1)^2}\left(\frac{1}{\ln 2}\right)^{k-1} + \frac{1}{k-1}\left(\frac{1}{\ln 2}\right)^{k-1}\ln\left(\frac{1}{\ln 2}\right) = -\frac{1}{k-1}\left(\frac{1}{\ln 2}\right)^{k-1}\left(\frac{1}{k-1} + \ln\ln 2\right).$$

令 $f'(k) = 0$，得驻点 $k = 1 - \dfrac{1}{\ln\ln 2}$.

当 $k > 1 - \dfrac{1}{\ln\ln 2}$ 时，$f'(k) > 0$；当 $1 < k < 1 - \dfrac{1}{\ln\ln 2}$ 时，$f'(k) < 0$. 因而该驻点是极小值点. 又当 $k > 1$，即

$x \in (1, +\infty)$ 时，$f(k)$ 无边界值可比较. 所以极小值点也就是最小值点，即 $k = 1 - \dfrac{1}{\ln\ln 2}$ 时，反常积分

取得最小值.

3. 利用递推公式计算反常积分 $I_n = \displaystyle\int_0^{+\infty} x^n e^{-x} dx$　$(n \in \mathbf{N})$.

【解】　$I_n = -\displaystyle\int_0^{+\infty} x^n de^{-x} = -\left(x^n e^{-x}\Big|_0^{+\infty} - \int_0^{+\infty} nx^{n-1}e^{-x}dx\right) = -\lim_{x\to+\infty}\frac{x^n}{e^x} + 0 + nI_{n-1} = nI_{n-1},$

而　　　　　　$I_1 = \displaystyle\int_0^{+\infty} xe^{-x}dx = -xe^{-x}\Big|_0^{+\infty} + \int_0^{+\infty} e^{-x}dx = -\lim_{x\to+\infty}\frac{x}{e^x} - e^{-x}\Big|_0^{+\infty} = 1,$

故　　　　　　$I_n = nI_{n-1} = n(n-1)I_{n-2} = \cdots = n(n-1)\cdot\cdots\cdot 2I_1 = n!.$

4. 计算反常积分 $\displaystyle\int_0^1 \ln x dx$.

【解】　$\displaystyle\int_0^1 \ln x dx = (x\ln x)\Big|_0^1 - \int_0^1 x\cdot\frac{1}{x}dx = 0 - \lim_{x\to 0^+}x\ln x - 1 = -1.$

*习题 5-5　反常积分审敛法　Γ 函数

1. 判定下列反常积分的收敛性：

(1) $\displaystyle\int_0^{+\infty} \frac{x^2}{x^4 + x^2 + 1}dx$.

【解】　由于　　　　　　$\displaystyle\lim_{x\to+\infty} x^2 \cdot \frac{x^2}{x^4 + x^2 + 1} = \lim_{x\to+\infty}\frac{1}{1 + \frac{1}{x^2} + \frac{1}{x^4}} = 1,$

根据极限审敛法 1，所给反常积分收敛.

(2) $\displaystyle\int_1^{+\infty} \frac{dx}{x\sqrt[3]{x^2 + 1}}$.

【解】　由于　　　　　　$0 < \dfrac{1}{x\sqrt[3]{x^2 + 1}} < \dfrac{1}{x\sqrt[3]{x^2}} = \dfrac{1}{x^{\frac{5}{3}}},$

根据比较审敛法 1，所给反常积分收敛.

(3) $\displaystyle\int_1^{+\infty} \sin\frac{1}{x^2}dx$.

【解】　由于　　　　　　$0 < \sin\dfrac{1}{x^2} < \dfrac{1}{x^2},$

根据比较审敛法，所给反常积分收敛.

(4) $\displaystyle\int_0^{+\infty} \frac{dx}{1 + x|\sin x|}$.

【解】 由于
$$\frac{1}{1+x\mid\sin x\mid}\geqslant\frac{1}{1+x},$$
根据比较审敛法知,原反常积分发散.

(5) $\int_{1}^{+\infty}\dfrac{x\arctan x}{1+x^{3}}\mathrm{d}x.$

【解】 由于
$$\lim_{x\to+\infty}x^{2}\cdot\frac{x\arctan x}{1+x^{3}}=\lim_{x\to+\infty}\frac{1}{\frac{1}{x^{3}}+1}\cdot\arctan x=\frac{\pi}{2},$$
根据极限审敛法,所给反常积分收敛.

(6) $\int_{1}^{2}\dfrac{\mathrm{d}x}{(\ln x)^{3}}.$

【解】 这里 $x=1$ 是被积函数的瑕点,由于
$$\lim_{x\to1^{+}}(x-1)\cdot\frac{1}{(\ln x)^{3}}=\lim_{x\to1}\frac{x}{3\ln^{2}x}=+\infty,$$
根据极限审敛法 2,所给反常积分发散.

(7) $\int_{0}^{1}\dfrac{x^{4}}{\sqrt{1-x^{4}}}\mathrm{d}x.$

【解】 由于
$$\lim_{x\to1^{-}}(1-x)^{\frac{1}{2}}\cdot\frac{x^{4}}{\sqrt{1-x^{4}}}=\lim_{x\to1^{-}}\frac{x^{4}}{\sqrt{(1+x)(1+x^{2})}}=\frac{1}{2},$$
根据极限审敛法 2,所给反常积分收敛.

(8) $\int_{1}^{2}\dfrac{\mathrm{d}x}{\sqrt[3]{x^{2}-3x+2}}.$

【解】 这里被积函数有两个瑕点 $x_{1}=1$,$x_{2}=2$. 设 $a\in(1,2)$,则
$$\int_{1}^{2}\frac{\mathrm{d}x}{\sqrt[3]{x^{2}-3x+2}}=\int_{1}^{a}\frac{\mathrm{d}x}{\sqrt[3]{x^{2}-3x+2}}+\int_{a}^{2}\frac{\mathrm{d}x}{\sqrt[3]{x^{2}-3x+2}}.$$
由于
$$\lim_{x\to1^{+}}(x-1)^{\frac{1}{3}}\cdot\frac{1}{\sqrt[3]{x^{2}-3x+2}}=\lim_{x\to1^{+}}\frac{1}{\sqrt[3]{x-2}}=-1,\quad\lim_{x\to2^{-}}(x-2)^{\frac{1}{3}}\cdot\frac{1}{\sqrt[3]{x^{2}-3x+2}}=\lim_{x\to2^{-}}\frac{1}{\sqrt[3]{x-1}}=1,$$
根据极限审敛法,$0<q=\dfrac{1}{3}<1$,所给反常积分收敛.

2. 设反常积分 $\int_{1}^{+\infty}f^{2}(x)\mathrm{d}x$ 收敛. 证明反常积分 $\int_{1}^{+\infty}\dfrac{f(x)}{x}\mathrm{d}x$ 绝对收敛.

【证】 因为
$$0\leqslant\left|\frac{f(x)}{x}\right|=\mid f(x)\mid\cdot\frac{1}{\mid x\mid}\leqslant\frac{f^{2}(x)+\frac{1}{x^{2}}}{2}\quad(x\geqslant1),$$
由题设 $\int_{1}^{+\infty}f^{2}(x)\mathrm{d}x$ 收敛,而 $\int_{1}^{+\infty}\dfrac{1}{x^{2}}\mathrm{d}x$ 也收敛,从而 $\int_{1}^{+\infty}\dfrac{1}{2}\left[f^{2}(x)+\dfrac{1}{x^{2}}\right]\mathrm{d}x$ 也收敛. 由比较审敛法知,反常积分 $\int_{1}^{+\infty}\left|\dfrac{f(x)}{x}\right|\mathrm{d}x$ 收敛,从而 $\int_{1}^{+\infty}\dfrac{f(x)}{x}\mathrm{d}x$ 绝对收敛.

3. 用 Γ 函数表示下列积分,并指出这些积分的收敛范围.

(1) $\int_{0}^{+\infty}\mathrm{e}^{-x^{n}}\mathrm{d}x\quad(n>0).$

【解】 设 $t=x^{n}$,则 $x=t^{\frac{1}{n}}$,$\mathrm{d}x=\dfrac{1}{n}t^{\frac{1}{n}-1}\mathrm{d}t.$
$$原式=\int_{0}^{+\infty}\mathrm{e}^{-t}\cdot\frac{1}{n}t^{\frac{1}{n}-1}\mathrm{d}t=\frac{1}{n}\int_{0}^{+\infty}\mathrm{e}^{-t}\cdot t^{\frac{1}{n}-1}\mathrm{d}t=\frac{1}{n}\Gamma\left(\frac{1}{n}\right),$$

所以，当 $n>0$ 时，所给反常积分收敛.

（2）$\int_0^1\left(\ln\frac{1}{x}\right)^p\mathrm{d}x.$

【解】　设 $t=\ln\frac{1}{x},\ x=\mathrm{e}^{-t},\ \mathrm{d}x=-\mathrm{e}^{-t}\mathrm{d}t.$

$$原式=\int_{+\infty}^0 t^p\cdot(-\mathrm{e}^{-t})\mathrm{d}t=\int_0^{+\infty}\mathrm{e}^{-t}\cdot t^{(p+1)-1}\mathrm{d}t=\Gamma(p+1),$$

所以，当 $p+1>0$ 时，所给反常积分收敛.

（3）$\int_0^{+\infty}x^m\mathrm{e}^{-x^n}\mathrm{d}x\quad(n\neq0).$

【解】　设 $t=x^n$，则 $x=t^{\frac{1}{n}},\ \mathrm{d}x=\frac{1}{|n|}t^{\frac{1}{n}-1}\mathrm{d}t.$

$$原式=\int_0^{+\infty}t^{\frac{m}{n}}\cdot\mathrm{e}^{-t}\cdot\frac{1}{|n|}t^{\frac{1}{n}-1}\mathrm{d}t=\frac{1}{|n|}\int_0^{+\infty}\mathrm{e}^{-t}\cdot t^{\frac{m}{n}+\frac{1}{n}-1}\mathrm{d}t=\frac{1}{|n|}\Gamma\left(\frac{m+1}{n}\right),$$

所以，当 $\frac{m+1}{n}>0$ 时，所给反常积分收敛.

4. 证明 $\Gamma\left(\dfrac{2k+1}{2}\right)=\dfrac{1\cdot3\cdot5\cdot\cdots\cdot(2k-1)\sqrt{\pi}}{2^k}$，其中 $k\in\mathbf{N}_+.$

【证】　用数学归纳法.

当 $k=1$ 时，由 Γ 函数的递推公式得

$$左端=\Gamma\left(\frac{1}{2}+1\right)=\frac{1}{2}\Gamma\left(\frac{1}{2}\right)=\frac{1}{2}\cdot\sqrt{\pi}=右端.$$

设 $k=n$ 时，算式成立. 当 $k=n+1$ 时，有

$$左端=\Gamma\left(\frac{2(n+1)+1}{2}\right)=\Gamma\left(\frac{2n+1}{2}+1\right)=\frac{2n+1}{2}\Gamma\left(\frac{2n+1}{2}\right)=\frac{2n+1}{2}\cdot\frac{1\cdot3\cdot5\cdot\cdots\cdot(2n-1)\sqrt{\pi}}{2^n}$$

$$=\frac{1\cdot3\cdot5\cdot\cdots\cdot(2n-1)(2n+1)\sqrt{\pi}}{2^{n+1}}=右端,$$

即当 $k=n+1$ 时，等式也成立. 算式得证.

5. 证明以下各式（其中 $n\in\mathbf{N}_+$）：

（1）$2\cdot4\cdot6\cdot\cdots\cdot2n=2^n\Gamma(n+1).$

【证】　右端 $=2^n[n\Gamma(n)]=2^n\cdot n\cdot(n-1)\cdot\Gamma(n-1)=\cdots=2^n\cdot n!\ =2\cdot4\cdot6\cdot\cdots\cdot2n=左端.$

（2）$1\cdot3\cdot5\cdot\cdots\cdot(2n-1)=\dfrac{\Gamma(2n)}{2^{n-1}\Gamma(n)}.$

【证】　右端 $=\dfrac{(2n-1)!}{2^{n-1}(n-1)!}=\dfrac{(2n-1)!!\ (2n-2)!!}{(2n-2)!!}=(2n-1)!!\ =1\cdot3\cdot5\cdot\cdots\cdot(2n-1)=左端.$

（3）$\sqrt{\pi}\,\Gamma(2n)=2^{2n-1}\Gamma(n)\Gamma\left(n+\dfrac{1}{2}\right)$ ［勒让德（Legendre）倍量公式］.

【证】　左端 $=\sqrt{\pi}\cdot(2n-1)!.$

又由第 4 题结论知

$$右端=2^{2n-1}\cdot(n-1)!\cdot\frac{1\cdot3\cdot5\cdot\cdots\cdot(2n-1)\sqrt{\pi}}{2^n}$$

$$=2^{n-1}(n-1)!\cdot1\cdot3\cdot5\cdot\cdots\cdot(2n-1)\sqrt{\pi}=(2n-2)!!\cdot(2n-1)!!\ \sqrt{\pi}=\sqrt{\pi}(2n-1)!,$$

故左端与右端相等.

总习题五

1. 填空：

(1) 函数 $f(x)$ 在 $[a,b]$ 上有界是 $f(x)$ 在 $[a,b]$ 上可积的_____条件，而 $f(x)$ 在 $[a,b]$ 上连续是 $f(x)$ 在 $[a,b]$ 上可积的_____条件.

【解】 应填必要，充分.

因为由定积分定义可知，$f(x)$ 在 $[a,b]$ 上可积，则 $f(x)$ 必有界. 若 $f(x)$ 在 $[a,b]$ 上无界，$f(x)$ 在 $[a,b]$ 上是反常积分；而连续函数一定可积.

(2) 对 $[a,+\infty)$ 上非负、连续的函数 $f(x)$，它的变上限积分 $\int_a^x f(t)\,\mathrm{d}t$ 在 $[a,+\infty)$ 上有界是反常积分 $\int_a^{+\infty} f(x)\,\mathrm{d}x$ 收敛的_____条件.

【解】 应填充分必要.

因为
$$\int_a^{+\infty} f(x)\,\mathrm{d}x = \lim_{x\to+\infty} \int_a^x f(t)\,\mathrm{d}t,$$

左边反常积分收敛，所以右边极限存在，从而 $\int_a^x f(t)\,\mathrm{d}t$ 有界.

反之，$\int_a^x f(t)\,\mathrm{d}t$ 有界，由于 $f(x)$ 连续，所以 $\lim\limits_{x\to+\infty} \int_a^x f(t)\,\mathrm{d}t$ 存在，从而左边反常积分收敛.

*(3) 绝对收敛的反常积分 $\int_a^{+\infty} f(x)\,\mathrm{d}x$ 一定_____.

【解】 应填收敛.

(4) 函数 $f(x)$ 在 $[a,b]$ 上有定义且 $|f(x)|$ 在 $[a,b]$ 上可积，此时积分 $\int_a^b f(x)\,\mathrm{d}x$ _____存在.

【解】 应填不一定. 举反例如下：
$$f(x) = \begin{cases} 1, & x\ 为有理数, \\ -1, & x\ 为无理数. \end{cases}$$

(5) 设函数 $f(x)$ 连续，则 $\dfrac{\mathrm{d}}{\mathrm{d}x} \int_0^x tf(t^2-x^2)\,\mathrm{d}t =$ _____.

【解】 令 $u=t^2-x^2$，则当 $t=0$ 时，$u=-x^2$；当 $t=x$ 时，$u=0$. 于是有：
$$\int_0^x t\cdot f(t^2-x^2)\,\mathrm{d}t = \frac{1}{2}\int_0^x f(t^2-x^2)\cdot \mathrm{d}(t^2-x^2) = \frac{1}{2}\int_{-x^2}^0 f(u)\,\mathrm{d}u = -\frac{1}{2}\int_0^{-x^2} f(u)\,\mathrm{d}u,$$

因此
$$\frac{\mathrm{d}}{\mathrm{d}x}\int_0^x tf(t^2-x^2)\,\mathrm{d}t = xf(-x^2).$$

故应填 $xf(-x^2)$.

2. 以下两题中给出了四个结论，从中选出一个正确的结论：

(1) 设 $I = \int_0^1 \dfrac{x^4}{\sqrt{1+x}}\,\mathrm{d}x$，则估计 I 值的大致范围为（   ）.

(A)$0 \le I \le \dfrac{\sqrt{2}}{10}$ (B)$\dfrac{\sqrt{2}}{10} \le I \le \dfrac{1}{5}$ (C)$\dfrac{1}{5} < I < 1$ (D)$I \ge 1$

(2)设 $F(x)$ 是连续函数 $f(x)$ 的一个原函数，则必有（   ）.

(A)$F(x)$ 是偶函数 $\Leftrightarrow f(x)$ 是奇函数   (B)$F(x)$ 是奇函数 $\Leftrightarrow f(x)$ 是偶函数

(C)$F(x)$ 是周期函数 $\Leftrightarrow f(x)$ 是周期函数   (D)$F(x)$ 是单调函数 $\Leftrightarrow f(x)$ 是单调函数

【解】 (1)因为当 $0 \le x \le 1$ 时，有 $\dfrac{1}{\sqrt{2}}x^4 \le \dfrac{x^4}{\sqrt{1+x}} \le x^4$，所以

$$\frac{\sqrt{2}}{10} = \int_0^1 \frac{x^4}{\sqrt{2}} dx \leqslant I = \int_0^1 \frac{x^4}{\sqrt{1+x}} dx \leqslant \int_0^1 x^4 dx = \frac{1}{5},$$

故选 B.

(2) 设 $F_1(x) = \int_0^x f(t) dt$，则 $F_1(x)$ 是 $f(x)$ 的一个原函数，且 $F_1(x)$ 是奇(偶)函数 $\Leftrightarrow f(x)$ 是偶(奇)函数.

又 $F(x) = F_1(x) + C$，其中 C 是一个常数，且常数是偶函数，故当 $f(x)$ 是奇函数时，$F(x)$ 是偶函数，故选 A.例如，

① 令 $f(x) = x^2$，则 $F_1(x) = \int_0^x f(t) dt = \int_0^x t^2 dt = \frac{1}{3} x^3$ 为奇函数，取 $C = 1$ 得 $F(x) = F_1(x) + 1 = \frac{1}{3} x^3 + 1$ 不是奇函数，所以选项 B 不成立，只有取 $C = 0$ 时选项 B 才成立；

② 令 $f(x) = 1 + \cos x$，则 $F(x) = \sin x + x + C$ 不是周期函数，故选项 C 也不成立；

③令 $f(x) = 2x$，则 $F(x) = x^2 + C$ 不是单调函数，故选项 D 也不成立.

3. 回答下列问题：

(1) 设函数 $f(x)$ 及 $g(x)$ 在区间 $[a, b]$ 上连续，且 $f(x) \geqslant g(x)$，则 $\int_a^b [f(x) - g(x)] dx$ 在几何上表示什么？

【解】　表示由曲线 $y = f(x)$，$y = g(x)$，直线 $x = a$，$x = b$ 所围成的平面图形的面积.

(2) 设函数 $f(x)$ 在区间 $[a, b]$ 上连续，且 $f(x) \geqslant 0$，则 $\int_a^b \pi f^2(x) dx$ 在几何上表示什么？

【解】　表示由曲线 $y = f(x)$，直线 $x = a$，$x = b$，$y = 0$ 所围成的平面图形绕 x 轴旋转一周所得旋转体的体积.

(3) 如果在时刻 t 以 $\varphi(t)$ 的流量(单位时间内流过的流体的体积或质量)向一水池注水，那么 $\int_{t_1}^{t_2} \varphi(t) dt$ 表示什么？

【解】　表示在时间段 $[t_1, t_2]$ 内向水池注入水之总量.

(4) 如果某国人口增长率为 $u(t)$，那么 $\int_{T_1}^{T_2} u(t) dt$ 表示什么？

【解】　表示该国在时间段 $[T_1, T_2]$ 内增加的人口总量.

(5) 如果一公司经营某种产品的边际利润函数为 $P'(x)$，那么 $\int_{1000}^{2000} P'(x) dx$ 表示什么？

【解】　表示从经营第 1000 个产品起直到经营第 2000 个产品所获得的利润总量.

*4. 利用定积分的定义计算下列极限：

(1) $\lim\limits_{n \to \infty} \frac{1}{n} \sum\limits_{i=1}^{n} \sqrt{1 + \frac{i}{n}}$.

【解】　原式 $= \int_0^1 \sqrt{1+x} dx = \frac{2}{3} (1+x)^{\frac{3}{2}} \Big|_0^1 = \frac{2}{3} (2\sqrt{2} - 1)$.

(2) $\lim\limits_{n \to \infty} \frac{1^p + 2^p + \cdots + n^p}{n^{p+1}}$ $(p > 0)$.

【解】　原式 $= \lim\limits_{n \to \infty} \left[\left(\frac{1}{n} \right)^p + \left(\frac{2}{n} \right)^p + \cdots + \left(\frac{n}{n} \right)^p \right] \cdot \frac{1}{n} = \lim\limits_{n \to \infty} \frac{1}{n} \sum\limits_{i=1}^{n} \left(\frac{i}{n} \right)^p = \int_0^1 x^p dp = \frac{1}{p+1}$.

5. 求下列极限：

(1) $\lim\limits_{x \to a} \frac{x}{x-a} \int_a^x f(t) dt$，其中 $f(x)$ 连续.

【解】　原式 $= \lim\limits_{x \to a} \frac{\int_a^x f(t) dt + x f(x)}{1} = a f(a)$.

(2) $\displaystyle\lim_{x\to+\infty}\frac{\displaystyle\int_0^x(\arctan t)^2\mathrm{d}t}{\sqrt{x^2+1}}$.

【解】　原式 $=\displaystyle\lim_{x\to+\infty}\frac{(\arctan x)^2}{\dfrac{x}{\sqrt{x^2+1}}}=\frac{\left(\dfrac{\pi}{2}\right)^2}{1}=\frac{\pi^2}{4}$.

6. 下列计算是否正确, 试说明理由:

(1) $\displaystyle\int_{-1}^1\frac{\mathrm{d}x}{1+x^2}=-\int_{-1}^1\frac{\mathrm{d}\left(\dfrac{1}{x}\right)}{1+\left(\dfrac{1}{x}\right)^2}=\left(-\arctan\frac{1}{x}\right)\Bigg|_{-1}^1=-\frac{\pi}{2}$;

(2) 因为 $\displaystyle\int_{-1}^1\frac{\mathrm{d}x}{x^2+x+1}\xlongequal{x=\frac{1}{t}}-\int_{-1}^1\frac{\mathrm{d}t}{t^2+t+1}$,　所以

$$\int_{-1}^1\frac{\mathrm{d}x}{x^2+x+1}=0;$$

(3) $\displaystyle\int_{-\infty}^{+\infty}\frac{x}{1+x^2}\mathrm{d}x=\lim_{A\to+\infty}\int_{-A}^A\frac{x}{1+x^2}\mathrm{d}x=0$.

【解】　(1) 不正确. 因为函数 $\dfrac{1}{x}$ 在 $x=0$ 处无定义, 所以 $\dfrac{1}{x}$ 在 $[-1,1]$ 上不连续. 不能用牛顿-莱布尼茨公式;

(2) 不正确. 因为函数 $\dfrac{1}{t}$ 在 $x=0$ 处无定义, 所以 $\dfrac{1}{t}$ 在 $[-1,1]$ 上不连续;

(3) 不正确. 因为

$$\int_{-\infty}^{+\infty}\frac{x}{1+x^2}\mathrm{d}x=\lim_{a\to-\infty}\int_a^0\frac{x}{1+x^2}\mathrm{d}x+\lim_{b\to+\infty}\int_0^b\frac{x}{1+x^2}\mathrm{d}x\neq\lim_{A\to+\infty}\int_{-A}^A\frac{x}{1+x^2}\mathrm{d}x.$$

7. 设 $x>0$, 证明 $\displaystyle\int_0^x\frac{1}{1+t^2}\mathrm{d}t+\int_0^{\frac{1}{x}}\frac{1}{1+t^2}\mathrm{d}t=\frac{\pi}{2}$.

【证】　令左端为 $f(x)$, 则 $f'(x)=0$, 故 $f(x)=C$. 而 $f(1)=\dfrac{\pi}{2}$, 故 $C=\dfrac{\pi}{2}$.

8. 设 $p>0$, 证明

$$\frac{p}{p+1}<\int_0^1\frac{\mathrm{d}x}{1+x^p}<1.$$

【证】　因为　　　　$1>\dfrac{1}{1+x^p}=\dfrac{(1+x^p)-x^p}{1+x^p}=1-\dfrac{x^p}{1+x^p}>1-x^p\quad(x\in[0,1])$,

所以　　　　　　　　$\displaystyle\int_0^1 1\mathrm{d}x>\int_0^1\frac{1}{1+x^p}\mathrm{d}x>\int_0^1(1-x^p)\mathrm{d}x$,

而　　　　　　　　　$\displaystyle\int_0^1\mathrm{d}x=1,\int_0^1(1-x^p)\mathrm{d}x=\left(x-\frac{x^{p+1}}{p+1}\right)\Bigg|_0^1=1-\frac{1}{p+1}=\frac{p}{p+1}$,

故　　　　　　　　　$\displaystyle\frac{p}{p+1}<\int_0^1\frac{1}{x^p+1}\mathrm{d}x<1$.

9. 设 $f(x),g(x)$ 在区间 $[a,b]$ 上均连续, 证明:

(1) $\displaystyle\left(\int_a^b f(x)g(x)\mathrm{d}x\right)^2\leqslant\int_a^b f^2(x)\mathrm{d}x\cdot\int_a^b g^2(x)\mathrm{d}x$ (柯西-施瓦茨不等式).

【证】 因为 $[f(x)-\lambda g(x)]^2 \geqslant 0$, $\lambda^2 g^2(x)-2\lambda f(x)g(x)+f^2(x) \geqslant 0$,

$$\lambda^2 \int_a^b g^2(x)\,\mathrm{d}x - 2\lambda \int_a^b f(x)g(x)\,\mathrm{d}x + \int_a^b f^2(x)\,\mathrm{d}x \geqslant 0,$$

不等式的左端可以看成 λ 的二次三项式, 对任意 λ, 不等式都成立, 则

$$\Delta = \left(-2\int_a^b f(x)g(x)\,\mathrm{d}x\right)^2 - 4\int_a^b g^2(x)\,\mathrm{d}x \cdot \int_a^b f^2(x)\,\mathrm{d}x \leqslant 0,$$

即

$$\left(\int_a^b f(x)g(x)\,\mathrm{d}x\right)^2 \leqslant \int_a^b f^2(x)\,\mathrm{d}x \cdot \int_a^b g^2(x)\,\mathrm{d}x.$$

(2) $\left(\int_a^b [f(x)+g(x)]^2\mathrm{d}x\right)^{\frac{1}{2}} \leqslant \left(\int_a^b f^2(x)\,\mathrm{d}x\right)^{\frac{1}{2}} + \left(\int_a^b g^2(x)\,\mathrm{d}x\right)^{\frac{1}{2}}$ (闵可夫斯基不等式).

【证】 $\displaystyle\int_a^b [f(x)+g(x)]^2\mathrm{d}x = \int_a^b f^2(x)\,\mathrm{d}x + \int_a^b g^2(x)\,\mathrm{d}x + 2\int_a^b f(x)g(x)\,\mathrm{d}x$

$\displaystyle \leqslant \int_a^b f^2(x)\,\mathrm{d}x + \int_a^b g^2(x)\,\mathrm{d}x + 2\left[\int_a^b f^2(x)\,\mathrm{d}x \cdot \int_a^b g^2(x)\,\mathrm{d}x\right]^{\frac{1}{2}}$

$\displaystyle = \left[\left(\int_a^b f^2(x)\,\mathrm{d}x\right)^{\frac{1}{2}} + \left(\int_a^b g^2(x)\,\mathrm{d}x\right)^{\frac{1}{2}}\right]^2,$

故

$$\left[\int_a^b [f(x)+g(x)]^2\mathrm{d}x\right]^{\frac{1}{2}} \leqslant \left(\int_a^b f^2(x)\,\mathrm{d}x\right)^{\frac{1}{2}} + \left(\int_a^b g^2(x)\,\mathrm{d}x\right)^{\frac{1}{2}}.$$

10. 设 $f(x)$ 在区间 $[a, b]$ 上连续, 且 $f(x)>0$. 证明

$$\int_a^b f(x)\,\mathrm{d}x \cdot \int_a^b \frac{\mathrm{d}x}{f(x)} \geqslant (b-a)^2.$$

【证】 由柯西-施瓦茨不等式

$$\int_a^b f(x)\,\mathrm{d}x \cdot \int_a^b \frac{1}{f(x)}\mathrm{d}x \geqslant \left(\int_a^b \sqrt{f(x)} \cdot \frac{1}{\sqrt{f(x)}}\mathrm{d}x\right)^2 = \left(\int_a^b \mathrm{d}x\right)^2 = (b-a)^2.$$

11. 计算下列积分:

(1) $\displaystyle\int_0^{\frac{\pi}{2}} \frac{x+\sin x}{1+\cos x}\mathrm{d}x$;

(2) $\displaystyle\int_0^{\frac{\pi}{4}} \ln(1+\tan x)\,\mathrm{d}x$;

(3) $\displaystyle\int_0^a \frac{\mathrm{d}x}{x+\sqrt{a^2-x^2}}\,(a>0)$;

(4) $\displaystyle\int_0^{\frac{\pi}{2}} \sqrt{1-\sin 2x}\,\mathrm{d}x$;

(5) $\displaystyle\int_0^{\frac{\pi}{2}} \frac{\mathrm{d}x}{1+\cos^2 x}$;

(6) $\displaystyle\int_0^{\pi} x\sqrt{\cos^2 x - \cos^4 x}\,\mathrm{d}x$;

(7) $\displaystyle\int_0^{\pi} x^2 |\cos x|\,\mathrm{d}x$;

(8) $\displaystyle\int_0^{+\infty} \frac{\mathrm{d}x}{e^{x+1} + e^{3-x}}$;

(9) $\displaystyle\int_{\frac{1}{2}}^{\frac{3}{2}} \frac{\mathrm{d}x}{\sqrt{|x^2-x|}}$;

(10) $\displaystyle\int_0^x \max\{t^3, t^2, 1\}\,\mathrm{d}t$.

【解】 (1) 原式 $\displaystyle= \int_0^{\frac{\pi}{2}} \frac{x}{1+\cos x}\mathrm{d}x + \int_0^{\frac{\pi}{2}} \frac{\sin x}{1+\cos x}\mathrm{d}x = \int_0^{\frac{\pi}{2}} \frac{x}{2\cos^2\frac{x}{2}}\mathrm{d}x + \int_0^{\frac{\pi}{2}} \frac{-1}{x+\cos x}\mathrm{d}\cos x$

$\displaystyle = \int_0^{\frac{\pi}{2}} x\,\mathrm{d}\tan\frac{x}{2} - \ln|1+\cos x|\,\Big|_0^{\frac{\pi}{2}} = x\tan\frac{x}{2}\,\Big|_0^{\frac{\pi}{2}} - \int_0^{\frac{\pi}{2}} \tan\frac{x}{2}\mathrm{d}x + \ln 2$

$\displaystyle = \frac{\pi}{2} + 2\ln\left|\cos\frac{x}{2}\right|\,\Big|_0^{\frac{\pi}{2}} + \ln 2 = \frac{\pi}{2} + 2\ln\frac{\sqrt{2}}{2} + \ln 2 = \frac{\pi}{2}$;

(2) 设 $x = \dfrac{\pi}{4} - t$.

$$\text{原式} = \int_{\frac{\pi}{4}}^0 \ln\left[1+\tan\left(\frac{\pi}{4}-t\right)\right](-\mathrm{d}t) = \int_0^{\frac{\pi}{4}} \ln\left(1+\frac{1-\tan t}{1+\tan t}\right)\mathrm{d}t$$

$$= \int_0^{\frac{\pi}{4}} \ln \frac{2}{1+\tan t} dt = \int_0^{\frac{\pi}{4}} [\ln 2 - \ln(1+\tan t)] dt = \int_0^{\frac{\pi}{4}} \ln 2 dt - \int_0^{\frac{\pi}{4}} \ln(1+\tan x) dx,$$

所以
$$原式 = \frac{1}{2} \int_0^{\frac{\pi}{4}} \ln 2 dt = \frac{\pi}{8} \ln 2;$$

(3) 当 $f(\sin x, \cos x)$ 连续时, 有

$$\int_0^{\frac{\pi}{2}} f(\sin x, \cos x) dx = \int_0^{\frac{\pi}{2}} f(\cos x, \sin x) dx.$$

令 $x = a\sin t$, 则

$$原式 = \int_0^{\frac{\pi}{2}} \frac{a\cos t}{a\sin t + a\cos t} dt = \int_0^{\frac{\pi}{2}} \frac{\cos t}{\sin t + \cos t} dt = \frac{1}{2} \left(\int_0^{\frac{\pi}{2}} \frac{\cos t}{\sin t + \cos t} dt + \int_0^{\frac{\pi}{2}} \frac{\sin t}{\cos t + \sin t} dt \right) = \frac{1}{2} \cdot \frac{\pi}{2} = \frac{\pi}{4}.$$

注: 也可令 $t = \frac{\pi}{2} - u$ 来计算 $\int_0^{\frac{\pi}{2}} \frac{\cos t}{\sin t + \cos t} dt$;

(4) 原式 $= \int_0^{\frac{\pi}{2}} \sqrt{\sin^2 x + \cos^2 x - 2\sin x \cos x} \, dx = \int_0^{\frac{\pi}{2}} \sqrt{(\sin x - \cos x)^2} \, dx = \int_0^{\frac{\pi}{2}} |\sin x - \cos x| \, dx$

$$= \int_0^{\frac{\pi}{4}} (\cos x - \sin x) dx + \int_{\frac{\pi}{4}}^{\frac{\pi}{2}} (\sin x - \cos x) dx = (\sin x + \cos x) \Big|_0^{\frac{\pi}{4}} + (-\cos x - \sin x) \Big|_{\frac{\pi}{4}}^{\frac{\pi}{2}} = 2(\sqrt{2} - 1);$$

(5) 原式 $= \int_0^{\frac{\pi}{2}} \frac{dx}{2\cos^2 x + \sin^2 x} = \int_0^{\frac{\pi}{2}} \frac{dx}{\cos^2 x (2 + \tan^2 x)} = \int_0^{\frac{\pi}{2}} \frac{1}{2 + \tan^2 x} d\tan x = \frac{1}{\sqrt{2}} \arctan \frac{\tan x}{\sqrt{2}} \Big|_0^{\frac{\pi}{2}} = \frac{\pi}{2\sqrt{2}};$

(6) 原式 $= \int_0^{\pi} x |\cos x| \sin x dx = \frac{\pi}{2} \int_0^{\pi} |\cos x| \sin x dx = \frac{\pi}{2} \left(\int_0^{\frac{\pi}{2}} \cos x \sin x dx - \int_{\frac{\pi}{2}}^{\pi} \cos x \sin x dx \right) = \frac{\pi}{2};$

(7) 原式 $= \int_0^{\frac{\pi}{2}} x^2 \cos x dx - \int_{\frac{\pi}{2}}^{\pi} x^2 \cos x dx$

$$= (x^2 \sin x + 2x\cos x - 2\sin x) \Big|_0^{\frac{\pi}{2}} - (x^2 \sin x + 2x\cos x - 2\sin x) \Big|_{\frac{\pi}{2}}^{\pi} = \frac{\pi^2}{2} + 2\pi - 4;$$

(8) 原式 $= \frac{1}{e^2} \int_0^{+\infty} \frac{d(e^{x-1})}{e^{2(x-1)} + 1} = \frac{1}{e^2} [\arctan(e^{x-1})] \Big|_0^{+\infty} = \frac{1}{e^2} \left(\frac{\pi}{2} - \arctan \frac{1}{e} \right);$

(9) $|x^2 - x| = \begin{cases} x - x^2, & \frac{1}{2} \leq x < 1, \\ 0, & x = 1, \\ x^2 - x, & 1 < x \leq \frac{3}{2}. \end{cases}$

可见 $x = 1$ 是瑕点.

$$原式 = \int_{\frac{1}{2}}^{1} \frac{dx}{\sqrt{x - x^2}} + \int_1^{\frac{3}{2}} \frac{dx}{\sqrt{x^2 - x}} = \lim_{\varepsilon \to 0^+} \int_{\frac{1}{2}}^{1-\varepsilon} \frac{dx}{\sqrt{\frac{1}{4} - \left(x - \frac{1}{2} \right)^2}} + \lim_{\varepsilon \to 0^+} \int_{1+\varepsilon}^{\frac{3}{2}} \frac{dx}{\sqrt{\left(x - \frac{1}{2} \right)^2 - \frac{1}{4}}}$$

$$= \lim_{\varepsilon \to 0^+} \arcsin(2x - 1) \Big|_{\frac{1}{2}}^{1-\varepsilon} + \lim_{\varepsilon \to 0^+} \ln \left[\left(x - \frac{1}{2} \right) + \sqrt{\left(x - \frac{1}{2} \right)^2 - \frac{1}{4}} \right] \Big|_{1+\varepsilon}^{\frac{3}{2}}$$

$$= \frac{\pi}{2} + \ln(2 + \sqrt{3});$$

(10) 当 $x < -1$ 时, $\qquad 原式 = \int_0^{-1} dt + \int_{-1}^{x} t^2 dt = \frac{1}{3} x^3 - \frac{2}{3};$

当 $-1 \leqslant x \leqslant 1$ 时，　　　　　　原式 $= \int_0^x \mathrm{d}t = x$；

当 $x > 1$ 时，　　　　　　原式 $= \int_0^1 \mathrm{d}t + \int_1^x t^3 \mathrm{d}t = \frac{1}{4}x^4 + \frac{3}{4}$.

总之　　　　　　$\int_0^x \max\{t^3,\ t^2,\ 1\} \mathrm{d}t = \begin{cases} \dfrac{1}{3}x^3 - \dfrac{2}{3}, & x < -1, \\[2mm] x, & -1 \leqslant x \leqslant 1, \\[2mm] \dfrac{1}{4}x^4 + \dfrac{3}{4}, & x > 1. \end{cases}$

12. 设 $f(x)$ 为连续函数，证明

$$\int_0^x f(t)(x-t)\mathrm{d}t = \int_0^x \left(\int_0^t f(u)\mathrm{d}u \right) \mathrm{d}t.$$

【证法 1】　设

$$F(x) = \int_0^x f(t)(x-t)\mathrm{d}t - \int_0^x \left(\int_0^t f(u)\mathrm{d}u \right) \mathrm{d}t,$$

$$F'(x) = \left(x\int_0^x f(t)\mathrm{d}t \right)' - \left(\int_0^x tf(t)\mathrm{d}t \right)' - \left[\int_0^x \left(\int_0^t f(u)\mathrm{d}u \right)\mathrm{d}t \right]'$$

$$= \int_0^x f(t)\mathrm{d}t + xf(x) - xf(x) - \int_0^x f(u)\mathrm{d}u = 0,$$

故　　　　　　　　　　　　　$F(x) \equiv C,$

而　　　　　　　　　　　　　$F(0) = 0 = C,$

故　　　　　　$\int_0^x f(t)(x-t)\mathrm{d}t = \int_0^x \left(\int_0^t f(u)\mathrm{d}u \right) \mathrm{d}t.$

【证法 2】　右端 $= t \cdot \int_0^t f(u)\mathrm{d}u \Big|_0^x - \int_0^x t \cdot f(t)\mathrm{d}t = x\int_0^x f(u)\mathrm{d}u - \int_0^x tf(t)\mathrm{d}t$

$$= \int_0^x xf(t)\mathrm{d}t - \int_0^x tf(t)\mathrm{d}t = \int_0^x f(t)(x-t)\mathrm{d}t = 左端.$$

13. 设 $f(x)$ 在区间 $[a, b]$ 上连续，且 $f(x) > 0$，

$$F(x) = \int_a^x f(t)\mathrm{d}t + \int_b^x \frac{\mathrm{d}t}{f(t)},\ x \in [a, b].$$

证明：

(1) $F'(x) \geqslant 2.$

【证】　$F'(x) = f(x) + \dfrac{1}{f(x)} \geqslant 2\sqrt{f(x)} \cdot \dfrac{1}{\sqrt{f(x)}} = 2.$

(2) 方程 $F(x) = 0$ 在区间 (a, b) 内有且仅有一个根.

【证】　$F(a) = \int_b^a \dfrac{1}{f(t)}\mathrm{d}t = -\int_a^b \dfrac{1}{f(t)}\mathrm{d}t,\ F(b) = \int_a^b f(t)\mathrm{d}t.$

因为 $f(x) > 0$，故　　　$F(a) \cdot F(b) = -\int_a^b \dfrac{1}{f(t)}\mathrm{d}t \cdot \int_a^b f(t)\mathrm{d}t < 0.$

由零点定理，至少存在一点 $\xi \in (a, b)$，使 $F(\xi) = 0$.

又因为 $F'(x) \geqslant 2$，则 $F(x)$ 单调增加，故 ξ 是方程 $F(x) = 0$ 的唯一实根.

14. 求 $\int_0^2 f(x-1)\mathrm{d}x$，其中

$$f(x) = \begin{cases} \dfrac{1}{1+x}, & x \geqslant 0, \\[3mm] \dfrac{1}{1+\mathrm{e}^x}, & x < 0. \end{cases}$$

【解】　令 $x-1=t,\ x=t+1.$

$$\int_0^2 f(x-1)\,dx = \int_{-1}^1 f(x)\,dx = \int_{-1}^1 f(t)\,dt = \int_{-1}^0 \frac{1}{1+e^x}\,dx + \int_0^1 \frac{1}{1+x}\,dx = \int_{-1}^0 \frac{e^x}{e^x(e^x+1)}\,dx + \ln|1+x| \Big|_0^1$$

$$= \int_{-1}^0 \left(\frac{1}{e^x} - \frac{1}{e^x+1} \right) de^x + \ln 2 = \left[\ln e^x - \ln(e^x+1) \right] \Big|_{-1}^0 + \ln 2 = -\ln 2 + 1 + \ln(e^{-1}+1) + \ln 2$$

$$= 1 + \ln \frac{e+1}{e} = \ln(e+1).$$

15. 设 $f(x)$ 在区间 $[a,b]$ 上连续，$g(x)$ 在区间 $[a,b]$ 上连续且不变号. 证明至少存在一点 $\xi \in [a,b]$，使下式成立

$$\int_a^b f(x)g(x)\,dx = f(\xi) \int_a^b g(x)\,dx \quad (\text{积分第一中值定理}).$$

【证】 不妨假定 $g(x) \geqslant 0$，$x \in [a,b]$. 若 $g(x) \equiv 0$，证完. 否则，必有 $x_0 \in [a,b]$，使 $g(x_0) > 0$. 由连续性，必有 $U(x_0,\delta)$，在此邻域内，$g(x) > 0$，于是 $\int_a^b g(x)\,dx > 0$.

设 m, M 是 $f(x)$ 在 $[a,b]$ 上的最小值与最大值，即 $m \leqslant f(x) \leqslant M$，于是

$$mg(x) \leqslant f(x)g(x) \leqslant Mg(x),$$

积分，得

$$m\int_a^b g(x)\,dx \leqslant \int_a^b f(x)g(x)\,dx \leqslant M\int_a^b g(x)\,dx, \quad m \leqslant \frac{\int_a^b f(x)g(x)\,dx}{\int_a^b g(x)\,dx} \leqslant M.$$

由介值定理，必有 $\xi \in [a,b]$，使

$$f(\xi) = \frac{\int_a^b f(x)g(x)\,dx}{\int_a^b g(x)\,dx},$$

即

$$\int_a^b f(x)g(x)\,dx = f(\xi) \int_a^b g(x)\,dx \quad (\xi \in [a,b]).$$

*16. 证明：$\int_0^{+\infty} x^n e^{-x^2}\,dx = \frac{n-1}{2} \int_0^{+\infty} x^{n-2} e^{-x^2}\,dx$ $(n>1)$，并用它证明

$$\int_0^{+\infty} x^{2n+1} e^{-x^2}\,dx = \frac{1}{2}\Gamma(n+1) \quad (n \in \mathbf{N}).$$

【证】 $\int_0^{+\infty} x^n e^{-x^2}\,dx = -\frac{1}{2}\int_0^{+\infty} x^{n-1} d(e^{-x^2}) = -\frac{1}{2}x^{n-1} e^{-x^2}\Big|_0^{+\infty} + \frac{1}{2}\int_0^{+\infty}(n-1)x^{n-2} e^{-x^2}\,dx$

$$= \frac{n-1}{2}\int_0^{+\infty} x^{n-2} e^{-x^2}\,dx.$$

令 $I_n = \int_0^{+\infty} x^n e^{-x^2}\,dx$，由上面等式可知 $I_n = \frac{n-1}{2}I_{n-2}$，则

$$\int_0^{+\infty} x^{2n+1} e^{-x^2}\,dx = \frac{2n+1-1}{2}I_{2n-1+2} = nI_{2n-1} = n\int_0^{+\infty} x^{2n-1} e^{-x^2}\,dx \xlongequal{u=x^2} n\int_0^{+\infty} u^{n-\frac{1}{2}} e^{-u} \cdot \frac{1}{2\sqrt{u}}\,du$$

$$= \frac{n}{2}\int_0^{+\infty} u^{n-1} e^{-u}\,du = \frac{n}{2}\Gamma(n) = \frac{1}{2}\Gamma(n+1).$$

*17. 判定下列反常积分的收敛性：

(1) $\int_0^{+\infty} \frac{\sin x}{\sqrt{x^3}}\,dx$;

(2) $\int_0^{+\infty} \frac{dx}{x\sqrt[3]{x^2-3x+2}}$;

(3) $\int_2^{+\infty} \frac{\cos x}{\ln x}\,dx$;

(4) $\int_0^{+\infty} \frac{dx}{\sqrt[3]{x^2(x-1)(x-2)}}$.

【解】 (1)由于 $x=0$ 是瑕点，所以

$$\int_0^{+\infty} \frac{\sin x}{\sqrt{x^3}} dx = \int_0^1 \frac{\sin x}{\sqrt{x^3}} dx + \int_1^{+\infty} \frac{\sin x}{\sqrt{x^3}} dx.$$

在 $[0,1]$ 上，有

$$0 < \frac{\sin x}{\sqrt{x^3}} < \frac{x}{\sqrt{x^3}} = \frac{1}{x^{\frac{1}{2}}}.$$

由于 $\int_0^1 \frac{1}{x^{\frac{1}{2}}} dx$ 收敛，所以根据比较审敛法，知 $\int_0^1 \frac{\sin x}{\sqrt{x^3}} dx$ 收敛.

在 $[1, +\infty)$ 上，有

$$\left| \frac{\sin x}{\sqrt{x^3}} \right| < \frac{1}{x^{\frac{3}{2}}},$$

而 $\int_1^{+\infty} \frac{1}{x^{\frac{3}{2}}} dx$ 收敛，根据比较审敛法，知 $\int_1^{+\infty} \frac{\sin x}{\sqrt{x^3}} dx$ 收敛.

综上所述可知 $\int_0^{+\infty} \frac{\sin x}{\sqrt{x^3}} dx$ 收敛；

(2) 由于 $x=2$ 是瑕点，所以

$$\int_2^{+\infty} \frac{dx}{x \sqrt[3]{x^2-3x+2}} = \int_2^3 \frac{dx}{x \sqrt[3]{x^2-3x+2}} + \int_3^{+\infty} \frac{dx}{x \sqrt[3]{x^2-3x+2}}.$$

在 $(2, 3]$ 上，有

$$\lim_{x \to 2^+} (x-2)^{\frac{1}{3}} \cdot \frac{1}{x \sqrt[3]{(x-2)(x-1)}} = \lim_{x \to 2^+} \frac{1}{x \sqrt[3]{x-1}} = \frac{1}{2},$$

根据比较审敛法，知 $\int_2^{+\infty} \frac{dx}{x \sqrt[3]{x^2-3x-2}}$ 收敛.

在 $[3, +\infty)$ 上，有

$$\lim_{x \to +\infty} x^{\frac{5}{3}} \cdot \frac{dx}{x \sqrt[3]{x^2-3x-2}} = \lim_{x \to +\infty} \sqrt[3]{\frac{x^2}{x^2-3x+2}} = 1,$$

根据比较审敛法，知 $\int_3^{+\infty} \frac{dx}{x \sqrt[3]{x^2-3x+2}}$ 收敛.

综上可知所给反常积分收敛；

(3) 原式 $= \int_2^{+\infty} \frac{d\sin x}{\ln x} = \sin x \cdot \frac{1}{\ln x} \Big|_2^{+\infty} - \int_2^{+\infty} \sin x \cdot \frac{-1}{\ln^2 x} \cdot \frac{1}{x} dx = -\frac{\sin 2}{\ln 2} + \int_2^{+\infty} \frac{\sin x}{x \ln^2 x} dx.$

因为

$$\left| \frac{\sin x}{x \ln^2 x} \right| \leqslant \frac{1}{x \ln^2 x},$$

而

$$\int_2^{+\infty} \frac{1}{x \ln^2 x} dx = \int_2^{+\infty} \frac{1}{\ln^2 x} d\ln x = -\frac{1}{\ln x} \Big|_2^{+\infty} = \frac{1}{\ln 2},$$

所以 $\int_2^{+\infty} \frac{1}{x \ln^2 x} dx$ 收敛，从而 $\int_2^{+\infty} \left| \frac{\sin x}{x \ln^2 x} \right| dx$ 收敛. 于是 $\int_2^{+\infty} \frac{\sin x}{x \ln^2 x} dx$ 收敛，即所给反常积分收敛；

(4) 由于 $x=0, 1, 2$ 均为被积函数的瑕点，于是

$$\int_0^{+\infty} \frac{dx}{\sqrt[3]{x^2(x-1)(x-2)}}$$

$$= \int_0^{\frac{1}{2}} \frac{dx}{\sqrt[3]{x^2(x-1)(x-2)}} + \int_{\frac{1}{2}}^1 \frac{dx}{\sqrt[3]{x^2(x-1)(x-2)}} + \int_1^{\frac{3}{2}} \frac{dx}{\sqrt[3]{x^2(x-1)(x-2)}} +$$

$$\int_{\frac{3}{2}}^2 \frac{dx}{\sqrt[3]{x^2(x-1)(x-2)}} + \int_2^3 \frac{dx}{\sqrt[3]{x^2(x-1)(x-2)}} + \int_3^{+\infty} \frac{dx}{\sqrt[3]{x^2(x-1)(x-2)}}.$$

在 $\left(0, \dfrac{1}{2}\right]$ 上, 有

$$\lim_{x\to 0^+} x^{\frac{2}{3}} \cdot \frac{1}{\sqrt[3]{x^2(x-1)(x-2)}} = \lim_{x\to 0^+} \frac{1}{\sqrt[3]{(x-1)(x-2)}} = \frac{1}{\sqrt[3]{2}},$$

根据极限审敛法, 知 $\displaystyle\int_0^{\frac{1}{2}} \frac{\mathrm{d}x}{\sqrt[3]{x^2(x-1)(x-2)}}$ 收敛.

同理, 可以判定, 在 $\left[\dfrac{1}{2}, 1\right)$, $\left(1, \dfrac{3}{2}\right]$, $\left[\dfrac{3}{2}, 2\right)$, $(2, 3]$ 上, 反常积分均收敛.

在 $[3, +\infty)$ 上, 有

$$\lim_{x\to +\infty} x^{\frac{4}{3}} \cdot \frac{1}{\sqrt[3]{x^2(x-1)(x-2)}} = \lim_{x\to +\infty} \sqrt[3]{\frac{x^2}{(x-1)(x-2)}} = 1,$$

根据极限审敛法, 知 $\displaystyle\int_3^{+\infty} \frac{\mathrm{d}x}{\sqrt[3]{x^2(x-1)(x-2)}}$ 收敛.

综上所述可知所给反常积分收敛.

*18. 计算下列反常积分:

(1) $\displaystyle\int_0^{\frac{\pi}{2}} \ln\sin x \, \mathrm{d}x$.

【解】 $\qquad\qquad$ 原式 $= \displaystyle\int_0^{\frac{\pi}{4}} \ln\sin x \, \mathrm{d}x + \int_{\frac{\pi}{4}}^{\frac{\pi}{2}} \ln\sin x \, \mathrm{d}x$,

$$\int_{\frac{\pi}{4}}^{\frac{\pi}{2}} \ln\sin x \, \mathrm{d}x \xlongequal{x=\frac{\pi}{2}-t} \int_{\frac{\pi}{4}}^{0} \ln\sin\left(\frac{\pi}{2}-t\right) \cdot (-\mathrm{d}t) = \int_0^{\frac{\pi}{4}} \ln\cos t \, \mathrm{d}t,$$

所以 $\qquad$ 原式 $= \displaystyle\int_0^{\frac{\pi}{4}} \ln\sin x \, \mathrm{d}x + \int_0^{\frac{\pi}{4}} \ln\cos x \, \mathrm{d}x = \int_0^{\frac{\pi}{4}} (\ln\sin x + \ln\cos x) \, \mathrm{d}x$

$$= \int_0^{\frac{\pi}{4}} \ln\frac{\sin 2x}{2} \, \mathrm{d}x \xlongequal{2x=t} \int_0^{\frac{\pi}{2}} (\ln\sin t - \ln 2) \cdot \frac{1}{2} \, \mathrm{d}t = \frac{1}{2} \int_0^{\frac{\pi}{2}} \ln\sin t \, \mathrm{d}t - \frac{\ln 2}{2} \int_0^{\frac{\pi}{2}} \mathrm{d}t,$$

从而 $\qquad\qquad\qquad$ 原式 $= -\ln 2 \cdot \dfrac{\pi}{2} = \dfrac{\pi}{2}\ln 2$.

(2) $\displaystyle\int_0^{+\infty} \frac{\mathrm{d}x}{(1+x^2)(1+x^\alpha)}$ $\quad (\alpha \geqslant 0)$.

【解】 令 $x = \dfrac{1}{u}$, 则 $\mathrm{d}x = -\dfrac{1}{u^2}\mathrm{d}x$.

$$\text{原式} = \int_{+\infty}^0 \frac{1}{\left(1+\frac{1}{u^2}\right)\left(1+\frac{1}{u^\alpha}\right)} \cdot \left(-\frac{1}{u^2}\right) \mathrm{d}u = \int_0^{+\infty} \frac{u^\alpha}{(1+u^2)(1+u^\alpha)} \mathrm{d}u$$

$$= \int_0^{+\infty} \frac{(u^\alpha+1)-1}{(1+u^2)(1+u^\alpha)} \mathrm{d}u = \int_0^{+\infty} \frac{1}{1+u^2} \mathrm{d}u - \int_0^{+\infty} \frac{1}{(1+u^2)(1+u^\alpha)} \mathrm{d}u,$$

所以 $\qquad\qquad$ 原式 $= \dfrac{1}{2} \displaystyle\int_0^{+\infty} \frac{1}{1+u^2} \mathrm{d}u = \frac{1}{2}\arctan u \Big|_0^{+\infty} = \frac{\pi}{4}$.

第六章　定积分的应用

一、主要内容

(一) 定积分应用的计算公式

在定积分的应用中, 根据微元分析法(亦称元素法)可以建立以下一系列定积分表达式.

1. 平面图形的面积 S

(1) 由曲线 $y = f(x)$ $(f(x) \geqslant 0)$, 直线 $x = a$, $x = b$ 与 x 轴围成的图形, 则

$$dS = f(x)\,dx, \quad S = \int_a^b f(x)\,dx.$$

(2) 由曲线 $y = f(x)$, $y = g(x)$ 和直线 $x = a$, $x = b$ 围成的图形, 则

$$dS = |\, f(x) - g(x)\,|\,dx, \quad S = \int_a^b |\, f(x) - g(x)\,|\,dx.$$

(3) 由曲线 $r = r(\theta)$ $(r(\theta) \geqslant 0)$ 和 $\theta = \alpha$, $\theta = \beta$ 围成的图形, 则

$$dS = \frac{1}{2} r^2(\theta)\,d\theta, \quad S = \frac{1}{2} \int_\alpha^\beta r^2(\theta)\,d\theta.$$

(4) 由参数方程

$$\begin{cases} x = \varphi(t), \\ y = \psi(t) \end{cases}$$

给出的曲边, t_1 对应起点, t_2 对应终点, $x = \varphi(t)$ 在 $[t_1, t_2]$ (或 $[t_2, t_1]$) 上连续可微, $y = \psi(t)$ 在此区间上连续, 则曲边梯形的面积为

$$S = \int_{t_1}^{t_2} \psi(t)\varphi'(t)\,dt.$$

特别地, 参数方程所确定的是封闭无重点曲线, 则曲线围成图形的面积为

$$S = \frac{1}{2} \int_{t_1}^{t_2} [\,\varphi(t)\psi'(t) - \psi(t)\varphi'(t)\,]\,dt,$$

此时要求 $\varphi(t)$, $\psi(t)$ 都连续可微.

2. 平面曲线 l 的长度

(1) 曲线方程为 $y = f(x)\,(a \leqslant x \leqslant b)$, 则

$$dl = \sqrt{1 + f'^2(x)}\,dx, \quad l = \int_a^b \sqrt{1 + f'^2(x)}\,dx.$$

(2) 曲线方程为 $x = \varphi(t)$, $y = \psi(t)\,(\alpha \leqslant t \leqslant \beta)$, 则

$$dl = \sqrt{\varphi'^2(t) + \psi'^2(t)}\,dt, \quad l = \int_\alpha^\beta \sqrt{\varphi'^2(t) + \psi'^2(t)}\,dt.$$

(3) 曲线方程为 $r = r(\theta)$, $\alpha \leqslant \theta \leqslant \beta$, 则

$$dl = \sqrt{r^2(\theta) + r'^2(\theta)}\,d\theta, \quad l = \int_\alpha^\beta \sqrt{r^2(\theta) + r'^2(\theta)}\,d\theta.$$

(4) 空间曲线为 $x = \varphi(t)$, $y = \psi(t)$, $z = \omega(t)\,(\alpha \leqslant t \leqslant \beta)$, 则

$$dl = \sqrt{\varphi'^2(t) + \psi'^2(t) + \omega'^2(t)}\,dt,$$

$$l = \int_\alpha^\beta \sqrt{\varphi'^2(t) + \psi'^2(t) + \omega'^2(t)}\,dt.$$

3. 立体体积 V

（1）立体是由曲面和平面 $x = a$，$x = b$ 围成的，垂直于 x 轴的截面面积 $S(x)$ 为已知，则

$$dV = S(x)\,dx, \quad V = \int_a^b S(x)\,dx \quad (S(x) \text{ 连续于} [a, b]).$$

（2）由平面连续曲线 $y = f(x)$，直线 $x = a$，$x = b$ 及 x 轴围成的曲边梯形绕 x 轴旋转一周所得旋转体之体积为 V，则

$$dV = \pi y^2(x)\,dx, \quad V = \pi \int_a^b y^2(x)\,dx.$$

4. 变力沿直线所作的功 W

物体在变力 $F(x)$ 的作用下，沿直线由 $x = a$ 运动到 $x = b$ 所作的功为 W，则

$$dW = F(x)\,dx, \quad W = \int_a^b F(x)\,dx.$$

5. 液体对平面板侧压力 P

如图 6-1 所示，平板垂直地浸入液体中，设液体密度为 μ，平板一侧所受液体压力为 P，则

$$dP = \mu x f(x)\,dx, \quad P = \mu \int_a^b x f(x)\,dx.$$

6. 函数 $y = f(x)$ 在 $[a, b]$ 上的平均值为

$$\bar{y} = \frac{1}{b - a} \int_a^b f(x)\,dx.$$

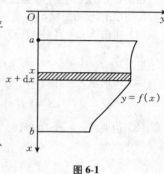

图 6-1

注　利用定积分还可计算平面图形及简单空间形体的重心、质点与物体间引力等，读者可参考后面的例题进行理解.

（二）结论补充

1. 由直线 $x = a$，$x = b$，$y = 0$ 和曲线 $y = f(x)$ 所围成的平面图形绕 y 轴旋转一周所得旋转体的体积为

$$V_y = \int_a^b 2\pi x f(x)\,dx,$$

式中 $0 \leqslant a < b$.

2. 由连续曲线 $y = f(x)$（$f(x) \geqslant 0$），直线 $x = a$，$x = b$，$y = 0$ 所围成的图形绕 x 轴旋转一周所得旋转体的侧面积为

$$A = \int_a^b 2\pi f(x) \sqrt{1 + f'^2(x)}\,dx.$$

3. 设 $r = r(\theta)$ 是极坐标表示的连续曲线方程，由 $0 \leqslant \alpha \leqslant \theta \leqslant \beta \leqslant \pi$，$0 \leqslant r \leqslant r(\theta)$ 确定的平面图形绕极轴旋转一周所得立体的体积为

$$V = \frac{2\pi}{3} \int_\alpha^\beta r^3(\theta) \sin\theta\,d\theta.$$

4. 古尔金（Guldin）定理：设 A 为平面图形的面积，$\bar{y}$ 表示 A 的重心到转轴的距离，则由此平面图形绕转轴旋转一周所得旋转体的体积为

$$V = 2\pi \bar{y} A.$$

5. 设 L 为平面曲线弧段的长，$\bar{y}$ 表示此弧段重心到转轴的距离，则此弧段绕转轴旋转一周所得的曲面面积为

$$S = 2\pi \bar{y} \cdot L.$$

二、典型例题

(一) 几何应用

1. 面积问题

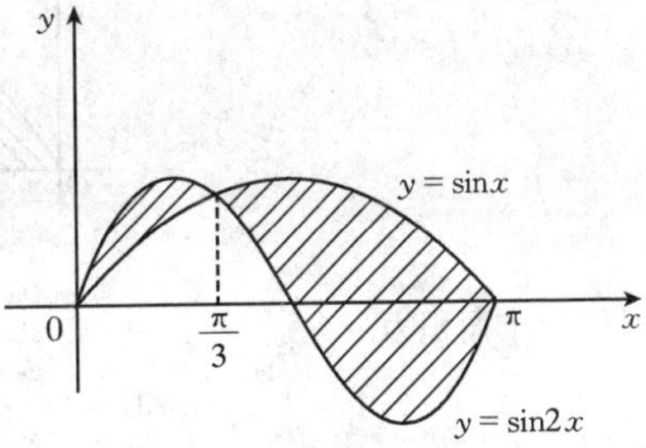

【例 6-1】 求曲线 $y = \sin x$ 与 $y = \sin 2x$ 在 $[0, \pi]$ 上所围成图形的面积.

【解】 所围图形如图 6-2 所示.

所求面积为

$$A = \int_0^{\frac{\pi}{3}} (\sin 2x - \sin x)\,\mathrm{d}x + \int_{\frac{\pi}{3}}^{\pi} (\sin x - \sin 2x)\,\mathrm{d}x$$

$$= \left(-\frac{1}{2}\cos 2x + \cos x \right) \Big|_0^{\frac{\pi}{3}} + \left(-\cos x + \frac{1}{2}\cos 2x \right) \Big|_{\frac{\pi}{3}}^{\pi} = \frac{5}{2}.$$

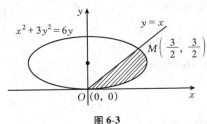

图 6-2

【例 6-2】 直线 $y = x$ 将椭圆 $x^2 + 3y^2 = 6y$ 分成两部分,求较小一部分图形的面积.

【解】 直线 $y = x$ 与椭圆 $x^2 + 3y^2 = 6y$ 的交点可求得为 $(0, 0)$ 和 $\left(\dfrac{3}{2}, \dfrac{3}{2} \right)$.

所围图形如图 6-3 所示.

图 6-3

所求面积为

$$A = \int_0^{\frac{3}{2}} \left(\sqrt{6y - 3y^2} - y \right)\mathrm{d}y = \sqrt{3} \int_0^{\frac{3}{2}} \sqrt{1 - (y-1)^2}\,\mathrm{d}y - \int_0^{\frac{3}{2}} y\,\mathrm{d}y$$

$$= \sqrt{3} \left[\frac{1}{2}(y-1)\sqrt{1-(y-1)^2} + \frac{1}{2}\arcsin(y-1) \right] \Big|_0^{\frac{3}{2}} - \left(\frac{1}{2}y^2 \right) \Big|_0^{\frac{3}{2}} = \frac{\sqrt{3}}{3}\pi - \frac{3}{4}.$$

【例 6-3】 求曲线 $y = \mathrm{e}^{-x}\sin x\ (x \geqslant 0)$ 与 x 轴围成图形的面积.

【解】 $\lim\limits_{x \to +\infty} \mathrm{e}^{-x}\sin x = 0$,$y = 0$ 为水平渐近线,所求面积为

$$A = \int_0^{\pi} \mathrm{e}^{-x}\sin x\,\mathrm{d}x - \int_{\pi}^{2\pi} \mathrm{e}^{-x}\sin x\,\mathrm{d}x + \int_{2\pi}^{3\pi} \mathrm{e}^{-x}\sin x\,\mathrm{d}x + \cdots = \sum_{k=0}^{\infty} \int_{k\pi}^{(k+1)\pi} (-1)^k \mathrm{e}^{-x}\sin x\,\mathrm{d}x,$$

而

$$\int_{k\pi}^{(k+1)\pi} \mathrm{e}^{-x}\sin x\,\mathrm{d}x = \frac{1}{2}(\mathrm{e}^{-x}\cos x + \mathrm{e}^{-x}\sin x) \Big|_{k\pi}^{(k+1)\pi} = \frac{1}{2}(-1)^k \mathrm{e}^{-k\pi}(\mathrm{e}^{-\pi} + 1),$$

故

$$A = \sum_{k=0}^{\infty} \frac{1}{2}\mathrm{e}^{-k\pi}(\mathrm{e}^{-\pi} + 1) = \left(\sum_{k=0}^{\infty} \mathrm{e}^{-k\pi} \right) \cdot \frac{1}{2}(\mathrm{e}^{-\pi} + 1) = \frac{1}{2}(\mathrm{e}^{-\pi} + 1) \cdot \frac{1}{1 - \mathrm{e}^{-\pi}} = \frac{1}{2} \cdot \frac{\mathrm{e}^{\pi} + 1}{\mathrm{e}^{\pi} - 1}.$$

【例 6-4】 求由摆线

$$x = a(t - \sin t),\ y = a(1 - \cos t)\quad (0 \leqslant t \leqslant 2\pi,\ a > 0)$$

与直线 $y = 0$ 所围成图形的面积.

【解】 所围图形如图 6-4 所示.

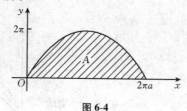

图 6-4

所求面积为

$$A = \int_0^{2\pi a} y(x)\,dx = \int_0^{2\pi} y(t)x'(t)\,dt = \int_0^{2\pi} a^2(1 - \cos t)^2\,dt = 3\pi a^2.$$

【例 6-5】 设曲线 $y = \cos x\left(0 \leqslant x \leqslant \dfrac{\pi}{2}\right)$ 与 x 轴、y 轴所围图形面积被曲线 $y = a\sin x$, $y = b\sin x$ $(a > b > 0)$ 三等分,求 a 和 b 的值.

【解】 如图 6-5 所示,总面积为

$$A = \int_0^{\frac{\pi}{2}} \cos x\,dx = 1.$$

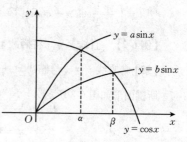

图 6-5

设 $y = \cos x$ 与 $y = b\sin x$ 的交点横坐标为 β,即 $\cos\beta = b\sin\beta$,从而 $\cot\beta = b$. 于是

$$\cos\beta = \frac{b}{\sqrt{1 + b^2}}, \quad \sin\beta = \frac{1}{\sqrt{1 + b^2}}.$$

由题意

$$\int_0^{\beta} b\sin x\,dx + \int_{\beta}^{\frac{\pi}{2}} \cos x\,dx = \frac{1}{3},$$

从而

$$b = \frac{5}{12}.$$

再设 $y = \cos x$ 与 $y = a\sin x$ 的交点横坐标为 α,于是

$$\int_0^{\alpha}(\cos x - a\sin x)\,dx = \frac{1}{3},$$

得 $a = \dfrac{4}{3}$.

2. 体积问题

【例 6-6】 求曲线 $y = \sin x$ $(0 \leqslant x \leqslant \pi)$ 及 x 轴所围成的图形绕 y 轴旋转所成的旋转体的体积.

【解法 1】 $V = \pi \int_0^1 \left[(\pi - \arcsin y)^2 - (\arcsin y)^2\right]dy = \pi \int_0^1 (\pi^2 - 2\pi\arcsin y)\,dy$

$\qquad = \pi^3 - 2\pi^2(y\arcsin y + \sqrt{1 - y^2})\ \Big|_0^1 = 2\pi^2;$

【解法 2】 $V = 2\pi \int_0^{\pi} x\sin x\,dx = 2\pi(-x\cos x + \sin x)\ \Big|_0^{\pi} = 2\pi^2.$

【例 6-7】 求由曲线 $y = e^x$, $y = \sin x$,直线 $x = 0$, $x = 1$ 所围成的图形绕 x 轴旋转一周所得旋转体的体积.

【解】 平面图形如图 6-6 所示.
所求旋转体的体积为

$$V_x = \pi \int_0^1 \left[(e^x)^2 - (\sin x)^2 \right] dx = \pi \int_0^1 e^{2x} dx - \pi \int_0^1 \sin^2 x dx$$

$$= \frac{\pi}{2} e^{2x} \Big|_0^\pi - \pi \left(\frac{1}{2} x - \frac{1}{4} \sin 2x \right) \Big|_0^1 = \pi \left[\frac{1}{2} \left(e^2 + \frac{1}{2} \sin 2 \right) - 1 \right].$$

【例6-8】 求由曲线 $y = 4 - x^2$ 与直线 $y = 0$ 所围成的平面图形绕直线 $x = 3$ 旋转一周所得旋转体的体积.

【解】 平面图形如图6-7所示.

所求体积为

$$V = \int_0^4 S(y) dy = \int_0^4 \pi \left\{ [3 + x(y)]^2 - [3 - x(y)]^2 \right\} dy$$

$$= \int_0^4 \pi \left[(3 + \sqrt{4-y})^2 - (3 - \sqrt{4-y})^2 \right] dy = \int_0^4 12\pi \sqrt{4-y} dy = 64\pi.$$

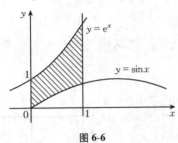

图 6-6

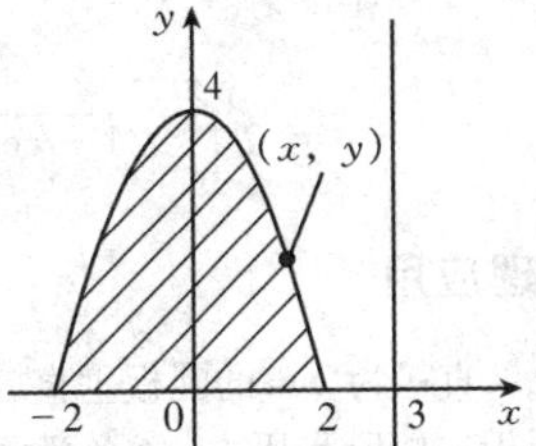

图 6-7

【例6-9】 如图6-8所示之楔形体由抛物柱面 $y - 4 = -x^2$, 平面 $z = 0$ 及与底面成 $\alpha(\alpha > 0)$ 角、过 x 轴的平面所围成. 求此楔形体的体积.

【解】 选 x 为积分变量, 如图6-8所示, 则

$$A(x) = \frac{1}{2} y \cdot y \tan\alpha = \frac{1}{2} y^2 \tan\alpha$$

$$= \frac{1}{2} (4 - x^2)^2 \tan\alpha,$$

$$V = 2 \int_0^2 \frac{1}{2} (4 - x^2)^2 \tan\alpha dx = \frac{256}{15} \tan\alpha.$$

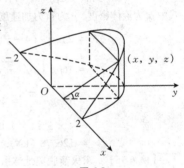

图 6-8

【例6-10】 求曲线 $y = xe^{-x} (x \geq 0)$ 绕 x 轴旋转一周所得延展到无穷远之旋转体的体积.

【解】 $V = \pi \int_0^{+\infty} (xe^{-x})^2 dx = -\frac{\pi}{2} \int_0^{+\infty} x^2 de^{-2x} = -\frac{\pi}{2} (x^2 e^{-2x}) \Big|_0^{+\infty} + \pi \int_0^{+\infty} xe^{-2x} dx$

$= \pi \int_0^{+\infty} xe^{-2x} dx = -\frac{\pi}{2} \left(xe^{-2x} \Big|_0^{+\infty} - \int_0^{+\infty} e^{-2x} dx \right) = -\frac{\pi}{4} e^{-2x} \Big|_0^{+\infty} = \frac{\pi}{4}.$

【例6-11】 求心形线 $r = 4(1 + \cos\theta)$ 和直线 $\theta = 0$, $\theta = \frac{\pi}{2}$ 所围成图形绕极轴旋转一周所得旋转体的体积.

【解】 $x = r\cos\theta = 4(1 + \cos\theta)\cos\theta$, $y = r\sin\theta = 4(1 + \cos\theta)\sin\theta$.

$\theta = 0$ 时, $r = 8$. 所求体积为

$$V = \int_0^8 \pi y^2 dx = -\int_{\frac{\pi}{2}}^0 \pi [4(1 + \cos\theta)\sin\theta]^2 [4(1 + \cos\theta)\cos\theta]'_\theta d\theta$$

$$= 64\pi \int_0^{\frac{\pi}{2}} (1 + \cos\theta)^2 \sin^3\theta \cdot (1 + 2\cos\theta) d\theta = 160\pi.$$

3. 曲线的弧长

【例 6-12】 求星形线 $x = a\cos^3 t$，$y = a\sin^3 t$ 的全长.

【解】 由对称性，星形线的全长为

$$s = 4\int_0^{\frac{\pi}{2}} \sqrt{(a\cos^3 t)'^2 + (a\sin^3 t)'^2}\,dt = 4\int_0^{\frac{\pi}{2}} 3a\sin t\cos t\,dt = 6a.$$

【例 6-13】 求曲线 $y = \int_{-\frac{\pi}{2}}^{x} \sqrt{\cos t}\,dt$ 的全长.

【解】 由于 $\cos t \geqslant 0$，故 $-\dfrac{\pi}{2} \leqslant t \leqslant \dfrac{\pi}{2}$，即要求 $-\dfrac{\pi}{2} \leqslant x \leqslant \dfrac{\pi}{2}$. 曲线全长为

$$s = \int_{-\frac{\pi}{2}}^{\frac{\pi}{2}} \sqrt{1 + y'^2(x)}\,dx = 2\int_0^{\frac{\pi}{2}} \sqrt{1 + (\sqrt{\cos x})^2}\,dx$$

$$= 2\int_0^{\frac{\pi}{2}} \sqrt{1 + \cos x}\,dx = 2\sqrt{2}\int_0^{\frac{\pi}{2}} \cos\frac{x}{2}\,dx = 4\sqrt{2}\sin\frac{x}{2}\Big|_0^{\frac{\pi}{2}} = 4.$$

（二）物理应用

【例 6-14】 直径为 $2\,\text{m}$ 的圆板垂直放在海水中，板中心距离水面 $4\,\text{m}$，求圆板一侧所受压力（海水密度为 $1.03 \times 10^3\,\text{kg/m}^3$）.

【解】 如图 6-9 所示，有

$$dP = 2\rho g(4 - y)\sqrt{1 - y^2}\,dy,$$

式中 ρ 为液体密度，g 为重力加速度. 因此

$$P = 2\rho g\int_{-1}^{1} (4 - y)\sqrt{1 - y^2}\,dy$$

$$= 16\rho g\int_0^1 \sqrt{1 - y^2}\,dy$$

$$= 16\rho g \cdot \frac{\pi}{4} = 4\pi\rho g$$

$$\approx 4 \times 3.14 \times 1.03 \times 10^3 \times 9.8$$

$$\approx 126.78\ (\text{kN}).$$

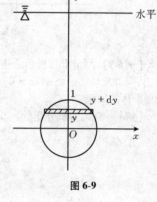

图 6-9

【例 6-15】 求火箭脱离地球引力范围所需初速度（地球半径 $R = 6370\,\text{km}$）.

【解】 如图 6-10 所示，设 M 为地球质量，m 为火箭质量，微功为

$$dW = k\frac{mM}{r^2}\,dr,$$

在地面上 $k \cdot \dfrac{mM}{R^2} = mg$，所以 $k = \dfrac{R^2 g}{M}$，于是

$$dW = \frac{mgR^2}{r^2}\,dr, \quad W = \int_R^{+\infty} \frac{mgR^2}{r^2}\,dr = mgR.$$

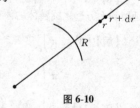

图 6-10

令 $\dfrac{1}{2}mv_0^2 \geqslant mgR$，则 $v_0 \geqslant 11.2\,(\text{km/s})$.

【例 6-16】 求面密度为常数 μ，两直角边分别为 a 和 b 的直角三角形薄片对于长为 a 一边的转动惯量.

【解】 如图 6-11，直线 $\overline{AB}$ 的方程为 $y = -\dfrac{a}{b}x + a$.

转动惯量微元为

$$dJ = \mu x^2 y dx = \mu x^2 \left(\frac{-ax}{b} + a \right) dx.$$

于是, 所求转动惯量为

$$J = \int_0^b \mu x^2 \left(-\frac{a}{b}x + a \right) dx = \frac{\mu}{12} ab^3.$$

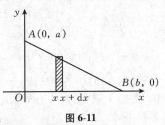

图 6-11

【例6-17】 设有一面密度为常数 ρ, 半径分别为 R_1, $R_2(R_1 < R_2)$ 的圆环形薄板. 一质量为 m 的质点 P 位于过圆心的垂线上, 且距圆心为 a. 求圆环对质点 P 的引力.

【解】 如图 6-12 所示, 取 z 轴为过圆心的垂线, 圆环置于 xOy 面上, 引力为 $\mathbf{F} = \{F_x, F_y, F_z\}$, 则

$$dF_z = \frac{k\rho 2\pi r dr \cdot m}{a^2 + r^2} \cdot \cos\theta = \frac{k\rho m \cdot 2\pi r dr}{a^2 + r^2} \cdot \frac{a}{\sqrt{a^2 + r^2}} = \frac{2\pi k m \rho a r dr}{(a^2 + r^2)^{3/2}},$$

又

$$F_z = \int_{R_1}^{R_2} \frac{2\pi k m \rho a r dr}{(a^2 + r^2)^{3/2}} = -2\pi k m \rho a \int_{R_1}^{R_2} d\left(\frac{a}{\sqrt{a^2 + r^2}} \right) = 2\pi k m \rho a \left(\frac{1}{\sqrt{a^2 + R_1^2}} - \frac{1}{\sqrt{a^2 + R_2^2}} \right),$$

故引力为

$$\mathbf{F} = \left(0, 0, 2\pi k m \rho a \left(\frac{1}{\sqrt{a^2 + R_1^2}} - \frac{1}{\sqrt{a^2 + R_2^2}} \right) \right).$$

图 6-12

(三) 综合应用

【例6-18】 在区间 $[0, 1]$ 上给定函数 $y = x^2$, 问当 t 为何值时, 图 6-13 阴影部分 S_1 与 S_2 的面积和最小? 何时最大?

【解】 A 点坐标为 (t, t^2), 故

$$S_1 = t \cdot t^2 - \int_0^t x^2 dx = \frac{2}{3}t^3,$$

$$S_2 = \int_t^1 x^2 dx - (1 - t)t^2 = \frac{1}{3} + \frac{2}{3}t^3 - t^2,$$

$$S = S_1 + S_2 = f(t) = \frac{4}{3}t^3 - t^2 + \frac{1}{3}.$$

令

$$f'(t) = 2t(2t - 1) = 0,$$

得驻点 $t = \frac{1}{2}$, 又 $t = 0$, $t = 1$ 为边界点.

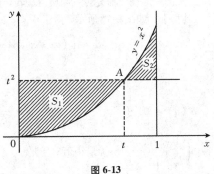

图 6-13

比较 $f(0) = \dfrac{1}{3}, f\left(\dfrac{1}{2}\right) = \dfrac{1}{4}, f(1) = \dfrac{2}{3}$.

故 $t = \dfrac{1}{2}$ 时,面积和最小;$t = 1$ 时,面积和最大.

【例 6-19】 在曲线族 $y = a(1 - x^2)\ (a > 0)$ 中,试选出一条曲线,使该曲线和它在点$(-1,$ $0)$ 及点$(1, 0)$ 处两条法线所围成图形的面积比这族曲线中其他曲线以同样方法所围成图形的面积都小.

【解】 设所求曲线为

$$y = a(1 - x^2)\quad (a > 0),$$

则

$$y' = -2ax,$$

过$(1, 0)$ 的曲线的法线斜率为

$$k = -\frac{1}{y'}\bigg|_{x=1} = \frac{1}{2a},$$

法线方程为

$$y = \frac{1}{2a}(x - 1).$$

设所围面积为 A,则如图 6-14 所示阴影部分面积为 $\dfrac{1}{2}A$,于是有

$$\frac{1}{2}A = \int_0^1 \left[a(1 - x^2) - \frac{1}{2a}(x - 1) \right] \mathrm{d}x = \frac{2}{3}a + \frac{1}{4a}.$$

设 $f(a) = \dfrac{1}{2}A = \dfrac{2}{3}a + \dfrac{1}{4a}\ (a > 0)$,则

$$f'(a) = \frac{2}{3} - \frac{1}{4a^2}.$$

令 $f'(a) = 0$,得

$$a = \frac{\sqrt{6}}{4},$$

则

$$f''(a) = \frac{1}{2a^3}, f''\left(\frac{\sqrt{6}}{4}\right) > 0.$$

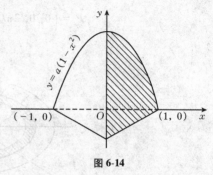

图 6-14

当 $a = \dfrac{\sqrt{6}}{4}$ 时,$f(a)$ 在$(0, +\infty)$ 内只有一个极小值 $f\left(\dfrac{\sqrt{6}}{4}\right)$,也是最小值. 所求曲线为

$$y = \frac{\sqrt{6}}{4}(1 - x^2).$$

【例 6-20】 设直线 $y = ax$ 与抛物线 $y = x^2$ 所围成的图形面积为 S_1,它们与直线 $x = 1$ 围成的图形面积为 S_2,并且 $0 < a < 1$,试确定 a 的值,使 $S_1 + S_2 = S$ 达到最小值,并求最小值,进而求此平面图形绕 x 轴旋转一周所得旋转体的体积.

【解】 如图 6-15 所示,由于 $0 < a < 1$ 时,

$$S = \int_0^a (ax - x^2) \mathrm{d}x + \int_a^1 (x^2 - ax) \mathrm{d}x = \frac{a^3}{3} - \frac{a}{2} + \frac{1}{3}.$$

$$S'(a) = a^2 - \frac{1}{2}.$$

令 $S'(a) = 0$,得

$$a = \frac{1}{\sqrt{2}}, S''(a) = 2a > 0,$$

故 $S\left(\dfrac{1}{\sqrt{2}}\right) = \dfrac{2 - \sqrt{2}}{6}$ 为最小值. 于是

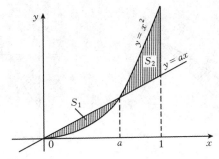

图 6-15

$$V_x = \pi \int_0^{\frac{1}{\sqrt{2}}} \left[\left(\frac{1}{\sqrt{2}} x \right)^2 - (x^2)^2 \right] dx + \pi \int_{\frac{1}{\sqrt{2}}}^1 \left[(x^2)^2 - \left(\frac{1}{\sqrt{2}} x \right)^2 \right] dx$$

$$= \pi \left(\frac{1}{6} x^3 - \frac{x^5}{5} \right) \Big|_0^{\frac{1}{\sqrt{2}}} + \pi \left(\frac{x^5}{5} - \frac{x^3}{6} \right) \Big|_{\frac{1}{\sqrt{2}}}^1 = \frac{\sqrt{2} + 1}{30} \pi.$$

【例 6-21】　设有一容器，其形状由抛物线 $y = x^2$ 绕 y 轴旋转一周而形成，容积为 2.88π m³. 现装满了水，问将水抽出 75% 所作的功是多少？

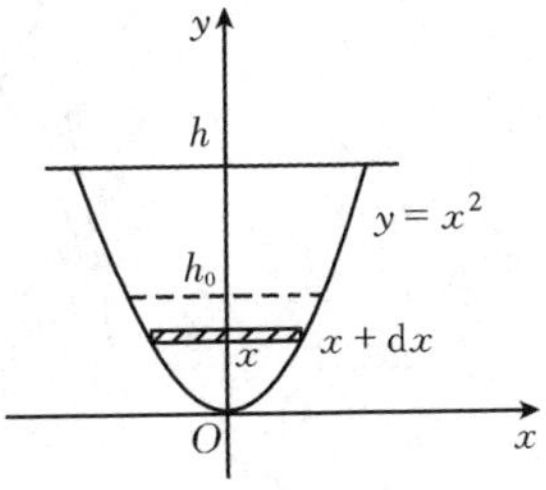

【解】　如图 6-16 所示，当深度为 h 时，水的体积为

$$V = \int_0^h \pi x^2 dy = \int_0^h \pi (\sqrt{y})^2 dy = \frac{\pi}{2} h^2.$$

由 $2.88\pi = \frac{\pi}{2} h^2$，得 $h = 2.4$ m.

图 6-16

当将水抽出 75% 时，剩下水的体积为

$$2.88\pi \times 25\% = 0.72\pi \, (\text{m}^3).$$

再令 $0.72\pi = \frac{\pi}{2} h_0^2$，得 $h_0 = 1.2$ m，所求的功为

$$W = \int_{1.2}^{2.4} g\pi x^2 (2.4 - y) dy = \int_{1.2}^{2.4} g\pi y (2.4 - y) dy = 1128.6\pi \, (\text{kJ}).$$

三、习题全解

注　在本章各题详解中，一般都用 A 表示平面图形的面积，V 表示立体的体积，s 表示弧长，P 表示压力，W 表示功，F 表示引力.

习题 6-2　定积分在几何学上的应用

1. 求图 6-17 中各画斜线部分的面积：

【解】　(1) $A = \int_0^1 (\sqrt{x} - x) dx = \left(\frac{2}{3} x^{\frac{3}{2}} - \frac{1}{2} x^2 \right) \Big|_0^1 = \frac{1}{6}$；

(2) $A = \int_1^e \ln y \, dy = (y \ln y - y) \Big|_1^e = 1$；

(3) $A = \int_{-3}^1 \left[(3 - x^2) - 2x \right] dx = \left(3x - \frac{1}{3} x^3 - x^2 \right) \Big|_{-3}^1 = \frac{32}{3}$；

(4) $A = \int_{-1}^3 \left[(2x + 3) - x^2 \right] dx = \left(x^2 + 3x - \frac{1}{3} x^3 \right) \Big|_{-1}^3 = \frac{22}{3}.$

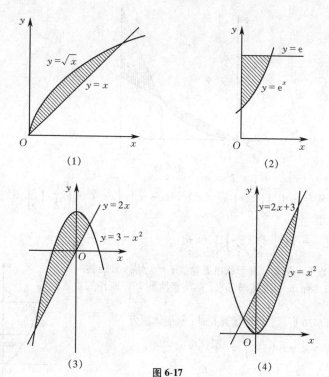

图 6-17

2. 求由下列各曲线所围成的图形的面积:

（1） $y=\dfrac{1}{2}x^2$ 与 $x^2+y^2=8$（两部分都要计算）.

【解】 如图 6-18 所示，两曲线的交点为 $P_1(-2,2)$ 和 $P_2(2,2)$.
较小部分的面积为

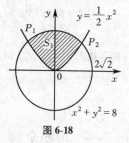

图 6-18

$$A_1=2\int_0^2\left(\sqrt{8-x^2}-\frac{1}{2}x^2\right)\mathrm{d}x=2\left[\frac{(2\sqrt{2})^2}{2}\arcsin\frac{x}{2\sqrt{2}}+\frac{1}{2}x\sqrt{8-x^2}-\frac{1}{6}x^3\right]\Bigg|_0^2$$

$$=2\left(\pi+2-\frac{8}{3}\right)=2\pi+\frac{4}{3}.$$

较大部分的面积为

$$A_2=\pi(2\sqrt{2})^2-\left(2\pi+\frac{4}{3}\right)=6\pi-\frac{4}{3}.$$

（2） $y=\dfrac{1}{x}$ 与直线 $y=x$ 及 $x=2$.

【解】 $A=\displaystyle\int_1^2\left(x-\frac{1}{x}\right)\mathrm{d}x=\left(\frac{1}{2}x^2-\ln x\right)\Bigg|_1^2=\frac{3}{2}-\ln 2.$

（3） $y=\mathrm{e}^x$，$y=\mathrm{e}^{-x}$ 与直线 $x=1$.

【解】 $A=\displaystyle\int_0^1(\mathrm{e}^x-\mathrm{e}^{-x})\mathrm{d}x=(\mathrm{e}^x+\mathrm{e}^{-x})\Bigg|_0^1=\mathrm{e}+\frac{1}{\mathrm{e}}-2.$

（4） $y=\ln x$，y 轴与直线 $y=\ln a$，$y=\ln b$ （$b>a>0$）.

【解】 $A=\displaystyle\int_{\ln a}^{\ln b}\mathrm{e}^y\mathrm{d}y=\mathrm{e}^y\Bigg|_{\ln a}^{\ln b}=b-a.$

3. 求抛物线 $y=-x^2+4x-3$ 及其在点 $(0,-3)$ 和点 $(3,0)$ 处的切线所围成的图形的面积.

【解】　如图 6-19 所示, 经计算可求得过点 $P_1(0, -3)$ 曲线的切线方程为 $y = 4x - 3$, 过点 $P_2(3, 0)$ 曲线的切线方程为 $y = -2x + 6$. 两切线的交点为 $P_3\left(\dfrac{3}{2}, 3\right)$.

所求面积

$$A = \int_0^{\frac{3}{2}} \left[(4x-3) - (-x^2+4x-3) \right] \mathrm{d}x + \int_{\frac{3}{2}}^3 \left[(-2x+6) - (-x^2+4x-3) \right] \mathrm{d}x$$

$$= \int_0^{\frac{3}{2}} x^2 \mathrm{d}x + \int_{\frac{3}{2}}^3 (x^2-6x+9) \,\mathrm{d}x = \frac{1}{3}x^3 \Big|_0^{\frac{3}{2}} + \left(\frac{1}{3}x^3 - 3x^2 + 9x \right) \Big|_{\frac{3}{2}}^3$$

$$= \frac{9}{4}.$$

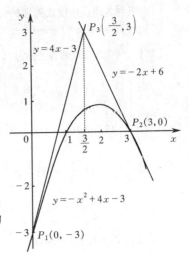

图 6-19

4. 求抛物线 $y^2 = 2px$ 及其在点 $\left(\dfrac{p}{2}, p\right)$ 处的法线所围成的图形的面积.

【解】　容易求得, 过点 $\left(\dfrac{p}{2}, p\right)$ 处抛物线 $y^2 = 2px$ 的法线方程为 $x = \dfrac{3p}{2} - y$. 如图 6-20 所示.

所求面积为

$$A = \int_{-3p}^p \left[\left(\frac{3p}{2} - y \right) - \frac{y^2}{2p} \right] \mathrm{d}y = \left(\frac{3p}{2}y - \frac{1}{2}y^2 - \frac{y^3}{6p} \right) \Big|_{-3p}^p = \frac{16}{3}p^2.$$

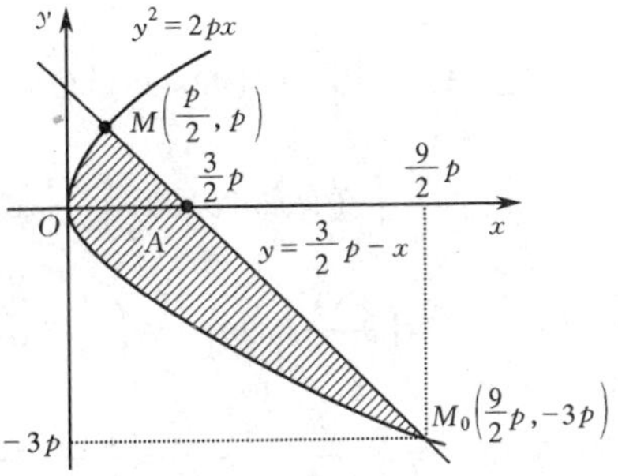

图 6-20

5. 求由下列各曲线所围成的图形的面积:

（1）$\rho = 2a\cos\theta$.

【解】

$$A = 2 \int_0^{\frac{\pi}{2}} \frac{1}{2} (2a\cos\theta)^2 \mathrm{d}\theta = 4a^2 \int_0^{\frac{\pi}{2}} \cos^2\theta \mathrm{d}\theta = 4a^2 \times \frac{1}{2} \times \frac{\pi}{2}$$

$$= \pi a^2.$$

（2）$x = a\cos^3 t$, $y = a\sin^3 t$.

【解】　$A = 4 \int_0^a y\mathrm{d}x = 4 \int_{\frac{\pi}{2}}^0 (a\sin^3 t)\,\mathrm{d}(a\cos^3 t) = 4a^2 \int_0^{\frac{\pi}{2}} 3\cos^2 t\sin^4 t\mathrm{d}t = 12a^2 \int_0^{\frac{\pi}{2}} (\sin^4 t - \sin^6 t)\,\mathrm{d}t$

$$= 12a^2 \left(\frac{3}{4} \times \frac{1}{2} \times \frac{\pi}{2} - \frac{5}{6} \times \frac{3}{4} \times \frac{1}{2} \times \frac{\pi}{2} \right) = \frac{3}{8}\pi a^2.$$

（3）$\rho = 2a(2+\cos\theta)$.

【解】　$A = 2 \int_0^\pi \frac{1}{2} \left[2a(2+\cos\theta) \right]^2 \mathrm{d}\theta = \int_0^\pi 4a^2 (4+4\cos\theta+\cos^2\theta)\,\mathrm{d}\theta$

$$= 16\pi a^2 + 16a^2 \int_0^\pi \cos\theta \mathrm{d}\theta + 4a^2 \int_0^\pi \cos^2\theta \mathrm{d}\theta = 16\pi a^2 + 0 + 4a^2 \left(\frac{\theta}{2} + \frac{\sin 2\theta}{4} \right) \Big|_0^\pi = 18\pi a^2.$$

6. 求由摆线 $x = a(t-\sin t)$, $y = a(1-\cos t)$ 的一拱（$0 \leqslant t \leqslant 2\pi$）与横轴所围成的图形的面积.

【解】　$A = \int_0^{2\pi a} y\mathrm{d}x = \int_0^{2\pi} a(1-\cos t)\,\mathrm{d}[a(t-\sin t)] = a^2 \int_0^{2\pi} (1-\cos t)^2 \mathrm{d}t$

$$= a^2 \int_0^{2\pi} \left[1 - 2\cos t + \frac{1}{2}(1+\cos 2t) \right] \mathrm{d}t = a^2 \left(t - 2\sin t + \frac{1}{2}t + \frac{1}{4}\sin 2t \right) \Big|_0^{2\pi} = 3\pi a^2.$$

7. 求对数螺线 $\rho = ae^\theta(-\pi \leqslant \theta \leqslant \pi)$ 及射线 $\theta = \pi$ 所围成的图形的面积.

【解】　$A = \dfrac{1}{2} \int_{-\pi}^\pi (ae^\theta)^2 \mathrm{d}\theta = \dfrac{a^2}{2} \int_{-\pi}^\pi e^{2\theta} \mathrm{d}\theta = \dfrac{a^2}{4} \cdot e^{2\theta} \Big|_{-\pi}^\pi = \dfrac{a^2}{4}(e^{2\pi} - e^{-2\pi}).$

8. 求下列各曲线所围成图形的公共部分的面积：

（1）$\rho=3\cos\theta$ 及 $\rho=1+\cos\theta$.

【解】　两曲线交点的极坐标为 $P\left(\dfrac{3}{2},\dfrac{\pi}{3}\right)$. 如图 6-21 所示，所求面积为

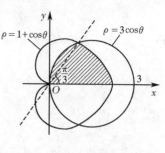

$$A_0=2\left[\int_0^{\frac{\pi}{3}}\frac{1}{2}(1+\cos\theta)^2\mathrm{d}\theta+\int_{\frac{\pi}{3}}^{\frac{\pi}{2}}\frac{1}{2}(3\cos\theta)^2\mathrm{d}\theta\right]$$

$$=\int_0^{\frac{\pi}{3}}\left[1+2\cos\theta+\frac{1}{2}(1+\cos2\theta)\right]\mathrm{d}\theta+\frac{9}{2}\int_{\frac{\pi}{3}}^{\frac{\pi}{2}}(1+\cos2\theta)\mathrm{d}\theta$$

$$=\left(\frac{3}{2}\theta+2\sin\theta+\frac{1}{4}\sin2\theta\right)\Big|_0^{\frac{\pi}{3}}+\frac{9}{2}\left(\theta+\frac{1}{2}\sin2\theta\right)\Big|_{\frac{\pi}{3}}^{\frac{\pi}{2}}$$

$$=\frac{\pi}{2}+\sqrt{3}+\frac{\sqrt{3}}{8}+\frac{9}{2}\left(\frac{\pi}{6}-\frac{\sqrt{3}}{4}\right)=\frac{5\pi}{4}.$$

图 6-21

（2）$\rho=\sqrt{2}\sin\theta$ 及 $\rho^2=\cos2\theta$.

【解】　容易求出两曲线交点的极坐标是 $P_1\left(\dfrac{\sqrt{2}}{2},\dfrac{5\pi}{6}\right)$ 和 $P_2\left(\dfrac{\sqrt{2}}{2},\dfrac{\pi}{6}\right)$. 如图 6-22 所示，所求面积为

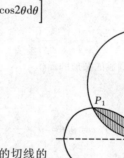

$$A_0=2\left[\int_0^{\frac{\pi}{6}}\frac{1}{2}(\sqrt{2}\sin\theta)^2\mathrm{d}\theta+\int_{\frac{\pi}{6}}^{\frac{\pi}{4}}\frac{1}{2}\cos2\theta\mathrm{d}\theta\right]$$

$$=\int_0^{\frac{\pi}{6}}(1-\cos2\theta)\mathrm{d}\theta+\int_{\frac{\pi}{6}}^{\frac{\pi}{4}}\cos2\theta\mathrm{d}\theta$$

$$=\left(\theta-\frac{1}{2}\sin2\theta\right)\Big|_0^{\frac{\pi}{6}}+\left(\frac{1}{2}\sin2\theta\right)\Big|_{\frac{\pi}{6}}^{\frac{\pi}{4}}$$

$$=\frac{\pi}{6}-\frac{\sqrt{3}}{4}+\frac{1}{2}-\frac{\sqrt{3}}{4}=\frac{\pi}{6}+\frac{1-\sqrt{3}}{2}.$$

图 6-22

9. 求位于曲线 $y=\mathrm{e}^x$ 下方，该曲线过原点的切线的左方以及 x 轴上方之间的图形的面积.

【解】　设直线 $y=kx$ 与曲线 $y=\mathrm{e}^x$ 相切于点 $P(x_0,y_0)$，则应有

$$\begin{cases}y_0=kx_0,\\ y_0=\mathrm{e}^{x_0},\\ y'(x_0)=\mathrm{e}^{x_0}=k,\end{cases}$$

求得

$$x_0=1,\ y_0=\mathrm{e},\ k=\mathrm{e}.$$

$$A=\int_{-\infty}^0\mathrm{e}^x\mathrm{d}x+\int_0^1(\mathrm{e}^x-\mathrm{e}x)\mathrm{d}x=\mathrm{e}^x\Big|_{-\infty}^0+\left(\mathrm{e}^x-\frac{\mathrm{e}}{2}x^2\right)\Big|_0^1=\frac{\mathrm{e}}{2}.$$

10. 求由抛物线 $y^2=4ax$ 与过焦点的弦所围成的图形面积的最小值.

【解】　令 $x=a+r\cos\theta,\ y=r\sin\theta$，将抛物线 $y^2=4ax$ 化为 $r=\dfrac{2a}{1-\cos\theta}$，如图 6-23 所示. $0<\alpha<\pi$.

$$A(\alpha)=\int_\alpha^{\pi+\alpha}\frac{1}{2}\left(\frac{2a}{1-\cos\theta}\right)^2\mathrm{d}\theta,$$

$$A'(\alpha)=\frac{1}{2}\left[\frac{2a}{1-\cos(\pi+\alpha)}\right]^2-\frac{1}{2}\left(\frac{2a}{1-\cos\alpha}\right)^2=-\frac{8a^2\cos\alpha}{\sin^4\alpha}.$$

令 $A'(\alpha)=0$, 得 $\alpha=\dfrac{\pi}{2}$.

$$A_{\min}=\int_{-2a}^{2a}\left(a-\frac{y^2}{4a}\right)dy=\frac{8}{3}a^2.$$

11. 已知抛物线 $y=px^2+qx$(其中 $p<0$, $q>0$)在第一象限内与直线 $x+y=5$ 相切, 且此抛物线与 x 轴所围成的图形的面积为 A. 问 p 和 q 为何值时, A 达到最大值, 并求出此最大值.

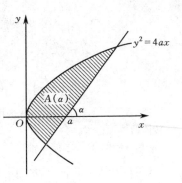

图 6-23

【解】　由题设条件知, 抛物线如图 6-24 所示, 与 x 轴交点的横坐标为 $x_1=0$, $x_2=-\dfrac{q}{p}$, 且

$$A=\int_0^{-\frac{q}{p}}(px^2+qx)dx=\left(\frac{p}{3}x^3+\frac{q}{2}x^2\right)\Big|_0^{-\frac{q}{p}}=\frac{q^3}{6p^2}.$$

因直线 $x+y=5$ 与抛物线 $y=px^2+qx$ 相切, 故它们只有一个交点, 由方程组 $\begin{cases}x+y=5,\\ y=px^2+qx\end{cases}$ 得 $px^2+(q+1)x-5=0$, 由判别式 $\Delta=(q+1)^2+20p=0$ 得 $p=-\dfrac{1}{20}(q+1)^2$, 于是得面积 A 为 $A(q)=\dfrac{200q^3}{3(q+1)^4}$, 令 $A'(q)=\dfrac{200q^2\cdot(3-q)}{3(q+1)^5}=0$, 得唯一驻点 $q=3$; 又当 $0<q<3$ 时, $A'(q)>0$; 当 $q>3$ 时, $A'(q)<0$, 所以 $q=3$ 是 $A(q)$ 的极大值点, 也是最大值点, 这时 $p=-\dfrac{4}{5}$, 且 $A(q)$ 的最大值为 $\dfrac{225}{32}$.

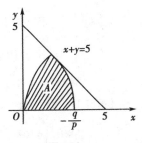

图 6-24

12. 由 $y=x^3$, $x=2$, $y=0$ 所围成的图形, 分别绕 x 轴及 y 轴旋转, 计算所得两个旋转体的体积.

【解】　$V_x=\int_0^2\pi(x^3)^2dx=\dfrac{1}{7}\pi x^7\Big|_0^2=\dfrac{128}{7}\pi$, 　$V_y=\int_0^2 2\pi x\cdot x^3dx=2\pi\cdot\dfrac{1}{5}x^5\Big|_0^2=\dfrac{64}{5}\pi.$

13. 把星形线 $x^{2/3}+y^{2/3}=a^{2/3}$ 所围成的图形绕 x 轴旋转(图 6-25), 计算所得旋转体的体积.

【解法 1】　$V_x=\int_0^a 2\pi y^2(x)dx=2\pi\int_0^a(a^{\frac{2}{3}}-x^{\frac{2}{3}})^3dx$

$$=2\pi\int_0^a(a^2-3a^{\frac{4}{3}}x^{\frac{2}{3}}+3a^{\frac{2}{3}}x^{\frac{4}{3}}-x^2)dx$$

$$=2\pi\left(a^2x-\frac{9}{5}a^{\frac{4}{3}}x^{\frac{5}{3}}+\frac{9}{7}a^{\frac{2}{3}}x^{\frac{7}{3}}-\frac{1}{3}x^3\right)\Big|_0^a=\frac{32}{105}\pi a^3.$$

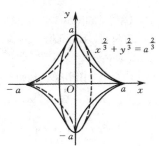

图 6-25

【解法 2】　$V_x=2\pi\int_0^a y^2(x)dx=2\pi\int_{\frac{\pi}{2}}^0(a\sin^3 t)^2d(a\cos^3 t)$

$$=6\pi a^3\int_0^{\frac{\pi}{2}}\sin^7 t(1-\sin^2 t)dt$$

$$=6\pi a^3\left(\frac{6}{7}\times\frac{4}{5}\times\frac{2}{3}-\frac{8}{9}\times\frac{6}{7}\times\frac{4}{5}\times\frac{2}{3}\right)=\frac{32}{105}\pi a^3.$$

14. 用积分法证明图 6-26 中球缺的体积为

$$V=\pi H^2\left(R-\frac{H}{3}\right).$$

【证】　$V_y=\int_{R-H}^R\pi x^2(y)dy$

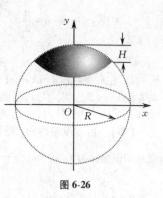

图 6-26

$$= \pi \int_{R-H}^{R} (R^2 - y^2) \, dy$$

$$= \pi \left(R^2 y - \frac{1}{3} y^3 \right) \Big|_{R-H}^{R}$$

$$= \pi H^2 \left(R - \frac{H}{3} \right).$$

15. 求下列已知曲线所围成的图形按指定的轴旋转所产生的旋转体的体积:

(1) $y = x^2$, $x = y^2$, 绕 y 轴.

【解】 $V_y = \pi \int_0^1 (\sqrt{y})^2 dy - \pi \int_0^1 (y^2)^2 dy = \pi \int_0^1 (y - y^4) dy$

$$= \pi \left(\frac{1}{2} y^2 - \frac{1}{5} y^5 \right) \Big|_0^1 = \frac{3}{10} \pi.$$

(2) $y = \arcsin x$, $x = 1$, $y = 0$, 绕 x 轴.

【解】 $V = \int_0^1 \pi (\arcsin x)^2 dx = \left[\pi x (\arcsin x)^2 \right]_0^1 - 2\pi \int_0^1 \frac{x}{\sqrt{1-x^2}} \arcsin x \, dx$

$$= \frac{\pi^3}{4} - 2\pi \left\{ \left[-\sqrt{1-x^2} \arcsin x \right]_0^1 + \int_0^1 dx \right\} = \frac{\pi^3}{4} - 2\pi.$$

(3) $x^2 + (y-5)^2 = 16$, 绕 x 轴.

【解法1】 $V_x = \pi \int_{-4}^{4} (5 + \sqrt{16-x^2})^2 dx - \pi \int_{-4}^{4} (5 - \sqrt{16-x^2})^2 dx$

$$= 40\pi \int_0^4 \sqrt{16-x^2} \, dx = 40\pi \cdot \pi \cdot 4 = 160\pi^2.$$

【解法2】 形心到转轴的距离 $\bar{y} = 5$, 图形面积 $A = \pi \cdot 4^2$. 利用古尔金定理,

$$V_x = 2\pi \bar{y} \cdot A = 2\pi \cdot 5 \cdot \pi \cdot 4^2 = 160\pi^2.$$

(4) 摆线 $x = a(t - \sin t)$, $y = a(1 - \cos t)$ 的一拱, $y = 0$, 绕直线 $y = 2a$.

【解】 如图 6-27 所示, 以 $\overline{AB}$ 为中轴线, 以 $2a$ 为半径, 以 $2\pi a$ 为高的圆柱体的体积为

$$V_1 = \pi (2a)^2 \cdot 2\pi a = 8\pi^2 a^3,$$

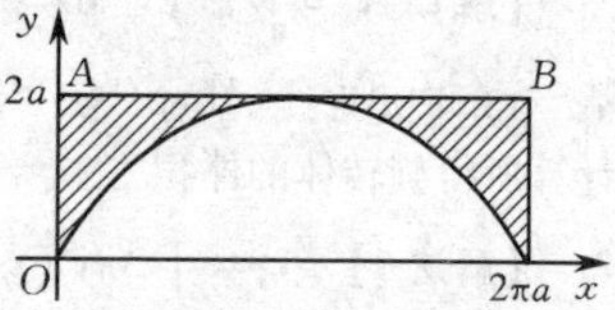

图中阴影部分图形绕 $\overline{AB}$ 轴旋转所得旋转体的体积

$$V_2 = \pi \int_0^{2\pi a} (2a - y)^2 dx = \pi \int_0^{2\pi} a(1 + \cos t)^2 d[a(t - \sin t)]$$

$$= \pi \int_0^{2\pi} a^3 (1 + \cos t) \sin^2 t \, dt = \pi^2 a^3,$$

所求体积 $V = V_1 - V_2 = 8\pi^2 a^3 - \pi^2 a^3 = 7\pi^2 a^3.$

图 6-27

16. 求圆盘 $x^2 + y^2 \leq a^2$ 绕 $x = -b$ ($b > a > 0$) 旋转所成旋转体的体积.

【解法1】 $V = \pi \left[\int_{-a}^{a} (b + \sqrt{a^2 - y^2})^2 dy - \int_{-a}^{a} (b - \sqrt{a^2 - y^2})^2 dy \right]$

$$= 8\pi b \int_0^a \sqrt{a^2 - y^2} \, dy = 8\pi b \cdot \frac{1}{4} \pi a^2 = 2\pi^2 a^2 b;$$

【解法2】 用古尔金定理 $V = 2\pi b \cdot \pi a^2 = 2\pi^2 a^2 b.$

17. 设有一截锥体, 其高为 h, 上、下底均为椭圆, 椭圆的轴长分别为 $2a$, $2b$ 和 $2A$, $2B$, 求这截锥体的体积.

【解】 如图 6-28 所示.

$$\frac{h-x}{h}=\frac{b_1-b}{B-b}=\frac{a_1-a}{A-a},$$

$$a_1=a+\left(1-\frac{x}{h}\right)(A-a),\quad b_1=b+\left(1-\frac{x}{h}\right)(B-b).$$

横截面面积

$$S(x)=\pi\left[a+\left(1-\frac{x}{h}\right)(A-a)\right]\left[b+\left(1-\frac{x}{h}\right)(B-b)\right].$$

所求截锥体的体积为

$$V=\int_0^h S(x)\,dx=\int_0^h\pi\left[a+\left(1-\frac{x}{h}\right)(A-a)\right]\left[b+\left(1-\frac{x}{h}\right)(B-b)\right]dx$$

$$=\pi\int_0^h\Bigg[ab+a(B-b)+b(A-a)+(A-a)(B-b)+$$

$$\frac{(A-a)(B-b)}{h^2}x^2-\frac{a(B-b)}{h}x-\frac{b(A-a)x}{h}-\frac{2(A-a)(B-b)}{h}x\Bigg]dx$$

$$=\frac{1}{6}\pi h\big[(2A+a)B+(2a+A)b\big].$$

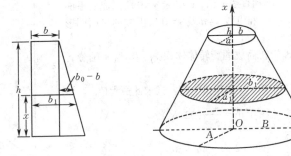

图 6-28

18. 计算底面是半径为 R 的圆，而垂直于底面上一条固定直径的所有截面都是等边三角形的立体体积(图 6-29).

【解】

$$A(x)=\frac{1}{2}\cdot 2\sqrt{R^2-x^2}\cdot\sqrt{3}\cdot\sqrt{R^2-x^2}=\sqrt{3}(R^2-x^2),$$

$$V=2\int_0^R\sqrt{3}(R^2-x^2)\,dx=2\sqrt{3}\left(R^2x-\frac{1}{3}x^3\right)\bigg|_0^R=\frac{4\sqrt{3}}{3}R^3.$$

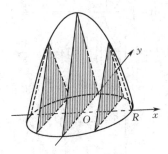

图 6-29

19. 证明：由平面图形 $0\leqslant a\leqslant x\leqslant b$，$0\leqslant y\leqslant f(x)$ 绕 y 轴旋转所成的旋转体的体积为

$$V = 2\pi \int_a^b x f(x) \, dx.$$

【证】　如图 6-30 所示.

设 y_m, y_M 分别是 $y = f(x)$ 在 $[x, x+\Delta x]$ 上的最小值与最大值. 设 $\Delta x > 0$. ΔV 表示此小片图形绕 y 轴旋转一周所得体积, 则

$$\pi[(x+\Delta x)^2 - x^2] y_m \leqslant \Delta V \leqslant \pi[(x+\Delta x)^2 - x^2] y_M,$$

$$\frac{\pi[2x\Delta x + (\Delta x)^2]}{\Delta x} y_m \leqslant \frac{\Delta V}{\Delta x} \leqslant \frac{\pi[2x\Delta x + (\Delta x)^2]}{\Delta x} y_M.$$

令 $\Delta x \to 0^+$, 得 $\dfrac{dV}{dx} = 2\pi x f(x)$. $\Delta x \to 0^-$ 类似有此结果. 故

$$dV = 2\pi x f(x),$$

最后得

$$V_y = \int_a^b 2\pi x f(x) \, dx.$$

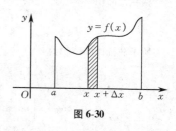

图 6-30

20. 利用 19 题的结论, 计算曲线 $y = \sin x$ $(0 \leqslant x \leqslant \pi)$ 和 x 轴所围成的图形绕 y 轴旋转所得旋转体的体积.

【解】　$V_y = \int_0^\pi 2\pi x \sin x \, dx = 2\pi(\sin x - x\cos x)\Big|_0^\pi = 2\pi^2$.

21. 设由抛物线 $y = 2x^2$ 和直线 $x = a$, $x = 2$ 及 $y = 0$ 所围成的平面图形为 D_1, 由抛物线 $y = 2x^2$ 和直线 $x = a$ 及 $y = 0$ 所围成的平面图形为 D_2, 其中 $0 < a < 2$ (图 6-31).

(1) 试求 D_1 绕 x 轴旋转而成的旋转体体积 V_1, D_2 绕 y 轴旋转而成的旋转体体积 V_2;

(2) 问当 a 为何值时, $V_1 + V_2$ 取得最大值? 试求此最大值.

【解】　(1) $V_1 = \pi \int_a^2 (2x^2)^2 \, dx = \frac{4}{5}\pi(32 - a^5)$,

$$V_2 = \pi a^2 \cdot 2a^2 - \pi \int_0^{2a^2} \frac{y}{2} \, dy = 2\pi a^4 - \pi a^4 = \pi a^4;$$

(2) 令 $V = V_1 + V_2 = \frac{4}{5}\pi(32 - a^5) + \pi a^4$.

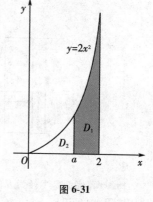

图 6-31

由 $V' = 4\pi a^3 (1 - a) = 0$ 得 $a = 1$ [当 $a \in (0,2)$ 时]. 又当 $0 < a < 1$ 时, $V' > 0$; 当 $1 < a < 2$ 时, $V' < 0$, 因此 $a = 1$ 是极大值点也是最大值点, 这时 $V_{\max} = \dfrac{129}{5}\pi$.

22. 计算曲线 $y = \ln x$ 上相应于 $\sqrt{3} \leqslant x \leqslant \sqrt{8}$ 的一段弧的长度.

【解】　$s = \int_{\sqrt{3}}^{\sqrt{8}} \sqrt{1 + [(\ln x)']^2} \, dx = \int_{\sqrt{3}}^{\sqrt{8}} \frac{\sqrt{1+x^2}}{x} \, dx \xlongequal{\sqrt{1+x^2} = t} \int_2^3 \frac{t}{\sqrt{t^2-1}} \cdot \frac{t}{\sqrt{t^2-1}} \, dt$

$$= \int_2^3 \left(1 + \frac{1}{t^2 - 1}\right) dt = 1 + \left(\frac{1}{2}\ln\left|\frac{t-1}{t+1}\right|\right)\Big|_2^3 = 1 + \frac{1}{2}\ln\frac{3}{2}.$$

23. 计算半立方抛物线 $y^2 = \dfrac{2}{3}(x-1)^3$ 被抛物线 $y^2 = \dfrac{x}{3}$ 截得的一段弧的长度.

【解】　解方程组

$$\begin{cases} y^2 = \dfrac{2}{3}(x-1)^3, \\[2mm] y^2 = \dfrac{x}{3}, \end{cases}$$

得两曲线交点为 $P_1\left(2, \dfrac{\sqrt{6}}{3}\right)$ 和 $P_2\left(2, -\dfrac{\sqrt{6}}{3}\right)$, 所求曲线弧长为

$$s = 2 \int_1^2 \sqrt{1+y'^2} \, dx,$$

$$y^2 = \frac{2}{3}(x-1)^3, \quad 2yy' = 2(x-1)^2, \quad y' = \frac{(x-1)^2}{y}, \quad y'^2 = \frac{(x-1)^4}{y^2} = \frac{(x-1)^4}{\frac{2}{3}(x-1)^3} = \frac{3}{2}(x-1),$$

$$s = 2 \int_1^2 \sqrt{1+\frac{3}{2}(x-1)} \, dx = \frac{2}{3\sqrt{2}} \int_1^2 \sqrt{3x-1} \, d(3x-1) = \frac{2}{3\sqrt{2}} \times \frac{2}{3}(3x-1)^{\frac{3}{2}} \Big|_1^2 = \frac{8}{9}\left[\left(\frac{5}{2}\right)^{\frac{3}{2}} - 1\right].$$

24. 计算抛物线 $y^2 = 2px$ 从顶点到这曲线上的一点 $M(x, y)$ 的弧长.

【解】　$\overset{\frown}{OM}$ 的弧度

$$s = \int_0^y \sqrt{1+x'^2(y)} \, dy, \quad x = \frac{y^2}{2p}, \quad x'(y) = \frac{2y}{2p} = \frac{y}{p},$$

$$s = \int_0^y \sqrt{1+\left(\frac{y}{p}\right)^2} \, dy = \frac{1}{p} \int_0^y \sqrt{p^2+y^2} \, dy = \frac{1}{p} \cdot \left[\frac{y}{2}\sqrt{p^2+y^2} + \frac{p^2}{2}\ln(y+\sqrt{p^2+y^2})\right]\Big|_0^y$$

$$= \frac{y}{2p}\sqrt{p^2+y^2} + \frac{p}{2}\ln\frac{y+\sqrt{p^2+y^2}}{p}.$$

25. 计算星形线 $x = a\cos^3 t$, $y = a\sin^3 t$(图 6-32)的全长.

【解】　$s = 4\int_0^{\frac{\pi}{2}} \sqrt{(a\cos^3 t)'^2 + (a\sin^3 t)'^2} \, dt = 12a \int_0^{\frac{\pi}{2}} \sin t\cos t \, dt = 12a \cdot \frac{1}{2}\sin^2 t \Big|_0^{\frac{\pi}{2}} = 6a.$

26. 将绕在圆(半径为 a)上的细线放开拉直, 使细线与圆周始终相切(图 6-33), 细线端点画出的轨迹叫作圆的**渐伸线**, 它的方程为

$$x = a(\cos t + t\sin t), \quad y = a(\sin t - t\cos t).$$

算出这曲线上相应于 $0 \le t \le \pi$ 的一段弧的长度.

【解】　$s = \int_0^\pi \sqrt{[a(\cos t + t\sin t)]'^2 + [a(\sin t - t\cos t)]'^2} \, dt$

$$= \int_0^\pi \sqrt{(at\cos t)^2 + (at\sin t)^2} \, dt = a\int_0^\pi t \, dt = \frac{a}{2}\pi^2.$$

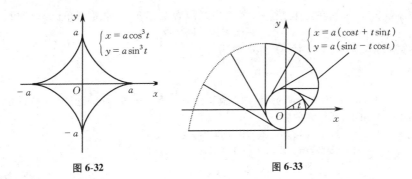

图 6-32　　　　　图 6-33

27. 在摆线 $x = a(t-\sin t)$, $y = a(1-\cos t)$ 上求分摆线第一拱成 $1:3$ 的点的坐标.

【解】　设 t 从 0 变到 t_0 时摆线第一拱上对应弧长为 $s(t_0)$, 则

$$s(t_0) = \int_0^{t_0} \sqrt{[a(t-\sin t)]'^2 + [a(1-\cos t)]'^2} \, dt = \int_0^{t_0} 2a\sin\frac{t}{2} \, dt = 4a\left(1-\cos\frac{t_0}{2}\right).$$

令 $t_0 = 2\pi$, 得 $s(2\pi) = 8a$.

令 $4a\left(1-\cos\frac{t_0}{2}\right) = \frac{8a}{4}$, 得 $t_0 = \frac{2}{3}\pi$. 此时,

$$x = a\left(\frac{2}{3}\pi - \sin\frac{2\pi}{3}\right) = \left(\frac{2}{3}\pi - \frac{\sqrt{3}}{2}\right)a, \quad y = a\left(1 - \cos\frac{2}{3}\pi\right) = \frac{3}{2}a.$$

分摆线第一拱为 $1 : 3$ 的点为

$$\left(\frac{2}{3}\pi a - \frac{\sqrt{3}}{2}a,\ \frac{3}{2}a\right).$$

28. 求对数螺线 $\rho = \mathrm{e}^{a\theta}$ 相应于 $0 \leqslant \theta \leqslant \varphi$ 的一段弧长.

【解】　利用公式 $s = \int_\alpha^\beta \sqrt{r^2(\theta) + r'^2(\theta)}\,\mathrm{d}\theta$, 有

$$s = \int_0^\varphi \sqrt{(\mathrm{e}^{a\theta})^2 + (a\mathrm{e}^{a\theta})^2}\,\mathrm{d}\theta = \sqrt{1 + a^2}\int_0^\varphi \mathrm{e}^{a\theta}\,\mathrm{d}\theta = \frac{\sqrt{1 + a^2}}{a}(\mathrm{e}^{a\theta} - 1).$$

29. 求曲线 $\rho\theta = 1$ 相应于 $\frac{3}{4} \leqslant \theta \leqslant \frac{4}{3}$ 的一段弧长.

【解】　$r = \frac{1}{\theta}$, $r'(\theta) = -\frac{1}{\theta^2}$, 所求曲线弧长为

$$s = \int_{\frac{3}{4}}^{\frac{4}{3}} \sqrt{\left(\frac{1}{\theta}\right)^2 + \left(-\frac{1}{\theta^2}\right)^2}\,\mathrm{d}\theta = \int_{\frac{3}{4}}^{\frac{4}{3}} \frac{1}{\theta^2}\sqrt{1 + \theta^2}\,\mathrm{d}\theta = -\int_{\frac{3}{4}}^{\frac{4}{3}} \sqrt{1 + \theta^2}\,\mathrm{d}\left(\frac{1}{\theta}\right)$$

$$= -\left(\frac{1}{\theta}\sqrt{1 + \theta^2}\,\Big|_{\frac{3}{4}}^{\frac{4}{3}} - \int_{\frac{3}{4}}^{\frac{4}{3}} \frac{\mathrm{d}\theta}{\sqrt{1 + \theta^2}}\right) = -\frac{1}{\theta}\sqrt{1 + \theta^2}\,\Big|_{\frac{3}{4}}^{\frac{4}{3}} + \left[\ln(\theta + \sqrt{1 + \theta^2})\right]\Big|_{\frac{3}{4}}^{\frac{4}{3}} = \frac{5}{12} + \ln\frac{3}{2}.$$

30. 求心形线 $\rho = a(1 + \cos\theta)$ 的全长.

【解】　所求曲线弧长为

$$s = 2\int_0^\pi \sqrt{[a(1 + \cos\theta)]^2 + [a(1 + \cos\theta)]'^2}\,\mathrm{d}\theta = 2\int_0^\pi \sqrt{a^2(1 + \cos\theta)^2 + (-a\sin\theta)^2}\,\mathrm{d}\theta$$

$$= 2\int_0^\pi 2a\cos\frac{\theta}{2}\,\mathrm{d}\theta = 8a\left(\sin\frac{\theta}{2}\right)\Big|_0^\pi = 8a.$$

习题 6-3　定积分在物理学上的应用

1. 由实验知道, 弹簧在拉伸过程中, 需要的力 F（单位: N）与伸长量 s（单位: cm）成正比, 即

$$F = ks \quad (k \text{ 是比例常数}).$$

如果把弹簧由原长拉伸 6 cm, 计算所作的功.

【解】　$W = \int_0^6 ks\,\mathrm{d}s = \frac{1}{2}ks^2\,\Big|_0^6 = 18k = 0.18k$（J）.

2. 直径为 20 cm、高为 80 cm 的圆筒内充满压强为 10 N/cm² 的蒸汽. 设温度保持不变, 要使蒸汽体积缩小一半, 问需要作多少功?

【解】
$$pV = k, \quad 10 \cdot (\pi 10^2 \cdot 80) = k,$$
$$k = 80000\pi, \quad p(x) \cdot [\pi 10^2(80 - x)] = 80000\pi,$$
$$p(x) = \frac{800}{80 - x},$$
$$\mathrm{d}W = (\pi 10^2)p(x)\,\mathrm{d}x = 100\pi p(x)\,\mathrm{d}x = 80000\pi \cdot \frac{\mathrm{d}x}{80 - x},$$
$$W = \int_0^{40} 80000\pi \cdot \frac{\mathrm{d}x}{80 - x} = 800\pi(\ln 2)\ \text{（J）}.$$

3. (1) 证明: 把质量为 m 的物体从地球表面升高到 h 处所作的功是

$$W = \frac{mgRh}{R + h},$$

其中 g 是地面上的重力加速度, R 是地球的半径.

【证】 取地球中心为坐标原点, 把质量为 m 的物体升高 x 距离所作的微功为

$$dW = \frac{kMm}{x^2}dx,$$

所求之功为

$$W = \int_R^{R+h} \frac{kMm}{x^2}dx = kMm \cdot \left(-\frac{1}{x}\right)\bigg|_R^{R+h} = \frac{kmMh}{R(R+h)}.$$

令 $mg = \frac{kMm}{R^2}$, 得 $k = \frac{gR^2}{M}$. 于是

$$W = \frac{gR^2 mMh}{MR(R+h)} = \frac{mgRh}{R+h}.$$

（2）一颗人造地球卫星的质量为 173 kg, 在高于地面 630 km 处进入轨道. 问把这颗卫星从地面送到 630 km 的高空处, 克服地球引力要作多少功? 已知 $g = 9.8 \text{ m/s}^2$, 地球半径 $R = 6370 \text{ km}$.

【解】 将 $m = 173$, $g = 9.8$, $h = 630 \times 10^3$, $R = 6370 \times 10^3$ 代入（1）中公式

$$W = \frac{mgRh}{R+h},$$

得

$$W = 9.72 \times 10^5 \quad (\text{kJ}).$$

4. 一物体按规律 $x = ct^3$ 做直线运动, 介质的阻力与速度的平方成正比. 计算物体由 $x = 0$ 移至 $x = a$ 时, 克服介质阻力所作的功.

【解】 速度

$$v(t) = x'(t) = (ct^3)' = 3ct^2,$$

阻力

$$f = -kv^2 = -9kc^2t^4 \quad (k > 0).$$

将 $t = \left(\frac{x}{c}\right)^{\frac{1}{3}}$ 代入上式, 得

$$f = -9kc^{\frac{2}{3}}x^{\frac{4}{3}}.$$

微功

$$dW = -f(x)dx = -9kc^{\frac{2}{3}}x^{\frac{4}{3}}dx,$$

总功

$$W = \int_0^a [-f(x)]dx = \int_0^a 9kc^{\frac{2}{3}}x^{\frac{4}{3}}dx = 9kc^{\frac{2}{3}} \cdot \frac{3}{7}x^{\frac{7}{3}}\bigg|_0^a = \frac{27}{7}kc^{\frac{2}{3}}a^{\frac{7}{3}}.$$

5. 用铁锤将一铁钉击入木板, 设木板对铁钉的阻力与铁钉击入木板的深度成正比, 在击第一次时, 将铁钉击入木板 1 cm. 如果铁锤每次打击铁钉所作的功相等, 问锤击第二次时, 铁钉又击入多少?

【解】 设锤击第二次时, 锤钉又击入 h cm, 木板对铁钉的阻力 f 与铁钉击入木板深度 x cm 成正比, 则

$$f = kx,$$

微功

$$dW = fdx = kxdx,$$

第一次作功

$$W_1 = \int_0^1 kxdx = \frac{1}{2}k,$$

第二次作功

$$W_2 = \int_1^{1+h} kxdx = \frac{1}{2}k(h^2 + 2h).$$

令

$$\frac{1}{2}k = \frac{1}{2}k(h^2 + 2h),$$

得 $h = -1 \pm \sqrt{2}$, 舍去负值, 得 $h = \sqrt{2} - 1$ (cm).

6. 设一锥形贮水池, 深 15 m, 口径 20 m, 盛满水, 今以泵将水吸尽, 问要作多少功?

【解】 如图 6-34 所示, AB 的直线方程为 $y = 10 - \frac{2}{3}x$, 则微功

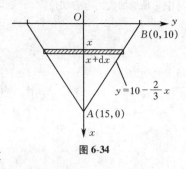

图 6-34

$$dW = \pi x \left(10 - \frac{2}{3}x\right)^2 dx,$$

总功

$$W = \int_0^{15} \pi x \left(10 - \frac{2}{3}x\right)^2 dx$$

$$= \pi \int_0^{15} \left(100x - \frac{40}{3}x^2 + \frac{4}{9}x^3\right) dx$$

$$= \pi \left(50x^2 - \frac{40}{9}x^3 + \frac{1}{9}x^4\right)\bigg|_0^{15} = 57697.5 \ (\text{kJ}).$$

7. 有一闸门, 它的形状和尺寸如图 6-35 所示, 水面超过门顶 2m. 求闸门上所受的水压力.

【解】 如图 6-36 选取坐标系, 则压力微元

$$dP = gx2dx,$$

总压力

$$P = \int_2^5 2gx dx = 2g \cdot \frac{1}{2}x^2 \bigg|_2^5 = 205.8 \ (\text{kN}).$$

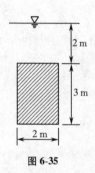

图 6-35

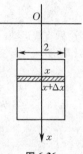

图 6-36

8. 洒水车上的水箱是一个横放的椭圆柱体, 尺寸如图 6-37 所示. 当水箱装满水时, 计算水箱的一个端面所受的压力.

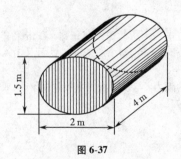

图 6-37

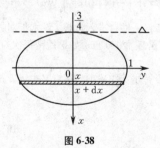

图 6-38

【解】 以水箱的一个侧面的中心为坐标原点, 如图 6-38 建立坐标系, 则椭圆方程为

$$\frac{x^2}{\left(\frac{3}{4}\right)^2} + \frac{y^2}{1} = 1,$$

压力微元

$$dP = \left(\frac{3}{4} + x\right)g2y(x)dx = \left(\frac{3}{4} + x\right) \cdot 2g \cdot \frac{4}{3}\sqrt{\left(\frac{3}{4}\right)^2 - x^2}\,dx,$$

总压力

$$P = \int_{-\frac{3}{4}}^{\frac{3}{4}} \frac{8g}{3} \left(\frac{3}{4} + x \right) \sqrt{\left(\frac{3}{4} \right)^2 - x^2} \, dx = 4g \int_0^{\frac{3}{4}} \sqrt{\left(\frac{3}{4} \right)^2 - x^2} \, dx = 17.3 \ (\text{kN}).$$

9. 有一等腰梯形闸门, 它的两条底边各长 10 m 和 6 m, 高为 20 m. 较长的底边与水面相齐. 计算闸门的一侧所受的水压力.

【解】　如图 6-39 所示, 直线 AB 的方程为 $y = 5 - \dfrac{x}{10}$, 压力微元

$$dP = 2xg \left(5 - \frac{x}{10} \right) dx,$$

总压力

$$P = \int_0^{20} 2xg \left(5 - \frac{x}{10} \right) dx = 14373 \ (\text{kN}).$$

图 6-39

10. 一底为 8 cm、高为 6 cm 的等腰三角形片, 铅直地沉没在水中, 顶在上, 底在下且与水面平行, 而顶离水面 3 cm, 试求它每面所受的压力.

【解】　如图 6-40 选取坐标系, 则直线 AB 的方程为 $y = \dfrac{2}{3} x$, 压力微元

$$dP = g(x+3) \left(2 \cdot \frac{2}{3} x \right) dx = \frac{4}{3} gx(x+3) \, dx,$$

总压力

$$P = \int_0^6 \frac{4}{3} gx(x+3) \, dx = \frac{4}{3} g \left(\frac{1}{3} x^3 + \frac{3}{2} x^2 \right) \Big|_0^6 = 1.65 \ (\text{N}).$$

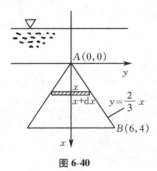

图 6-40

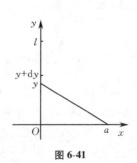

图 6-41

11. 设有一长度为 l、线密度为 μ 的均匀细直棒, 在与棒的一端垂直距离为 a 单位处有一质量为 m 的质点 M, 试求这细棒对质点 M 的引力.

【解】　如图 6-41 建立坐标系.

$$dF = G \cdot \frac{m\mu \, dy}{a^2 + y^2},$$

$$dF_x = (dF)\cos\alpha = -\frac{a}{\sqrt{a^2+y^2}} \cdot dF = -\frac{aGm\mu}{(a^2+y^2)^{3/2}}dy,$$

$$dF_y = (dF)\sin\alpha = \frac{y}{\sqrt{a^2+y^2}} \cdot dF = \frac{yGm\mu}{(a^2+y^2)^{3/2}}dy,$$

$$F_x = -aGm\mu \int_0^l (a^2+y^2)^{-\frac{3}{2}}dy = -aGm\mu \cdot \frac{y}{a^2\sqrt{a^2+y^2}}\bigg|_0^l = -\frac{Gm\mu l}{a\sqrt{a^2+l^2}},$$

$$F_y = Gm\mu \int_0^l (a^2+y^2)^{-\frac{3}{2}}ydy = Gm\mu\left(\frac{1}{a} - \frac{1}{\sqrt{a^2+l^2}}\right).$$

最后得棒对质点 M 的引力为

$$F = -\frac{Gm\mu l}{a\sqrt{a^2+l^2}}i + Gm\mu\left(\frac{1}{a} - \frac{1}{\sqrt{a^2+l^2}}\right)j.$$

12. 设有一半径为 R、中心角为 φ 的圆弧形细棒，其线密度为常数 μ，在圆心处有一质量为 m 的质点 M，试求这细棒对质点 M 的引力.

【解】　如图 6-42 选取坐标系，则

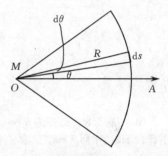

$$dF = \frac{Gm\mu ds}{R^2} = \frac{Gm\mu}{R^2} \cdot Rd\theta = \frac{Gm\mu}{R} \cdot d\theta,$$

$$dF_x = (dF)\cos\theta = \frac{Gm\mu}{R}\cos\theta d\theta,$$

$$F_x = \int_{-\frac{\varphi}{2}}^{\frac{\varphi}{2}} \frac{Gm\mu}{R}\cos\theta d\theta = \frac{2Gm\mu}{R} \cdot \sin\frac{\varphi}{2}.$$

由对称性得

$$F_y = 0.$$

图 6-42

总之，引力大小为 $\dfrac{2Gm\mu}{R} \cdot \sin\dfrac{\varphi}{2}$，方向自 M 点起指向圆弧

中心，或写成

$$F = \left(\frac{2Gm\mu}{R} \cdot \sin\frac{\varphi}{2}\right)i + 0j.$$

总习题六

1. 填空：

(1) 曲线 $y = x^3 - 5x^2 + 6x$ 与 x 轴所围成的图形的面积 $A = $ _____；

(2) 曲线 $y = \dfrac{\sqrt{x}}{3}(3-x)$ 上相应于 $1 \leqslant x \leqslant 3$ 一段弧的长度 $s = $ _____.

【解】　(1) 令 $x^3 - 5x^2 + 6x = 0$，得 $x_1 = 0$，$x_2 = 2$，$x_3 = 3$. 当 $0 \leqslant x \leqslant 2$ 时，$y \geqslant 0$；当 $2 \leqslant x \leqslant 3$ 时，

$y \leqslant 0$，于是 $A = \int_0^2 (x^3 - 5x^2 + 6x)dx - \int_2^3 (x^3 - 5x^2 + 6x)dx = \dfrac{37}{12}$. 故填 $\dfrac{37}{12}$；

(2) $s = \int_1^3 \sqrt{1 + [y'(x)]^2} \cdot dx = \int_1^3 \dfrac{1+x}{2\sqrt{x}}dx = 2\sqrt{3} - \dfrac{4}{3}$. 故填 $2\sqrt{3} - \dfrac{4}{3}$.

2. 以下两题中给出了四个结论，从中选出一个正确的结论：

(1) 设 x 轴上有一长度为 l、线密度为常数 μ 的细棒，在与细棒右端的距离为 a 处有一质量为 m 的质点 M（图 6-43），已知

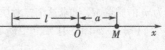

图 6-43

万有引力常量为 G，则质点 M 与细棒之间的引力的大小为( )；

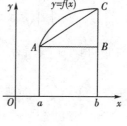

(A) $\int_{-l}^{0} \dfrac{Gm\mu}{(a-x)^2}\mathrm{d}x$；　　　(B) $\int_{0}^{l} \dfrac{Gm\mu}{(a-x)^2}\mathrm{d}x$；

(C) $2\int_{-\frac{l}{2}}^{0} \dfrac{Gm\mu}{(a+x)^2}\mathrm{d}x$；　　(D) $2\int_{0}^{\frac{l}{2}} \dfrac{Gm\mu}{(a+x)^2}\mathrm{d}x$

(2) 设在区间 $[a, b]$ 上，$f(x)>0$，$f'(x)>0$，$f''(x)<0$. 令 $A_1 = \int_a^b f(x)\mathrm{d}x$，$A_2 = f(a)(b-a)$，$A_3 = \dfrac{1}{2}[f(a)+f(b)](b-a)$，则有( ).

图 6-44

(A) $A_1<A_2<A_3$　　　　(B) $A_2<A_1<A_3$

(C) $A_3<A_1<A_2$　　　　(D) $A_2<A_3<A_1$

【解】 (1) 由题设条件知应选 A；

(2) 由于 $f'(x)>0$，$x\in[a,b]$，所以 $f(x)$ 在 $[a,b]$ 上单调增加；又因为 $f''(x)<0$，所以曲线 $y=f(x)$ 在 $[a, b]$ 上是向上凸的，如图 6-44 所示，由几何意义知：

矩形面积 < 梯形面积 < 曲边梯形面积.

故选 D.

3. 一金属棒长 3 m，离棒左端 x m 处的线密度为 $\rho(x)=\dfrac{1}{\sqrt{x+1}}$（kg/m）. 问 x 为何值时，$[0, x]$ 一段的质量为全棒质量的一半.

【解】 取如图 6-45 所示坐标，依题意，应有

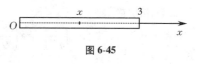

图 6-45

$$\int_0^x \dfrac{\mathrm{d}t}{\sqrt{1+t}}=\dfrac{1}{2}\int_0^3 \dfrac{\mathrm{d}t}{\sqrt{1+t}}, \quad 2(\sqrt{1+x}-1)=\sqrt{1+3}-1,$$

$$x=\dfrac{5}{4}\text{（m）}.$$

4. 求由曲线 $\rho=a\sin\theta$，$\rho=a(\cos\theta+\sin\theta)$（$a>0$）所围成图形公共部分的面积.

【解】 $r=a\sin\theta$ 在直角坐标下，应为 $x^2+y^2=ay$，这是半径为 $\dfrac{a}{2}$，圆心在 $O_1\left(0, \dfrac{a}{2}\right)$ 的圆；$r=a(\sin\theta+\cos\theta)$ 在直角坐标系下，应为 $\left(x-\dfrac{a}{2}\right)^2+\left(y-\dfrac{a}{2}\right)^2=\left(\dfrac{a}{\sqrt{2}}\right)^2$，这是半径为 $\dfrac{a}{\sqrt{2}}$，圆心在 $O_2\left(\dfrac{a}{2}, \dfrac{a}{2}\right)$ 处的圆. 所求面积即图 6-46 中阴影部分的面积.

$$A=\dfrac{1}{2}\cdot\pi\left(\dfrac{a}{2}\right)^2+\dfrac{1}{2}\int_{\frac{\pi}{2}}^{\frac{3\pi}{4}} a^2(\cos\theta+\sin\theta)^2\mathrm{d}\theta$$

$$=\dfrac{\pi a^2}{8}+\dfrac{a^2}{2}\int_{\frac{\pi}{2}}^{\frac{3\pi}{4}}(1+\sin2\theta)\mathrm{d}\theta=\dfrac{\pi a^2}{8}+\dfrac{a^2}{2}\left(\theta-\dfrac{1}{2}\cos2\theta\right)\Big|_{\frac{\pi}{2}}^{\frac{3\pi}{4}}$$

$$=\dfrac{\pi-1}{4}a^2.$$

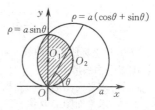

图 6-46

5. 如图 6-47 所示，从下到上依次有三条曲线：$y=x^2$，$y=2x^2$ 和 C. 假设对曲线 $y=2x^2$ 上的任一点 P，所对应的面积 A 和 B 恒相等，求曲线 C 的方程.

【解】 令曲线 C 的方程为 $x=f(y)$，P 点坐标为 $\left(\dfrac{\sqrt{y}}{2}, y\right)$，则

$$A=\int_0^y \left(\sqrt{\dfrac{y}{2}}-f(y)\right)\mathrm{d}y, \quad B=\int_0^{\sqrt{\frac{y}{2}}}(2x^2-x^2)\mathrm{d}x.$$

由题设条件知当 $y\geqslant0$ 时有 $A=B$，即

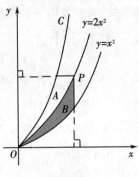

图 6-47

$$\int_0^y \left[\sqrt{\frac{y}{2}} - f(y) \right] \mathrm{d}y = \int_0^{\sqrt{\frac{x}{2}}} (2x^2 - x^2) \, \mathrm{d}x,$$

将上式两边对 y 求导得 $\sqrt{\dfrac{y}{2}} - f(y) = \dfrac{y}{2} \cdot \dfrac{1}{2\sqrt{2y}}$,

解得 $f(y) = \dfrac{3\sqrt{2y}}{8}$, 故曲线 C 为 $x = \dfrac{3\sqrt{2y}}{8}$ 或 $y = \dfrac{32}{9}x^2 (x \geq 0)$.

6. 设抛物线 $y = ax^2 + bx + c$ 通过点 $(0, 0)$, 且当 $x \in [0, 1]$ 时, $y \geq 0$. 试确定 a, b, c 的值, 使得抛物线 $y = ax^2 + bx + c$ 与直线 $x = 1$, $y = 0$ 所围成图形的面积为 $\dfrac{4}{9}$, 且使该图形绕 x 轴旋转而成的旋转体的体积最小.

【解】　将 $x = 0$, $y = 0$ 代入 $y = ax^2 + bx + c$ 中, 得 $c = 0$, 又抛物线与直线 $x = 1$, $y = 0$ 所围成图形的面积为 $\dfrac{4}{9}$, 故有 $\int_0^1 (ax^2 + bx) \, \mathrm{d}x = \dfrac{4}{9}$, 即

$$\frac{1}{3}a + \frac{b}{2} = \frac{4}{9},$$

于是

$$b = \frac{8}{9} - \frac{2}{3}a.$$

旋转体的体积为

$$V = \int_0^1 \pi \left[ax^2 + \left(\frac{8}{9} - \frac{2}{3}a \right)x \right]^2 \mathrm{d}x = \pi \left(\frac{2}{135}a^2 + \frac{4}{81}a + \frac{64}{243} \right),$$
$$\frac{\mathrm{d}V}{\mathrm{d}a} = \pi \left(\frac{4}{135}a + \frac{4}{81} \right).$$

令 $\dfrac{\mathrm{d}V}{\mathrm{d}a} = 0$, 即

$$\pi \left(\frac{4}{135}a + \frac{4}{81} \right) = 0,$$

得

$$a = -\frac{5}{3},$$

从而

$$b = \frac{8}{9} - \frac{2}{3} \left(-\frac{5}{3} \right) = 2.$$

总之, 当 $a = -\dfrac{5}{3}$, $b = 2$, $c = 0$ 时, 图形绕 x 轴旋转而成的旋转体的体积最小.

7. 过坐标原点作曲线 $y = \ln x$ 的切线, 该切线与曲线 $y = \ln x$ 及 x 轴围成平面图形 D.

(1) 求平面图形 D 的面积 A;

(2) 求平面图形 D 绕直线 $x = e$ 旋转一周所得旋转体的体积 V.

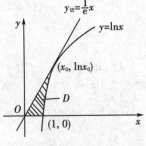

图 6-48

【解】　(1) 如图 6-48 所示, 设切点的横坐标为 x_0, 则曲线 $y = \ln x$ 在点 $(x_0, \ln x_0)$ 处的切线方程是 $y_{切} = \ln x_0 + \dfrac{1}{x_0}(x - x_0)$.

由该切线过原点知 $\ln x_0 - 1 = 0$, 从而 $x_0 = e$, 所以该切线的方程为 $y_{切} = \dfrac{1}{e}x$.

平面图形 D 的面积 $A = \int_0^1 (e^y - ey) \, dy = \frac{1}{2}e - 1$.

（2）$y_{切}$　$y = \frac{1}{e}x$ 与 x 轴及直线 $x = e$ 所围成的三角形绕直线 $x = e$ 旋转所得的圆锥体积为

$V_1 = \frac{1}{3}\pi e^2$.

曲线 $y = \ln x$ 与 x 轴及直线 $x = e$ 所围成的图形绕直线 $x = e$ 旋转所得的旋转体体积为

$V_2 = \int_0^1 \pi (e - e^y)^2 \, dy$.

因此所求旋转体的体积为　　$V = V_1 - V_2 = \frac{1}{3}\pi e^2 - \int_0^1 \pi (e - e^y)^2 \, dy = \frac{\pi}{6}(5e^2 - 12e + 3)$.

也可以直接计算　　$V = \int_0^1 \pi \left[(e - ey)^2 - (e - e^y)^2 \right] dy = \frac{\pi}{6}(5e^2 - 12e + 3)$.

8. 求由曲线 $y = x^{\frac{3}{2}}$ 与直线 $x = 4$ 及 x 轴所围成图形绕 y 轴旋转而成的旋转体的体积.

【解】　$V = \int_0^4 2\pi x \cdot x^{\frac{3}{2}} \, dx = \frac{4\pi}{7} x^{\frac{7}{2}} \Big|_0^4 = \frac{512}{7}\pi$.

9. 求圆盘 $(x - 2)^2 + y^2 \leq 1$ 绕 y 轴旋转而成的旋转体的体积.

【解】　圆盘形心在 $(2, 0)$，圆盘面积为 $A = \pi$，圆盘到转轴的距离 $\bar{y} = 2$. 由古尔金定理，所求旋转体的体积为 $V = 2\pi \bar{y} A = 2\pi \cdot 2\pi = 4\pi^2$.

10. 求抛物线 $y = \frac{1}{2}x^2$ 被圆 $x^2 + y^2 = 3$ 所截下的有限部分的弧长.

【解】　由 $\begin{cases} y = \frac{1}{2}x^2 \\ x^2 + y^2 = 3 \end{cases}$ 解出交点为 $(-\sqrt{2}, 1)$ 和 $(\sqrt{2}, 1)$. 所求弧长为

$s = 2 \int_0^{\sqrt{2}} \sqrt{1 + \left(\frac{1}{2}x^2 \right)'^2} \, dx = 2 \int_0^{\sqrt{2}} \sqrt{1 + x^2} \, dx = 2 \left[\frac{x}{2}\sqrt{1 + x^2} + \frac{1}{2}\ln\left(x + \sqrt{1 + x^2} \right) \right] \Big|_0^{\sqrt{2}} = \sqrt{6} + \ln(\sqrt{2} + \sqrt{3})$.

11. 半径为 r 的球沉入水中，球的上部与水面相切，球的密度与水相同，现将球从水中取出，需作多少功？

【解】　如图 6-49 建立坐标系.

$dW = g\pi (r - x)(r^2 - x^2) \, dx$,

$W = \pi g \int_{-r}^{r} (r - x)(r^2 - x^2) \, dx = 2\pi g r \int_0^r (r^2 - x^2) \, dx$

$= \frac{4}{3}\pi r^4 g$.

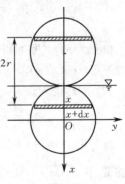

12. 边长为 a 和 b 的矩形薄板，与液面成 α 角斜沉于液体内，长边平行于液面而位于深 h 处，设 $a > b$，液体的密度为 ρ，试求薄板每面所受的压力.

【解】　如图 6-50 建立坐标系，则

$dP = \rho g (h + x\sin\alpha) \, dx$,

$P = \int_0^b \rho g (h + x\sin\alpha) a \, dx = \frac{\rho}{2} abg (2h + b\sin\alpha)$.

图 6-49

13. 设星形线 $x = a\cos^3 t$, $y = a\sin^3 t$ 上每一点处的线密度的大小等于该点到原点距离的立方，在原点 O 处有一单位质点，求星形线在第一象限的弧段对这质点的引力.

【解】　取弧微分 ds 为质点，则其质量微元为 $dm = (x^2 + y^2)^{\frac{3}{2}} ds$.

设引力为 $\boldsymbol{F} = F_x\boldsymbol{i} + F_y\boldsymbol{j}$, 则

$$dF_x = G \cdot \frac{1 \cdot (x^2+y^2)^{\frac{3}{2}}ds}{x^2+y^2} \cdot \frac{x}{\sqrt{x^2+y^2}} = Gxds,$$

$$dF_y = Gyds,$$

$$ds = \sqrt{(a\cos^3 t)'^2 + (a\sin^3 t)'^2}\,dt = 3a\sin t\cos t\,dt,$$

$$F_x = 3Ga^2\int_0^{\frac{\pi}{2}}\cos^4 t\sin t\,dt = \frac{3}{5}Ga^2.$$

类似地, 有

$$F_y = \frac{3}{5}Ga^2.$$

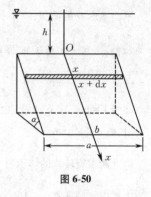

图 6-50

所求引力

$$\boldsymbol{F} = \frac{3}{5}Ga^2\boldsymbol{i} + \frac{3}{5}Ga^2\boldsymbol{j}.$$

14. 某建筑工程打地基时, 需用汽锤将桩打进土层. 汽锤每次击打, 都要克服土层对桩的阻力作功. 设土层对桩的阻力的大小与桩被打进地下的深度成正比(比例系数为 k, $k>0$). 汽锤第一次击打将桩打进地下 a m. 根据设计方案, 要求汽锤每次击打桩时所作的功与前一次击打时所作的功之比为常数 $r(0<r<1)$. 问

(1)汽锤击打桩 3 次后, 可将桩打进地下多深?

(2)若击打次数不限, 则汽锤至多能将桩打进地下多深?

【解】 (1)设第 n 次击打后, 桩被打进地下 x_n, 第 n 次击打时, 汽锤所作的功为 $W_n(n=1,2,3,\cdots)$. 由题设, 当桩被打进地下的深度为 x 时, 土层对桩的阻力的大小为 kx, 所以

$$W_1 = \int_0^{x_1} kx\,dx = \frac{k}{2}x_1^2 = \frac{k}{2}a^2,$$

$$W_2 = \int_{x_1}^{x_2} kx\,dx = \frac{k}{2}(x_2^2 - x_1^2) = \frac{k}{2}(x_2^2 - a^2).$$

由 $W_2 = rW_1$ 可得 $x_2^2 - a^2 = ra^2$, 即 $x_2^2 = (1+r)a^2$,

$$W_3 = \int_{x_2}^{x_3} kx\,dx = \frac{k}{2}(x_3^2 - x_2^2) = \frac{k}{2}[x_3^2 - (1+r)a^2].$$

由 $W_3 = rW_2 = r^2 W_1$ 可得 $x_3^2 - (1+r)a^2 = r^2 a^2$, 从而 $x_3 = \sqrt{1+r+r^2}\,a$, 即汽锤击打 3 次后, 可将桩打进地下 $\sqrt{1+r+r^2}\,a$(m).

(2)由归纳法可设 $x_n = \sqrt{1+r+\cdots+r^{n-1}}\,a$, 则

$$W_{n+1} = \int_{x_n}^{x_{n+1}} kx\,dx = \frac{k}{2}(x_{n+1}^2 - x_n^2) = \frac{k}{2}[x_{n+1}^2 - (1+r+\cdots+r^{n-1})a^2].$$

由于 $W_{n+1} = rW_n = r^2 W_{n-1} = \cdots = r^n W_1$, 故得 $x_{n+1}^2 - (1+r+\cdots+r^{n-1})a^2 = r^n a^2$,

从而 $x_{n+1} = \sqrt{1+r+\cdots+r^n}\,a = \sqrt{\dfrac{1-r^{n+1}}{1-r}}\,a$. 于是 $\lim\limits_{n\to\infty} x_{n+1} = \sqrt{\dfrac{1}{1-r}}\,a$, 即若不限击打次数, 汽锤至多能将桩打进地下 $\sqrt{\dfrac{1}{1-r}}\,a$(m).

第七章　微分方程

一、主要内容

（一）主要定义

1. 微分方程及微分方程的阶

含有自变量、未知函数以及未知函数的导数或微分的方程叫作微分方程，未知函数是一元函数的微分方程叫常微分方程，未知函数是多元函数的微分方程叫作偏微分方程.

微分方程中出现的未知函数导数的最高阶数叫作微分方程的阶，本章只限于讨论常微分方程.

2. 微分方程的解

若将函数 $y = y(x)$ 代入微分方程使其变成恒等式，则称 $y = y(x)$ 为该方程的一个解. 根据 $y = y(x)$ 是显函数还是隐函数分别称之为显式解与隐式解，不被通解包含的解称为奇异解；若解中含有任意常数，当独立的任意常数的个数正好与方程的阶数相等时该解叫作通解（或一般解）；不含有任意常数而能被通解包含的解叫特解.

3. 定解条件

用来确定通解中任意常数的条件称为定解条件，最常见的定解条件是初始条件.

（二）主要结论

1. 若函数 y_1 与 y_2 是二阶齐次线性方程
$$y'' + P(x)y' + Q(x)y = 0$$
的两个解，则 $y = C_1y_1 + C_2y_2$ 也是它的解，其中 C_1，C_2 是任意常数.

2. 若 y_1 与 y_2 是 1 中方程的两个线性无关解，则
$$y = C_1y_1 + C_2y_2$$
就是该方程的通解.

3. 若 y^* 是二阶非齐次线性方程
$$y'' + P(x)y' + Q(x)y = f(x)$$
的一个特解，而 Y 是它对应的齐次方程的通解，则
$$y = y^* + Y$$
就是该非齐次方程的通解.

4. 若 3 中的方程右边是几个函数的和，如 $f(x) = f_1(x) + f_2(x)$，且 y_1^* 与 y_2^* 分别是非齐次方程
$$y'' + P(x)y' + Q(x)y = f_1(x)$$
与
$$y'' + P(x)y' + Q(x)y = f_2(x)$$
的特解，则 $y^* = y_1^* + y_2^*$ 就是原方程的特解.

对于高阶线性方程也有与上述定理相对应的定理.

5. 可分离变量的方程
$$M_1(x)M_2(y)\,dx + N_1(x)N_2(y)\,dy = 0,$$
$$\int \frac{M_1(x)}{N_1(x)}dx = -\int \frac{N_2(y)}{M_2(y)}dy + C,$$
其中 $N_1(x)$，$M_2(y) \neq 0$.

6. 齐次方程

$$\frac{\mathrm{d}y}{\mathrm{d}x} = \varphi\left(\frac{y}{x}\right)$$

的通解为

$$\int \frac{\mathrm{d}u}{\varphi(u) - u} = \ln x + C,$$

其中 $u = \dfrac{y}{x}$.

7. 一阶非齐次线性微分方程

$$\frac{\mathrm{d}y}{\mathrm{d}x} + P(x)y = Q(x)$$

的通解为

$$y = \mathrm{e}^{-\int P(x)\mathrm{d}x}\left[\int Q(x)\mathrm{e}^{\int P(x)\mathrm{d}x}\mathrm{d}x + C\right].$$

8. 伯努利方程

$$\frac{\mathrm{d}y}{\mathrm{d}x} + P(x)y = Q(x)y^n \quad (n \neq 0, 1)$$

的通解为

$$y^{1-n} = \mathrm{e}^{(n-1)\int P(x)\mathrm{d}x}\left[\int (1-n)Q(x)\mathrm{e}^{(1-n)\int P(x)\mathrm{d}x}\mathrm{d}x + C\right].$$

9. 可降阶的高阶方程及其通解

(1) $y^{(n)} = f(x)$.

对方程两边连续积分 n 次, 便可得到其含有 n 个任意常数的通解.

(2) 不显含 y 的二阶方程

$$y'' = f(x, y').$$

令 $y' = p(x)$, 则 $y'' = \dfrac{\mathrm{d}p}{\mathrm{d}x}$, 代入方程得

$$p' = f(x, p),$$

积分后得通解

$$p = \varphi(x, C_1).$$

再积分

$$\frac{\mathrm{d}y}{\mathrm{d}x} = \varphi(x, C_1),$$

得原方程的通解为

$$y = \int \varphi(x, C_1)\mathrm{d}x + C_2.$$

(3) 不显含 x 的二阶方程

$$y'' = f(y, y').$$

令 $y' = p$, 则

$$y'' = \frac{\mathrm{d}p}{\mathrm{d}y}\frac{\mathrm{d}y}{\mathrm{d}x} = p\frac{\mathrm{d}p}{\mathrm{d}y}.$$

代入方程得

$$p\frac{\mathrm{d}p}{\mathrm{d}y} = f(y, p),$$

得通解 $p = \varphi(y, C_1)$, 再积分 $\quad\quad\dfrac{\mathrm{d}y}{\mathrm{d}x} = \varphi(y, C_1),$

得原方程的通解为

$$\int \frac{\mathrm{d}y}{\varphi(y, C_1)} = x + C_2.$$

10. 二阶常系数线性方程

（1）二阶常系数齐次线性方程

$$y'' + py' + qy = 0.$$

特征方程 $r^2 + pr + q = 0$ 的两个根 r_1, r_2	方程 $y'' + py' + qy = 0$ 的通解形式
两个不相等的实根 $r_1 \neq r_2$	$y = C_1 \mathrm{e}^{r_1 x} + C_2 \mathrm{e}^{r_2 x}$
两个相等的实根 $r_1 = r_2$	$y = (C_1 + C_2 x) \mathrm{e}^{r_1 x}$
一对共轭复根 $r_{1,2} = \alpha \pm \mathrm{i}\beta$	$y = \mathrm{e}^{\alpha x}(C_1 \cos\beta x + C_2 \sin\beta x)$

（2）n 阶常系数齐次线性方程

$$y^{(n)} + p_1 y^{(n-1)} + p_2 y^{(n-2)} + \cdots + p_{n-1} y' + p_n y = 0.$$

根据特征方程的根，可按下表写出其通解的形式：

特征方程的根	微分方程通解中所对应的项
单实根 r	$C\mathrm{e}^{rx}$
$r_{1,2} = \alpha \pm \mathrm{i}\beta$	$\mathrm{e}^{\alpha x}(C_1 \cos\beta x + C_2 \sin\beta x)$
k 重实根 r	$\mathrm{e}^{rx}(C_1 + C_2 x + \cdots + C_k x^{k-1})$
一对 k 重复根 $r_{1,2} = \alpha \pm \mathrm{i}\beta$	$\mathrm{e}^{\alpha x}[(C_1 + C_2 x + \cdots + C_k x^{k-1})\cos\beta x + (D_1 + D_2 x + \cdots + D_k x^{k-1})\sin\beta x]$

（3）二阶常系数非齐次线性方程及其特解的形式

设 y^* 是方程

$$y'' + py' + qy = f(x)$$

的一个特解，Y 为其对应的齐次方程的通解，则

$$y = y^* + Y$$

是它的通解，下面给出上述非齐次线性方程的特解的形式.

① $f(x) = \mathrm{e}^{\lambda x} P_m(x)$ 型

特征方程 $r^2 + pr + q = 0$ 的两个根 r_1, r_2	方程 $y'' + py' + qy = \mathrm{e}^{\lambda x} P_m(x)$ 的特解的形式
$\lambda \neq r_1, r_2$	$y^* = Q_m(x)\mathrm{e}^{\lambda x}$
$\lambda = r_1$ 但 $\lambda \neq r_2$	$y^* = x Q_m(x)\mathrm{e}^{\lambda x}$
$\lambda = r_1 = r_2$	$y^* = x^2 Q_m(x)\mathrm{e}^{\lambda x}$

注 记 $Q(x) = x^k Q_m(x)$，可将 $Q(x)$ 代入 $Q''(x) + Q'(x)R'(x) + Q(x)R(\lambda) = 0$ 中，确定 $Q(x)$. 其中，$R(r) = r^2 + pr + q$.

② $f(x) = \mathrm{e}^{\lambda x}[P_l(x)\cos\omega x + P_n(x)\sin\omega x]$ 型

特征方程 $r^2 + pr + q = 0$ 的根 r_1, r_2	方程 $y'' + py' + qy = \mathrm{e}^{\lambda x}[P_l(x)\cos\omega x + P_n(x)\sin\omega x]$ 的特解的形式
$r_{1,2} \neq \lambda \pm \mathrm{i}\omega$	$y^* = \mathrm{e}^{\lambda x}[R_m^{(1)}(x)\cos\omega x + R_m^{(2)}(x)\sin\omega x]$
$r_{1,2} = \lambda \pm \mathrm{i}\omega$	$y^* = x\mathrm{e}^{\lambda x}[R_m^{(1)}(x)\cos\omega x + R_m^{(2)}(x)\sin\omega x]$

其中 $m = \max\{l, n\}$.

（三）结论补充

1. $\dfrac{\mathrm{d}x}{\mathrm{d}y} + P(y)x = Q(y)$ 的通解为

$$x = \mathrm{e}^{-\int P(y)\mathrm{d}y}\left[\int Q(y)\mathrm{e}^{\int P(y)\mathrm{d}y}\mathrm{d}y + C\right].$$

2. 欧拉方程

$$x^n y^{(n)} + p_1 x^{n-1} y^{(n-1)} + \cdots + p_{n-1}xy' + p_n y = f(x).$$

可通过代换 $x = \mathrm{e}^t$ 将方程写成算子形式，D 表示 $\dfrac{\mathrm{d}}{\mathrm{d}t}$，则

$$x^k f^{(k)} = D(D - 1)\cdots(D - k + 1)y.$$

3. 简单的常系数线性方程组的求解步骤

（1）消去方程组中一些未知函数及其导数，得到只含有一个未知函数的高阶常系数线性微分方程；

（2）解上述高阶方程，得到满足该方程的未知函数；

（3）把得到的函数代入原方程组中，求出其余的未知函数.

4. 准齐次方程 $\dfrac{\mathrm{d}y}{\mathrm{d}x} = f\left(\dfrac{ax + by + c}{a_1 x + b_1 y + c_1}\right)$.

当 $c = c_1 = 0$ 时，就是齐次方程；当 c，c_1 中至少有一个不为零时，总可作适当变换，使之化为齐次方程. 当 $ab_1 - a_1 b \neq 0$ 时，令 $x = \xi + \alpha$，$y = \eta + \beta$；当 $ab_1 + a_1 b = 0$ 时，令 $z = ax + by$.

5. 若 $y'' + p(x)y' + q(x)y = 0$ 中的 $p(x)$ 与 $q(x)$ 在区间 $(-R, R)(R > 0)$ 内可展成幂级数，则该方程在此区间上有幂级数解

$$y(x) = a_0 + a_1 x + a_2 x^2 + \cdots + a_n x^n + \cdots \quad x \in (-R, R).$$

其中系数 a_0，a_1，a_2，$\cdots$，a_n，$\cdots$ 可通过待定系数法求出.

6. 设 $f(x, y)$，$f_y(x, y)$ 在 $P_0(x_0, y_0)$ 的某邻域内连续，则存在 x_0 的一个邻域，在该邻域内，定解问题

$$\begin{cases} y' = f(x, y), \\ y(x_0) = y_0 \end{cases}$$

存在唯一的解.

注 此结论被称为柯西 - 毕卡(Cauchy-Picard) 定理.

7. 若 $y_1 = \varphi(x)$ 是微分方程

$$y'' + P(x)y' + Q(x)y = 0$$

的一个解，则该微分方程的通解为

$$y = \varphi(x)\left[C_1 + C_2 \int \frac{\mathrm{e}^{-\int P(x)\mathrm{d}x}}{\varphi^2(x)}\mathrm{d}x\right].$$

二、典型例题

（一）可分离变量的微分方程

【例 7-1】 求微分方程 $\dfrac{\mathrm{d}y}{\mathrm{d}x} = 2xy + xy^2$ 的通解.

【解】 分离变量，得

$$\frac{\mathrm{d}y}{3y + y^2} = x\mathrm{d}x,$$

两边积分，得

$$\int \frac{\mathrm{d}y}{(3+y)y} = \int x\mathrm{d}x,$$

得

$$\frac{1}{3}(\ln|y| - \ln|3+y|) = \frac{1}{2}x^2 + C_1, \quad \left|\frac{y}{3+y}\right| = \mathrm{e}^{3C_1}\mathrm{e}^{\frac{3}{2}x^2}.$$

记 $C = \pm\mathrm{e}^{3C_1}$，得通解为

$$\frac{y}{3+y} = C\mathrm{e}^{\frac{3}{2}x^2}.$$

【例 7-2】 求满足方程 $(x^2y^2 + 1)\mathrm{d}x + 2x^2\mathrm{d}y = 0$，且过点 $(1, 2)$ 的积分曲线．

【解】 先求方程的通解，为化成可分离变量型的方程，令 $xy = u$，则 $\mathrm{d}u = y\mathrm{d}x + x\mathrm{d}y$. 原方程化为

$$(u^2 + 1)\mathrm{d}x + 2x\left(\mathrm{d}u - \frac{u}{x}\mathrm{d}x\right) = 0,$$

即

$$\frac{\mathrm{d}u}{(u-1)^2} = -\frac{\mathrm{d}x}{2x},$$

积分，得

$$-\frac{1}{u-1} = -\frac{1}{2}\ln x + C,$$

即

$$\frac{1}{2}\ln x - \frac{1}{xy-1} = C.$$

这就是方程的通解．再代入 $x = 1$, $y = 2$，得

$$C = -1.$$

故所求积分曲线为

$$\frac{1}{2}\ln x - \frac{1}{xy-1} = -1.$$

【例 7-3】 求 $x\dfrac{\mathrm{d}y}{\mathrm{d}x} = y\ln\dfrac{y}{x}$ 的通解．

【解】 方程写成 $\dfrac{\mathrm{d}y}{\mathrm{d}x} = \dfrac{y}{x}\ln\dfrac{y}{x}$，这是齐次微分方程，令 $u = \dfrac{y}{x}$，则

$$y = xu, \quad \frac{\mathrm{d}y}{\mathrm{d}x} = u + x\frac{\mathrm{d}u}{\mathrm{d}x},$$

方程进一步化成

$$\frac{\mathrm{d}x}{x} = \frac{\mathrm{d}u}{u(\ln u - 1)},$$

这是变量可分离型方程，积分得

$$\ln x + \ln C = \ln(\ln u - 1), \quad Cx = \ln u - 1, \quad u = \mathrm{e}^{1+Cx},$$

通解即为

$$y = x\mathrm{e}^{Cx+1}.$$

【例 7-4】 求 $(y + \sqrt{x^2 + y^2})\mathrm{d}x - x\mathrm{d}y = 0$ 满足 $y(1) = 0$ 的特解．

【解】 方程化为

$$\frac{\mathrm{d}y}{\mathrm{d}x} = \frac{y}{x} + \sqrt{1 + \left(\frac{y}{x}\right)^2}.$$

令 $u = \dfrac{y}{x}$，有

$$\frac{\mathrm{d}u}{\sqrt{1+u^2}} = \frac{\mathrm{d}x}{x},$$

积分，得

$$u + \sqrt{1+u^2} = Cx,$$

即

$$\frac{y}{x} + \sqrt{1 + \left(\frac{y}{x}\right)^2} = Cx.$$

由 $y(1) = 0$，定出 $C = 1$，最后得特解 $\qquad y = \dfrac{1}{2}(x^2 - 1).$

【例 7-5】　设函数 $f(x)$ 在正实轴上连续，且等式

$$\int_1^{xy} f(t)\,\mathrm{d}t = y\int_1^x f(t)\,\mathrm{d}t + x\int_1^y f(t)\,\mathrm{d}t$$

对任何 $x > 0,\ y > 0$ 均成立，且 $f(1) = 3$，求 $f(x)$.

【解】　固定 x，对 y 求导，得

$$xf(xy) = \int_1^x f(t)\,\mathrm{d}t + xf(y),$$

令 $y = 1$，又因为 $f(1) = 3$，故有 $xf(x) = \int_1^x f(t)\,\mathrm{d}t + 3x$. 再对 x 求导，得

$$xf'(x) + f(x) = f(x) + 3,$$

化简得

$$f'(x) = \frac{3}{x}.$$

容易求得其通解为

$$f(x) = 3\ln x + C_1,$$

又 $f(1) = 3$，故 $C = 3$，从而

$$f(x) = 3(1 + \ln x).$$

（二）一阶非齐次线性微分方程

【例 7-6】　求微分方程 $xy'\ln x - y = 1 + \ln^2 x$ 的通解.

【解】　由于 $x > 0$，将方程改写成

$$y' - \frac{1}{x\ln x}y = \frac{1 + \ln^2 x}{x\ln x}.$$

通解为

$$y = \mathrm{e}^{\int \frac{1}{x\ln x}\mathrm{d}x}\left(\int \frac{1 + \ln^2 x}{x\ln x}\cdot \mathrm{e}^{-\int \frac{\mathrm{d}x}{x\ln x}}\mathrm{d}x + C\right) = \mathrm{e}^{\ln|\ln x|}\left(\int \frac{1 + \ln^2 x}{x\ln x}\cdot \mathrm{e}^{-\ln|\ln x|}\,\mathrm{d}x + C_1\right)$$

$$= |\ln x|\left(\int \frac{1 + \ln^2 x}{x\ln x\cdot |\ln x|}\mathrm{d}x + C_1\right) = \pm\ln x\left(\pm\int \frac{\mathrm{d}x}{x\ln x}\pm\int \frac{\mathrm{d}x}{x} + C_1\right)$$

$$= \pm\ln x\left(\mp\frac{1}{\ln x}\pm\ln x + C_1\right) = -1 + \ln^2 x + C\ln x \quad (C = \pm C_1),$$

即

$$y = C\ln x + \ln^2 x - 1.$$

【例 7-7】　求方程 $y^2\mathrm{d}x = (x + y^2 \mathrm{e}^{y - \frac{1}{y}})\mathrm{d}y$ 满足条件 $y(0) = 1$ 的特解.

【解】　此方程关于 y 为未知数是非线性的，但关于 x 为未知数是线性的. 把原方程化为

$$\frac{\mathrm{d}x}{\mathrm{d}y} - \frac{1}{y^2}x = \mathrm{e}^{y - \frac{1}{y}},$$

则

$$x = \mathrm{e}^{\int \frac{1}{y^2}\mathrm{d}y}\left(\int \mathrm{e}^{y - \frac{1}{y}}\cdot \mathrm{e}^{-\int \frac{1}{y^2}\mathrm{d}y}\mathrm{d}y + C\right) = \mathrm{e}^{-\frac{1}{y}}\left(\int \mathrm{e}^{y - \frac{1}{y}}\cdot \mathrm{e}^{\frac{1}{y}}\mathrm{d}y + C\right) = \mathrm{e}^{-\frac{1}{y}}(\mathrm{e}^y + C).$$

方程的通解为

$$x = \mathrm{e}^{-\frac{1}{y}}(\mathrm{e}^y + C).$$

将 $y(0) = 1$ 代入通解，得 $C = -\mathrm{e}$. 故所求特解为 $x = \mathrm{e}^{-\frac{1}{y}}(\mathrm{e}^y - \mathrm{e})$.

【例 7-8】　求 $\dfrac{\mathrm{d}y}{\mathrm{d}x} + \dfrac{1}{x}y = x^2 y^6$ 的通解.

【解】　这是伯努利方程，两边除以 y^6，得

$$y^{-6}\frac{\mathrm{d}y}{\mathrm{d}x} + \frac{1}{x}y^{-5} = x^2.$$

令 $z = y^{-5}$，则

$$\frac{\mathrm{d}z}{\mathrm{d}x} = -5y^{-6}\frac{\mathrm{d}y}{\mathrm{d}x},$$

方程成为

$$\frac{\mathrm{d}z}{\mathrm{d}x} - \frac{5}{x}z = -5x^2.$$

这是一阶线性微分方程

$$z = \mathrm{e}^{\int \frac{5}{x}\mathrm{d}x}\left[\int (-5x^2)\mathrm{e}^{-\int \frac{5}{x}\mathrm{d}x}\mathrm{d}x + C\right] = Cx^5 + \frac{5}{2}x^3,$$

即通解为

$$y^{-5} = Cx^5 + \frac{5}{2}x^3.$$

【例 7-9】 设 $y = \mathrm{e}^x$ 是微分方程 $xy' + p(x)y = x$ 的一个解,求满足 $y(\ln 2) = 0$ 的特解.

【解】 首先,求出未知函数 $p(x)$. 将 $y = \mathrm{e}^x$ 代入原方程中,得到 $p(x) = x(\mathrm{e}^{-x} - 1)$,这时原方程化为一阶线性方程,有

$$y' + (\mathrm{e}^{-x} - 1)y = 1. \tag{*}$$

然后,求出齐次方程 $y' + (\mathrm{e}^{-x} - 1)y = 0$ 的通解为 $y(x) = C\exp(x + \mathrm{e}^{-x})$,从而非齐次方程($*$)的通解为

$$y(x) = C\exp(x + \mathrm{e}^{-x}) + \mathrm{e}^x.$$

由条件 $y(\ln 2) = 0$ 知,常数 $C = -\mathrm{e}^{-\frac{1}{2}}$,所求特解为 $y = \mathrm{e}^x - \mathrm{e}^{\mathrm{e}^{-x} + x - \frac{1}{2}}$.

【例 7-10】 已知 $\int_0^1 f(ux)\mathrm{d}u = \frac{1}{2}f(x) + 1$,求 $f(x)$.

【解】 令 $ux = t$,则 $\mathrm{d}u = \frac{1}{x}\mathrm{d}t$. 当 $u = 0$ 时,$t = 0$;$u = 1$ 时,$t = x$. 有

$$\int_0^x f(t)\frac{1}{x}\mathrm{d}t = \frac{1}{2}f(x) + 1,$$

即

$$\int_0^x f(t)\mathrm{d}t = \frac{1}{2}xf(x) + x,$$

求导,得

$$f'(x) = \frac{1}{x}f(x) - \frac{2}{x},$$

这是一阶非齐次线性方程. 所以

$$f(x) = \mathrm{e}^{\int \frac{1}{x}\mathrm{d}x}\left[\int \mathrm{e}^{-\int \frac{1}{x}\mathrm{d}x} \cdot \left(-\frac{2}{x}\right)\mathrm{d}x + C\right] = 2 + Cx.$$

【例 7-11】 设 $f(x)$ 在 $[0, +\infty)$ 上连续,且

$$\lim_{x \to +\infty} f(x) = b > 0,$$

又 $a > 0$,求证方程 $\frac{\mathrm{d}y}{\mathrm{d}x} + ay = f(x)$ 的一切解 $y(x)$ 均有 $\lim\limits_{x \to +\infty} y(x) = \frac{b}{a}$.

【证】 解一阶非齐次线性方程 $\frac{\mathrm{d}y}{\mathrm{d}x} + ay = f(x)$,得

$$y(x) = \mathrm{e}^{-ax}\left[C + \int_0^x f(t)\mathrm{e}^{at}\mathrm{d}t\right],$$

$$\lim_{x \to +\infty} y(x) = \lim_{x \to +\infty} \frac{C + \int_0^x f(t)\mathrm{e}^{at}\mathrm{d}t}{\mathrm{e}^{ax}} = \lim_{x \to +\infty} \frac{f(x)\mathrm{e}^{ax}}{a\mathrm{e}^{ax}} = \frac{b}{a}.$$

【例 7-12】 已知曲线过 $N(1, 1)$ 点,曲线上任一点 $P(x, y)$ 处的切线与 Oy 轴交于 Q,经 PQ 为直径作的圆经过 $A(1, 0)$,求此曲线方程.

【解】 如图 7-1 所示,过 $P(x, y)$ 的切线方程为

$$Y - y = y'(X - x).$$

曲线设为 $y = f(x)$. 令 $x = 0$,得 $Y = y - xy'$. 故 Q 点坐标为 $Q(0, y - xy')$,$\overline{PQ}$ 中点坐标为

$M\left(\dfrac{x}{2}, y - \dfrac{xy'}{2}\right)$，依题意应有 $\overline{MQ} = \overline{MA}$，即

$$\left(0 - \frac{x}{2}\right)^2 + \left[(y - xy') - \left(y - \frac{xy'}{2}\right)\right]^2 = \left(1 - \frac{x}{2}\right)^2 + \left[0 - \left(y - \frac{xy'}{2}\right)\right]^2.$$

整理后，得 $\qquad yy' = \dfrac{1}{x}y^2 - 1 + \dfrac{1}{x}$，

标准形式为 $\begin{cases} y' - \dfrac{1}{x}y = \left(\dfrac{1}{x} - 1\right)y^{-1}, \\ y(1) = 1, \end{cases}$

这是具有初始条件的伯努利方程.

令 $z = y^2$，则 $\qquad \dfrac{\mathrm{d}z}{\mathrm{d}x} - \dfrac{2}{x}z = \dfrac{2}{x} - 2$，

解出 $\qquad z = Cx^2 + 2x - 1$，

即 $\qquad y^2 = Cx^2 + 2x - 1$.

代入 $y(1) = 1$，得 $C = 0$，所求曲线为 $y^2 = 2x - 1$.

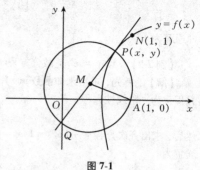

图 7-1

（三）特殊的高阶微分方程

【例 7-13】 试求方程 $y''' = \dfrac{\ln x}{x^2}$ 满足初始条件 $y\big|_{x=1} = 0$，$y'\big|_{x=1} = 1$，$y''\big|_{x=1} = 2$ 的解.

【解】 $y''' = \dfrac{\ln x}{x^2}$，写成 $\dfrac{\mathrm{d}y''}{\mathrm{d}x} = \dfrac{\ln x}{x^2}$，即 $\mathrm{d}y'' = \dfrac{\ln x}{x^2}\mathrm{d}x$，故

$$y'' = \int \frac{\ln x}{x^2}\mathrm{d}x = -\frac{\ln x}{x} - \frac{1}{x} + C_1.$$

代入条件 $y''\big|_{x=1} = 2$，得 $C_1 = 3$，从而

$$y' = \int\left(3 - \frac{\ln x}{x} - \frac{1}{x}\right)\mathrm{d}x = 3x - \frac{1}{2}\ln^2 x - \ln x + C_2.$$

代入条件 $y'\big|_{x=1} = 1$，得 $C_2 = -2$，则

$$y = \int\left(3x - \frac{1}{2}\ln^2 x - \ln x - 2\right)\mathrm{d}x = \frac{3}{2}x^2 - 2x - \frac{x}{2}\ln^2 x + C_3.$$

代入条件 $y\big|_{x=1} = 0$，得 $\qquad C_3 = \dfrac{1}{2}$，

最后得到满足条件的特解 $\qquad y = \dfrac{3}{2}x^2 - 2x - \dfrac{x}{2}\ln^2 x + \dfrac{1}{2}$.

【例 7-14】 求方程 $(1 + x^2)y'' = 2xy'$ 的通解.

【解】 设 $y' = p$，则原方程化为

$$\frac{\mathrm{d}p}{p} = \frac{2x}{1 + x^2}\mathrm{d}x,$$

积分，得 $\qquad \ln p = \ln(1 + x^2) + \ln C_1$，$\quad y' = C_1(1 + x^2)$，

再积分一次，得 $\qquad y = C_1 x + \dfrac{C_1}{3}x^3 + C_2$，

这就是原方程的通解.

【例 7-15】 求 $yy'' - y'^2 = y^2\ln y$ 的通解.

【解】 因为

$$\frac{yy'' - y'^2}{y^2} = \left(\frac{y'}{y}\right)' = (\ln y)'',$$

原方程化为 $(\ln y)'' = \ln y$，记 $z = \ln y$，则得常系数线性方程 $z'' = z$，其特征方程为 $r^2 = 1$. 特征根为 $r = \pm 1$，故

$$z = C_1 e^x + C_2 e^{-x}.$$

原方程之通解即为

$$\ln y = C_1 e^x + C_2 e^{-x}.$$

从此题的求解过程可见，在求解非线性方程时要注意解题的灵活性.

【例 7-16】 求方程 $x'' + (4y + e^{2x})(x')^3 = 0$ 的通解.

【解】 $x' = \dfrac{1}{y'}$，$x'' = -\dfrac{1}{(y')^2} \cdot y'' \cdot \dfrac{1}{y'} = -\dfrac{y''}{(y')^3}$.

代入原方程，使之化成 $y'' - 4y = e^{2x}$，解此微分方程，得原方程之通解为

$$y = C_1 e^{-2x} + C_2 e^{2x} + \frac{1}{4} x e^{2x}.$$

【例 7-17】 求微分方程 $(y''')^2 + (y'')^2 = 1$ 满足初始条件 $y(0) = 0, y'(0) = 1, y''(0) = 0$ 的特解.

【解】 令 $p(x) = y''(x)$，则原方程化为 $p' = \pm \sqrt{1 - p^2}$，积分，得

$$\arcsin p = \pm x + C_1.$$

据 $p(0) = y''(0) = 0$，得 $C_1 = 0$，从而 $y'' = \pm \sin x$，再积分两次，得

$$y = \mp \sin x + C_2 x + C_3.$$

再由 $y(0) = 0$，$y'(0) = 1$，得 $y = 2x - \sin x$ 或 $y = \sin x$.

【例 7-18】 设物体 A 从点 $(0, 1)$ 出发以常速度 v 沿 y 轴正向运动，物体 B 以常速度 $2v$ 从点 $(-1, 0)$ 与 A 同时出发，方向始终指向 A. 试建立物体 B 运动轨迹所满足的微分方程.

【解】 在时刻 t，物体 B 位于 $P(x, y)$，如图 7-2 所示，$y = y(x)$ 为轨迹方程，则 A 的位置在 $Q(0, vt + 1)$，过 $P(x, y)$ 的切线方程为

$$Y - y = y'(X - x).$$

将 Q 点坐标代入，得 $vt + 1 - y = y'(0 - x)$，即 $vt = y - 1 - xy'$.

又 $\qquad 2vt = \displaystyle\int_{-1}^{x} \sqrt{1 + y'^2}\, dx,$

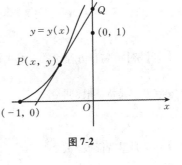

图 7-2

故 $\qquad 2(y - 1 - xy') = \displaystyle\int_{-1}^{x} \sqrt{1 + y'^2}\, dx.$

两边对 x 求导，得 $\qquad 2xy'' + \sqrt{1 + y'^2} = 0$.

所建立的方程是

$$\begin{cases} 2xy'' + \sqrt{1 + y'^2} = 0, \\ y(-1) = 0, \\ y'(-1) = 1. \end{cases}$$

（四）高阶线性微分方程

【例 7-19】 求方程 $\begin{cases} y'' - 3y' - 4y = 0, \\ y\big|_{x=0} = 0, \\ y'\big|_{x=0} = -5 \end{cases}$ 的解.

【解】 特征方程为 $r^2 - 3r - 4 = 0$，其特征根为 $r_{1,2} = -1, 4$，故通解为 $y_1 = C_1 e^{-x} + C_2 e^{4x}$，而 $y' = -C_1 e^x + 4C_2 e^{4x}$，代入初始条件，有

$$\begin{cases} 0 = y\big|_{x=0} = C_1 + C_2, \\ -5 = y'\big|_{x=0} = -C_1 + 4C_2. \end{cases}$$

解出

$$\begin{cases} C_1 = 1, \\ C_2 = -1. \end{cases}$$

故所求特解为

$$y = e^{-x} - e^{4x}.$$

【例 7-20】　求方程 $y'' - 7y' + 6y = \sin x$ 的解.

【解】　特征方程为 $r^2 - 7r + 6 = 0$, 其特征根为 $r_{1,2} = 1, 6$, 对应的齐次方程的通解为

$$\bar{y} = C_1 e^x + C_2 e^{6x}.$$

非齐次项呈 $f(x) = \sin x = e^{0x}(0 \cdot \cos x + 1 \cdot \sin x)$ 型, 此处 $\alpha = 0, \beta = 1, \alpha + i\beta = 0 + i \cdot 1 = i$, 而 i 不是特征根, 故令特解

$$y^* = A\sin x + B\cos x.$$

于是　　　　　　　$y^{*\prime} = A\cos x - B\sin x, \quad y^{*\prime\prime} = -A\sin x - B\cos x,$

代回原方程, 有

$$(-5A + 7B)\sin x + (-7A + 5B)\cos x = \sin x.$$

$$\begin{cases} -5A + 7B = 1, \\ -7A + 5B = 0. \end{cases}$$

解出

$$\begin{cases} A = \dfrac{5}{74}, \\ B = \dfrac{7}{74}, \end{cases}$$

即

$$y^* = \frac{5}{74}\sin x + \frac{7}{74}\cos x.$$

故原方程之通解为

$$y = C_1 e^x + C_2 e^{6x} + \frac{5}{74}\sin x + \frac{7}{74}\cos x.$$

【例 7-21】　求方程 $y'' - 4y' + 4y = 8x^2 + e^{2x} + \sin 2x$ 的通解.

【解】　特征方程的 $r^2 - 4r + 4 = 0$, 特征根为 $r_{1,2} = 2, 2$.

$$f_1(x) = 8x^2 = (8x^2 + 0 \cdot x + 0)e^{0x},$$

$\alpha = 0$ 不是特征根, 可令

$$y_1^* = Ax^2 + Bx + C;$$
$$f_2(x) = e^{2x} = 1 \cdot e^{2x},$$

$\alpha = 2$ 是重特征根, 故令

$$y_2^* = Dx^2 e^{2x};$$
$$f_3(x) = \sin 2x = e^{0x}(1 \cdot \sin 2x + 0 \cdot \cos 2x),$$

而 $0 + 2i$ 不是特征根, 故可令

$$y_3^* = E\cos 2x + F\sin 2x.$$

总之, 可令原方程的特解为

$$y^* = Ax^2 + Bx + C + Dx^2 e^{2x} + E\cos 2x + F\sin 2x,$$

则　　　$y^{*\prime} = 2Ax + B + 2Dxe^{2x} + 2Dx^2 e^{2x} - 2E\sin 2x + 2F\cos 2x,$

$$y^{*\prime\prime} = 2A + 2De^{2x} + 8Dxe^{2x} + 4Dx^2 e^{2x} - 4E\cos 2x - 4F\sin 2x.$$

代入方程比较系数, 有

$$\begin{cases} 4D - 4 \cdot 2D + 4D = 0, \\ 8D - 4 \cdot 2D + 4 \times 0 = 0, \\ 2D - 4 \cdot 0 + 4 \times 0 = 1, \\ -4E - 4 \cdot 2F + 4E = 0, \\ -4F - 4 \cdot (-2E) + 4 \cdot F = 1, \\ 4A = 8, \\ -4 \cdot 2A + 4 \cdot B = 0, \\ 2A - 4 \cdot B + 4 \cdot C = 0. \end{cases}$$

解出

$$\begin{cases} A = 2, \\ B = 4, \\ C = 3, \\ D = \dfrac{1}{2}, \\ E = \dfrac{1}{8}, \\ F = 0. \end{cases}$$

$$y^* = 2x^2 + 4x + 3 + \frac{x^2}{2}e^{2x} + \frac{1}{8}\cos 2x.$$

原方程的通解为

$$y = e^{2x}(C_1 + C_2 x) + (2x^2 + 4x + 3) + \frac{x^2}{2}e^{2x} + \frac{1}{8}\cos 2x.$$

【例 7-22】 设 $y = \varphi(x)$ 是方程 $y'' + P(x)y' + Q(x)y = 0$ 的一个解, 试令 $y_2 = y_1 u(x)$, 求出此方程的另一个与 y_1 线性无关的解, 并写出所给方程的通解.

【解】 $y_2 = y_1 u(x) = \varphi(x)u(x)$, 则

$$y'_2 = \varphi'(x)u(x) + \varphi(x)u'(x),$$
$$y''_2 = \varphi''(x)u(x) + 2\varphi'(x)u'(x) + \varphi(x)u''(x).$$

将上面各式代入方程, 解得

$$\varphi u'' + (2\varphi' + P\varphi)u' + (\varphi'' + P\varphi' + Q\varphi)u = 0.$$

由假设 $y = \varphi(x)$ 是方程的一个解, 故 $\varphi'' + P\varphi' + Q\varphi = 0$, 于是

$$\varphi u'' + (2\varphi' + P\varphi)u' = 0, \quad \frac{\mathrm{d}u'}{u'} = \left(-P - \frac{2\varphi'}{\varphi}\right)\mathrm{d}x, \quad u' = \frac{C_1 e^{-\int P\mathrm{d}x}}{\varphi^2}, \quad u = C_1\int \frac{e^{-\int P\mathrm{d}x}}{\varphi^2}\mathrm{d}x + C_2.$$

取 $C_1 = 1$, $C_2 = 0$, 得 $y_2 = \varphi\int \dfrac{e^{-\int P\mathrm{d}x}}{\varphi^2}\mathrm{d}x$ 是与 $y_1 = \varphi(x)$ 线性无关的解, 原方程之通解应为

$$y = \varphi\left(C_1 + C_2\int \frac{e^{-\int P\mathrm{d}x}}{\varphi^2}\mathrm{d}x\right).$$

(五) 综合问题

【例 7-23】 设 $y(x)$ 是 x 的连续可微函数, 且满足 $x\displaystyle\int_0^x y(t)\mathrm{d}t = (x+1)\int_0^x ty(t)\mathrm{d}t$, 求 $y(x)$.

【解】 $x\displaystyle\int_0^x y(t)\mathrm{d}t = (x+1)\int_0^x ty(t)\mathrm{d}t$, 两边对 x 求导, 得

$$xy(x) + \int_0^x y(t)\mathrm{d}t = (x+1)xy(x) + \int_0^x ty(t)\mathrm{d}t.$$

再求导, 得

$$y(x) + xy'(x) + y(x) = xy(x) + (2x+1)y(x) + (x^2+x)y'(x).$$

整理得微分方程为

$$\frac{\mathrm{d}y}{y} = \frac{1-3x}{x^2}\mathrm{d}x.$$

积分, 得

$$\ln y = -\frac{1}{x} - 3\ln x + \ln C,$$

即

$$y = \frac{C}{x^3}e^{-\frac{1}{x}}.$$

由 $\lim\limits_{x\to +0}y(x)=0$, 得

$$y(x)=\begin{cases} \dfrac{C}{x^3}\mathrm{e}^{-\frac{1}{x}}, & x\neq 0,\\[3mm] 0, & x=0.\end{cases}$$

【例 7-24】　设函数 $f(x)$ 满足 $xf'(x)-3f(x)=-6x^2$, 求由曲线 $y=f(x)$, 之与直线 $x=1$ 与 x 轴所围成的平面图形 D 绕 x 轴旋转一周所得旋转体的体积最小.

【解】　$xf'(x)-3f(x)=-6x^2$, 化为 $f'(x)-\dfrac{3}{x}f(x)=-6x$. 通解为

$$y=\mathrm{e}^{\int\frac{3}{x}\mathrm{d}x}\left[\int(-6x)\mathrm{e}^{-\int\frac{3}{x}\mathrm{d}x}\mathrm{d}x+C\right]=Cx^3+6x^2.$$

旋转体体积为

$$V(C)=\pi\int_0^1 y^2(x)\mathrm{d}x,$$

故

$$V(C)=\pi\int_0^1(Cx^3+6x^2)^2\mathrm{d}x=\pi\left(\frac{C^2}{7}+2C+\frac{36}{5}\right),V'(C)=\pi\left(\frac{2}{7}C+2\right).$$

令 $V'(C)=0$, 得 $C=-7$. 故 $V''(C)=\dfrac{2\pi}{7}>0,V(C)$ 在唯一驻点 C 处取最小值, 此时所求函数为

$$f(x)=6x^2-7x^3.$$

【例 7-25】　设 $f(x)$ 可微, $f'(0)=2$, 对任何 x,y, 有 $f(x+y)=\mathrm{e}^x f(y)+\mathrm{e}^y f(x)$, 求 $f(x)$.

【解】　令 $y=0$, 得 $f(x)=\mathrm{e}^x f(0)+f(x)$, 从而 $f(0)=0$.

$$f'(x)=\lim_{h\to 0}\frac{f(x+h)-f(x)}{h}=\lim_{h\to 0}\frac{\mathrm{e}^x f(h)+\mathrm{e}^h f(x)-f(x)}{h}$$

$$=\lim_{h\to 0}\mathrm{e}^x\frac{f(h)-f(0)}{h}+f(x)\lim_{h\to 0}\frac{\mathrm{e}^h-1}{h}=\mathrm{e}^x f'(0)+f(x)=2\mathrm{e}^x+f(x).$$

解微分方程

$$f'(x)-f(x)=2\mathrm{e}^x,$$

得通解

$$f(x)=2x\mathrm{e}^x+C\mathrm{e}^x,$$

代入 $f(0)=0$, 得 $C=0$. 最后得

$$f(x)=2x\mathrm{e}^x.$$

【例 7-26】　已知 $y_1=x\mathrm{e}^x+\mathrm{e}^{2x}$, $y_2=x\mathrm{e}^x+\mathrm{e}^{-x}$, $y_3=x\mathrm{e}^x+\mathrm{e}^{2x}-\mathrm{e}^{-x}$ 是某二阶非齐次线性微分方程的三个解, 求此微分方程.

【解】　设 $\dfrac{\mathrm{d}^2 y}{\mathrm{d}x^2}+P(x)\dfrac{\mathrm{d}y}{\mathrm{d}x}+Q(x)y=f(x)$ 是所求微分方程. 又设 $L=\dfrac{\mathrm{d}^2}{\mathrm{d}x^2}+P(x)\dfrac{\mathrm{d}}{\mathrm{d}x}+Q(x)$, 则方程可简记为

$$L(y)=f(x).$$

由题设: $L(y_1)=f(x)$, $L(y_2)=f(x)$, $L(y_3)=f(x)$, 即

$$\begin{cases} L(x\mathrm{e}^x)+L(\mathrm{e}^{2x})=f(x), & ①\\ L(x\mathrm{e}^x)+L(\mathrm{e}^{-x})=f(x), & ②\\ L(x\mathrm{e}^x)+L(\mathrm{e}^{2x})-L(\mathrm{e}^{-x})=f(x). & ③\end{cases}$$

式①减式③, 得

$$L(\mathrm{e}^{-x})=0,$$

表明 e^{-x} 是齐次方程的一个解.

式①减式②, 得

$$L(\mathrm{e}^{2x})-L(\mathrm{e}^{-x})=0\Rightarrow L(\mathrm{e}^{2x})=0,$$

表明 e^{2x} 是齐次方程的另一个解.

由特解 e^{-x} 和 e^{2x} 所确定的齐次方程是

$$y''-y'-2y=0\quad(\text{因为特征方程的根是}-1\text{ 和 }2),$$

由 $L(\mathrm{e}^{2x})=0$ 和式①可得

$$L(x\mathrm{e}^x)=f(x),$$

于是 $$f(x) = (x\mathrm{e}^x)'' - (x\mathrm{e}^x)' - 2x\mathrm{e}^x = \mathrm{e}^x - 2x\mathrm{e}^x.$$
故所求方程为 $$y'' - y' - 2y = \mathrm{e}^x - 2x\mathrm{e}^x.$$

【例 7-27】 设 $f(x) = \sin x - \int_0^x (x - t)f(t)\,\mathrm{d}t$，其中 $f(x)$ 为连续函数，求 $f(x)$.

【解】 将 $f(x) = \sin x - \int_0^x (x - t)f(t)\,\mathrm{d}t$ 改写成

$$f(x) = \sin x - x\int_0^x f(t)\,\mathrm{d}t + \int_0^x tf(t)\,\mathrm{d}t.$$

对 x 求导，得 $$f'(x) = \cos x - \int_0^x f(t)\,\mathrm{d}t.$$

再求导，得 $$f''(x) + f(x) = -\sin x.$$

注意 $f(0) = 0$，$f'(0) = 1$，记 $y = f(x)$. 相应的齐次方程的通解为
$$Y = C_1\sin x + C_2\cos x.$$

令 $y^* = x(a\sin x + b\cos x)$，代入 $f''(x) + f(x) = -\sin x$，对比系数，得 $a = 0$，$b = \dfrac{1}{2}$. 故

$$y^* = \frac{x}{2}\cos x.$$

非齐次方程 $f''(x) + f(x) = -\sin x$ 的通解为 $y = C_1\sin x + C_2\cos x + \dfrac{x}{2}\cos x$. 故

$$y' = C_1\cos x - C_2\sin x + \frac{1}{2}\cos x - \frac{x}{2}\sin x.$$

由 $y(0) = 0$，$y'(0) = 1$，定出 $C_1 = \dfrac{1}{2}$，$C_2 = 0$. 最后得 $f(x) = \dfrac{1}{2}\sin x + \dfrac{x}{2}\cos x$.

【例 7-28】 设函数 $f(x)$ 在 $[1, +\infty)$ 上连续，由曲线 $y = f(x)$，直线 $x = 1$，$x = t$ $(t > 1)$ 与 x 轴所围成平面图形绕 x 轴旋转一周形成旋转体的体积为

$$V(t) = \frac{\pi}{3}[t^2 f(t) - f(1)],$$

求 $y = f(x)$，已知 $f(2) = \dfrac{2}{9}$.

【解】 一方面，由已知得

$$V(t) = \frac{\pi}{3}[t^2 f(t) - f(1)],$$

另一方面 $$V(t) = \pi\int_1^t f^2(x)\,\mathrm{d}x,$$

所以 $$3\int_1^t f^2(x)\,\mathrm{d}x = t^2 f(t) - f(1).$$

求导，得 $$3f^2(t) = 2tf(t) + t^2 f'(t),$$

即 $$x^2 y' = 3y^2 - 2xy,$$

得微分方程
$$\begin{cases} \dfrac{\mathrm{d}y}{\mathrm{d}x} = 3\left(\dfrac{y}{x}\right)^2 - 2\dfrac{y}{x}, \\ y(2) = \dfrac{2}{9}. \end{cases}$$

令 $u = \dfrac{y}{x}$，得

$$x\frac{\mathrm{d}u}{\mathrm{d}x} = 3u(u - 1).$$

当 $u \neq 0$，$u \neq 1$ 时，积分，得

$$1 - \frac{1}{u} = Cx^3, \quad 即\ y - x = Cx^3y.$$

代入已知条件, 得 $C = -1$, 所求特解为

$$y - x = -x^3y, \quad 即\ y = \frac{x}{1 + x^3}.$$

三、习题全解

习题 7-1　微分方程的基本概念

1. 试说出下列各微分方程的阶数:

(1) $x(y')^2 - 2yy' + x = 0$;

(2) $x^2y'' - xy' + y = 0$;

(3) $xy''' + 2y'' + x^2y = 0$;

(4) $(7x - 6y)\mathrm{d}x + (x + y)\mathrm{d}y = 0$;

(5) $L\frac{\mathrm{d}^2Q}{\mathrm{d}t^2} + R\frac{\mathrm{d}Q}{\mathrm{d}t} + \frac{Q}{C} = 0$;

(6) $\frac{\mathrm{d}\rho}{\mathrm{d}\theta} + \rho = \sin^2\theta$.

【解】 (1) 一阶; (2) 二阶; (3) 三阶; (4) 一阶; (5) 二阶; (6) 一阶.

2. 指出下列各题中的函数是否为所给微分方程的解:

(1) $xy' = 2y,\ y = 5x^2$;

(2) $y'' + y = 0,\ y = 3\sin x - 4\cos x$;

(3) $y'' - 2y' + y = 0,\ y = x^2\mathrm{e}^x$;

(4) $y'' - (\lambda_1 + \lambda_2)y' + \lambda_1\lambda_2 y = 0,\ y = C_1\mathrm{e}^{\lambda_1 x} + C_2\mathrm{e}^{\lambda_2 x}$.

【解】 只需将所给函数代入微分方程之中即可得出结论.

(1) 是; (2) 是; (3) 不是; (4) 是.

3. 在下列各题中, 验证所给二元方程所确定的函数为所给微分方程的解:

(1) $(x - 2y)y' = 2x - y,\ x^2 - xy + y^2 = C$.

【证】 在 $x^2 - xy + y^2 = C$ 两边对 x 求导, 得

$$2x - y - xy' + 2yy' = 0,$$

化成

$$(x - 2y)y' = 2x - y.$$

(2) $(xy - x)y'' + xy'^2 + yy' - 2y' = 0,\ y = \ln(xy)$.

【证】 在 $y = \ln(xy)$ 两边对 x 求导, 得 $y' = \frac{1}{x} + \frac{1}{y}y'$, 即

$$y' = \frac{y}{xy - x},$$

对上式再求导, 得

$$y'' = \frac{-xy^3 + 2xy^2 - 2xy}{(xy - x)^3}.$$

代入微分方程左端, 再经计算, 得

$$(xy - x) \cdot \frac{-xy^3 + 2xy^2 - 2xy}{(xy - x)^3} + x \cdot \frac{y^2}{(xy - x)^2} + y \cdot \frac{y}{xy - x} - 2 \cdot \frac{y}{xy - x} = 0.$$

4. 在下列各题中, 确定函数关系式中所含的参数, 使函数满足所给的初始条件:

(1) $x^2 - y^2 = C,\ y\big|_{x=0} = 5$.

【解】 $y(0) = 5,\ C = 0 - 5^2 = -25,\ y^2 - x^2 = 25$ 即为所求.

(2) $y = (C_1 + C_2 x)\mathrm{e}^{2x},\ y\big|_{x=0} = 0,\ y'\big|_{x=0} = 1$.

【解】 $y' = C_2\mathrm{e}^{2x} + 2(C_1 + C_2 x)\mathrm{e}^{2x}$, 代入 $y(0) = 0,\ y'(0) = 1$ 得 $C_1 = 0,\ C_2 = 1.\ y = x\mathrm{e}^{2x}$ 即为所求.

（3）$y = C_1 \sin(x - C_2)$，$y \big|_{x=\pi} = 1$，$y' \big|_{x=\pi} = 0$.

【解】　$y' = C_1 \cos(x - C_2)$，代入 $y(\pi) = 1$，$y'(\pi) = 0$ 得 $C_1 = 1$，$C_2 = \dfrac{\pi}{2}$. $y = \sin\left(x - \dfrac{\pi}{2}\right)$，即 $y = -\cos x$ 为所求.

5. 写出由下列条件确定的曲线所满足的微分方程：

（1）曲线在点 (x, y) 处的切线的斜率等于该点横坐标的平方；

（2）曲线上点 $P(x, y)$ 处的法线与 x 轴的交点为 Q，且线段 PQ 被 y 轴平分.

【解】　（1）$y' = x^2$；（2）$\dfrac{y - 0}{x + x} = -\dfrac{1}{y'}$，化为 $yy' + 2x = 0$.

6. 用微分方程表示一物理命题：某种气体的压强 p 对于温度 T 的变化率与压强成正比，与温度的平方成反比.

【解】　$\dfrac{\mathrm{d}p}{\mathrm{d}t} = k \cdot \dfrac{p}{T^2}$　（k 为比例系数）.

7. 一个半球体形状的雪堆，其体积融化率与半球面面积 A 成正比，比例函数 $k > 0$. 假设在融化过程中雪堆始终保持半球体形状，已知半径为 r_0 的雪堆在开始融化的 3 h 内，融化了其体积的 $\dfrac{7}{8}$. 问雪堆全部融化需要多少时间？

【解】　设雪堆在时刻 t 的体积为 $V = \dfrac{2}{3}\pi r^3$，半球面面积为 $S = 2\pi r^2$. 由题设知：

$$\frac{\mathrm{d}V}{\mathrm{d}t} = 2\pi r^2 \frac{\mathrm{d}r}{\mathrm{d}t} = -kS = -2\pi k r^2.$$

于是 $\dfrac{\mathrm{d}r}{\mathrm{d}t} = -k$，积分得 $r = -kt + C$.

由 $r \big|_{t=0} = r_0$，得 $C = r_0$，$r = r_0 - kt$.

又 $V \big|_{t=3} = \dfrac{1}{8} V \big|_{t=0}$，即

$$\frac{2}{3}\pi(r_0 - 3k)^3 = \frac{1}{8} \times \frac{2}{3}\pi r_0^3,$$

得 $k = \dfrac{1}{6}r_0$. 于是 $r = r_0 - \dfrac{1}{6}r_0 t$. 令 $r = 0$，得 $t = 6$. 雪堆全部融化需要 6 h.

习题7-2　可分离变量的微分方程

1. 求下列微分方程的通解：

（1）$xy' - y\ln y = 0$.

【解】　分离变量，得
$$\frac{\mathrm{d}y}{y\ln y} = \frac{\mathrm{d}x}{x},$$

积分
$$\int \frac{\mathrm{d}y}{y\ln y} = \int \frac{\mathrm{d}x}{x}, \quad \ln\ln y = \ln x + \ln C,$$

化简为
$$\ln y = Cx \text{ 或 } y = \mathrm{e}^{Cx}.$$

（2）$3x^2 + 5x - 5y' = 0$.

【解】　分离变量，得 $5\mathrm{d}y = (3x^2 + 5x)\mathrm{d}x$，

积分得
$$y = \frac{1}{5}x^3 + \frac{5}{2}x^2 + C.$$

(3) $\sqrt{1-x^2}\,y'=\sqrt{1-y^2}$.

【解】　分离变量，得
$$\frac{\mathrm{d}y}{\sqrt{1-y^2}}=\frac{\mathrm{d}x}{\sqrt{1-x^2}},$$

积分得
$$\arcsin y=\arcsin x+C.$$

(4) $y'-xy'=a(y^2+y')$.

【解】　分离变量，得
$$\frac{\mathrm{d}y}{ay^2}=\frac{\mathrm{d}x}{1-a-x},$$

积分得
$$-\frac{1}{ay}=-\ln(1-a-x)-C_1.$$

记 $C=aC_1$，有
$$y=\frac{1}{C+a\ln(1-a-x)}.$$

(5) $\sec^2 x\tan y\mathrm{d}x+\sec^2 y\tan x\mathrm{d}y=0$.

【解】　分离变量，得
$$\frac{\sec^2 y}{\tan y}\mathrm{d}y=-\frac{\sec^2 x}{\tan x}\mathrm{d}x,$$

积分得
$$\ln(\tan x\cdot\tan y)=\ln C,$$
通解为
$$\tan x\cdot\tan y=C.$$

(6) $\dfrac{\mathrm{d}y}{\mathrm{d}x}=10^{x+y}$.

【解】　分离变量，得
$$10^{-y}\mathrm{d}y=10^x\mathrm{d}x,$$
积分得
$$10^{-y}=-10^x+C_1\ln 10,$$
记 $C=-C_1\ln 10$，得
$$y=-\lg(-10^x+C).$$

(7) $(\mathrm{e}^{x+y}-\mathrm{e}^x)\mathrm{d}x+(\mathrm{e}^{x+y}+\mathrm{e}^y)\mathrm{d}y=0$.

【解】　分离变量，得
$$\frac{\mathrm{e}^y\mathrm{d}y}{1-\mathrm{e}^y}=\frac{\mathrm{e}^x}{1+\mathrm{e}^x}\mathrm{d}x,$$

积分后整理，得通解为
$$(\mathrm{e}^x+1)(\mathrm{e}^y-1)=C.$$

(8) $\cos x\sin y\mathrm{d}x+\sin x\cos y\mathrm{d}y=0$.

【解】　分离变量，得
$$\frac{\cos y}{\sin y}\mathrm{d}y=-\frac{\cos x}{\sin x}\mathrm{d}x,$$

积分后整理，得通解为
$$\sin x\sin y=C.$$

(9) $(y+1)^2\dfrac{\mathrm{d}y}{\mathrm{d}x}+x^3=0$.

【解】　分离变量，得
$$(y+1)^2\mathrm{d}y=-x^3\mathrm{d}x,$$
积分得
$$\frac{1}{3}(y+1)^3=-\frac{1}{4}x^4+C_1,$$
记 $C=12C_1$，有
$$4(y+1)^3+3x^4=C.$$

(10) $y\mathrm{d}x+(x^2-4x)\mathrm{d}y=0$.

【解】　分离变量，得
$$\frac{\mathrm{d}x}{4x-x^2}=\frac{\mathrm{d}y}{y},$$

积分得
$$y^4(4-x)=Cx.$$

2. 求下列微分方程满足所给初始条件的特解：

(1) $y'=\mathrm{e}^{2x-y}$, $y\big|_{x=0}=0$.

【解】　分离变量，得 $\mathrm{e}^y\mathrm{d}y=\mathrm{e}^{2x}\mathrm{d}x$，积分得通解　$y=\ln\left(\dfrac{1}{2}\mathrm{e}^{2x}+C\right)$.

由 $y(0)=0$ 确定 $C=\dfrac{1}{2}$，故特解为　　　　　$y=\ln\left[\dfrac{1}{2}(e^{2x}+1)\right].$

（2）$\cos x\sin y\,dy=\cos y\sin x\,dx$，$y\Big|_{x=0}=\dfrac{\pi}{4}.$

【解】　分离变量后积分，得通解为 $\cos y=C\cos x.$ 代入 $y(0)=\dfrac{\pi}{4}$，得 $C=\dfrac{1}{\sqrt{2}}$，特解为

$$\sqrt{2}\cos y=\cos x.$$

（3）$y'\sin x=y\ln y$，$y\Big|_{x=\frac{\pi}{2}}=e.$

【解】　容易求其通解为 $y=e^{C\tan\frac{x}{2}}$，代入 $y\left(\dfrac{\pi}{2}\right)=e$，得 $C=1.$ 特解为 $y=e^{\tan\frac{x}{2}}.$

（4）$\cos y\,dx+(1+e^{-x})\sin y\,dy=0$，$y\Big|_{x=0}=\dfrac{\pi}{4}.$

【解】　通解为 $e^x+1=C\cos y.$ 代入 $y(0)=\dfrac{\pi}{4}$，得 $C=2\sqrt{2}$，特解为 $e^x+1=2\sqrt{2}\cos y.$

（5）$x\,dy+2y\,dx=0$，$y\Big|_{x=2}=1.$

【解】　通解为 $\dfrac{1}{2}\ln y=C-\ln x$，代入 $y(2)=1$，得 $C=\ln 2$，所求特解为 $y=\dfrac{4}{x^2}.$

3. 有一盛满了水的圆锥形漏斗，高为 10 cm，顶角为 60°，漏斗下面有面积为 0.5 cm² 的孔，求水面高度变化的规律及水流完所需的时间.

【解】　如图 7-3 所示，设 V 是通过孔口横截面的水的体积，则有

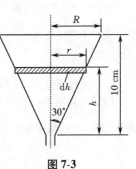

图 7-3

$$\frac{dV}{dt}=0.62\times0.5\times\sqrt{2\times980\,h},\ dV=0.62\times0.5\times\sqrt{2\times980\,h}\,dt,$$

而

$$\frac{r}{h}=\frac{R}{10}=\frac{10\cdot\tan30°}{10}=\frac{1}{\sqrt{3}},$$

得

$$r=\frac{h}{\sqrt{3}},$$

于是

$$dV=-\pi r^2\,dh=-\frac{\pi}{3}h^2\,dh,$$

从而

$$0.62\times0.5\times\sqrt{2\times980}\times\sqrt{h}\,dt=-\frac{\pi}{3}h^2\,dh,$$

$$dt=\frac{-\pi}{3\times0.62\times0.5\times\sqrt{2\times980}}h^{\frac{3}{2}}\,dh,\quad t=\frac{-2\pi}{3\times0.62\times0.5\times\sqrt{2\times980}}h^{\frac{5}{2}}+C,$$

当 $t=0$ 时，$h=10$，

$$C=\frac{\pi}{3\times5\times0.62\times0.5\times\sqrt{2\times980}}10^{\frac{5}{2}},$$

于是得水从小孔流出的规律为

$$t=\frac{2\pi}{3\times5\times0.62\times0.5\times\sqrt{2\times980}}(10^{\frac{5}{2}}-h^{\frac{5}{2}})=0.030\,5(10^{\frac{5}{2}}-h^{\frac{5}{2}})=-0.030\,5h^{\frac{5}{2}}+9.645.$$

当 $h=0$ 时，得水流完所需时间约为 10 s.

4. 质量为 1 g 的质点受外力作用做直线运动，这外力和时间成正比，和质点运动的速度成反

比. 在 $t=10$ s 时, 速度等于 50 cm/s, 外力为 4 g·cm/s², 问从运动开始经过了 1 min 后的速度是多少?

【解】　设外力大小为 F, 质点运动速度为 v, 则有 $F=k \cdot \dfrac{t}{v}$.

当 $t=10$ s 时, $v=50$ cm/s, $F=4$ g·cm/s², 定出 $k=20$, 从而

$$F=20 \cdot \frac{t}{v}.$$

又 $F=ma=1 \cdot \dfrac{\mathrm{d}v}{\mathrm{d}t}$, 得微分方程 $v\mathrm{d}v=20t\mathrm{d}t$, 积分得

$$\frac{1}{2}v^2=10t^2+C.$$

再代入 $v(10)=50$, 得 $C=250$, 于是

$$v=\sqrt{20t^2+500}.$$

当 $t=60$ s 时, $v=269.3$ cm/s.

5. 镭的衰变有如下的规律: 镭的衰变速度与它的现存量 R 成正比. 由经验材料得知, 镭经过 1600 年后, 只余原始量 R_0 的一半. 试求镭的量 R 与时间 t 的函数关系.

【解】　$\dfrac{\mathrm{d}R}{\mathrm{d}t}=-\lambda R$, $R=C\mathrm{e}^{-\lambda t}$.

当 $t=0$ 时, $R=R_0$, $R_0=C\mathrm{e}^0=C$, 从而 $R=R_0\mathrm{e}^{-\lambda t}$.

当 $t=1600$ 时, $R=\dfrac{R_0}{2}$, $\dfrac{R_0}{2}=R_0\mathrm{e}^{-1600\lambda}$, 得 $\lambda=\dfrac{\ln 2}{1600}$, 最后得

$$R=R_0\mathrm{e}^{\frac{\ln 2}{1600}}=R_0\mathrm{e}^{-0.000433t}.$$

6. 一曲线通过点 $(2,3)$, 它在两坐标轴间的任一切线线段均被切点所平分, 求这曲线方程.

【解】　如图 7-4 所示. 切点为 $P(x,y)$, 切线在 x 轴与 y 轴上的截距为 $2x$ 和 $2y$. 切线斜率为 $k=\dfrac{2y-0}{0-2x}$, 即 $k=-\dfrac{y}{x}$. 依题意得微分方程

$$\begin{cases} \dfrac{\mathrm{d}y}{\mathrm{d}x}=-\dfrac{y}{x}, \\ y(2)=3, \end{cases}$$

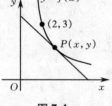

图 7-4

解出通解 $xy=C$, 由定解条件 $y(2)=3$ 确定 $C=6$. 所求曲线方程为 $xy=6$.

7. 小船从河边点 O 处出发驶向对岸(两岸为平行直线). 设船速为 a, 船行方向始终与河岸垂直, 又设河宽为 h, 河中任一点处的水流速度与该点到两岸距离的乘积成正比(比例系数为 k). 求小船的航行路线.

【解】　如图 7-5 所示, 设航行路线为 $y=f(x)$, 则

$$\frac{\mathrm{d}y}{\mathrm{d}x}=\frac{a}{k(h-y)y},$$

积分得

$$x=\frac{k}{a}\left(\frac{h}{2}y^2-\frac{1}{3}y^3\right).$$

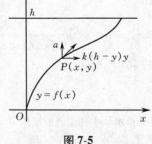

图 7-5

习题 7-3　齐次方程

1. 求下列齐次方程的通解:

（1）$xy'-y-\sqrt{y^2-x^2}=0$.

【解】　将原方程改写成 $\qquad\dfrac{dy}{dx}=\dfrac{y}{x}+\sqrt{\left(\dfrac{y}{x}\right)^2-1}$.

令 $\dfrac{y}{x}=u$，则 $\qquad\dfrac{dy}{dx}=u+x\dfrac{du}{dx}$,

方程变成 $\qquad\dfrac{du}{\sqrt{u^2-1}}=\dfrac{dx}{x}$,

积分得 $\qquad u+\sqrt{u^2-1}=Cx$,

即 $\qquad\dfrac{y}{x}+\sqrt{\left(\dfrac{y}{x}\right)^2-1}=Cx$,

也可写成 $\qquad y+\sqrt{y^2-x^2}=Cx^2$.

（2）$x\dfrac{dy}{dx}=y\ln\dfrac{y}{x}$.

【解】　将原方程改写成 $\qquad\dfrac{dy}{dx}=\dfrac{y}{x}\ln\dfrac{y}{x}$.

令 $\dfrac{y}{x}=u$，则 $\qquad\dfrac{dy}{dx}=u+x\dfrac{du}{dx}$,

方程化为 $\qquad\dfrac{du}{u(\ln u-1)}=\dfrac{dx}{x}$,

积分得 $\qquad\ln(\ln u-1)=\ln x+C_1$,

即 $\qquad u=e^{Cx+1}\quad(C=e^{C_1})$,

最后得 $\qquad y=xe^{Cx+1}$.

（3）$(x^2+y^2)dx-xydy=0$.

【解】　将原方程改写成 $\qquad\dfrac{dy}{dx}=\dfrac{1+\left(\dfrac{y}{x}\right)^2}{\dfrac{y}{x}}$.

令 $u=\dfrac{y}{x}$，则 $\qquad\dfrac{dy}{dx}=u+x\dfrac{du}{dx}$,

方程化为 $\qquad udu=\dfrac{dx}{x}$,

通解为 $\qquad\dfrac{1}{2}u^2=\ln x+\ln C_1$,

即 $\qquad\dfrac{y^2}{x^2}=2\ln x+2\ln C_1$

或写成 $\qquad y^2=x^2\ln(Cx^2)\quad(C=C_1^2)$.

（4）$(x^3+y^3)dx-3xy^2dy=0$.

【解】　将原方程改写成 $\qquad\dfrac{dy}{dx}=\dfrac{1+\left(\dfrac{y}{x}\right)^3}{3\left(\dfrac{y}{x}\right)^3}$.

令 $\dfrac{y}{x}=u$，则 $\qquad\dfrac{dy}{dx}=u+x\dfrac{du}{dx}$,

方程化为 $\qquad\dfrac{3u^2}{1-2u^3}du=\dfrac{1}{x}dx$,

积分得 $\qquad\qquad\qquad\qquad 2u^3 = 1 - \dfrac{C}{x^2}.$

将 $u = \dfrac{y}{x}$ 代入，得 $\qquad\qquad x^3 - 2y^3 = Cx.$

（5） $\left(2x\sin\dfrac{y}{x} + 3y\cos\dfrac{y}{x}\right)\mathrm{d}x - 3x\cos\dfrac{y}{x}\mathrm{d}y = 0.$

【解】 将原方程改写成 $\qquad\qquad \dfrac{2}{3}\tan\dfrac{y}{x} + \dfrac{y}{x} - \dfrac{\mathrm{d}y}{\mathrm{d}x} = 0.$

令 $u = \dfrac{y}{x}$，则有 $\qquad\qquad \dfrac{2}{3}\tan u + u - \left(u + x\dfrac{\mathrm{d}y}{\mathrm{d}x}\right) = 0,$

即 $\qquad\qquad\qquad\qquad \dfrac{3}{2}\cdot\dfrac{\mathrm{d}u}{\tan u} = \dfrac{\mathrm{d}x}{x},$

积分，得 $\qquad\qquad\qquad \dfrac{3}{2}\ln|\sin u| = \ln|x| + \ln C_1,$

代入 $u = \dfrac{y}{x}$，得 $\qquad\qquad \sin^3\dfrac{y}{x} = Cx^2 \quad (C = \pm C_1).$

（6） $(1 + 2\mathrm{e}^{\frac{x}{y}})\mathrm{d}x + 2\mathrm{e}^{\frac{x}{y}}\left(1 - \dfrac{x}{y}\right)\mathrm{d}y = 0.$

【解】 将原方程改写成 $\qquad\qquad \dfrac{\mathrm{d}x}{\mathrm{d}y} = \dfrac{\left(\dfrac{x}{y} - 1\right)\cdot 2\mathrm{e}^{\frac{x}{y}}}{1 + \mathrm{e}^{\frac{x}{y}}}.$

令 $\dfrac{x}{y} = u$，则 $\qquad\qquad\qquad \dfrac{\mathrm{d}x}{\mathrm{d}y} = u + y\dfrac{\mathrm{d}u}{\mathrm{d}y},$

方程化为 $\qquad\qquad\qquad \dfrac{(1 + 2\mathrm{e}^u)\,\mathrm{d}u}{1 + 2\mathrm{e}^u} = -\dfrac{\mathrm{d}y}{y},$

积分得 $\qquad\qquad\qquad y(u + 2\mathrm{e}^u) = C,$

代入 $u = \dfrac{x}{y}$，得 $\qquad\qquad x + 2y\mathrm{e}^{\frac{x}{y}} = C.$

2.求下列齐次方程满足所给初始条件的特解：

（1） $(y^2 - 3x^2)\mathrm{d}y + 2xy\mathrm{d}x = 0,\ y\Big|_{x=0} = 1.$

【解】 将原方程改写成 $\qquad\qquad \dfrac{\mathrm{d}y}{\mathrm{d}x} = \dfrac{2\cdot\dfrac{y}{x}}{3 - \left(\dfrac{y}{x}\right)^2}.$

令 $u = \dfrac{y}{x}$，则 $\qquad\qquad\qquad \dfrac{\mathrm{d}y}{\mathrm{d}x} = u + x\dfrac{\mathrm{d}u}{\mathrm{d}x},$

方程化为 $\qquad\qquad\qquad \dfrac{u^2 - 3}{u - u^3}\mathrm{d}u = \dfrac{\mathrm{d}x}{x},$

两端积分，注意到

$$\int\dfrac{u^2 - 3}{u - u^3}\mathrm{d}u = \int\left(-\dfrac{3}{u} + \dfrac{1}{u - 1} + \dfrac{1}{u + 1}\right)\mathrm{d}u = -\ln u^3 + \ln(u - 1) + \ln(u + 1) + C,$$

得通解 $\qquad\qquad\qquad \ln\left(\dfrac{u^2 - 1}{u^3 x}\right) = \ln C,$

代入 $u = \dfrac{y}{x}$，得 $\dfrac{y^2 - x^2}{y^3} = C.$ 由 $y(0) = 1$ 确定 $C = 1$，最后得特解

$$y^2 - x^2 = y^3.$$

（2）$y' = \dfrac{x}{y} + \dfrac{y}{x}$，$y\,\big|_{x=1} = 2$.

【解】　令 $\dfrac{y}{x} = u$，则

$$\dfrac{dy}{dx} = u + x\dfrac{du}{dx},$$

方程化为

$$u\,du = \dfrac{dx}{x},$$

通解为

$$\dfrac{1}{2}u^2 = \ln x + C,$$

将 $u = \dfrac{y}{x}$ 代入，得 $y^2 = 2x^2(C + \ln x)$. 由 $y(1) = 2$ 确定 $C = 2$. 最后得所求特解为

$$y^2 = 2x^2(C + \ln x).$$

（3）$(x^2 + 2xy - y^2)\,dx + (y^2 + 2xy - x^2)\,dy = 0$，$y\,\big|_{x=1} = 1$.

【解】　将原方程改写成

$$\dfrac{dy}{dx} = \dfrac{\left(\dfrac{y}{x}\right)^2 - 2\cdot\left(\dfrac{y}{x}\right) - 1}{\left(\dfrac{y}{x}\right)^2 + 2\cdot\left(\dfrac{y}{x}\right) - 1}.$$

令 $\dfrac{y}{x} = u$，则

$$\dfrac{dy}{dx} = u + x\dfrac{du}{dx},$$

方程化成

$$\dfrac{1 - u^2 - 2u}{u^3 + u^2 + u + 1}\,du = \dfrac{dx}{x},$$

注意到

$$-\int \dfrac{u^2 + 2u - 1}{u^3 + u^2 + u + 1}\,du = \int\left(\dfrac{1}{u+1} - \dfrac{2u}{u^2+1}\right)du = \ln\dfrac{u+1}{u^2+1} + C_1,$$

得

$$\ln\dfrac{u+1}{u^2+1} + C_1 = \ln x,$$

代入 $u = \dfrac{y}{x}$，得 $\ln\dfrac{\dfrac{y}{x}+1}{\left(\dfrac{y}{x}\right)^2+1} + C = \ln x$. 代入 $y(1) = 1$，得 $C = 0$，特解为

$$x^2 + y^2 = x + y.$$

3. 设有连接点 $O(0,0)$ 和 $A(1,1)$ 的一段向上凸的曲线弧 $\overset{\frown}{OA}$，对于 $\overset{\frown}{OA}$ 上任一点 $P(x,y)$，曲线弧 $\overset{\frown}{OP}$ 与直线段 $\overline{OP}$ 所围图形的面积为 x^2，求曲线弧 $\overset{\frown}{OA}$ 的方程.

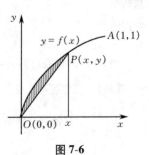

图 7-6

【解】　当 $0 < x \le 1$ 时，设曲线方程为 $y = f(x)$，如图 7-6 所示，依题意，有

$$\int_0^x f(t)\,dt - \dfrac{1}{2}xf(x) = x^2,$$

求导，得

$$f'(x) - \dfrac{1}{x}f(x) = -4,$$

考虑 $f(1) = 1$，得

$$\begin{cases} f'(x) - \dfrac{1}{x}f(x) = -4, \\ f(1) = 1, \end{cases}$$

解得 $f(x)=x(1-4\ln x)$. 又

$$\lim_{x\to0+}f(x)=\lim_{x\to0+}x(1-4\ln x)=\lim_{x\to0+}\frac{1-4\ln x}{\frac{1}{x}}=\lim_{x\to0+}\frac{-4\cdot\frac{1}{x}}{-\frac{1}{x^2}}=0,$$

最后得曲线 $\overset{\frown}{OA}$ 的方程为

$$\tilde{f}(x)=\begin{cases}x(1-4\ln x), & 0<x\leqslant1,\\ 0, & x=0.\end{cases}$$

*4.化下列方程为齐次方程，并求出通解：

(1) $(2x-5y+3)\mathrm{d}x-(2x+4y-6)\mathrm{d}y=0$.

【解】 令 $x=X+h$, $y=Y+k$, 则 $\mathrm{d}x=\mathrm{d}X$, $\mathrm{d}y=\mathrm{d}Y$, 从而原方程化为

$$(2X-5Y+2h-5k+3)\mathrm{d}X-(2X+4Y+2h+4k-6)\mathrm{d}Y=0,$$

解方程组

$$\begin{cases}2h-5k+3=0,\\ 2h+4k-6=0,\end{cases}$$

得 $h=1$, $k=1$.故令 $x=X+1$, $y=Y+1$ 时，原方程化为

$$(2X-5Y)\mathrm{d}X-(2X+4Y)\mathrm{d}Y=0,$$

解齐次方程

$$\frac{\mathrm{d}Y}{\mathrm{d}X}=\frac{2-5\dfrac{Y}{X}}{2+5\dfrac{Y}{X}}.$$

令 $u=\dfrac{Y}{X}$, 则

$$Y=uX, \quad \frac{\mathrm{d}Y}{\mathrm{d}X}=u+X\frac{\mathrm{d}u}{\mathrm{d}X}$$

得

$$X\frac{\mathrm{d}u}{\mathrm{d}X}=\frac{2-5u}{2+4u}-u=\frac{2-7u-4u^2}{2+4u}, \quad -\frac{4u+2}{4u^2+7u-2}\mathrm{d}u=\frac{\mathrm{d}X}{X},$$

$$\ln X=-\frac{1}{2}\int\frac{8u+7-3}{4u^2+7u-2}\mathrm{d}u=-\frac{1}{2}\int\frac{\mathrm{d}(4u^2+7u-2)}{4u^2+7u-2}+\frac{3}{2}\int\frac{\mathrm{d}u}{4u^2+7u-2}$$

$$=-\frac{1}{2}\ln(4u^2+7u-2)+\frac{1}{6}\ln\left(\frac{4u-1}{u+2}\right)+\ln C_1,$$

$$6\ln X+3\ln(4u^2+7u-2)-\ln\left(\frac{4u-1}{u+2}\right)=\ln C_2 \quad (C_2=C_1^6),$$

得

$$X^6(4u^2+7u-2)^3\frac{u+2}{4u-1}=C_2, \quad X^6(4u-1)^3(u+2)^3\frac{u+2}{4u-1}=C_2, \quad X^6(4u-1)^2(u+2)^4=C_2.$$

代回得

$$(x-1)^6\left(4\frac{y-1}{x-1}-1\right)^2\left(\frac{y-1}{x-1}+2\right)^4=C_2,$$

整理得

$$(4y-x-3)^2(y+2x-3)^4=C_2,$$

即

$$(4y-x-3)(y+2x-3)^2=C \quad (C=\sqrt{C_2}).$$

(2) $(x-y-1)\mathrm{d}x+(4y+x-1)\mathrm{d}y=0$.

【解】 原方程可写成

$$\frac{\mathrm{d}y}{\mathrm{d}x}=\frac{-x+y+1}{4y+x-1}=\frac{-(x-1)+y}{(x-1)+4y}.$$

令 $\begin{cases}x=1-X,\\ y=Y,\end{cases}$ 则原方程变为齐次方程

$$\frac{\mathrm{d}Y}{\mathrm{d}X}=\frac{-1+\dfrac{Y}{X}}{1+4\dfrac{Y}{X}}.$$

再令 $\dfrac{Y}{X}=u$, 原方程变为

$$u+X\frac{\mathrm{d}u}{\mathrm{d}x}=\frac{-1+u}{1+4u},$$

即
$$X\frac{\mathrm{d}u}{\mathrm{d}X}=\frac{-1-4u^2}{1+4u}.$$

分离变量并积分，得
$$\int\frac{4u+1}{4u^2+1}\mathrm{d}u=-\int\frac{\mathrm{d}X}{X},$$

即
$$\int\frac{4u}{4u^2+1}\mathrm{d}u+\int\frac{1}{1+4u^2}\mathrm{d}u=-\int\frac{\mathrm{d}x}{X},$$

亦即
$$\frac{1}{2}\ln(4u^2+1)+\frac{1}{2}\arctan(2u)=-\ln X+C_1,$$

$$\ln x^2(4u^2+1)+\arctan(2u)=C,$$

其中 $C=2C_1$.

将 $X=x-1$, $u=\dfrac{Y}{X}=\dfrac{y}{x-1}$ 代入上式，得原方程的通解为

$$\ln\left[4y^2+(x-1)^2\right]+\arctan\frac{2y}{x-1}=C.$$

（3）$(3y-7x+7)\mathrm{d}x+(7y-3x+3)\mathrm{d}y=0$.

【解】 原方程可写成
$$\frac{\mathrm{d}y}{\mathrm{d}x}=\frac{7x-3y-7}{-3x+7y+3}.$$

令 $x=X+h$, $y=Y+k$, 代入上式，得
$$\frac{\mathrm{d}Y}{\mathrm{d}X}=\frac{7X-3Y+7h-3k-7}{-3X+7Y-3h+7k+3}.$$

解方程组
$$\begin{cases}7h-3k-7=0,\\-3h+7k+3=0,\end{cases}$$

得
$$\begin{cases}h=1,\\k=0.\end{cases}$$

于是，令 $x=X$, $y=Y$, 原方程变为齐次方程
$$\frac{\mathrm{d}Y}{\mathrm{d}X}=\frac{7-3\dfrac{Y}{X}}{-3+7\dfrac{Y}{X}}.$$

再令 $\dfrac{Y}{X}=u$, 原方程变为
$$u+X\frac{\mathrm{d}u}{\mathrm{d}X}=\frac{7-3u}{-3+7u},\text{即}$$

$$X\frac{\mathrm{d}u}{\mathrm{d}X}=\frac{7-7u^2}{-3+7u}.$$

分离变量，得
$$\frac{7u-3}{u^2-1}\mathrm{d}u=\frac{-7}{X}\mathrm{d}X,$$

两边积分，得
$$\int\frac{7u-3}{u^2-1}\mathrm{d}u=\int\frac{-7}{X}\mathrm{d}X,$$

即
$$\int\frac{2}{u-1}\mathrm{d}u+\int\frac{5}{u+1}\mathrm{d}u=\int\frac{-7}{X}\mathrm{d}X,$$

亦即
$$2\ln(u-1)+5\ln(u+1)=-7\ln X+C_1,$$

上式可进一步整理成
$$X^7(u-1)^2(u+1)^5=C\ (C=\mathrm{e}^{C_1}).$$

将 $X=x-1$, $u=\dfrac{y}{x-1}$ 代入上式，得原方程的通解为 $(y-x+1)^2(y+x-1)^5=C$.

（4）$(x+y)\mathrm{d}x+(3x+3y-4)\mathrm{d}y=0$.

【解】 原方程可写成
$$\frac{\mathrm{d}y}{\mathrm{d}x}=\frac{-(x+y)}{3(x+y)-4}.$$

令 $x+y=u$，则 $y=u-x$，$\dfrac{\mathrm{d}y}{\mathrm{d}x}=\dfrac{\mathrm{d}u}{\mathrm{d}x}-1$，原方程变为 $\dfrac{\mathrm{d}u}{\mathrm{d}x}-1=\dfrac{-u}{3u-4}$，即

$$\frac{\mathrm{d}u}{\mathrm{d}x}=\frac{2u-4}{3u-4}.$$

分离变量并两边积分，得 $\displaystyle\int\frac{3u-4}{u-2}\mathrm{d}u=\int 2\mathrm{d}x,$

即 $\displaystyle\int 3\mathrm{d}u+\int\frac{2}{u-2}\mathrm{d}u=\int 2\mathrm{d}x,$

亦即 $3u+2\ln(u-2)=2x+C.$

将 $u=x+y$ 代入上式，得原方程的通解为 $x+3y+2\ln(2-x-y)=C.$

习题 7-4　一阶线性微分方程

1. 求下列微分方程的通解.

（1）$\dfrac{\mathrm{d}y}{\mathrm{d}x}+y=\mathrm{e}^{-x}.$

【解】　$y=\mathrm{e}^{-\int\mathrm{d}x}\left(\displaystyle\int\mathrm{e}^{\int\mathrm{d}x}\cdot\mathrm{e}^{-x}\mathrm{d}x+C\right)=\mathrm{e}^{-x}\left(\displaystyle\int\mathrm{e}^{x}\cdot\mathrm{e}^{-x}\mathrm{d}x+C\right)=\mathrm{e}^{-x}(x+C).$

（2）$xy'+y=x^2+3x+2.$

【解】　方程改写成 $y'+\dfrac{1}{x}y=x+\dfrac{2}{x}+3$，则

$$y=\mathrm{e}^{-\int\frac{1}{x}\mathrm{d}x}\left[\int\mathrm{e}^{\int\frac{1}{x}\mathrm{d}x}\cdot\left(x+\frac{2}{x}+3\right)\mathrm{d}x+C\right]$$

$$=\frac{1}{x}\left(\int(x^2+3x+2)\mathrm{d}x+C\right)=\frac{1}{3}x^2+\frac{3}{2}x+\frac{C}{x}+2.$$

（3）$y'+y\cos x=\mathrm{e}^{-\sin x}.$

【解】　$y=\mathrm{e}^{-\int\cos x\mathrm{d}x}\left(\displaystyle\int\mathrm{e}^{\int\cos x\mathrm{d}x}\cdot\mathrm{e}^{-\sin x}\mathrm{d}x+C\right)=\mathrm{e}^{-\sin x}\left(\displaystyle\int\mathrm{e}^{\sin x}\cdot\mathrm{e}^{-\sin x}\mathrm{d}x+C\right)=\mathrm{e}^{-\sin x}(x+C).$

（4）$y'+y\tan x=\sin 2x.$

【解】　$y=\mathrm{e}^{-\int\tan x\mathrm{d}x}\left(\displaystyle\int\sin 2x\cdot\mathrm{e}^{\int\tan x}\mathrm{d}x+C\right)=\cos x\left(\displaystyle\int\frac{\sin 3x}{\cos x}\mathrm{d}x+C\right)=C\cdot\cos x-2\cos^2 x.$

（5）$(x^2-1)y'+2xy-\cos x=0.$

【解】　方程改写成 $y'+\dfrac{2x}{x^2-1}y=\dfrac{\cos x}{x^2-1}$，则

$$y=\mathrm{e}^{\int\frac{2x}{x^2-1}\mathrm{d}x}\left(\int\frac{\cos x}{x^2-1}\cdot\mathrm{e}^{\int\frac{2x}{x^2-1}\mathrm{d}x}\mathrm{d}x+C\right)=\frac{1}{x^2-1}(\cos x\mathrm{d}x+C)=\frac{\sin x+C}{x^2-1}.$$

（6）$\dfrac{\mathrm{d}\rho}{\mathrm{d}\theta}+3\rho=2.$

【解】　$\rho=\mathrm{e}^{-\int 3\mathrm{d}\theta}\left(\displaystyle\int 2\mathrm{e}^{\int 3\mathrm{d}\theta}\mathrm{d}\theta+C\right)=\mathrm{e}^{-3\theta}\left(\displaystyle\int 2\mathrm{e}^{3\theta}\mathrm{d}\theta+C\right)=\dfrac{2}{3}+C\mathrm{e}^{-3\theta}.$

（7）$\dfrac{\mathrm{d}y}{\mathrm{d}x}+2xy=4x.$

【解】　$y=\mathrm{e}^{-\int 2x\mathrm{d}x}\left(\displaystyle\int 4x\mathrm{e}^{\int 2x\mathrm{d}x}\mathrm{d}x+C\right)=\mathrm{e}^{-x^2}\left(\displaystyle\int 4x\mathrm{e}^{x^2}\mathrm{d}x+C\right)=2+C\mathrm{e}^{-x^2}.$

（8）$y\ln y\mathrm{d}x+(x-\ln y)\mathrm{d}y=0.$

【解】　方程改写成 $\dfrac{\mathrm{d}x}{\mathrm{d}y}+\dfrac{1}{y\ln y}\cdot x=\dfrac{1}{y}$，则

$$x = \mathrm{e}^{-\int \frac{\mathrm{d}y}{y\ln y}} \left(\int \frac{1}{y} \mathrm{e}^{\int \frac{\mathrm{d}y}{y\ln y}} \mathrm{d}y + C_1 \right) = \frac{1}{\ln y} \left(\int \frac{1}{y} \ln y \mathrm{d}y + C_1 \right) = \frac{1}{\ln y} \left(\frac{1}{2} \ln^2 y + C_1 \right)$$

或写成
$$2x\ln y = \ln^2 y + C \quad (C = 2C_1).$$

(9) $(x-2)\dfrac{\mathrm{d}y}{\mathrm{d}x} = y + 2(x-2)^3$.

【解】 原方程改写成 $\dfrac{\mathrm{d}y}{\mathrm{d}x} + \dfrac{1}{2-x} y = 2(x-2)^2$, 则

$$y = \mathrm{e}^{\int \frac{1}{x-2} \mathrm{d}x} \left[\int 2(x-2)^2 \mathrm{e}^{\int \frac{1}{2-x} \mathrm{d}x} \mathrm{d}x + C \right] = (x-2) \left[\int 2(x-2) \mathrm{d}x + C \right] = (x-2)^2 + C(x-2).$$

(10) $(y^2 - 6x)\dfrac{\mathrm{d}y}{\mathrm{d}x} + 2y = 0$.

【解】 原方程改写成 $\dfrac{\mathrm{d}x}{\mathrm{d}y} - \dfrac{3}{y} x = -\dfrac{y}{2}$, 则

$$x = \mathrm{e}^{\int \frac{3}{y} \mathrm{d}y} \left[\int \mathrm{e}^{-\int \frac{3}{y} \mathrm{d}y} \cdot \left(-\frac{y}{2} \right) \mathrm{d}y + C \right] = y^3 \left[\int \left(-\frac{1}{2y^2} \right) \mathrm{d}y + C \right] = y^3 \left(\frac{1}{2y} + C \right) = \frac{1}{2} y^2 + Cy^3.$$

2. 求下列微分方程满足所给初始条件的特解:

(1) $\dfrac{\mathrm{d}y}{\mathrm{d}x} - y\tan x = \sec x$, $y \big|_{x=0} = 0$.

【解】 方程的通解为

$$y = \mathrm{e}^{\int \tan x \mathrm{d}x} \left(\int \sec x \mathrm{e}^{-\int \tan x \mathrm{d}x} \mathrm{d}x + C \right) = \frac{1}{\cos x} \left(\int \sec x \cos x \mathrm{d}x + C \right) = \frac{1}{\cos x} (x + C).$$

代入 $y(0) = 0$, 得 $C = 0$. 所求特解为 $y = \dfrac{x}{\cos x}$.

(2) $\dfrac{\mathrm{d}y}{\mathrm{d}x} + \dfrac{y}{x} = \dfrac{\sin x}{x}$, $y \big|_{x=\pi} = 1$.

【解】 方程的通解为

$$y = \mathrm{e}^{-\int \frac{1}{x} \mathrm{d}x} \left(\int \frac{\sin x}{x} \mathrm{e}^{\int \frac{1}{x} \mathrm{d}x} \mathrm{d}x + C \right) = \frac{1}{x} \left(\int \sin x \mathrm{d}x + C \right) = \frac{1}{x} (C - \cos x).$$

代入 $y(\pi) = 1$, 得 $C = \pi - 1$. 所求特解为 $y = \dfrac{1}{x} (\pi - 1 - \cos x)$.

(3) $\dfrac{\mathrm{d}y}{\mathrm{d}x} + y\cot x = 5\mathrm{e}^{\cos x}$, $y \big|_{x=\frac{\pi}{2}} = -4$.

【解】 方程的通解为

$$y = \mathrm{e}^{-\int \cot x \mathrm{d}x} \left(\int 5\mathrm{e}^{\cos x} \mathrm{e}^{\int \cot x \mathrm{d}x} \mathrm{d}x + C \right) = \frac{1}{\sin x} \left(\int 5\mathrm{e}^{\cos x} \sin x \mathrm{d}x + C \right) = \frac{1}{\sin x} (C - 5\mathrm{e}^{\cos x}).$$

代入 $y\left(\dfrac{\pi}{2} \right) = -4$, 得 $C = 1$. 所求特解为 $y = \dfrac{1}{\sin x} (1 - 5\mathrm{e}^{\cos x})$.

(4) $\dfrac{\mathrm{d}y}{\mathrm{d}x} + 3y = 8$, $y \big|_{x=0} = 2$.

【解】 方程的通解为

$$y = \mathrm{e}^{-\int 3\mathrm{d}x} \left(\int 8\mathrm{e}^{\int 3\mathrm{d}x} \mathrm{d}x + C \right) = \frac{8}{3} + C\mathrm{e}^{-3x}.$$

代入 $y(0) = 2$, 得 $C = -\dfrac{2}{3}$. 所求特解为 $y = \dfrac{2}{3} (4 - \mathrm{e}^{-3x})$.

(5) $\dfrac{\mathrm{d}y}{\mathrm{d}x} + \dfrac{2-3x^2}{x^3} y = 1$, $y \big|_{x=1} = 0$.

【解】　方程的通解为

$$y = \mathrm{e}^{\int\frac{3x^2-2}{x^3}\mathrm{d}x}\left(\int\mathrm{e}^{\int\frac{2-3x^2}{x^3}\mathrm{d}x}\mathrm{d}x + C\right) = \mathrm{e}^{\frac{1}{x^2}+3\ln x}\left(\int\mathrm{e}^{-\frac{1}{x^2}-3\ln x}\mathrm{d}x + C\right) = x^3\mathrm{e}^{\frac{1}{x^2}}\left(\frac{1}{2}\cdot\mathrm{e}^{-\frac{1}{x^2}} + C\right).$$

代入 $y(1)=0$, 得 $C=-\dfrac{1}{2}\mathrm{e}^{-1}$. 所求特解为 $y=x^3-x^3\mathrm{e}^{\frac{1}{x^2}-1}$.

3. 求一曲线的方程, 这曲线通过原点, 并且它在点 (x, y) 处的切线斜率等于 $2x+y$.

【解】　依题意, 有
$$\begin{cases}\dfrac{\mathrm{d}y}{\mathrm{d}x}=2x+y,\\ y(0)=0.\end{cases}$$

解此微分方程, 得所求曲线为
$$y=2(\mathrm{e}^x-x-1).$$

4. 设有一质量为 m 的质点做直线运动. 从速度等于零的时刻起, 有一个与运动方向一致、大小与时间成正比(比例系数为 k_1)的力作用于它, 此外还受一与速度成正比(比例系数为 k_2)的阻力作用. 求质点运动的速度与时间的函数关系.

【解】　$F=ma=m\dfrac{\mathrm{d}v}{\mathrm{d}t}=k_1t-k_2v$, 即

$$\begin{cases}\dfrac{\mathrm{d}v}{\mathrm{d}t}+\dfrac{k_2}{m}v=\dfrac{k_1}{m}t,\\ v(0)=0.\end{cases}$$

$$v = \mathrm{e}^{-\int\frac{k_2}{m}\mathrm{d}t}\left(\int\frac{k_1}{m}t\mathrm{e}^{\int\frac{k_2}{m}\mathrm{d}t}\mathrm{d}t + C\right) = \mathrm{e}^{-\frac{k_1}{m}t}\left(\frac{k_1}{k_2}t\mathrm{e}^{\frac{k_2}{m}t} - \frac{k_1m}{k_2^2}\mathrm{e}^{\frac{k_2}{m}t} + C\right).$$

代入 $v(0)=0$, 得 $C=\dfrac{k_1m}{k_2^2}$. 速度与时间的函数关系为

$$v = \mathrm{e}^{-\frac{k_2}{m}t}+\left(\frac{k_1}{k_2}t\mathrm{e}^{\frac{k_2}{m}t}-\frac{k_1m}{k_2^2}\mathrm{e}^{\frac{k_2}{m}t}+\frac{k_1m}{k_2^2}\right) = \frac{k_1}{k_2}t-\frac{k_1m}{k_2^2}\left(1-\mathrm{e}^{-\frac{k_2}{m}t}\right).$$

5. 设有一个由电阻 $R=10\ \Omega$、电感 $L=2\ \mathrm{H}$ 和电源电压 $E=20\sin 5t\ \mathrm{V}$ 串联组成的电路. 开关 S 合上后, 电路中有电流通过. 求电流 i 与时间 t 的函数关系.

【解】　由基尔霍夫定律
$$\frac{\mathrm{d}i}{\mathrm{d}t}+\frac{R}{L}i=\frac{E}{L},$$

因此处 $R=10$, $L=2$, $E=20\sin 5t$, 故

$$\frac{\mathrm{d}i}{\mathrm{d}t}+5i=10\sin 5t,$$

$$i = \mathrm{e}^{-\int 5\mathrm{d}t}\left[\int(10\sin 5t)\cdot\mathrm{e}^{\int 5\mathrm{d}t}\mathrm{d}t + C\right] = \mathrm{e}^{-5t}\left(\int 10\mathrm{e}^{5t}\sin 5t\mathrm{d}t + C\right) = \sin 5t - \cos 5t + C\mathrm{e}^{-5t}.$$

代入 $i(0)=0$, 得 $C=1$, 所求关系式为
$$i=\sin 5t-\cos 5t+\mathrm{e}^{-5t}\ (\mathrm{A}),$$

亦可写成
$$i=\mathrm{e}^{-5t}+\sqrt{2}\sin\left(5t-\frac{\pi}{4}\right)\ (\mathrm{A}).$$

6. 验证形如 $yf(xy)\mathrm{d}x+xg(xy)\mathrm{d}y=0$ 的微分方程可经变量代换 $v=xy$ 化为可分离变量的方程, 并求其通解.

【解】　先将原方程写成
$$\frac{\mathrm{d}y}{\mathrm{d}x}=\frac{-yf(xy)}{xg(xy)}.$$

令 $v=xy$, 则
$$\frac{\mathrm{d}v}{\mathrm{d}x}=y+x\frac{\mathrm{d}y}{\mathrm{d}x},$$

原方程又化为
$$\frac{1}{x}\frac{\mathrm{d}v}{\mathrm{d}x}-\frac{v}{x^2}=-\frac{vf(v)}{x^2g(v)},$$

即
$$\frac{\mathrm{d}v}{\mathrm{d}x}=\frac{1}{x}\left[\frac{vg(v)-vf(v)}{g(v)}\right].$$

可分离变量, 有
$$\frac{\mathrm{d}x}{x}=\frac{g(v)\mathrm{d}v}{v[g(v)-f(v)]},$$

通解为
$$\ln x+\int\frac{g(v)\mathrm{d}v}{v[f(v)-g(v)]}=C\quad(v=xy).$$

7. 用适当的变量代换将下列方程化为可分离变量的方程, 然后求出通解:

(1) $\dfrac{\mathrm{d}y}{\mathrm{d}x}=(x+y)^2.$

【解】　令 $v=x+y$, 则方程化为 $\dfrac{\mathrm{d}v}{\mathrm{d}x}=1+v^2$, 通解为
$$x=\arctan v-C,$$

即
$$x+C=\arctan(x+y)\text{ 或 }y=-x+\tan(x+C).$$

(2) $\dfrac{\mathrm{d}y}{\mathrm{d}x}=\dfrac{1}{x-y}+1.$

【解】　令 $v=x-y$, 则
$$\frac{\mathrm{d}v}{\mathrm{d}x}=1-\frac{\mathrm{d}y}{\mathrm{d}x},$$

方程化为
$$\mathrm{d}x+v\mathrm{d}v=0,$$

其通解为
$$x+\frac{1}{2}v^2=C,$$

即
$$x+\frac{1}{2}(x-y)^2=C.$$

(3) $xy'+y=y(\ln x+\ln y).$

【解】　令 $v=xy$, 则
$$\frac{\mathrm{d}v}{\mathrm{d}x}=y+x\frac{\mathrm{d}y}{\mathrm{d}x},$$

方程化为
$$\frac{\mathrm{d}x}{x}=\frac{\mathrm{d}v}{v\ln v},$$

通解为 $v=\mathrm{e}^{Cx}$, 即
$$y=\frac{1}{x}\mathrm{e}^{Cx}.$$

(4) $y'=y^2+2(\sin x-1)y+\sin^2 x-2\sin x-\cos x+1.$

【解】　将方程变形为 $y'=(y+\sin x-1)^2-\cos x.$ 令 $v=y+\sin x-1$, 则
$$\frac{\mathrm{d}v}{\mathrm{d}x}=\frac{\mathrm{d}y}{\mathrm{d}x}+\cos x,$$

原方程简化成
$$\frac{\mathrm{d}v}{\mathrm{d}x}=v^2,$$

其通解为
$$x+C=-\frac{1}{v},$$

即
$$y=1-\sin x-\frac{1}{x+C}.$$

(5) $y(xy+1)\mathrm{d}x+x(1+xy+x^2y^2)\mathrm{d}y=0.$

【解】　将原方程变形为
$$\frac{\mathrm{d}y}{\mathrm{d}x}=-\frac{y(xy+1)}{x(1+xy+x^2y^2)}.$$

令 $v=xy$, $y=\dfrac{v}{x}$, $\dfrac{\mathrm{d}y}{\mathrm{d}x}=\dfrac{1}{x}\dfrac{\mathrm{d}v}{\mathrm{d}x}-\dfrac{v}{x^2}$, 得

$$\frac{1}{x}\frac{\mathrm{d}v}{\mathrm{d}x}-\frac{v}{x^2}=-\frac{v}{x^2}\frac{1+v}{1+v+v^2},\quad\frac{1}{x}\frac{\mathrm{d}v}{\mathrm{d}x}=\frac{v}{x^2}\cdot\frac{v^2}{1+v+v^2}=\frac{v^3}{(1+v+v^2)x^2},\quad\frac{\mathrm{d}x}{x}=\frac{1+v+v^2}{v^3}\mathrm{d}v=\frac{1}{v^3}\mathrm{d}v+\frac{1}{v^2}\mathrm{d}v+\frac{1}{v}\mathrm{d}v,$$

$$C_1+\ln x=-\frac{1}{2}v^2-v^{-1}+\ln v, \quad C_1=\ln y-\frac{1}{2}\cdot\frac{1}{x^2y^2}-\frac{1}{xy}, \quad 2C_1x^2y^2=2x^2y^2\ln y-1-2xy,$$

即
$$2x^2y^2\ln y-2xy-1=Cx^2y^2 \quad (C=2C_1).$$

*8. 求下列伯努利方程的通解:

(1) $\dfrac{\mathrm{d}y}{\mathrm{d}x}+y=y^2(\cos x-\sin x)$.

【解】 令 $z=y^{1-2}$, 则
$$\frac{\mathrm{d}z}{\mathrm{d}x}=(1-2)y^{-2}\frac{\mathrm{d}y}{\mathrm{d}x},$$

原方程化为
$$\frac{\mathrm{d}z}{\mathrm{d}x}-z=\sin x-\cos x,$$

其通解为 $z=\mathrm{e}^{\int\mathrm{d}x}\left[\int(\sin x-\cos x)\mathrm{e}^{-\int\mathrm{d}x}\mathrm{d}x+C\right]=\mathrm{e}^x\left[\int(\sin x-\cos x)\mathrm{e}^{-x}\mathrm{d}x+C\right]=C\mathrm{e}^x-\sin x,$

即
$$\frac{1}{y}=C\mathrm{e}^x-\sin x.$$

(2) $\dfrac{\mathrm{d}y}{\mathrm{d}x}-3xy=xy^2$.

【解】 令 $z=y^{1-2}$, 则 $\dfrac{\mathrm{d}z}{\mathrm{d}x}=(1-2)y^{-2}\dfrac{\mathrm{d}y}{\mathrm{d}x}$, 原方程化为
$$\frac{\mathrm{d}z}{\mathrm{d}x}+3xz=-x,$$

其通解为
$$z=\mathrm{e}^{-\int3x\mathrm{d}x}\left[\int(-x)\mathrm{e}^{\int3x\mathrm{d}x}\mathrm{d}x+C_1\right]=\mathrm{e}^{-\frac{3}{2}x^2}\left(C_1-\frac{1}{3}\mathrm{e}^{\frac{3}{2}x^2}\right),$$

即
$$\frac{1}{y}=\mathrm{e}^{-\frac{3}{2}x^2}\left(C_1-\frac{1}{3}\mathrm{e}^{\frac{3}{2}x^2}\right).$$

若记 $C=3C_1$, 则得
$$\left(1+\frac{3}{y}\right)\mathrm{e}^{\frac{3}{2}x^2}=C.$$

(3) $\dfrac{\mathrm{d}y}{\mathrm{d}x}+\dfrac{1}{3}y=\dfrac{1}{3}(1-2x)y^4$.

【解】 令 $z=y^{1-4}$, 则 $\dfrac{\mathrm{d}z}{\mathrm{d}x}=(1-4)y^{-4}\dfrac{\mathrm{d}y}{\mathrm{d}x}$, 原方程化为
$$\frac{\mathrm{d}z}{\mathrm{d}x}-z=2x-1,$$

其通解为
$$z=\mathrm{e}^{\int\mathrm{d}x}\left[\int(2x-1)\mathrm{e}^{-\int\mathrm{d}x}\mathrm{d}x+C\right]=-2x-1+C\mathrm{e}^x,$$

即
$$\frac{1}{y^3}=C\mathrm{e}^x-2x-1.$$

(4) $\dfrac{\mathrm{d}y}{\mathrm{d}x}-y=xy^5$.

【解】 令 $z=y^{1-5}$, 则 $\dfrac{\mathrm{d}z}{\mathrm{d}x}=(1-5)y^{-5}\dfrac{\mathrm{d}y}{\mathrm{d}x}$, 原方程化为
$$\frac{\mathrm{d}z}{\mathrm{d}x}+4z=-4x,$$

其通解为
$$z=\mathrm{e}^{-\int4\mathrm{d}x}\left[\int(-4x)\mathrm{e}^{\int4\mathrm{d}x}\mathrm{d}x+C\right]=-x+\frac{1}{4}+C\mathrm{e}^{-4x},$$

即
$$\frac{1}{y^4}=\frac{1}{4}-x+C\mathrm{e}^{-4x}.$$

（5）$xdy-[y+xy^3(1+\ln x)]dx=0$.

【解】　将原方程改写成
$$\frac{dy}{dx}-\frac{1}{x}y=(1+\ln x)y^3.$$

令 $z=y^{1-3}$，则
$$\frac{dz}{dx}=(1-3)y^{-3}\frac{dy}{dx},$$

方程化为
$$\frac{dz}{dx}+\frac{2}{x}z=-2(1+\ln x),$$

其通解为
$$z=e^{-\int\frac{2}{x}dx}\left\{\int[-2(1+\ln x)]e^{\int\frac{2}{x}dx}dx+C\right\}=x^{-2}\left[C-2\int(1+\ln x)x^2dx\right]=\frac{C}{x^2}-\frac{2}{3}x\ln x-\frac{4}{9}x,$$

即
$$\frac{1}{y^2}=\frac{C}{x^2}-\frac{2}{3}x\ln x-\frac{4}{9}x.$$

习题 7-5　可降阶的高阶微分方程

1. 求下列各微分方程的通解：

（1）$y''=x+\sin x$.

【解】　$y'=\int(x+\sin x)dx=\dfrac{x^2}{2}-\cos x+C_1,$

$y=\int\left(\dfrac{x^2}{2}-\cos x+C_1\right)dx=\dfrac{x^3}{6}-\sin x+C_1x+C_2.$

（2）$y'''=xe^x$.

【解】　$y''=\int xe^xdx=xe^x-e^x+C_1,$

$y'=\int(xe^x-e^x+\widetilde{C_1})dx=xe^x-2e^x+\widetilde{C_1}x+C_2,$

$y=\int(xe^x-2e^x+\widetilde{C_1}x+C_2)dx=xe^x-3e^x+C_1x^2+C_2x+C_3\quad\left(C_1=\dfrac{1}{2}\widetilde{C_1}\right).$

（3）$y''=\dfrac{1}{1+x^2}$.

【解】　$y'=\int\dfrac{dx}{1+x^2}=\arctan x+C_1,$

$y=\int(\arctan x+C_1)dx=x\arctan x-\ln\sqrt{1+x^2}+C_1x+C_2.$

（4）$y''=1+y'^2$.

【解】　令 $y'=p$，则 $y''=\dfrac{dp}{dx}$，原方程化为 $\dfrac{dp}{dx}=1+p^2$，其通解为 $\arctan p=x+C_1$，即
$$y'=\tan(x+C_1),$$

从而
$$y=\int\tan(x+C_1)dx=-\ln\cos(x+C_1)+C_2.$$

（5）$y''=y'+x$.

【解】　$(y')'-y'=x,$

$y'=e^{\int dx}\left(\int xe^{-\int dx}dx+C_1\right)=e^x\left(\int xe^{-x}dx+C_1\right)=C_1e^x-x-1.$

$y=\int(C_1e^x-x-1)dx=C_1e^x-\dfrac{x^2}{2}-x+C_2.$

通解为
$$y = C_1 e^x - \frac{1}{2} x^2 - x + C_2.$$

(6) $xy'' + y' = 0.$

【解】 $y'' = -\dfrac{y'}{x}$, $\dfrac{(y')'}{y'} = -\dfrac{1}{x}$, $\ln y' = -\ln|x| - \ln \widetilde{C}_1$. $y' = \dfrac{1}{\widetilde{C}_1 \cdot x}$.

$$y = \frac{1}{\widetilde{C}_1} \ln|x| + C_2 \text{ 或 } y = C_1 \ln|x| + C_2 \quad \left(C_1 = \frac{1}{\widetilde{C}_1}\right).$$

(7) $yy'' + 2y'^2 = 0.$

【解】 令 $y' = p$, 则 $y'' = p\dfrac{\mathrm{d}p}{\mathrm{d}y}$, 原方程化为 $\dfrac{\mathrm{d}p}{p} = -2\dfrac{\mathrm{d}y}{y}$. 解之, 得

$$p = \frac{C_0}{y^2}, \text{ 即 } y' = \frac{C_0}{y^2},$$

从而
$$y^3 = 3C_0 x + C_2,$$

记 $3C_0 = C_1$, 通解为
$$y^3 = C_1 x + C_2.$$

(8) $y^3 y'' - 1 = 0.$

【解】 令 $p = y'$, 则 $y'' = p\dfrac{\mathrm{d}p}{\mathrm{d}y}$, 方程化为 $p\,\mathrm{d}p = y^{-3}\mathrm{d}y$. 于是解出 $p^2 = C_1 - y^{-2}$, 亦即

$$\int \frac{y\mathrm{d}y}{\sqrt{C_1 y^2 - 1}} = \int \mathrm{d}x.$$

解出
$$\pm\sqrt{C_1 y^2 - 1} = C_1 x + C_2,$$

或写成
$$C_1 y^2 - 1 = (C_1 x + C_2)^2.$$

(9) $y'' = \dfrac{1}{\sqrt{y}}.$

【解】 令 $p = y'$, 则 $y'' = p\dfrac{\mathrm{d}p}{\mathrm{d}y}$, 方程化为 $p\,\mathrm{d}p = \dfrac{\mathrm{d}y}{\sqrt{y}}$. 解出 $\dfrac{p^2}{2} = 2\sqrt{y} + 2C_1$, 即

$$\frac{\mathrm{d}y}{\mathrm{d}x} = \pm 2\sqrt{\sqrt{y} + C_1}, \quad x + C_2 = \pm\int \frac{\mathrm{d}y}{2\sqrt{\sqrt{y} + C_1}}, \quad x + C_2 = \pm\int \frac{2\sqrt{y}\,\mathrm{d}\sqrt{y}}{2\sqrt{\sqrt{y} + C_1}},$$

$$x + C_2 = \left[\frac{2}{3}(\sqrt{y} + C_1)^{\frac{3}{2}} - 2C_1\sqrt{\sqrt{y} + C_1}\right].$$

(10) $y'' = (y')^3 + y'.$

【解】 令 $p = y'$, 则 $y'' = p\dfrac{\mathrm{d}p}{\mathrm{d}y}$, 方程化为 $\dfrac{\mathrm{d}p}{\mathrm{d}y} = p^2 + 1$, $y = C$ 也是解.

$$\arctan p = y - C_1, \quad p = \tan(y - C_1),$$
$$\frac{\mathrm{d}y}{\mathrm{d}x} = \tan(y - C_1), \quad x + C_2 = \int \frac{\mathrm{d}y}{\tan(y - C_1)},$$
$$x + C_2 = \ln\sin(y - C_1), \quad y - C_1 = \arcsin(e^{x+C_2}).$$

2. 求下列各微分方程满足所给初始条件的特解:

(1) $y^3 y'' + 1 = 0$, $y\big|_{x=1} = 1$, $y'\big|_{x=1} = 0.$

【解】 $y'' = -\dfrac{1}{y^3}$, $2y'y'' = \dfrac{2y'}{-y^3}$, $\mathrm{d}(y'^2) = \mathrm{d}\left(\dfrac{1}{y^2}\right)$. 积分得

$$y'^2 = \frac{1}{y^2} + C_1.$$

代入 $y(1)=1$, $y'(1)=0$, 得 $C_1=-1$. 于是

$$y'^2=\frac{1}{y^2}-1, \quad y'=\pm\frac{1}{y}\sqrt{1-y^2},$$

即

$$\frac{y}{\sqrt{1-y^2}}dy=\pm dx,$$

解出

$$-\sqrt{1-y^2}=\pm x+C_2.$$

再代入 $y(1)=1$, 得 $C_2=\pm1$. 最后得 $1-y^2=(x-1)^2$, 即

$$(x-1)^2+y^2=1.$$

(2) $y''-ay'^2=0$, $y\Big|_{x=0}=0$, $y'\Big|_{x=0}=-1$.

【解】 令 $p=y'$, 则 $y''=\dfrac{dp}{dx}$, 方程化为 $\dfrac{dp}{p^2}=a dx$. 积分得

$$-\frac{1}{p}=ax+C_1.$$

代入 $p(0)=-1$, 得 $C_1=1$, 再解 $y'=-\dfrac{1}{ax+1}$, 得

$$y=-\frac{1}{a}\ln(ax+1)+C_2.$$

再代入 $y(0)=0$, 得 $C_2=0$. 最后得

$$y=-\frac{1}{a}\ln(ax+1).$$

(3) $y'''=e^{ax}$, $y\Big|_{x=1}=y'\Big|_{x=1}=y''\Big|_{x=1}=0$.

【解】 $y''=\displaystyle\int e^{ax}dx=\frac{1}{a}e^{ax}+C_1$. 代入 $y''(1)=0$, 得 $C_1=-\dfrac{1}{a}e^{a}$, 故

$$y''=\frac{1}{a}e^{ax}-\frac{1}{a}e^{a}.$$

再积分得

$$y'=\frac{1}{a^2}e^{ax}-\frac{1}{a}e^{a}\cdot x+C_2.$$

代入 $y'(1)=0$, 得

$$C_2=\frac{1}{a}e^{a}-\frac{1}{a^2}e^{ax},$$

故

$$y'=\frac{1}{a^2}e^{ax}-\frac{1}{a}e^{a}x+\frac{1}{a}e^{a}-\frac{1}{a^2}e^{a}.$$

再积分得

$$y=\frac{1}{a^3}e^{ax}-\frac{1}{2a}e^{a}x^2+\frac{1}{a}e^{a}x-\frac{1}{a^2}e^{a}x+C_3.$$

代入 $y(1)=0$, 得

$$C_3=\frac{1}{a^2}e^{a}-\frac{1}{a}e^{a}+\frac{1}{2a}e^{a}-\frac{1}{a^3}e^{a}.$$

最后得

$$y=\frac{1}{a^3}e^{ax}-\frac{e^{a}}{2a}x^2+\frac{e^{a}}{a^2}(a-1)x+\frac{e^{a}}{2a^3}(2a-a^2-2).$$

(4) $y''=e^{2y}$, $y\Big|_{x=0}=y'\Big|_{x=0}=0$.

【解】 $2y'y''=2y'e^{2y}$, $d(y'^2)=2e^{2y}\cdot dy$, $y'^2=e^{2y}+C_1$.

当 $x=0$ 时, $y=0$, $y''=0$, 得 $C_1=-1$.

$$y'^2=e^{2y}-1, \quad y'=\pm(e^{2y}-1)^{\frac{1}{2}},$$

即　　　　$\displaystyle\int\frac{1}{\sqrt{e^{2y}-1}}dy=\pm\int dx,\ \int\frac{d(e^{-y})}{\sqrt{1-e^{-2y}}}=\mp\int dx,\ \arcsin(e^{-y})=\mp x+C_2.$

当 $x=0$ 时, $y=0$, 得 $C_2=\dfrac{\pi}{2}$. 于是

$$\arcsin(e^{-y})=\mp x+\frac{\pi}{2},\quad e^{-y}=\sin\left(\frac{\pi}{2}\mp x\right)=\cos x,\quad -y=\ln(\cos x),$$

故 $y=\ln(\sec x)$.

(5) $y''=3\sqrt{y},\ y\Big|_{x=0}=1,\ y'\Big|_{x=0}=2.$

【解】　设 $p=y'$, 则 $y''=p\dfrac{dp}{dy}$, 得 $p\dfrac{dp}{dy}=3y^{\frac{1}{2}}$, $pdp=3\sqrt{y}\,dy$, 积分得

$$\frac{1}{2}p^2=2y^{\frac{3}{2}}+C_1.$$

当 $x=0$ 时, $y=1$, $p=y'=2$, 得 $C_1=0$,

$$y'=p=\pm2y^{\frac{3}{4}}.$$

又 $y''=3\sqrt{y}>0$, 可知 $y'=2y^{\frac{3}{4}}$, 即 $\dfrac{dy}{y^{\frac{3}{4}}}=2dx$, 积分得

$$4y^{\frac{1}{4}}=2x+C_2.$$

当 $x=0$ 时, $y=1$, 得 $C_2=4$, $y^{\frac{1}{4}}=\dfrac{1}{2}x+1$, 即

$$y=\left(\frac{1}{2}x+1\right)^4.$$

(6) $y''+(y')^2=1,\ y\Big|_{x=0}=0,\ y'\Big|_{x=0}=0.$

【解】　设 $p=y'$, 则 $y''=p\dfrac{dp}{dy}$, 得 $p\dfrac{dp}{dy}+p^2=1$, $\dfrac{pdp}{1-p^2}=dy$, 有

$$\frac{1}{2}\ln(p^2-1)=-y+C,$$

从而　　　　　　　　　　$\ln(p^2-1)=-2y+2C,\ p^2-1=C_1e^{-2y}.$

当 $x=0$ 时, $y=0$, $y'=0$, 得 $C_1=-1$,

$$p^2=1-e^{-2y},\ p=\pm\sqrt{1-e^{-2y}},\ \frac{dy}{\sqrt{1-e^{-2y}}}=\pm dx,$$

解出　　　　　　　　　　$\pm x+C_2=\ln(e^y+\sqrt{e^{2y}-1}).$

代入 $y(0)=0$, 得 $C_2=0$. $e^{\pm x}=e^y+\sqrt{e^{2y}-1}$, $y=\ln\operatorname{ch}x$.

3. 试求 $y''=x$ 的经过点 $M(0,1)$ 且在此点与直线 $y=\dfrac{x}{2}+1$ 相切的积分曲线.

【解】　$y''=x,\ y'=\dfrac{1}{2}x^2+C_1,\ y=\dfrac{1}{6}x^3+C_1x+C_2.$

代入 $y'(0)=\dfrac{1}{2}$, 得 $C_1=\dfrac{1}{2}$; 再代入 $y(0)=1$, 得 $C_2=1$. 最后得积分曲线为 $y=\dfrac{1}{6}x^3+\dfrac{1}{2}x+1.$

4. 设有一质量为 m 的物体在空中由静止开始下落, 如果空气阻力 $R=cv$(其中 c 为常数, v 为物体运动的速度), 试求物体下落的距离 s 与时间 t 的函数关系.

【解】　由牛顿第二定律有

$$\begin{cases} m\dfrac{\mathrm{d}^2 s}{\mathrm{d}t^2} = mg - c\dfrac{\mathrm{d}s}{\mathrm{d}t}, \\ s(0) = 0, \\ \dfrac{\mathrm{d}s}{\mathrm{d}t}\bigg|_{t=0} = 0. \end{cases}$$

令 $\dfrac{\mathrm{d}s}{\mathrm{d}t} = v$,有 $\dfrac{\mathrm{d}v}{\mathrm{d}t} = g - \dfrac{c}{m}v$. 分离变量再积分,得

$$\ln\left(g - \dfrac{c}{m}v\right) = -\dfrac{c}{m}t + C_1.$$

代入 $v(0) = 0$,得 $C_1 = \ln g$,

$$\dfrac{\mathrm{d}s}{\mathrm{d}t} = \dfrac{mg}{c}(1 - \mathrm{e}^{-\frac{c}{m}t}).$$

积分得

$$s = \dfrac{mg}{c}\left(t + \dfrac{m}{c}\mathrm{e}^{-\frac{c}{m}t}\right) + C_2.$$

由 $s(0) = 0$,得 $C_2 = -\dfrac{m^2 g}{c^2}$,

$$s = \dfrac{mg}{c}\left(t + \dfrac{m}{c}\mathrm{e}^{-\frac{c}{m}t} - \dfrac{m}{c}\right) = \dfrac{mg}{c}t + \dfrac{m^2 g}{c^2}(\mathrm{e}^{-\frac{c}{m}t} - 1).$$

习题 7-6 高阶线性微分方程

1. 下列函数组在其定义区间内哪些是线性无关的?

(1) x, x^2;　　　　　　(2) x, $2x$;

(3) e^{2x}, $3\mathrm{e}^{2x}$;　　　　　(4) e^{-x}, e^x;

(5) $\cos 2x$, $\sin 2x$;　　　(6) e^{x^2}, $x\mathrm{e}^{x^2}$;

(7) $\sin 2x$, $\cos x \sin x$;　　(8) $\mathrm{e}^x \cos 2x$, $\mathrm{e}^x \sin 2x$;

(9) $\ln x$, $x\ln x$;　　　　(10) e^{ax}, $\mathrm{e}^{bx}(a \neq b)$.

【解】 对于由两个函数组成的函数组,判断其线性相关性,只需看 $\dfrac{y_1(x)}{y_2(x)}$ 是否恒为常数.

例如:(3) $y_1 = \mathrm{e}^{2x}$, $y_2 = 3\mathrm{e}^{2x}$. 由于 $\dfrac{y_1}{y_2} = \dfrac{\mathrm{e}^{2x}}{3\mathrm{e}^{2x}} = \dfrac{1}{3}$,于是,可以断定 y_1, y_2 在整个实轴上线性相关.

对于(8),$y_1 = \mathrm{e}^x \cos 2x$, $y_2 = \mathrm{e}^x \sin 2x$, $\dfrac{y_1}{y_2} = \dfrac{\mathrm{e}^x \cos 2x}{\mathrm{e}^x \sin 2x} = \cot 2x$. 那么,$y_1(x)$, $y_2(x)$ $(x \neq 0,\ \pm\dfrac{\pi}{2},\ \pm\pi,$ $\pm\dfrac{3\pi}{2},\ \cdots)$ 线性无关.

由于此类题目比较简单,故不再逐一演算.

(1),(4),(6),(9),(10)在其定义区间上线性无关. (5)和(8)在 $x \in (-\infty,\ +\infty)$,但 $x \neq \pm\dfrac{n\pi}{2}$ 区间上线性无关.

(2),(3),(7)在其定义区间上线性相关.

值得注意的是,(5)和(8)中函数定义域是整个实轴,但是,其线性无关的区间应该去掉 $x = \pm\dfrac{n\pi}{2}$.

2. 验证 $y_1 = \cos\omega x$ 及 $y_2 = \sin\omega x$ 都是方程 $y'' + \omega^2 y = 0$ 的解,并写出该方程的通解.

【解】　将 $y_1=\cos\omega x$，$y_2=\sin\omega x$ 分别代入微分方程中，成立，故 y_1，y_2 是解．又 $\dfrac{y_1}{y_2}=\cot\omega x$，当 $x\neq\dfrac{n\pi}{\omega}$ （$n=0$，1，2，$\cdots$）时，y_1，y_2 线性无关．方程的通解为

$$y=C_1\cos\omega x+C_2\sin\omega x,\quad x\neq\frac{n\pi}{\omega}\quad(n=0,\ 1,\ 2,\ \cdots).$$

3. 验证 $y_1=\mathrm{e}^{x^2}$ 及 $y_2=x\mathrm{e}^{x^2}$ 都是方程 $y''-4xy'+(4x^2-2)y=0$ 的解，并写出该方程的通解．

【解】　方法同 2，方程的通解为 $y=(C_1+C_2x)\mathrm{e}^{x^2}$．

4. 验证：

（1）$y=C_1\mathrm{e}^x+C_2\mathrm{e}^{2x}+\dfrac{1}{12}\mathrm{e}^{5x}$ （C_1，C_2 是任意常数）是方程 $y''-3y'+2y=\mathrm{e}^{5x}$ 的通解．

【证】　记 $y_1=\mathrm{e}^x$，$y_2=\mathrm{e}^{2x}$，$y^*=\dfrac{1}{12}\mathrm{e}^{5x}$，则

$$y_1''-3y_1'+2y_1=\mathrm{e}^x-3\mathrm{e}^x+2\mathrm{e}^x=0,\quad y_2''-3y_2'+2y_2=4\mathrm{e}^{2x}-3\times2\mathrm{e}^{2x}+2\mathrm{e}^{2x}=0,$$

$$\frac{y_1}{y_2}=\mathrm{e}^{-x}\not\equiv\text{常数},$$

所以 y_1 和 y_2 是齐次方程 $y''-3y'+2y=0$ 的解，且线性无关，因而 $Y=C_1\mathrm{e}^x+C_2\mathrm{e}^{2x}$ 是齐次方程 $y''-3y'+2y=0$ 的通解．又由于

$$y^{*}{}''-3y^{*}{}'+2y^*=\frac{25}{12}\mathrm{e}^{5x}-3\cdot\frac{5}{12}\mathrm{e}^{5x}+2\cdot\frac{1}{12}\mathrm{e}^{5x}=\mathrm{e}^{5x},$$

y^* 是所给方程的特解，所以

$$y=C_1\mathrm{e}^x+C_2\mathrm{e}^{2x}+\frac{1}{12}\mathrm{e}^{5x}$$

是方程 $y''-3y'+2y=\mathrm{e}^{5x}$ 的通解．

（2）$y=C_1\cos3x+C_2\sin3x+\dfrac{1}{32}(4x\cos x+\sin x)$ （C_1，C_2 是任意常数）是方程 $y''+9y=x\cos x$ 的通解．

【证】　记 $y_1=\cos3x$，$y_2=\sin3x$，$y^*=\dfrac{1}{32}(4x\cos x+\sin x)$，则

$$y_2''+9y_2=-9\sin3x+9\sin3x=0,\quad\frac{y_1}{y_2}=\cot3x\not\equiv\text{常数},$$

所以 y_1 和 y_2 是齐次方程 $y''+9y=0$ 的两个线性无关解．又由于

$$y^{*}{}'=\frac{1}{32}(5\cos x-4x\sin x),\quad y^{*}{}''=\frac{1}{32}(-9\sin x-4x\cos x),$$

$$y^{*}{}''+9y^*=\frac{1}{32}(-9\sin x-4x\cos x)+\frac{9}{32}(4x\cos x+\sin x)=x\cos x,$$

所以 y^* 是非齐次方程 $y''+9y=x\cos x$ 的一个特解．因而所给函数是所给方程的通解．

（3）$y=C_1x^2+C_2x^2\ln x$ （C_1，C_2 是任意常数）是方程 $x^2y''-3xy'+4y=0$ 的通解．

【证】　对于　　　　　　　　　$y_1=x^2$，$y_1'=2x$，$y_1''=2$，

$$x^2y_1''-3xy_1'+4y_1=2x^2-6x^2+4x^2=0,$$

故 $y_1=x^2$ 是 $x^2y''-3xy'+4y=0$ 的解．于是，对于

$$y_2=x^2\ln x,\quad y_2'=2x\ln x+x,\quad y_2''=2\ln x+3,$$

有　　　　　$x^2y_2''-3xy_2'+4y_2=2x^2\ln x+3x^2-6x^2\ln x-3x^2+4x^2\ln x=0,$

故 $y_2=x^2\ln x$ 是方程 $x^2y''-3xy'+4y=0$ 的解．又

$$\frac{y_1}{y_2}=\frac{x^2}{x^2\ln x}=\frac{1}{\ln x}\not\equiv\text{常数},$$

故 $y=C_1x^2+C_2x^2\ln x$ 是方程 $x^2y''-3xy'+4y=0$ 的通解.

（4）$y=C_1x^5+\dfrac{C_2}{x}-\dfrac{x^2}{9}\ln x$（$C_1$，$C_2$ 是任意常数）是方程 $x^2y''-3xy'-5y=x^2\ln x$ 的通解.

【证】 记 $y_1=x^5$，$y_2=\dfrac{1}{x}$，$y^*=-\dfrac{x^2}{9}\ln x$，因为

$$x^2y_1''-3xy_1'-5y_1=x^2\cdot 20x^3-3x\cdot 5x^4-5\times x^5=0,$$

$$x^2y_2''-3xy_2'-5y_2=x^2\cdot\dfrac{2}{x^3}-3x\cdot\left(-\dfrac{1}{x^2}\right)-5\cdot\dfrac{1}{x}=0,$$

$$\dfrac{y_1}{y_2}=x^6\neq\text{常数},$$

所以 $y_1=x^5$ 和 $y_2=\dfrac{1}{x}$ 是齐次方程 $x^2y''-3xy'-5y=0$ 的两个线性无关解，$Y=C_1x^5+C_2\dfrac{1}{x}$ 是齐次方程 $x^2y''-3xy'-5y=0$ 的通解. 又因为

$$x^2y^{*}{''}-3xy^{*}{'}-5y^*=x^2\left(-\dfrac{2}{9}\ln x-\dfrac{1}{3}\right)-3x\left(-\dfrac{2x}{9}\ln x-\dfrac{x}{9}\right)-5\left(-\dfrac{x^2}{9}\ln x\right)=x^2\ln x,$$

y^* 是 $x^2y''-3xy'-5y=x^2\ln x$ 的一个特解，所以 $y=C_1x^5+\dfrac{C_2}{x}-\dfrac{x^2}{9}\ln x$ 是所给微分方程的通解.

（5）$y=\dfrac{1}{x}(C_1\mathrm{e}^x+C_2\mathrm{e}^{-x})+\dfrac{\mathrm{e}^x}{2}$（$C_1$，$C_2$ 是任意常数）是方程 $xy''+2y'-xy=\mathrm{e}^x$ 的通解.

【证】 容易验证 $y_1=\dfrac{\mathrm{e}^x}{x}$，$y_2=\dfrac{\mathrm{e}^{-x}}{x}$ 都是 $xy''+2y'-xy=0$ 的解，它们又线性无关，故 $Y=C_1y_1+C_2y_2=\dfrac{1}{x}(C_1\mathrm{e}^x+C_2\mathrm{e}^{-x})$ 是对应的齐次方程的通解. 将 $y^*=\dfrac{\mathrm{e}^x}{2}$ 代入 $xy''+2y'-xy=\mathrm{e}^x$ 成立. 它是非齐次方程的一个特解. 故方程的通解为 $y=(C_1\mathrm{e}^x+C_2\mathrm{e}^{-x}))\dfrac{1}{x}+\dfrac{\mathrm{e}^x}{2}$.

（6）$y=C_1\mathrm{e}^x+C_2\mathrm{e}^{-x}+C_3\cos x+C_4\sin x-x^2$（$C_1$，$C_2$，$C_3$，$C_4$ 是任意常数）是方程 $y^{(4)}-y=x^2$ 的通解.

【证】 容易验证 $y_1=\mathrm{e}^x$，$y_2=\mathrm{e}^{-x}$，$y_3=\cos x$，$y_4=\sin x$ 都是齐次方程 $y^{(4)}-y=0$ 的解. 设

$$k_1\mathrm{e}^x+k_2\mathrm{e}^{-x}+k_3\cos x+k_4\sin x=0,$$

必有 $\qquad\qquad\qquad k_1=k_2=k_3=k_4=0.$

函数组 e^x，e^{-x}，$\cos x$，$\sin x$ 线性无关，因此，$Y=C_1\mathrm{e}^x+C_2\mathrm{e}^{-x}+C_3\cos x+C_4\sin x$（$C_1$，$C_2$，$C_3$，$C_4$ 为任意常数）是 $y^{(4)}-y=0$ 的通解.

令 $y^*=-x^2$，则 $y'=-2x$，$y''=-2$，$y'''=0$，$y^{(4)}=0$，显然，$y^*=-x^2$ 是非齐次方程 $y^{(4)}-y=x^2$ 的一个特解.

综上所述，由非齐次方程解的结构可知，

$$y=C_1\mathrm{e}^x+C_2\mathrm{e}^{-x}+C_3\cos x+C_4\sin x\qquad(C_1，C_2，C_3，C_4\text{ 为任意常数}),$$

它是 $y^{(4)}-y=x^2$ 的通解.

*5.已知 $y_1(x)=\mathrm{e}^x$ 是齐次线性方程 $(2x-1)y''-(2x+1)y'+2y=0$ 的一个解，求此方程的通解.

【解】 设 $y_2(x)=y_1(x)u(x)=\mathrm{e}^xu(x)$ 为该方程的解，则

$$y_2'=\mathrm{e}^xu(x)+\mathrm{e}^xu'(x)=\mathrm{e}^x[u(x)+u'(x)],$$

$$y_2''=\mathrm{e}^x[u(x)+u'(x)]+\mathrm{e}^x[u'(x)+u''(x)]=\mathrm{e}^x[u(x)+2u'(x)+u''(x)],$$

将 y_2 代入原方程，得

$$(2x-1)\mathrm{e}^x[u(x)+2u'(x)+u''(x)]-(2x+1)\mathrm{e}^x[u(x)+u'(x)]+2\mathrm{e}^xu(x)=0,$$

即 $\qquad\qquad\qquad (2x-1)u''(x)+(2x-3)u'(x)=0.$

令 $p=u'(x)$，则 $u''(x)=\dfrac{\mathrm{d}p}{\mathrm{d}x}$，得

$$(2x-1)\frac{\mathrm{d}p}{\mathrm{d}x}+(2x-3)p=0, \quad \frac{\mathrm{d}p}{p}=-\frac{2x-3}{2x-1}\mathrm{d}x,$$

所以
$$\ln p=-x+\ln(2x-1)+\ln C_1,$$

即
$$u=C_1\int(2x-1)\mathrm{e}^{-x}\mathrm{d}x=-C_1\int(2x-1)\mathrm{d}(\mathrm{e}^{-x})=-C_1\left[(2x-1)\mathrm{e}^{-x}+2\mathrm{e}^{-x}+C_2\right],$$

所以
$$y_2(x)=\mathrm{e}^x u(x)=-C_1(2x+1)+C_2\mathrm{e}^x.$$

令 $C_1=-1$，$C_2=0$，则 $y_2(x)=2x+1$ 为该方程的一个特解，且与 $y_1(x)$ 线性无关，所以该方程的通解为

$$y=C_1^*(2x+1)+C_2^*\mathrm{e}^x.$$

*6.已知 $y_1(x)=x$ 是齐次线性方程 $x^2y''-2xy'+2y=0$ 的一个解，求非齐次线性方程 $x^2y''-2xy'+2y=2x^3$ 的通解.

【解】　首先求 $x^2y''-2xy'+2y=0$ 的通解. 令 $y_2(x)=y_1(x)u(x)=xu(x)$ 为齐次方程的一个解，

$$y_2'=u(x)+xu'(x), \quad y_2''=2u'(x)+xu''(x),$$

于是
$$x^2\left[2u'(x)+xu''(x)\right]-2x\left[u(x)+xu'(x)\right]+2xu(x)=0,$$

即 $u''(x)=0$，从而 $u(x)=Cx-C^*$. 不妨取 $u(x)=x$，则 $y_2(x)=x^2$，于是得齐次方程的通解为
$$Y=C_1x+C_2x^2.$$

再将非齐次方程化为标准形式，得

$$y''-2\cdot\frac{1}{x}y'+2\cdot\frac{1}{x^2}y=2x,$$

由教材中的公式，得非齐次方程的通解

$$y=C_1x+C_2x^2-y_1\int\frac{y_2f}{w}\mathrm{d}x+y_2\int\frac{y_1f}{w}\mathrm{d}x,$$

其中
$$f=2x, \quad w=y_1y_2'-y_1'y_2=x^2,$$

所以
$$y=C_1x+C_2x^2-x\int\frac{2x^3}{x^2}\mathrm{d}x+x^2\int\frac{2x^2}{x^2}\mathrm{d}x=C_1x+C_2x^2+x^3.$$

*7.已知齐次线性方程 $y''+y=0$ 的通解为 $Y(x)=C_1\cos x+C_2\sin x$，求非齐次线性方程 $y''+y=\sec x$ 的通解.

【解】　由于 $y_1=\cos x$，$y_2=\sin x$ 是 $y''+y=0$ 两个线性无关的解，故 $y''+y=\sec x$ 的通解为

$$y=C_1\cos x+C_2\sin x-y_1\int\frac{y_2f}{w}\mathrm{d}x+\int y_2\frac{y_1f}{w}\mathrm{d}x,$$

式中
$$w=\begin{vmatrix}\cos x & \sin x \\ (\cos x)' & (\sin x)'\end{vmatrix}=1, \quad f=\sec x,$$

从而
$$y=C_1\cos x+C_2\sin x-\cos x\cdot\int\frac{\sin x}{\cos x}\mathrm{d}x+\sin x\cdot\int\frac{\cos x}{\cos x}\mathrm{d}x$$
$$=C_1\cos x+C_2\sin x+\cos x\cdot\ln|\cos x|+x\sin x.$$

*8. 已知齐次线性方程 $x^2y''-xy'+y=0$ 的通解为 $Y(x)=C_1x+C_2x\ln|x|$，求非齐次线性方程 $x^2y''-xy'+y=x$ 的通解.

【解】　显然 $y_1=x$，$y_2=x\ln|x|$ 是齐次线性方程两个线性无关的解.将非齐次线性方程写成

$$y''-\frac{1}{x}y'+\frac{1}{x^2}y=\frac{1}{x},$$

则其通解为
$$y=C_1y_1+C_2y_2-y_1\int\frac{y_2f}{w}\mathrm{d}x+y_2\int\frac{y_1f}{w}\mathrm{d}x,$$

其中
$$f=\frac{1}{x}, \quad w=\begin{vmatrix}y_1 & y_2 \\ y_1' & y_2'\end{vmatrix}=\begin{vmatrix}x & x\ln|x| \\ 1 & 1+\ln|x|\end{vmatrix}=x,$$

由于
$$\int \frac{y_2 f}{w}\mathrm{d}x = \int \frac{\ln|x|}{x}\mathrm{d}x = \frac{1}{2}\ln^2|x|, \int \frac{y_1 f}{w}\mathrm{d}x = \int \frac{1}{x}\mathrm{d}x = \ln|x|,$$

故非齐次线性方程的通解为
$$y = C_1 x + C_2 x \cdot \ln|x| - x \cdot \frac{1}{2}\ln^2|x| + x\ln|x| \cdot \ln|x| = C_1 x + C_2 x\ln|x| + \frac{x}{2}\ln^2|x|.$$

习题 7-7　常系数齐次线性方程

1. 求下列微分方程的通解:

(1) $y'' + y' - 2y = 0$.

【解】　特征方程为 $r^2 + r - 2 = 0$, 特征根为 $r_1 = 1$, $r_2 = -2$. 通解为 $y = C_1 \mathrm{e}^x + C_2 \mathrm{e}^{-2x}$.

(2) $y'' - 4y' = 0$.

【解】　特征方程为 $r^2 - 4r = 0$, 特征根为 $r_1 = 0$, $r_2 = 4$. 通解为 $y = C_1 + C_2 \mathrm{e}^{4x}$.

(3) $y'' + y = 0$.

【解】　特征方程为 $r^2 + 1 = 0$, 特征根为 $r_1 = \mathrm{i}$, $r_2 = -\mathrm{i}$. 通解为 $y = C_1 \cos x + C_2 \sin x$.

(4) $y'' + 6y' + 13y = 0$.

【解】　特征方程为 $r^2 + 6r + 13 = 0$, 特征根为 $r_{1,2} = -3 \pm 2\mathrm{i}$. 通解为 $y = \mathrm{e}^{-3x}(C_1\cos 2x + C_2\sin 2x)$.

(5) $4\dfrac{\mathrm{d}^2 x}{\mathrm{d}t^2} - 20\dfrac{\mathrm{d}x}{\mathrm{d}t} + 25x = 0$.

【解】　特征方程为 $4r^2 - 20r + 25 = 0$, 特征根为 $r_1 = r_2 = \dfrac{5}{2}$. 通解为 $x = (C_1 + C_2 t)\mathrm{e}^{\frac{5}{2}t}$.

(6) $y'' - 4y' + 5y = 0$.

【解】　特征方程为 $r^2 - 4r + 5 = 0$, 特征根为 $r_{1,2} = 2 \pm \mathrm{i}$. 通解为 $y = \mathrm{e}^{2x}(C_1\cos x + C_2\sin x)$.

(7) $y^{(4)} - y = 0$.

【解】　特征方程为 $r^4 - 1 = 0$, 特征根为 $r_1 = 1$, $r_2 = -1$, $r_3 = \mathrm{i}$, $r_4 = -\mathrm{i}$. 通解为
$$y = C_1 \mathrm{e}^x + C_2 \mathrm{e}^{-x} + C_3\cos x + C_4\sin x.$$

(8) $y^{(4)} + 2y'' + y = 0$.

【解】　特征方程为 $r^4 + 2r^2 + 1 = 0$, 特征根为 $r_1 = r_2 = \mathrm{i}$, $r_3 = r_4 = -\mathrm{i}$. 通解为
$$y = (C_1 + C_2 x)\cos x + (C_3 + C_4 x)\sin x.$$

(9) $y^{(4)} - 2y''' + y'' = 0$.

【解】　特征方程为 $r^4 - 2r^3 + r^2 = 0$, 特征根为 $r_1 = r_2 = 0$, $r_3 = r_4 = 1$. 通解为 $y = C_1 + C_2 x + (C_3 + C_4 x)\mathrm{e}^x$.

(10) $y^{(4)} + 5y'' - 36y = 0$.

【解】　特征方程为 $r^4 + 5r^2 - 36 = 0$, 特征根为 $r_1 = 2$, $r_2 = -2$, $r_3 = 3\mathrm{i}$, $r_4 = -3\mathrm{i}$. 通解为
$$y = C_1 \mathrm{e}^{2x} + C_2 \mathrm{e}^{-2x} + C_3\cos 3x + C_4\sin 3x.$$

2. 求下列微分方程满足所给初始条件的特解:

(1) $y'' - 4y' + 3y = 0$, $y\big|_{x=0} = 6$, $y'\big|_{x=0} = 10$.

【解】　特征方程为 $r^2 - 4r + 3 = 0$, 特征根为 $r_1 = 1$, $r_2 = 3$. 通解为 $y = C_1 \mathrm{e}^x + C_2 \mathrm{e}^{3x}$.
利用 $y(0) = 6$, $y'(0) = 10$ 定出 $C_1 = 4$, $C_2 = 2$. 所求特解为 $y = 4\mathrm{e}^x + 2\mathrm{e}^{3x}$.

(2) $4y'' + 4y' + y = 0$, $y\big|_{x=0} = 2$, $y'\big|_{x=0} = 0$.

【解】　特征方程为 $4r^2 + r + 1 = 0$, 特征根为 $r_1 = r_2 = -\dfrac{1}{2}$. 通解为 $y = \mathrm{e}^{-\frac{x}{2}}(C_1 + C_2 x)$.

利用 $y(0) = 2$, $y'(0) = 0$ 定出 $C_1 = 2$, $C_2 = 1$. 方程的特解为 $y = \mathrm{e}^{-\frac{x}{2}}(2 + x)$.

（3）$y''-3y'-4y=0$，$y\big|_{x=0}=0$，$y'\big|_{x=0}=-5$.

【解】 特征方程为 $r^2-3r-4=0$，特征根为 $r_1=-1$，$r_2=4$. 通解为 $y=C_1\mathrm{e}^{-x}+C_2\mathrm{e}^{4x}$.

利用 $y(0)=0$，$y'(0)=-5$ 定出 $C_1=1$，$C_2=-1$. 方程的特解为 $y=\mathrm{e}^{-x}-\mathrm{e}^{4x}$.

（4）$y''+4y'+29y=0$，$y\big|_{x=0}=0$，$y'\big|_{x=0}=15$.

【解】 特征方程为 $r^2+4r+29=0$，特征根为 $r_{1,2}=-2\pm5\mathrm{i}$. 通解为 $y=\mathrm{e}^{-2x}(C_1\cos5x+C_2\sin5x)$.

利用 $y(0)=0$，$y'(0)=15$ 定出 $C_1=0$，$C_2=3$. 方程的特解为 $y=3\mathrm{e}^{-2x}\sin5x$.

（5）$y''+25y=0$，$y\big|_{x=0}=2$，$y'\big|_{x=0}=5$.

【解】 特征方程为 $r^2+25=0$，特征根为 $r_{1,2}=\pm5\mathrm{i}$. 通解为 $y=C_1\cos5x+C_2\sin5x$.

利用 $y(0)=2$，$y'(0)=5$ 定出 $C_1=2$，$C_2=1$. 方程的特解为 $y=2\cos5x+\sin5x$.

（6）$y''-4y'+13y=0$，$y\big|_{x=0}=0$，$y'\big|_{x=0}=3$.

【解】 特征方程为 $r^2-4r+13=0$，特征根为 $r_{1,2}=2\pm3\mathrm{i}$. 通解为 $y=\mathrm{e}^{2x}(C_1\cos3x+C_2\sin3x)$.

利用 $y(0)=0$，$y'(0)=3$ 定出 $C_1=0$，$C_2=1$. 方程的特解为 $y=\mathrm{e}^{2x}\sin3x$.

3. 一个单位质量的质点在数轴上运动，开始时质点在原点 O 处且速度为 v_0，在运动过程中，它受到一个力的作用，这个力的大小与质点到原点的距离成正比（比例系数 $k_1>0$）而方向与速度一致. 又介质的阻力与速度成正比（比例系数 $k_2>0$）. 求反映这质点的运动规律的函数.

【解】 设质点到原点的距离为 $x(t)$，依题意，得具有初始条件的微分方程

$$\begin{cases} x''(t)=k_1x(t)-k_2x'(t),\\ x(0)=0,\\ x'(0)=v_0, \end{cases}$$

特征方程为 $r^2+k_2r-k_1=0$，特征根为

$$r_{1,2}=\frac{-k_2\pm\sqrt{k_2^2+4k_1}}{2}.$$

通解为

$$x=C_1\exp\left[\frac{-k_2+\sqrt{k_2^2+4k_1}}{2}t\right]+C_2\exp\left[\frac{-k_2-\sqrt{k_2^2+4k_1}}{2}t\right].$$

利用初始条件 $x(0)=0$，$x'(0)=v_0$ 定出

$$C_1=\frac{v_0}{\sqrt{k_2^2+4k_1}},\quad C_2=\frac{v_0}{\sqrt{k_2^2+4k_1}},$$

最后得质点的运动方程为

$$x=\frac{v_0}{\sqrt{k_2^2+4k_1}}\cdot\left(1-\mathrm{e}^{-\sqrt{k_2^2+4k_1}t}\right)\mathrm{e}^{\left(\frac{k_2}{2}+\frac{\sqrt{k_2^2+4k_1}}{2}\right)t}.$$

4. 在图 7-7 所示的电路中，先将开关 S 拨向 A，达到稳定状态后，再将开关 S 拨向 B，求电压 $u_C(t)$ 及电流 $i(t)$. 已知 $E=20\text{ V}$，$C=0.5\times10^{-6}\text{ F}$，$L=0.1\text{ H}$，$R=2000\ \Omega$.

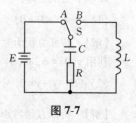

图 7-7

【解】 由回路电压定律得 $E-L\dfrac{\mathrm{d}i}{\mathrm{d}t}-\dfrac{q}{c}-Ri=0$，由于

$$q=Cu_C,\quad i=\frac{\mathrm{d}q}{\mathrm{d}t}=Cu_C',\quad \frac{\mathrm{d}i}{\mathrm{d}t}=Cu_C'',$$

故
$$-LCu_C''-u_C-RCu_C'=0,$$

即
$$u_C'' + \frac{R}{L} u_C' + \frac{1}{LC} u_C = 0.$$

已知 $\dfrac{R}{L} = \dfrac{2000}{0.1} = 2 \times 10^4$，$\dfrac{1}{LC} = \dfrac{1}{0.1 \times 0.5 \times 10^{-6}} = \dfrac{1}{5} \times 10^8$，$u_C'' + 2 \times 10^4 u_C' + \dfrac{1}{5} \times 10^8 u_C = 0$，

特征方程为
$$r^2 + 2 \times 10^5 r + \frac{1}{5} \times 10^8 = 0,$$

解得
$$r_1 = -1.9 \times 10^4, \quad r_2 = -10^3, \quad u_C = C_1 e^{-1.9 \times 10^4 t} + C_2 e^{10^3 t},$$
$$u_C' = -1.9 \times 10^4 \cdot C_1 e^{-1.9 \times 10^4 t} - 10^3 C_2 e^{-10^3 t}.$$

当 $t = 0$ 时，$u_C = 20$ V，$u_C' = 0$，
$$C_1 + C_2 = 20 \text{ V}, \quad -1.9 \times 10^4 C_1 - 10^3 C_2 = 0, \quad C_1 = -\frac{10}{9}, \quad C_2 = \frac{190}{9},$$
$$u_C(t) = \frac{10}{9}(19e^{-10^3 t} - e^{-1.9 \times 10^4 t}) \text{ V}, \quad i(t) = \frac{19}{18} \times 10^{-2}(e^{-1.9 \times 10^4 t} - e^{-10^3 t}) \text{ A}.$$

5.设圆柱形浮筒的底面直径为 0.5 m，铅直放在水中，当稍向下压后突然放开，浮筒在水中上下振动的周期为 2 s，求浮筒的质量.

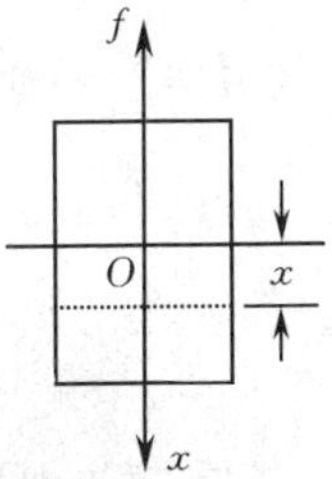

【解】 设 μ 为水的密度，S 为浮筒的横截面积，D 为浮筒的直径，且设压下的位移为 x（如图 7-8 所示），则有
$$f = -\mu g S \cdot x.$$

又
$$f = ma = m \frac{\mathrm{d}^2 x}{\mathrm{d}t^2},$$

故
$$-\mu g S \cdot x = m \frac{\mathrm{d}^2 x}{\mathrm{d}t^2},$$

即
$$m \frac{\mathrm{d}^2 x}{\mathrm{d}t^2} + \mu g S \cdot x = 0.$$

图 7-8

此方程的特征方程为 $mr^2 + \mu g S = 0$，得
$$r_{1,2} = \pm \sqrt{\frac{\mu g S}{m}} \mathrm{i}.$$

$$x = C_1 \cos \sqrt{\frac{\mu g S}{m}} t + C_2 \sin \sqrt{\frac{\mu g S}{m}} t = A \sin\left(\sqrt{\frac{\mu g S}{m}} t + \varphi\right).$$

振动的频率
$$\omega = \sqrt{\frac{\mu g S}{m}},$$

周期
$$T = \frac{2\pi}{\omega} = 2\pi \sqrt{\frac{m}{\mu g S}},$$

已知 $T = 2$，
$$2 = 2\pi \sqrt{\frac{m}{\mu g S}}, \quad 1 = \frac{\pi^2 m}{\mu g S}, \quad m = \frac{\mu g S}{\pi^2},$$

而 $\mu = 1000$ kg/m³，$g = 9.8$ m/s²，$D = 0.5$ m，故
$$m = \frac{\mu g S}{\pi^2} = \frac{1000 \times 9.8 \times 0.5^2}{4\pi} = 195 \text{ kg}.$$

习题 7-8 常系数非齐次线性微分方程

1. 求下列各微分方程的通解：

（1）$2y'' + y' - y = 2e^x$.

【解】　特征方程为 $2r^2+r-1=0$，特征根为 $r_1=\dfrac{1}{2}$，$r_2=-1$．对应的齐次方程的通解为

$$Y=C_1\mathrm{e}^{\frac{x}{2}}+C_2\mathrm{e}^{-x}.$$

令 $y^*=b\mathrm{e}^x$，代入原方程，得 $b=1$，非齐次方程的特解为 $y^*=\mathrm{e}^x$．原方程的通解为

$$y=C_1\mathrm{e}^{\frac{x}{2}}+C_2\mathrm{e}^{-x}+\mathrm{e}^x.$$

（2）$y''+a^2y=\mathrm{e}^x$．

【解】　特征方程为 $r^2+a^2=0$，特征根为 $r_{1,2}=\pm ai$，对应的齐次方程的通解为
$$Y=C_1\cos ax+C_2\sin ax.$$

令 $y^*=C\mathrm{e}^x$，代入原方程，得 $C=\dfrac{1}{1+a^2}$，得 $y^*=\dfrac{1}{1+a^2}\mathrm{e}^x$．原方程的通解为

$$y=C_1\cos ax+C_2\sin ax+\dfrac{1}{1+a^2}\cdot\mathrm{e}^x.$$

（3）$2y''+5y'=5x^2-2x-1$．

【解】　特征方程为 $2r^2+5r=0$，特征根为 $r_1=0$，$r_2=-\dfrac{5}{2}$．齐次方程的通解为 $Y=C_1+C_2\mathrm{e}^{-\frac{5}{2}x}$．

令 $y^*=x(b_0x^2+b_1x+b_2)$，代入原方程，求出 $b_0=\dfrac{1}{3}$，$b_1=-\dfrac{3}{5}$，$b_2=\dfrac{7}{25}$，得

$$y^*=\dfrac{1}{3}x^3-\dfrac{2}{5}x^2+\dfrac{7}{25}x.$$

原方程的通解为 $\qquad y=C_1+C_2\mathrm{e}^{-\frac{5}{2}x}+\dfrac{1}{3}x^3-\dfrac{3}{5}x^2+\dfrac{7}{25}x.$

（4）$y''+3y'+2y=3x\mathrm{e}^{-x}$．

【解】　特征方程为 $r^2+3r+2=0$，特征根为 $r_1=-1$，$r_2=-2$．齐次方程的通解为 $Y=C_1\mathrm{e}^{-x}+C_2\mathrm{e}^{-2x}$．

令 $y^*=x\mathrm{e}^{-x}(Ax+B)$，代入原方程，得 $A=\dfrac{3}{2}$，$B=-3$，得 $y^*=\mathrm{e}^{-x}\left(\dfrac{3}{2}x^2-3x\right)$．

原方程的通解为 $\qquad y=C_1\mathrm{e}^{-x}+C_2\mathrm{e}^{-2x}+\left(\dfrac{3}{2}x^2-3x\right)\cdot\mathrm{e}^{-x}.$

（5）$y''-2y'+5y=\mathrm{e}^x\sin 2x$．

【解】　特征方程为 $r^2-2r+5=0$，特征根为 $r_{1,2}=1\pm 2i$．齐次方程的通解为 $Y=\mathrm{e}^x(C_1\cos 2x+C_2\sin 2x)$．

令 $y^*=x\mathrm{e}^x(A\cos 2x+B\sin 2x)$，代入原方程，得

$$A=-\dfrac{1}{4},\ B=0,\ y^*=-\dfrac{1}{4}x\mathrm{e}^x\cos 2x.$$

原方程的通解为 $\qquad y=\mathrm{e}^x(C_1\cos 2x+C_2\sin 2x)-\dfrac{1}{4}x\mathrm{e}^x\cos 2x.$

（6）$y''-6y'+9y=(x+1)\mathrm{e}^{2x}$．

【解】　特征方程为 $r^2-6r+9=0$，特征根为 $r_1=r_2=3$．齐次方程的通解为
$$Y=\mathrm{e}^{3x}(C_1+C_2x).$$

令 $y^*=\mathrm{e}^{2x}(Ax+B)$，代入原方程，得
$$A=1,\ B=3.\ y^*=\mathrm{e}^{2x}(x+3).$$

原方程的通解为 $\qquad y=(C_1+C_2x)\mathrm{e}^{3x}+(x+3)\mathrm{e}^{2x}.$

（7）$y''+5y'+4y=3-2x$．

【解】　特征方程为 $r^2+5r+4=0$，特征根为 $r_1=-1$，$r_2=-4$．齐次方程的通解为
$$Y=C_1\mathrm{e}^{-x}+C_2\mathrm{e}^{-4x}.$$

令 $y^*=Ax+B$，代入原方程，得

$$A=-\frac{1}{2},\ B=\frac{11}{8}.\quad y^*=-\frac{1}{2}x+\frac{11}{8}.$$

原方程的通解为

$$y=C_1\mathrm{e}^{-x}+C_2\mathrm{e}^{-4x}-\frac{1}{2}x+\frac{11}{8}.$$

（8）$y''+4y=x\cos x$.

【解】　特征方程为 $r^2+4=0$，特征根为 $r_{1,2}=\pm2\mathrm{i}$. 齐次方程的通解为

$$Y=C_1\cos2x+C_2\sin2x.$$

令 $y^*=(Ax+B)\cos x+(Cx+D)\sin x$，代入原方程，得

$$A=\frac{1}{3},\ B=0,\ C=0,\ D=\frac{2}{9}.\quad y^*=\frac{1}{3}x\cos x+\frac{2}{9}\sin x.$$

原方程的通解为

$$y=C_1\cos2x+C_2\sin2x+\frac{1}{3}x\cos x+\frac{2}{9}\sin x.$$

（9）$y''+y=\mathrm{e}^x+\cos x$.

【解】　特征方程为 $r^2+1=0$，特征根为 $r_{1,2}=\pm\mathrm{i}$. 齐次方程的通解为

$$Y=C_1\cos x+C_2\sin x.$$

令 $y^*=A\mathrm{e}^x+x(B\cos x+C\sin x)$，代入原方程，得

$$A=\frac{1}{2},\ C=\frac{1}{2},\ B=0.\quad y^*=\frac{1}{2}\mathrm{e}^x+\frac{1}{2}x\sin x.$$

原方程的通解为

$$y=(C_1\cos x+C_2\sin x)+\frac{1}{2}\mathrm{e}^x+\frac{1}{2}x\sin x.$$

（10）$y''-y=\sin^2 x$.

【解】　特征方程为 $r^2-1=0$，特征根为 $r_1=1,\ r_2=-1$. 齐次方程的通解为

$$Y=C_1\mathrm{e}^x+C_2\mathrm{e}^{-x}.$$

令 $y^*=A+B\cos2x+C\sin2x$，代入原方程，得

$$A=-\frac{1}{2},\ B=\frac{1}{10},\ C=0.\quad y^*=-\frac{1}{2}+\frac{1}{10}\cos2x.$$

原方程的通解为

$$y=C_1\mathrm{e}^x+C_2\mathrm{e}^{-x}+\frac{1}{10}\cos2x-\frac{1}{2}.$$

2. 求下列各微分方程满足已给初始条件的特解：

（1）$y''+y+\sin2x=0,\ y\big|_{x=\pi}=1,\ y'\big|_{x=\pi}=1$.

【解】　特征方程为 $r^2+1=0$，特征根为 $r_{1,2}=\pm\mathrm{i}$. 齐次方程的通解为

$$Y=C_1\cos x+C_2\sin x.$$

令 $y^*=A\cos2x+B\sin2x$，代入原方程，得 $A=0,\ B=\frac{1}{3}$，则 $y^*=\frac{1}{3}\sin2x$.

原方程的通解为

$$y=C_1\cos x+C_2\sin x+\frac{1}{3}\sin2x.$$

利用条件 $y(\pi)=1,\ y'(\pi)=1$ 定出 $C_1=-1,\ C_2=-\frac{1}{3}$. 最后得到特解为

$$y=-\cos x-\frac{1}{3}\sin x+\frac{1}{3}\sin2x.$$

（2）$y''-3y'+2y=5,\ y\big|_{x=0}=1,\ y'\big|_{x=0}=2$.

【解】　特征方程为 $r^2-3r+2=0$，特征根为 $r_1=1,\ r_2=2$. 齐次方程的通解为

$$Y = C_1 e^x + C_2 e^{2x}.$$

令 $y^* = A$, 代入原方程, 得 $A = \dfrac{5}{2}$, 则 $y^* = \dfrac{5}{2}$.

原方程的通解为
$$y = C_1 e^x + C_2 e^{2x} + \dfrac{5}{2}.$$

利用条件 $y(0) = 1$, $y'(0) = 2$, 定出 $C_1 = -5$, $C_2 = \dfrac{7}{2}$. 最后得特解 $y = -5 e^x + \dfrac{7}{2} e^{2x} + \dfrac{5}{2}$.

(3) $y'' - 10 y' + 9 y = e^{2x}$, $y \big|_{x=0} = \dfrac{6}{7}$, $y' \big|_{x=0} = \dfrac{33}{7}$.

【解】 特征方程为 $r^2 - 10 r + 9 = 0$, 特征根为 $r_1 = 1$, $r_2 = 9$. 齐次方程的通解为
$$Y = C_1 e^x + C_2 e^{9x}.$$

令 $y^* = A e^{2x}$, 代入原方程, 得 $A = -\dfrac{1}{7}$, 则 $y^* = -\dfrac{1}{7} e^{2x}$. 原方程的通解为

$$y = C_1 e^x + C_2 e^{9x} - \dfrac{1}{7} e^{2x}.$$

再利用条件 $y(0) = \dfrac{6}{7}$, $y'(0) = \dfrac{33}{7}$, 得 $C_1 = \dfrac{1}{2}$, $C_2 = \dfrac{1}{2}$. 最后得所求特解为

$$y = \dfrac{1}{2} (e^x + e^{9x}) - \dfrac{1}{7} e^{2x}.$$

(4) $y'' - y = 4 x e^x$, $y \big|_{x=0} = 0$, $y' \big|_{x=0} = 1$.

【解】 特征方程为 $r^2 - 1 = 0$, 特征根为 $r_1 = 1$, $r_2 = -1$. 齐次方程的通解为
$$Y = C_1 e^x + C_2 e^{-x}.$$

令 $y^* = x(Ax + B) e^x$, 代入原方程, 得 $A = 1$, $B = -1$, 则 $y^* = e^x(x^2 - x)$. 原方程的通解为
$$y = C_1 e^x + C_2 e^{-x} + (x^2 - x) e^x.$$

利用条件 $y(0) = 0$, $y'(0) = 1$ 定出 $C_1 = 1$, $C_2 = -1$. 最后得特解为 $y = e^x - e^{-x} + (x^2 - x) e^x$.

(5) $y'' - 4 y' = 5$, $y \big|_{x=0} = 1$, $y' \big|_{x=0} = 0$.

【解】 特征方程为 $r^2 - 4 r = 0$, 特征根为 $r_1 = 0$, $r_2 = 4$. 齐次方程的通解为 $Y = C_1 + C_2 e^{4x}$.

令 $y^* = Ax$, 代入原方程, 得 $A = -\dfrac{5}{4}$, 则 $y^* = -\dfrac{5}{4} x$.

再利用条件 $y(0) = 1$, $y'(0) = 0$ 定出 $C_1 = \dfrac{11}{16}$, $C_2 = \dfrac{5}{16}$. 最后得特解为 $y = \dfrac{1}{16} (11 + 5 e^{4x}) - \dfrac{5}{4} x$.

3. 大炮以仰角 α、初速 v_0 发射炮弹, 若不计空气阻力, 求弹道曲线.

【解】 如图 7-9 所示, 取炮口为坐标原点, 炮弹前进水平方向为 x 轴, 垂直向上为 y 轴, 则弹道方程和初始条件分别为

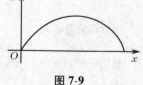

图 7-9

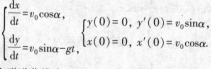

不难解出弹道曲线为

$$\begin{cases} x = v_0 t \cos\alpha, \\ y = v_0 t \sin\alpha - \dfrac{1}{2} g t^2. \end{cases}$$

4. 在 RLC 含源串联电路中, 电动势为 E 的电源对电容器 C 充电. 已知 $E = 20 \text{ V}$, $C = 0.2 \ \mu\text{F}$,

$L=0.1$ H, $R=1000$ Ω, 试求合上开关 S 后的电流 $i(t)$ 及电压 $u_C(t)$.

【解】　由回路电压定律有

$$\begin{cases} \dfrac{\mathrm{d}^2 u_C}{\mathrm{d}t^2}+\dfrac{R}{L}\dfrac{\mathrm{d}u_C}{\mathrm{d}t}+\dfrac{u_C}{LC}=\dfrac{E}{LC}, \\ u_C(0)=0,\ u_C{}'(0)=0. \end{cases}$$

式中 $R=1000$ Ω, $L=0.1$ H, $C=0.2$ μF, 将数值代入后整理, 得

$$u_C{}''+10^4 u_C{}'+5\times 10^7 u_C=10^9,$$

特征方程为

$$r^2+10^4 r+5\times 10^7=0,$$

特征根为

$$r_{1,2}=-5\times 10^3 \pm (5\times 10^3)\mathrm{i},$$

齐次方程的通解为

$$u_C=\mathrm{e}^{-5\times 10^3 t}[C_1\cos(5\times 10^3)t+C_2\sin(5\times 10^3)t].$$

令 $u_C^*=A$, 代入原方程, 得 $A=2.0$, $u_C^*=20$. 原方程的通解为

$$u_C=\mathrm{e}^{-5\times 10^3 t}[C_1\cos(5\times 10^3)t+C_2\sin(5\times 10^3)t]+20.$$

利用初始条件 $u_C(0)=0$, $u_C{}'=0$ 定出　$C_1=-20$, $C_2=-20$.

最后得:

电压　　　　　　$u_C(t)=20-20\mathrm{e}^{-5\times 10^3 t}[\cos(5\times 10^3)t+\sin(5\times 10^3)t]$ V;

电流　　　　$i(t)=Cu_C{}'(t)=0.2\times 10^{-6}u_C{}'=4\times 10^{-2}\cdot\mathrm{e}^{-5\times 10^3 t}\sin(5\times 10^3)t$ A.

5. 一链条悬挂在一钉子上, 起动时一端离开钉子 8 m, 另一端离开钉子 12 m, 分别在以下两种情况下, 求链条滑下来所需要的时间:

(1) 若不计钉子对链条所产生的摩擦力;

(2) 若摩擦力的大小等于 1 m 长的链条所受重力的大小.

【解】　(1) 设在时刻 t, 链条上较长的一段垂下 s m, 且设链条的密度为 μ, 则向下拉链条下滑的作用力

$$F=s\mu g-(20-s)\mu g=2\mu g(s-10).$$

由牛顿第二定律, 有

$$20\mu s''=2\mu g(s-10),$$

亦即

$$s''-\frac{g}{10}s=-g.$$

对应的齐次方程为　　　$s''-\dfrac{g}{10}s=0,\ r^2-\dfrac{g}{10}=0,\ r_{1,2}=\pm\sqrt{\dfrac{g}{10}}.$

齐次方程的通解为　　　$s=C_1\exp\left(-\sqrt{\dfrac{g}{10}}t\right)+C_2\exp\left(\sqrt{\dfrac{g}{10}}t\right).$

设 $s^*=A$, 那么 $(s^*)'=(s^*)''=0$, 代入原方程, 得

$$A=10,\ s^*=10.$$

$$s=C_1\exp\left(-\sqrt{\dfrac{g}{10}}t\right)+C_2\exp\left(\sqrt{\dfrac{g}{10}}t+10\right)$$

为原方程的通解. 又

$$s'=-\left(\frac{g}{10}\right)^{\frac{1}{2}}C_1\exp\left(-\sqrt{\frac{g}{10}}t\right)+\left(\frac{g}{10}\right)^{\frac{1}{2}}C_2\exp\left(\sqrt{\frac{g}{10}}t\right),$$

且当 $t=0$ 时, $s=12$, $s'=0$, 代入 s, s' 的表达式, 即得 $C_1+C_2=2$, $-C_1+C_2=0$, 故 $C_1=C_2=1$. 因此

$$s=\exp\left[-\left(\frac{g}{10}\right)^{\frac{1}{2}}t\right]+\exp\left[\left(\frac{g}{10}\right)^{\frac{1}{2}}t\right]+10,$$

即　　　　　　　　　　　　$\mathrm{ch}\left(\dfrac{g}{10}\right)^{\frac{1}{2}}t=\dfrac{s}{2}-5.$

$$t=\sqrt{\frac{10}{g}}\operatorname{arch}\left(\frac{s}{2}-5\right)=\sqrt{\frac{10}{g}}\ln\left\{\frac{s}{2}-5+\left[\left(\frac{s}{2}-5\right)^2-1\right]^{\frac{1}{2}}\right\}.$$

当 $s=20$，即链条完全滑下来时，需要的时间为

$$t=\sqrt{\frac{10}{g}}\ln(5+2\sqrt{6})\ \text{s}.$$

(2)　　　　　　$$F=s\mu g-(20-s)\mu g-1\cdot\mu g,\quad s''-\frac{g}{10}s=-1.05g.$$

其通解为　　　　　　$$s=C_1\exp\left(-\sqrt{\frac{g}{10}}t\right)+C_2\exp\left(\sqrt{\frac{g}{10}}t\right)+10.5.$$

可求出 $C_1=C_2=\dfrac{3}{4}$，故

$$s=\frac{3}{4}\exp\left(-\sqrt{\frac{g}{10}}t\right)+\frac{3}{4}\exp\left(\sqrt{\frac{g}{10}}t\right)+10.5,$$

即　　　　　　$$\operatorname{ch}\sqrt{\frac{g}{10}}t=\frac{2}{3}s-7,$$

$$t=\sqrt{\frac{10}{g}}\operatorname{arch}\left(\frac{2}{3}s-7\right)=\sqrt{\frac{10}{g}}\ln\left[\frac{2}{3}s-7+\sqrt{\left(\frac{2}{3}s-7\right)^2-1}\right].$$

当 $s=20$ 时，

$$t=\sqrt{\frac{10}{g}}\ln\left(\frac{19}{3}+\frac{4\sqrt{22}}{3}\right)\ \text{s}.$$

6. 设函数 $\varphi(x)$ 连续，且满足

$$\varphi(x)=\mathrm{e}^x+\int_0^x t\varphi(t)\,\mathrm{d}t-x\int_0^x\varphi(t)\,\mathrm{d}t,$$

求 $\varphi(x)$.

【解】　$\varphi'(x)=\mathrm{e}^x-\int_0^x\varphi(t)\,\mathrm{d}t$，$\varphi'(0)=1$，$\varphi(0)=1$，$\varphi''(x)=\mathrm{e}^x-\varphi(x)$，得微分方程

$$\begin{cases}\varphi''(x)+\varphi(x)=\mathrm{e}^x,\\\varphi(0)=\varphi'(0)=1.\end{cases}$$

这是具有初始条件的二阶常系数线性非齐次方程.

特征方程为 $r^2+1=0$，特征根为 $r_{1,2}=\pm\mathrm{i}$. 齐次方程的通解为

$$\varphi(x)=C_1\cos x+C_2\sin x.$$

令 $\varphi^*(x)=A\mathrm{e}^x$，代入原方程，得 $A=\dfrac{1}{2}$，于是，$\varphi^*=\dfrac{1}{2}\mathrm{e}^x$.

原方程的通解为　　　　　　$$\varphi(x)=C_1\cos x+C_2\sin x+\frac{1}{2}\mathrm{e}^x.$$

利用条件 $\varphi(0)=1$，$\varphi'(0)=1$ 定出 $C_1=\dfrac{1}{2}$，$C_2=\dfrac{1}{2}$. 最后得到所求

$$\varphi(x)=\frac{1}{2}(\cos x+\sin x+\mathrm{e}^x).$$

*习题 7-9　欧拉方程

求下列欧拉方程的通解：

1. $x^2y''+xy'-y=0$.

【解】　作变换 $x=\mathrm{e}^t$，即 $t=\ln x$，则

$$\frac{\mathrm{d}y}{\mathrm{d}x}=\frac{\mathrm{d}y}{\mathrm{d}t}\cdot\frac{\mathrm{d}t}{\mathrm{d}x}=\frac{1}{x}\frac{\mathrm{d}y}{\mathrm{d}t},\qquad \frac{\mathrm{d}^2y}{\mathrm{d}x^2}=\frac{\mathrm{d}}{\mathrm{d}x}\left(\frac{\mathrm{d}y}{\mathrm{d}x}\right)=-\frac{1}{x^2}\frac{\mathrm{d}y}{\mathrm{d}t}+\frac{1}{x}\frac{\mathrm{d}^2y}{\mathrm{d}t^2}\cdot\frac{\mathrm{d}t}{\mathrm{d}x}=\frac{1}{x^2}\left(\frac{\mathrm{d}^2y}{\mathrm{d}t^2}-\frac{\mathrm{d}y}{\mathrm{d}t}\right).$$

原方程化为 $y''_t-y=0$,方程的特征方程为

$$r^2-1=0,$$

解得特征根为

$$r_1=1,\ r_2=-1.$$

于是, 新方程的通解为

$$y=C_1e^t+C_2e^{-t},$$

将 $t=\ln x$ 代入上式, 得原方程的通解为

$$y=C_1x+\frac{C_2}{x}.$$

2. $y''-\dfrac{y'}{x}+\dfrac{y}{x^2}=\dfrac{2}{x}.$

【解】 先将方程化为标准形式, 即 $x^2y''-xy'+y=2x.$ 令 $t=\ln x$, 则

$$\frac{\mathrm{d}y}{\mathrm{d}x}=\frac{\mathrm{d}y}{\mathrm{d}t}\cdot\frac{\mathrm{d}t}{\mathrm{d}x}=\frac{1}{x}\frac{\mathrm{d}y}{\mathrm{d}t},\qquad \frac{\mathrm{d}^2y}{\mathrm{d}x^2}=\frac{1}{x^2}\cdot\left(\frac{\mathrm{d}^2y}{\mathrm{d}t^2}-\frac{\mathrm{d}y}{\mathrm{d}t}\right),$$

于是原方程可化为

$$y''_t-2y_t'+y=2e^t,$$

对应的齐次方程的特征方程为

$$r^2-2r+1=0,$$

解得特征根为 $r_{1,2}=1.$ 故对应的齐次方程的通解为

$$Y=(C_1+C_2t)e^t.$$

因为 $f(t)=2e^t$, $\lambda=1$ 为特征方程的二重根, 所以设 $y^*=Ae^t\cdot t^2$, 那么

$$(y^*)'=A(t^2+2t)e^t,\quad (y^*)''=A(t^2+4t+2)e^t,$$

代入方程得 $A=1$, 从而

$$y^*=t^2e^t.$$

新方程的通解为

$$y=(C_1+C_2t)e^t+t^2e^t,$$

故原方程的通解为

$$y=x(C_1+C_2\ln x)+x\ln^2x.$$

3. $x^3y'''+3x^2y''-2xy'+2y=0.$

【解】 作变换 $x=e^t$, 即 $t=\ln x$, 则原方程化为 $D(D-1)(D-2)y+3D(D-1)y-2Dy+2y=0$, 即

$$D^3y-3Dy+2y=0,$$

亦即

$$y'''_t-3y_t'+2y=0.$$

方程的特征方程为

$$r^3-3r+2=0,$$

解得特征根为 $r_1=r_2=1$, $r_3=-2.$ 于是, 新方程的通解为

$$y=(C_1+C_2t)e^t+C_3e^{-2t}.$$

将 $t=\ln x$ 代入上式, 得原方程的通解为

$$y=C_1x+C_2x\ln x+\frac{C_3}{x^2}.$$

4. $x^2y''-2xy'+2y=\ln^2x-2\ln x.$

【解】 令 $t=\ln x$, 则

$$\frac{\mathrm{d}y}{\mathrm{d}x}=\frac{\mathrm{d}y}{\mathrm{d}t}\cdot\frac{\mathrm{d}t}{\mathrm{d}x}=\frac{1}{x}\frac{\mathrm{d}y}{\mathrm{d}t}=\frac{1}{x}y_t',\quad \frac{\mathrm{d}^2y}{\mathrm{d}x^2}=-\frac{1}{x^2}\frac{\mathrm{d}y}{\mathrm{d}t}+\frac{1}{x}\frac{\mathrm{d}^2y}{\mathrm{d}t^2}\cdot\frac{\mathrm{d}t}{\mathrm{d}x}=\frac{1}{x^2}(y_t''-y_t'),$$

于是, 原方程化为

$$y_t''-3y_t'+2y=t^2-2t,$$

对应的齐次方程的特征方程为

$$r^3-2r+2=0,$$

解得特征根为 $r_1=1$, $r_2=2.$

对应的齐次方程的通解为

$$Y=C_1e^t+C_2e^{2t}.$$

因为 $f(t)=t^2-2t$, $\lambda=0$ 不是特征根, 所以设

$$y^*=At^2+Bt+C,$$

那么
$$(y^*)'=2At+B, \ (y^*)''=2A,$$

代入方程，得
$$A=\frac{1}{2}, \ B=\frac{1}{2}, \ C=\frac{1}{4},$$

所以
$$y^*=\frac{1}{2}t^2+\frac{1}{2}t+\frac{1}{4}.$$

新方程的通解为
$$y=C_1\mathrm{e}^t+C_2\mathrm{e}^{2t}+\frac{1}{2}t^2+\frac{1}{2}t+\frac{1}{4},$$

故原方程的通解为
$$y=C_1x+C_2x^2+\frac{1}{2}(\ln^2x+\ln x)+\frac{1}{4}.$$

5. $x^2y''+xy'-4y=x^3.$

【解】　作变换 $x=\mathrm{e}^t$，即 $t=\ln x$，则原方程化为 $D(D-1)y+Dy-4y=\mathrm{e}^{3t}$，即
$$D^2y-4y=\mathrm{e}^{3t},$$

亦即
$$y_t''-4y=\mathrm{e}^{3t}.$$

方程对应的齐次方程的特征方程为　　　$r^2-4=0,$

解得特征根为 $r_1=2$，$r_2=-2.$ 于是，方程对应的齐次方程的通解为
$$Y=C_1\mathrm{e}^{2t}+C_2\mathrm{e}^{-2t},$$

设 $y^*=A\mathrm{e}^{3t}$ 为方程的解，代入方程，得
$$(9A-4A)\mathrm{e}^{3t}=\mathrm{e}^{3t},$$

故 $A=\frac{1}{5}$，$y^*=\frac{1}{5}\mathrm{e}^{3t}$ 为方程的一个特解，因而新方程的通解为
$$y=C_1\mathrm{e}^{2t}+C_2\mathrm{e}^{-2t}+\frac{1}{5}\mathrm{e}^{3t}.$$

将 $t=\ln x$ 代入上式，得原方程的通解为 $y=C_1x^2+\dfrac{C_2}{x^2}+\dfrac{1}{5}x^3.$

6. $x^2y''-xy'+4y=x\sin(\ln x).$

【解】　令 $t=\ln x$，则
$$\frac{\mathrm{d}y}{\mathrm{d}x}=\frac{\mathrm{d}y}{\mathrm{d}t}\cdot\frac{\mathrm{d}t}{\mathrm{d}x}=\frac{1}{x}\frac{\mathrm{d}y}{\mathrm{d}t},$$

即
$$y'=\frac{1}{x}y_t', \ y''=\frac{1}{x^2}(y_t''-y_t'),$$

于是原方程化为
$$y_t''-2y_t'+4y=\mathrm{e}^t\sin t,$$

对应的齐次方程的特征方程为
$$r^2-2r+4=0.$$

解得
$$r_1=1+\sqrt{3}\,\mathrm{i}, \ r_2=1-\sqrt{3}\,\mathrm{i},$$

对应的齐次方程的通解为
$$Y=\mathrm{e}^t(C_1\cos\sqrt{3}+C_2\sin\sqrt{3}\,t).$$

因为 $f(t)=\mathrm{e}^t\sin t$，$\lambda+\omega\mathrm{i}=1+\mathrm{i}$ 不是特征根，所以设 $y^*=\mathrm{e}^t(A\cos t+B\sin t)$，则
$$(y^*)'=\mathrm{e}^t[(A+B)\cos t+(B+A)\sin t], \ (y^*)''=\mathrm{e}^t(2B\cos t+2A\sin t),$$

代入新方程，得
$$A=0, \ B=\frac{1}{2}, \ y^*=\frac{1}{2}\mathrm{e}^t\sin t,$$

新方程的通解为
$$y=\mathrm{e}^t(C_1\cos\sqrt{3}\,t+C_2\sin\sqrt{3}\,t)+\frac{1}{2}\mathrm{e}^t\sin t,$$

故原方程的通解为
$$y=x[C_1\cos(\sqrt{3}\ln x)+C_2\sin(\sqrt{3}\ln x)]+\frac{1}{2}x\sin(\ln x).$$

7. $x^2y''-3xy'+4y=x+x^2\ln x.$

【解】　作变换 $x=\mathrm{e}^t$，即 $t=\ln x$，则原方程化为 $D(D-1)y-3Dy+4y=\mathrm{e}^t+t\mathrm{e}^{2t}$，即
$$D^2y-4Dy+4y=\mathrm{e}^t+t\mathrm{e}^{2t},$$

亦即
$$y_t'' - 4y_t' + 4y = e^t + te^{2t}.$$
方程对应的齐次方程的特征方程为 $r^2 - 4r + 4 = 0$,解得 $r_1 = r_2 = 2$.

于是,方程对应的齐次方程的通解为 $Y = (C_1 + C_2 t)e^{2t}$.

由于 $\lambda_1 = 1$ 不是特征方程的根, $\lambda_2 = 2$ 是特征方程的根,所以方程 $y_t'' - 4y_t' + 4y = e^t$ 有形如 Ae^t 的特解, $y_t'' - 4y_t' + 4y = te^{2t}$ 有形如 $t^2(Bt + C)e^{2t}$ 的特解,因而设
$$y^* = Ae^t + t^2(Bt + C)e^{2t}$$
为方程的特解,代入新方程,得 $Ae^t + (6Bt + 2C)e^{2t} = e^t + te^{2t}$. 比较系数,得
$$A = 1, \ B = \frac{1}{6}, \ C = 0.$$

于是,求得方程的一个特解
$$y^* = e^t + \frac{1}{6}t^3 e^{2t},$$

因而新方程的通解为
$$y = (C_1 + C_2 t)e^{2t} + e^t + \frac{1}{6}t^3 e^{2t}.$$

将 $t = \ln x$ 代入上式,得原方程的通解为
$$y = C_1 x^2 + C_2 x^2 \ln x + C + \frac{1}{6}x^2 \ln^3 x.$$

8. $x^3 y''' + 2xy' - 2y = x^2 \ln x + 3x$.

【解】　令 $t = \ln x$,则原方程化为
$$y_t''' - 3y_t'' + 4y_t' - 2y = te^{2t} + 3e^t,$$
和方程对应的齐次方程的特征方程为
$$r^3 - 3r^2 + 4r - 2 = 0,$$
即
$$(r - 1)(r^2 - 2r + 2) = 0,$$
解得
$$r_1 = 1, \ r_{2,3} = 1 \pm i.$$
对应的齐次方程的通解为
$$Y = C_1 e^t + e^t(C_2 \cos t + C_3 \sin t).$$
设 y_1^* 是 $y_t''' - 3y_t'' + 4y_t' - 2y = te^{2t}$ 的一个特解;
y_2^* 是 $y_t''' - 3y_t'' + 4y_t' - 2y = 3e^t$ 的一个特解.
前者, $f(t) = te^{2t}$, $\lambda = 2$ 不是特征根,故设
$$y_1^* = (At + B)e^{2t},$$
$$(y_1^*)' = e^{2t}(2At + 2B + A), \ (y_1^*)'' = e^{2t}(4At + 4B + 4A), \ (y_1^*)''' = e^{2t}(8At + 8B + 12A),$$
代入方程,得
$$A = \frac{1}{2}, \ B = -1,$$
故
$$y_1^* = \left(\frac{1}{2}t - 1\right)e^{2t}.$$

后者, $f_2(t) = 3e^t$, $\lambda = 1$ 是特征方程的实单根.故设
$$y_2^* = Et \cdot e^t,$$
那么
$$(y_2^*)' = (E + Et)e^t, \ (y_2^*)'' = (2E + Et)e^t, \ (y_2^*)''' = (3E + Et)e^t,$$
代入方程,得 $E = 3$,故
$$y_2^* = 3te^t.$$

从而新方程的通解为 $y = C_1 e^t + e^t(C_2 \cos t + C_3 \sin t) + \left(\frac{1}{2}t - 1\right)e^{2t} + 3te^t$,故原方程的通解为
$$y = C_1 x + x[C_2 \cos(\ln x) + C_3 \sin(\ln x)] + \left(\frac{1}{2}\ln x - 1\right)x^2 + 3x \ln x.$$

*习题 7-10　常系数线性微分方程组解法举例

1.求下列微分方程组的通解:

(1) $\begin{cases} \dfrac{dy}{dx}=z, \\ \dfrac{dz}{dx}=y. \end{cases}$

【解】　将 $\dfrac{dz}{dx}=y$ 两边对 x 求导,得

$$\dfrac{d^2z}{dx^2}=z, \qquad\qquad ①$$

它的特征方程为 $r^2-1=0$,解得 $r_1=1$,$r_2=-1$. 方程①的通解为

$$z=C_1e^x-C_2e^x,$$

于是

$$y=\dfrac{dz}{dx}=C_1e^x+C_2e^{-x},$$

故通解为

$$\begin{cases} y=C_1e^x+C_2e^{-x}, \\ z=C_1e^x-C_2e^{-x}. \end{cases}$$

(2) $\begin{cases} \dfrac{d^2x}{dt^2}=y, \\ \dfrac{d^2y}{dt^2}=x. \end{cases}$

【解】　用记号 D 表示 $\dfrac{d}{dt}$,由题设得 $D^4x=x$,故特征方程为

$$r^4-1=0,$$

特征根为

$$r_1=1,\ r_2=-1,\ r_3=i,\ r_4=-i,$$

故 $x=C_1e^t+C_2e^{-t}+C_3\cos t+C_4\sin t$,　$x'=C_1e^t-C_2e^{-t}-C_3\sin t+C_4\cos t$,　$y=x''=C_1e^t+C_2e^{-t}+C_3\cos t-C_4\sin t$,

故通解为

$$\begin{cases} x=C_1e^t+C_2e^{-t}+C_3\cos t+C_4\sin t, \\ y=C_1e^t+C_2e^{-t}-C_3\cos t-C_4\sin t. \end{cases}$$

(3) $\begin{cases} \dfrac{dx}{dt}+\dfrac{dy}{dt}=-x+y+3, \\ \dfrac{dx}{dt}-\dfrac{dy}{dt}=x+y-3. \end{cases}$

【解】　用记号 D 表示 $\dfrac{d}{dt}$,则方程组可记作 $\begin{cases} Dx+Dy=-x+y+3, \\ Dx-Dy=x+y-3, \end{cases}$ 即

$$\begin{cases} (D+1)x+(D-1)y=3, & ① \\ (D-1)x-(D+1)y=-3, & ② \end{cases}$$

①+②,得

$$2Dx-2y=0, \qquad\qquad ③$$

①×$(D+1)$+②×$(D-1)$,得 $[(D+1)^2+(D-1)^2]x=(D+1)3-(D-1)3$,即

$$2D^2x+2x=6, \qquad\qquad ④$$

方程④对应的齐次方程的特征方程为

$$r^2+1=0,$$

解得 $r_{1,2}=\pm i$,于是方程④对应的齐次方程的通解为

$$X=C_1\cos t+C_2\sin t.$$

设 $x^*=A$ 为方程④的特解,代入方程④,得 $A=3$,所以 $x^*=3$. 因而方程④的通解为

$$x=C_1\cos t+C_2\sin t+3,$$

由方程③,得

$$y=Dx=-C_1\sin t+C_2\cos t,$$

故原方程组的通解为
$$\begin{cases} x = C_1 \cos t + C_2 \sin t + 3, \\ y = -C_1 \sin t + C_2 \cos t. \end{cases}$$

(4) $\begin{cases} \dfrac{\mathrm{d}x}{\mathrm{d}t} + 5x + y = \mathrm{e}^t, \\ \dfrac{\mathrm{d}y}{\mathrm{d}t} - x - 3y = \mathrm{e}^{2t}. \end{cases}$

【解】　原方程组为
$$\begin{cases} (D+5)x + y = \mathrm{e}^t, \\ -x + (D-3)y = \mathrm{e}^{2t}, \end{cases}$$

故
$$\begin{vmatrix} D+5 & 1 \\ -1 & D-3 \end{vmatrix} x = \begin{vmatrix} \mathrm{e}^t & 1 \\ \mathrm{e}^{2t} & D-3 \end{vmatrix},$$

即
$$(D^2 + 2D - 14)x = -2\mathrm{e}^t - \mathrm{e}^{2t}. \qquad ①$$

特征方程为 $r^2 + 2r - 14 = 0$，特征根 $r_{1,2} = -1 \pm \sqrt{15}$，从而，对应方程①的齐次方程的通解为
$$X = C_1 \mathrm{e}^{(-1+\sqrt{15})t} + C_2 \mathrm{e}^{(-1-\sqrt{15})t}.$$

在方程 $(D^2 + 2D - 14)x = -2\mathrm{e}^t$ 中，
$$f_1(t) = -2\mathrm{e}^t,$$

设其一个特解为 $x_1^* = A\mathrm{e}^t$，从而 $x_1^{*\prime} = A\mathrm{e}^t$，$x_1^{*\prime\prime} = A\mathrm{e}^t$，所以
$$A + 2A - 14A = -2, \quad A = \frac{2}{11}, \quad x_1^* = \frac{2}{11}\mathrm{e}^t.$$

在方程 $(D^2 + 2D - 14)x = -\mathrm{e}^{2t}$ 中，$f_2(t) = -\mathrm{e}^{2t}$，设其一个特解为 $x_2^* = B\mathrm{e}^{2t}$，从而
$$x_2^{*\prime} = 2B\mathrm{e}^{2t}, \quad x_2^{*\prime\prime} = 4B\mathrm{e}^{2t},$$

所以
$$4B + 4B - 14B = -1, \quad B = \frac{1}{6}, \quad x_2^* = \frac{1}{6}\mathrm{e}^{2t}.$$

方程①的一个特解为
$$x^* = \frac{2}{11}\mathrm{e}^t + \frac{1}{6}\mathrm{e}^{2t},$$

故
$$X = C_1 \mathrm{e}^{(-1+\sqrt{15})t} + C_2 \mathrm{e}^{(-1-\sqrt{15})t} + \frac{2}{11}\mathrm{e}^t + \frac{1}{6}\mathrm{e}^{2t},$$

$$y = \mathrm{e}^t - Dx - 5x = (-4-\sqrt{15})C_1 \mathrm{e}^{(-1+\sqrt{15})t} - (4-\sqrt{15})C_2 \mathrm{e}^{(-1-\sqrt{15})t} - \frac{\mathrm{e}^t}{11} - \frac{7}{6}\mathrm{e}^{2t}.$$

(5) $\begin{cases} \dfrac{\mathrm{d}x}{\mathrm{d}t} + 2x + \dfrac{\mathrm{d}y}{\mathrm{d}t} + y = t, \\ 5x + \dfrac{\mathrm{d}y}{\mathrm{d}t} + 3y = t^2. \end{cases}$

【解】　用记号 D 表示 $\dfrac{\mathrm{d}}{\mathrm{d}t}$，则方程组可记作
$$\begin{cases} (D+2)x + (D+1)y = t, & ① \\ 5x + (D+3)y = t^2, & ② \end{cases}$$

②×$(D+2)$-①×5，得
$$[(D+2)(D+3) - 5(D+1)]y = (D+2)t^2 - 5t,$$

即
$$D^2 y + y = 2t^2 - 3t. \qquad ③$$

方程③对应的齐次方程的特征方程为 $r^2 + 1 = 0$，解得 $r_{1,2} = \pm \mathrm{i}$。
于是，方程③对应的齐次方程的通解为
$$Y = C_1 \cos t + C_2 \sin t,$$

设方程③有特解 $y^* = a_0 t^2 + a_1 t + a_2$，代入方程③，得

$$2a_0+a_0t^2+a_1t+a_2=2t^2-3t,$$

比较系数，得

$$a_0=2,\ a_1=-3,\ a_2=-2a_0=-4,$$

所以

$$y^*=2t^2-3t-4.$$

方程③的通解为

$$y=C_1\cos t+C_2\sin t+2t^2-3t-4.$$

由方程②得

$$x=-\frac{1}{5}(D+3)y-\frac{1}{5}t^2=-\frac{3C_1+C_2}{5}\cos t+\frac{C_1-3C_2}{5}\sin t-t^2+t+3,$$

故原方程组的通解为

$$\begin{cases} x=-\dfrac{3C_1+C_2}{5}\cos t+\dfrac{C_1-3C_2}{5}\sin t-t^2+t+3,\\[2mm] y=C_1\cos t+C_2\sin t+2t^2-3t-4. \end{cases}$$

(6) $\begin{cases} \dfrac{\mathrm{d}x}{\mathrm{d}t}-3x+2\dfrac{\mathrm{d}y}{\mathrm{d}t}+4y=2\sin t,\\[2mm] 2\dfrac{\mathrm{d}x}{\mathrm{d}t}+2x+\dfrac{\mathrm{d}y}{\mathrm{d}t}-y=\cos t. \end{cases}$

【解】　原方程组即为

$$\begin{cases}(D-3)x+(2D+4)y=2\sin t,\\(2D+2)x+(D-1)y=\cos t,\end{cases}\quad \begin{vmatrix} D-3 & 2D+4\\ 2D+2 & D-1 \end{vmatrix}x= \begin{vmatrix} 2\sin t & 2D+4\\ \cos t & D-1 \end{vmatrix},$$

即

$$(3D^2+16D+5)x=2\cos t,\tag{①}$$

方程①的特征方程为

$$3r^2+16r+5=0,$$

解得

$$r_1=-5,\ r_2=-\frac{1}{3}.$$

方程①对应的齐次方程的通解为

$$X=C_1\mathrm{e}^{-5x}+C_2\mathrm{e}^{-\frac{1}{3}t},$$

在方程①中，$f(t)=2\cos t$，设方程①的一个特解为

$$x^*=A\cos t+B\sin t,\ x^{*\prime}=-A\sin t+B\cos t,\ x^{*\prime\prime}=-A\cos t-b\sin t,$$

代入方程①，得

$$(2A+16B)\cos t+(2B-16A)\sin t=2\cos t,\ A=\frac{1}{65},\ B=\frac{8}{65},$$

于是

$$x^*=\frac{8\sin t+\cos t}{65},$$

故

$$x=C_1\mathrm{e}^{-5t}+C_2\mathrm{e}^{-\frac{1}{3}t}+\frac{8\sin t+\cos t}{65}.$$

又由原方程组可得

$$3Dx+7x-6y=2\cos t-2\sin t,\tag{②}$$

将方程①的解 x 代入方程②，可得

$$y=-\frac{4}{3}C_1\mathrm{e}^{-5t}+C_2\mathrm{e}^{-\frac{1}{3}t}+\frac{61\sin t-33\cos t}{130}.$$

2.求下列微分方程组满足所给初始条件的特解：

(1) $\begin{cases} \dfrac{\mathrm{d}x}{\mathrm{d}t}=y,\ x\Big|_{t=0}=0,\\[2mm] \dfrac{\mathrm{d}y}{\mathrm{d}t}=-x,\ y\Big|_{t=0}=1. \end{cases}$

【解】　原方程组即为

$$\begin{cases} Dx-y=0, \\ x+Dy=0, \\ D^2x+x=0, \end{cases} \qquad\qquad ①$$

方程①的特征方程为 $r^2+1=0$，解得 $r_{1,2}=\pm i$.

　方程①的通解为

$$X=C_1\cos t+C_2\sin t,\quad y=Dx=-C_1\sin t+C_2\cos t.$$

将初始条件代入，得 $C_1=0$，$C_2=1$，故方程组的特解为

$$\begin{cases} x=\sin t, \\ y=\cos t. \end{cases}$$

$(2)\ \begin{cases} \dfrac{d^2x}{dt^2}+2\dfrac{dy}{dt}-x=0, & x\Big|_{t=0}=1, \\[3mm] \dfrac{dx}{dt}+y=0, & y\Big|_{t=0}=0. \end{cases}$

【解】　由第二个方程，得 $y=-\dfrac{dx}{dt}$，代入第一个方程，得

$$\frac{d^2x}{dt^2}+x=0,$$

它的特征方程为 $r^2+1=0$，特征根为 $r_{1,2}=\pm i$，它的通解为

$$x=C_1\cos t+C_2\sin t,$$

于是

$$y=-\frac{dx}{dt}=C_1\sin t-C_2\cos t,$$

因而原方程组的通解为

$$\begin{cases} x=C_1\cos t+C_2\sin t, \\ y=C_1\sin t-C_2\cos t. \end{cases}$$

代入初始条件，得

$$\begin{cases} C_1=1, \\ C_2=0, \end{cases}$$

故满足初始条件的特解为

$$\begin{cases} x=\cos t, \\ y=\sin t. \end{cases}$$

$(3)\ \begin{cases} \dfrac{dx}{dt}+3x-y=0, & x\Big|_{t=0}=1, \\[3mm] \dfrac{dy}{dt}-8x+y=0, & y\Big|_{t=0}=4. \end{cases}$

【解】　方程组即为

$$\begin{cases} Dx+3x-y=0, \\ Dy-8x+y=0, \end{cases}$$

即

$$\begin{cases} (D+3)x-y=0, \\ -8x+(D+1)y=0, \end{cases} \quad \begin{vmatrix} D+3 & -1 \\ -8 & D+1 \end{vmatrix}x = \begin{vmatrix} 0 & -1 \\ 0 & D+1 \end{vmatrix},$$

即

$$(D^2+4D-5)x=0. \qquad\qquad ①$$

方程①的特征方程为 $r^2+4r-5=0$，解得 $r_1=1$，$r_2=-5$.

　方程①的通解为 $\qquad\qquad X=C_1e^t+C_2e^{-5t},$

又由原方程组可得 $\qquad\qquad y=Dx+3x,$

　方程组的通解为 $\qquad\qquad x=C_1e^t+C_2e^{-5t},\quad y=4C_1e^t-2C_2e^{-5t},$

将初始条件代入，得 $C_1=1$，$C_2=0$，于是方程组的特解为

$$\begin{cases} x=e^t, \\ y=4e^t. \end{cases}$$

（4）$\begin{cases} 2\dfrac{\mathrm{d}x}{\mathrm{d}t}-4x+\dfrac{\mathrm{d}y}{\mathrm{d}t}-y=\mathrm{e}^t, & x\Big|_{t=0}=\dfrac{3}{2}, \\[3mm] \dfrac{\mathrm{d}x}{\mathrm{d}t}+3x+y=0, & y\Big|_{t=0}=0. \end{cases}$

【解】 原方程组可写成

$$\begin{cases} (2D-4)x+(D-1)y=\mathrm{e}^t, & \text{①} \\ (D+3)x+y=0, & \text{②} \end{cases}$$

②×$(D-1)$−①，得

$$D^2x+x=-\mathrm{e}^t, \qquad\qquad \text{③}$$

方程③对应的齐次方程的特征方程为 $r^2+1=0$，解得 $r_{1,2}=\pm\mathrm{i}$.

于是，方程③对应的齐次方程的通解为

$$X=C_1\cos t+C_2\sin t.$$

设方程③有特解 $x^*=A\mathrm{e}^t$. 代入方程③，得 $2A\mathrm{e}^t=-\mathrm{e}^t$，所以

$$A=-\frac{1}{2},\ x^*=-\frac{1}{2}\mathrm{e}^t.$$

因而方程③的通解为 $\qquad x=C_1\cos t+C_2\sin t-\dfrac{1}{2}\mathrm{e}^t.$

由方程②得 $\qquad y=-(D+3)x=(C_1-3C_2)\sin t-(3C_1+C_2)\cos t+2\mathrm{e}^t.$

于是，原方程组的通解为

$$\begin{cases} x=C_1\cos t+C_2\sin t-\dfrac{1}{2}\mathrm{e}^t, \\[3mm] y=(C_1-3C_2)\sin t-(3C_1+C_2)\cos t+2\mathrm{e}^t, \end{cases}$$

代入初始条件，得

$$\begin{cases} C_1-\dfrac{1}{2}=\dfrac{3}{2}, \\[3mm] -3C_1+C_2+2=0, \end{cases}$$

所以

$$\begin{cases} C_1=2, \\ C_2=-4, \end{cases}$$

故满足初始条件的特解为

$$\begin{cases} x=2\cos t-4\sin t-\dfrac{1}{2}\mathrm{e}^t, \\[3mm] y=14\sin t-2\cos t+2\mathrm{e}^t. \end{cases}$$

（5）$\begin{cases} \dfrac{\mathrm{d}x}{\mathrm{d}t}+2x-\dfrac{\mathrm{d}y}{\mathrm{d}t}=10\cos t, & x\Big|_{t=0}=2, \\[3mm] \dfrac{\mathrm{d}x}{\mathrm{d}t}+\dfrac{\mathrm{d}y}{\mathrm{d}t}+2y=4\mathrm{e}^{-2t}, & y\Big|_{t=0}=0. \end{cases}$

【解】 原方程组即为

$$\begin{cases} (D+2)x+(-Dy)=10\cos t, \\ Dx+(D+2)y=4\mathrm{e}^{-2t}, \end{cases} \begin{vmatrix} D+2 & -D \\ D & D+2 \end{vmatrix} y=\begin{vmatrix} D+2 & 10\cos t \\ D & 4\mathrm{e}^{-2t} \end{vmatrix},$$

即

$$(D^2+2D+2)y=5\sin t \qquad\qquad \text{①}$$

方程①的特征方程为 $r^2+2r+2=0$，解得 $r_{1,2}=-1\pm\mathrm{i}$. 和方程①对应的齐次方程的通解为

$$Y=\mathrm{e}^{-t}(C_1\cos t+C_2\sin t),$$

又方程①中，$f(t)=5\sin t$，设方程①的一个特解为 $y^*=A\cos t+B\sin t$，那么

$$y^{*\prime}=-A\sin t+B\cos t,\ y^{*\prime\prime}=-A\cos t-B\sin t,$$

代入方程①，得 $\qquad (A+2B)\cos t+(B-2A)\sin t=5\sin t,$

$$A=-2, \quad B=1, \quad y^*=-2\cos t+\sin t.$$

方程①的通解为 $y=\mathrm{e}^{-t}(C_1\cos t+C_2\sin t)+\sin t-2\cos t$，由原方程组又可得

$$x=Dy+y+5\cos t-2\mathrm{e}^{-2t}=\mathrm{e}^{-t}(C_2\cos t-C_1\sin t)+4\cos t+3\sin t-2\mathrm{e}^{-2t},$$

代入初始条件，得 $C_1=2,\ C_2=0.$ 方程组的特解为

$$\begin{cases} x=4\cos t+3\sin t-2\mathrm{e}^{-2t}-2\mathrm{e}^{-t}\sin t, \\ y=\sin t-2\cos t+2\mathrm{e}^{-t}\cos t. \end{cases}$$

(6) $\begin{cases} \dfrac{\mathrm{d}x}{\mathrm{d}t}-x+\dfrac{\mathrm{d}y}{\mathrm{d}t}+3y=\mathrm{e}^{-t}-1, \quad x\Big|_{t=0}=\dfrac{48}{49}, \\[2mm] \dfrac{\mathrm{d}x}{\mathrm{d}t}+2x+\dfrac{\mathrm{d}y}{\mathrm{d}t}+y=\mathrm{e}^{2t}+t, \quad y\Big|_{t=0}=\dfrac{95}{98}. \end{cases}$

【解】 此题可用解(5)的方法进行.为开拓解题思路,现采用另一种方法求解.

两式相减,得

$$y=\frac{3}{2}x+\frac{1}{2}\mathrm{e}^{-t}-\frac{1}{2}\mathrm{e}^{2t}-\frac{1}{2}(1+t), \qquad ①$$

从而

$$y'(t)=\frac{3}{2}x'(t)-\frac{1}{2}\mathrm{e}^{-1}-\mathrm{e}^{2t}-\frac{1}{2},$$

代入第二个方程,得

$$x'(t)+\frac{7}{5}x(t)=\mathrm{e}^{2t}+\frac{3}{5}t+\frac{2}{5},$$

这是一阶线性非齐次方程

$$x(t)=\mathrm{e}^{-\int\frac{7}{5}\mathrm{d}t}\left[C_1+\int\left(\mathrm{e}^{2t}+\frac{3}{5}t+\frac{2}{5}\right)\mathrm{e}^{\frac{7}{5}t}\mathrm{d}t\right]=C_1\mathrm{e}^{-\frac{7}{5}t}+\frac{5}{17}\mathrm{e}^{2t}+\frac{3}{7}t-\frac{1}{49}.$$

代入 $x(0)=\dfrac{48}{49}$ 得 $C_1=\dfrac{12}{17}$，故特解为

$$x(t)=\frac{12}{17}\mathrm{e}^{-\frac{7}{5}t}+\frac{5}{17}\mathrm{e}^{2t}+\frac{3}{7}t-\frac{1}{49}.$$

将 $x=C_1\mathrm{e}^{-\frac{7}{5}}+\dfrac{5}{17}\mathrm{e}^{2t}+\dfrac{3}{7}t-\dfrac{1}{49}$ 代入方程①,并利用 $y(0)=\dfrac{95}{98}$ 可得特解

$$y(t)=\frac{18}{17}\mathrm{e}^{-\frac{7}{5}t}-\frac{1}{17}\mathrm{e}^{2t}+\frac{\mathrm{e}^{-t}}{2}+\frac{t}{7}-\frac{26}{49}.$$

总习题七

1. 填空:

(1) $xy'''+2x^2y'^2+x^3y=x^4+1$ 是_____阶微分方程;

(2) 一阶线性微分方程 $y'+P(x)y=Q(x)$ 的通解为_____;

(3) 与积分方程 $y=\displaystyle\int_{x_0}^{x}f(x,y)\mathrm{d}x$ 等价的微分方程初值问题是_____;

(4) 已知 $y=1,\ y=x,\ y=x^2$ 是某二阶非齐次线性微分方程的三个解,则该方程的通解为

_____.

【解】 (1) 应填3;

(2) 应填 $y=\mathrm{e}^{-\int P(x)\mathrm{d}x}\left[\displaystyle\int Q(x)\mathrm{e}^{\int P(x)\mathrm{d}x}\mathrm{d}x+C\right]$;

(3) 应填 $y'=f(x,y),\ y(x_0)=0$;

(4) 应填 $y=C_1(x-1)+C_2(x^2-1)+1$.

2. 以下两题中给出了四个结论,从中选出一个正确的结论:

(1) 设非齐次线性微分方程 $y'+P(x)y=Q(x)$ 有两个不同的解：$y_1(x)$ 与 $y_2(x)$，C 为任意常数，则该方程的通解是（　　）；

(A) $C[y_1(x)-y_2(x)]$ $\qquad\qquad$ (B) $y_1(x)+C[y_1(x)-y_2(x)]$

(C) $C[y_1(x)+y_2(x)]$ $\qquad\qquad$ (D) $y_1(x)+C[y_1(x)+y_2(x)]$

(2) 具有特解 $y_1=e^{-x}$，$y_2=2xe^{-x}$，$y_3=3e^x$ 的三阶常系数齐次线性微分方程是（　　）.

(A) $y'''-y''-y'+y=0$ $\qquad\qquad$ (B) $y'''+y''-y'-y=0$

(C) $y'''-6y''+11y'-6y=9$ $\qquad\qquad$ (D) $y'''-2y''-y'+2y=0$

【解】 (1) 由题设条件及解的性质得：$C[y_1(x)-y_2(x)]$ 是齐次方程的通解，而 $y_1(x)+C[y_1(x)-y_2(x)]$ 为原方程的通解，故选 B；

(2) 由题意知 $r_1=r_2=-1$，$r_3=1$ 为齐次方程对应的特征方程的 3 个根，从而有 $(r+1)^2(r-1)=r^3+r^2-r-1$，根据特征方程与齐次方程的关系得所求方程为 $y'''+y''-y'-y=0$，故选 B.

3. 求以下列各式所表示的函数为通解的微分方程：

(1) $(x+C)^2+y^2=1$（其中 C 为任意常数）.

【解】 将 $(x+C)^2+y^2=1$ 两边对 x 求导，得
$$2(x+C)+2yy'=0.$$

解出 $C=-x-yy'$，代入原方程，得
$$y^2(1+y'^2)=1.$$

(2) $y=C_1e^x+C_2e^{2x}$（其中 C_1，C_2 为任意常数）.

【解】 $y=C_1e^x+C_2e^{2x}$，$y'=C_1e^x+2C_2e^{2x}$，$y''=C_1e^x+4C_2e^{2x}$，$2C_2e^{2x}=y''-y'$，

$$C_2=\frac{1}{2}(y''-y')e^{-2x},\quad 2y'-y''=C_1e^x,\quad C_1=(2y'-y'')e^{-x}.$$

将 C_1 与 C_2 的表达式代回原方程，得 $\qquad y''-3y'+2y=0.$

4. 求下列微分方程的通解：

(1) $xy'+y=2\sqrt{xy}$.

【解】 将原方程改写成伯努利方程
$$y'+\frac{1}{x}y=2x^{-\frac{1}{2}}y^{\frac{1}{2}}.$$

令 $z=y^{1-\frac{1}{2}}$，方程化为 $\dfrac{\mathrm{d}z}{\mathrm{d}x}+\dfrac{1}{2x}z=x^{-\frac{1}{2}}$，则
$$z=e^{-\int\frac{1}{2x}\mathrm{d}x}\left(\int x^{-\frac{1}{2}}e^{\int\frac{\mathrm{d}x}{2x}}\mathrm{d}x+C\right)=x^{-\frac{1}{2}}(x+C),$$

即 $\qquad\qquad\qquad\qquad\qquad y^{\frac{1}{2}}=x^{-\frac{1}{2}}(x+C)$

或 $\qquad\qquad\qquad\qquad\qquad \sqrt{xy}=x+C.$

(2) $xy'\ln x+y=ax(\ln x+1)$.

【解】 将原方程改写成 $y'+\dfrac{1}{x\ln x}y=a\left(1+\dfrac{1}{\ln x}\right)$，则
$$y=e^{-\int\frac{\mathrm{d}x}{x\ln x}}\left[\int a\left(1+\frac{1}{\ln x}\right)e^{\int\frac{\mathrm{d}x}{x\ln x}}\mathrm{d}x+C\right]=\frac{1}{\ln x}\left[\int a(1+\ln x)\,\mathrm{d}x+C\right]=ax+\frac{C}{\ln x},$$

通解为 $\qquad\qquad\qquad\qquad\qquad y=ax+\dfrac{C}{\ln x}.$

(3) $\dfrac{\mathrm{d}y}{\mathrm{d}x}=\dfrac{y}{2(\ln y-x)}$.

【解】 将原方程改写成以 y 为自变量的微分方程 $\dfrac{\mathrm{d}x}{\mathrm{d}y}+\dfrac{2}{y}x=\dfrac{2}{y}\ln y$，则

$$y = e^{-\int \frac{2}{y} dy} \left[\int \left(\frac{2}{y} \ln y \right) e^{\int \frac{2}{y} dy} dy + C \right] = \frac{1}{y^2} \left(\int 2y \ln y \, dy + C \right) = \ln y - \frac{1}{2} + \frac{C}{y^2},$$

通解为

$$x = \ln y - \frac{1}{2} + \frac{C}{y^2}.$$

*(4) $\dfrac{dy}{dx} + xy - x^3 y^3 = 0$.

【解】 将原方程改写成标准的伯努利方程 $\dfrac{dy}{dx} + xy = x^3 y^3$. 令 $z = y^{1-3}$, 方程化为

$$\frac{dz}{dx} - 2xz = -2x^3,$$

则

$$z = e^{\int 2x dx} \left[\int (-2x^3) e^{-\int 2x dx} dx + C \right] = e^{x^2} (x^2 e^{-x^2} + e^{-x^2} + C),$$

即

$$y^{-2} = e^{x^2} (x^2 e^{-x^2} + e^{-x^2} + C)$$

或

$$y^{-2} = x^2 + 1 + C e^{x^2}.$$

(5) $y'' + y'^2 + 1 = 0$.

【解】 令 $y' = p$, 则 $y'' = p'$, 方程化为 $p' + p^2 + 1 = 0$,

$$\int \frac{dp}{1+p^2} = -\int dx.$$

积分得

$$\arctan p = -x + C_1,$$

即

$$y' = \tan(C_1 - x), \quad y = \ln |\cos(x - C_1)| + C_2$$

或

$$y = \ln |\cos(x + C_1)| + C_2.$$

(6) $yy'' - y'^2 - 1 = 0$.

【解】 令 $y' = p$, 则 $y'' = p \dfrac{dp}{dy}$, 原方程化为 $yp \dfrac{dp}{dy} - p^2 - 1 = 0$, 即

$$\frac{p dp}{p^2 + 1} = \frac{dy}{y},$$

有

$$\frac{1}{2} \ln(p^2 + 1) = \ln y + C.$$

记 $C_1 = e^C$, 有

$$p = \pm \sqrt{(C_1 y)^2 - 1}.$$

对于 $p = \sqrt{(C_1 y)^2 - 1}$, 即 $y' = \sqrt{(C_1 y)^2 - 1}$, 有

$$\int \frac{d(C_1 y)}{\sqrt{(C_1 y)^2 - 1}} = \int C_1 dx,$$

则

$$\ln \left[C_1 y + \sqrt{(C_1 y)^2 - 1} \right] = C_1 x + C_2,$$

即

$$C_1 y + \sqrt{(C_1 y)^2 - 1} = e^{C_1 x + C_2}, \tag{①}$$

注意到

$$C_1 y - \sqrt{(C_1 y)^2 - 1} = \frac{1}{C_1 y + \sqrt{(C_1 y)^2 - 1}},$$

故

$$C_1 y - \sqrt{(C_1 y)^2 - 1} = e^{-(C_1 x + C_2)}. \tag{②}$$

结合式①和式②, 得

$$C_1 y = \frac{1}{2} \left[e^{C_1 x + C_2} - e^{-(C_1 x + C_2)} \right] = \mathrm{ch}(C_1 x + C_2), \quad y = \frac{1}{C_1} \mathrm{ch}(C_1 x + C_2).$$

对于 $y' = -\sqrt{(C_1 y)^2 - 1}$, 类似可得 $y = \dfrac{1}{C_1} \mathrm{ch}(C_1 x + C_2)$. 总之, 原方程的通解为

$$y = \frac{1}{C_1}\mathrm{ch}(C_1 x + C_2).$$

(7) $y''+2y'+5y=\sin2x$.

【解】 特征方程为 $r^2+2r+5=0$，特征根为 $r_{1,2}=-1\pm2\mathrm{i}$. 齐次方程的通解为
$$Y=\mathrm{e}^{-x}(C_1\cos2x+C_2\sin2x).$$

令 $y^*=A\cos2x+B\sin2x$，代入原方程，得
$$A=-\frac{4}{17},\ B=\frac{1}{17}.\ y^*=-\frac{4}{17}\cos2x+\frac{1}{17}\sin2x.$$

原方程的通解为 $\quad y=\mathrm{e}^{-x}(C_1\cos2x+C_2\sin2x)-\frac{4}{17}\cos2x+\frac{1}{17}\sin2x.$

(8) $y'''+y''-2y'=x(\mathrm{e}^x+4)$.

【解】 特征方程为 $r^3+r^2-2r=0$，特征根为 $r_1=0$, $r_2=1$, $r_3=-2$. 齐次方程的通解为
$$Y=C_1+C_2\mathrm{e}^x+C_3\mathrm{e}^{-2x}.$$

对于方程
$$y'''+2y''-2y'=x\mathrm{e}^x,\qquad\qquad ①$$

令 $y^*=x(A_1x+B_1)\mathrm{e}^x$，代入式①，得 $A_1=\frac{1}{6}$, $A_2=-\frac{4}{9}$. $y_1^*=x\left(\frac{1}{6}x-\frac{4}{9}\right)\mathrm{e}^x.$

对于方程
$$y'''+2y''-2y'=4x,\qquad\qquad ②$$

令 $y_2^*=x(A_2x+B_2)$，代入式②，得 $A_2=-1$, $B_2=-1$. $y_2^*=-x^2-x.$

原方程的通解为 $\quad y=C_1+C_2\mathrm{e}^x+C_3\mathrm{e}^{-2x}+x\left(\frac{1}{6}x-\frac{4}{9}\right)\mathrm{e}^x-x^2-x.$

*(9) $(y^4-3x^2)\mathrm{d}y+xy\mathrm{d}x=0$.

【解】 将原方程改写成以 y 为自变量的伯努利方程
$$\frac{\mathrm{d}x}{\mathrm{d}y}-\frac{3}{y}x=-y^3x^{-1}.$$

令 $z=x^{1-(-1)}=x^2$，方程可化为
$$\frac{\mathrm{d}z}{\mathrm{d}y}-\frac{6}{y}z=-2y^3,$$

于是 $\quad z=\mathrm{e}^{\int\frac{6}{y}\mathrm{d}y}\left[\int(-2y^3)\mathrm{e}^{-\int\frac{6}{y}\mathrm{d}y}\mathrm{d}y+C\right]=y^4+Cy^6.$

原方程的通解为 $x^2=y^4+Cy^6$.

(10) $y'+x=\sqrt{x^2+y}$.

【解】 令 $u=\sqrt{x^2+y}$，则 $\dfrac{\mathrm{d}y}{\mathrm{d}x}=2u\dfrac{\mathrm{d}u}{\mathrm{d}x}-2x$，原方程化为
$$\frac{\mathrm{d}u}{\mathrm{d}x}=\frac{1}{2}\left(\frac{x}{u}\right)+\frac{1}{2}.$$

令 $z=\dfrac{u}{x}$，则 $u=xz$，$\dfrac{\mathrm{d}u}{\mathrm{d}x}=z+x\dfrac{\mathrm{d}z}{\mathrm{d}x}$，方程进一步化为
$$x\frac{\mathrm{d}z}{\mathrm{d}x}=-\frac{1}{2}\left(2z-\frac{1}{z}-1\right),$$

有 $\quad\displaystyle\int\frac{z\mathrm{d}z}{2z^2-z-1}=-\frac{1}{2}\int\frac{\mathrm{d}x}{x},$

$$\frac{1}{3}\left[\ln(z-1)+\frac{1}{2}\ln(2z+1)\right]=-\frac{1}{2}\ln x+C_1,\quad 2z^3-3z^2+1=Cx^{-3}\ (C=\mathrm{e}^{6C_1}),$$

$$\left(\frac{u}{x}\right)^3 - 3\left(\frac{u}{x}\right)^2 + 1 = Cx^{-3}, \quad \left(\frac{\sqrt{x^2+y}}{x}\right)^3 - 3\left(\frac{\sqrt{x^2+y}}{x}\right)^2 + 1 = Cx^{-3},$$

化简为

$$2\sqrt{(x^2+y)^3} - 2x^3 - 3xy = C,$$

这就是原方程的通解.

5. 求下列微分方程满足所给初始条件的特解：

*(1) $y^3 dx + 2(x^2 - xy^2) dy = 0$, $x=1$ 时 $y=1$.

【解】　将原方程改写成以 y 为自变量的伯努利方程

$$\frac{dx}{dy} - \frac{2}{y}x = -\frac{2}{y^3}x^2.$$

令 $z = x^{1-2}$，则方程进一步化成

$$\frac{dz}{dy} + \frac{2}{y}z = \frac{2}{y^3}.$$

$$z = e^{-\int \frac{2}{y} dy}\left(\int \frac{2}{y^3} e^{\int \frac{2}{y} dy} dy + C\right) = \frac{1}{y^2}\left(\int \frac{2}{y} dy + C\right) = \frac{1}{y^2}(2\ln y + C),$$

即

$$\frac{1}{x} = \frac{1}{y^2}(2\ln y + C),$$

或

$$y^2 = x(2\ln y + C),$$

这就是原方程的通解.

(2) $y'' - ay'^2 = 0$, $x=0$ 时 $y=0$, $y'=-1$.

【解】　令 $y'=p$，则原方程化为 $\dfrac{dp}{p^2} = a dx$，积分得

$$-\frac{1}{p} = ax + C_1,$$

即

$$y' = -\frac{1}{ax + C_1}.$$

代入 $y'(0) = -1$，得 $C_1 = 1$，于是

$$dy = -\frac{dx}{ax+1}, \quad y = -\frac{1}{a}\ln(ax+1) + C_2.$$

代入 $y(0) = 0$，得 $C_2 = 0$，

$$y = -\frac{1}{a}\ln(ax+1).$$

(3) $2y'' - \sin 2y = 0$, $x=0$ 时 $y=\dfrac{\pi}{2}$, $y'=1$.

【解】　令 $y'=p$，则 $y''=p\dfrac{dp}{dy}$，原方程化为 $2p\dfrac{dp}{dy} - \sin 2y = 0$，解出

$$p^2 = -\frac{1}{2}\cos 2y + C_1.$$

代入 $p(0) = -1$，得 $C_1 = \dfrac{1}{2}$，于是，有

$$y'^2 = \frac{1}{2} - \frac{1}{2}\cos 2y,$$

即

$$y' = \sin y,$$

解出

$$\ln\left(\tan\frac{y}{2}\right) = x + C_2.$$

代入 $y(0) = 0$，得 $C_2 = 0$. 于是

$$\ln\left(\tan\frac{y}{2}\right) = x,$$

即 $y = 2\arctan e^x$ 为原方程的通解.

（4）$y'' + 2y' + y = \cos x$，$x = 0$ 时 $y = 0$，$y' = \dfrac{3}{2}$.

【解】　特征方程为 $r^2 + 2r + 1 = 0$，特征根为 $r_1 = -1$，$r_2 = -1$. 齐次方程的通解为

$$Y = (C_1 + C_2 x)e^{-x}.$$

令 $y^* = A\cos x + B\sin x$，代入原方程，得 $A = 0$，$B = \dfrac{1}{2}$. 于是

$$y^* = \frac{1}{2}\sin x,$$

原方程的通解为

$$y = (C_1 + C_2 x)e^{-x} + \frac{1}{2}\sin x.$$

6. 已知某曲线经过点 $(1,1)$，它的切线在纵轴上的截距等于切点的横坐标，求它的方程.

【解】　如图 7-10 所示，设 $P(x, y)$ 为曲线上任一点，则过此点的切线方程为

$$Y - y = y'(X - x),$$

它在纵轴上的截距为 $y - xy'$.

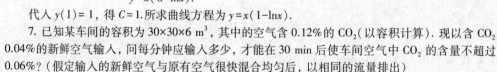

依题意，有

$$\begin{cases} y - xy' = x, \\ y(1) = 1, \end{cases}$$

解该齐次方程，得通解

图 7-10

$$y = x(C - \ln x).$$

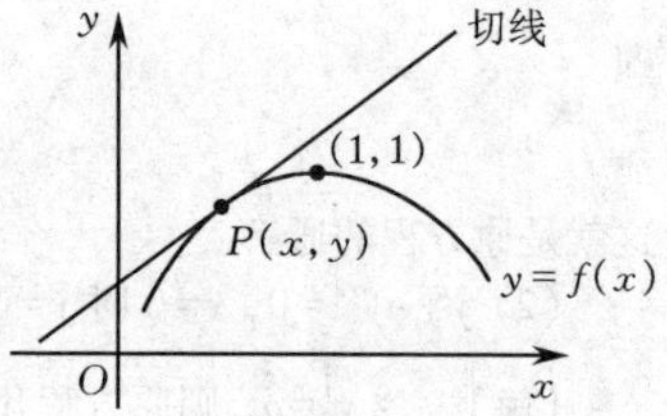

代入 $y(1) = 1$，得 $C = 1$. 所求曲线方程为 $y = x(1 - \ln x)$.

7. 已知某车间的容积为 $30 \times 30 \times 6\ \text{m}^3$，其中的空气含 0.12% 的 CO_2（以容积计算）. 现以含 CO_2 0.04% 的新鲜空气输入，问每分钟应输入多少，才能在 30 min 后使车间空气中 CO_2 的含量不超过 0.06%？（假定输入的新鲜空气与原有空气很快混合均匀后，以相同的流量排出）

【解】　设每分钟输入新鲜空气 $a\ \text{m}^3$，在 t 时刻车间内 CO_2 的浓度为 $x(t)$，则车间内 CO_2 含量经 $\mathrm{d}t$ 时间，改变量为

$$5400\mathrm{d}x = 0.0004a\mathrm{d}t - ax\mathrm{d}t,$$

分离变量后，得微分方程

$$\frac{1}{x - 0.0004}\mathrm{d}x = -\frac{a}{5400}\mathrm{d}t,$$

两边积分，得

$$\ln(x - 0.0004) = -\frac{a}{5400}t + C_1,$$

即

$$x = 0.0004 + Ce^{-\frac{a}{5400}t}.$$

代入 $x(0) = 0.0012$，得 $C = 0.0008$，于是

$$x = 0.0004 + 0.0008e^{-\frac{a}{5400}t}.$$

代入 $t = 30$，$x = 0.0006$，得 $a = 180\ln 4 \approx 250$.

当 $a \geqslant 250\ \text{m}^3$ 时，可保证车间内 CO_2 含量不超过 0.06%.

8. 设可导函数 $\varphi(x)$ 满足 $\varphi(x)\cos x + 2\displaystyle\int_0^x \varphi(t)\sin t\,\mathrm{d}t = x + 1$，求 $\varphi(x)$.

【解】　$\varphi(x)\cos x + 2\displaystyle\int_0^x \varphi(t)\sin t\,\mathrm{d}t = x + 1$，两边对 x 求导，得 $\varphi'(x)\cos x + \varphi(x)\sin x = 1$，即

$$\varphi'(x) + (\tan x)\varphi(x) = \sec x,$$

$$\varphi(x) = e^{-\int \tan x dx}\left[\int (\sec x)e^{\int \tan x dx}dx + C\right] = (\cos x)\left(\int \sec^2 x dx + C\right) = (\cos x)(\tan x + C) = \sin x + C\cos x.$$

代入 $\varphi(0) = 1$，得 $C = 1$. 最后得 $\varphi(x) = \sin x + \cos x$.

9. 设光滑曲线 $y = \varphi(x)$ 过原点，且当 $x>0$ 时 $\varphi(x)>0$，对应于 $[0, x]$ 一段曲线弧长为 $e^x - 1$，求 $\varphi(x)$.

【解】
$$\begin{cases} \int_0^x \sqrt{1 + y'^2}dx = e^x - 1, \\ y(0) = 0, \end{cases}$$

即
$$\begin{cases} \sqrt{1+y'^2} = e^x, \quad y' = \pm\sqrt{e^{2x}-1}. \\ y(0) = 0, \end{cases}$$

取
$$y' = \sqrt{e^{2x}-1},$$

积分，得
$$y = \sqrt{e^{2x}-1} - \arctan\sqrt{e^{2x}-1} + C,$$

代入 $y(0) = 0$，得 $C = 0$，故
$$\varphi(x) = \sqrt{e^{2x}-1} - \arctan\sqrt{e^{2x}-1}.$$

10. 设 $y_1(x)$，$y_2(x)$ 是二阶齐次线性方程 $y'' + p(x)y' + q(x)y = 0$ 的两个解，令
$$W(x) = \begin{vmatrix} y_1(x) & y_2(x) \\ y'_1(x) & y'_2(x) \end{vmatrix} = y_1(x)y'_2(x) - y'_1(x)y_2(x),$$

证明：(1) $W(x)$ 满足方程 $W' + p(x)W = 0$；(2) $W(x) = W(x_0)e^{-\int_{x_0}^x p(t)dt}$.

【证】 (1) 因为 $y_1(x)$，$y_2(x)$ 都是原方程的解，故有
$$y_1'' + p(x)y_1' + q(x)y_1 = 0, \quad y_2'' + p(x)y_2' + q(x)y_2 = 0,$$
$$W'(x) + p(x)W(x) = (y_1'y_2' + y_1y_2'' - y_1''y_2 - y_1'y_2') + p(x)(y_1y_2' - y_1'y_2)$$
$$= y_1[y_2'' + p(x)y_2'] - y_2[y_1'' + p(x)y_1'] = y_1[-q(x)y_2] - y_2[-q(x)y_1] = 0,$$

故 $W(x)$ 满足方程 $W'(x) + p(x)W(x) = 0$；

(2) $W'(x) + p(x)W(x) = 0$，$\dfrac{dW}{W} = -p(x)dx$，$\displaystyle\int_{x_0}^x \dfrac{dW}{W} = \int_{x_0}^x [-p(x)]dx$,

$$\ln W(x) - \ln W(x_0) = -\int_{x_0}^x p(x)dx, \quad W(x) = W(x_0)e^{-\int_{x_0}^x p(x)dx}.$$

*11. 求下列欧拉方程的通解：

(1) $x^2 y'' + 3xy' + y = 0$.

【解】 作变换 $x = e^t$，即 $t = \ln x$，原方程化为 $D(D-1)y + 3Dy + y = 0$，即
$$D^2 y + 2Dy + y = 0,$$

亦即
$$y''_t + 2y_t' + y = 0. \tag{①}$$

方程①的特征方程为 $r^2 + 2r + 1 = 0$，解得 $r_1 = r_2 = -1$. 于是，方程①的通解为
$$y = (C_1 + C_2 t)e^{-t},$$

将 $t = \ln x$ 代入上式，得原方程的通解为
$$y = \frac{C_1 + C_2\ln x}{x}.$$

(2) $x^2 y'' - 4xy' + 6y = x$.

【解】 作变换 $x = e^t$，即 $t = \ln x$，原方程化为 $D(D-1)y - 4Dy + 6y = e^t$，即
$$D^2 y - 5Dy + 6y = e^t,$$

亦即
$$y''_t - 5y_t' + 6y = e^t. \tag{①}$$

方程①对应的齐次方程的特征方程为 $r^2 - 5r + 6 = 0$，解得 $r_1 = 2$，$r_2 = 3$.

于是，方程①对应的齐次方程的通解为 $Y=C_1e^{2t}+C_2e^{3t}$.

由于 $f(t)=e^t$，$\lambda=1$ 不是特征根，所以设方程①有特解 $y^*=Ae^t$，代入方程①，得

$$2Ae^t=e^t,\ A=\frac{1}{2},$$

因而

$$y^*=\frac{1}{2}e^t,$$

方程①的通解为

$$y=C_1e^{2t}+C_2e^{3t}+\frac{1}{2}e^t.$$

将 $t=\ln x$ 代入上式，得原方程的通解为 $\quad y=C_1x^2+C_2x^3+\dfrac{x}{2}.$

*12.求下列常系数线性微分方程组的通解：

$$(1)\begin{cases}\dfrac{\mathrm{d}x}{\mathrm{d}t}+2\dfrac{\mathrm{d}y}{\mathrm{d}t}+y=0,\\[2mm]3\dfrac{\mathrm{d}x}{\mathrm{d}t}+2x+4\dfrac{\mathrm{d}y}{\mathrm{d}t}+3y=t;\end{cases}\qquad(2)\begin{cases}\dfrac{\mathrm{d}^2x}{\mathrm{d}t^2}+2\dfrac{\mathrm{d}x}{\mathrm{d}t}+x+\dfrac{\mathrm{d}y}{\mathrm{d}t}+y=0,\\[2mm]\dfrac{\mathrm{d}x}{\mathrm{d}t}+x+\dfrac{\mathrm{d}^2y}{\mathrm{d}t^2}+2\dfrac{\mathrm{d}y}{\mathrm{d}t}+y=e^t.\end{cases}$$

【解】（1）该方程组可表示成

$$\begin{cases}Dx+(2D+1)y=0,&①\\(3D+2)x+(4D+3)y=t,&②\end{cases}$$

①×$(3D+2)$－②×D，得 $(2D^2+4D+2)y=-1$，即

$$2y''+4y'+2y=-1,\qquad③$$

方程③对应的齐次方程的特征方程为 $2r^2+4r+2=0$，解得特征根为 $r_1=r_2=-1$.

于是，方程③对应的齐次方程的通解为 $Y=(C_1+C_2t)e^{-t}$.

由于 $f(t)=-1$，0 不是特征根，所以设方程③有特解 $y^*=A$，代入方程③，得

$$2A=-1,$$

因而

$$A=-\frac{1}{2},\ y^*=-\frac{1}{2},$$

方程③的通解为

$$y=(C_1+C_2t)e^{-t}-\frac{1}{2}.$$

②－①×3，得

$$2x-2Dy=t,$$

$$x=Dy+\frac{1}{2}t=C_2e^{-t}+(C_1+C_2t)e^{-t}\cdot(-1)+\frac{1}{2}t=(-C_1+C_2-C_2t)e^{-t}+\frac{1}{2}t,$$

原方程组的通解为

$$\begin{cases}x=(-C_1+C_2-C_2t)e^{-t}+\dfrac{1}{2}t,\\[2mm]y=(C_1+C_2t)e^{-t}-\dfrac{1}{2}.\end{cases}$$

（2）该方程可表示成 $\begin{cases}(D^2+2D+1)x+(D+1)t=0,\\(D+1)x+(D^2+2D+1)y=e^t,\end{cases}$ 即

$$\begin{cases}(D+1)^2x+(D+1)y=0,&①\\(D+1)x+(D+1)^2y=e^t,&②\end{cases}$$

①×$(D+1)$－②，得

$$(D^3+3D^2+2D)x=-e^t,\qquad③$$

方程③对应的齐次方程的特征方程为

$$r^3+3r^2+2r=0,$$

解得特征根 $r_1=0$，$r_2=-1$，$r_3=-2$.于是，方程③对应的齐次方程的通解为

$$x=C_1+C_2e^{-t}+C_3e^{-2t},$$

由于 $f(t)=-e^t$，$\lambda=1$ 不是特征根，所以设方程③有特解 $x^*=Ae^t$，代入方程③，得

$$6Ae^t = -e^t,$$

因而
$$A = -\frac{1}{6},\ x^* = -\frac{1}{6}e^t,$$

方程③的通解为
$$x = C_1 + C_2 e^{-t} + C_3 e^{-2t} - \frac{1}{6}e^t,$$

由方程组中的第一个方程得

$$\frac{\mathrm{d}y}{\mathrm{d}t} + y = -\frac{\mathrm{d}^2 x}{\mathrm{d}t^2} - 2\frac{\mathrm{d}x}{\mathrm{d}t} - x = -\left(C_2 e^{-t} + 4C_3 e^{-2t} - \frac{1}{6}e^t \right) - 2\left(-C_2 e^{-t} - 2C_3 e^{-2t} - \frac{1}{6}e^t \right) - \left(C_1 + C_2 e^{-t} + C_3 e^{-2t} - \frac{1}{6}e^t \right)$$

$$= -C_1 - C_3 e^{-2t} + \frac{2}{3}e^t,$$

即
$$\frac{\mathrm{d}y}{\mathrm{d}t} + y = -C_1 - C_3 e^{-2t} + \frac{2}{3}e^t,$$

$$y = e^{-\int \mathrm{d}t}\left[\int \left(-C_1 - C_3 e^{-2t} + \frac{2}{3}e^t \right) e^{\int \mathrm{d}t}\,\mathrm{d}t + C_4 \right] = e^{-t}\left[\int \left(-C_1 e^t - C_3 e^{-t} + \frac{2}{3}e^{2t} \right)\mathrm{d}t + C_4 \right]$$

$$= e^{-t}\left(-C_1 e^t + C_3 e^{-t} + \frac{1}{3}e^{2t} + C_4 \right) = -C_1 + C_3 e^{-2t} + \frac{1}{3}e^t + C_4 e^{-t},$$

故原方程的通解为
$$\begin{cases} x = C_1 + C_2 e^{-t} + C_3 e^{-2t} - \dfrac{1}{6}e^t, \\ y = -C_1 + C_3 e^{-2t} + C_4 e^{-t} + \dfrac{1}{3}e^t. \end{cases}$$

上学期期末测试模拟试题

第一套

一、填空题(3分×4=12分)

1. 设 $f(x)$ 为连续函数，且 $f(2)=3$，则 $\lim\limits_{x\to 0}\dfrac{\sin 3x}{x}f\left(\dfrac{\sin 2x}{x}\right)=$ _____.

2. 函数 $f(x)=2x^3-9x^2+12x-3$ 在闭区间 _____ 单调减少.

3. $\int\tan^2 x\,\mathrm{d}x=$ _____.

4. 设二阶常系数非齐次线性微分方程的三个特解为 $y_1=x$，$y_2=x+\sin x$，$y_3=x+\cos x$，则该微分方程的通解为 _____.

二、选择题(4分×4=16分)

1. $f(x)=x(\mathrm{e}^x-\mathrm{e}^{-x})$ 在其定义域 $(-\infty,+\infty)$ 内是( ).

(A) 有界函数； (B) 单调函数； (C) 奇函数； (D) 偶函数.

2. 设 $f(x)=x(x-1)(x+2)(x-3)(x+4)\cdots(x+100)$，则 $f'(1)$ 的值等于( ).

(A) $101!$；   (B) $-100!$；   (C) $-\dfrac{101!}{100}$；   (D) $\dfrac{100!}{99}$.

3. 定积分 $\int_0^{\frac{3}{4}\pi}|\sin 2x|\,\mathrm{d}x$ 的值是( ).

(A) $\dfrac{1}{2}$；   (B) $\dfrac{3}{2}$；   (C) $-\dfrac{1}{2}$；   (D) $-\dfrac{3}{2}$.

4. 微分方程 $y''-6y'+9y=0$ 的通解是( ).

(A) $y=C_1\mathrm{e}^{3x}+C_2\mathrm{e}^{-3x}$；   (B) $y=(C_1+C_2x)\mathrm{e}^{3x}$；

(C) $y=(C_1+C_2x)\mathrm{e}^{-3x}$；   (D) $y=C_1\mathrm{e}^{x}+C_2\mathrm{e}^{9x}$.

三、计算题(6分×6=36分)

1. 求极限 $\lim\limits_{x\to 0}\dfrac{\mathrm{e}^{x^2}-1-x^2}{x^2(\mathrm{e}^{x^2}-1)}$.

2. 设 $y=\cos^2 x\ln x$，求 $\dfrac{\mathrm{d}^2 y}{\mathrm{d}x^2}$.

3. 设 $y=y(x)$ 由方程 $\ln\sqrt{x^2+y^2}=\arctan\dfrac{y}{x}$ 所确定 $(x\neq 0,\ y\neq 0)$，求 $\mathrm{d}y$.

4. 设 $\begin{cases} x=\displaystyle\int_0^t \mathrm{e}^u\cos u\,\mathrm{d}u, \\ y=\displaystyle\int_0^t \mathrm{e}^u\sin u\,\mathrm{d}u, \end{cases}$ 求 $\dfrac{\mathrm{d}^2 y}{\mathrm{d}x^2}$. 其中 $-\dfrac{\pi}{2}<t<\dfrac{\pi}{2}$.

5. 求 $\int x^2\mathrm{e}^x\,\mathrm{d}x$.

6. 计算 $\int_0^a x^2\sqrt{a^2-x^2}\,\mathrm{d}x$ $(a>0)$.

四、(6分) 设 $f(x)=\begin{cases} \mathrm{e}^{\frac{1}{x-1}}, & x>0, \\ \ln(1+x), & -1<x\leq 0, \end{cases}$ 求 $f(x)$ 的间断点，并说明间断点所属的类型.

五、(8 分) 求微分方程 $(1+x^2)y'' = 2xy'$ 满足初始条件 $y(0) = 1$,$y'(0) = 3$ 的特解.

六、(8 分) 求由曲线 $y = x^3$ 与 $y = 2x - x^2$ 所围成的平面图形的面积.

七、(8 分) 曲线 $y = \dfrac{1}{3}x^6 (x > 0)$ 上哪一点的法线在 y 轴上的截距最小?

八、(6 分) 设 $f(x)$ 在 $[a, b]$ 上连续,在 (a, b) 内二阶可导,且 $f(a) = f(b) \geqslant 0$,又有 $f(c) < 0$ $(a < c < b)$. 试证:在 (a, b) 内至少存在两点 ξ_1, ξ_2,使 $f''(\xi_1) > 0$,$f''(\xi_2) > 0$.

第二套

一、填空题(3 分×4 = 12 分)

1. $\lim\limits_{x \to \infty} x^2 \left(1 - \cos \dfrac{1}{x} \right) = $ _____.

2. 设 $f'(x_0) = 2$,则 $\lim\limits_{h \to 0} \dfrac{f(x_0 - 2h) - f(x_0 + 3h)}{h} = $ _____.

3. 广义积分 $\int_1^{+\infty} x^p \mathrm{d}x$,当 _____ 时收敛.

4. 曲线族 $y = Cx^2$ 所满足的一阶微分方程是 _____.

二、选择题(4 分×4 = 16 分)

1. 当 $x \to 0$ 时,$f(x)$ 为无穷小,且 $f(x)$ 是 x^2 的高阶无穷小,则 $\lim\limits_{x \to 0} \dfrac{f(x)}{\sin^2 x} = ($ $)$.

   (A) 0;　　　　　(B) 1;　　　　　(C) ∞;　　　　　(D) $\dfrac{1}{2}$.

2. 曲线 $y = x\arctan x$ 的图形应为(   ).
   (A) 在 $(-\infty, +\infty)$ 内凸;　　　　(B) 在 $(-\infty, +\infty)$ 内凹;
   (C) 在 $(-\infty, +\infty)$ 内上升;　　　(D) 在 $(-\infty, +\infty)$ 内下降.

3. 设 $f(x)$ 为连续的偶函数,则 $f(x)$ 的原函数中(   ).
   (A) 都是奇函数;　　　　　　　(B) 都是偶函数;
   (C) 有奇函数;　　　　　　　　(D) 有偶函数.

4. $\dfrac{\mathrm{d}}{\mathrm{d}x} \int_x^b e^{t^2} \mathrm{d}t$ 的结果是(   ).

   (A) e^{x^2};　　　(B) $-2xe^{x^2}$;　　　(C) $e^{b^2} - e^{x^2}$;　　　(D) $-e^{x^2}$.

三、计算题(7 分×4 = 28 分)

1. 求 $\lim\limits_{x \to +\infty} \left(\cos \dfrac{\pi}{\sqrt{x}} \right)^x$.

2. 已知 $\begin{cases} x = 2t - t^2, \\ y = 3t - t^3, \end{cases}$ 求 $\dfrac{\mathrm{d}^3 y}{\mathrm{d}x^3}$.

3. 已知 $F'(x) = \dfrac{x\ln(1 + \sqrt{1 + x^2})}{\sqrt{1 + x^2}}$,求 $F(x)$.

4. 设 $f(x) = \begin{cases} xe^{-x^2}, & x \geqslant 0, \\ \dfrac{1}{\sqrt{1 - x^2}}, & -1 < x < 0, \end{cases}$ 求 $\int_{\frac{5}{2}}^5 f(x - 3)\,\mathrm{d}x$.

四、(8 分) 求曲线 $y = \ln x$ 的最小曲率半径.

五、(10 分) 抛物线 $y = x(x - a)$ 在横坐标 $x = 0$ 和 $x = c$ $(0 < a < c)$ 之间部分与 $y = 0$ 及 $x = c$ 两直

线所围平面图形绕 x 轴旋转一周, 则

（1）求旋转体的体积；（如图所示）

（2）问 c 取何值时, 上面所求体积等于三角形 OPC 绕 x 轴旋转而成的旋转体的体积.

六、（9 分）　设 $f(x) = \begin{cases} x^{\alpha}\sin\dfrac{1}{x}, & x>0, \\ e^x+\beta, & x\leqslant 0, \end{cases}$ 试根据 α 和 β 的不

同情况, 讨论 $f(x)$ 在 $x=0$ 处的连续性, 并指出何时 $f(x)$ 在 $x=0$ 处可导.

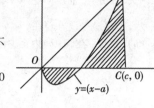

图

七、（9 分）　求微分方程 $y''-2y'+5y=e^x\sin2x$ 的通解.

八、（8 分）　设函数 $f(x)$ 一阶连续可导, $a>0$, $x=a$ 是 $F(x) = \int_0^x (x^2-t^2)f'(t)\,dt$ 的驻点. 试证: 在 $(0, a)$ 内至少存在一点 ξ, 使 $f'(\xi)=0$.

第三套

一、填空题（3 分×4＝12 分）

1. $\lim\limits_{x\to\infty}\left(\dfrac{x+3}{x+1}\right)^{3x+1} = $ _____.

2. $y=\ln(1+x)$, 则 $y^{(n)} = $ _____.

3. $\displaystyle\int_0^4 \dfrac{x+2}{\sqrt{2x+1}}\,dx = $ _____.

4. 微分方程 $y^{(4)}-2y'''+5y''=0$ 的通解是 _____.

二、选择题（4 分×4＝16 分）

1. 设 $f(x) = \begin{cases} 3-x^2, & 0\leqslant x\leqslant 1, \\ \dfrac{2}{x}, & 1<x\leqslant 2, \end{cases}$ 则在 $(0, 2)$ 内适合 $f(2)-f(0)=f'(\xi)\cdot 2$ 的 ξ 值（　　）.

（A）只有一个；　（B）不存在；　　（C）只有两个；　（D）有三个.

2. 已知 $f(x)=x^3+ax^2+bx$ 在 $x=1$ 处取极小值 -2, 则必有（　　）.

（A）$a=1, b=2$；　　　　　　　（B）$a=0, b=-3$；

（C）$a=2, b=2$；　　　　　　　（D）$a=-3, b=0$.

3. 设 $f(x)$ 为连续函数, 而 $I=t\displaystyle\int_0^{\frac{s}{t}} f(tx)\,dx$, 其中 $t>0$, $s>0$, 则 I 的值（　　）.

（A）依赖于 s 和 t；　　　　　（B）依赖于 s, t, x；

（C）与 s 无关；　　　　　　　（D）仅依赖于 s.

4. 以 $y_1=e^{-x}$, $y_2=2xe^{-x}$, $y_3=3e^x$ 为特解的微分方程是（　　）.

（A）$y'''+y''-y'+y=0$；　　　　（B）$y'''-y''+y'+y=0$；

（C）$y'''-y''+y'-y=0$；　　　　（D）$y'''+y''-y'-y=0$.

三、计算题（7 分×4＝28 分）

1. 设 $f(x) = \begin{cases} \dfrac{\sin x}{x}, & x\neq 0, \\ 1, & x=0, \end{cases}$ 求 $f''(0)$.

2. 求 $\displaystyle\int \dfrac{x\ln x}{(1+x^2)^{3/2}}\,dx$.

3. 求 $\displaystyle\int_1^2 \left[\dfrac{1}{x\ln^2 x}-\dfrac{1}{(x-1)^2}\right]\,dx$.

4. 设 $y \neq 0$，$y' \neq 0$，求微分方程 $yy'' - y'^2 = 0$ 的通解.

四、（8 分）　设 $f(x) = \begin{cases} x^2, & x \leq 1, \\ ax+b, & x > 1, \end{cases}$ 试确定 a，b 的值，使 $f(x)$ 成为可导函数.

五、（9 分）　在曲线 $y = 1 - x^2 (x > 0)$ 上求一点 P，使曲线在该点处切线与两坐标轴所围成的三角形面积最小.

六、（8 分）　试证：当 $f(x)$ 为 $[-a, a]$ 上的连续函数时，必有

$$\int_{-a}^{a} f(x)\,\mathrm{d}x = \int_{0}^{a} [f(x) + f(-x)]\,\mathrm{d}x,$$

并用此公式计算 $\int_{-\frac{\pi}{4}}^{\frac{\pi}{4}} \frac{\sin^2 x}{1 + \mathrm{e}^{-x}}\,\mathrm{d}x$ 的值.

七、（9 分）　求函数 $y = x\mathrm{e}^{-x}$ 的最大值和曲线 $y = x\mathrm{e}^{-x}$ 的拐点并求出当 $x \geq 0$ 时，曲线与 x 轴所围成图形绕 x 轴旋转一周所得旋转体的体积.

八、证明题（5 分×2=10 分）

1. 设 $f(x)$ 在 $[a, b]$ 上连续，且 $f(a) < a$，$f(b) > b$，则至少存在一点 $\xi \in (a, b)$，使 $f(\xi) = \xi$.

2. 设 $f(x)$ 在 $[a, b]$ 上连续（$a > 0$），在 (a, b) 内可导，则存在 ξ，$\eta \in (a, b)$，使

$$f'(\xi) = \frac{a+b}{2\eta} f'(\eta).$$

第四套

一、填空题（4 分×4=16 分）

1. $f(x) = \dfrac{1}{1 - \mathrm{e}^{\frac{x}{x-1}}}$ 的跳跃间断点是 $x = $ _____.

2. $\lim\limits_{x \to \infty} \left(\dfrac{x+3}{x-1} \right)^{2x+5} = $ _____.

3. $\begin{cases} x = t - \arctan t, \\ y = \ln(1 + t^2), \end{cases}$ 则 $\dfrac{\mathrm{d}^2 x}{\mathrm{d}y^2} = $ _____.

4. $\displaystyle\int \dfrac{1 + \ln x}{2 + (x\ln x)^2}\,\mathrm{d}x = $ _____.

二、选择题（4 分×4=16 分）

1. 当 $x \to 0$ 时，下列各函数与 $\ln(1 + 2x)$ 等价的是（　　）.

（A）$\tan 3x$；　　　　　　　　　（B）$x(1 - \cos x)$；

（C）$\mathrm{e}^{2x} - 1$；　　　　　　　　（D）$\sqrt{1 + 2x} - 1$.

2. 设 $f(x)$ 对任意 x 都满足 $f(1+x) = af(x)$（$a \neq 0$），且 $f'(0) = b$，则必有（　　）.

（A）$f'(1)$ 不存在；　　　　　　　（B）$f'(1) = ab$；

（C）$f'(1) = a$；　　　　　　　　（D）$f'(1) = b$.

3. 下列各广义积分中，收敛者为（　　）.

（A）$\displaystyle\int_{\mathrm{e}}^{+\infty} \dfrac{\ln x}{x}\,\mathrm{d}x$；　　　　　　（B）$\displaystyle\int_{\mathrm{e}}^{+\infty} \dfrac{\mathrm{d}x}{x\ln x}$；

（C）$\displaystyle\int_{\mathrm{e}}^{+\infty} \dfrac{\mathrm{d}x}{x(\ln x)^{\frac{1}{2}}}$；　　　　（D）$\displaystyle\int_{\mathrm{e}}^{+\infty} \dfrac{\mathrm{d}x}{x(\ln x)^2}$.

4. 设 y_1，y_2 是 $y'' + P(x)y' + Q(x)y = 0$ 的解，而 $y = C_1 y_1 + C_2 y_2$ 是方程的通解，则必有（　　）.

（A）$y'_1 y_2 + y_1 y'_2 = 0$；　　　　　（B）$y'_1 y_2 + y_1 y'_2 \neq 0$；

（C）$y'_1 y_2 - y_1 y'_2 = 0$；　　　　　（D）$y'_1 y_2 - y_1 y'_2 \neq 0$.

三、计算题（8 分×4＝32 分）

1. 求 $\lim\limits_{x\to+\infty}\left(\dfrac{a_1^{\frac{1}{x}}+a_2^{\frac{1}{x}}+\cdots+a_n^{\frac{1}{x}}}{n}\right)^{nx}$，其中 a_1，a_2，$\cdots$，a_n 为大于 1 的常数.

2. 求 $\displaystyle\int_0^{\sqrt{\ln 2}} x^3 e^{x^2}\,dx$.

3. 求微分方程 $xy'=xe^{\frac{y}{x}}+y$ 的通解.

4. $y=1+xe^y$，求 $\dfrac{d^2 y}{dx^2}$.

四、（8 分） 设 $f(x)=\displaystyle\int_0^x e^{-\frac{1}{2}t^2}\,dt$，讨论 $f(x)$ 的单调性、凹凸性、奇偶性和水平渐近线.

五、（8 分） 求星形线 $x^{\frac{2}{3}}+y^{\frac{2}{3}}=a^{\frac{2}{3}}$ （$a>0$）所围成图形的面积以及此图形绕 x 轴旋转一周所形成立体的体积.

六、（8 分） 求微分方程 $y''-y'-2y=3e^{-x}$ 的积分曲线中在原点与直线 $y=x$ 相切的积分曲线.

七、（6 分） 设 $f(x)$ 在 $[0,1]$ 上连续，试证
$$\int_0^1\left[\int_0^x f(t)\,dt\right]dx=\int_0^1(1-x)f(x)\,dx.$$

八、（6 分） $f(x)$ 在 $[0,2a]$ 上连续，且 $f(0)=f(2a)$，试证 $\exists\xi\in(0,a)$，使
$$f(\xi)=f(\xi+a).$$

第五套

一、填空题（4 分×4＝16 分）

1. $\lim\limits_{x\to0}(1+\sin 3x)^{\frac{1}{2x}}=\underline{\qquad}$.

2. 方程 $x^5-5x-1=0$ 在 $(1,2)$ 内共有 $\underline{\qquad}$ 个根.

3. $\displaystyle\int_{-\frac{\pi}{2}}^{\frac{\pi}{2}}\left[\ln(x+\sqrt{x^2+1})+1\right]\sin^2 x\,dx=\underline{\qquad}$.

4. 微分方程 $y''+2y'-3y=0$ 的通解是 $y=\underline{\qquad}$.

二、选择题（4 分×4＝16 分）

1. 设
$$f(x)=\begin{cases} e^{\frac{1}{x}}+1, & x<0,\\ 2, & x=0,\\ 1+x\sin\dfrac{1}{x}, & x>0, \end{cases}$$

则 $x=0$ 是 $f(x)$ 的（　　）.

　（A）可去间断点；　　　　　　　　（B）跳跃间断点；

　（C）无穷间断点；　　　　　　　　（D）连续点.

2. 设 x 在点 x_0 处有增量 Δx，函数 $y=f(x)$ 在 x_0 处有增量 Δy，又 $f'(x_0)$ 存在且不为零，则当 $\Delta x\to0$ 时，Δy 是该点微分 dy 的（　　）.

　（A）高阶无穷小；　　　　　　　　（B）等价无穷小；

　（C）低阶无穷小；　　　　　　　　（D）同阶但不等价无穷小.

3. 设 $f(x)$ 在 $(-\infty,+\infty)$ 内二阶可导，且为奇函数，又在 $(0,+\infty)$ 内 $f'(x)>0$，$f''(x)>0$，则在 $(-\infty,0)$ 内必有（　　）.

　（A）$f'(x)<0$，$f''(x)<0$；　　　　（B）$f'(x)>0$，$f''(x)>0$；

(C) $f'(x)<0$, $f''(x)>0$;　　　　　　(D) $f'(x)>0$, $f''(x)<0$.

4. $\alpha = \int_0^1 \sqrt{x}\,\mathrm{d}x$, $\beta = \int_0^1 x^2\,\mathrm{d}x$, $\gamma = \int_0^1 \sqrt{2x-x^2}\,\mathrm{d}x$, 则有关系式(　　)成立.

(A) $\gamma>\alpha>\beta$;　　　　　　(B) $\alpha>\gamma>\beta$;

(C) $\gamma>\beta>\alpha$;　　　　　　(D) $\beta>\alpha>\gamma$.

三、计算题(6分×4＝24分)

1. $\begin{cases} x=\ln t, \\ y=t^3, \end{cases}$ 求 $\left.\dfrac{\mathrm{d}^2 y}{\mathrm{d}x^2}\right|_{t=1}$.

2. 求 $\lim\limits_{x\to 0}\left(\dfrac{1}{x^2}-\dfrac{1}{x\tan x}\right)$.

3. 求 $\displaystyle\int \dfrac{x^2}{\sqrt{4-x^2}}\,\mathrm{d}x$.

4. 求微分方程 $(x-y)y\,\mathrm{d}x-x^2\,\mathrm{d}y=0$ 的通解.

四、(9分) 在 $[0,1]$ 上给定函数 $y=x^2$, 问 t 为何值时, 如图所示的阴影部分面积 S_1 与 S_2 的和最小? 求此时两图形绕 x 轴旋转一周所得的旋转体的体积.

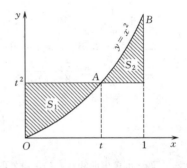

五、(9分) 设曲线上任一点 $M(x,y)$ 处的切线在 y 轴上的截距为 $2xy^2$, 且曲线经过点 $M_0(1,2)$, 求此曲线的方程.

六、(9分) 设 $f(x)=\begin{cases} x^2, & x\leqslant 1, \\ ax+b, & x>1, \end{cases}$ 适当选取 a, b 的值, 使 $f(x)$ 成为可导函数. 令 $\varphi(x)=\displaystyle\int_0^x f(t)\,\mathrm{d}t$, 并求出 $\varphi(x)$ 的表达式.

七、(9分) 求曲线 $y=x^3-6x^2+12x+4$ 的升降区间、凹凸区间及拐点.

八、(8分) 设 $f(x)$ 具有二阶连续导数, 且 $f(a)=f(b)$, $f'(a)>0$, $f'(b)>0$. 试证: $\exists\xi\in(a,b)$, 使 $f''(\xi)=0$.

上学期期末测试模拟试题参考答案

第一套

一、1. 9.　　2. $[1,2]$.　　3. $\tan x-x+C$.　　4. $y=C_1\cos x+C_2\sin x+x$.

二、1. D　2. C　3. B　4. B

三、1. 原式 $=\lim\limits_{x\to 0}\dfrac{e^{x^2}-1-x^2}{x^4}=\lim\limits_{x\to 0}\dfrac{2xe^{x^2}-2x}{4x^3}=\lim\limits_{x\to 0}\dfrac{e^{x^2}-1}{2x^2}=\dfrac{1}{2}$.

2. $-2(\cos 2x)\cdot\ln x-\dfrac{2\sin 2x}{x}-\dfrac{\cos^2 x}{x^2}$.

3. $\dfrac{x+y}{x-y}\mathrm{d}x$.

4. $e^{-t}\sec^3 t$.

5. $x^2 e^x-2xe^x+2e^x+C$.

6. 令 $x=a\sin t$, 则

$$I=\int_0^{\frac{\pi}{2}} a^4\sin^2 t\cos^2 t\,\mathrm{d}t=a^4\left(\int_0^{\frac{\pi}{2}}\sin^2 t\,\mathrm{d}t-\int_0^{\frac{\pi}{2}}\sin^4 t\,\mathrm{d}t\right)=\dfrac{\pi}{16}a^4.$$

四、$x=1$ 是第二类间断点; $x=0$ 是第一类间断点中的跳跃间断点.

五、方程化为 $\dfrac{\mathrm{d}y'}{y'} = \dfrac{2x}{1+x^2}\mathrm{d}x$，则 $y' = C_1(1+x^2)$，再积分，然后确定常数，得 $y = x^3 + 3x + 1$.

六、面积 $A = \displaystyle\int_{-2}^{0}\left[x^3 - (2x - x^2)\right]\mathrm{d}x + \int_{0}^{1}\left[(2x - x^2) - x^3\right]\mathrm{d}x = \dfrac{37}{12}$.

七、可求出法线在 y 轴上的截距为 $B(x) = \dfrac{1}{3}x^6 + \dfrac{1}{2x^4}$，$x = 1$ 是最小值点，所求点为 $\left(1, \dfrac{1}{3}\right)$.

八、必有 $x_1 \in [a, c]$，使 $f(x_1) = 0$；$x_2 \in [c, b]$，使 $f(x_2) = 0$. $\exists \eta_1 \in (x_1, c)$，使 $f(c) - f(x_1) = f'(\eta_1)(c - x_1)$，故 $f'(\eta_1) < 0$. 类似地有 $\eta_2 \in (c, x_2)$，使 $f'(\eta_2) > 0$. 必有 $\eta_0 \in (\eta_1, \eta_2)$，使 $f'(\eta_0) = 0$.

$\exists \xi_1 \in (\eta_1, \eta_0)$，使 $f'(\eta_0) - f'(\eta_1) = f''(\xi_1)(\eta_0 - \eta_1)$，故 $f''(\xi_1) > 0$；

$\exists \xi_2 \in (\eta_0, \eta_2)$，使 $f'(\eta_2) - f'(\eta_0) = f''(\xi_2)(\eta_2 - \eta_0)$，故 $f''(\xi_2) > 0$.

第二套

一、1. $\dfrac{1}{2}$.　2. -10.　3. $p < -1$.　4. $xy' = 2y$.

二、1. A　2. B　3. C　4. B

三、1. $\mathrm{e}^{-\frac{\pi^2}{2}}$.　2. $\dfrac{3}{8} \cdot \dfrac{1}{(1-t)^3}$.　3. $(1 + \sqrt{1+x^2})\ln(1 + \sqrt{1+x^2}) - \sqrt{1+x^2} + C$.

4. 令 $x - 3 = t$，则

$$I = \int_{-\frac{1}{2}}^{0} \dfrac{\mathrm{d}t}{\sqrt{1 - t^2}} + \int_{0}^{2} t\mathrm{e}^{-t^2}\mathrm{d}t = \dfrac{\pi}{6} + \dfrac{1}{2}(1 - \mathrm{e}^{-4}).$$

四、可求出曲线在点 (x, y) 处的曲率半径为 $\rho(x) = \dfrac{(1+x^2)^{\frac{3}{2}}}{x}$，$x = \dfrac{1}{\sqrt{2}}$ 为唯一驻点. 最小曲率半径为 $\rho\left(\dfrac{1}{\sqrt{2}}\right) = \dfrac{3}{2}\sqrt{3}$.

五、$V = \displaystyle\int_{0}^{c} \pi x^2(x - a)^2\mathrm{d}x = \pi c^3\left(\dfrac{c^2}{5} - \dfrac{ac}{2} + \dfrac{a^2}{3}\right)$. $\triangle OPC$ 绕 x 轴旋转所得旋转体的体积 $V_1 = \dfrac{\pi}{3}(c - a)^2 c^3$. 令 $V = V_1$，得 $c = \dfrac{5}{4}a$.

六、$\alpha > 0$，$\beta = -1$ 时，$f(x)$ 在 $x = 0$ 处连续；$\alpha > 0$，$\beta \neq -1$ 时，$f(x)$ 在 $x = 0$ 处间断；$\alpha < 0$，β 为任意实数时，$f(x)$ 在 $x = 0$ 处间断.（α 为整数）

七、齐次方程的通解为 $Y = \mathrm{e}^x(C_1\cos 2x + C_2\sin 2x)$. 令 $y^* = x\mathrm{e}^x(A\cos 2x + B\sin 2x)$，求出 $A = -\dfrac{1}{4}$，$B = 0$，故 $y^* = -\dfrac{1}{4}x\mathrm{e}^x\cos 2x$. 最后得所求通解为

$$y = C_1\cos 2x + C_2\sin 2x - \dfrac{1}{4}x\mathrm{e}^x\cos 2x.$$

八、$F(x) = x^2\displaystyle\int_{0}^{x} f'(t)\mathrm{d}t - \int_{0}^{x} t^2 f'(t)\mathrm{d}t$，$F'(x) = 2x\displaystyle\int_{0}^{x} f'(t)\mathrm{d}t = 2x[f(x) - f(0)]$. 由于 $F'(0) = 0$，故 $f(0) = f(a)$. 由介值定理，$\exists \xi \in (0, a)$，使 $f'(\xi) = 0$.

第三套

一、1. e^6.　2. $(-1)^{n-1}\dfrac{(n-1)!}{(1+x)^n}$.　3. $\dfrac{22}{3}$.　4. $y = C_1 + C_2 x + \mathrm{e}^x(C_3\cos 2x + C_4\sin 2x)$.

二、1. C　2. B　3. D　4. D

三、1. $f'(0)=0, f''(0)=-\dfrac{1}{3}$.

2. $-\dfrac{\ln x}{\sqrt{1+x^2}}-\ln\left(\dfrac{1}{x}+\sqrt{1+\dfrac{1}{x^2}}\right)+C$.

3. $\dfrac{3}{2}-\dfrac{1}{\ln 2}$. 4. $y=C_2 e^{C_1 x}$.

四、$a=2, b=-1$.

五、$P\left(\dfrac{1}{\sqrt{3}}, \dfrac{2}{3}\right)$ 为所求点.

六、$\displaystyle\int_{-a}^{a}f(x)\,\mathrm{d}x=\int_{-a}^{0}f(x)\,\mathrm{d}x+\int_{0}^{a}f(x)\,\mathrm{d}x$. 令 $x=-t$, 则

$$\int_{-a}^{0}f(x)\,\mathrm{d}x=\int_{a}^{0}f(-t)\,\mathrm{d}(-t)=\int_{0}^{a}f(-t)\,\mathrm{d}t=\int_{0}^{a}f(-x)\,\mathrm{d}x,$$

故 $$\int_{-a}^{a}f(x)\,\mathrm{d}x=\int_{0}^{a}[f(x)+f(-x)]\,\mathrm{d}x.$$

$$\int_{-\frac{\pi}{4}}^{\frac{\pi}{4}}\frac{\sin^2 x}{1+e^{-x}}\mathrm{d}x=\int_{0}^{\frac{\pi}{4}}\left(\frac{\sin^2 x}{1+e^{-x}}+\frac{\sin^2 x}{1+e^{x}}\right)\mathrm{d}x=\int_{0}^{\frac{\pi}{2}}\sin^2 x\,\mathrm{d}x=\frac{\pi}{8}-\frac{1}{4}.$$

七、最大值 $y(1)=\dfrac{1}{e}$. 拐点 $\left(2, \dfrac{2}{e^2}\right)$. 旋转体体积为

$$V=\pi\int_{0}^{+\infty}(xe^{-x})^2\,\mathrm{d}x=\frac{\pi}{4}.$$

八、1. 令 $\varphi(x)=f(x)-x$, 则 $\varphi(a)=f(a)-a<0$, $\varphi(b)=f(b)-b>0$. $\exists\xi\in(a, b)$, 使 $\varphi(\xi)=0$.
即 $\exists\xi\in(a, b)$, 使 $f(\xi)=\xi$.

2. $\exists\eta\in(a, b)$, 使 $\dfrac{f(b)-f(a)}{b^2-a^2}=\dfrac{f'(\eta)}{2\eta}$, 即 $\exists\eta\in(a, b)$, 使

$$\frac{f(b)-f(a)}{b-a}=\frac{f'(\eta)}{2\eta}(a+b).$$

$\exists\xi\in(a, b)$, 使 $$\frac{f(b)-f(a)}{b-a}=f'(\xi).$$

总之, $\exists\xi, \eta\in(a, b)$, 使 $$f'(\xi)=\frac{a+b}{2\eta}f'(\eta).$$

第四套

一、1. 1. 2. e^8. 3. $\dfrac{1}{4}\left(\dfrac{1}{t}+t\right)$. 4. $\dfrac{1}{\sqrt{2}}\arctan\left(\dfrac{1}{\sqrt{2}}x\ln x\right)+C$.

二、1. C 2. B 3. D 4. D

三、1. $a_1 a_2\cdots a_n$. 2. $\ln 2-\dfrac{1}{2}$. 3. $e^{\frac{y}{x}}+\ln|x|+C$. 4. $\dfrac{e^{2y}(3-y)}{(2-y)^3}$.

四、$f(x)$ 在 $(-\infty, +\infty)$ 内单调增加, 它是奇函数. 曲线在 $(0, +\infty)$ 内凸, 在 $(-\infty, 0)$ 内凹. $y=\sqrt{\dfrac{\pi}{2}}$ 是水平渐近线.

五、面积 $A=\dfrac{3}{8}\pi a^2$. 体积 $V=\dfrac{32}{105}\pi a^3$.

六、问题化为求微分方程 $\begin{cases}y''-y'-2y=3e^{-x}, \\ y(0)=0, \\ y'(0)=1\end{cases}$ 的特解.

$$y = \frac{2}{3}e^{2x} - \frac{2}{3}e^{-x} - xe^{-x}.$$

七、令 $F(x) = \int_0^x f(t)\,dt$，则

$$\int_0^1 \left(\int_0^x f(t)\,dt \right) dx = \int_0^1 F(x)\,dx = xF(x) \Big|_0^1 - \int_0^1 xF'(x)\,dx$$

$$= F(1) - \int_0^1 xf(x)\,dx = \int_0^1 f(x)\,dx - \int_0^1 xf(x)\,dx = \int_0^1 (1-x)f(x)\,dx.$$

八、令 $F(x) = f(x) - f(x+a)$，则 $F(0) = f(0) - f(a)$，$F(a) = f(a) - f(2a)$. 于是

$$F(0)F(a) = [f(0) - f(a)][f(a) - f(2a)] = -[f(0) - f(a)]^2 \leqslant 0.$$

若 $f(0) - f(a) = 0$，即 $f(0) = f(0+a)$，$\xi = 0$ 就是所求的点. 否则 $F(0)F(a) < 0$. 由介值定理，$\exists \xi \in (0, a)$，使 $F(\xi) = 0$，即 $f(\xi) = f(\xi + a)$，$\xi \in (0, a)$.

第五套

一、1. $e^{\frac{3}{2}}$.　2. 1.　3. $\dfrac{\pi}{2}$.　4. $C_1 e^x + C_2 e^{-3x}$.

二、1. A　2. B　3. D　4. A

三、1. 9.　2. $\dfrac{1}{3}$.　3. $2\arcsin \dfrac{x}{2} - \dfrac{1}{2}x\sqrt{4-x^2} + C$.

　　4. 方程化为 $\dfrac{dy}{dx} = \dfrac{y}{x} - \left(\dfrac{y}{x}\right)^2$. $y = \dfrac{x}{\ln\dfrac{x}{C}}$.

四、A 点坐标为 $A(t, t^2)$. $S_1 = \dfrac{2}{3}t^3$，$S_2 = \dfrac{1}{3} + \dfrac{2}{3}t^3 - t^2$，$S = S_1 + S_2 = \dfrac{4}{3}t^3 - t^2 + \dfrac{1}{3}$.

　　$t = \dfrac{1}{2}$ 时 S 最小，$V = \dfrac{3}{16}\pi$.

五、问题转化为求解 $\begin{cases} y - xy' = 2xy^2, \\ y(1) = 2. \end{cases}$ $y = \dfrac{2x}{2x^2 - 1}$.

六、$f(x) = \begin{cases} x^2, & x \leqslant 1, \\ 2x-1, & x > 1. \end{cases}$　$\varphi(x) = \begin{cases} \dfrac{1}{3}x^3, & x \leqslant 1, \\ x^2 - x + \dfrac{1}{3}, & x > 1. \end{cases}$

七、上升区间：$(-\infty, +\infty)$；凸区间：$(-\infty, 2)$；凹区间：$(2, +\infty)$；拐点：$(2, 12)$.

八、$f(x)$ 在 $[a, b]$ 上满足 Rolle 定理的条件，$\exists \eta \in (a, b)$，使 $f'(\eta) = 0$.

　　对 $f'(x)$ 于 $[a, \eta]$ 和 $[\eta, b]$ 上分别使用 Lagrange 中值定理. $\exists \xi_1 \in (a, \eta)$，$\xi_2 \in (\eta, b)$，使

$$f''(\xi_1) = \frac{f'(\eta) - f'(a)}{\eta - a}, \quad f''(\xi_2) = \frac{f'(b) - f'(\eta)}{b - \eta}.$$

可见 $f''(\xi_1) < 0$，$f''(\xi_2) > 0$. 由此可见，$f''(x)$ 于 $[\xi_1, \xi_2]$ 上满足零点定理的条件，$\exists \xi \in (\xi_1, \xi_2) \subset (a, b)$，使 $f''(\xi) = 0$.